21世纪高等学校计算机
专业实用规划教材

人工智能（第3版）

◎ 朱福喜 编著

清華大學出版社
北京

内 容 简 介

本书系统地阐述了人工智能的基本原理、实现技术及其应用，全面地反映了国内外人工智能研究领域的最新进展和发展方向。全书共19章，分为4个部分：第1部分是搜索与问题求解，用8章的篇幅系统地叙述了人工智能中各种搜索方法求解的原理和方法，内容包括状态空间和传统的图搜索算法、和声算法、禁忌搜索算法、遗传算法、免疫算法、粒子群算法、蚁群算法和Agent技术等；第2部分为知识与推理，用4章的篇幅讨论各种知识表示和处理技术、各种典型的推理技术，还包括非经典逻辑推理技术和非协调逻辑推理技术；第3部分为学习与发现，用3章的篇幅讨论传统的机器学习算法、神经网络学习算法、数据挖掘和知识发现技术；第4部分为领域应用，用3章分别讨论专家系统开发技术和自然语言处理原理和方法。

这些内容能够使读者对人工智能的基本概念和人工智能系统的构造方法有一个比较清楚的认识，对人工智能研究领域里的最新成果有所了解。

本书强调先进性、实用性和可读性，可作为计算机、信息处理、自动化和电信等IT相关专业的高年级本科生和研究生学习人工智能的教材，也可供从事计算机科学研究、开发和应用的教学和科研人员参考。

本书封面贴有清华大学出版社防伪标签，无标签者不得销售。
版权所有，侵权必究。举报：010-62782989，beiqinquan@tup.tsinghua.edu.cn。

图书在版编目(CIP)数据

人工智能/朱福喜编著. —3版. —北京：清华大学出版社，2017(2023.1重印)
(21世纪高等学校计算机专业实用规划教材)
ISBN 978-7-302-45887-6

Ⅰ. ①人… Ⅱ. ①朱… Ⅲ. ①人工智能 Ⅳ. ①TP18

中国版本图书馆CIP数据核字(2016)第294591号

责任编辑：魏江江 李 晔
封面设计：刘 健
责任校对：白 蕾
责任印制：宋 林

出版发行：清华大学出版社
网 址：http://www.tup.com.cn，http://www.wqbook.com
地 址：北京清华大学学研大厦A座 **邮 编**：100084
社 总 机：010-83470000 **邮 购**：010-62786544
投稿与读者服务：010-62776969，c-service@tup.tsinghua.edu.cn
质量反馈：010-62772015，zhiliang@tup.tsinghua.edu.cn
课件下载：http://www.tup.com.cn，010-83470236
印 装 者：三河市铭诚印务有限公司
经 销：全国新华书店
开 本：185mm×260mm **印 张**：30.75 **字 数**：740千字
版 次：2016年3月第1版 2017年2月第3版 **印 次**：2023年1月第10次印刷
印 数：14001～15000
定 价：59.00元

产品编号：072060-01

出版说明

随着我国改革开放的进一步深化，高等教育也得到了快速发展，各地高校紧密结合地方经济建设发展需要，科学运用市场调节机制，加大了使用信息科学等现代科学技术提升、改造传统学科专业的投入力度，通过教育改革合理调整和配置了教育资源，优化了传统学科专业，积极为地方经济建设输送人才，为我国经济社会的快速、健康和可持续发展以及高等教育自身的改革发展做出了巨大贡献。但是，高等教育质量还需要进一步提高以适应经济社会发展的需要，不少高校的专业设置和结构不尽合理，教师队伍整体素质亟待提高，人才培养模式、教学内容和方法需要进一步转变，学生的实践能力和创新精神亟待加强。

教育部一直十分重视高等教育质量工作。2007 年 1 月，教育部下发了《关于实施高等学校本科教学质量与教学改革工程的意见》，计划实施“高等学校本科教学质量与教学改革工程(简称‘质量工程’)”，通过专业结构调整、课程教材建设、实践教学改革、教学团队建设等多项内容，进一步深化高等学校教学改革，提高人才培养的能力和水平，更好地满足经济社会发展对高素质人才的需要。在贯彻和落实教育部“质量工程”的过程中，各地高校发挥师资力量强、办学经验丰富、教学资源充裕等优势，对其特色专业及特色课程(群)加以规划、整理和总结，更新教学内容、改革课程体系，建设了一大批内容新、体系新、方法新、手段新的特色课程。在此基础上，经教育部相关教学指导委员会专家的指导和建议，清华大学出版社在多个领域精选各高校的特色课程，分别规划出版系列教材，以配合“质量工程”的实施，满足各高校教学质量和教学改革的需要。

本系列教材立足于计算机专业课程领域，以专业基础课为主、专业课为辅，横向满足高校多层次教学的需要。在规划过程中体现了如下一些基本原则和特点。

(1) 反映计算机学科的最新发展，总结近年来计算机专业教学的最新成果。内容先进，充分吸收国外先进成果和理念。

(2) 反映教学需要，促进教学发展。教材要适应多样化的教学需要，正确把握教学内容和课程体系的改革方向，融合先进的教学思想、方法和手段，体现科学性、先进性和系统性，强调对学生实践能力的培养，为学生知识、能力、素质协调发展创造条件。

(3) 实施精品战略，突出重点，保证质量。规划教材把重点放在公共基础课和专业基础课的教材建设上；特别注意选择并安排一部分原来基础比较好的优秀教材或讲义修订再版，逐步形成精品教材；提倡并鼓励编写体现教学质量和教学改革成果的教材。

(4) 主张一纲多本，合理配套。专业基础课和专业课教材配套，同一门课程有针对不同层次、面向不同应用的多本具有各自内容特点的教材。处理好教材统一性与多样化，基本教材与辅助教材、教学参考书，文字教材与软件教材的关系，实现教材系列资源配套。

(5) 依靠专家，择优选用。在制定教材规划时要依靠各课程专家在调查研究本课程教材建设现状的基础上提出规划选题。在落实主编人选时,要引入竞争机制,通过申报、评审确定主题。书稿完成后要认真实行审稿程序,确保出书质量。

繁荣教材出版事业,提高教材质量的关键是教师。建立一支高水平教材编写梯队才能保证教材的编写质量和建设力度,希望有志于教材建设的教师能够加入到我们的编写队伍中来。

21世纪高等学校计算机专业实用规划教材

联系人:魏江江 weijj@tup.tsinghua.edu.cn

前　言

人工智能作为研究机器智能和智能机器的一门综合性高技术学科，产生于 20 世纪 50 年代，曾经在 20 世纪末经历了一个轰轰烈烈的研究和发展时期，并且取得过不少令人鼓舞的成就，至今它仍然是计算机科学中备受人们重视和非常具有吸引力的前沿学科，并不断衍生出很多新的研究方向。

使计算机程序具有智能，能够模拟人的思维和行为，一直是计算机科学工作者的理想和追求。尽管人工智能的发展道路崎岖不平，自始至终充满了艰辛，但不畏艰难地从事人工智能研究的科学工作者们并没有放弃对这个理想的追求；尽管计算机科学其他分支的发展也非常迅猛，并不断出现些新的学科领域，但是当这些学科的发展进一步深化的时候，人们不会忘记这样一个共同的目标：要使计算机更加智能化。所以不同知识背景和专业的人们都密切关注人工智能这门具有崭新思想和实用价值的综合性学科，并正从这个领域发现某些新思想和新方法。

人工智能的研究范畴不只局限于计算机科学和技术，而是涉及心理学、认知科学、思维科学、信息科学、系统科学和生物科学等多个学科，目前已在知识处理、模式识别、自然语言处理、博弈、自动定理证明、自动程序设计、专家系统、知识库、智能机器人、智能计算、数据挖掘和知识发现等多个领域取得了举世瞩目的成果，并形成了多元化的发展方向。近几年来，随着计算机网络，尤其是 Internet 的发展，多媒体、分布式人工智能和开放分布式环境下的多智体(multi-agent)以及知识挖掘等计算机主流技术的兴起，使得人工智能研究更加活跃，拓宽了其研究和应用的领域，正朝着健康和成熟的方向发展。

然而，也必须看到尽管人工智能取得了以上所述的许多成果，但是比起人工智能刚刚兴起时许多专家的预想还相差甚远，很多在当时过于乐观的设想并没有实现，探究其原因也许要追溯到目前人类对自身的思维规律和智能行为研究仍然处于探索阶段，因此，人工智能研究要比这些专家的预想艰难、复杂得多。甚至到今天，对机器能否实现智能仍有争论。这种状况正如 Lovelace 女士一百多年前曾经说过的：

> 在考虑任何新颖课题时，常常存在一种倾向，先是过高估计已发现是有趣或值得注意的东西。接着，当发现所研究的概念已超过曾一度保持不变的那些概念时，作为一种自然的反应，就会过低估计该事件的真实状况。

因此，我们必须清楚地认识到：人工智能研究道路的曲折和艰难以及许多尖锐的争论并不表明人工智能学科没有前景，它只是向我们表明理解人类认知和智能的机制，探索“智力的形成”是人类面临的最困难、最复杂的课题之一。摆在人工智能学科面前的任务是极其艰巨和复杂的，这需要广大的计算机科学工作者不畏艰难，勇于探索，辛勤耕耘，共同开创人工智能发展的美好未来。

本书系统地阐述了人工智能的基本原理、实现技术及其应用,全面地反映了国内外人工智能研究领域的最新进展和发展方向。全书共19章,分为4个部分。第1部分是搜索与问题求解,用8章的篇幅系统地叙述了人工智能中用各种搜索方法求解的原理和方法,内容包括状态空间和传统的图搜索算法、和声算法、禁忌搜索算法、遗传算法、免疫算法、粒子群算法、蚁群算法和Agent技术等;第2部分为知识与推理,用4章的篇幅讨论各种知识表示和处理技术、各种典型的推理技术,还包括非经典逻辑推理技术和非协调逻辑推理技术;第3部分为学习与发现,用3章的篇幅讨论传统的机器学习算法、神经网络学习算法、数据挖掘和知识发现技术;第4部分为领域应用,用3章分别讨论专家系统开发技术和自然语言处理原理和方法以及智能机器人技术。

本书参考了许多较新的国外同类教材和其他文献,力求保持新颖性和实用性,强调基本概念和基本观点,注重理论和实际相结合,配备有大量辅助教学的演示实例及推理系统。

本书作为大学本科学习人工智能的教科书,虽然内容较多,但可以选择一些基本内容,如问题求解、知识表达、推理等基本方法与技术以及数据挖掘技术等进行讲授。本书也可以作为研究生教材和计算机专业工作者了解人工智能的自学用书。

作者在编写本书时经过了漫长的总结经验和收集意见的过程,并与若干老师和同事合作编写了多种同类教材,得到了他们大量的帮助,在此向这些老师和同事表示衷心的感谢。

在本书的编写过程中,作者参考了刘娟博士、金涛博士的博士论文,在编写和搜集资料方面还得到了朱三元、粟藩臣、金敏、杨云水、操郡、朱炜、王丁彬、李珂、贺亢、陈杰、方博、何淼、刘岩、林仁富、黄一钊、刘思等博士和硕士研究生的大力支持,在此向他们表示衷心感谢。

由于水平所限,书中难免存在不足之处,恳请读者批评指正,使本书得以改进和完善。

作　者

2016年10月于汉口学院

目　录

第 2 部分 知识与推理

第3部分 学习与发现

第 4 部分 领域应用

第1章 概　述

近年来，随着计算机技术的迅猛发展和日益广泛的应用，自然地提出了人类智力活动能不能由计算机来实现的问题。几十年来，人们一向把计算机当作是只能极快地、准确地进行数值运算的机器。但是在当今世界要解决的问题并不完全是数值计算，像语言的理解和翻译、图形和声音的识别、决策管理等都不属于数值计算的范畴，特别像医疗诊断之类的系统，要有专门的、特有的经验和知识的医师才能作出正确的判断。这就要求计算机能从“数据处理”扩展到“知识处理”的范畴。计算机能力范畴的转化是导致“人工智能”快速发展的重要因素。

人工智能(Artificial Intelligence，AI)作为计算机学科的一个分支，是20世纪70年代以来被称为世界三大尖端技术(空间技术、能源技术、人工智能)之一。也被认为是21世纪三大尖端技术(基因工程、纳米科学、人工智能)之一。这是因为30多年来它获得了迅速的发展，在很多学科领域都获得了广泛应用，并取得了丰硕的成果。人工智能已逐步成为一门独立的学科，无论在理论上还是在工程上都已自成体系。

1.1 人工智能概述

人类的自然智能伴随着人类活动无时不在、无处不在。人类的许多活动，如解题、下棋、猜谜、写作、编制计划和编程，甚至驾车、骑车等，都需要智能。如果机器能够完成这些任务的一部分，那么就可以认为机器已经具有某种程度的“人工智能”。

什么是人的智能？什么是人工智能？人的智能与人工智能有什么区别和联系？这些都是广大科技工作者十分感兴趣且值得深入探讨的问题。人工智能的出现不是偶然的。从思维基础上讲，它是人们长期以来探索研制能够进行计算、推理和其他思维活动的智能机器的必然结果；从理论基础上讲，它是信息论、控制论、系统工程论、计算机科学、心理学、神经学、认知科学、数学和哲学等多学科相互渗透的结果；从物质和技术基础上讲，它是电子计算机和电子技术得到广泛应用的结果。

为了解人工智能，先熟悉一下与它有关的一些概念，这些概念涉及信息、认识、知识、智力和智能。

首先看看什么是信息。信息与物质及能量构成整个宇宙。信息是物质和能量运动的形式，是以物质和能量为载体的客观存在。人们不能直接认识物质和能量，而是通过物质和能量的信息来认识它们。

人的认识过程为：信息经过感觉输入到神经系统，再经过大脑思维变为认识。

那么什么是认识呢？认识就是用符号去整理研究对象，并确定其联系。由认识可以继续探讨什么是知识和智力。

知识是人们对于可重复信息之间的联系的认识,是被认识了的信息和信息之间的联系,是信息经过加工整理、解释、挑选和改造而形成的。

人们接受和建立知识的能力往往看作是智力。关于智力,科学家们有不同的定义。以下是几位科学家对智力的定义。

Wisterw:智力是指个体有意识地以思维活动来适应新情况的一种潜力,是个体对生活中新问题和新条件的心理上的一般适应能力。

Terman:智力是抽象思维的能力。

Buckinghan:智力是学习的能力。

Storddard:智力是从事艰难、复杂、抽象、敏捷和创造性的活动以及集中能力和保持情绪稳定的能力。

Piaget:智力的本质就是适应,使个体与环境取得平衡。

Guilford:智力是对信息进行处理的能力。

简言之,智力可被看作是个体的各种认识能力的综合,特别强调解决新问题的能力,抽象思维与学习能力,对环境的适应能力。

有了知识和智力的定义后,一般将智能定义为"智能=知识集+智力"。所以智能主要指运用知识解决问题的能力,推理、学习和联想是智能的重要因素。

至于人工智能,其英文是Artificial Intelligence(AI),字面上的含义是智能的人工制品。它是研究如何将人的智能转化为机器智能,或者是用机器来模拟或实现人的智能。像许多新兴学科一样,至今尚无统一的定义。下面是几位著名的人工智能方面的科学家分别在不同的年代对人工智能给出的定义。

1978年P. Winston:"人工智能是研究使计算机更灵活有用,了解使智能的实现成为可能的原理。因此,人工智能研究结果不仅是使计算机模拟智能,而且是了解如何帮助人们变得更有智能。"

1981年A. Barr和E. Feigenbum:"人工智能是计算机科学的一个分支,它关心的是设计智能计算机系统,该系统具有通常与人的行为相联系的智能特征,如了解语言、学习、推理、问题求解等。"

1983年Elaine Rich:"人工智能是研究怎样让计算机模拟人脑从事推理、规划、设计、思考、学习等思维活动,解决至今认为需要由专家才能处理的复杂问题。"

1987年Michael R. Genesereth和Nils J. Nilsson:"人工智能是研究智能行为的科学,它的最终目的是建立关于自然智能实体行为的理论和指导创造具有智能行为的人工制品。这样一来,人工智能有两个分支,一个为科学人工智能,另一个为工程人工智能。"

Michael和Nilsson关于人工智能的定义引出了科学人工智能和工程人工智能的概念。

关于科学人工智能,它的目的是发展概念和词汇,以帮助了解人和其他动物的智能行为。

关于工程人工智能,它研究的是建立智能机器的概念、理论和实践。举例如下。

(1) 专家系统:在专门的领域(医疗、探矿、财务等领域)内的咨询服务系统。

(2) 自然语言处理:在有限范围内的问题回答系统。

(3) 程序验证系统:通过定理证明途径验证程序的正确性。

(4) 智能机器人:人工智能研究计算机视觉和智能机。

以上是人工智能的一些比较权威的定义。人工智能似乎还有一个比较模糊的定义,那就是“如果某个问题在计算机上没有解决，那么这个问题就是人工智能问题”，因为一旦解决了某个问题，也就有了解决这个问题的模型或算法，因而也就划分到某个学科或某个学科的分支中。因此，从某种意义上讲，人工智能是一个深奥而永无止境的追求目标。

1.2　AI 的产生及主要学派

AI 的起源可以追溯到丘奇（Church）、图灵（Turing）和其他一些学者关于计算本质的思想萌芽。早在 20 世纪 30 年代，他们就开始探索形式推理概念与即将发明的计算机之间的联系，建立起关于计算和符号处理的理论。而且，在计算机产生之前，丘奇和图灵就已发现，数值计算并不是计算的主要方面，它们仅仅是解释机器内部状态的一种方法。被称为“人工智能之父”的图灵，不仅创造了一个简单的非数字计算模型，而且直接证明了计算机可能以某种被认为是智能的方式进行工作，这就是人工智能的思想萌芽。

人工智能作为一门学科而出现的突出标志是：1956 年夏，在美国达特茅斯（Dartmouth）大学由当时美国年轻的数学家 John-McCarthy 和他的朋友明斯基（Minsky）、纽维尔（Newell）、西蒙（Simon）、香农（Shannon）、塞缪尔（Saumel）、莫尔（More）等数学、心理学、神经学、信息论、计算机科学方面的学者，举行了一个长达 2 个月的研讨会。会上 McCarthy 提出了“Artificial Intelligence”一词，之后 Allen Newell 和 H. A. Simon 提出了物理符号系统假设，从而创建了 AI 这一学科。主张系统符号假设的学派形成了 AI 研究的主要学派，即符号主义学派。目前，人工智能主要有以下 3 个学派。

1. 符号主义学派

符号主义（symbolicism）又称为逻辑主义（logicist）、心理学派（psychlogism）或计算机学派（computerism）。该学派认为人工智能源于数理逻辑。数理逻辑在 19 世纪获得迅速发展，到 20 世纪 30 年代开始用于描述智能行为。计算机产生以后，又在计算机上实现了逻辑演绎系统，其代表成果为启发式程序 LT（逻辑理论家），人们使用它证明了 38 个数学定理，从而表明了人类可利用计算机模拟人类的智能活动。

符号主义的主要理论基础是物理符号系统假设。符号主义将符号系统定义为以下 3 部分：一组符号，对应于客观世界的某些物理模型；一组结构，它是由以某种方式相关联的符号的实例所构成；一组过程，它作用于符号结构上而产生另一些符号结构，这些作用包括创建、修改和消除等。

在这个定义下，一个物理符号系统就是能够逐步生成一组符号的产生器。

在物理符号的假设下，符号主义认为：人的认知是符号，人的认知过程是符号操作过程。符号主义还认为，人就是一个物理符号系统，计算机也是一个物理符号系统，因此，能够用计算机来模拟人的智能行为，即可用计算机的符号操作来模拟人的认知过程。这实质就是认为，人的思维是可操作的。

符号主义的基本信念是：知识是信息的一种形式，是构成智能的基础，AI 的核心问题是知识表示、知识推理和知识运用。知识可用符号表示，也可用符号进行推理。符号主义就是在这种假设之下，建立起基于知识的人类智能和机器智能的核心理论体系。

符号主义曾长期一枝独秀，经历了从启发式算法到专家系统，再到知识工程理论与技术的发展道路，为 AI 作出了重要的贡献。

2. 连接主义学派

连接主义(connetionism)又称仿生学派(bionicsism)或生理学派(physiologism),是基于生物进化论的AI学派,其主要理论基础为神经网络及神经网络间的连接机制与学习算法。连接主义认为AI源于仿生学,特别是对人脑模型的研究,认为人的思维基元是神经元,而不是符号处理过程,人脑不同于计算机,并提出连接主义的大脑工作模式,用于否定基于符号操作的计算机工作模式。

如果说符号主义是从宏观上模拟人的思维过程,那么连接主义则试图从微观上解决人类的认知功能,以探索认知过程的微观结构。连接主义从人脑模式出发,建议在网络层次上模拟人的认知过程。所以,连接主义本质上是用人脑的并行分布处理模式来表现认知过程。

连接主义的兴起标志着神经生理学和非线性科学向AI的渗透,这主要表现为人工神经网络(Artificial Neural Network,ANN)研究的兴起,ANN可以看作是一种具有学习和自组织能力的智能机器或系统。ANN作为模拟人的智能和形象思维能力的一条重要途径,对AI研究工作者有着极大的吸引力。近年来,由于出现了一些新型的ANN模型和一些强有力的学习算法,大大推动了有关ANN理论和应用的研究。连接主义具有代表性的工作有:Hopfield教授在1982年和1984年的两篇论文中提出用硬件模拟神经网络;Rumthart教授在1986年提出多层网络中的反向传播(BP)算法;深度神经网络学习算法。

3. 行为主义学派

行为主义(actionism)又称为进化主义(evolutionism)或控制论学派(cyberneticsism)。行为主义提出了智能行为的“感知-动作”模式,认为智能取决于感知和行动;人工智能可以像人类智能一样逐步进化(所以称为进化主义);智能行为只能在现实世界中与周围环境交互作用而表现出来。

行为主义是控制论向AI领域的渗透,它的理论基础是控制论,它把神经系统的工作原理与信息论联系起来,着重研究模拟人在控制过程中的智能行为和作用,如自寻优、自适应、自校正、自镇定、自学习和自组织等控制论系统,并进行控制论动物的研究。这一学派的代表首推美国AI专家Brooks。1991年8月在悉尼召开的12届国际人工智能联合会议上,Brooks作为大会“计算机与思维”奖的得主,通过讨论AI、计算机、控制论、机器人等问题的发展情况,并以他在MIT多年进行人造动物机器的研究与实践和他所提出的“假设计算机体系结构”研究为基础,发表了“没有推理的智能”一文,对传统的AI提出了批评和挑战。

Brooks的行为主义学派否定智能行为来源于逻辑推理及其启发式的思想,认为对AI的研究不应把精力放在知识表示和编制推理规则上,而应着重研究在复杂环境下对行为的控制。这种思想对AI主流派传统的符号主义思想是一次冲击和挑战。行为主义学派的代表作首推Brooks等研制的六足行走机器人,它是一个基于“感知-动作”模式的模拟昆虫行为的控制系统。

1.3 人工智能、专家系统和知识工程

1. 人工智能

在20世纪60年代,人工智能的研究者试图通过找到通用问题求解方法来模拟复杂的思维过程,最典型的例子是当时开发的GPS(General Problem Solver)。然而,这种策略虽

取得了一些进展,但没有多大突破。于是,人工智能工作者们一直试图探索一种使计算机程序具有“智能”的方法。在20世纪70年代,人们致力于问题表示技术——如何将问题求解形式化,使之易于求解;搜索技术——如何有效地控制解的搜索过程,使之不要浪费太多的时间和空间。使用这两种技术虽也取得了一定的进展,但人们发现如果想要使单个程序能处理的问题更广泛,它处理具体问题的能力就更差。

直到20世纪70年代后期,人工智能工作者们才认识到:一个程序求解问题的能力来自它所具有的知识,而不仅仅是它所采用的形式化方法和推理策略。这个概念上的突破可以简单地叙述为:要使一个程序具有智能,就要给它提供许多关于某一问题域特定的知识。

这一认识导致了特定问题求解的计算机程序的发展,这类程序就是人们所熟悉的专家系统。

2. 专家系统

关于专家系统的定义,Michie认为:一个专家系统以某种形式将专家的基于知识和技能的部件嵌入到计算机中,使得该系统能产生智能行为和建议,并且当用户提出要求时就能证明其推理过程(1985年)。

一般认为,专家系统是一个智能程序,它能对那些需要专家知识才能解决的应用问题提供具有专家水平的解答。

早期的专家系统通常用高级程序设计语言编写,尤其是LISP和PROLOG语言,常被选作实现语言。然而,在用高级编程语言作为专家系统的建造工具时,人们常常要把大量的精力和时间花费在与被模型化的问题领域毫无关系的系统实现上。而且,领域专家知识和运用这些知识的算法紧密交织在一起,不易分开,致使系统一旦建成,便不易改变。而事实上专家知识和经验却总在改变。由于对以上特性的分析,研究者们清醒地认识到在开发专家系统中应该把求解问题的算法与知识分开,从而使现今专家系统的基本模式为“专家系统=知识+推理”。因此,一个专家系统主要由两个部分组成:知识库,存放关于特定领域的知识;推理机,包括操纵知识库中所表示的知识的算法。

现在,专家系统很少直接用高级编程语言编写,取而代之的是专家系统构造工具。在专家系统构造工具中,预先规定了知识表示形式并提供了相应的推理机。开发一个实际专家系统仅需要提供特定领域的知识,并以工具所要求的知识表示形式表示出来。知识库的开发独立于推理机的一个好处是知识库可以逐步开发与求精,可以在不对程序进行大量修改的情况下,纠正错误和不足;另一个好处就是一个领域的知识可以被另一个领域的知识所代替,从而形成完全不同领域的专家系统。

3. 知识工程

知识工程产生于20世纪70年代中期,当时专家系统的研究和开发已取得一定成果,但建造一个成功的专家系统工程量巨大,其花费是以多少人年来计算,所以迫切需要把专家系统的建造提高到工程的高度来认识。为此,美国的J. McCarthy提出了“认识论工程”的概念,试图概括建造专家系统的有关技术和方法。1977年著名的人工智能专家E. Feigenbum在第5届国际人工智能会议(IJCAI)上,以“人工智能的艺术:知识工程的课题及实例研究”为题,对知识工程作了全面论述。从此,知识工程这个术语为全世界广泛使用,Feigenbum因此被誉为“知识工程之父”。

目前,知识工程的主要研究内容如下。

1）基础研究

基础研究主要包括：知识的本质、分类、结构和作用；知识的表示方法和语言；知识的获取和学习方法；推理和控制机制；解释和接口模型及认知模型等。

2）实用知识系统的开发研究

实用知识研究主要强调解决在建造实用知识系统过程中碰到的实际技术问题，如实用知识获取技术、知识系统体系结构、实用知识表示方法和知识库结构、实用推理技术、实用解释技术、实用接口设计技术、知识库管理技术、知识系统调试技术、分析与评价技术、知识系统的硬件实现技术等。

3）知识工程环境研究

它主要为实用知识系统的开发提供一些良好的工具和手段，以提高知识系统的研制效率与质量，加速商品化进程。其研究内容包括：知识工程的基本支撑软件和硬件；知识工程语言(知识描述语言和系统结构设计语言)；知识获取工具(自动或半自动)；骨架工具系统；知识库管理工具(一致性、完备性检查工具，性能测试工具，知识库操作语言)；接口设计工具、解释工具以及上述工具的集成化工具(即综合工具)等。

最近兴起的知识管理也是知识工程环境研究的进一步系统化的结果。它主要研究知识的价值、知识工程基础、知识的抽象技术以及知识系统的设计与实现方法。目前，知识管理已形成一门系统化的学科。

4）与智能机和自动化相关课题的研究

这方面研究的典型课题是智能机器人，所以其主要目的是通过硬件实现推理、问题求解、知识库管理、智能接口等技术，它的最终目的是实现智能计算机。由于机器人具有人的手、眼、脑的部分功能，所以，它的应用在减轻人的劳动强度、提高生产力、改善劳动条件等方面显示出极大的优越性。智能机器人具有理解和掌握识别外界情况及适应外界情况变化而自动作出决策和采取行动的能力，它对于提高生产力、改善产品质量将起极大的作用。

不难看出，人工智能、知识工程及专家系统三者之间密切相关，知识工程是AI取得突出进展的一个分支，是AI、数据库技术、数理逻辑、认知科学等学科交叉发展的结果。从应用的角度看，知识工程从专家系统和知识处理系统中抽取共性，并研究它的一般原理和方法而发展起来的一门学科，它们三者之间的关系可描述为如图1-1所示的结构。

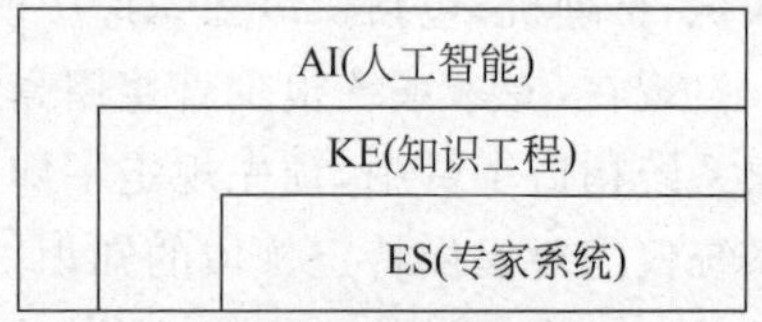

图1-1　人工智能、知识工程和专家系统之间的关系

1.4　AI模拟智能成功的标准

AI成功的标准是什么呢？怎样来测试呢？这些问题早在20世纪50年代AI思想萌芽的时候就有人考虑过。1950年，英国数学家Alan Turing提出了一个测试方法来确定一个机器能否思考。该方法需要两个人对机器进行测试，其中一人扮演提问者，另外一人作为被测人员。这两人与机器分别处在3个不同的房间，提问者通过打印问题和接受打印问题来与被测人员和被测机器进行通信。提问者可以向被测机器和被测人员提问，但他只知道接受提问的是A或B，并不知道被测试者是人还是机器，并试图确定谁是机器，谁是人。这个

测试后来被人们命名为“图灵测试”。

在“图灵测试”中，如果人的一方不能区分对方是人还是机器，那么就可以认为那台机器达到了人类智能的水平。图灵为此特地设计了被称为“图灵梦想”的对话。在这段对话中“询问者”代表人，“智者”代表机器，并且假定他们都读过狄更斯(C. Dickens)的著名小说《匹克威克外传》，对话内容如下：

询问者：在14行诗的首行是“你如同夏日”，你不觉得“春日”更好吗？

智者：它不合韵。

询问者：“冬日”如何？它可是完全合韵的。

智者：它确实合韵，但没有人愿意被比作“冬日”。

询问者：你不是说过匹克威克先生让你想起圣诞节吗？

智者：是的。

询问者：圣诞节是冬天的一个日子，我想匹克威克先生对这个比喻不会介意吧。

智者：我认为您不够严谨，“冬日”指的是一般冬天的日子，而不是某个特别的日子，如圣诞节。

从上面的对话可以看出，能满足这样的要求，要求计算机不仅能模拟而且可以延伸、扩展人的智能，达到甚至超过人类智能的水平，在目前是难以达到的。如果机器具有智能，那么它的目标就是要使得提问者误认为它是人。因此，有时机器要故意伪装一下。例如，当提问者问“12324乘73981等于多少？”时，机器人应等几分钟回答一个有点错误的答案，这样才更显得像人在计算。因此，一台机器要想通过图灵测试，主要取决于它具有的知识总量和具有大量的人的基本常识。

一台计算机要通过图灵测试还需要很艰苦的努力，以至于有人怀疑其可能性。不过图灵测试如果限制在某个领域是否会成功呢？这个答案是肯定的。例如，计算机下棋程序就具有比多数人类棋手还要高明的判断能力。对于其他问题领域，不太精确地衡量某一程序的图灵测试的成功也是可能的。例如，有人对医学专家系统作过类似于图灵测试的评测：由一组医生和专家系统一起对同样病例开处方，再由另一组医学专家进行评价，医学专家也不知道哪张处方是医生开出的，哪张是专家系统开出的，结果医学专家系统的处方得分更高一些。

如果写一个AI程序的目标是模仿人如何执行一项任务，那么衡量成功的标准就是程序行为相应于人的行为的程度。Shannon认为Turing测试准则只是行为主义的性质，只能说明机器在行为上和人等价，即行为等价。

行为等价也具有很重要的意义，试设想一下，如果一个机器狗能够听懂主人的命令，为主人端茶倒水、看门，承不承认它具有真正人的智能并不重要。

1.5 人工智能应用系统

AI系统是研究与设计出的一种计算机程序，这种程序具有一定“智能”。在过去的50多年中，已经建立了一些这样的AI系统，如下棋程序、定理证明系统、集成电路设计与分析系统、自然语言翻译系统、智能信息检索系统、疾病诊断系统等。下面简单介绍一些基本的人工智能应用系统，有些是最近出现的和即将要出现的系统。

1. 问题求解系统

人工智能最早的尝试是求解智力难题和下棋程序,后者又称博弈程序。直到今天,这种研究仍在进行。另一种问题求解程序是将各种数学公式符号汇编在一起,搜索解答空间,寻求较优的解答。纽厄尔(Newell)与西蒙(Simon)合作完成的 GPS 能够求解 11 种不同类型的问题。1993 年美国开发了一个叫做 MACSYMA 的软件,能够进行比较复杂的数学公式符号运算。

2. 自然语言理解和处理系统

语言处理一直是人工智能研究的热点之一,人们很早就在开始研制语言翻译系统(Language Translation System,LTS)。早期的自然语言理解多采用键盘输入自然语言,现在已经开发出文字识别和语言识别系统,能够配合进行书面语言和有声语言的识别与理解。语言识别为语言理解提供了素材,语言理解可反过来提高语言识别率。因此,自然语言理解可看成是模式识别研究的自然延伸。自然语言处理发展到今天,已呈现出与人工智能、机器学习、知识工程、数据库技术、神经网络、认知科学、语言学、脑科学、思维科学等多门分支学科错综复杂、彼此依赖和相互支持的格局。而且以语义理解为特征的自然语言处理和机器翻译已取得突出进展。现在已有智能翻译系统,人们可对它说话,它能将对话打印出来,并且可用另一种语言表示出来;有的系统还可以回答文本信息中的有关问题和提取摘要。

3. 自动定理证明系统

自动定理证明(Automatic Theorem Proving,ATP)是指把人类证明定理的过程变成能在计算机上自动实现符号演算的过程。ATP 是 AI 的一个重要的研究领域,它在 AI 的发展中曾起过重大的作用。Newell 的逻辑理论家程序是定理证明的最早尝试,该程序模拟人用数理逻辑证明定理的思想,于 1963 年就证明了罗素和他的老师怀特海合著的《数学原理》第一章的全部定理。自动定理证明的基础是逻辑系统,传统的定理证明系统大都是建立在数理逻辑系统上的。近十几年来,不断有新的逻辑系统出现,例如,模态逻辑、模糊逻辑、时序逻辑、默认逻辑和次协调逻辑等,它们都有相应的逻辑推理规则和方法。

4. 智能控制、智能系统和智能接口

智能控制(intelligent control)是一类无须或者用尽可能少的人工干预就能够独立地驱动智能机器实现其目标的自动控制。它采用 AI 理论及技术与经典控制理论(频域法)、现代控制理论(时域法)相结合,研制智能控制系统的方法和技术。它是 AI 与控制论及工程控制论等科学相结合的产物。

智能系统(intelligent system)的含义非常广泛,通常它指配备有智能化软、硬件的计算机控制系统或计算机信息系统。在 AI 中,智能化的软、硬件计算机控制系统指具有问题求解和高层决策功能的一些学习控制系统,如拟人控制系统、自主机器人控制系统,人-机结合控制系统。

智能接口(intelligent interface)是指在计算机系统中,引入具有智能的人-机接口或用户界面。智能接口已作为新一代计算机系统或知识系统的重要组成部分,理想的智能接口是采用所谓的自然语言理解的用户界面。它是通过引入前面所述的自然语言理解及多媒体技术,并使之与知识库及数据库技术相结合来实现的。

上述领域里的典型系统如下。

(1) 监管系统(supervisory system)。现在大的办公楼和商业大厦变得越来越复杂,监管系统可以帮助控制能源、电梯、空调等，并进行安全监测、计费、顾客导购等。

(2) 智能高速公路。这也是一种智能监控系统，它能优化已有高速公路的使用：通过广播交通的警告，将大量的车辆导向可代替的路线；控制车流的速度与空间；帮助选择出发点到目的地的最优路线。

(3) 银行监控系统。American Express 是美国一家大的银行公司，用户信用卡的使用每年由于恶性透支和欺骗行为损失 1 亿美元。需要解决的问题是：如何在短时间内判断是否允许顾客使用他的信用卡？一般情况下需要一个系统在 90 秒内作出判断。这个过程中操作人员需要根据 16 屏信息在 50 秒内作出决定，这对人来说不太可能。后来该银行研制了一个 Authorize Assistant 系统，它使原来 16 屏信息减为 2 屏。第一屏给出应作出什么样的决定的建议，第二屏解释支持决定的有关信息。这个系统的使用为该银行每年减少几千万美元的损失。

5. 专家系统

专家系统是一个具有大量专门知识与经验的程序系统，它应用人工智能技术，根据某个领域的多个人类专家提供的知识和经验进行推理和判断，模拟人类专家的决策过程，以解决只有专家才能够解决的复杂问题。

现在已有大量成功的专家系统案例。被誉为“专家系统和知识工程之父”的 Feigenbum 所领导的研究小组于 1968 年研究成功第一个专家系统 DENDRAL，用于质谱仪分析有机化合物的分子结构。1972—1976 年，斯坦福大学又开发成功 MYCIN 医疗专家系统，用于抗生素药物治疗。此后，许多著名的专家系统相继产生，如 PROSPECTOR 地质勘探专家系统、CASNET 青光眼诊断治疗专家系统、RT 计算机结构设计专家系统、MACSYMA 符号积分与定理证明专家系统、ELAS 钻井数据分析专家系统和 ACE 电话电缆维护专家系统等，为工矿数据分析处理、医疗诊断、计算机设计、符号运算和定理证明等提供了强有力的工具。

Pittsburgh 大学开发了一个医疗诊断系统叫 Internist，它是可诊断所有常见疫病、共含 15 万条医疗知识的大型知识库。目前也有人在开发家用的专家系统，Tax-cut Expert System 是一个知识工程师利用她丈夫的税务专家知识构造的一个 AI 系统，专门向纳税人提供建议，例如如何合理避税。使用该系统比花钱向税务专家咨询要便宜得多。

一些发达国家也投入大量的资金开发用于知识发现的专家系统，美国的 CYC 计划、日本的 EDR 计划都是要建立大型医疗知识库、大型工程知识库、大型常识库的庞大计划。

6. 智能调度和规划系统

智能调度和规划系统能够确定最佳调度或组合方案，这类系统已被广泛应用于汽车运输调度、列车的编组与指挥、空中交通管制及军事指挥等系统。举例如下。

(1) 空中交通控制系统。随着航空事业的发展，一个大型机场每天控制、管理数千架飞机的起降、导航，靠人工控制很困难。空中交通控制系统能够帮助安排飞机的起降，以最大限度地保证安全和最小的延迟时间。

(2) 军事指挥系统。20 世纪 90 年代初，伊拉克入侵科威特时，美国的“沙漠风暴之战”需从美、欧洲快速运送 50 万军队、1500 万磅重的装备到沙特阿拉伯等国家。为此美国开发了一个规划系统，该系统提出必须开辟第二个运输港口，否则将造成物资运输瓶颈。

7. 模式识别系统

模式识别(pattern recognition)是AI最早和最重要的研究领域之一。模式是一个内涵极广的概念。广义地讲,一切可以观察其存在的事物形式都可称为模式,如图形、景物、语言、波形、文字和疾病等都可视为模式。识别指人类所具有的基本智能,它是一种复杂的生理活动和心理过程。例如,在日常活动中,每个人都要随时随地对声音、文字和图形、图像等进行识别。

模式识别的狭义研究目标是指为计算机配置各种感觉器官,使之能直接接受外界的各种信息。这对于许多其他AI任务,尤其是建立能实现图形及语音识别一类的智能系统来说,都是必不可少的,而且是至关重要的,如各种印刷体和某些手写体的文字识别,指纹、白血球、癌细胞、遥感图像和三维石油地震勘探图像的识别等。

模式识别的广义研究目标是指应用电子计算机及外部设备对某些复杂事物进行鉴别和分类。通常,这些被鉴别或分类的事件或过程,可以是物理的、化学的或生理的对象。这些对象既可以是具体对象,如文字、声音、图像等,也可以是抽象对象,如状态、程度等,这些对象通常以非数字形式的信息出现。

模式识别技术已逐渐在各种不同的领域获得应用,举例如下。

(1) 染色体识别——识别染色体用于遗传因子研究,识别及研究人体和其他生物细胞。

(2) 图形识别——用于心电图、脑电图、X射线、CAT医学视频成像处理技术,用于地球资源勘测、预报气象和自然灾害、军事侦察等。

(3) 图像识别——在图像处理及图像识别技术中,利用指纹识别、外貌识别和各种痕迹识别协助破案。

(4) 语音识别——研究各种语言、语言的识别与翻译、计算机人机界面等。

(5) 机器人视觉——用于景物识别、三维图像识别、语言识别,解决机器人的视觉和听觉问题,以控制机器人的行动。

8. 智能检索系统

面对国内外种类繁多和数量巨大的科技文献,传统的检索方法远远不能胜任,特别是网络技术的发展和Internet的出现,更是对传统的检索方法提出了挑战,因此智能检索的研究已成为当代科技持续发展的重要保证。

目前对数据库的检索技术有了很大的发展,有的具有智能化人机交互界面和演绎回答系统,还有一种称为自动个人助手(automated personal assistants)的系统,主动帮助人使用计算机网络查找信息,它可以:搜索广告,过滤邮件,使人们只需阅读那些最重要的、感兴趣的广告和邮件;帮助寻找信息,购买商品,找服务部门,通过网络找人等。

像自动个人助手这类AI系统也称为Softbot(Software Robots)。

9. 智能机器人

人工智能研究日益受到重视的另一个分支是智能机器人的研究。这个领域研究的问题,从机器人手臂的最佳移动到实现机器人目标的动作序列的规划方法,无所不包。

机器人(robot)是一种可再编程的多功能的操作装置。电子计算机出现后,特别是微处理机出现后,机器人便进入大量生产和使用的阶段。目前全世界有近10万个机器人在运行,其中大多数样子并不像人,它们只是在人指挥下代替人干活的机器。

目前的机器人,在功能上可将其分为以下4种类型。

(1) 遥控机器人,它本身没有工作程序,不能独立完成任何工作,只能由人在远处对其实时控制和操作。

(2) 程序机器人,它对外界环境无感知智力,其行为由事先编好的程序控制。该工作程序一般是单一固定的,只能做重复工作。也有多程序工作方式,构成可再编程的通用机器人。

(3) 示范学习型机器人,它能记忆人的全部示范操作,并在其独立工作中准确地再现这些操作,改变操作时仍需要人重新示范。

(4) 智能机器人,它应具有感知、推理、规划能力和一般会话能力,能够主动适应外界环境和通过学习来提高自己的独立工作能力。

以上前 3 类机器人通常称为非智能机器人,主要用于工业生产,故又称为工业机器人,它们具有准确、迅速、不知疲倦和精力集中等优点,但它们没有多少智能,缺少理解、感知周围环境的能力,只适于在需要大量烦琐、重复性劳动的生产岗位中使用。在第 19 章将讨论智能机器人。

研究机器人的目的,一方面是技术上的考虑,如何提高工作质量和生产效率,降低成本,代替人类在高温、高压、深水和带有放射性及有毒、有害物质的特殊环境中从事繁重或危险的工作。例如,在困难条件下,机器人能够从事汽车装配、空间探索、海底或高空作业,装炸药、排雷和排除毒废物或放射性物质这类工作,这类机器人广泛地应用于核工业、医院、矿山、水下抢救、建筑、农业、太空探测等领域。另一方面是科学研究的需求,这是基于当今 AI 研究已使计算机部分成为新一代机器人,它能在一定程度上感知周围世界,进行记忆、推理、判断,会下棋、会写字绘画、能作简单对话、会操作规定的工具,从而能模仿人的智力和行为。

显然,对机器人的研究,将为 AI 研究提供一个综合试验场,能够全面地检验 AI 研究的各个领域的技术,如计算机视觉、模式识别、博弈、智能控制、规划技术及这些技术的综合应用。

10. 智能主体

智能主体(agent)技术的诞生和发展是 AI 技术和网络技术发展的必然结果。传统的 AI 技术开始致力于对知识表达、推理、机器学习等技术的研究,其主要成果是专家系统。专家系统把专业领域知识与推理有机地组合在一起,为应用程序的智能化提供了一个实用的解决办法。作为人工智能的一个分支,AI 计划理论的研究成果使应用程序有了初步的面向目标和特征,即应用程序具有某种意义上的主动性,而人工智能的另一个分支——决策理论和方法,则使应用程序具有自主判断和选择行为的能力。所有这些技术的发展加快了应用程序智能化的进程。

智能化和网络化的发展促成了智能主体技术的发展,智能主体技术正是为解决复杂、动态、分布式智能应用而提供的一种新的计算手段。许多专家信心十足地认为智能主体技术将成为 21 世纪软件技术发展的又一次革命。

11. 数据挖掘和知识发现系统

近些年来,商务贸易电子化以及企业和政府事务电子化的迅速普及都产生了大规模的数据源,同时日益增长的科学计算和大规模的工业生产过程也提供了海量数据,日益成熟的数据库系统和数据库管理系统都为这些海量数据的存储和管理提供了技术保证。此外,计算机网络技术的长足进步和规模的爆炸性增长,为数据的传输和远程交互提供了技术手段,特别是因特网更是将全球的信息源纳入了一个共同的数据库系统之中。这些都表明人们生成、采集及传输数据的能力都有了巨大增长,为步入信息化时代奠定了基础。

在这些能力迅速提高的同时,可以看到数据操纵中的一个重要环节：信息提取及其相关处理技术却相对地大大落后了。毫无疑问,这些庞大的数据库及其中的海量数据是极其丰富的信息源,但是仅仅依靠传统的数据检索机制和统计分析方法已经远远不能满足需要了。因此,一门新兴的自动信息提取技术——数据挖掘和知识发现应运而生,并得到迅速发展。它的出现为智能地自动把海量的数据转化成有用的信息和知识提供了手段。

数据挖掘和知识发现作为一门新兴的研究领域,涉及人工智能的许多分支,诸如机器学习、模式识别、海量信息搜索等众多领域。特别地,它可看作数据库理论和机器学习的交叉学科。作为一种独立于应用的技术,数据挖掘和知识发现一经出现立即受到广泛的关注。目前,这方面的研究发展很快：知识发现和数据挖掘的学术期刊不断增加；大量的期刊也为此领域开辟专栏；众多的学术会议频频举行；与此同时,一大批实用化的知识发现工具也投入市场并得到广泛应用。

12. 人工生命

"人工生命"是用来研究具有某些生命基本特征的人工系统。包括两方面的内容：研究如何利用计算技术研究生物现象；研究如何利用生物现象研究计算问题。

人工智能注重研究第二个方面的问题。现在已经有很多源于生物现象的计算技巧。例如,人工神经网络,它是简化的大脑模型；遗传算法模拟基因进化过程,提高计算和优化效率。还有模拟另一种生物系统——社会系统的研究,也就是"群集智能(swarm intelligence)"的研究。它研究由简单个体组成的群落与环境以及个体之间的互动行为,建立相应的模拟系统,利用局部信息的相互作用以预测群体的行为。例如,模拟蚂蚁群、鱼群和鸟群的运动现象及规律,寻找某种"群集智能"。

群集智能的研究是受社会性昆虫行为的启发,通过对社会性昆虫的模拟产生了一系列对于传统问题的新的解决方法。群集智能中的群体(swarm),指的是"一组相互之间可以进行直接通信或者间接通信(通过改变局部环境)的主体,这组主体能够合作进行分布问题求解"；而所谓群集智能,指的是"无智能的主体通过合作表现出智能行为的特性"。群集智能在没有集中控制并且不提供全局模型的前提下,为寻找复杂的分布式问题的解决方案打下了基础。

1.6 人工智能的技术特征

人工智能作为一门科学,有其独特的技术特征,主要表现在以下几个方面。

1. 利用搜索

从求解问题角度看,环境给智能系统(人或机器系统)提供的信息有两种可能：完全的知识,用现成的方法可以求解,如用消除法求解线性方程组,这不是人工智能研究的范围；部分知识或完全无知,无现成的方法可用。如下棋、法官判案、医生诊病问题。有些问题有一定的规律,但往往需要边试探边求解。这就要使用所谓的搜索技术。

人工智能技术常常要使用搜索补偿知识的不足。人们在遇到从未经历过的问题时,由于缺乏经验知识,不能快速地解决它,但往往采用尝试-检验(try-and-test)的方法,即凭借人们的常识性知识和领域的专门知识对问题进行试探性的求解,逐步接近解决问题,直到成功。这就是 AI 问题求解的基本策略中的生成-测试法，用于指导在问题状态空间中的搜索。

2. 利用知识

从 Simon、Newell 的通用问题求解系统到专家系统，都认识到利用问题领域知识来求解问题的重要性。但知识有几大难以处理的属性：知识体系非常庞大，正因为如此，常说我们处在"知识爆炸"的时代；知识难以精确表达，如下棋大师的经验、医生看病的经验都难以表达；知识经常变化，所以要经常进行知识更新。因此，有人认为人工智能技术就是一种开发知识的方法。

另外，知识还具有不完全性、模糊性等属性。有些问题，虽然在理论上存在可解算法，但却无法实现。例如下棋，国际象棋的终局数有 10^{120} 个，围棋的终局数有 10^{761} 个，即使使用计算机以极快的速度（10^{104} 步/年）来处理，计算出国际象棋所有可能的终局也至少需要 10^{16} 年才能完成。所以，对于知识的处理必须做到以下几点：能抓住一般性，以免浪费大量时间、空间去寻找存储知识；要能够被提供和接受知识的人所理解，这样他们才能检验和使用知识；易于修改，因为经验、知识不断变化，易于修改才能反映人们认识的不断深化；能够通过搜索技术缩小要考虑的可能范围，以减少知识的搜索工作量。

此外，利用知识还可以补偿搜索中的不足。知识工程和专家系统技术的开发证明了知识可以指导搜索，修剪不合理的搜索分支，从而减少问题求解的不确定性，以大幅度地减少状态空间的搜索量，甚至完全免除不必要的搜索。

3. 利用抽象

抽象用以区分重要与非重要的特征。借助抽象可将处理问题中的重要特征和变式与大量非重要特征和变式区分开来，使对知识的处理变得更有效、更灵活。

AI 技术利用抽象还表现为在 AI 程序中采用陈述性的知识表示方法，这种方法把知识当作一种特殊的数据来处理，在程序中只是把知识和知识之间的联系表达出来，与知识的处理截然分开。这样，知识将十分清晰、明确并易于理解。对于用户来说，往往只需要陈述"是什么问题""要做什么"，而把"怎么做"留给 AI 程序来完成。

4. 利用推理

基于知识表示的 AI 程序主要利用推理在形式上的有效性，亦即在问题求解的过程中，智能程序所使用知识的方法和策略应较少地依赖于知识的具体内容。因此，通常的 AI 程序系统中都采用推理机制与知识相分离的体系结构。这种结构从模拟人类思维的一般规律出发来使用知识。

例如，人类处理问题的一般推理法则为：由已知"A 为真"，并且"如 A 为真，则 B 为真"，则可推知"B 为真"。这条推理法则的形式描述为

$$A, A \rightarrow B \vdash B$$

这是一条形式推理法则，显然其推理规律并不依赖 A、B 的具体内容。在 AI 系统中采用形式推理技术来使用知识，它对具体应用领域的依赖性很低，从而具有很强的实用性。

实际上，经典逻辑的形式推理只是 AI 的早期研究成果。目前，AI 工作者已研究出各种逻辑推理、似然推理、定性推理、模糊推理、非精确推理、非单调推理和次协调推理等各种更为有效的推理技术和各种控制策略，它为人工智能的应用开辟了广阔的应用前景。

5. 利用学习

人工智能的研究认识到人的智能表现在人能学习知识，能了解、运用已有的知识并学习

新的知识。正像所描述的:“智能的核心是思维,人的一切智慧或智能都来自大脑思维活动,人类的一切知识都是人们思维的产物”“一个系统之所以有智能,是因为它具有可运用的知识”。要让计算机“聪明”起来,首先要解决计算机如何学会一些必要知识,以及如何运用学到的知识问题。只是对一般事物的思维规律进行探索是不可能解决较高层次问题的。人工智能研究的开展应当改变为以知识为中心来进行,而这种知识不能完全靠人的灌输来完成,而是要通过学习来积累。

6. 遵循有限合理性原则

Simon于20世纪50年代在研究人的决策制定中总结出一条关于智能行为的基本原则,因此而获得诺贝尔奖。该原则指出,人在超过其思维能力的条件下(例如,遇到NP完全问题——状态空间呈现指数级增长,从而造成组合爆炸问题的搜索量),仍要做好决策,而不是放弃。这时,人将在一定的约束条件下,制定尽可能好的决策。这样决策的制定具有一定的随机性,往往不是最优的。人工智能要求解的问题,大量的是在一个组合爆炸的空间内搜索,因此,有限合理是人工智能技术应遵循的原则之一。

基于以上讨论的人工智能的技术特征,本书在讨论人工智能技术时,分为搜索与问题求解、知识与推理、学习与发现3个主要部分,最后一部分单独讨论一下人工智能的应用领域。

习 题 1

1.1 人工智能学科的正式建立是何时何地,在怎样的背景下产生的?

1.2 人工智能有哪些技术特征?为什么要遵循有限合理性原则?

1.3 有哪些检验人工智能成功的标准?你认为人工智能会达到预想的目标吗?

1.4 人工智能有哪些研究领域和应用领域?

1.5 简述你对数据、信息、认知、知识、智力、智能和人工智能的理解。

第1部分 搜索与问题求解

问题求解(problem-solving)是人工智能中研究较早且比较成熟的一个领域，它涉及归约、推断、决策、规划、常识推理、定理证明等相关过程的核心概念。著名的美国斯坦福大学人工智能研究中心尼尔逊教授早在20世纪60年代就提出了以搜索来进行问题求解的思想，并完成了一些开创性的工作，如启发式搜索、A^*算法等，为搜索技术奠定了基础。尔后，人工智能和计算理论的研究者，借助进化思想、仿生学和一些自然现象变化的启发，提出了一系列模仿动物和人类智能行为的算法，如模拟退火算法、遗传算法、蚁群算法、粒子群算法、免疫算法及和声算法等，这些算法被称为现代启发式搜索算法、群集智能或智能计算。

尼尔逊教授不仅奠定了早期搜索技术的研究，在他新著的《人工智能》一书中，将这些搜索赋予一个智能体完成，这就是所谓的智能主体(Agent)，在他的著作中所有的智能活动都可以由Agent来完成，特别是分布式搜索，也可由分布式Agent完成，这就是通常所说的分布式人工智能。

本书的这一部分将用8章的篇幅，从不同的搜索思想和方法，探讨如何对智能问题求解。

第2章 用搜索求解问题的基本原理

AI早期的目的是想通过计算技术来求解这样一些问题：它们不存在已知的求解算法或求解方法非常复杂，而人使用其自身的智能都能较好地求解，人们在分析和研究了人运用智能求解的方法后，发现许多问题的求解方法都是采用试探的搜索方法，在一个可能的解空间中寻找一个满意解。为模拟这些试探性的问题求解过程而发展的一种技术就称为搜索。

2.1 搜索求解问题的基本思路

搜索是利用计算机强大的计算能力来解决凭人自身的智能可以解决的问题。其思路很简单，就是把问题的各个可能的解交给计算机进行处理，从中找出问题的最终解或一个较为满意的解，从而可以用接近算法的角度，把搜索的过程理解为根据初始条件和扩展规则构造一个解答空间，并在这个空间中寻找符合目标状态的过程。

2.2 实现搜索过程的三大要素

搜索过程的三大要素：搜索对象、搜索的扩展规则和搜索的目标测试。搜索对象是指在什么之上进行搜索；搜索的扩展规则是指如何控制从一种状态变化为另一种状态，使得搜索得以前进；搜索的目标测试是指搜索在什么条件下终止。

2.2.1 搜索对象

利用搜索来求解问题是在某个可能的解空间内寻找一个解，这就首先要有一种恰当的解空间的表示方法。一般把这种可能的解都表示为一个状态，也就是要把要求解问题的各个方面抽象成计算机可以理解的方式并储存起来。这个过程必须做到把所有和解决问题相关的信息全部保留，存储这些信息的数据结构被叫做状态空间。然后以这些状态及相应的算法为基础来表示和求解问题。这种基于状态空间的问题表示和求解方法就是状态空间法。使用状态空间法，许多涉及智力的问题求解可看成是在状态空间中的搜索。在讨论搜索算法之前先要介绍一下搜索的几个概念。

1. 状态

通俗地说，状态就是对问题在求解时某一个时刻进展情况的数学描述，也可以说是一个可能的解的表示。

一般地，状态(state)是为描述某些不同事物间的差别而引入的一组最少变量 q_0, q_1,

$q_2, \cdots, q_n$ 的有序集合,其形式如下:

$$Q = (q_0, q_1, \cdots, q_n)$$

其中,每个元素 q_i 称为状态变量。给定每个分量的一组值,就得到一个具体的状态。

状态的表示还可以根据具体应用,采取灵活的方式确定数据结构,如二维数组、树形结构等。例如,编写一个下中国象棋的程序,棋局的状态就可以用一个二维数组表示,数组元素的取值就是该位置所放的棋子。

状态的表示相当重要。其一,如没有把解决问题需要的所有信息编入状态,会直接导致问题无法求解;其二,状态的数据结构直接影响操作的时间效率和存储的空间,所以在选择状态表示时要综合考虑问题的时空效率和所作的操作等各种因素。

2. 状态空间

问题的状态空间(state space)是一个表示该问题全部可能状态及其关系的集合。状态空间应该有连续和离散两种,但由于真正的连续空间问题难以在计算机中表示,因而经常将连续空间转化成离散空间,所以这里主要以离散状态空间作为讨论的对象。

状态空间通常以图的形式出现,图上的节点对应问题的状态,节点之间的边对应的是状态转移的可行性,边上的权可以对应转移所需的代价。而问题的解可能是图中的一个状态,或者是从开始状态到某个状态的一条路径,再或者是达到目标所花费的代价。

状态空间的表示一般分为隐式图和显式图两种。显式图是已经把所有的状态信息都存储起来,而隐式图完全靠扩展规则来生成,也就是边搜索边生成。除非要求解的问题很小,否则一般都采用隐式表示,从后面将讨论的一些算法可以看出,问题求解过程中,虽然没有明确地提到搜索图,但搜索的整个过程是有一个隐式图在背后支撑着。

2.2.2 扩展规则

扩展规则应由两部分组成:一个是控制策略;另一个是生成系统。其中控制策略包括了节点的扩展顺序选择、算子的选择、数据的维护、搜索中回路的判定、目标测试等。而生成系统由约束条件及算子组成。所以几乎所有的搜索算法的改进都是通过修改或优化控制结构来实现的。其中遗传算法中对算子的改进比较特别,而从遗传算法中又衍生出很多算法。

1. 状态转移算子

搜索的状态转移算子(operator)的定义很广,是使问题从一种状态变化为另一种状态的手段,算子又称为操作符。操作符可能是某种动作(如下棋的走步)、过程、规则、数学算子、运算符号或逻辑运算符等。

算子的定义与状态的表示密不可分,对隐式图而言,算子的任务是在约束条件下生成新的节点(或状态,或可能解)。如何使用算子,也就是如何扩展节点。

2. 扩展节点的策略

宏观地看,以怎样的次序对问题对应的搜索图进行搜索,是搜索的技巧,也是智能的体现。没有目的随机地选一个扩展的话很容易实现,但一般很难得到一个解或不能保证解的质量,即得不到一个满意解。而好的策略可以比一般的方法扩展更少的节点。也就是说,根据问题的不同,设计更合理的算子扩展策略可以提高搜索的速度。

3. 搜索回路的避免

搜索的对象是图,如果这个图并不是无环的或是没有很强的扩展方法避免环的话,就必须有一个手段避免搜索进入死循环。在搜索算法中,避免的抽象说法是扩展节点时,不要扩展已经是父节点的节点,具体的方法就是简单地构造一个数组或是 Hash 表来维护已经经过的点,每当扩展到新的节点时进行判重。

4. 数据的维护

在搜索扩展节点、判重等时都需要与状态表示的数据结构打交道。数据结构的好坏直接决定了这些操作的效率。而数据维护其实就是牺牲一些相对少的时间来对这些数据进行一些处理,使数据可以更快地被获取。在抽象的算法中,状态存储在一些表(list)中,如通用或图搜索算法的数据结构就是两个表: open 表和 closed 表。通常的具体实现是由 Hash 表、优先队列等数据结构来对节点数据进行维护。

2.2.3 目标测试

目标测试包含两层含义: 是否满足所有限制条件(宽条件,与目标非常接近); 是不是目标(紧条件,与目标完全相符)。

宽条件一般是指在目标状态未知,而求解只需要接近目标即可的情况下设定的条件,它主要由两部分组成,一个是问题本身的限制条件,另一个就是人为设置的限制条件,如分支有界的深度、迭代加深的深度、遗传算法中的遗传代数,这些人为确定的参数起着控制流程的作用,它通常出现在目标测试函数中。这里的目标并不是简单的一个状态,而是认为什么时候结束的理由,也可以认为得到满意答案或不会有什么改进了应终止搜索的条件。

紧条件是在目标状态已知的条件下,直接判定是否已达到这些状态。

2.3 通过搜索求解问题

通过搜索求解问题的前提是凭人自身的智能可以解决,所以在搜索之前应对问题有充分的认识后再考虑使用合适的搜索算法。一般在搜索时要定义状态空间 Q,它包含所有可能的问题状态,初始状态集合 S、操作符集合 F 及目标状态集合 G。因此,可把状态空间记为三元组(S,F,G),其中 $S\subset Q$,$G\subset Q$。

通过搜索求解问题的基本思想如下。

(1) 将问题中的已知条件看成状态空间中的初始状态; 将问题中要求达到的目标看成状态空间中的目标状态; 将问题中其他可能发生的情况看成状态空间的任一状态。

(2) 设法在状态空间寻找一条路径,由初始状态出发,能够沿着这条路径达到目标状态。

通过搜索求解问题的基本步骤如下。

(1) 根据问题定义出相应的状态空间,确定出状态的一般表示,它含有相关对象各种可能的排列。当然,这里仅仅是定义这个空间,而不必(有时也不可能)枚举出该状态空间的所有状态,但由此可以得出问题的初始状态、目标状态,并能够给出所有其他状态的一般表示。

(2) 规定一组操作(算子),能够作用于一个状态后过渡到另一个状态。

(3) 决定一种搜索策略,使得能够从初始状态出发,沿某个路径达到目标状态。

问题求解的过程是,应用规则和相应的控制策略去遍历或搜索问题空间,直到找出从开始状态到目标状态的某个路径。由此可见,搜索是问题求解的基本技术之一。

例 2.1 水壶问题。

给定两个水壶,一个可装 4 升(1gal=3.78541dm^3)水,另一个能装 3 升水。水壶上没有任何度量标记。有一水龙头可用来往壶中灌水。问题是怎样在能装 4 升的水壶里恰好只装 2 升水。

用状态空间法,该问题求解的过程如下。

(1) 定义状态空间。只关心水壶所装水的多少,可将问题进行抽象,用数偶(X,Y)来表示状态空间的任一状态。

X 表示 4 升水壶中所装的水量,$X\in[0,4]$;

Y 表示 3 升水壶中所装的水量,$Y\in[0,3]$;

初始状态为(0,0),目标状态为(2,?),? 表示水量不限,因为问题中未规定在 3 升水壶里装多少水。

(2) 确定一组操作。用来求解该问题的操作是取水、倒水或两个壶之间倒水,可用以下 10 条规则来描述。

r_1:$(X,Y|X<4)\rightarrow(4,Y)$ 4 升水壶不满时,将其装满。

r_2:$(X,Y|Y<3)\rightarrow(X,3)$ 3 升水壶不满时,将其装满。

r_3:$(X,Y|X>0)\rightarrow(X-D,Y)$ 从 4 升水壶里倒出一些水,倒出的水量为 D。

r_4:$(X,Y|Y>0)\rightarrow(X,Y-D)$ 从 3 升水壶里倒出一些水,倒出的水量为 D。

r_5:$(X,Y|X>0)\rightarrow(0,Y)$ 把 4 升水壶中的水全部倒出。

r_6:$(X,Y|Y>0)\rightarrow(X,0)$ 把 3 升水壶中的水全部倒出。

r_7:$(X,Y|X+Y\geqslant4\wedge Y>0)$ 把 3 升水壶中的水往 4 升,水壶里倒,直至 4 升水壶装满为止。

$\rightarrow(4,Y-(4-X))$

r_8:$(X,Y|X+Y\geqslant3\wedge X>0)$ 把 4 升水壶中的水往 3 升,水壶里倒,直至 3 升水壶装满为止。

$\rightarrow(X-(3-Y),3)$

r_9:$(X,Y|X+Y\leqslant4\wedge Y>0)$ 把 3 升水壶中的水全部倒进,4 升水壶里。

$\rightarrow(X+Y,0)$

r_{10}:$(X,Y|X+Y\leqslant3\wedge X>0)$ 把 4 升水壶中的水全部倒进,3 升水壶里。

$\rightarrow(0,X+Y)$

(3) 选择一种搜索策略。为求解水壶问题,除上面给出的问题描述和算子外,还应该选择一种策略控制搜索,该策略为一个简单的循环控制结构:选择其左部匹配当前状态的某条规则,并按照该规则右部的描述对此状态作适当改变,然后检查改变后的状态是否为某一目标状态,若不是,则继续该循环。

这样搜索下去,直到出现(2,?)状态为止,从(0,0)到(2,?)的路径上所用的操作序列就为所求的解。有多个算子序列都能求解水壶问题,图 2-1 是求解问题的搜索图。

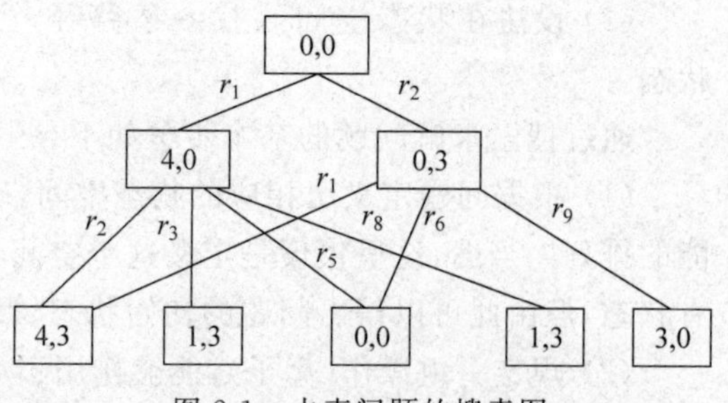

图 2-1 水壶问题的搜索图

表 2-1 就是求解问题的搜索路径之一。

表 2-1　求解问题的搜索路径

4 升水壶中含水加仑数	3 升水壶中含水加仑数	所应用的规则
0	0	初始状态
0	3	r_2
3	0	r_9
3	3	r_2
4	2	r_7
0	2	r_5
2	0	r_9

例 2.2　分配问题。

有 A 和 B 两个液源。A 的流量为 100L/min，B 的流量为 50L/min。现要求它们以 75L/min 的流量分别供应两个同样的洗涤槽 C 和 D。液体从液源经过最大输出能力为 75L/min 的管道进行分配，并且只允许管子在液源或洗涤槽位置有接头，A、B、C、D 的位置、距离如图 2-2 所示。问：如何连接管子使得管材用量最少？

求解此问题的步骤如下：

(1) 定义状态空间中的状态表示。

状态的表示形式为：$(A=?,B=?,C=?,D=?)$

初始状态：　　　　$(A=100,B=50,C=0,D=0)$

目标状态：　　　　$(A=0,B=0,C=75,D=75)$

(2) 定义操作。先找出从某一处一次分配到另一处流量的增量为各点现有流量与各处所需流量的最大公约数(Great Common Divisor，GCD)作为基本分配量，即增量。100、50、75 的 GCD 为 25，所以取增量为 25。

根据题意列出可能的操作如表 2-2 所示。

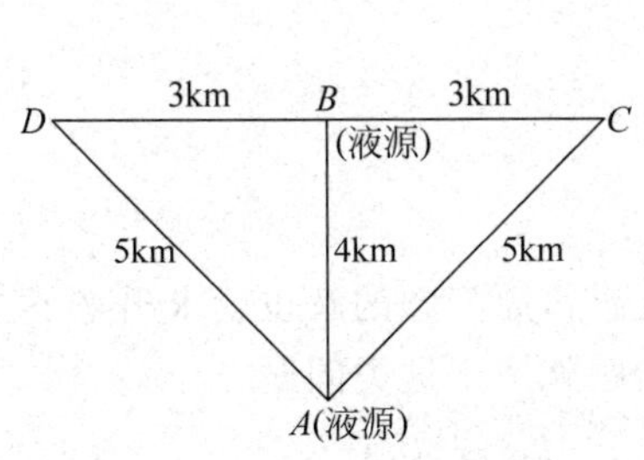

图 2-2　液源分配问题示意图

表 2-2　可能的操作

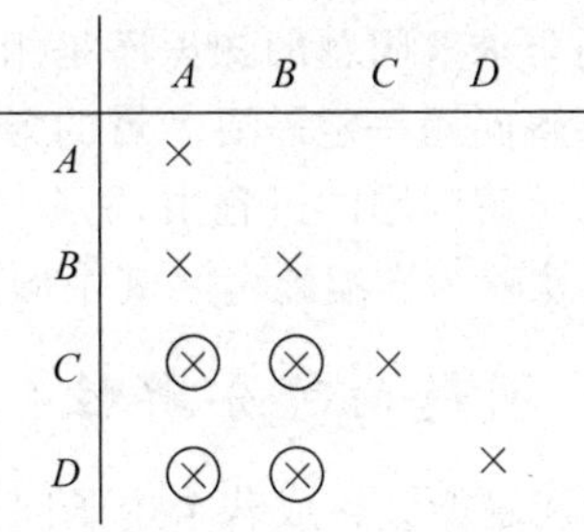

	A	B	C	D
A	×			
B	×	×		
C	⊗	⊗	×	
D	⊗	⊗		×

注：本身到本身不必传递，用×表示；洗涤槽不能往液源传送，用⊗表示。

其余的操作为可行操作，这些操作可定义为：

OP1：$A\to B(A\geqslant 25 \wedge B<75)\to(A-25,B+25,C,D)$　　4km

OP2：$A\to C(A\geqslant 25 \wedge C<75)\to(A-25,B,C+25)$　　5km

OP3：$A\to D(A\geqslant 25 \wedge D<75)\to(A-25,B,C,D+25)$　　5km

OP4：$B\to C(B\geqslant 25 \wedge C<75)\to(A,B-25,C+25,D)$　　3km

OP5：$B \to D(B \geqslant 25 \wedge D < 75) \to (A, B-25, C, D+25)$　3km

OP6：$C \to D\ (C \geqslant 25 \wedge D < 75) \to (A, B, C-25, D+25)$　6km

OP7：$D \to C(C < 75 \wedge D \geqslant 25) \to (A, B, C+25, D-25)$　6km

以上各规则后标明的是管长。

(3) 定义策略。因为现在没有给出任何知识可用来指导搜索,所以可采用耗尽式搜索,即每次将7个操作试用一遍。对于该具体问题,搜索时要注意以下两点:若操作重复时,只算一次距离;边搜索边求出距离最短的管长。

其解的搜索路径如图2-3所示。

以上两个例子的状态空间比较小,搜索策略可以采用耗尽式搜索。那么对于一般的问题空间,如何决定搜索策略?这有赖于对所求解的问题的特征进行分析。下面就讨论这个问题。

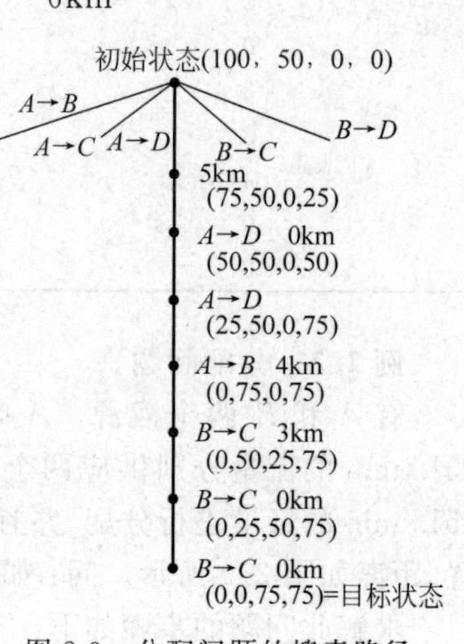

图2-3　分配问题的搜索路径

2.4　问题特征分析

为选择最适合于某一特定问题的搜索方法,需要对问题的几个关键指标或特征加以分析。一般要考虑以下几点。

- 问题可分解成为一组独立的、更小、更容易解决的子问题吗?
- 当结果表明解题步骤不合适时,能忽略或撤回该步骤吗?
- 问题的全域可预测吗?
- 在未与所有其他可能解作比较之前,能说当前的解是最好的吗?
- 用于求解问题的知识库是相容的吗?
- 求解问题一定需要大量的知识吗?或者说,有大量知识时,搜索应加以限制吗?
- 在求解问题的过程中,需要人机交互吗?

下面就较为详细地考察其中的部分问题。

2.4.1　问题的可分解性

如果问题能分解成若干个子问题,则将子问题解出后,原问题的解也就求出来了。这种求解问题的方法称为问题的归约。下面的符号积分问题就属于这类问题。

例2.3　符号积分。

不定积分的计算规则如下。

分部积分规则：　$\int u\mathrm{d}v \to uv - \int u\mathrm{d}v$

和式分解规则：　$\int (f(x)+g(x))\mathrm{d}x \to \int f(x)\mathrm{d}x + \int g(x)\mathrm{d}x$

因子规则：　$\int kf(x)\mathrm{d}x \to k\int f(x)\mathrm{d}x$

代数代换规则：

$$\int \frac{x^2}{(a+bx)^{2/3}}\mathrm{d}x \rightarrow \frac{3}{b^3}\int (z^6 - 2az^3 + a^2)\mathrm{d}z$$

其中，用 $z^2=(a+bx)^{2/3}$ 求得 $x=\frac{z^3-a}{b}$，然后进行代换。

相除化简规则：

$$\int \frac{z^4}{z^2+1}\mathrm{d}z \rightarrow \int\left(z^2-1+\frac{1}{1+z^2}\right)\mathrm{d}z$$

此外，还有三角函数的代换规则等。

一个典型的积分问题的求解过程如图 2-4 所示。

初始状态：积分表达式。

目标状态：分解的表达式与积分表上等号左边表达式都相同则终止。

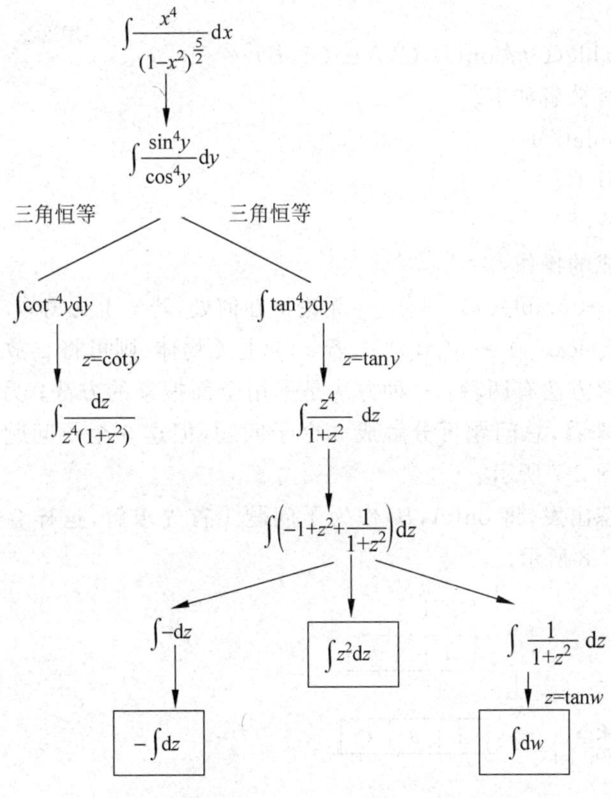

图 2-4 符号积分——一个可分解的问题

在图 2-4 中，框内的公式与积分表中的积分公式相同，因此，可以直接求解。

这个求解过程可概括为如图 2-5 所示的求解过程。

如果子问题的子问题的解均可求出，则原问题的解也可求出，且对子问题的子问题之间先后次序没有关系，故求解过程是独立的。

例 2.4 积木世界。

这是一个机器人规划问题的抽象模型。现在要求解的问题如图 2-6 所示。

积木问题关心的是积木块的相对位置：某一积木在桌上或某一积木在另一积木上。机

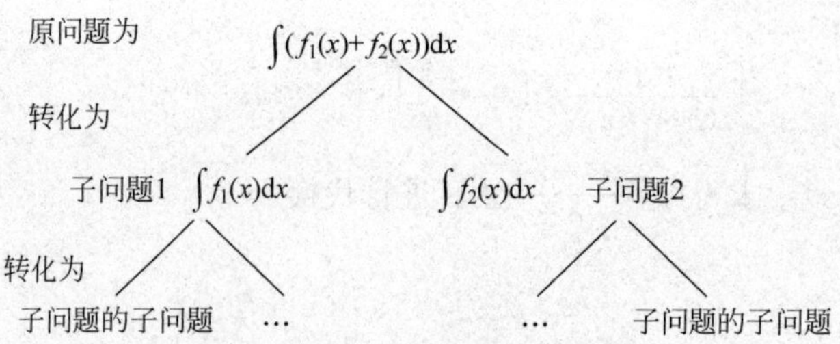

图 2-5　符号积分问题的分解过程

器人只能一次拿一块积木,每次搬动积木时积木上面必须是空的。

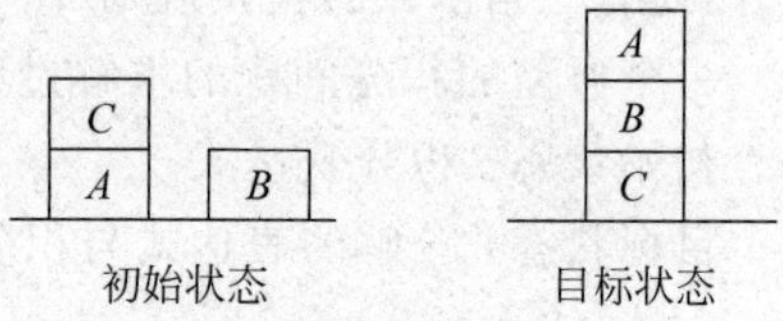

积木的相对位置可用谓词表示如下。

初始状态：ontable(B) ∧ clear(B) ontable(A) ∧ on(C,A) ∧ clear(C)

C
A　B
初始状态

A
B
C
目标状态

图 2-6　积木问题

目标状态：ontable(C) ∧ on(B,C) ∧ on(A,B)

其中目标状态可分解如下。

子问题 1：ontable(C)

子问题 2：on(B,C)

子问题 3：on(A,B)

机器人所需完成的操作：

OP1：clear(x)→ontable(x)　　无论 x 在何处,若 x 上无物体,则可将 x 放于桌上。

OP2：clear(x) ∧ clear(y)→on(x,y)　　若 x、y 上无物体,则可将 x 放在 y 上。

这个问题的求解方法有两种：一种方法是采用全面搜索的方法；另一种是用分解子问题的方法。从目标来看,总问题可分解成 3 个子问题,但这 3 个子问题不能按任意次序求解。其求解过程如图 2-7 所示。

但若从初始状态出发,将 on(A,B)作为子问题 1 首先求解,这样会使搜索离目标越来越远。其结果如图 2-8 所示。

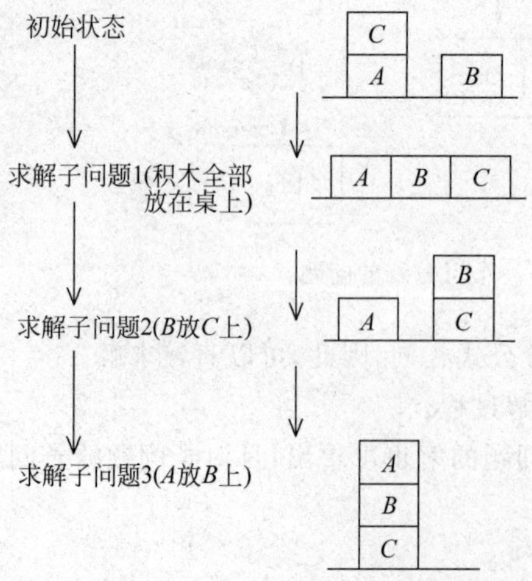

图 2-7　积木问题的求解过程

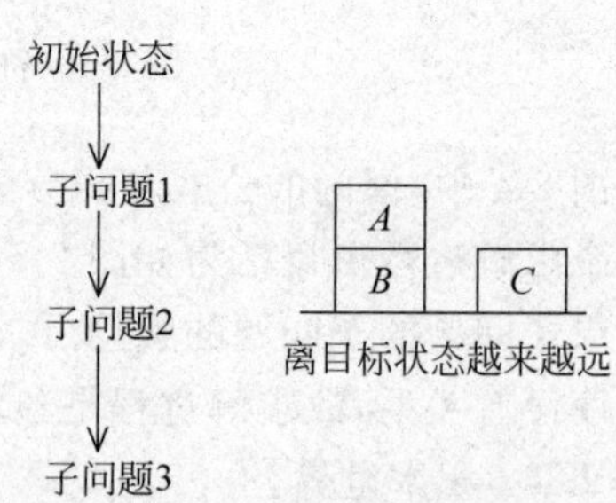

图 2-8　积木问题的错误的求解次序

不难看出各子问题之间的关系，实际上有两种情况：一种为子问题之间是独立的，其搜索路径可简单描述为如图 2-9 所示。

另一种是子问题之间有依赖关系，只能按照某个特定的顺序求解子问题，其搜索路径如图 2-10 所示。

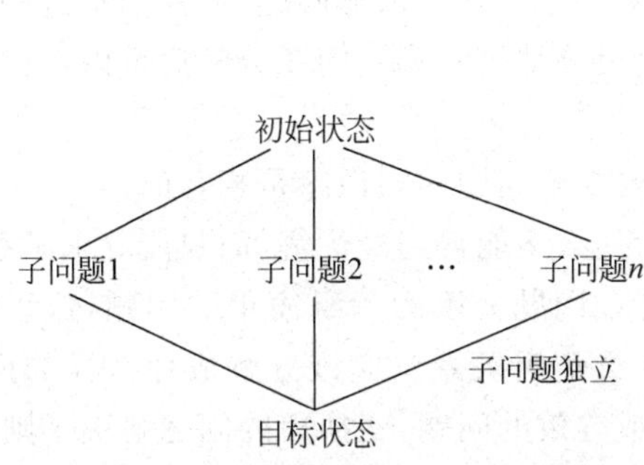

图 2-9　子问题之间是独立的搜索路径

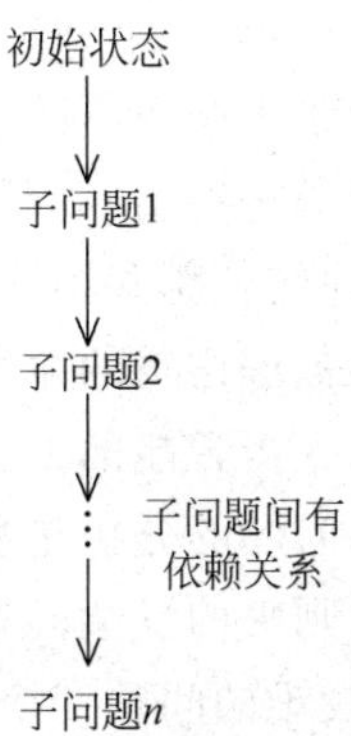

图 2-10　子问题之间有依赖关系的搜索路径

2.4.2　问题求解步骤的撤回

在问题求解的每一步骤完成后，分析一下它的搜索“踪迹”，可分为以下几点。

(1) 求解步骤可忽略。如定理证明，要证明的每一定理都为真，且都保存在知识库里。某个定理是怎样推导出来的对下一步的推导并不重要，它有可能有多种方法推导出来，重要的是它的推导要正确。因而它的搜索控制结构不需要带回溯。

(2) 可撤回。如走迷宫，实在走不通，可退回一步重来。这种搜索需用回溯技术，保证可以退回。例如，需用一定的控制结构；需采用堆栈技术。

(3) 不可撤回。如下棋、决策等问题，要提前分析每走一步后会导致的结果。不可回头重来，这需要使用规划技术。

2.4.3　问题全域的可预测性

有些问题的全域可预测，该问题空间有哪些状态是可以预测的，如例 2-1 的水壶问题、数学中的定理证明，这些问题结局肯定，可采用开环控制结构。

有些问题的全域不可预测，如变化环境下机器人的控制，特别是危险环境下工作的机器人随时可能出意外，必须利用反馈信息，应使用闭环控制结构。

2.4.4　问题要求的解的满意度

解的要求不同，采用的策略也就不相同。一般说来，最佳路径问题的计算比次优路径问题的计算要困难。使用提示来寻找好的路径的启发式方法常常只需要花费少量的时间，便可找出问题求解的任意路径。如果使用的启发式方法不理想，那么对这个解的搜索就不可能很顺利。有些问题要求找出真正的最佳路径，可能任何启发式方法都不适用。因此，必须进行耗尽式搜索，也就是下一章要讲到的盲目搜索方法。

习　题　2

2.1　搜索过程的三大要素是什么？对一个实际要求解问题，分别指出这三大要素分别是什么。

2.2　搜索求解问题的基本步骤是什么？对一个实际要求解问题，分别列举这些步骤。

2.3　列举一些实际问题，分析哪些问题是可分解的？哪些问题分解后可以按任何次序独立求解子问题？哪些不能按任何次序求解？

2.4　从数理逻辑的角度解释一下为什么要求解问题的知识库是相容的。

2.5　用人工智能的方法求解有些问题，为什么不能得到最优解，而只能寻求满意解？

2.6　在问题的分析过程中，将一个大的复杂问题分解为一组简单的问题，这组简单的问题解决了，则大的复杂问题就解决了，这是什么逻辑关系？应该分解成什么样的搜索树？如果将一个较难的问题变换为容易的、等价的或等效的问题，变换后的问题解决了则原来的问题就解决了，这是什么逻辑关系？应该分解成什么样的搜索树？

第3章 搜索的基本策略

本章主要讨论搜索的基本策略，即怎样搜索才可以最有效地达到目标。搜索的基本策略根据扩展的利用问题的特征信息的方式可分为盲目搜索、启发式搜索和随机搜索。如果没有利用问题的特征信息，一般的搜索方式与平时找东西在策略上可以说是相同的：

当我们在慌乱之中寻找东西的时候通常使用的就是随机搜索。

当我们在清醒时，有条理地寻找东西的方法大致可以分成两类：一种是找眼镜模式，它指的是眼镜掉了的时候总是从最近的地方开始寻找，慢慢地扩大搜索的范围；另一种是走迷宫模式，它指的是在走迷宫的时候由于无法分身只有一条路走到底，走不通再回溯的走法。

这3种方法分别对应的就是随机搜索、广度搜索和深度搜索。

下面按是否利用问题的特征信息划分搜索策略的方法，讨论盲目搜索、启发式搜索和随机搜索。

3.1 盲目搜索方法

盲目搜索方法又叫非启发式搜索，是一种无信息搜索(uninformed search)，一般只适用于求解比较简单的问题。下面将要讨论的几个搜索方法，它们均属于盲目搜索方法，虽然其他课程也讨论类似的算法，但我们要注重在这里的算法表达方法。

3.1.1 宽度优先搜索

在一个搜索树中，如果搜索是以同层邻近节点依次扩展节点的，那么这种搜索就叫宽度优先搜索(breath-first search)。这种搜索是逐层进行的，在对下一层的任一节点进行搜索之前，必须搜索完本层的所有节点。

在本节讨论的盲目搜索算法中存放节点都采用一种简单的数据结构——表，表是将节点按一定的顺序用逗号隔开放在一对括号中的一种数据结构，在表的首部和尾部都可以加入和删除节点。

宽度优先搜索算法如下。

(1) 令 N 为一个由初始状态构成的表。

(2) 若 N 为空退出，标志失败。

(3) 令 n 为 N 中第一个节点，将 n 从 N 中删除。

(4) 若 n 是目标，则退出，标志成功。

(5) 若 n 不是目标，将 n 的后继节点加入到 N 表的末端，转第(2)步。

宽度优先搜索的优点：若问题有解，则可找出最优解。缺点：效率低，组合爆炸问题难以解决。

3.1.2 深度优先搜索

与宽度优先搜索对应的一种盲目搜索叫做深度优先搜索(depth-first search)。在深度优先搜索中，首先扩展最新产生的(即最深的)节点到表中。深度相等的节点可以任意排列。

深度优先搜索算法如下。

(1) 令 N 为一个由初始状态构成的表。

(2) 若 N 为空退出，标志失败。

(3) 令 n 为 N 中第一个节点，将 n 从 N 中删除。

(4) 若 n 是目标，则退出，标志成功。

(5) 若 n 不是目标，将 n 的后继节点加入到 N 表的首部，转第(2)步。

深度优先搜索的优点：节省大量时间和空间。缺点：不一定能找到解。因为在深度无限搜索树的情况下，最坏的情况可能是不能停机。

广度和深度优先搜索虽然在搜索的策略上走了两个极端，但是它们在控制策略上的差异并不大。它们大都假设以队列作为数据结构，每次选队列的第一个节点进行拓展。广度和深度优先搜索的区别在于：广度优先搜索把结果存在队列的尾部；而深度优先搜索则是把它存在首部，只有一字之差。

3.1.3 分支有界搜索

分支有界搜索(branch-and-bound)也是一种深度优先搜索，但每个分支都规定了一个统一的搜索深度，搜索到这个深度后，如果没有找到目标便自动退回到上一层，继续按深度优先搜索。其算法如下。

(1) 令 N 为一由初始状态构成的表。

(2) 若 N 为空退出，标志失败。

(3) 令 n 为 N 中第一个节点，将 n 从 N 中删除。

(4) 若 n 是目标，则退出，标志成功。

(5) 若 n 深度为预先定好的一个界 d_{max}，则转第(2)步。

(6) 若 n 不是目标，将 n 的后继节点加入到 N 表的首部，转第(2)步。

此方法若被搜索树的深度远大于目标点的深度，则快于深度优先搜索。

3.1.4 迭代加深搜索

迭代加深搜索(iterative deepening)是在分支有界搜索的基础上，对 d_{max} 进行迭代，即逐步加深。这是一种同时兼顾深度和宽度的搜索方法。在限定的深度内，保证了对宽度节点的搜索，如果没有找到解，再加深深度。

3.1.5 一个盲目搜索问题的几种实现

这里给出一个简单的盲目搜索问题：对于中国象棋，如果“马”(棋子的名称)当前所在位置是(x,y)，它跳一步可能到达的位置最多有8个，如图3-1所示。

要求设计一个算法，对于任意给定的棋盘上的坐标位置 tp，输出马从当前位置 cp 出发通过搜索到达的该坐标位置 tp。

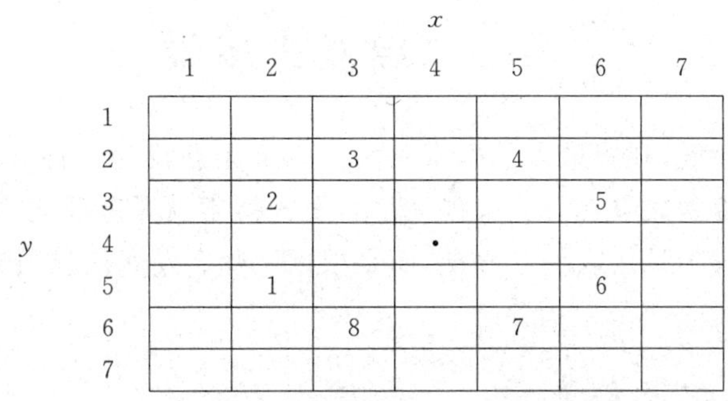

图 3-1 中国象棋中跳马可能到达的 8 个位置

求解过程如下：

1. 定义状态空间

设状态空间的一点为 10×9 矩阵。

2. 定义操作规则

马走棋盘可以模拟为一个搜索过程：每到一处，总让它按东、东南、南、西南、西、西北、北、东北 8 个方向顺序试探下一个位置；如果某方向可以通过，并且在前面的搜索过程中不曾到达，则可以前进一步；在新位置上按上述方法就可以重新进行搜索，并将到达的位置标记 *。

对这 8 个方向，从东开始，按顺时针的顺序依次编号为 1，2，…，8。算法中，设计 move 数组是一个二维数组，记录了 8 个方向上的行下标增量和列下标增量。如果当前所在位置是(x,y)，则沿第 $i(0\leqslant i\leqslant 7)$个方向前进一步，到达新位置$(x_1,y_1)$，其下标可以借助 move 数组确定：

$$x_1=x+\text{move}[i][0]$$
$$y_1=y+\text{move}[i][1]$$

3. 定义搜索策略

为了避免重复，可以对搜索过的地方做一个标记，不同的搜索分支可以避开搜索这个地方。

(1) 宽度优先搜索。搜索过程为：沿着 8 个方向，如果可行，都前进一步，看是否达到位置 tp。如果没有达到，则依次从新的位置为起点，沿着 8 个方向继续前进一步……直到搜索到目标位置 tp，或找不到未搜索的位置为止。

(2) 深度优先搜索。搜索过程为：沿着 8 个方向中的某一个，比如，从朝东方向开始，前进一步，看是否达到位置 tp。如果没有达到，则以这个位置为起点，沿着 8 个方向中的某一个继续前进一步……某个分支搜索不通时，再沿着当前位置 8 个方向的下一个方向继续搜索。直到搜索到目标位置 tp，或找不到未搜索的位置为止。

(3) 分支有界搜索。搜索过程为：沿着 8 个方向中的某一个，比如，从朝东方向开始，前进一步，看是否达到位置 tp。如果没有达到，则以这个位置为起点，沿着 8 个方向中的某一个继续前进一步……如果搜索到第 k 步或某个分支搜索不通时，再沿着当前位置 8 个方向的下一个方向继续搜索。直到搜索到目标位置 tp,或所有的分支都搜索到了第 k 步,或找不到未搜索的位置为止。

3.2 启发式搜索

盲目搜索的效率低,耗费过多的搜索时间。如果能够找到一种方法选择最有希望的节点加以扩展,那么,搜索效率将会大大提高。启发式搜索就是基于这种想法,它是深度优先搜索的改进。搜索时不是任取一个分支,而是根据一些启发式信息,选择最佳的一个或几个分支往下搜索。

3.2.1 启发式信息的表示

1. 启发式搜索的依据

启发式搜索作为一种基本的搜索方法,其主要根据如下。

(1) 人们善于利用一些线索来帮助自己选择搜索方向,这些线索统称为启发式(heuristics)信息,heuristics 一词来源于希腊语 heuriskein,即“发现”的意思。

(2) 现实问题往往只需一个解,而不要求最优解或全部解。

(3) 使用启发式信息可以避免某些领域里的组合爆炸问题。

例 3.1 计算机下棋问题,若采用将所有可能的走法都试一遍,并从中找出最佳的一步,下面几种棋的可能走法分别为:

一字棋:9! 步。

国际象棋:10^{120} 步,如果计算机以最快速度一年走 10^{104} 步,需 10^{16} 年才能完成。

围棋:10^{761} 步,需要的时间更长。

像这样一类问题必须利用启发式信息来求解。这些问题的初始状态、算子和目标状态的定义都是完全确定的,并且有一个确定的搜索空间。现在的问题就在于如何有效地搜索这个空间,因为这个空间太大。进行这种搜索的技术一般需要某些有关具体问题领域的特性的信息。这些信息常常可以用来简化搜索。把这种信息叫做启发式信息,并把利用启发式信息进行的搜索方法叫做启发式搜索方法。启发式信息按其形式可分为下列两种。

(1) 表示为估计函数。确定一个启发式函数 $f(n)$,n 为被搜索的节点,$f(n)$ 把 n 所处的问题状态的描述映射成问题解决的程度,通常这种程度用数值来表示,就是启发式函数的值。这个值的大小用来决定最佳搜索路径。

(2) 表示成规则。如 Lennat 编制了一个程序 AM,从数论、集合论的一些基本概念出发,发现了标准数论大量的定理,其中一条启发式规则如下:

如果存在一个有趣的二元函数 $f(x,y)$,那么看看两变元相同时会发生什么?

若 f 表示乘法:导致发现平方。

若 f 表示集合并运算:导致发现恒等函数。

若 f 表示思考:导致发现反省。

若 f 表示谋杀:导致发现自杀。

(3) 表示成元规则。还有一些启发式规则用于如何控制使用状态空间中的搜索规则(或算子),即这个规则体现了状态空间的搜索策略,这个策略用到启发式信息。这样的启发式规则也称为元规则(meta rule),是如何使用规则的规则。

2. 启发式函数的表示方法

启发式函数是一种映射函数,它把对问题的当前状态的描述映射成一种接近目标的程度。使用这个函数,可以引导人们如何解决当前的问题。在搜索算法的设计中,考虑问题的状态的各种因素、各种特征,怎样对所考虑的方面作出估计,怎样对某些因素加权等,都用于启发式函数的设计,只要这些因素有助于该函数对节点是否在解路径上作出尽可能准确的估计。启发式函数设计得好,对有效引导搜索过程有着重要的作用。在有的情况下,非常简单的启发式函数搜索路径能够作出非常令人满意的估计,对有些场合还需要使用非常复杂的启发式函数。下面就简单讨论一下如何构造启发式函数。

(1) 设计的启发式函数应能够根据问题的当前状态,确定用于继续求解问题的信息。

例 3.2 考虑利用启发式信息去求解水壶问题(即如何通过两个容量为 4 升、3 升的水壶得到 2 升水),人们绝不盲目搜索,而是利用水壶容量信息 4,3,0,考虑如何求得 2。用这几个数字可以考虑 4 减 2 或 3 减 1 得到 2。但考虑 4 减 2 肯定不行,因为它用到 2 来求得 2,用后一个方法要考虑如何求得 1。这很容易在当前信息中找出,因为 4 减 3 等于 1。由于这里的"减去"是从某个水壶中向外倒水,可以从加满水的 4 升水壶里向空的 3 升水壶里加满,这样 4 升水壶里只剩下 1 升。这样得到数字 1。再从现有数字中不难想到 3－1＝2。由 3－1＝2 又可以想到把 3 升水壶倒空,再把 4 升水壶的 1 升水倒入 3 升水壶中,3 升水壶还缺 2 升水,现在有数字 2 了,可以考虑 4－2＝2。也就是将 4 升水壶的水加满,然后用 4 升水壶中的水将 3 升的水壶加满。这样 4 升水壶中就只剩下 2 升了。用只有两个元素的表:(4 升水壶的水量,3 升水壶的水量),上述的求解路径可表示为

$$(0,0)\rightarrow(4,0)\rightarrow(1,3)\rightarrow(1,0)\rightarrow(0,1)\rightarrow(4,1)\rightarrow(2,3)=\text{目标}$$

其搜索过程如图 3-2 所示。

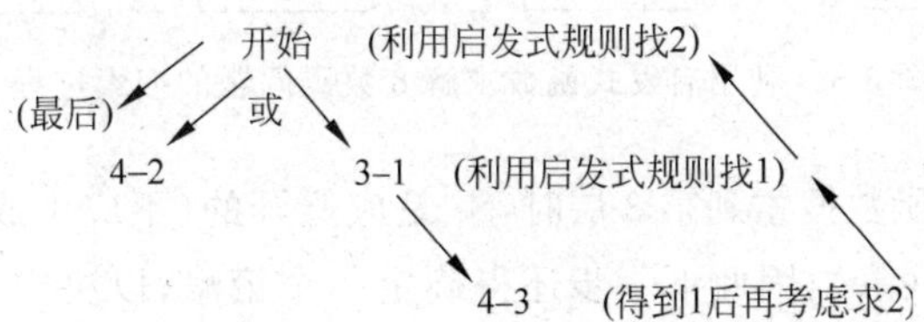

图 3-2 利用启发式信息求解水壶问题的搜索过程

(2) 设计的启发式函数应能够估计已找到的状态与达到目标的有利程度。这样的启发式函数能够有效地帮助决定哪些后继节点应被作为下一步搜索的起点。

例 3.3 8 数码问题。

初始状态 S_0

2	8	3
1	6	4
7		5

目标状态 S_g

1	2	3
8		4
7	6	5

一般状态,即问题空间为

a_{11}	a_{12}	a_{13}
a_{21}	a_{22}	a_{23}
a_{31}	a_{32}	a_{33}

各状态间的转换规则为:

Pr1：空格上移 ↑

If $\square_{i,j}$ and $i \neq 1$ then $a_{i-1,j} \longleftrightarrow \square_{i,j}$

Pr2：空格下移 ↓

If $\square_{i,j}$ and $i \neq 3$ then $a_{i+1,j} \longleftrightarrow \square_{i,j}$

Pr3：空格左移 ←

If $\square_{i,j}$ and $j \neq 1$ then $a_{i,j-1} \longleftrightarrow \square_{i,j}$

Pr4：空格右移 →

If $\square_{i,j}$ and $j \neq 3$ then $a_{i,j+1} \longleftrightarrow \square_{i,j}$

其中 Pr 表示产生式规则(production rule)，它类似于有限自动机的转换规则；$a_{i+1,j} \longleftrightarrow \square_{i,j}$ 表示处在第 $i+1$ 行第 j 列的元素与第 i 行第 j 列的空格交换。

定义启发式函数 f_1 = 数字错放位置的个数。$f_1=0$，则达到目标。其搜索过程如图 3-3 所示。

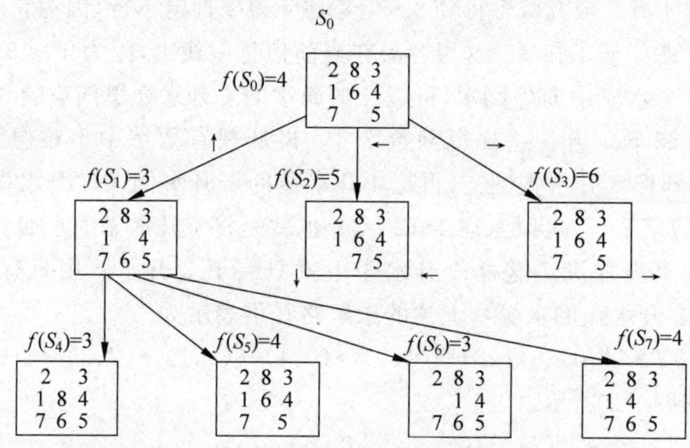

图 3-3　利用启发式函数求解 8 数码问题的搜索过程

但利用这个启发式函数搜索到第 3 层时，S_5 是应避开的(不应生成的)，又由于 $f_2(S_4)=f_2(S_6)=3$，这称为均势(tie)，因此下一步还得确定一个策略，以决定当 f_1 值相同时如何打破均势(break tie)，向下搜索。这意味着要定义一个新的启发式函数。由此可以看出，同一问题启发式函数可能有多种选择。

现在定义新的启发式函数为

f_2 = 所有数字当前位置次最短路径走到正确位置的步数之和

在这个定义之下，各状态的启发式函数值为

数码　1　2　3　4　5　6　7　8

$f_2(S_0)=1+1+0+0+0+1+0+2=5$

$f_2(S_1)=1+1+0+0+0+0+0+2=4$

$f_2(S_2)=1+1+0+0+0+1+1+2=6$

$f_2(S_3)=1+1+0+0+1+1+0+2=6$

$f_2(S_4)=1+1+0+0+0+0+0+1=3$

$f_2(S_5)=1+1+0+0+0+1+0+2=5$

$f_2(S_6)=1+2+0+0+0+0+0+2=5$

其中每个函数中加法的每一项表示对应数码移动的步数。

现在可以看出，原来有 $f_2(S_4)=f_2(S_6)=3$，现在 $f_1(S_4)<f_1(S_6)$，所以下一步搜索从 S_4 出发，产生其后继节点。

(3) 设计的启发式函数应能够估计出可能加速达到目标的程度，它最直接的作用是当扩展一个节点时，能帮助确定哪些节点应从搜索树中删除。

启发式函数对搜索树(图)中每一节点的真正优点估计得越精确，解题过程就越少走弯路。

例 3.4 8 皇后问题(8-Queens Problem)。

在 8×8 棋盘中放下 8 个皇后，要求没有一个皇后能够攻击其他皇后，即要使得在任何一行、一列或对角线上都不存在两个或两个以上的皇后。

求解这个问题的过程如下：

(1) 定义状态空间。设状态空间的一点为 8×8 矩阵。

(2) 定义操作规则。为简单起见，可按以下规则放置皇后：

第一个皇后放第一行。

第二个皇后放在第二行且不与第一个皇后在同一列或对角线的空格上。

……

第 i 个皇后放在第 i 行且不与前面 $i-1$ 个皇后在同一列或对角线的空格上。

……

按照这个规则，在某一步放置某个皇后时可能有若干个空格可以使用，究竟放哪一个空格，可使用以下启发式函数：

$$f(x)=\text{剩下未放行中能够用来放 } Q(\text{Queen}) \text{ 的空格数}$$

其中 x 为当前要放置 Q 的那个空格。

例如，在放置了 3 个 Q 后，第 4 个 Q 可放在第 4 行的 A、B、C 3 个位置。

在图 3-4 中，记：a 为第 4 行 A 处放了皇后，剩下可放 Q 的位置；b 为第 4 行 B 处放了皇后，剩下可放 Q 的位置；c 为第 4 行 C 处放了皇后，剩下可放 Q 的位置。

			Q				
	Q						
							Q
		A		B	C		
abc		*bc*				*ab*	
bc		*c*				*ac*	
abc		*b*		*ac*	*b*		
ac				*ac*	*ab*	*bc*	

图 3-4　8 皇后问题放置了 3 个 Q 后能够继续放 Q 的位置

按照以上定义，可求得：$f(A)=8$，$f(B)=9$，$f(C)=10$。不难看出，$f(x)$越大越好，应选择 $f(x)$最大的空格来放置皇后。所以，搜索可以从 C 对应的空格放置一个皇后开始，其余的空格对应的搜索树可以删除。

(3) 定义搜索策略。

第 i 个皇后放到第 i 行中的那个与前面 $i-1$ 个皇后不在同一列或对角线上且 $f(x)$ 值最大的空格中。

由此可见,启发式信息是某些领域里的知识信息,它能使计算机系统在这些知识信息提示以后可能采取的某些可能的动作或避免某些不可能的动作,它能够说明动作适合的条件或不适合的条件。所以,人们把通过启发式信息引导的搜索方法称为启发式搜索方法,并定义为一种专门的技术,以帮助问题求解。

启发式搜索方法按其适用的范围也可以分为两种:一种是适用于特定的领域,如果这个领域很窄,这种启发式搜索方法就变成了类似于计算方法中的算法;另一种是适用于较广泛领域的通用启发式搜索算法,这类算法是后面要讨论的弱法。

3. 搜索方向的选择

搜索过程的目的在于:在问题空间中找出从开始状态到目标状态的一条最好的或较好的路径。这种搜索可按两个方向进行:正向搜索,从初始状态朝着目标状态方向搜索;逆向搜索,从目标状态朝着初始状态方向搜索。

将以上两种搜索方法结合起来,就产生了双向搜索,即同时从初态和目标态出发,朝着对应的方向搜索。

正向搜索和逆向搜索可用图 3-5 来说明。

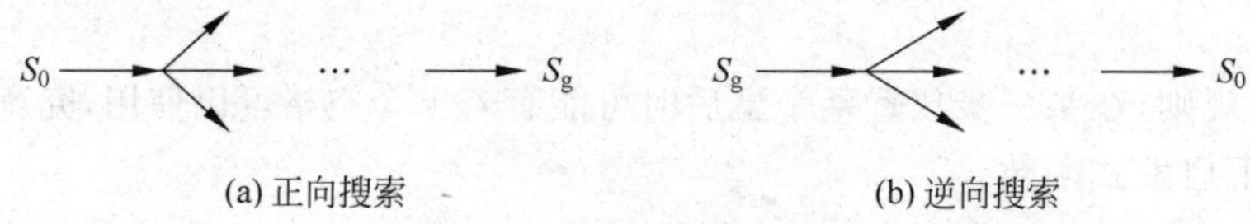

图 3-5 正向搜索和逆向搜索

一般来说,采用双向搜索是为了提高搜索效率。理想的双向搜索如图 3-6(a)所示,而使用不当的双向搜索可能产生图 3-6(b)所示的结果。这种结果不会比单独使用正向搜索或逆向搜索好,因为它总是取正向搜索和逆向搜索中最差的结果。

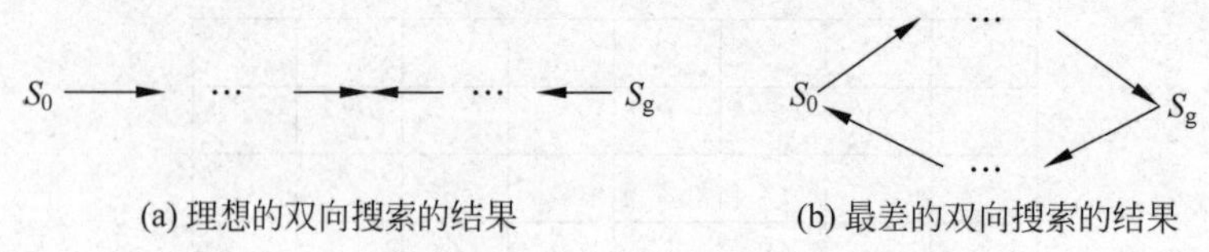

图 3-6 双向搜索结果

究竟采用正向搜索好还是采用逆向搜索好,可以考虑以下因素。

(1) 朝分支因子低的方向更有效。

分支因子指从一点出发可以直接到达的平均节点数。朝着分支因子低的方向搜索意味着朝着“收敛”的方向搜索。例如,定理证明,一般是从公理或定理出发,推出新的定理。公理是有限的,而定理是大量的。如果采用正向搜索,就要从大量可行的定理中寻找待证的定理,如图 3-7(a)所示。很多定理并不是需要的,从公理或定理出发可以证明出大量的定理,但意义不大。要找出感兴趣的定理,也许是大海捞针。所以,要从被证明的定理出发,即逆向搜索，找出支持这个定理的公理和定理。这就是朝着分支因子低的方向搜索，如图 3-7(b)所示。

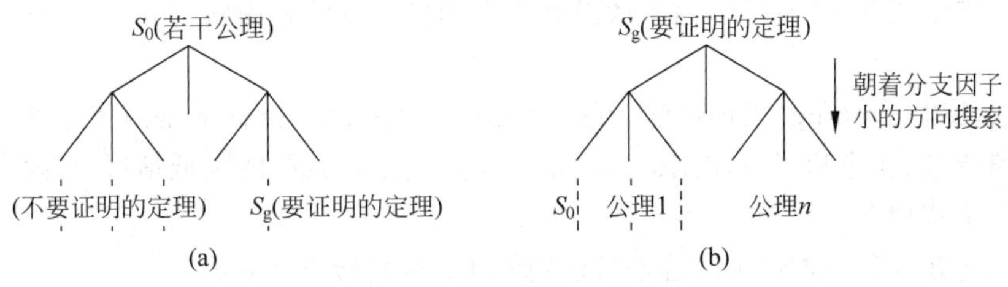

图 3-7 定理证明的两个方向搜索

(2) 由状态少的一方出发，朝着大量的可识别的状态的方向搜索，会容易一些。例如，符号积分问题，正向搜索意味着从被积函数出发，按照积分规则，寻找原函数，如图 3-8(a)所示。而逆向搜索，则要从大量的原函数的任意组合出发，通过积分规则，找出被积函数，如图 3-8(b)所示。这显然要困难得多，在人工演算积分问题时绝不会这么去做。分析一下这两种情况，已知的被积函数，它的状态数是很少的，而原函数的任意组合的数目则是大量的，但是每个状态是可识别的(原函数可以通过查表得到)，该问题采用正向搜索，就是由状态少的一方出发，朝着大量的可识别的状态的方向搜索。

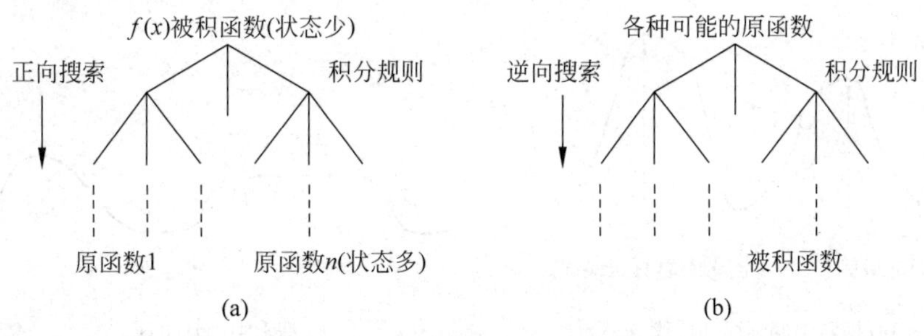

图 3-8 积分问题的两个方向搜索

(3) 依据用户可接受的方向。特别是需要向用户解释推理过程时，顺应用户的心理，选择搜索方向会使系统显得更自然一些。在建造专家系统时，向用户解释为什么系统会得出某个结论，这一步骤是必不可少的，所以尤其要考虑这个问题。

3.2.2 几种最基本的搜索策略

下面主要介绍几种基本搜索策略，这些策略已构成了许多 AI 系统的构架，其搜索效率取决于问题所在领域知识的利用与开发。由于这些方法的通用性，并且难以克服搜索过程的组合爆炸问题，所以又称为弱法(weak method)。下面讨论几种使用弱法的通用问题求解策略。

1. 生成测试法

生成测试法(generate-and-test)的基本步骤如下。

(1) 生成一个可能的解，此解是状态空间一个点，或一条始于 S_0 的路径。

(2) 用生成的“解”与目标比较。

(3) 达到目标则停止；否则转第(1)步。

此方法属于深度优先搜索,因为要产生一个完全的解后再判断。若不是目标,则要生成下一个"解"。这种方法几乎接近耗尽式搜索,因而效率低。于是,人们考虑能否利用反馈信息以帮助决定生成什么样的解,这种改进就是下面要讨论的爬山法。

2. 爬山法

爬山法(hill-climbing)又可比喻为瞎子爬山法,之所以这样称谓是因为这种方法只用到局部的反馈信息,就像瞎子只能用他的拐棍来探测周围(局部)的高低情况,试探着爬山。爬山法的基本步骤如下。

(1) 生成第一个可能的解。若是目标则停止;否则转下一步。

(2) 从当前可能的解出发,生成新的可能解集。

① 用测试函数测试新的可能解集中的元素,若是解,则停止;若不是解,转第②步。

② 将它与至今已测试过的"解"相比较。若它最接近解,则保留作为最佳元素;若它不最接近解则舍弃。

(3) 以当前最佳元素为起点,转第(2)步。

爬山法在生成的元素中寻找最优解,这种最优是局部最优。爬山法会产生下述问题:

(1) 找到的是局部最大值,如图3-9(a)所示。

(2) 碰到平顶时无法处理,如图3-9(b)所示。

遇到平顶是在某一局部点周围 $f(x)=\text{constant}$,此时无法决定要搜索的最佳方向。

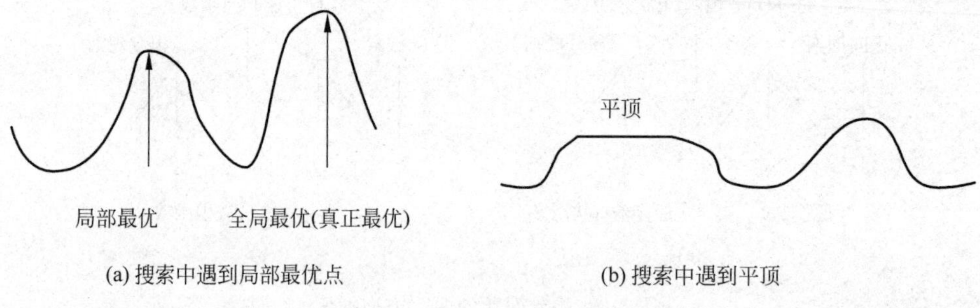

图3-9 爬山法中出现的问题

(3) 碰到山脊时无法处理。山脊是在搜索空间中的一块"带状地区",在此带状地区的 $f(x)$ 值与周围邻域内的值相等。

碰到山脊的克服办法是:退回较大一步,即允许回溯;向前跨一大步;多设几个初始点,从几个初始点同时或先后进行搜索。

3. 最佳优先搜索

最佳优先搜索(best-first search)是由爬山法改造而来的,其算法步骤如下。

(1) 生成第一个可能的解。若是目标则停止;否则转第(2)步。

(2) 从该可能的解出发,生成新的可能解集。

① 用测试函数测试新的可能解集中的元素,若是解,则停止;若不是解,转第②步。

② 将新生成的"解"集加入到原可能"解"集中。

(3) 从解集中挑选最好的元素作为起点,再转(2)。

最佳优先搜索是从"所有可能解集"中找最佳值,因此是全局最佳。爬山法是从当前后继中求最好的,因此,比爬山法考虑的因素要多些。

爬山法与最佳优先搜索的区别如图 3-10 所示，其中，$f(x)$为 x 到目标距离的估计函数。

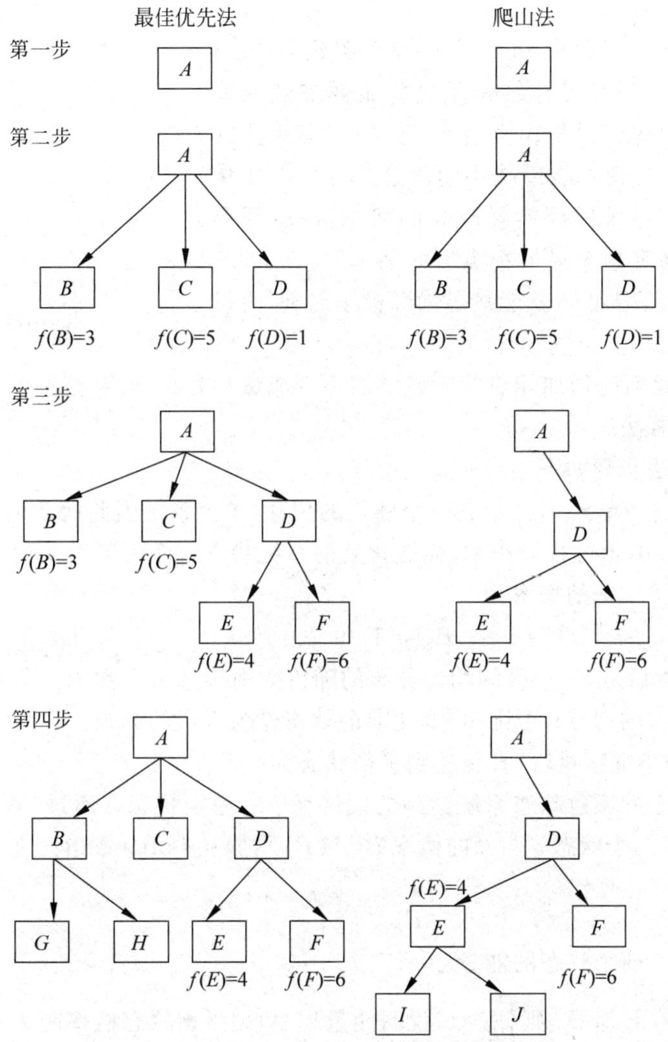

图 3-10　爬山法与最佳优先搜索法的比较

在上述问题中，若解在 G 处，则 $f(G)=0$，爬山法没有办法找到解；若解在 I 处，则 $f(I)=0$，此时爬山法可比最佳优先搜索法更快地找到解，因为对最佳优先搜索法来说，必须从 B 分支开始搜索，由于 G、H 都不是解，因而 f 值必然较大，最后还是必须转移到 $D\to E\to I$ 的分支上来。

3.3　随机搜索

虽然随机搜索看上去方法很傻，但是当问题的空间很大，而可行解较多，并且对解的精度要求不高时，随机搜索还是很有效的解决办法，因为其他的做法在这个时候的时空效率不能让人满意。而借助演化思想和群集智能思想改进过的随机算法更是对解的分布有规律的复杂问题有良好的效果。

3.3.1 模拟退火法

模拟退火法(simulated annealing)是克服爬山法缺点的有效方法。所谓退火,是指冶金专家为了达到某些特种晶体结构重复将金属加热或冷却的过程,该过程的控制参数为温度 T。模拟退火法的基本思想是,在系统朝着能量减小的趋势这样一个变化过程中,偶尔允许系统跳到能量较高的状态,以避开局部极小点,最终稳定到全局最小点。如图 3-11 所示,若使能量在 C 点突然增加 h,就能跳过局部极小点 B,而找到全局最小点 A。

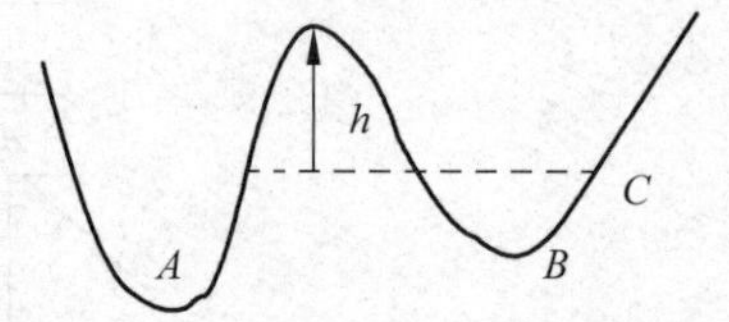

图 3-11 增加能量 h 跳过局部极小点 B 找到全局最小点 A

现在的问题是何时增加能量?应该增加多少能量?为此,柯克帕特里克(S. Kirkpatrick)提出了模拟退火算法。

模拟退火算法步骤如下。

(1) 随机挑选一单元 k,并给它一个随机的位移,求出系统因此而产生的能量变化 ΔE_k。

(2) 若 $\Delta E_k \leqslant 0$,该位移可采纳,而变化后的系统状态可作为下次变化的起点;若 $\Delta E_k > 0$,位移后的状态可采纳的概率为

$$P_k = 1/(1 + \mathrm{e}^{-\Delta E_k/T})$$

式中 T 为温度,然后从(0,1)区间均匀分布的随机数中挑选一个数 R。若 $R < P_k$,则将变化后的状态作为下次的起点;否则,将变化前的状态作为下次的起点。

(3) 转第(1)步继续执行,直至达到平衡状态为止。

概率分布稳定并不意味着系统达到的仅仅是单一稳定状态。不过,对一具体温度 T 而言,达到平衡时任两个状态 α 与 β 的概率 P_α 与 P_β 均服从 Boltzmann 分布,则

$$\frac{P_\alpha}{P_\beta} = \mathrm{e}^{-(E_\alpha - E_\beta)/T}$$

式中 E_α、E_β 为 α、β 两个状态的能量。

公式表明:若 $E_\beta > E_\alpha$,则 $\frac{P_\alpha}{P_\beta} > 1$,说明能量越小,则平衡状态概率越大,因而系统处于能量较小的平衡状态的可能性也越大。另外,温度 T 对系统的影响如下。

① 温度越高,系统越容易达到平衡状态,但却使 P_α/P_β 值越小,故相对而言,在平衡状态下处于能量较小状态的可能性也越小。

② 温度越低,系统达到平衡状态的速度虽慢,但 P_α/P_β 值越大,故系统可能达到能量较小的平衡状态。

对于搜索问题中的爬山法,利用模拟退火法,不但可以使变化的随机选择大一些的步长,而且可以跨过局部极小点。通常的做法是:最初阶段倾向于取大步;后续阶段倾向于取小步。

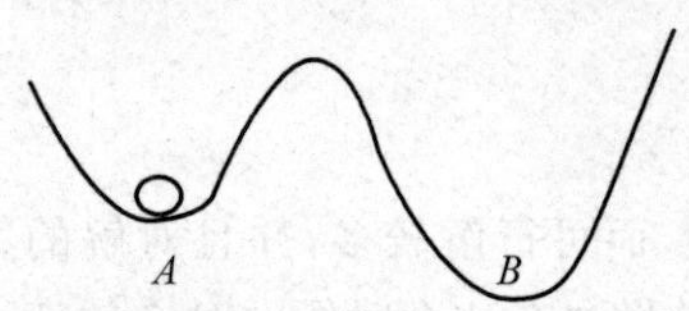

图 3-12 使小球跳过局部极小点

这个过程的原理可以根据图 3-12 所示形象地去理解,如果希望小球离开 A 点然后停在 B 点(全局最小),使用较小的能量来摇动系统,这小球只能停在 A 点。若开始以较

大的速度摇动，后来慢慢地减轻，则小球很可能就会落在B点，且小球到B点之后，就不易从B点摇到A点。模拟退火法就类似于这个过程。

3.3.2 其他典型的随机搜索算法

在许多搜索算法中，采取的搜索策略并非只是一种，而随机搜索就是所采取的策略之一。采用随机搜索的目的往往是增加算法的灵活性和搜索过程扩展方式的多样性，使得算法避免陷入过早收敛的境地。这样的一些算法常常给启发式函数加入一些带有随机性的调控参数，如参数中有 rand()函数或其他随机控制手段，这类算法有遗传算法、粒子群算法、蚁群算法和人工免疫算法等。

1. 遗传算法

遗传算法(genetic algorithm)的基本思想来源于达尔文的进化论。达尔文认为：每个物种初生个体的数目总是比能够生存下来的个体数目多，因此个体之间为了生存而相互竞争。如果某个个体的特征发生微小的变异，尽管很小，但使得其适应能力有所提高，那么在复杂的、不断变化的自然环境中，这个个体就有更大机会生存下来，这就是自然选择(natural selection)。变异得到的特征经过遗传由后代继承。通过遗传、变异和自然选择，生物物种能够不断进化。

遗传算法则是模拟生物进化的自然选择和遗传机制的一种随机搜索方法，适用于复杂的非线性问题。该算法的主要步骤为：编码；产生初始种群；计算适应度；选择；交叉；变异。

由于遗传算法只使用目标函数(适应值)进行搜索，可以处理很多类型的问题。遗传算法使用的遗传算子是一种随机操作，而不是确定性规则，其中选择、交叉和变异操作都是由一定概率来控制的。

2. 人工免疫算法

人工免疫算法是模拟了人体的免疫细胞的工作机制设计出来的算法。它和遗传算法相比，只是把遗传算子和控制参数的部分操作做了一些改变。

该算法从种群中选择适应值最高的一批个体并对它们进行变异操作，而这里变异操作的概率随着适应度的增加而减少。在原来的种群中把一部分适应度差的淘汰掉，并从变异完成的个体中找出适应度最高的那部分组成新的种群。

该算法的框架也与遗传算法基本相似，但有的只采用了变异操作和选择操作，有的又增加了一些操作。它增加了群体的多样性，保留了更多且不同的最优个体，随进化过程的进行而不断更新这些个体，这样能加速算法找到全局最优值。经仿真实验证明在优化几个相关的概率后，对很多问题该算法的处理效率比遗传算法要好。

3. 蚁群算法

蚁群算法于20世纪90年代早期由 Marco Dorigo(Milan，Italy)等提出发展并完善。蚁群算法模拟蚂蚁从巢穴出发，通过对信息素(pheromone)的追踪来找到从巢穴到食物之间的最短路径。模拟过程中假定：

- 每只蚂蚁都是随机移动的。
- 信息素被洒到经历过的路径上。
- 蚂蚁能感知周围的信息素。
- 一条路径上的信息素的浓度越高，则其被其他蚂蚁选择的可能性越大。

模拟过程由以下6个规则控制。

(1) 范围。蚂蚁观察到的范围是一个方格世界,蚂蚁有一个参数为速度半径(一般是3),那么它能观察到的范围就是3×3个方格世界。

(2) 环境。蚂蚁所在的环境是一个虚拟的世界,其中有障碍物,有别的蚂蚁,还有信息素。信息素有两种,一种是找到食物的蚂蚁洒下的食物信息素,另一种是找到窝的蚂蚁洒下的窝的信息素。环境以一定的速率让信息素消失。

(3) 觅食规则。在感知范围内寻找是否有食物,如果有就直接过去;否则看是否有食物信息素,并且比较在能感知的范围内哪一点的信息素最多,就朝信息素多的地方走。由于每只蚂蚁多会以小概率犯错误,所以并不是总往信息素最多的点移动。

(4) 移动规则。每只蚂蚁都朝向信息素最多的方向移动,并且当周围没有信息素指引时,蚂蚁会按照自己原来运动的方向惯性地运动下去,并且在运动的方向上有一个随机的小扰动。

(5) 避障规则。如果蚂蚁要移动的方向有障碍物挡住,它会随机地选择另一个方向,并且有信息素指引的话,它会按照觅食/找窝的规则行动。

(6) 播撒信息素规则。在不同的蚁群优化算法中,有的蚂蚁每次撒播的信息素是一个常量,有的蚂蚁撒播的信息素是一个变量,但是这些信息素都是动态变化并随时间逐渐消失的。

从模拟过程中的假设和控制规则可以看出,随机搜索是该搜索算法的主要特点之一。

4. 粒子群算法

粒子群算法简称PSO(Particle Swarm Optimization),它具有蚁群和遗传算法两者的特点,它和蚁群算法一样采用的是增量方式进行搜索,但是在结构上,不论是种群的初始化、适应性函数、终止条件,还是其他方面和遗传算法是基本一致的。

PSO中"粒子"就相当于遗传中的个体,和个体不同的是每个粒子有一个速度决定它们飞翔的方向和距离,然后粒子们就追随当前的估价函数评出的最优粒子在解空间中搜索。

PSO初始化和遗传一样,然后通过迭代找到最优解。在每一次迭代中,粒子通过跟踪两个"极值"来更新自己。第一个极值就是粒子本身所找到的最优解,这个解叫做个体极值pbest;另一个极值是整个种群目前找到的最优解,这个极值是全局极值gbest。在找到这两个最优值时,粒子根据以下公式来更新自己的速度和新的位置,即

$$v[\,] = w * v[\,] + c_1 * \text{rand}() * (\text{pbest}[\,] - \text{present}[\,]) + c_2 * \text{rand}() * (\text{gbest}[\,] - \text{present}[\,]) \tag{3-1}$$

$$\text{present}[\,] = \text{present}[\,] + v[\,] \tag{3-2}$$

其中,$v[\,]$是粒子的速度;present[]是当前粒子的位置;rand ()是介于(0,1)之间的随机数;c_1、c_2 是学习因子;w 称为惯性因子,w 较大适于对解空间进行大范围探查,w 较小适于进行小范围开挖,w 越小收敛得越快,但是容易收敛于局部极值,所以通常采取随着迭代的加深线性减少 w 的取值的方法来进行优化。

这种算法有其实现容易、精度高、收敛快的特点;而它的弊端和遗传算法一样,也是它容易收敛到局部的极值。

5. 混合随机算法

一般弥补随机算法缺陷的方法有两种:一种是提高自己,比如调整控制机制、优化参数

等；另一种就是混合其他算法的优势来提升自己的性能。以下是几种常见的混合方式。

(1) 模拟退火与遗传算法及 PSO 的结合。PSO 和遗传算法都有十分强的全局搜索能力，但是容易陷入局部最优值，而模拟退火的 metropolis 法则可以帮助它们跳出局部最优，得到更快的收敛速度。

(2) 蚁群算法与遗传算法及 PSO 的结合。它们的互补在于局部搜索和全局搜索。结合分两种：一种以蚁群算法为基础；另一种以遗传算法为基础。第一种思想主要是在蚁群中加入交叉和变异算子来实现，或是由遗传算出大致的最优点分布作为蚁群的信息素出现。第二种策略是先用遗传算出一个解，再用蚁群来进行局部优化或是让蚁群算法改善变异算子。

以上这些算法还将用单独的章节分别予以详细讨论。

习　题　3

3.1　对 $N=5, k\leqslant 3$ 的传教士和野人问题，定义两个 h 函数（非零），并给出用这两个启发式函数的 A 算法搜索图。讨论用这两个启发式函数求解该问题时是否能得到最佳解。

3.2　在 3×3 的空格内，用 1，2，…，9 的 9 个数字填入 9 个空格内，使得每行数字组成的十进制数平方根为整数。试用启发式搜索算法求解，分析问题空间的规模和有用的启发式信息。

3.3　试给出爬山法和最佳优先搜索算法搜索图 3-13 所示的搜索路径。

3.4　找出深度优先搜索算法与广度优先搜索算法在文字叙述中的区别。

3.5　在哪种问题空间，深度优先搜索好于广度优先搜索？

3.6　在什么时候最佳优先搜索比广度优先搜索差？

3.7　考虑将图 3-14(a)中的积木形式转成图 3-14(b)中的积木形状这一问题，可以使用的操作符有 PICKUP、PUTDOWM、STACK 和 UNSTACK。用爬山法求解这一问题有解吗？为什么？

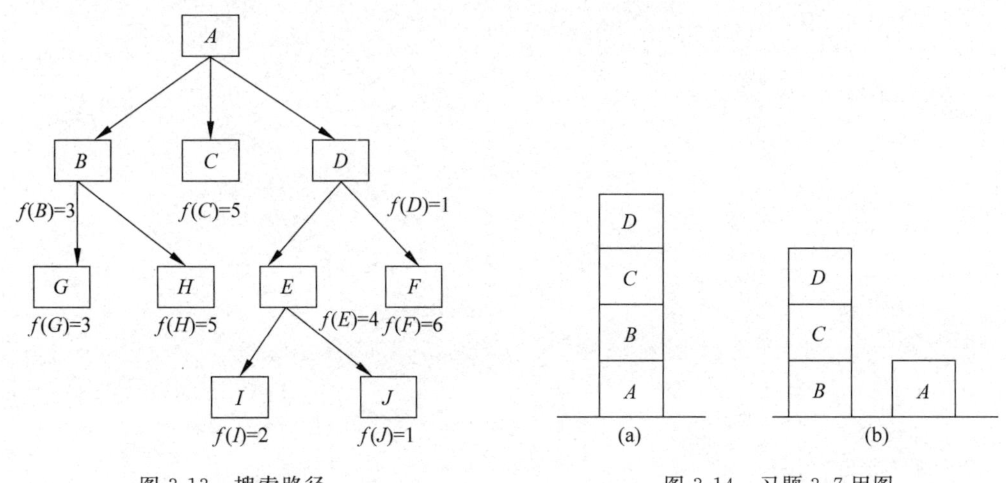

图 3-13　搜索路径　　　　图 3-14　习题 3.7 用图

3.8　一个经理有 3 个女儿，3 个女儿的年龄加起来等于 13，3 个女儿的年龄乘起来等于经理自己的年龄，有一个下属已知道经理的年龄，但仍不能确定经理 3 个女儿的年龄，这时经理说只有一个女儿在上学,然后这个下属就知道了经理3个女儿的年龄。请问3个女儿的年龄分别是多少?为什么?请找出启发式信息。

3.9　假设要写一道问题求解搜索程序去求解下面的每一类问题,试确定搜索是正向进行还是逆向进行:a. 模式识别;b. 积木世界;c. 语言理解。

3.10　对下面的每类问题,试描述一个好的启发式函数:a. 积木世界;b. 定理证明;c. 传教士和野人。

3.11　分析宽度优先搜索和深度优先搜索的优、缺点,举出它们的正例和反例。

3.12　有一个农夫带一只狐狸、一只小羊和一篮菜过河。假设农夫每次只能带一样东西过河,考虑安全,无农夫看管时,狐狸和小羊不能在一起,小羊和菜篮不能在一起。试设计求解该问题的状态空间,并画出状态空间图。

第4章 图搜索策略

图搜索策略是一种在图中寻找解路径的方法。首先看看对于一个搜索问题,应该采用什么形式来表示搜索路径,是用图还是用树,可以作以下比较。

(1) 用树结构,允许搜索图中有多个相同节点出现。从前面的例子(水壶问题、8数码问题)可知,不必考虑产生的是否为重复的节点,因为同一节点可由许多不同路径产生。

优点:控制简单。

缺点:占空间较大,产生相同节点多,则需要较大的时间和空间。

(2) 用图结构,不允许搜索图中有相同节点出现。

优点:节省大量空间(相同的节点只存一次)和时间(相同节点不需要重复产生)。

缺点:每产生一个新的节点需判断这个节点是否已生成过,因而控制更复杂,判断也要占用时间。

碰到具体问题时,要权衡树结构和图结构二者的利弊。若可能产生大量相同节点,则应采用图结构。

本章讨论的是用图来存储问题的搜索空间。根据图对应的实际背景可分为或图和与/或图两种。或图对应的背景为搜索扩展时,可在若干分支中选择其中之一(这就是"或"的意思);与/或图则是在搜索扩展时,有可能要同时搜索若干分支(这就是"与"的含义),也有可能在若干分支中选择其中之一。这两种图都可能存在回路,以下的讨论算法中,都通过一定的手段避开在回路中循环搜索。

4.1 或图搜索策略

或图对应的背景为搜索扩展时,可在若干分支中选择其一。例如,编写一个下棋程序,其搜索过程的每一步可在若干下棋的规则中选择其一,这就是典型的或图中的搜索。

下面首先讨论通用或图搜索算法,然后讨论建立在这个通用算法之上的若干更高效的搜索算法。

4.1.1 通用或图搜索算法

图搜索算法只记录状态空间那些被搜索过的状态,它们组成一个搜索图叫 G。G 由两张存放节点的表组成:Open 表,用于存放已经生成,且已用启发式函数作过估计或评价,但尚未产生它们的后继节点的那些节点,也称为考察节点;Closed 表,用于存放已经生成,且已考察过的节点。

还有一个辅助结构 Tree,它的节点为 G 的一个子集。Tree 用来存放当前已生成的搜索树,该树由 G 的反向边(反向指针)组成。下面介绍或图通用搜索算法。

设 S_0 为初始状态,S_g 为目标状态。

(1) 产生仅由 S_0 组成的 Open 表,即 Open=(S_0)。

(2) 产生一个空的 Closed 表。

(3) 如果 Open 为空,则失败退出。

(4) 在 Open 表上按某一原则选出一个节点,称为 n,将 n 放到 Closed 表中,并从 Open 表中去掉 n。

(5) 若 $n \in S_g$,则成功退出,此时解为在 Tree 中沿指针从 n 到 S_0 的路径,或 n 本身(如 8 皇后问题给出 n 即可,8 数码问题要给出路径)。

(6) 产生 n 的一切后继,将后继中不是 n 的前驱点的一切点构成集合 M,将装入 G 作为 n 的后继,这就除掉了既是 n 的前驱又是 n 的后继的节点,就避免了回路,节点之间有偏序关系存在。

(7) 对 M 中的元素 P,分别作两类处理:

① 若 $P \notin G$,即 P 不在 Open 表中也不在 Closed 表中,则 P 根据一定原则加入到 Open 表,同时加入搜索图 G 中,对 P 进行估计放入 Tree 中。

② 若 $P \in G$,则决定是否更改 Tree 中 P 到 n 的指针。

(8) 转第(3)步。

以上算法中有两点需要说明:

说明 1:在算法的(7)①步中,若生成的后继节点放于:

① Open 表的尾部,算法相当于宽度优先搜索。

② Open 表的首部,算法相当于深度优先搜索。

③ 根据启发式函数 f 的估计值确定最佳者,放于 Open 表的首部,算法相当于最佳优先搜索。

说明 2:在算法的(7)②步中,若:

① $P \in M$ 且在 Open 表中,这说明 P 在 n 之前已是某一节点 m 的后继,但本身尚未被考察(未生成 P 的后继),如图 4-1 所示。

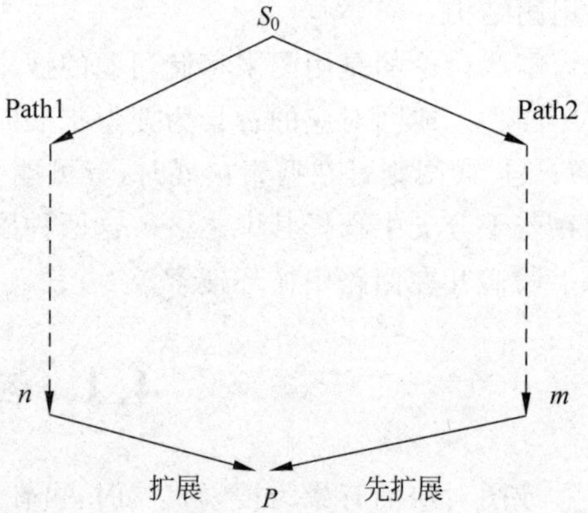

图 4-1 P 在 n 之前已是某一节点 m 的后继

这说明从 $S_0 \rightarrow P$ 至少有两条路,这时有两种情况:

- 若 Path1 的代价小于 Path2 的代价时,当前路径较好,要修改 P 的指针,使其指向 n,即标出搜索之后的最好路径。
- 若 Path1 的代价不小于 Path2 的代价时,原路径较好,不改变 P 的指针。

② $P \in M$ 且在 Closed 表中,这说明:

- P 在 n 之前已是某一节点 m 的后继,所以需要作如①同样的处理,如图 4-2 右部所示。
- P 在 Closed 表中,说明 P 的后继也在 n 之前已生成,则称为 P_s,那么对 P_s 同样可能由于 $n \rightarrow P$ 这一路径加入后,又必须比较多条路径代价后而取代价小的一条,如图 4-2 左部所示。

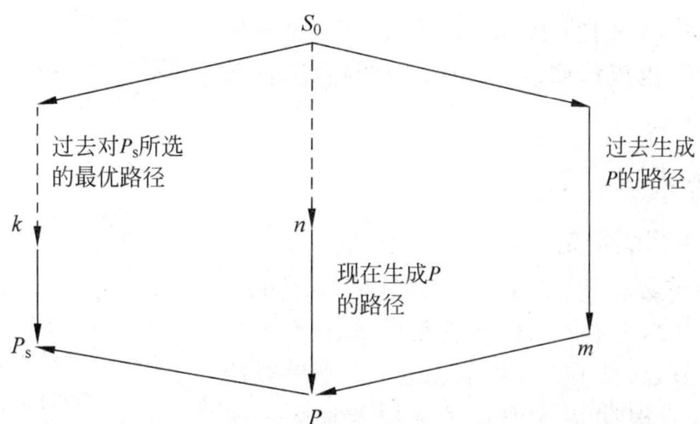

图 4-2　$P \in M$ 且在 Closed 表中时不同的最优路径

这说明过去对 $S_0 \to P$ 而言的最优路径为 $S_0 \to m \to P$，现在要在 $S_0 \to m \to P$ 与 $S_0 \to n \to P$ 中求最优路径。

同理，若过去对 $S_0 \to P_s$ 而言的最优路径为 $S_0 \to k \to P_s$，现在要从$\{S_0 \to P \to P_s, S_0 \to k \to P_s\}$中选择最优路径。

例 4.1　设当前搜索图和搜索树如图 4-3 所示。

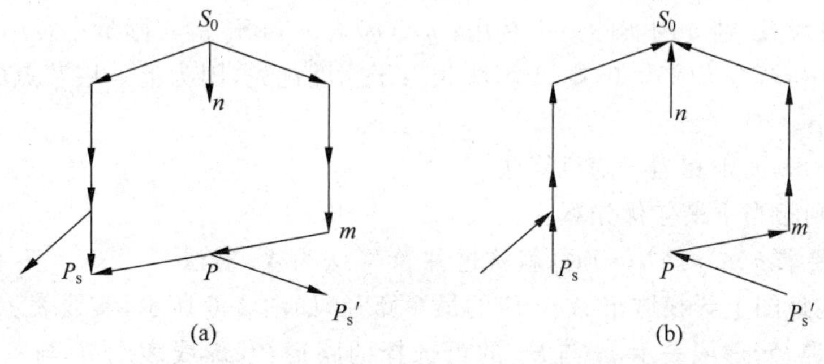

图 4-3　当前搜索图和搜索树

若启发式函数 $f(n)$为从起点 S_0 到节点 n 的最短路径长度，该长度用边的数目表示。设当前扩展的节点是搜索图中的 n，设 P 是 n 的后继，如图 4-4(a)所示，P 是已考察节点，则在扩展了节点 n 后，P 的 f 值应从 4 减少到 2，这时 Tree 中 P 原来指向 m 的指针应改变指向 n，如图 4-4(b)所示。

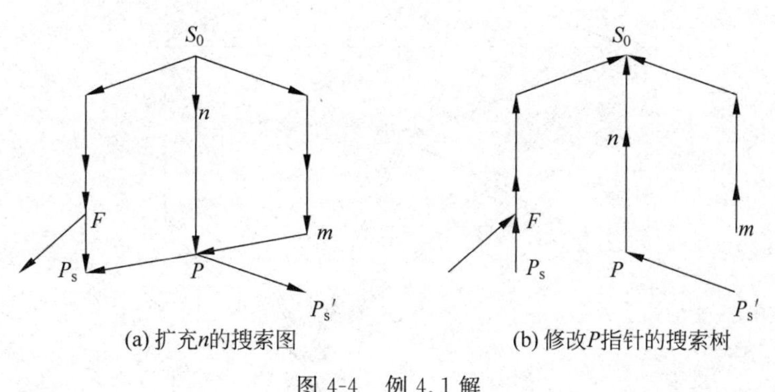

图 4-4　例 4.1 解

P 的指针改变后,P'_s的路径自动改变了,P_s 的 f 值从4减少到了3,这时也应该修改在Tree中的指针,修改的结果如图4-5所示。

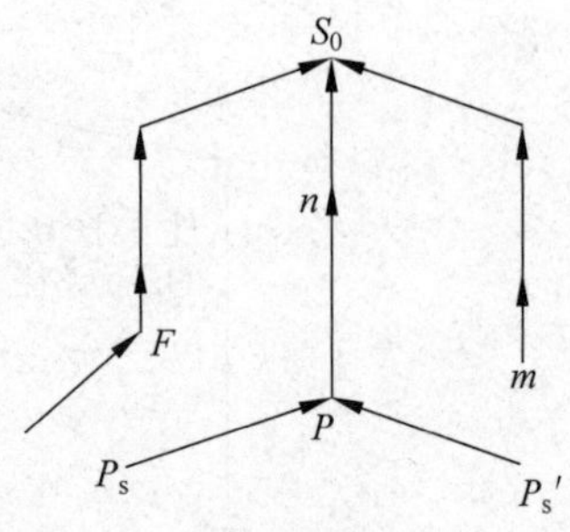

图4-5 P 的指针改变后Tree中指针的修改结果

4.1.2 A算法与A*算法

1. A算法与A*算法定义

在或图通用搜索算法中,将启发式函数的形式定义为 $f(n)=g(n)+h(n)$,并在第(4)步按启发式函数 f 的值的大小取出一个节点,或在(7)中的①步,以升序或降序排列Open表,然后根据 f 的值在某一位置加入一个节点时,这样的或图通用搜索算法就称为A算法。

A算法的启发式函数中,$g(n)$表示从 S_0 到 n 点的搜索费用的估计,因为 n 为当前节点,搜索已达到 n 点,所以 $g(n)$可计算出。$h(n)$表示从 n 到 S_g 接近程度的估计,因为尚未找到解路径,所以 $h(n)$仅仅是估计值。

若进一步规定 $h(n)\geqslant 0$,并且定义:

$$f^*(n) = g^*(n) + h^*(n)$$

式中,$f^*(n)$表示 S_0 经点 n 到 S_g 最优路径的搜索费用,也有人将 $f^*(n)$定义为实际最小搜索费用;$g^*(n)$为 S_0 到 n 的实际最小费用;$h^*(n)$为 n 到 S_g 的实际最小费用的估计。

在A算法中,若令 $h(n)\equiv 0$,则A算法相当于广度优先,因为上一层节点的搜索费用一般比下一层的小。

$g(n)\equiv h(n)\equiv 0$,则相当于随机算法。

$g(n)\equiv 0$,则相当于最佳优先算法。

特别是当要求 $h(n)\leqslant h^*(n)$时,就称这种A算法为**A*算法**。

例4.2 在地图上寻找城市 A 至 B 的最短路径,如图4-6所示,实线表示从 S_0 到某节点 n_i 所经过的路径,虚线表示 n_i 与 S_g 的可选择的路径,双虚线表示 n_i 与 S_g 的直线距离(可以从地图上量出),但并没有实际的道路,则实线表示的路径为 $g(n)$,双虚线和虚线表示的路径都可作为 $h(n)$。以 n_3 为例,$g(n)=\{S_0\rightarrow n_1\rightarrow n_3\}$,$h(n)$可以是$\{n_3\rightarrow n_4\rightarrow S_g\}$,$\{n_3\rightarrow n_4\rightarrow n_5\rightarrow S_g\}$或$\{n_3\rightarrow S_g$(双虚线)$\}$。

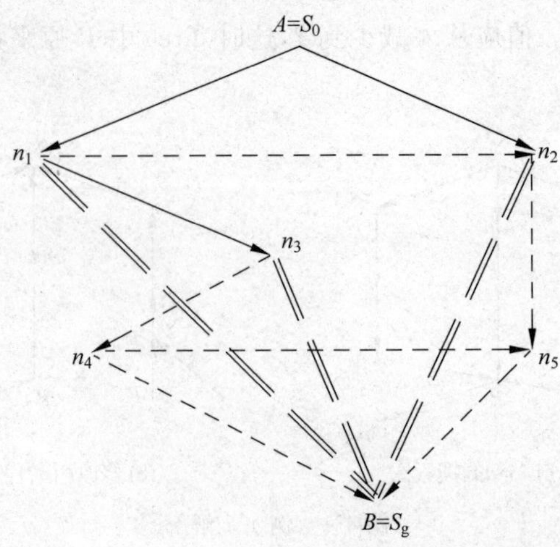

图4-6 在地图上寻找城市 A 至 B 的最短路径

在例 4.2 中，如果以双虚线表示路径定义为 $h(n)$，显然有 $h(n) \leqslant h^*(n)$，$g(n) \geqslant g^*(n)$。所以，这个在例子中，使用这样的 $h(n)$ 作为搜索算法的估计函数，这个算法就是 A^* 算法。

不难看出，A^* 算法是从 A 算法约束而来，而 A 算法又是从通用图搜索算法进行限制得到的，因此很容易将通用图搜索算法改造成为如下所示的 A^* 算法。

A^* 算法：

设 S_0 为初始状态，S_g 为目标状态：

(1) Open＝$\{S_0\}$。

(2) Closed＝{ }。

(3) 如果 Open＝{}，失败退出。

(4) 在 Open 表上取出 $f(n)$ 值最小的节点 n，n 放到 Closed 表中，即

$$f(n) = g(n) + h(n), h \leqslant h^*$$

(5) 若 $n \in Sg$，则成功退出。

(6) 产生 n 的一切后继，将后继中不是 n 的前驱节点的一切点构成集合 M。

(7) 对 M 中的元素 P，分别作两类处理：

① 若 $P \notin G$，则 P 对 P 进行估计加入 Open 表，记入 G 和 Tree。

② $P \in G$，则决定更改 Trce 中 P 到 n 的指针，并且更改 P 的子节点 n 的指针和费用。

(8) 转第(3)步。

2. A^* 算法的性质

A^* 算法与一般的最佳优先算法比较有其特有的性质：如果问题有解，即 $S_0 \rightarrow S_g$ 存在一条路径，A^* 算法一定能找到最优解。这一性质称为**可采纳性**(admissibility)。

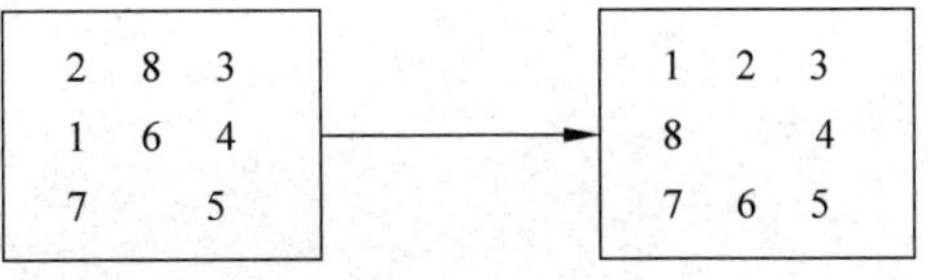

图 4-7　8 数码问题

例 4.3　8 数码问题如图 4-7 所示。

以前采用的估计函数为

$$f = \text{放错位置的数字个数}$$

现在采用

$$f(n) = d(n) + w(n)$$

式中，$d(n)$ 为搜索树的深度；$w(n)$ 为放错位置的数字个数。这里 $g(n) = d(n)$，$h(n) = w(n)$，并且 $w(n) \leqslant h^*(n)$，因为 $w(n)$ 只估计放错位置的数字个数，还远未考虑从放错位置到正确位置要移动的困难程度(移动的次数可能多于 1 次)。用这种 $f(n)$ 所得到的搜索图如图 4-5 所示。

在搜索第二层中，若 f 值相等，需要再规定一下如何优先选择后继，举例如下。

(1) 后生成的节点优先，如图 4-8 中双线路径所示。

(2) 先生成的节点优先，则如图 4-8 中粗线路径所示，但 B_1 生成 3 个后继(C_1, C_2, C_3)之后，下次在算法的第(4)步仍会在 Open 表中找最小，即在 Open 表中含有图 4-8 所示的以下 3 层的节点：

一层	二层
$(A_1 = 6, A_2 = 4$(被扩展)$, A_3 = 6)$	$(B_1 = 5$(被扩展)$, B_2 = 5, B_3 = 6)$

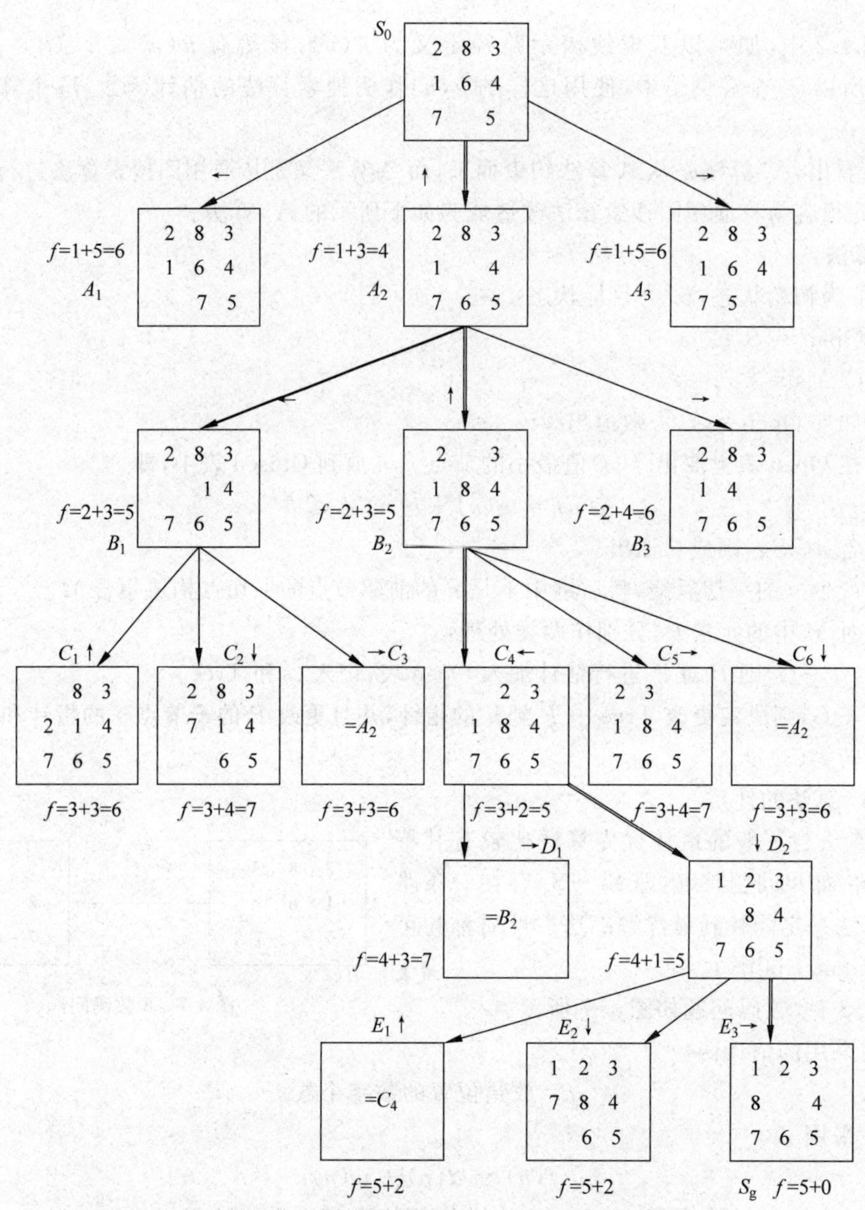

图 4-8　8数码问题使用 A^* 算法的搜索图

三层

$$(C_1 = 6, C_2 = 7, C_3 = 6, B_2 = 5(\text{被扩展}, B_3 = 6))$$

其中 B_2 最优，则仍可找到 B_2 继续扩展。通过跟踪 Open 表中元素可以看到这一点。

下面要证明 A^* 算法的可采纳性，证明分两步：

(1) 证若问题有解，A^* 一定终止，由以下命题 4.1～4.3 证出。

(2) 证若问题有解，A^* 终止时一定找到最优解，由以下命题 4.4 证出。

命题 4.1　对有限图而言，A^* 一定终止。

证明：考察 A^* 算法，算法终止只有两处：

第一处在第(5)步，找到解时成功终止。

第二处在第(3)步，Open 表为空时失败退出。

算法每次循环从 Open 表上去掉一个节点，而有限图的 Open 表只有有限个节点加入，所以找不到解也会因为 Open 表为空而停止。

命题 4.2 若 A^* 不终止，则搜索图中 Open 表上的点的 f 值将会越来越大。

证明：设 n 为 Open 表中任一节点，$d^*(n)$为从 S 到 n 中最短路径长度，设从某一点求出其后继的费用的最小值为某个正数 e，所以

$$g^*(n) \geqslant d^*(n) \cdot e$$

而 $$g(n) \geqslant g^*(n) \geqslant d^*(n) \cdot e$$

又因为 $$h(n) \geqslant 0$$

所以 $$f(n) \geqslant g(n) \geqslant g^*(n) \geqslant d^*(n) \cdot e \tag{4-1}$$

若 A^* 不终止，Open 表中总有后继节点加入，所以 $d^*(n)$会无限增大，因为那些小于当前 f 值的节点都会被考察(求出后继)后放入 Closed 表中。

命题 4.3 若问题有解，在 A^* 终止前，Open 表上必存在一个节点 n'，n'位于从 $S_0 \to S_g$ 的最优路径上，且有

$$f(n') \leqslant f^*(S_0) \tag{4-2}$$

式中 $f^*(S_0)$表示从 S_0 到 S_g 的最优路径的实际最小费用。

$f(n')$表示从 S_0 经过 n'到 S_g 的搜索费用的估计，$f^*(n)$则表示从 S_0 经过 n 到 S_g 的最优路径的实际最小费用。

证明：令 $S_0 = n_0, n_1, n_2, \cdots, n_k = S_g$ 为一条最优路径，设 $n' \in \text{path}(n_0, n_1, \cdots, n_k)$中最后一个出现在 Open 表上的元素。显然 n'一定存在，因为至少有 $S_0 = n_0$ 必然在 Open 上，只考虑当 n_k 还未在 Closed 表中时，因为若 n_k 已在 Closed 表中时，则 $n_k = S_g$，A^* 算法将终止于成功退出。

由定义有

$$f(n') = g(n') + h(n') = g^*(n') + h(n') \quad \text{(因为 } n' \text{ 在最优路径上)}$$
$$\leqslant g^*(n') + h^*(n') = f^*(n') = f^*(S_0)$$
$$\text{(由于 } A^* \text{ 的定义 } h(n) \leqslant h^*(n))$$

所以，$f(n') \leqslant f^*(S_0)$成立。

对于此命题，人工智能的发起人之一 Nilsson 在他的著作中用归纳法给出了更详细的证明。

推论 4.1 若问题有解，A^* 算法一定终止。

因为若 A^* 算法不终止，则命题 4.2 的式(4-1)与命题 4.3 的式(4-2)同时成立，则产生矛盾。

命题 4.4 若问题有解，A^* 算法终止时一定找到最优解，即 A^* 算法是可采纳的。

证明：A^* 终止只有两种情况：

(1) 在第(3)步，因 Open 表为空而失败退出。

但由命题 4.3 可知：A^* 终止前，Open 表上必存在一点 n'，且满足

$$f(n') \leqslant f^*(S_0)$$

所以，A^* 算法不会因 Open 表为空而终止于第(3)步。

(2) 在第(5)步终止。若终止时找到的一条路径 $S_0 = n_0, n_1, \cdots, n_k = S_g$ 不是最佳路径，即有 $f(n_k) > f^*(S_0)$。

但从命题4.3知,存在$n' \in \text{Open}$,有$f(n') \leqslant f^*(S_0)$,因此$f(n') \leqslant f(n_k)$。

那么A^*算法应该选n',而不应该选n_k,所以产生矛盾。

故A^*终止时,找到的是一条最优路径。

推论4.2 凡Open表中任一点n,若$f(n) < f^*(S_0)$,最终都将被A^*算法挑选出来求后继,也即被挑选出来进行扩充。

证明:用反证法,设$f(n) < f^*(S_0)$且n没有被选出来作后继。

由命题4.4,A^*算法将找到一条路径$S_0 = n_0, n_1, \cdots, n_k = S_g$,为最优路径,且$f(n_i) \leqslant f^*(n_i) = f^*(S_0)(i=0,1,\cdots,k)$,但这个不等式中的等号成立,否则$f(n) < f(n_i)$,那么$A^*$算法应该选择$n$,而不应该选择$n_i$。但对于$n_k$,$f(n_k) = f(S_g) = g(S_g) = g^*(S_g) = f^*(S_0)$,又因为$n_k$是被挑选出来的节点,因此应该有$f(n_k) \leqslant f(n)$,但这与$f(n) < f^*(S_0) = f(n_k)$矛盾。

命题4.5 凡A^*算法挑选出来求后继的点n必定满足:

$$f(n) \leqslant f^*(S_0) \tag{4-3}$$

证明:该命题可分两种情况证明。

(1) 若$n = S_g$,由命题4.4可知,A^*一定找到最优解,所以

$$f(n) = f^*(S_g) \leqslant f^*(S_0)$$

(2) 若$n \neq S_g$,由命题4.3可知:存在$n' \in \text{Open}$且有$f(n') \leqslant f^*(S_0)$,

而现在A^*算法选中了n而不是n',所以必有

$$f(n) \leqslant f(n') \leqslant f^*(S_0)$$

即$f(n) \leqslant f^*(S_0)$证毕。

从前面的8数码问题的例子(例4.3)可以验证命题4.5,该例中,使用A^*算法搜索,将不大于5的节点都扩充了。

对同一问题,采用不同f的估计函数的A^*算法之间可使用以下定义4.1进行比较。

定义4.1 若A_1、A_2均是A^*算法,A_1采用$f_1(x) = g_1(x) + h_1(x)$作为估计函数,A_2采用$f_2 = g_2(x) + h_2(x)$作为估计函数。$h_1(x)$、$h_2(x)$都满足

$$h_i(x) \leqslant h_i^*(x), \quad i = 1,2 \tag{4-4}$$

如果$h_1(x) < h_2(x)$,则称A_2比A_1更具有信息(more informed)。

命题4.6 若A_2比A_1更具有信息,对任一图的搜索,只要从$S_0 \to S_g$存在一条路径,那么A_2所用来扩充的点也一定被A_1所扩充。

证明:在证明之前需要说明,在图搜索过程中,若某一点有几个前驱节点,则只保留最小费用的那条路径,所以A_1和A_2搜索的结果是树而不是图。

下面以A_2搜索树中节点的深度来归纳证明。

归纳基础:设A_2扩充的点n的深度$d=0$,即$n=S_0$,显然A_1也扩充点n,因为A_1、A_2都要从S_0开始。

归纳假设:假设A_1扩充了A_2的搜索树中一切深度$d \leqslant k$的节点。

归纳证明:要证明A_2搜索树中深度$d=k+1$的任一节点,n也必定为A_1所扩充。

用反证法,若A_2扩充了n,而A_1没有扩充n,将导出矛盾。

由归纳法假设可知A_1搜索树深度不大于k的节点包含A_2搜索树深度不大于k的节点,所以如果存在路径$S_0 \to n$,$d(n) = k+1$,则有

$$g_1(n) \leqslant g_2(n) \tag{4-5}$$

因为 A_1 搜索树中从 $S_0 \to n$ 路径多些，图 4-9 将对这一点作进一步的说明。

又由命题 4.5，如果 A_2 扩充 n，必有

$$f_2(n) \leqslant f_2^*(S_0) = f_1^*(S_0) \tag{4-6}$$

其中 $f_2^*(S_0)=f_1^*(S_0)$是因为最优路径的费用相同。

由命题 4.4 的推论和命题 4.5，A_1 不扩充 n 必有

$$f_1(n) \geqslant f_1^*(S_0) \tag{4-7}$$

可推出

$$g_1(n) + h_1(n) \geqslant f_1^*(S_0) \tag{4-8}$$

由式(4-8)和式(4-5)得

$$h_1(n) \geqslant f_1^*(S_0) - g_1(n) \geqslant f_1^*(S_0) - g_2(n) \tag{4-9}$$

由于 A_2 比 A_1 更具有信息：

$$h_2(n) > h_1(n) \geqslant f_1^*(S_0) - g_2(n)$$

即

$$h_2(n) > f_1^*(S_0) - g_2(n) \tag{4-10}$$

但从式(4-6)知：

$$h_2(n) \leqslant f_1^*(S_0) - g_2(n) \tag{4-11}$$

式(4-10)与式(4-11)矛盾，所以本命题的结论得证。

在上述步骤中，式(4-5)的成立在这里再补充说明一下。由于 A_1 搜索树深度不大于 k 的节点包含 A_2 搜索树深度不大于 k 的节点，如果在深度 $d(n)=k+1$ 层都有 $S_0 \to n$ 的路径，则 A_1 搜索树中从 $S_0 \to n$ 路径多些。如图 4-9 所示，若 A_2 算法搜索图如图 4-9(a)所示，则 A_1 算法搜索图可能如图 4-9(b)所示。

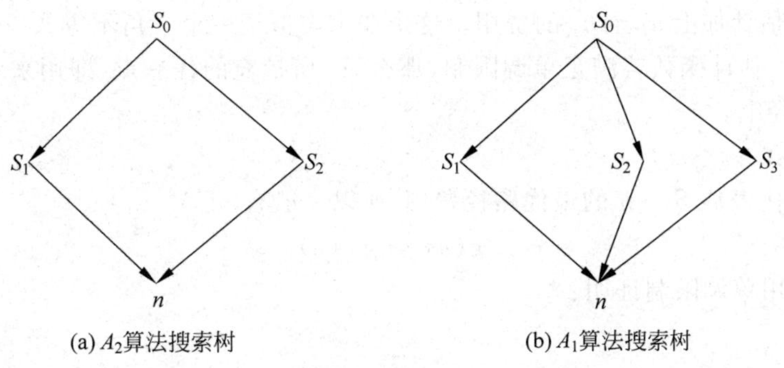

图 4-9　A_1 搜索树中从 $S_0 \to n$ 路径比 A_2 多一些

由 A_2 算法搜索时，因为 $h_2(n)$对两条路径相等，A_2 选的是 $\min\{g_2(S_0 \to S_1 \to n), g_2(S_0 \to S_2 \to n)\}$。

由 A_1 算法搜索时，选的是 $\min\{g_1(S_0 \to S_1 \to n), g_1(S_0 \to S_2 \to n), g_1(S_0 \to S_3 \to n)\}$。

A_1 是从更多的路径中选最短者，所以 $g_1(n) \leqslant g_2(n)$。

搜索的费用与 $h(n)$有一定的关系，A^* 算法要求 $h(n) \leqslant h^*(n)$，但并不是越小越好，但也并不是越大越好，下面分两种情况讨论。

(1) $h(n)$估计过低，浪费过多。这可以用图 4-10 示意说明。$h(x)$过小，因为 A^* 算法总是找具有小的 f 值的节点来扩充，将会造成一种误导，导致本不是通向目标的节点也要

搜索,并求后继。这样必定白白浪费时空。

(2) $h(n)$估计过高,则可能错过到目标。当$h(x)$估计过高,超过它的实际值时,则有可能错过本来可以到达的目标。在图4-11中,若$h(B)>AC$分支中任一点的值,则永远不会走B这条路,这将导致可能找不到解。这种找不到解的算法,绝不是A^*算法。因为$h(n)$估计过高,就会违反$h(n)<h^*(n)$。

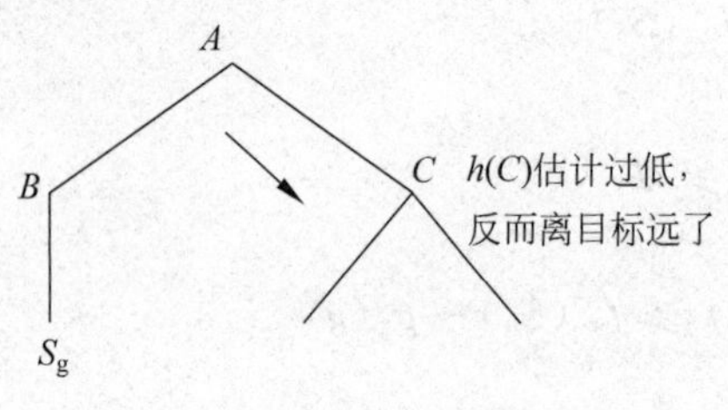

图4-10 $h(n)$估计过低

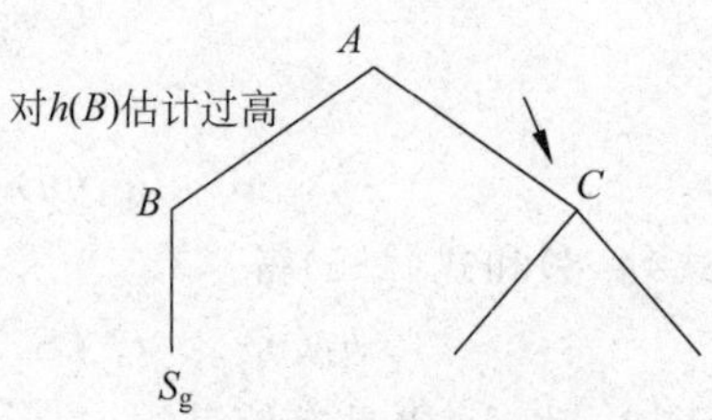

图4-11 $h(n)$估计过高

另外,搜索的费用并不完全由搜索节点数多少来确定,若$f_2(n)$计算远比$f_1(n)$复杂,则在比较两个搜索算法时,必须要考虑f的计算费用。一般来说要权衡以下3个因素:路径费用;寻找路径时所搜索的节点数;计算f所需的计算量。

从通用图搜索算法来看,每搜索一点n,要查看其后继是否在Open或Closed表上,若在这两个表中,则需要查看调整$S_0 \to n$的后继以确保是最小费用路径,这使得费用相当大。若$h(x)$满足一定限制,如下面要定义的单调性限制,则搜索路径几乎就是解路径,因而大大减小了搜索费用。

定义4.2 一个启发式函数中的$h(x)$满足单调限制定义为:如果对所有n_i与n_j,n_j是n_i的后继,有$h(n_i) \leqslant c(n_i, n_j)+h(n_j)$,并且$h(S_g)=0$,即$n_j$到目标的费用估计不会大于$n_i$到目标的费用估计加上$n_i$至$n_j$的费用。这个要求类似于一个三角不等式。

命题4.7 估计函数若满足单调限制,那么A^*所扩充的任一点(即用来求过后继的点)n必在最优路径上。

证明思路:

令$g^*(n)$代表从$S_0 \to n$的最优路径费用,所以一般有

$$g(n) \geqslant g^*(n) \tag{4-12}$$

下面再利用单调限制证明:

$$g(n) \leqslant g^*(n) \tag{4-13}$$

联立式(4-12)、式(4-13),可得$g(n)=g^*(n)$,也就说明了n位于最佳路径上。

证明:设n为Open表中被A^*算法当前准备扩充的任一点,又设$P=(S_0=n_0, n_1, \cdots, n_i, n_i+1, \cdots, n_k=n)$为从$S_0 \to n$的一条最优路径。那么,$P$中此时必有一点$n_i$在Closed表中,因为至少$S_0$是这样的点,所以这样的点必存在,而$n_i$后继$n_{i+1}$则在Open表中,因为Closed表中的点均已求出了后继节点,再由单调限制的定义:

$$h(n_i) \leqslant h(n_{i+1})+c(n_i, n_{i+1}) \tag{4-14}$$

两边都加$g^*(n_i)$,得到

$$g^*(n_i)+h(n_i) \leqslant g^*(n_i)+h(n_{i+1})+c(n_i, n_{i+1}) \tag{4-15}$$

这里的$g^*(n)$是指从S_0到n的最优路径。

由于 n_i, n_{i+1} 均在最优路径上，所以

$$g^*(n_{i+1}) = g^*(n_i) + c(n_i, n_{i+1}) \tag{4-16}$$

将式(4-16)代入式(4-15)中，有

$$g^*(n_i) + h(n_i) \leqslant g^*(n_{i+1}) + h(n_{i+1}) \tag{4-17}$$

因为 n 在 n_{i+1} 之后，利用不等式(4-17)连续递推可得

$$g^*(n_{i+1}) + h(n_{i+1}) \leqslant g^*(n) + h(n) \tag{4-18}$$

由于 n、n_{i+1} 都在 Open 表上，依假设，A^* 当前从 Open 表中选出的是 n，而不是 n_{i+1} 来扩展，则说明必定有

$$f(n) \leqslant f(n_{i+1})$$

即

$$g(n) + h(n) \leqslant g(n_{i+1}) + h(n_{i+1}) \tag{4-19}$$

又因为 n_i, n_{i+1} 都在最优路径上，所以

$g(n_{i+1}) = g^*(n_{i+1})$，代入式(4-19)，得

$$g(n) + h(n) \leqslant g^*(n_{i+1}) + h(n_{i+1}) \tag{4-20}$$

联立式(4-18)与式(4-20)得

$$g(n) + h(n) \leqslant g^*(n_{i+1}) + h(n_{i+1}) \leqslant g^*(n) + h(n)$$

所以 $g(n) \leqslant g^*(n)$，即式(4-13)成立。

再联立式(4-12)与式(4-13)得

$$g(n) = g^*(n)$$

3. 对 A* 算法的评价

A^* 算法的优点有：A^* 算法一定能保证找到最优解；若以搜索的节点数来估计它的效率，则当启发式函数 h 的值单调上升时，它的效率只会提高不会降低；满足单调性时，有很理想的搜索路径。

A^* 算法的缺点是：当 $h(n)$ 过低估计 $h^*(n)$ 时，有时会显出很高的复杂性。下面的例 4.4 就是一例。

例 4.4 设一个图 $G(m)$ 由 m 个节点组成，$n_m = S_0$，$n_0 = S_g$，且

$$g(n_i, n_j) = 2^{i-2} - 2^{j-1} + i - j, \quad 1 \leqslant j < i \leqslant m$$

$$g(n_1, n_0) = 2^m$$

$$h(n_m) = 2^m + m - 1$$

$$h(n_0) = h(n_1) = 0$$

$$h(n_i) = 2^i, \quad 1 < i < m$$

可以证明用 A^* 算法搜索的复杂性是 $O(2^{m-1})$。

对 $G(5)$ 这样一个图而言，其结果如图 4-12 所示。

$$f(n_1) = g(n_5, n_1) + h(n_1) = 2^{5-2} - 2^{1-1} + 5 - 1 + h(n_1) = 11 + 0 = 11$$

$$f(n_2) = g(n_5, n_2) + h(n_2) = 2^{5-2} - 2^{2-1} + 5 - 2 + h(n_2) = 9 + 4 = 13$$

$$f(n_3) = g(n_5, n_3) + h(n_3) = 2^{5-2} - 2^{3-1} + 5 - 3 + h(n_3) = 6 + 8 = 14$$

$$f(n_4) = g(n_5, n_4) + h(n_4) = 2^{5-2} - 2^{4-1} + 5 - 4 + h(n_4) = 1 + 16 = 17$$

$$f(n_5) = h(n_5) = 2^5 + 5 - 1 = 36$$

图 4-13 就展示了跟踪图搜索算法的详细步骤，注意上式中 $g(n_i, n_j)$ 是真实费用，$h(n)$ 只是估计值而已。

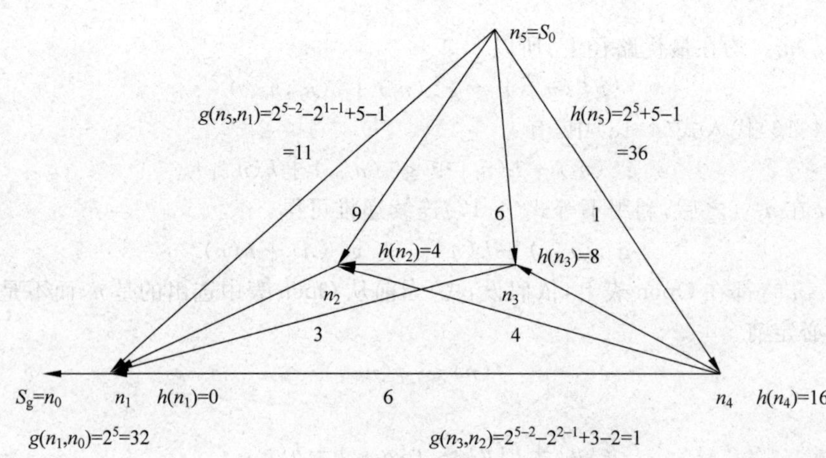

图 4-12　用 A^* 算法搜索的 $G(5)$ 的耗费估计

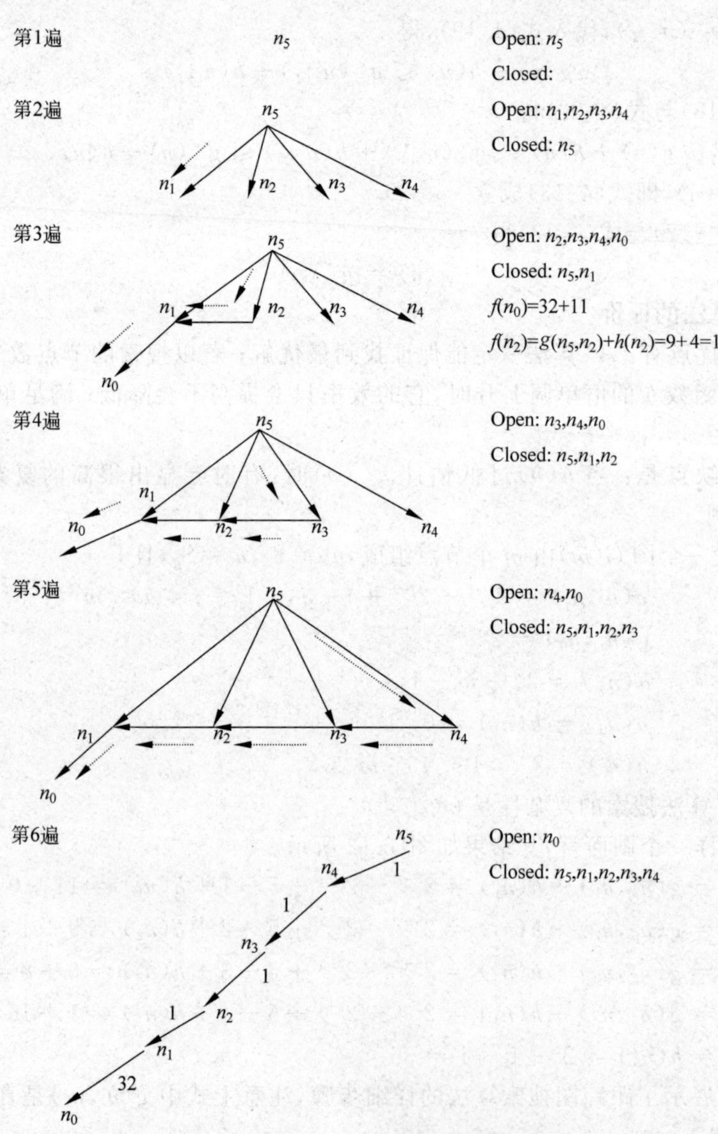

图 4-13　跟踪图搜索算法的详细步骤

4.2 与/或图搜索

在问题求解过程中,往往需要将一个大的问题变换成若干子问题,子问题又可分解成更小的子问题,这样一直分解到可以直接求解为止,全部子问题的解构成了整个问题的解,这样的过程称为问题的规约(problem reduction)。这也是一种搜索过程,不过现在在图中搜索到的解不只是一个节点或一条路径,而是一个搜索树。因为在问题分解成子问题后,对于解决原来的问题有 3 种可能：解决其中一个子问题就相当于解决原来的问题；要解决全部子问题,才算解决原来的问题；解决其中一些子问题就相当于解决原来的问题。

这样从原问题到子问题之间就存在 And(全部解决)和 Or(部分解决)的关系。这就是与/或(And/Or)图的来由。

4.2.1 问题归约求解方法与"与/或图"

在与/或图中,要求解的大的问题称为初始问题,可直接求解的问题为本原问题。一般说来,使用归约方法求解问题需要三大要素：初始问题的描述；一组将问题变换成子问题的变换规则；一组本原问题的描述。

例 4.5 符号积分问题。

(1) 初始问题描述：$\int f(x)\mathrm{d}x$。

(2) 变换规则：积分规则。

(3) 本原问题：可直接求原函数的积分,如 $\int \sin(x)\mathrm{d}x$、$\int \mathrm{e}^x \mathrm{d}x$。

从初始问题出发,建立子问题以及子问题的子问题,直至把初始问题归约成为一个本原问题的集合,这就是问题规约方法求解问题的基本途径。

4.2.2 与/或图搜索

将问题求解归约为与/或图的搜索时,作以下规定：

(1) 与/或图中对应于原始问题描述的节点为初始节点；与/或图中对应于本原问题的节点叫终叶节点。

(2) 可解节点的可递归定义如下：

① 终叶节点是可解节点。

② 若 n 为一非终叶节点,且含有"或"后继节点,则只有当后继节点中至少有一个是可解节点时,n 才可解。

③ 若 n 为一非终叶节点,且含"与"后继节点,则只有当后继节点全部可解时,n 才可解。

(3) 不可解节点的可递归定义为：

① 没有后继节点的非终叶节点为不可解。

② 若 n 为一非终叶节点,且含有"或"后继节点,则仅当全部后继节点为不可解时,n 不可解。

③ 若 n 为一非终叶节点,且含有"与"后继节点,则至少有一个后继节点为不可解时,n 为不可解。

(4) 与/或图搜索费用的计算：设从当前节点 n 到目标集 S_g 费用估计为 $h(n)$。

① 若 $n \in S_g$，则 $h(n)=0$。

② 若 n 有一组由"与"弧连接的后继节点 $\{n_1, n_2, \cdots, n_i\}$，则

$$h(n) = c_1 + c_2 + \cdots + c_i + h(n_1) + h(n_2) + \cdots + h(n_i)$$

其中 c_k 为 n 到 n_k 弧的费用 $k=1,i$。

③ 若 n 既有"与"弧又有"或"弧连接后继，则一个"与"弧算作一个"或"后继，再取各 Or 弧所连接的后继中费用最小者为 n 的费用。

4.2.3 与/或图搜索的特点

1. 与/或图搜索费用的估计

对或图搜索，若搜索到某个节点时，则不论 n 生成了后继节点与否，n 的费用是由本身的状态决定的。但对与/或图则不同，其费用计算的规则如下：

- n 未生成后继节点时，费用由 n 本身的估计值决定，这个费用是给定的一个估计值。
- n 已生成后继节点时，费用由 n 的后继节点的费用决定，即利用 4.2.2 小节中搜索费用计算方法(4)中的①、②、③步进行计算。

因为后继节点代表分解的子问题，子问题的难易程度决定原问题求解的难易程度，所以不再考虑 n 本身原来假定的难易程度。因此当决定了某个路径时，要将后继节点的估计值往回传送。

下面举例说明这个过程。

例 4.6 图 4-14 所示为一个与/或图的搜索过程。

第一步，A 是唯一节点。

第二步，扩展 A 后，得到节点 B、C 和 D，因为 B、C 的耗费为 9，D 的耗费为 6，所以把列 D 的弧标志为出自 A 最有希望的弧。

第三步，选择对 D 的扩展，得到 E 和 F 的与弧，其耗费估计值为 10。此时回退一步后，发现与弧 BC 比 D 更好，所以将弧 BC 标志为目前最佳路径。

第四步，在扩展 B 后，再回传值发现弧 BC 的耗费为 12(即 6+4+2)，所以 D 再次成为当前最佳路径。

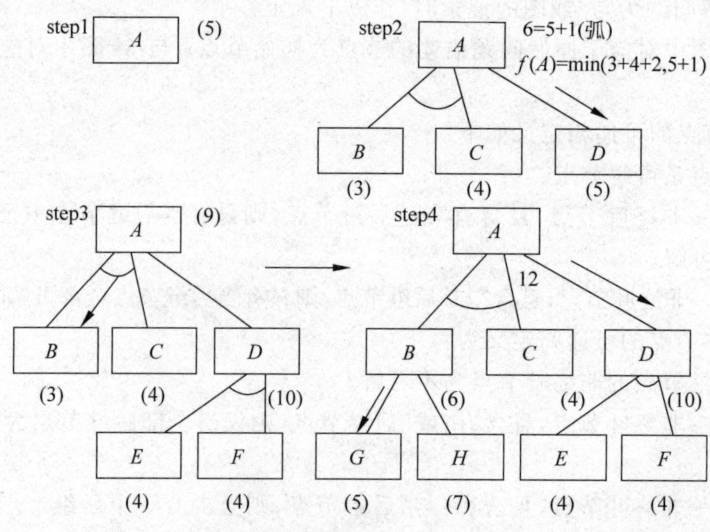

图 4-14 一个与/或图的搜索过程

最后求得的耗费为 $f(A)=\min(12,4+4+2+1)=11$。

以上搜索过程由两大步组成：自顶向下，沿当前最优路径产生后继节点；由底向上，作估计值修正，再重新选择最优路径。

2. 与/或图搜索路径的选择

由于有“与”连接弧，所以不能像“或”弧那样只看从节点到节点的个别路径的长短，更重要的是要看整个搜索树是否包含有不可解节点。考虑到这个因素，有时路径长反而好一些。请看下例。

例 4.7 考虑图 4-15 所示的与/或图的搜索过程。

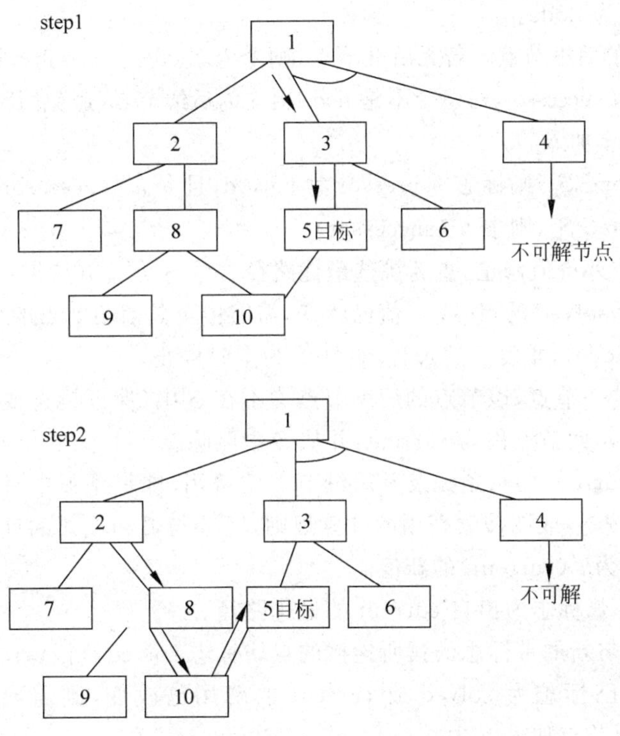

图 4-15 搜索长路径也可能比短路径要好一些

在图 4-15 的 step2 中，与/或图的搜索虽然从 1→2→8→10→5 比 1→3→5 更长，但由于搜索分支 3 的同时还必须搜索分支 4，而 4 不可能通向解，所以有时走长点的路径比短路径要好一些。

3. 与/或图搜索的限制

与/或图搜索仅对不含回路的图进行操作，其原因是：含回路的图没必要搜索，因为循环路径表示循环推理，它不可能对问题进行规约。

例如：

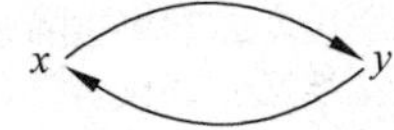

表示求解 x 可以归结求 y，求 y 又归结为 x，因而两者都不可能求解。

4.2.4 与/或图搜索算法 AO*

AO* 算法用一个阈值 Futility 作为不可解节点的标志,用 h' 作为静态估计函数,用 mark 作为当前最佳路径的标记。

AO* 算法如下:

(1) 令 G 仅由初始状态节点组成,称 Init,计算 h'(Init)。

(2) 在 Init 标志 solved 之前或 h'(Init)变成大于 Futility 之前,执行以下步骤:

① 沿始于 Init 的已带标志的弧,选出当前沿标志路上未扩展的节点之一扩展(即求后继节点),此节点称为 node。

② 生成 node 的后继节点。若无后继节点,则令 h'(node)=Futility,说明该节点不可解;若有后继节点,称为 successor,对每个不是 node 祖先的后继节点(避免回路),执行下述步骤:

ⅰ 将 successor 加入 G。

ⅱ 若 successor$\in S_g$,则标志 successor 为 solved,且令 h'(successor)=0。

ⅲ 若 successor$\notin S_g$,则求 h'(successor)。

③ 由底向上作评价值修正,重新挑选最优路径。令 S 为一节点集。

S={已标志为 solved 的点,或 h'值已改变,需回传至其前驱节点的节点}

令 S 初值={node},重复下述过程,直到 S 为空时停止。

ⅰ 从 S 中挑选一节点,该节点的后继节点均不在 S 中(保证挑选要处理的点都在其前驱节点之前作处理),此节点称为 current,并从 S 中删除。

ⅱ 计算始于 current 的每条弧及其后继节点的费用,即每条弧本身的费用加上弧末端节点 h'的值(注意按与/或图搜索费用的计算规则,区分与弧和或弧的计算方法),并从中选出极小费用的弧作为h'(current)的新值。

ⅲ 将费用最小弧标志为出自 current 的最优路径。

ⅳ 若 current 与新的带标志的弧所连接的点均标志 solved,则 current 标志 solved。

ⅴ 若 current 已标志为 solved 或 current 的费用已改变,则需要往回传,因此要把 current 的所有前驱节点加入 S 中。

例 4.8 还是以图 4-16 为例,仅跟踪 AO* 算法的若干步骤。

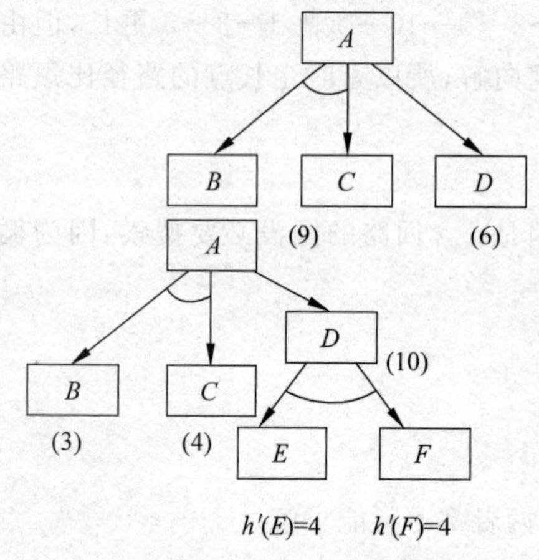

算法(2)中③中的ⅰ步 $S=\{A\}$
算法(2)中③中的ⅱ步 current=A;
由于有$A\to B$ and C的弧,
current的费用=1+1+$h'(B)$+$h'(C)$=9
由$A\to D$的弧,current的费用=1+5=6
A的费用=min(9,6)=6;标记$A\to D$为最优路径

由算法(2)中②中的ⅰ,node=D,扩展D得successor={E,F},继续算法(2)中③,D的耗费估计已经改变为10,向上回传,导致A的耗费为min(9,10)=9,所以,最优路径为$A\to BC$弧

图 4-16 跟踪 AO* 算法耗费估计向上回传的过程

4.2.5 对 AO* 算法的进一步观察

对 AO* 算法的进一步观察,有以下两点值得注意。

(1) 算法(2)中③中的 v 步中要将费用已改变的某一节点所有祖先加入 S,然后修改祖先的费用。

例 4.9 如图 4-17 所示,当从 E 往回传时,若实际上走 $A \to B$ 这条路总是不好时,则从 $E \to B$ 回传是浪费的,是无用的回传,所以完全回传至一切祖先的费用很大。但如图 4-18 所示,若仅沿标志往回传,又可能找不到最优解。

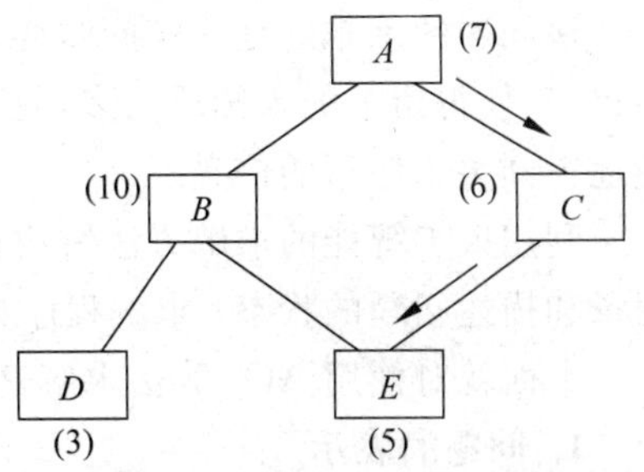

图 4-17 耗费估计时一次无用的回传

由 $H \to G$ 回传时,若只沿"→"标志往上传至 C,不再回至 E,则 E 仍为(6)而实际上应为(11),B 仍为(13)而实际上应为(18)。这样导致 A 将又选择 $A \to B$ 这条路径,实际这条路径比 $A \to C$ 更差。所以顺路径标志往上传递修正的 AO* 算法不一定保证能找到最优解。

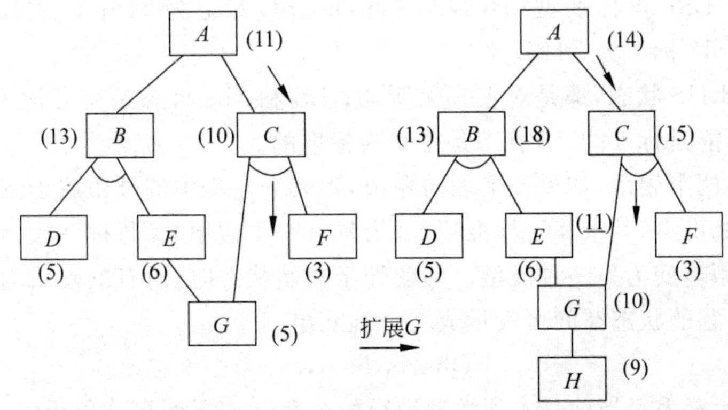

图 4-18 只沿路径标志往上传递修正值不一定保证能找到最优解

(2) 算法没有考虑子目标之间的相互依赖关系。

例 4.10 如图 4-19 所示,如果按综合指标估计,从节点 C 看,应选 D,但从总体看,即从 A 看应选 B,因为 B 总是要被选入的(B、C 是 And 分支),而且只选 B 就够了,而按 AO* 算法则要求 D 也被选中,这是不符合实际情况的。

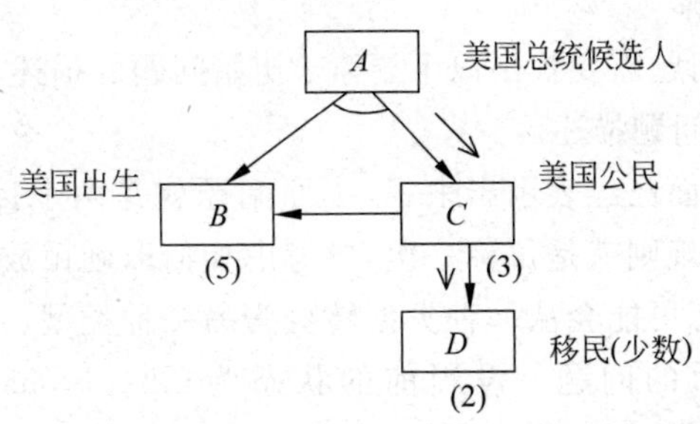

图 4-19 算法没有考虑子目标之间的相互依赖关系

4.2.6 用 AO* 算法求解一个智力难题

有这样一个智力难题：有12枚硬币，凡轻于或重于真币者，即为假币(只有一枚假币)，要设计一个搜索算法来识别假币并指出它是轻于还是重于真币，且利用天平的次数不多于3次。

该问题的困难之处在于问题要求只称3次就要找到假币，否则就承认失败。如果称法不得当，使得留下的未知币太多，就不可能在3次内称出假币。因此，每称一次，总希望尽可能地得到关于假币的信息。

利用人工智能的求解方法解决这个问题首先必须解决下面两个问题：问题表示方法，记录和描述问题的状态；求解程序如何对某种称法进行评价。

下面就对使用 AO* 算法求解这个智力难题进行讨论。

1. 问题的表示

要分析构成该问题状态的因素有哪些；首先是硬币可能有哪些状态；然后每称一次后，有关硬币的状态会发生什么样的变化；最后是每称一次后，必须保留所剩的使用天平的次数。

可将硬币的重量状态分为4种类型：标准型(Standard)标记为S；轻标准型(Light or Standard)标记为LS；重标准型(Heavy or Standard)标记为HS；轻重标准型(Light or Heavy or Standard)标记为LHS。

一个硬币为LHS状态，那是对它一无所知；LS和HS状态是有可能为轻的或有可能为重的，当然也可能是标准的；S状态是已知为标准的。

例如，一次称两个硬币，如果天平偏向左边，则天平左盘中的硬币属于重标准型，而右盘中的硬币属于轻标准型，其余属于标准型(因为只有一个假币)。每称一次，硬币的重量状态可能会从一种类型转变为另一种类型。问题处于初始状态时，所有的硬币均属于LHS型。

综上所述，问题的状态空间可表示成一个五元组：

$$(\text{lhs},\text{ls},\text{hs},s,t)$$

其中前4个元素表示当前这4种类型硬币的个数，t 表示所剩称硬币的次数。在这样的状态空间表示下，有

初始状态：(12,0,0,0,3)

目标状态：sg_1：(0,1,0,11,0)和 sg_2：(0,0,1,11,0)

其中，sg_1、sg_2 分别表示最后找到一个轻的或找到一个重的硬币，其余11个为标准硬币。

2. 利用 AO* 算法求解

利用 AO* 算法求解问题需要找出以下要素：初始问题的描述；一组将问题变换成子问题的变换规则；一组本原问题描述。

该问题的初始问题前面已经表示出来了，本原问题就是两个目标状态。下面要定义一组转换规则。这里的转换规则就是每称一次，要考虑如何取硬币放到天平上，称完后根据天平的状态，硬币的重量状态可能会从一种类型转变为另一种类型。

首先考虑如何取硬币的问题。设当前的状态为(lhs, ls, hs, s, t)，用函数 PICKUP([lhs_1, ls_1, hs_1, s_1], [lhs_2, ls_2, hs_2, s_2])表示本次分别从(lhs、ls、hs、s)中取出了 lhs_1、ls_1、hs_1、s_1 个硬币放到天平的左边，取出了 lhs_2、ls_2、hs_2、s_2 个硬币放到天平的右边。对于

PICKUP 应默认有以下性质成立：

- $0<lhs_1+ls_1+hs_1+s_1=lhs_2+ls_2+hs_2+s_2\leqslant 6$，即天平两边的硬币数相等且不大于 6。
- $lhs_1+lhs_2\leqslant lhs\wedge ls_1+ls_2\leqslant ls\wedge hs_1+hs_2\leqslant hs\wedge s_1+s_2\leqslant s$，即取出的硬币数不大于相应类型原有的硬币数。

然后令 PICKUP()等于－1、0、1 分别表示天平左倾斜、平衡和右倾斜。在这个定义下，有以下转换规则。

(1) 左倾斜规则

if PICKUP($[lhs_1, ls_1, hs_1, s_1], [lhs_2, ls_2, hs_2, s_2]$)$=-1\wedge(lhs, ls, hs, s, t)$

then$(lhs', ls', hs', s', t-1)$；

其中 $s'=s+ls-ls_2+hs-hs_1+lhs-(lhs_1+lhs_2)$；$ls'=ls_2+lhs_2$；$hs'=lhs_1+hs_1$；$lhs'=0$。

这 4 个公式的含义分别是：若天平左倾，则在左天平的状态为 LS 的硬币，在右天平的状态为 HS 的硬币和未放到天平上的硬币都是标准的，即 $hs_2+ls_1+(lhs-lhs_1-lhs_2)+(ls-ls_1-ls_2)+(hs-hs_1-hs_2)$个硬币的状态都改变为标准型；右天平原有的 ls_2 个轻标准型的硬币仍然为轻标准型，右天平的 lhs_2 个轻重标准型硬币改变为轻标准型；左天平原有的 hs_1 个重标准型的硬币仍然为重标准型，左天平的 lhs_2 个轻重标准型硬币改变为重标准型；只要不平衡，就不存在 LHS 型的硬币，天平上的硬币可以确定为 LS 或 HS 型，天平下的硬币可确定是 S 型，这时 $lhs'=0$。

(2) 平衡规则

if PICKUP($[lhs_1, ls_1, hs_1, s_1], [lhs_2, ls_2, hs_2, s_2]$)$=0\wedge(lhs, ls, hs, s, t)$

then$(lhs', ls', hs', s', t-1)$；

其中 $s'=s+ls_1+ls_2+hs_1+hs_2+lhs_1+lhs_2$；$ls'=ls-ls_1-ls_2$；$hs'=hs-hs_1-hs_2$；$lhs'=lhs-lhs_1-lhs_2$。

这 4 个公式的含义分别是：若天平平衡，则所有在天平上的硬币都是标准的，即有 $ls_1+ls_2+hs_1+hs_2+lhs_1+lhs_2$ 个硬币的状态都改变为标准型；左、右天平原有的轻标准型的硬币改变为标准型，所以从 ls 中减去 ls_1 和 ls_2；左、右天平原有的重标准型的硬币改变为标准型，所以也要从 hs 中减去 hs_1 和 hs_2；在平衡情况下，lhs 型的硬币要减去左、右天平原有的轻重标准型的硬币，即 $lhs'=lhs-lhs_1-lhs_2$。

(3) 右倾斜规则

if PICKUP($[lhs_1, ls_1, hs_1, s_1], [lhs_2, ls_2, hs_2, s_2]$)$=1\wedge(lhs, ls, hs, s, t)$

then$(lhs', ls', hs', s', t-1)$；

其中 $s'=s+ls-ls_1+hs-hs_2+lhs-(lhs_1+lhs_2)$；$ls'=ls_1+lhs_1$；$hs'=lhs_2+hs_2$；$lhs'=0$。

这 4 个公式与左倾斜的含义类似：若天平右倾，则在左天平上状态为 HS 的硬币和右天平上状态为 LS 的硬币以及未放到天平上的硬币都是标准的，即 $hs_1+ls_2+(lhs-lhs_1-lhs_2)+(ls-ls_1-ls_2)+(hs-hs_1-hs_2)$个硬币的状态都改变为标准型；左天平原有的 ls_1 个轻标准型的硬币仍然为轻标准型，左天平的 lhs_1 个轻重标准型硬币改变为轻标准型；右天平原有的重标准型的 hs_2 个硬币仍然为重标准型，右天平的 lhs_2 个轻重标准型硬币改变为重标准型；因为不平衡，$lhs'=0$。

以上 3 个规则中 $t-1$ 表示所剩使用天平的次数减少了一次。

3. 在问题空间中搜索

该问题可以用 AO* 算法求解，主要是基于这样的背景：用 PICKUP()填入不同的参数表示一种选取方法，不同的选取方法之间是或的关系，当选定一组 PICKUP 的参数后，就必须考虑它的值为−1、0、1 时下层的节点都可解，则 3 种情况之间的关系为"与"的关系。这说明该问题的搜索图是与或图，图 4-20 给出了这样的搜索图的例子。

用于该算法的评价函数可设置为

$$h((lhs,ls,hs,s,t))=ls+hs+lhs-1$$

显然有 $h((0,1,0,11,0))=0$ 和 $h((0,0,1,11,0))=0$

即 $h(sg_1)=h(sg_2)=0$

由于问题的本原问题对应的节点是可解节点，因此 sg_1、sg_2 为可解节点。不可解节点可定义为：如果节点 $n=(lhs,ls,hs,s,t)$ 中 $t=0$ 且 (lhs,ls,hs,s) 不属于$\{(0,1,0,11)$、$(0,0,1,11)\}$，则 n 为不可解节点。

做好上述准备工作后，就可用 AO* 算法进行求解，图 4-20 就是用 AO* 算法得到的一个解图。

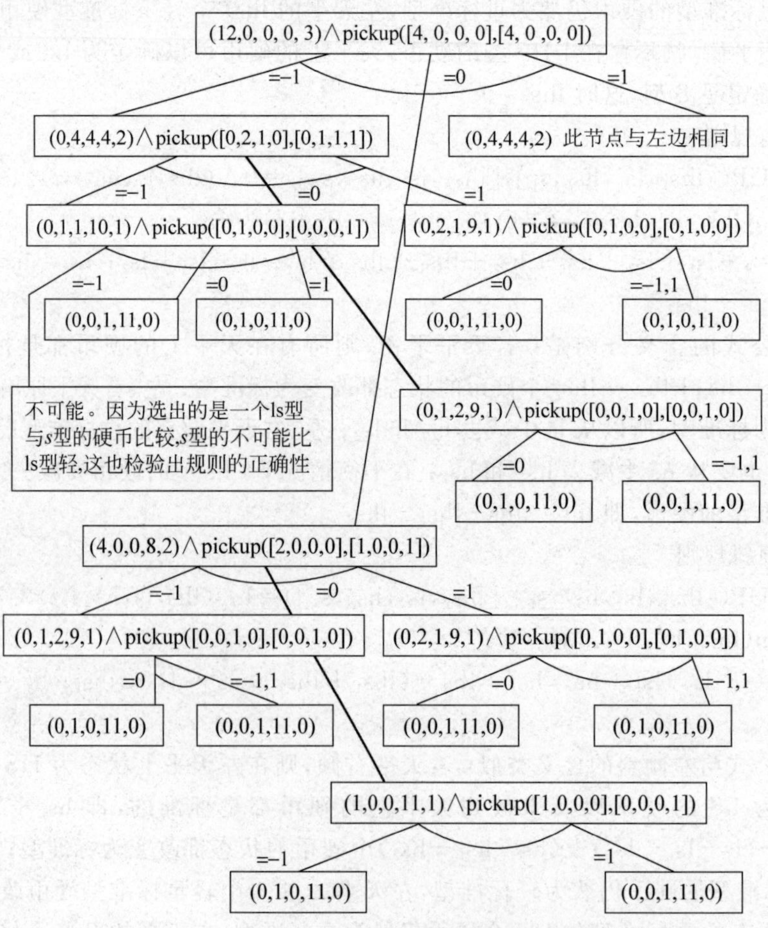

图 4-20 利用 AO* 算法求解 12 硬币问题的解图

用 AO* 算法可以很快地接近目标，因为对于某种选法，它的节点层数不超过 3 层，且某个节点只要有一个下层的 and 节点为不可解节点，则马上推出该节点为不可解节点。例如，考虑 PICKUP([6,0,0,0],[6,0,0,0])，它的值只可能是 1 或 −1，它的下层节点实际只有一个为(0,6,6,0,2)的节点。对于它的下两层节点的搜索可很快导出都是不可解节点。因而导出 PICKUP([6,0,0,0],[6,0,0,0])不是一种正确的取法。同样的道理也可以很快导出 PICKUP([1,0,0,0],[1,0,0,0])，PICKUP([2,0,0,0],[2,0,0,0])等取法都不是正确的取法。因为使用 AO* 算法抛去了大量的不可解的分支，所以可以很快找出所有解。

4. 比较与分析

对于此处所讨论的智力难题，L. Wos 等曾采用的方法是用子句描述了 14 个转换公理，然后在推理系统上使用超归结推理规则求解，求得 40 多种不同的解。这里所采用的 AO* 搜索方法只用了 3 个转换规则，求得 410 种不同的解，这 410 种解不包括对称的情况。比较之下，用 AO* 算法求解这个智能问题解法比较简洁，且效率比较高。AO* 算法之所以可以很快地找出所有解，首先是因为该问题用与/或图表示比较恰当；其次是 AO* 算法利用与/或图的特点和启发式方法可以避免许多无用路径的搜索。

习　题　4

4.1　什么是图搜索过程？其中，重排 Open 表意味着什么？重排的原则是什么？

4.2　什么是 A^* 算法？它的评价函数如何确定？它与 A 算法有什么区别？

4.3　证明 Open 表上具有 $f(n)<f^*(s)$ 的任何节点 n，最终都将被 A^* 选择去扩展。

4.4　怎么用一架天平 3 次称出 13 个硬币中唯一的然而未知轻重的假币(已知有标准的硬币)？

4.5　请给出使用天平 4 次从 39 个硬币中找出唯一的未知轻重的假币的方案。

4.6　请给出通用图搜索算法中，Open 表和 Closed 表所表示的一般含义。

4.7　或图和与/或图各对应什么样的实际背景？所对应的最优搜索算法是什么？

4.8　A^* 算法有什么性质？

4.9　A^* 算法在什么条件下执行效果最好？为什么？

4.10　与/或图的启发式搜索法 AO* 是通过评价函数 $f(n)=h(n)$ 来引导搜索过程，适用于分解之后得到的子问题不存在相互作用的情况。试证明：若 $S\rightarrow N$ 存在解图，当 $h(n)\leqslant h^*(n)$ 且 $h(n)$ 满足单调限制条件时 AO* 算法一定能找到最佳解图，即在这种情况下，AO* 具有可采纳性。

4.11　请写出 AO* 算法中可解节点和不可解节点的递归定义。

第5章 博弈与搜索

博弈一向被认为是富有挑战性的智力的游戏,有着难以言语的魅力。博弈虽然自古就是人与人的对弈,但自从有了计算机以后,人们就有了用计算机下棋的想法,早在20世纪60年代就已经出现若干博弈程序,并达到较高的水平,现已出现计算机博弈程序能够与人类博弈大师抗衡的局面。博弈的研究不断为人工智能提出新的课题,可以说博弈是人工智能研究的起源和动力之一。

5.1 人机大战

机器博弈在计算机科学与人工智能的交叉研究方向中有着很多知名实例。早在1958年,由IBM研发的首台具备与人对弈的"思考"计算出现,它的计算速度能够达到每秒200步。而在1983年,由Ken Thompson开发出的BELLE,它是首个下棋水平能够达到国际大师级的机器。

在后来的发展中,也出现了很多具备博弈能力的机器,如后来出现了Deep Think(深思)、Deep Blue(深蓝)、Hal、DUSKTREE SYSTEM、AlphaGo等人工智能机器,并累次出现人机大战的壮举。

5.1.1 国际象棋人机大战

1997年的5月11日是一个让人对人工智能充满敬意的日子,当天,IBM的"深蓝"计算机与当时国际象棋世界排名第一的加里·卡斯帕罗夫对弈,取得了三胜二平一负的好成绩。这是计算机首次在正常时间内击败世界排名第一的选手,它标志着计算机在与人类的国际象棋对弈史进入了新的时代。

IBM组成了谭崇仁、许峰雄、莫里·坎贝尔(Murray Campbell)等高手的研究小组完成了"深蓝"计算机的研制。至1997年比赛前,重量达1.4吨的"深蓝"计算机配有了32个节点,每个节点有8块专门为人-机对弈设计的处理器,从而使系统达到了每秒2亿步,这在当时可称是惊人速度。同时,研制小组向"深蓝"计算机输入了一百年来几乎所有国际特级大师的开局和残局下法,并邀请了四位国际象棋特级大师做它的"教练",不断修改完善它的棋路。每局比赛结束后,小组都会根据情况相应修改参数,对它进行了强制性"学习",在学习了历史上优秀棋手的两百多万局对弈后,它具备了战胜人类棋手的能力。

"深蓝"计算机的核心是程序中的评价函数,这是下棋程序的一种衡量局面"好坏"的计算方法。"深蓝"计算机每走一步都要对棋中的子力、位置、王的安全性和速度进行价值评估,然后选择一种可以使评价函数得分最高的走法。这样,看似智力比赛的对弈问题实际上就完全变成了一种计算比赛。计算机下棋程序本身就是将人类的智慧汇集起来,“深蓝”的计算能力早已远远超过人类,它能够在极短的时间内分析达到亿级的棋局数,而下棋的本质就是进行推理性计算,这更加体现了“深蓝”的优势。

赛后,“深蓝”计算机的主要研制人员谭崇仁和许峰雄都十分谦虚地表示:“深蓝”在人工智能上取得的成果还称不上智能,它仅仅是加强了计算机的推演能力,并且他们宣布这是“深蓝”的最后一次参赛。

目前一般都认同,人类的思维能力具有多种情况,除了计算机目前已具备模拟能力的抽象和逻辑思维能力外,在其他方面,计算机还与人脑的能力具有很大的差距。“深蓝”的成功意味着人类具备对人脑的部分模拟能力,它意味着人类在人工智能的研究领域取得了重要的进步。

5.1.2 围棋人机大战

国际象棋棋王卡斯帕罗夫和计算机“深蓝”的对决,曾引发了一次“人机大战”的高潮,从1996年的棋王获胜,到一年之后的“深蓝”获胜,实际上就证明了计算机软件在国际象棋领域已经征服了人类的最强棋手。中国象棋的情况也是如此,一款普通的软件甚至都能击败大师级的棋手。不过围棋的情况不一样,它的棋盘空间更大,变化更加复杂,胜负的目标也更加模糊,所以在 AlphaGo 出现之前,没有一款计算机软件可以和围棋高手相抗衡。

围棋与国际象棋或中国象棋的主要不同之处在于:

(1) 围棋的状态空间复杂度极高。类比围棋与国际象棋或中国象棋,其复杂度差别形象地描述出来,大概相当于太阳系直径和原子核直径的差别。

(2) 围棋做局势评估极难。国际象棋或中国象棋通过评估双方子力和棋子位置(如能否顺利出“车”,“马”有没有别脚)来评估局势。围棋要衡量地与势及棋子间的关系、转换的可能性等。

(3) 围棋要求棋手自建目标,而象棋或国象的目标就是杀王。

以上特点决定:国际象棋或中国象棋的走子策略可以用 5.2 节要讨论的博弈树来构建并且比较容易剪枝,所以遍历式运算就能解决其中的很多问题,而对围棋则行不通。

对于围棋比赛来说,下任何一步棋的选择会非常多。机器与人类一样,它在下一步棋时同样要做很多决策,但它会将每一步棋的结果一直演化下去,直至获得最优化的选择,而且它们非常擅长处理这样的情况。但是对于人类来讲,这并不是一件简单的事。若我们将棋局上的任意一个点当做一个元素,它可以是 1、−1 或者 0,所以每一个点共有三种状态:黑、白和空白,这种节点数量总共有 3 的 361 次方之巨,人脑处理这样的情况会有些难度,但机器能够把棋局精确地表示出来。

1. AlphaGo 人机大战引发的探讨

2016 年 3 月 9 日开始的 AlphaGo 人机大战,AlphaGo 对决韩国围棋手李世石,一时间引发了全世界人民的关注。

谁都没有想到,声称要以 5:0 击败计算机的韩国围棋天王李世石,会在“人机大战”四场比赛败给 AlphaGo。尽管失利的原因可能是李世石自身的失误造成的,但不可否认的是,

AlphaGo实力上的提升,已经到了可以威胁人类最强围棋选手的地步。AlphaGo向人类宣告了人工智能一个新的时代来临。

这次比赛引发广泛探讨,机器人工智能是否正在超越人类“脑力”?

2. AlphaGo最大的优势在于能够自我学习

站在AlphaGo身后的团队是DeepMind,是一家2010年9月在英国成立的人工智能公司,在2014年以将近4亿美元被Google公司收购。在短短的不到6年的时间里,DeepMind从最初只能让软件玩简单的游戏到如今可以在复杂的围棋游戏上战胜人类专业的选手,展示了人工智能的发展势不可挡,AlphaGo更是为其树立了里程碑式的胜利标杆。

AlphaGo的研究者戴维·席尔瓦表示,AlphaGo系统的关键是,将围棋巨大无比的搜索空间压缩到可控的范围之内。与别的单纯地只是给计算机写下特别的指令的软件不同,AlphaGo是和自己“下棋”,和不同版本的自己下上百万盘棋,而每一次都会有小小的进步。这样无限的学习能力赋予了AlphaGo思维能力,可以通过经验而判断未来的10～20步棋,从而规避了大量的运算。这是一套针对围棋周密设计的深度学习系统,采用多种机器学习技术进行整合:增强学习(reinforcement learning)、深度神经网络(deep neural network)、策略网络(policy network)、快速走子(fast rollout)、估值网络(value network)和蒙特卡洛树搜索(Monte Carlo tree search, MCTS),加上Google强大的硬件支撑和云计算资源,结合CPU & GPU,通过增强学习和自我博弈学习不断提高自身水平。

DeepMind公司认为,受大脑启发的系统也能洞察人类智慧。该公司发表在*Nature*上的DeepMind算法之所以“多才多艺”,是因为它源于两种机器学习方法的结合。

3. AlphaGo的深度学习

AlphaGo的第一种机器学习方法是深度学习(Deep Learning),是受人脑工作机制启发的一种结构,在实验的基础上,该结构中模拟神经元层间的联结得到加强。深度学习系统能够从大量的非结构数据中获取复杂信息。

深度学习是目前人工智能领域中最热门的科目之一,它能完成笔迹识别、面部识别、自动驾驶汽车、自然语言处理、语音识别、分析生物信息数据等非常复杂的任务。AlphaGo的核心学习算法是两种不同的深度神经网络:“策略网络”(policy network)和“估值网络”(value network)。它们的任务在于合作挑选出那些比较有前途的棋步,抛弃明显的差棋,从而将计算量控制在计算机可以完成的范围内,本质上和人类棋手所做的一样。

具体来说,AlphaGo的“估值网络”用来衡量白子和黑子在棋盘上的位置,“估值网络”负责减少搜索的深度:AI机器会一边推算一边判断局面,每走一步估算一次获胜方,而不是搜索所有结束棋局的途径,当局面处于明显劣势的时候,就直接抛弃某些路线,不用一条道算到黑;“策略网络”用于不断地学习此前人类和自己的落子,来选择接下来怎么走下一步。

AlphaGo的“策略网络”负责预测下一步,减少搜索的宽度:面对眼前的一盘棋,有些棋步是明显不该走的,比如不该随便送子给别人吃。将这些信息放入一个概率函数,AI机器就不用给每一步以同样的重视程度,而可以重点分析那些有前景的棋步,将搜索范围缩小至最有可能触发的那些步骤。

AlphaGo利用这两个工具来分析局面,判断每种下子策略的优劣,就像人类棋手会判断当前局面以及推断未来的局面一样。这样 AlphaGo 在分析了未来 20 步的情况下，就能判断在哪里下子赢的概率会高。

在上述模拟游戏中，策略网络提出下一步的智能建议，而估值网络则对走过的每个位置进行评估。上述方法使得 AlphaGo 的搜索方式相比之前的方法更人性化。例如，“深蓝”采用强力方法搜索的棋子位置要比 AlphaGo 多数千倍。而 AlphaGo 则相反，它通过想象下完剩余棋局来对下一步进行预判，如此多次反复。具体而言，谷歌首先采用围棋专业棋手的 3000 万步下法对“估值网络”进行训练，直到该网络对人类下法预测准确率达到 57%(AlphaGo 之前的纪录是 44%)。

4. AlphaGo 的增强学习

AlphaGo 的第二种机器学习方法是增强学习。研究者们用许多专业棋局来训练 AI 机器，这种方法称为有监督学习(supervised learning)。然后让 AI 机器和自己对弈，这种方法称为增强学习(reinforcement learning)，也是一种无监督学习(unsupervised learning)，每次对弈都能让 AI 机器棋力精进。这种学习系统的灵感源自动物大脑中的神经递质多巴胺奖励系统，该系统有一种算法，即不断通过试错进行学习。

人类在下棋时有一个劣势是，在长时间比赛后，他们会犯错。但机器不会。一名专业的围棋选手，一天也最多下 2~3 盘棋，而 AlphaGo 只要有电，就可以一直下。人类或许一年能玩 1000 局，但机器一天就能玩 100 万局。所以 AlphaGo 只要经过了足够的训练，就有可能击败人类很多围棋高手。而且 AlphaGo 的目标是击败水平最高的人类棋手，而不仅仅是模仿他们。为了做到这一点，AlphaGo 学会自己发现新策略，通过自身两个神经网络之间成千上万的对弈，采用被称为强化学习的试错法逐步进行改善。这种方法提高了“策略网络”的效率，以至于最原始的“神经网络”可以击败最尖端、具有巨大无比的搜索树的围棋软件。

5. 人机大战还会重演

从科技发展的角度而言，AlphaGo 击败李世石只是一个开始，未来，计算机与围棋界的最强棋手对弈将会延续，中国围棋第一高手柯洁宣布将于 2016 年底展开一场人机大战。围棋的难度和竞技性，让它成为一个很好的对象，来作为验证人工智能开发的成果。如今除了谷歌和脸书之外，还有不少中国和日本的公司，也都投入到围棋软件的开发中来。那么，最终这些人工智能形成的成果，将会被运用到哪里以给人类带来福利呢？创新工场董事长李开复，曾帮助 IBM 组织“深蓝”团队和卡斯帕罗夫的人机大战，向外界揭秘了关于人工智能未来的发展方向，他透露：人工智能未来在投资买卖股票方面，可以超过一般人；另外一个可能就是无人驾驶，用十年左右时间就可以由机器彻底替代人工操作。

6. 博弈的本质是人工智能的问题求解

博弈的本质是人工智能的问题求解。但人工智能问题之所以能求解，是因为前面讨论的状态空间法满足了以下两个条件：

第一，待解决的问题必须有十分精准的定义(状态的定义)；

第二，人求解问题的方法能够(算子和策略)被精确描述。

因此在处理人工智能问题时，首先需要它能够被精确地定义，其次需要问题范围要十分小,这样的问题才能够被计算机解决。例如,AlphaGo与李世石的围棋比赛过程中,围棋的黑子白子、格子规范、棋局设计等,用计算机表示它们,均能够做到。

但是,目前现实的情况是,在人们生活中出现的大量问题是无法被精确定义的,而且待解决问题的范围并不受限。这也是人工智能的问题求解方法要面对的问题。

下一节就开始讨论最一般的博弈算法。

5.2 博弈与对策

博弈问题常与对策问题联系在一起,都是一种智力的对抗。对策论(Game Theory)用数字方法研究对策问题。一般将对策问题分为零和对策和非零和对策。

最典型的零和对策问题是我国古代齐王与田忌赛马的问题。该问题是齐王与田忌都有可分为上、中、下的三匹马。齐王的上马、中马、下马都比田忌相应的上马、中马、下马好,但田忌的上马比齐王的中马好,田忌的中马比齐王的下马好,聪明的田忌采取了下述对策后一举取胜:

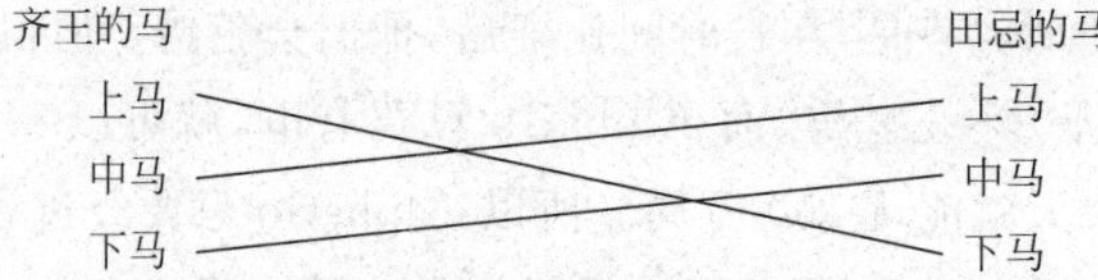

非零和对策的例子有:囚犯难题(The prisoner dilemma)。该问题是有两个嫌疑犯A和B,暂时还没有获得他们犯罪的确定的证据。现对他们判刑的规则是:

A \ B	不承认	承认
不承认	各判1年	A判10年 B判3个月
承认	A判3个月 B判10年	各判6年

根据这个规则,A、B如何决策?这也是博弈问题。类似的问题还有商业竞争的问题。美国经济学家Nash将求解囚犯难题的方法用于解决经济模型中的问题,因而获得经济学诺贝尔奖。

博弈相对于对策问题更为复杂一些。博弈是一个人们探索人工智能很好的领域,因为一方面博弈提供了一个可构造的任务领域,在这个领域里,能够明确地判定成功或失败;另一方面,博弈问题对人的深层次的知识研究提出了严峻的挑战。如何表示博弈问题的状态、博弈过程和博弈取胜的知识,这是目前人类仍在探讨之中的问题。就拿国际象棋的例子来分析,在对方走完第一步之后,就应考虑对方会走哪一步,这时,对方也有35种选择。因此计算机要考虑35^2种可能的选择,对应的搜索的树就有35^2个分支。这样如果下棋程序要考虑50回合,那么搜索树就有100层,总节点数为$\sum_{i=0}^{99}35^i\approx 35^{99}$个,即使使用计算速度为万亿次计算机,下一步棋也要花$35^{99}/10^{12}\approx 35^{70}$年。因此要提高博弈问题求解程序的效率,应做到以下两点：

- 改进生成过程，使之只生成好的走步，如按棋谱的方法生成下一步。
- 改进测试过程，使最好的步骤能够及时被确认。

达到上述目的有效途径是使用启发式方法引导搜索过程，使其只生成可能赢的走步。而这样的博弈程序应具备：

- 一个好的(即只产生可能赢棋步骤的)生成过程。
- 一个好的静态估计函数。

人工智能用搜索方法求解博弈问题，下面介绍博弈中两种最基本的搜索方法。

5.3 极小极大搜索算法

5.3.1 极小极大搜索的思想

极小极大搜索策略是考虑双方对弈若干步之后，从可能的步中选一步相对好的走法来走，即在有限的搜索深度范围内进行求解。

为此要定义一个静态估计函数 f，以便对棋局的势态做出优劣估计。这个函数可根据棋局优劣势态的特征来定义。

这里规定：

MAX 代表程序方

MIN 代表对手方

P 代表一个棋局(即一个状态)

有利于 MAX 的势态，$f(P)$取正值

有利于 MIN 的势态，$f(P)$取负值

势态均衡，$f(P)$取零

$f(P)$的大小由棋局势态的优劣来决定。使用静态函数进行估计必须以下述两个条件为前提：

(1) 双方都知道各自走到什么程度、下一步可能做什么。

(2) 不考虑偶然因素影响。

在这个前提下，博弈双方必须考虑：

(1) 如何产生一个最好的走步。

(2) 如何改进测试方法，能尽快搜索到最好的走步。

MIN、MAX 的基本思想是：

(1) 当轮到 MIN 走步的节点时，MAX 应考虑最坏的情况(因此，$f(P)$取极小值)。

(2) 当轮到 MAX 走步的节点时，MAX 应考虑最好的情况(因此，$f(P)$取极大值)。

(3) 当评价往回倒推时，相应于两位棋手的对抗策略，不同层上交替使用(1)、(2)两种方法向上传递倒推值。所以这种搜索方法称为极小极大过程。

5.3.2 极小极大搜索算法

极小极大搜索算法的执行过程如下：

(1) $T:=(s,\mathrm{MAX})$,OPEN:=(s),CLOSED:=( );

{开始时树由初始节点构成,OPEN 表只含有 s}

(2) LOOP1: IF OPEN=( ) THEN GO LOOP2;

(3) n:=FIRST(OPEN),REMOVE(n,OPEN),ADD_TO_LAST(n,CLOSED);

{约定加到尾部}

(4) IF n 可直接判定为赢、输或平局

THEN $f(n):=\infty \vee -\infty \vee 0$,GO LOOP1

ELSE EXPAND(n)→n_i,ADD ({n_i},T)

IF $d(\{n_i\}) < k$ THEN ADD_TO_LAST ({n_i},OPEN),GO LOOP1

ELSE 计算 $f(n_i)$,GO LOOP1;

{n_i 达到深度 k,计算各端节点 f 值}

(5) LOOP2: IF CLOSED=NIL THEN GO LOOP3

ELSE n_p:=LAST(CLOSED);

(6) IF ($n_p \in \mathrm{MAX}$) ∧ ($f(n_{ci} \in \mathrm{MIN})$有值)(其中 n_{ci} 为 n_p 的下一层节点)

THEN $f(n_p):=\mathrm{MAX}\{f(n_{ci})\}$,REMOVE($n_p$,CLOSED);

{若 MAX 所有子节点均有值,则该 MAX 取其极大值。}

IF ($n_p \in \mathrm{MIN}$) ∧ ($f(n_{ci} \in \mathrm{MAX})$有值)

THEN $f(n_p):=\mathrm{MIN}\{f(n_{ci})\}$,REMOVE($n_p$,CLOSED);

{若 MIN 所有子节点均有值,则该 MIN 取其极小值。}

(7) GO LOOP2;

(8) LOOP3: IF $f(s)\neq$NIL THEN EXIT(END∨MARK (Move,T));

{s 有值,或结束或标记走步}

其中,ADD_TO_LAST 约定加入节点到表的尾部;END 表示失败或成功或平局退出;MARK 标记一个走步。

5.3.3 算法分析与举例

该算法分三个阶段进行。

第一阶段为步骤(2)～(4),使用宽度优先法生成规定深度的全部博弈树,然后对其所有端节点计算其静态估计函数值。

第二阶段为步骤(5)～(7),是从底向上逐级求非终节点的倒推估计值,直到求出初始节点的倒推值 $f(s)$为止。$f(s)$的值应为$\underset{i_1}{\mathrm{MAX}}\ \underset{i_2}{\mathrm{MIN}}\cdots\{f(n_{i_1,i_2,\dots,i_k})\}$,其中 $n_{i_1,i_2,\dots,i_k}$ 表示深度为 k 的端节点。

第三阶段,根据 $f(s)$可选的相对好的走步,由 Mark(Move,T)标记走步。

应用 MIN、MAX 过程一次后,要等待对手响应走步后,再以新的状态(棋局)作为起始状态,调用该过程。这样反复进行,实现对弈过程。

例 5.1 在九宫格棋盘上两位选手轮流在棋盘上摆各自的棋子,每次一枚,谁先取得三子一线的结果就取胜。

设程序方 MAX 的棋子用 X 表示，对手方 MIN 的棋子用 O 表示。

X_5	O_2	O_4
X_7	X_1	
X_3		O_6

静态估计函数为

$$f(p)=\begin{cases}+\infty, & \text{当 } p \text{ 为 MAX 时赢} \\ -\infty, & \text{当 } p \text{ 为 MIN 时赢} \\ \text{(全部空格放 } X \text{ 后三字成一线的总数)}-\text{(全部空格放 } O \text{ 后三字成一线的总数)} \end{cases}$$

例如，设格局 p 为

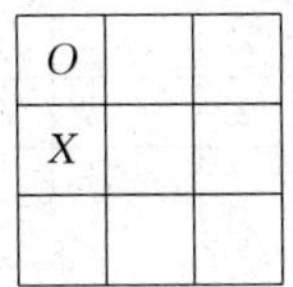

则可得 $f(p)=5-6=-1$。

现在考虑走两步的搜索过程，即算法中 $k=2$。利用棋盘对称性条件，则 MAX 走第一步棋调用算法产生搜索树，如图 5-1 所示。

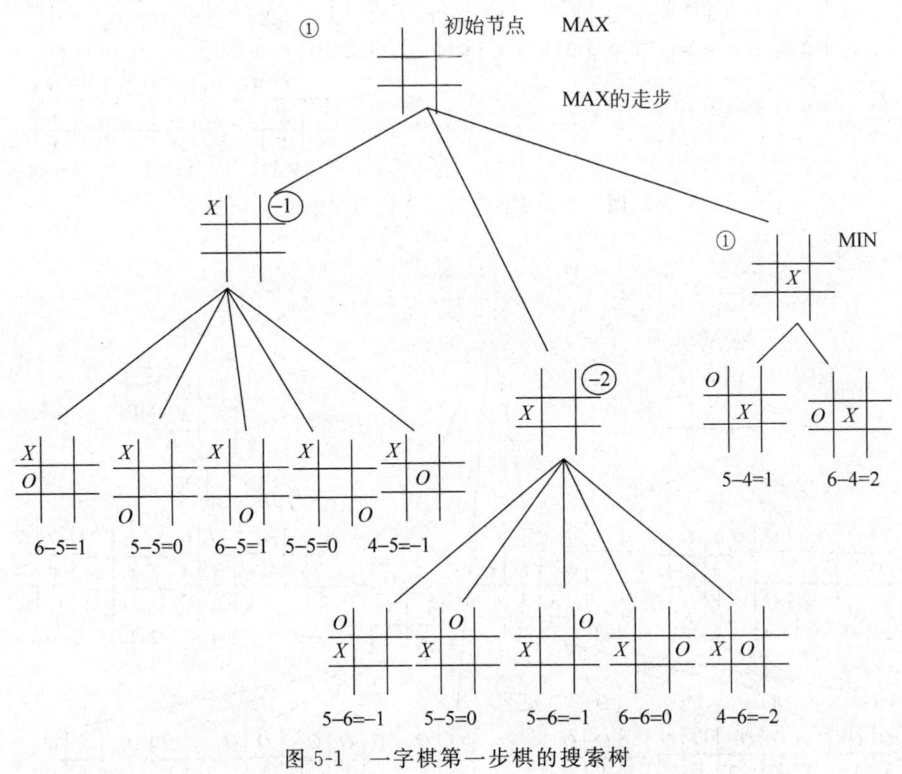

图 5-1　一字棋第一步棋的搜索树

设 MAX 走完第一步棋后，MIN 是在 X 上方的格子放一颗子。这时 MAX 要开始走第二步，因此在新格局下调用算法，MAX 的第二步棋产生的搜索树如图 5-2 所示。

同样，再走第三步棋，使用算法后的搜索树如图 5-3 所示。

至此，MAX 已走完最后的一步，不论怎么走，MIN 都无法挽回败局。

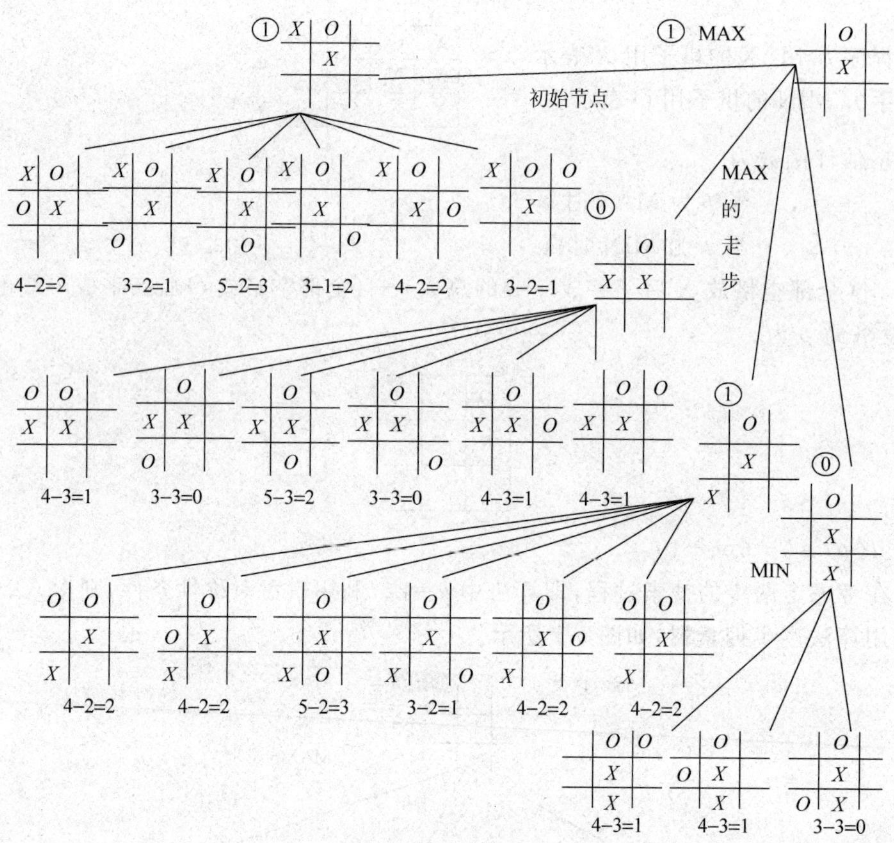

图 5-2　一字棋第二步棋的搜索树

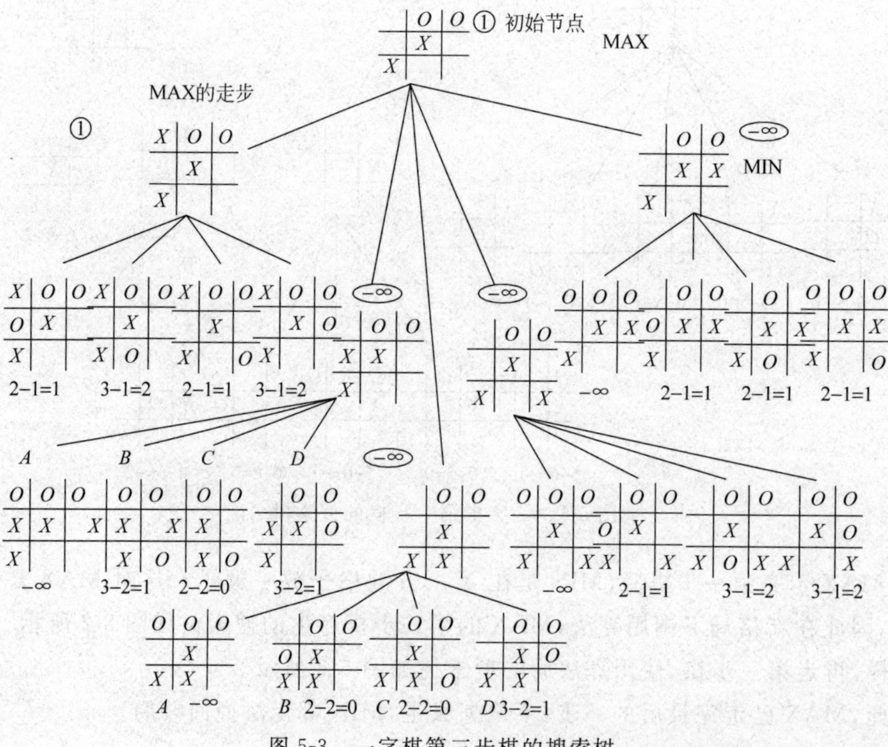

图 5-3　一字棋第三步棋的搜索树

5.4 α—β 剪枝算法

MIN、MAX 过程将生成后继与估计格局两个过程分开考虑，即先生成全部搜索树，然后再进行端点静态估计和倒推值计算。从图 5-3 可以看出这样效率会很低，下面的图 5-4 给出的例子更能说明这一点。

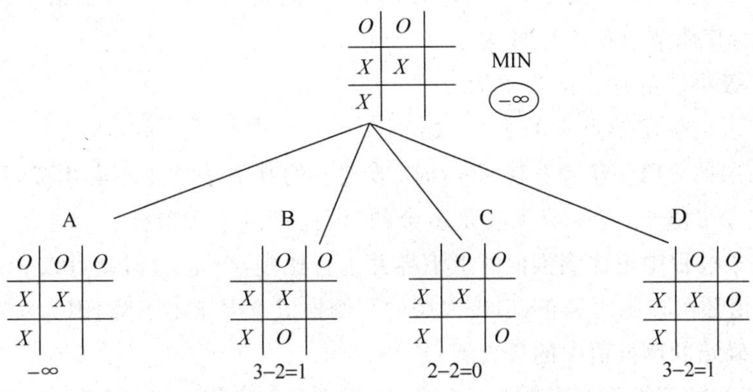

图 5-4　一字棋第三步棋的部分搜索树

这时其中一个 MIN 节点要生成 A、B、C、D 共 4 个节点，然后逐个计算其静态估计值，最后求得倒推值$-\infty$，把它赋给这个节点。其实生成节点 A 后，如果马上进行静态估计，得知 $f(A)=-\infty$ 之后，就可以断定生成 B、C、D 以及进行估计是多余的，该 MIN 节点的倒推值一定是$-\infty$。

α—β 剪枝法就是考虑上述因素后把生成后继和倒推值估计结合起来，及时剪掉一些无用分枝，以此来提高算法的效率。

α—β 剪枝法，采用有界深度优先策略进行搜索，当生成节点达到规定的深度时，就立即进行静态估计，而一旦某个非端节点有条件确定倒推值时，就立即赋值。下面再用如图 5-5 所示的一字棋进行说明。

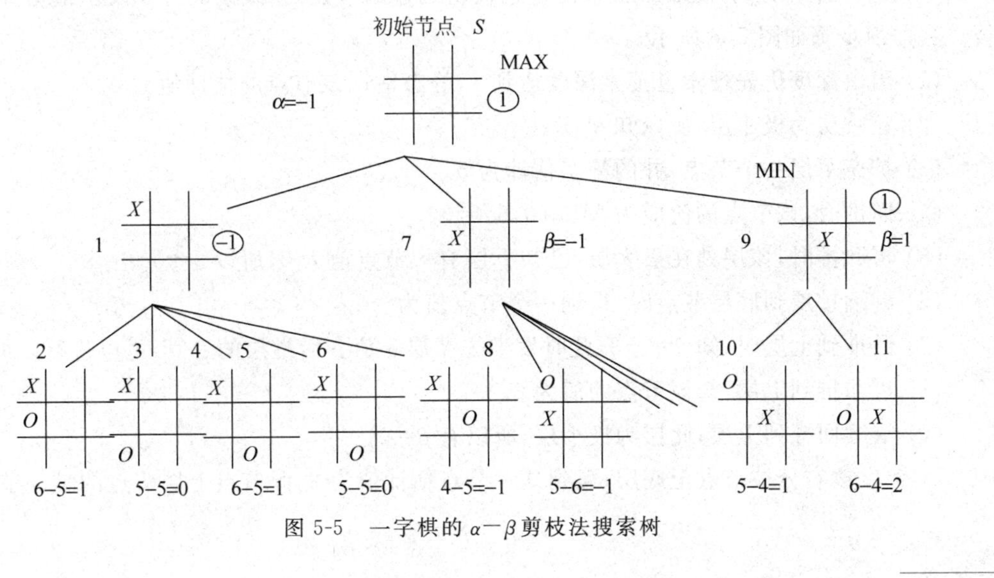

图 5-5　一字棋的 α—β 剪枝法搜索树

当生成到节点6后,节点1的倒推值可确定为-1。这时对于初始节点S来说,虽然其他子节点尚未生成,但由于S属于极大层,所以可以推断它的倒推值不会小于-1。

我们定义极大层的这个下界值为α。因此S的$\alpha=-1$。

S的α值为-1,说明的S倒推值不会比-1更小,但会不会比-1更大,还取决于其他后继节点倒推值。我们继续生成搜索树。

当第8个节点生成后,其估计值为-1,就可以断定节点7的倒推值不可能大于-1。因此,节点7的其他节点就不用搜索了。

我们定义极小层的这个上界值为β。

因此现在可以确定节点7的$\beta=-1$。

有了极小层的β值,容易发现$\alpha \geqslant \beta$时,节点7的其他子节点不必生成,因为S的极大值不可能比这个β值小,再生成无疑是多余的,因此可以进行剪枝。

只要在搜索过程中记住倒推值的上下界并进行比较,当$\alpha \geqslant \beta$时就可以进行剪枝操作。

对α和β值还可以随时修正,但极大层的α倒推值下界永不下降,因为实际的倒推值取后继节点最终确定的倒推值中的最大者。

同理,极小层的倒推值上界β永不上升,因为实际倒推值取后继节点最终确定的倒推值中的最小者。

归纳一下以上讨论,可将$\alpha-\beta$过程的剪枝规则描述如下:

(1) α剪枝。若任一极小值层节点的β值小于或等于它任一先辈极大值层节点的α值,即α(先辈层)$\geqslant\beta$(后继层),则可中止该极小值层中这个MIN节点以下的搜索过程。这个MIN节点最终的倒推值就确定为这个β值。

(2) β剪枝。若任一极大值层节点的α值大于或等于它任一先辈极小值层节点的β值,即α(后继层)$\geqslant\beta$(先辈层),则可以中止该极大值层中这个MAX节点以下的搜索过程。这个MAX节点的最终倒推值就确定为这个α值。

下面给出$d=4$的博弈树的$\alpha-\beta$搜索过程,带方框的数字表示静态估计及倒推值过程的次序编号,底层的黑方块表示被求值过且被访问过的节点,粗线条的分支表示被剪掉的分枝。其详细步骤如图5-6所示。

(1) 当由深度优先搜索且搜索深度达到4,静态估计该节点的估计值为0。

(2) 上一层为极小层,所以知$\beta=0$。

(3) 扩充下层一个节点,并的静态估计为5。

(4) 回推时,该节点的值应为MIN(0,5)=0。

(5) 再回推时,该层处在极大层,已知下层有一节点值为0,所以$\alpha=0$。

(6) 继续扩展到底层节点时,得到一个节点值为-3。

(7) 回推到上层时,知$\beta=-3$,此时发生先辈层α值$\geqslant$后继层的β值,可以进行α剪枝。

(8) 再回推到上层,知该节点的值为0。

(9) 继续回推到上层,此层为极小层,所以有$\beta=0$。

(10) 生成右分枝节点至底层,得到这一节点估计值为3,此节点上层节点的唯一节点。

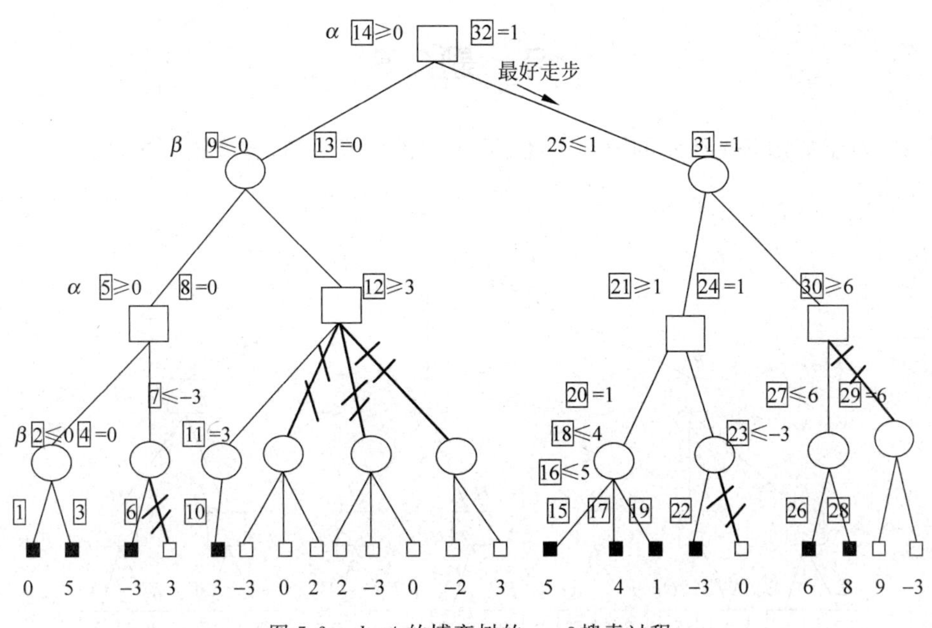

图 5-6 $d=4$ 的博弈树的 $\alpha-\beta$ 搜索过程

(11) 所以回推时，该节点值为 3。

(12) 再回推到上一层（极大层），知 $\alpha=3$，此时发现后继层的 α 值（=3）≥先辈层的 β 值（=0），所以可进行 β 剪枝。

(13) 向上回推时，取 MIN(3,0)=0 作为该节点的估计值。

(14) 继续回推，可知初始节点有 $\alpha=0$。

对右分枝也采取同样的过程，最终可在第 32 步得到最好的走步为右分枝。因为在第 31 步估计出右分枝的值为 1。

从图 5-6 可以看出，用 $\alpha-\beta$ 剪枝法与不剪枝的 MIN、MAX 方法得到的结果完全相同，但 MIN、MAX 要将整个图都搜索一遍。而 $\alpha-\beta$ 剪枝过程只搜索其中部分节点，因而 $\alpha-\beta$ 剪枝过程具有较高的效率。

下面对 $\alpha-\beta$ 剪枝过程的效率做一个分析。

若以最理想的情况进行搜索，也就是说，使 MIN 节点先扩展最低估计值的节点（即节点估计值从左向右递增排序），MAX 节点先扩展最高估计值的节点（即节点估计值从左向右递减排序），则当搜索树深度为 D，分枝因数为 B 时，采用 $\alpha-\beta$ 剪枝技术，搜索树的端节点为 $N_D=B^D$。可以证明，理想条件下生成的端节点数最少为：

$$N_D = 2B^{D/2} - 1 \qquad (D\text{ 为偶数})$$

$$N_D = B^{(D+1)/2} + B^{(D-1)/2} - 1 \qquad (D\text{ 为奇数})$$

比较后得出，最佳 $\alpha-\beta$ 剪枝技术所生成深度为 D 的端节点数，大约为不用 $\alpha-\beta$ 剪枝技术所生成的深度为 $D/2$ 的端节点数。这就意味着，在同样的资源限制下，使用 $\alpha-\beta$ 剪枝技术，可以考虑向前更多的走步数，也即可以带来更大的取胜优势。

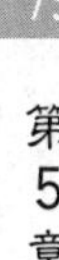

习 题 5

5.1　对于如图5-7所示的博弈树，假若A在极大值层，它该选什么样的走步？

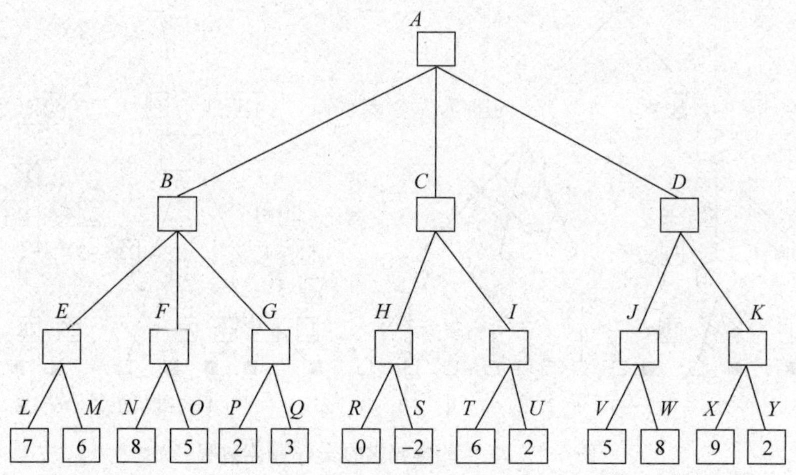

图5-7　习题5.1用图

5.2　在上题的博弈树中，用剪枝过程需要检查哪些节点？

5.3　极小极大过程是深度优先搜索过程吗？

5.4　有一种N/M或“最后者输”的博弈游戏，其玩法如下：开始有9枚硬币，两人轮流取出1、2或3枚，取出最后一枚者为输，使用搜索树证明后起步者总能取胜。

5.5　图5-8是一盘中国象棋的残局，称为“关门打狗”。请完成：

(1) 画出以红方为树根的极大极小搜索树；

(2) 确定一种评分原则，据此给出每种状态的估计值，要求此估计值能反映红、黑双方的输、平、赢；

(3) 利用$\alpha-\beta$剪枝过程对根据(2)已赋值的树进行搜索，写出搜索过程。

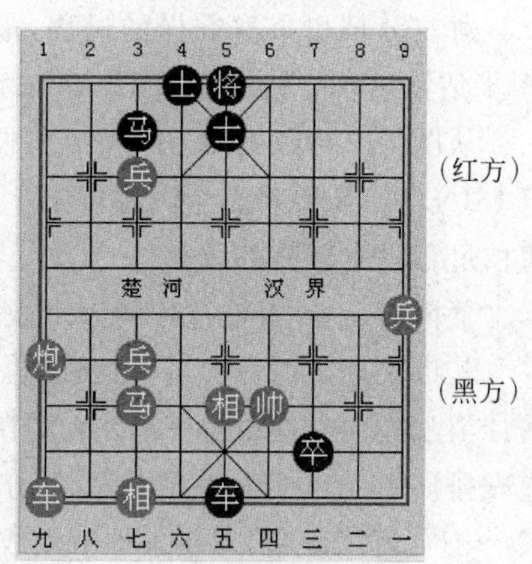

图5-8　习题5.5用图

5.6　在博弈搜索过程中，为什么是由问题的当前状态出发向目标状态搜索，而不是由目标状态回溯到当前状态？什么样的游戏可采用回溯策略？

5.7　请指出α剪枝过程与β剪枝过程的差别。

5.8　极小极大过程体现了怎样的一种思想？

第6章 演化搜索算法

本章将讨论两种演化搜索算法：遗传算法和免疫算法，并讨论它们之间的关系。

遗传算法(Genetic Algorithm，GA)是 Holland 在 20 世纪 60 年代末提出来的，是受遗传学中自然选择和遗传机制启发发展起来的一种搜索算法。它的基本思想是使用模拟生物和人类进化的方法求解复杂的优化问题，因而也称为模拟进化优化算法。模拟进化优化算法在计算原理上是自适应的，结构上是并行的，而且模仿了人的智能处理特征，因而成为人工智能的一个重要研究领域。

免疫算法是人工免疫系统研究的主要内容之一，是一种基于免疫系统的学习算法。它具有良好的系统应答性和自主性，具有较强的抗干扰和维持系统自平衡的能力。此外，免疫算法还模拟了免疫系统独有的学习、记忆、识别等功能，具有较强模式分类能力，尤其对多模态问题的分析、处理和求解表现出较高的智能性和鲁棒性。

6.1 遗传算法的基本概念

遗传算法将择优与随机信息交换结合在一起，在每一代中，使用上代中最好的，即最适应环境的位或片段，形成新的人工生物集。虽然遗传算法是随机化方法，但它不是简单的随机搜索，而是有效利用历史信息来推测新的搜索点。为了推测新的搜索点，遗传算法利用了下面要讲到的遗传操作。所以，遗传算法是计算机与遗传学相结合的产物。

遗传算法是一个迭代过程，在每次迭代中都保留一组候选解，并按某种优劣指标进行排序，然后按某种指标从中选出一些解，利用遗传算子，即下面要讲到的遗传操作，对其进行运算以产生新一代的一组解。重复上述过程，直到满足指定的收敛要求为止。

6.1.1 遗传算法的基本定义

定义 6.1 个体(individual)：个体是一个数据结构，用来描述基本的遗传结构。例如，用 0、1 组成的串可以表示个体。这样的串叫染色体，其中每个 0 或 1 叫等位基因。这样的一个串与某个个体相关联，则称为该个体的基因型。

定义 6.2 适应性(fitness)：每个个体有一对应的适应值。在优化问题中，适应值来自于一个估计函数。

定义 6.3 群体(population)：由个体组成的集合。

定义 6.4 遗传操作：遗传操作作用于群体而产生新的群体。

标准的代遗传操作一般包括选择(selection 或复制 reproduction)、交叉(crossover 或重组 recombination)及变异(mutation)3 种基本形式。

例6.1 图6-1给出了一个最简单的4位二进制编码的遗传操作,它的适应值按左边为低位的4位二进制计算其值,这种计算适应值的映射,称为适应值函数。

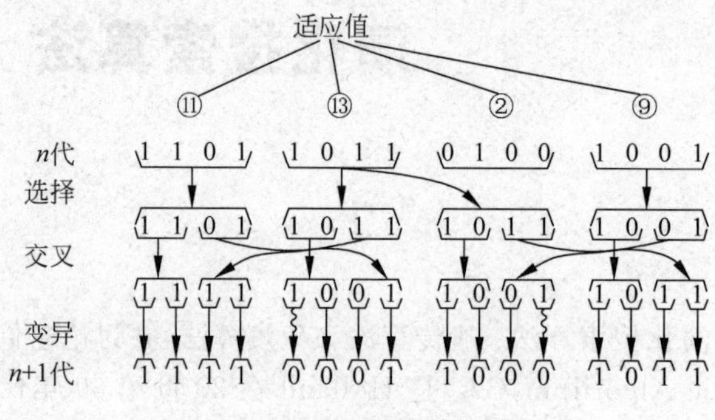

图6-1 一个简单的遗传操作实例

遗传操作不是作用在一切个体上,而是根据它们的适应值决定是否复制到下一代。如n代中个体3(即0100),其适应值为②就不允许复制到下一代去。

6.1.2 遗传算法的基本流程

遗传算法涉及5大要素:参数编码、初始群体设定、适应度函数设计、遗传操作设计和控制参数设定。标准遗传算法(Standard GA,SGA)或者规范遗传算法(Canonical GA,CGA)的基本流程框图如图6-2所示。

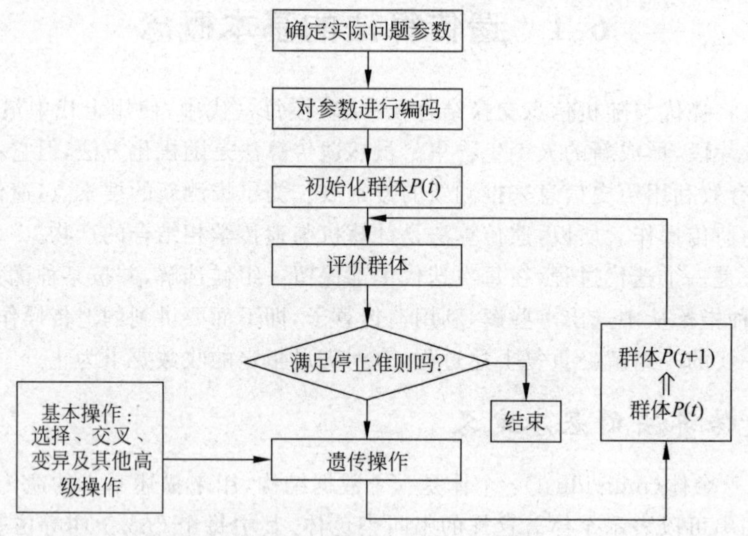

图6-2 标准遗传算法基本流程框图

从上面的流程图和实例可以看出,遗传算法的运行过程为一个典型的迭代过程,必须完成的工作内容和基本步骤如下。

(1) 选择编码策略,把参数集合X和域转换为相应编码空间S。

(2) 定义适应值函数$f(X)$。

(3) 定义遗传策略,包括选择群体大小、选择、交叉、变异方法以及确定交叉概率P_c、变

异概率 P_m 等遗传参数。

(4) 随机初始化生成群体 $P(t)$。

(5) 计算群体中个体的适应值 $f(X)$。

(6) 按照遗传策略,运用选择、交叉和变异操作作用于群体,形成下一代群体。

(7) 判断群体性能是否满足某一指标,或者已完成预定迭代次数,不满足则返回步骤(6),或者修改遗传策略再返回步骤(6)。

图 6-3 给出了标准遗传算法实现流程的一个实例。

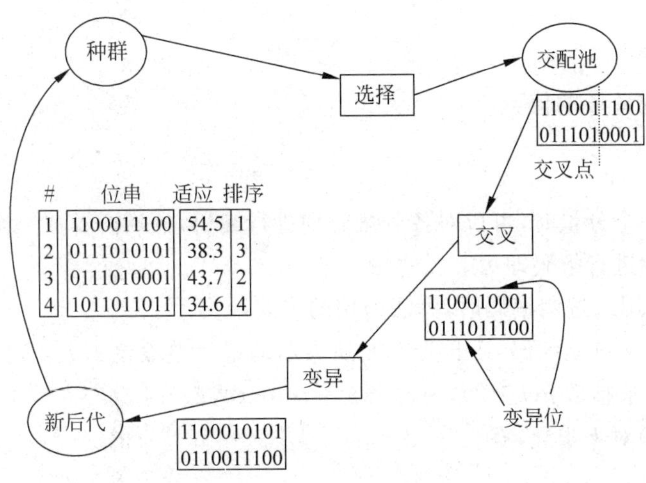

图 6-3 标准遗传算法实例

6.2 遗传编码

用遗传算法求解问题时,必须在目标问题实际表示与遗传算法染色体结构之间建立联系,即确定编码和解码运算。Holland 提出的遗传算法采用二进制编码来表现个体的遗传基因型,它使用的编码符号集由二进制符号 0 和 1 组成,因此实际的遗传基因型是一个二进制符号串,其优点在于编码、解码操作简单,交叉、变异等遗传操作便于实现,而且便于用模式定理进行理论分析等;缺点是,不便于反映所求问题的特定知识,对于一些连续函数的优化问题等,由于遗传算法的随机特性使得局部搜索能力较差,对于一些多维、高精度要求的连续函数优化,二进制编码存在着连续函数离散化时的映射误差,个体编码串较短时,可能达不到精度要求;而个体编码串的长度较长时,虽然能提供精度,但却会使算法的搜索空间急剧扩大,显然,如果个体编码串特别长,会造成遗传算法的性能降低。后来许多学者对遗传算法的编码方法进行了多种改进,如为了提高算法局部搜索能力提出了格雷码(Grey code);为了改善遗传算法的计算复杂性、提高运行效率,提出了浮点数编码、符号编码方法等。

6.2.1 二进制编码

在二进制编码过程中,首先要确定二进制串的长度 l,l 取决于变量的定义域及计算所需的精度。

例 6.2 变量 x 的定义域为[$-2,5$]，要求其精度为 10^{-6}，则需将[$-2,5$]分成至少 7 000 000 个等长小区域，而每个小区域用一个二进制串表示，于是串长至少等于 23，这是因为

$$4194304 = 2^{22} < 7000000 < 2^{23} = 8388608$$

这样，计算中的任何一个二进制串($b_{22}b_{21}\cdots b_0$)都对应[$-2,5$]中的一个点。其解码过程如下。

将二进制串($b_{22}b_{21}\cdots b_0$)按下式转换成一个十进制整数：

$$x^l = \sum_{i=0}^{22} b_i \cdot 2^i$$

按下式计算对应变量 x 的值：

$$x = -2.0 + x^i \cdot \frac{7}{2^{23}-1}$$

当变量不止一个分量时，可以对各分量分别进行编码，然后合并成一个长串，解码时，分别根据对应的字串进行解码即可。

命题 6.1 采用二进制编码时，算法处理的模式最多。

证明：设采用 k 进制编码，码长为 l，则所表示的最大整数位为 k^l，模式数位为 $(k+1)^l$。于是问题便成为：求整数 $k(k\geqslant 2)$，使得当 $k^l=\text{const}$(常数)时 $s(k)=(k+1)^l$ 取得最大。

把模式数 $s(k)$ 对 k 求导，有

$$\frac{\mathrm{d}s}{\mathrm{d}k} = l(k+1)^{l-1} + (k+1)^l \cdot \ln(k+1) \cdot \frac{\mathrm{d}l}{\mathrm{d}k}$$

再对 $k^l=\text{const}$，求导得

$$lk^{l-1} + k^l \cdot \ln k \cdot \frac{\mathrm{d}l}{\mathrm{d}k} = 0$$

代入前式，得到决定 k 的关系式为

$$\frac{(k+1)\ln(k+1)}{k\ln k} = 1$$

最接近该方程且满足条件的正整数 k 为 2。于是当 $k=2$ 时模式数最多。

6.2.2 Gray 编码

Gray 编码即是将二进制码通过以下变换进行转换得到的码。

设有二进制串($\beta_1\beta_2\cdots\beta_n$)，对应的 Gray 串为($\gamma_1\gamma_2\cdots\gamma_n$)，则从二进制码到 Gray 码的变换为

$$\gamma_k = \begin{cases} \beta_1 & \text{如果 } k=1 \\ \beta_{k-1} \oplus \beta_k & \text{如果 } k>1 \end{cases}$$

其中$\oplus$表示模 2 加法。

从一个 Gray 码到二进制串的变换为

$$\beta_k = \sum_{i=1}^{k} \gamma_i \pmod 2$$

例如，二进制串 1101011 对应的 Gray 串为 101110。

6.2.3 实数编码

为了克服二进制编码的缺点，对于问题的变量是实向量的情形，直接可以采用十进制进行编码，这样可以直接在解的表现形式上进行遗传操作，便于引入与问题领域相关的启发式信息以增加系统的搜索能力。

例 6.3 作业调度问题(JSP)的种群个体编码常用 $m \times n$ 的矩阵 $\boldsymbol{Y}=[y_{ij}]$，$i=1,2,\cdots,m$；$j=1,2,\cdots,n$(m 为工件的优先顺序，n 为从加工开始的天数)，表示工件 i 在第 j 日的加工时间。表 6-1 是一个随机生成的个体。

表 6-1 作业调度问题的实数编码示例

	01	02	03	04	05	06	07	08	09
工件 1	0	2	1	2	2	1	2	0	0
工件 2	0	1	2	0	0	4	0	0	0
工件 3	1	0	0	1	3	1	0	0	0
工件 4	0	2	3	0	0	1	0	0	0
工件 5	0	2	0	3	0	0	0	1	1

6.2.4 有序编码

对很多组合优化问题，目标函数的值不仅与表示解的字符串中各字符的值有关，而且与其所在字符串中的位置有关。这样的问题称为有序问题。

若目标函数的值只与表示解的字符串中各字符的位置有关而与其具体的字符值无关，则称为纯有序问题，如采用顶点排列的旅行商问题(Traveling Salesman Problem，TSP)。

例 6.4 有 10 个城市的 TSP 问题，城市序号为{1,2,…,10}，则编码位串：

1 2 3 4 5 6 7 8 9 10

表示对城市采用按序号升序方法访问行走路线。

1 3 5 7 9 2 4 6 8 10

表示按特定“1 →3 →5 →7 →9 →2 →4 →6 →8 →10 →1”依次访问各个城市。

6.2.5 结构式编码

对很多问题更自然的表示是树或图的形式，这时采用其他形式的变换可能很困难。这种将问题的解表达成树或图的形式的编码称为结构式编码，如图 6-4 所示。

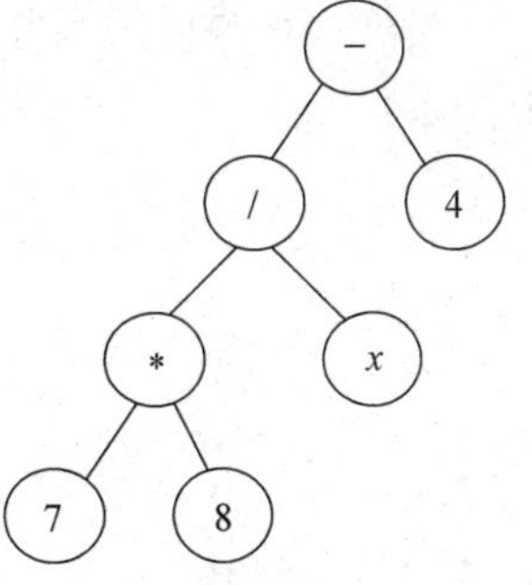

图 6-4 结构式编码

6.3 适应值函数

遗传算法将问题空间表示为染色体位串空间，为了执行适者生存的原则，必须对个体位串的适应性进行评价。适应值函数构成了个体的生成环境。根据个体的适应值可以决定它在此环境下的生存能力。一般来说，好的染色体位串结构具有比较高的适应值，即可以获得较高的评价,具有较强的生存能力。

由于适应值是群体中个体生存机会选择的唯一确定性指标,所以适应值函数的形式直接决定着群体的进化行为。根据实际问题的经济含义,适应值可以是销售收入、利润、生成占有率或机器的可靠性等。为了能够直接将适应值函数与群体中个体的优劣度量相联系,在遗传算法中适应值规定为非负,并且在任何情况下总是希望越大越好。

若 S^L 表示位串空间,S^L 上的适应值函数可表示为 $f(\cdot)$: $S^L \to R^+$,为实值函数,其中 R^+ 表示非负实数集合。

对于给定的优化问题 $\mathrm{opt}g(x)$ $(x \in [u,v])$,目标函数有正有负,甚至可能是复数值,所以有必要通过建立适应值函数与目标函数的映射关系,保证映射后的适应值是非负的,而且目标函数的优化方向应对应于适应值增大的方向。

针对进化过程中关于遗传操作控制的需要,选择函数变换 T: $g \to f$,使得对于最优解 x^*,$\max f(x^*) = \mathrm{opt}g(x^*)(x^* \in [u,v])$。

(1) 针对最小化问题,建立以下适应值函数 $f(x)$和目标函数 $g(x)$的映射关系:

$$f(x) = \begin{cases} c_{\max} - g(x) & 若\ g(x) < c_{\max} \\ 0 & 否则 \end{cases}$$

式中 $c_{\max}$可以是一个输入值或是理论上的最大值,或者是到当前所有代或最近 K 代中 $g(x)$ 的最大值,此时 $c_{\max}$随着代数会有变化。

(2) 针对最大化问题,一般采用下述方法,即

$$f(x) = \begin{cases} g(x) - c_{\max} & 若\ g(x) > c_{\max} \\ 0 & 否则 \end{cases}$$

式中 $c_{\max}$可以是一个输入值或是理论上的最小值,或者是到当前所有代或最近 K 代中 $g(x)$ 的最小值。

当然这种映射关系并非是唯一的,如对 $g(x) \in (0,\infty)$的极小化问题,可定义以下的映射关系:

$$f(x) = \frac{1}{1+g(x)}$$

6.4 遗传操作

6.4.1 选择

选择(selection)即从当前群体中选出个体以生成交配池(mating pool)的过程。所选出的这些个体具有良好的特征,以便产生优良的后代。

选择策略对算法性能的影响会起到举足轻重的作用,不同的选择策略将导致不同的选择压力,即下一代中父代个体的复制数目的不同分配关系。较大的选择压力使最优个体有较高的复制数目,从而使算法收敛速度加快,但也较容易出现过早收敛现象。相对而言,较小的选择压力一般能使群体保持足够的多样性,从而增大算法收敛到全局最优的概率,但算法的收敛速度一般较慢。

1. 基于适应值比例的选择

(1) 繁殖池选择。繁殖池选择首先根据当前群体中个体的适应值,按照下式计算其相对适应值:

$$\mathrm{rel}_i = \frac{f_i}{\sum_{i=1}^{N} f_i}$$

式中,f_i 是群体中的第 i 成员的适应值;N 是群体规模。每个个体的繁殖量为

$$N_i = \mathrm{round}(\mathrm{rel}_i \cdot N)$$

式中 round(x)表示与 x 距离最小的整数。

计算出群体中的每个个体的繁殖量,即可将它们分别复制 N_i 个以生成一个临时群体,即繁殖池。再通过在繁殖池中选择个体进行交叉和变异以形成下一代群体。显然,个体复制到繁殖池的数目越大,则它被选到进行遗传操作的机会也就越多,对 $N_i=0$ 的个体将被淘汰出进化过程。

(2) 转盘赌选择(roulette wheel selection)。该策略是先将个体的相对适应值 $\frac{f_i}{\sum f_i}$ 记为 p_i,然后根据选择概率$\{p_i, i=1,2,\cdots,N\}$,按图 6-5 所示把圆盘分成 N 份,其中第 i 扇形的中心角为 $2\pi p_i$。在进行选择时,可以假想转动如图 6-5 所示圆盘,若某参照点落入第 i 个扇形内,则选择个体 i。这种选择策略可以如下实现:现生成一个$[0,1]$内的随机数,若 $p_1+p_2+\cdots+p_{i-1}<r\leqslant p_1+p_2+\cdots+p_i$,则选择个体 i。显然,小扇区的面积越大,参照点落入其中的概率也越大,即个体的适应值越大,它被选择到的机会也就越多,其基因被遗传到下一代的可能性也越大。

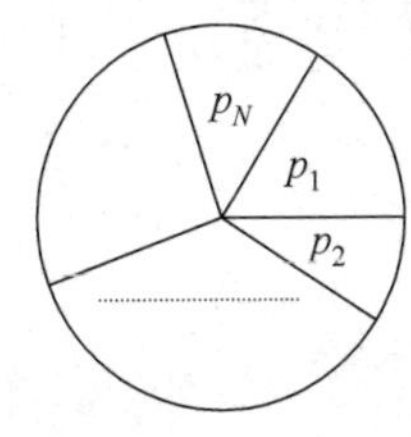

图 6-5　转盘器选择

转盘赌选择策略与繁殖池选择的不同之处在于:群体成员在转盘赌选择策略下都有被选择的机会,而在繁殖池选择策略下,具有较小适应值的个体将被剥夺生存的权力,但这些个体适应值的和一般有一定的规模。

(3) Boltzmann 选择。在群体的进化过程中,不同阶段需要不同的选择压力。早期阶段选择压力小,希望较差的个体也有一定的生存机会,使得群体保持较高的多样性;后期阶段选择压力大,希望能缩小搜索领域,加快最优解改善的速度。Boltzmann 选择就是利用函数 $\delta(f_i)=\exp(f_i/T)$将适应值进行变换以改变原始的选择压力。其中 T 是一个控制参数,T 取得较大(小)值时选择具有较小(大)的选择压力,即适应值的相对比例变小(大),通过这个变换之后再按照前面的选择方法进行父体的选择。

2. 基于排名的选择

使用基于适应值比例的选择策略常常会出现过早收敛和停滞现象。避免这些现象的方法之一是使用基于排名的选择(ranking selection)策略。这种策略首先根据个体 i 的适应值在群体中的排名来分配其选择概率 p_i,然后根据这个概率使用转盘赌选择,这个个体的适应值不直接影响后代的数量。它的另外一个优点是无论对极小化问题还是极大化问题,都不需要进行适应值的标准化和调节,可以直接使用原始适应值进行排名选择。

(1) 线性排名选择。首先假设群体成员按适应值大小从好到坏依次排列为 $x_1, x_2, \cdots, x_N$,然后根据一个线性函数分配选择概率 p_i,如图 6-6(a)所示。

设线性函数 $p_i=(a-b\cdot i/(N+1))/N(i=1,2,\cdots,N)$,其中 a、b 为常数。由于 $\sum_{i=1}^{N} p_i=1$,易得 $b=2(a-1)$。又要求对任意 $i=1,2,\cdots,N$,有 $p_i>0$,且 $p_1\geqslant p_2\geqslant\cdots\geqslant p_N$,故限定 $1\leqslant a\leqslant 2$。通常使用的值为 $a=1.1$。

有了选择概率,即可按类似于转盘赌选择的方式选择父体以进行遗传操作。

(2) 非线性排名选择(见图 6-6(b))。将群体成员按适应值从好到坏依次排列,并按下式进行分配选择概率:

$$p_i=\begin{cases} q(1-q)^{i-1} & i=1,2,\cdots,N-1 \\ (1-q)^{N-1} & i=N \end{cases}$$

式中 q 是常数,表示最好的个体的选择概率。

当然,也可以使用其他非线性函数来分配概率,只要满足以下条件即可:

① 若 $P=\{x_1,x_2,\cdots,x_N\}$ 且 $f(x_1)\geqslant f(x_2)\geqslant\cdots\geqslant f(x_N)$,则分配概率满足 $p_1\geqslant p_2\geqslant\cdots\geqslant p_N$。

② $\sum_{i=1}^{N} p_i=1$。

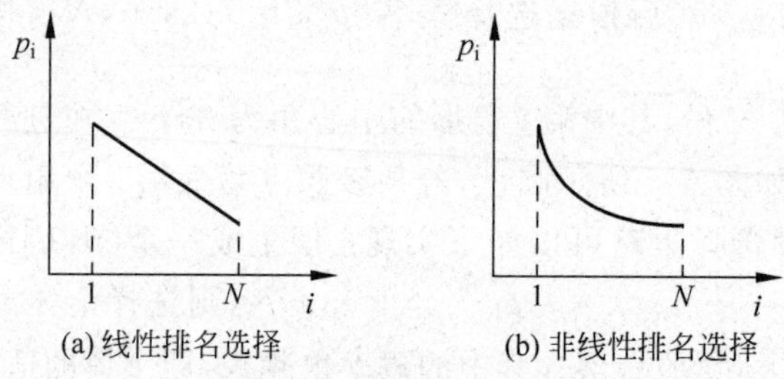

(a) 线性排名选择　　(b) 非线性排名选择

图 6-6　基于排名的选择

3. 基于局部竞争机制的选择

基于适应值比例的选择和基于排名的选择都是根据个体的适应值在种群中所占的比例或排名位置来确定选择概率,然后进行选择。所以,这两种选择策略在群体规模很大时,其额外计算量(如计算总体适应值或排序)也相当可观。而基于局部竞争机制的选择策略能在一定程度上避免这些问题。

(1) 锦标赛选择(tournament selection)。选择时,先随机地在群体中选择 k 个个体(放回或不放回)进行比较,适应值最好的个体被选择作为生成下一代的父体。反复执行该过程,直到下一代个体数量达到预定的群体规模。参数 k 称为竞赛规模,根据大量的实验总结,一般取 $k=2$。

(2) (μ,λ)和 $\mu+\lambda$ 选择。(μ,λ)选择是先从规模为 μ 种群中随机选取个体通过交叉和变异生成 $\lambda(\geqslant\mu)$个后代,然后再从这些后代中选取 μ 个最优的后代作为新一代种群。$\mu+\lambda$ 选择则是从这些后代与其父体共 $\mu+\lambda$ 个后代中选取 μ 个最优的后代。

6.4.2　交叉操作

交叉操作(crossover)是将两个个体的遗传物质交换产生新的个体,它可以把两个个体的优良"格式"传递到下一代的某个个体中,使其具有优于前驱的性能。如果交叉后得到的个体性能不佳,则可以在后面的复制操作中将其淘汰。交叉是遗传算法中获取新优个体的最重要的手段。交叉的具体步骤如下。

(1) 从交配池中随机取出要交配的一对个体。

(2) 根据位串长度 L,对要交配的一对个体,随机选取$[1,L-1]$中一个或多个的整数 k 作为交叉点。

(3) 根据交叉概率 $p_c(0<p_c\leqslant 1)$实施交叉操作,配对个体在交叉点处,相互交换各自的部分内容,从而形成一对新的个体。

1. 二进制编码的交叉算子

对二进制编码常用的交叉算子有单点交叉、多点交叉和均匀交叉。

(1) 单点交叉(one-point crossover)。对于从交配池中随机选择的两个串 $s_1=a_{11}a_{12}\cdots a_{1l_1}a_{1l_2}\cdots a_{1L}$,$s_2=a_{21}a_{22}\cdots a_{2l_1}a_{2l_2}\cdots a_{2L}$,随机选择一个交叉位 $x\in[1,2,\cdots,L-1]$,不妨设 $l_1\leqslant x\leqslant l_2$,对两个位串中该位置右侧部分的染色体位串进行交换,产生两个子位串个体为

$$s_1'=a_{11}a_{12}\cdots a_{1l_1}a_{2l_2}\cdots a_{2L},s_2'=a_{21}a_{22}\cdots a_{2l_1}a_{1l_2}\cdots a_{1L}$$

例 6.5 考虑以下两个 11 位变量的父个体:

父个体 1: 0 1 1 1 0 0 1 1 0 1 0

父个体 2: 1 0 1 0 1 1 0 0 1 0 1

交叉点在位置 5,交叉后生成两个子个体:

子个体 1: 0 1 1 1 0 1 0 0 1 0 1

子个体 2: 1 0 1 0 1 0 1 1 0 1 0

单点交叉操作的信息量比较小,交叉点位置的选择可能带来较大的偏差。单点交叉不利于长距模式的保留和重组,而且位串末尾的重要基因总是被交换(尾点效应,end-point effect),故在实际应用中采用较多的是多点交叉。

(2) 多点交叉(multipoint crossover)。对于选定的两个个体位串,随机选择多个交叉点,构成交叉点集合:

$$x_1,x_2,\cdots,x_K\in[1,2,\cdots,L-1]\quad x_k\leqslant x_{k+1}\quad k=1,2,\cdots,K-1$$

将 L 个基因划分为 $K+1$ 个基因集合:

$$Q_k=\{l_k,l_{k+1},\cdots,l_{k+1}-1\}\quad k=1,2,\cdots,K+1;\ l_1=1;\ l_{K+2}=L+1$$

算子形式为

$$O(p_c,K):a_{1i}'=\begin{cases}a_{2i}, & i\in Q_k\quad k\text{ 为偶数}\\ a_{1i}, & \text{否则}\end{cases}$$

$$a_{2i}'=\begin{cases}a_{1i}, & i\in Q_k\quad k\text{ 为偶数}\\ a_{2i}, & \text{否则}\end{cases}$$

生成的新个体为 $s_1'=a_{11}'a_{12}'\cdots a_{1L}'$,$s_2'=a_{21}'a_{22}'\cdots a_{2L}'$。

例 6.6 考虑以下两个 11 位变量的父个体:

父个体 1: 0 1 1 1 0 0 1 1 0 1 0

父个体 2: 1 0 1 0 1 1 0 0 1 0 1

交叉点在位置 2、6、10,交叉后生成两个子个体:

子个体 1: 0 1 1 0 1 1 1 1 0 1 1

子个体 2: 1 0 1 1 0 0 0 0 1 0 0

(3) 均匀交叉(uniform crossover)。将位串上的每一位按相同概率随机进行均匀交叉。均匀交叉算子生成的新个体为 $s_1'=a_{11}'a_{12}'\cdots a_{1L}'$，$s_2'=a_{21}'a_{22}'\cdots a_{2L}'$，其操作描述为

$$O(p_c,K):a_{1i}'=\begin{cases}a_{1i} & x<1/2\\ a_{2i} & x\geqslant 1/2\end{cases}$$

$$a_{2i}'=\begin{cases}a_{2i} & x<1/2\\ a_{1i} & x\geqslant 1/2\end{cases}$$

x 是取值在[0,1]上符合均匀分布的随机变量。在应用中 x 常采取以下的做法：随机地产生一个与父串具有相同长度的二进制值串，其中0表示不交换，1表示交换。这个二进制串称为交叉模板，根据该模板对两个父个体进行交叉得到两个子个体。

例 6.7

父个体1：	0	1	1	1	0	0	1	1	0	1	0
父个体2：	1	0	1	0	1	1	0	0	1	0	1
模　板：	0	1	1	0	0	0	1	1	0	1	0
子个体1：	0	0	1	1	0	0	0	0	0	0	0
子个体2：	1	1	1	0	1	1	1	1	1	1	1

对有些问题，直接执行交叉操作后形成的子个体很可能是非法的，尤其是对采用有序编码的问题，这就需要对交叉算子进行处理。

例 6.8 设城市数 $n=8$ 的旅行商问题，对以下两个个体进行交叉，中间的竖线表示交叉点。

$$T_1 = 134 \mid 275 \mid 68$$

$$T_2 = 236 \mid 751 \mid 84$$

得到下一代的个体为

$$\widetilde{T}_1 = 134 \mid 751 \mid 68$$

$$\widetilde{T}_2 = 236 \mid 275 \mid 84$$

它们都不是合法的个体。怎样保证所产生的个体仍然合法？一种方法是为参与交换的数增加一个映射如下：

$$1\rightarrow 5\rightarrow 7\rightarrow 2\rightarrow 1$$

将此映射应用于未交换的等位基因得到

$$\widetilde{T}_1 = 234 \mid 751 \mid 68$$

$$\widetilde{T}_2 = 136 \mid 275 \mid 84$$

则为合法的。

针对此问题，还有其他多种处理方法。

2. 树形编码的交叉算子

树形结构式编码，其杂交算子如图6-7所示。

6.4.3 变异操作

变异(mutation)是在个体中遗传物质被改变，它可以使运算过程中丢弃的个体的某些重要特性得以恢复。对于位串而言，变异可以使串中的某些位的数字发生变化。变异与选

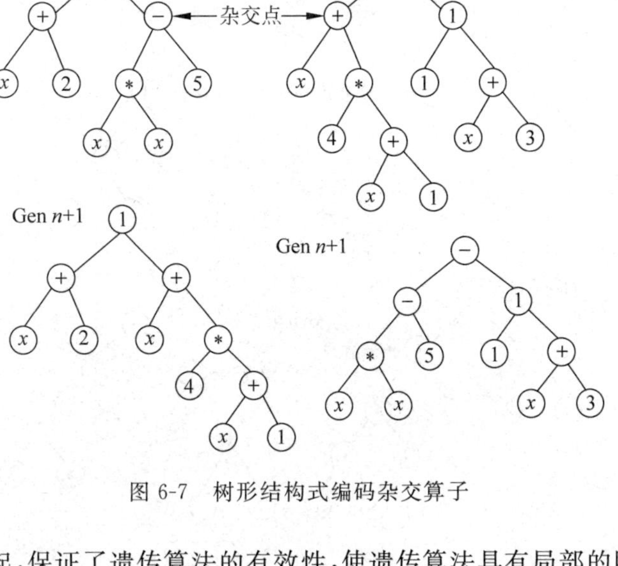

图 6-7　树形结构式编码杂交算子

择和交叉结合在一起，保证了遗传算法的有效性，使遗传算法具有局部的随机搜索能力；同时使得遗传算法保持种群的多样性，以防止非成熟收敛。在变异操作中，变异概率不能取的太大，如果变异概率大于 0.5，则遗传算法就退化为随机算法，而遗传算法的一些重要特性和搜索能力也不复存在。

变异的具体操作为：对 P^t 中任一个体，随机产生一实数，$0\leqslant\rho\leqslant1$，如果 ρ 大于事先定义的变异概率的阈值 ρ_m，就对该个体进行变异。

1. 实值变异

一种常用的实值变异算子为

$$X' = X \pm \delta \cdot L/2$$

式中，$\pm$ 表示以等概率取"＋"号或"－"号；$\delta = \sum_{i=0}^{m-1}(a_i \cdot 2^{-i})$；$a_i$ 取 0 或 1，取 1 的概率为 $1/m$，取 0 的概率为 $1-1/m$，通常 m 取 20，X 为变异前的值，X' 为变异后的值。

在变异之前取所有的 $a_i=0, i=0,1,\cdots,m-1$，变异时 a_i 根据概率取 0 和 1。这样，通常有一个 $a_i=1$，此时 $\delta=2^{-i}$。这种变异相当于将区间 $[-L/2, L/2]$ 分成了 $2m$ 个小区间，越接近 0 时划分得越细，然后以相同的概率取这些小区间左端点或右端点的值，再加到 X 上去，这样使得变异量 $\pm\delta\cdot L/2$ 倾向于取较小的值，即变异倾向于在 X 的附近尝试，起到进行局部搜索的作用。

2. 二进制变异

对二进制编码的个体而言，变异意味着变量的某些位翻转。对于每个个体，变量值的改变是随机的，如下所示，有 11 位变量的个体，第 4 位发生了翻转。

变异前：0　1　1　1　0　0　1　1　0　1　0

变异后：0　1　1　0　0　0　1　1　0　1　0

3. 树形编码的变异

树形编码的变异算子为：在变异点插入一个随机生成的子树；交换变异点为根节点的

左、右子树。该变异算子的两种情况如图6-8所示。左图为在变异点插入一个随机生成的子树；右图为交换变异点为根节点的左、右子树。

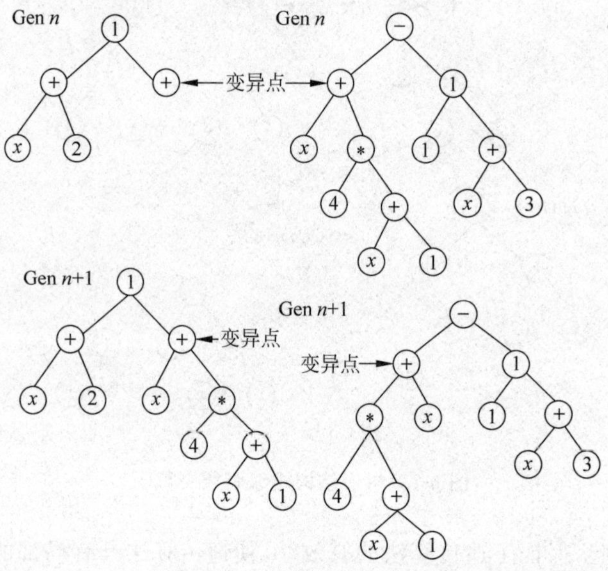

图6-8 在变异点插入一个随机生成的子树(左)，交换变异点的左、右子树(右)

6.5 初始化群体

初始群体中的个体一般是随机产生的。在不具有关于问题解空间的先验知识的情况下，很难判定最优解的数量及其在可行解空间中的分布情况。因此往往希望在问题解空间均匀采样，随机生成一定数目的个体(为群体规模的2倍，即$2n$)，然后从中挑出较好的个体构成初始群体。对于二进制编码，染色体位串上的每一位基因在$\{0,1\}$上随机均匀选择，所以群体初始化至少需要$L\times n$次随机取值。可以证明，初始群体的位串译码到问题实空间中也是均匀分布的。

另外，对于带约束域的问题，还需要判定随机初始化位串所对应参数点是否在可行区域范围之内，所以一般必须借助于问题领域知识。

6.6 控制参数的选取

在遗传算法的运行过程中，存在着对其性能产生重大影响的一组参数。在初始阶段或群体进化过程中需要合理地选择和控制这组参数，使GA以最佳的搜索轨迹达到最优解。主要的参数包括位串长度L、群体规模n、交叉概率p_c、变异概率p_m。根据大量的实验研究，人们给出了这些参数的最佳建议：

(1) 位串长度L。位串长度L的选择取决于特定问题的精度。要求精度越高，位串越长，但需要更多的计算时间。为提高效率，变长度位串或在当前所达到的较小可行域内重新编码是一种可行的方法，并显示了良好的性能。

(2) 群体规模n。大群体含有较多的模式，为遗传算法提供了足够的模式采样容量，可以改进GA搜索的质量，防止在成熟期前就收敛。但大群体增加了个体适应性评价的计算量，从而使收敛速度降低。一般情况下，专家建议 $n=20\sim200$。

(3) 交叉概率 p_c。交叉概率控制着交叉算子的应用频率，在每一代新的群体中，需要对 $p_c\times n$ 个个体的染色体结构进行交叉操作。交叉概率越高，群体中新结构的引入越快，已获得的优良基因结构的丢失速度也相应升高。而交叉概率太低则可能导致搜索阻滞。一般取 $p_c=0.6\sim1.0$。

(4) 变异概率。变异概率是保持多样性的有效手段，交叉结束后，交配池中的全部个体位串上的每位基因按变异概率 p_m 随机改变，因此每代中大约发生 $p_m\times n\times L$ 次变异。变异概率太小，可能使某些基因位过早丢失的信息无法恢复；变异概率过高，则遗传搜索变成随机搜索。一般取 $p_m=0.005\sim0.01$。

实际上，上述参数与问题的类型有着直接的关系。问题的目标函数越复杂，参数选择就越困难。从理论上讲，不存在一组适用于所有问题的最佳参数值。随着问题特征的变化，有效参数的差异往往非常显著。如何设定遗传算法的控制参数以使其性能得到改善，还需要结合实际问题深入研究，以及有赖于遗传算法理论研究的新进展。

6.7 算法的终止准则

由于 GA 的许多控制转移规则是随机的，没有利用目标函数的梯度等信息，所以在演化过程中，无法确定个体在解空间的位置，从而也无法用传统的方法来判断算法的收敛与否来终止算法。常用终止算法的方法有：预先规定最大演化代数；连续多代后解的适应值没有明显改进，则终止；达到明确的解目标，则终止。

6.8 遗传算法的基本理论

6.8.1 模式定理

不失一般性，本小节仅考虑串的编码为二进制的情形。

定义 6.5 模式(schema)：模式是描述在某些位置上具有相似性的串组成的子集的相似性模板(similarity template)。

用三元字符表{0,1,*}中字符组成的串可表示模式，其中 * 表示可以不考虑的符号。如果一个模式同一特定串长度相等且在每一个位置上，模式中的 1 与串中 1 相对应，0 与 0 相对应，* 与 0 或 1 相对应，那么该模式就与该串相匹配。例如，考虑长度为 5 的串和模式，模式 *0000 同两个串相匹配，即{10000,00000}，而模式 *111* 则描述了包括 4 个串的一个子集{01110,01111,11110,11111}。这里需要强调的一点是，* 仅仅是一个元符号(meta symbol)，即关于其他符号的符号，遗传算法从不显式地处理它。

设串长 $l=5$，则总共有 $3\times3\times3\times3\times3=3^5=243$ 个不同的模式，因为每个位置均可取 0、1 或 *。一般地，对于基数为 k 的字母，共有 $(k+1)^l$ 个模式。事实上，对于规模为 n 的一特定种群所含模式数却没有这些，一个串所含模式数为 2^l，因为每个位置可取 * 或它的值本身，那么规模大小为 n 的种群所含模式数应在 $2^l\sim n\cdot2^l$ 之间，这依赖于种群的多样性。

定义 6.6 模式的阶(schema order)：模式 H 的阶 $O(H)$ 就是模式中固定字符的个数。

例如,$O(011*1**)=4$,$O(0******)=1$。

定义 6.7 定义长度(defining length):模式 H 的定义长度 $\delta(H)$ 就是 H 中第一个与最后一个具有固定字符的位置之间的距离。

例如,$\delta(011*1**)=5-1=4$,$\delta(0******)=1-1=0$。

下面考虑3种基本的遗传算子对模式数目的影响。

(1) 复制算子对模式数目的影响。设在时间步 t,种群 $A(t)$ 中模式 H 共有 $m(H,t)$ 个示例,在复制过程中,串 A_i 依概率 $P_i = f_i / \sum_j f_i$ 被选中,从 $A(t)$ 中选择 n 次,在 $t+1$ 时刻,$A(t+1)$ 中模式 H 的示例数为 $m(H,t+1)$,则有

$$m(H,t+1) = m(H,t)\cdot n\cdot f(H)\Big/\sum_j f_j$$

式中 $f(H)$ 是在时刻 t 含有模式 H 的串的平均适应值。由于整个种群的平均适应值为 $\bar{f} = \sum_j f_j / n$,故有

$$m(H,t+1) = m(H,t)\cdot \frac{f(H)}{\bar{f}}$$

进一步假设模式 H 的适应值比平均适应值高出 $c\cdot\bar{f}$,c 为常数,则

$$m(H,t+1) = m(H,t)\cdot \frac{(\bar{f}+c\bar{f})}{\bar{f}} = (1+c)\cdot m(H,t)$$

从 $t=0$ 开始,并设 c 值不变,则有 $m(H,t+1)=m(H,0)\cdot(1+c)^t$,可见,复制算子的作用是使平均适应值以上(以下)模式的数目呈指数级增大(减少)。

(2) 复制和交叉算子对模式数目的影响。在长为 l 的串中,共有 $l-1$ 个可能的交叉点,模式 H 被破坏的概率为 $p_d=\frac{\delta(H)}{(l-1)}$,存活概率为 $p_s=1-p_d=1-\frac{\delta(H)}{(l-1)}$。如果交叉点选在 H 的定义长度之内,H 就被破坏,如果以概率 p_c 交叉,那么 H 存活的概率为 $p_s\geqslant 1-p_c\cdot\frac{\delta(H)}{(l-1)}$。假设复制算子和交叉算子是相互独立的,那么它们对模式 H 的数目的复合作用效果为

$$m(H,t+1) \geqslant m(H,t)\cdot \frac{f(H)}{\bar{f}}\cdot\left[1-p_c\cdot\frac{\delta(H)}{(l-1)}\right]$$

显然,那些在平均适应值以上的,定义长度短的模式数目在两个算子的作用下将以指数速度增加。

(3) 复制、交叉和变异算子对模式数目的影响。设变异概率为 p_m,模式 H 要存活,它的所有固定点都必须存活。由于单个等位基因的存活概率为 $(1-p_m)$,且每次变异操作是统计独立的,模式 H 只有在 H 中的 $O(H)$ 点均存活的情况下才能存活,因此,H 存活的概率为 $(1-p_m)^{O(H)}$,设 $p_m\ll 1$,则上式可近似为 $1-O(H)\cdot p_m$,这样,模式 H 在3种算子的作用下在下一代中的数目为

$$m(H,t+1) \geqslant m(H,t)\cdot \frac{f(H)}{\bar{f}}\cdot\left[1-p_c\cdot\frac{\delta(H)}{(l-1)}-O(H)\cdot p_m\right]$$

这就得到了遗传算法的基本定理——模式定理。

定理 6.1 模式定理。短的、低阶的且具有高于平均适应值以上适应值的模式数目在代的演化中呈指数增长。

6.8.2 隐含并行性

尽管长的、高阶的模式易被交叉、变异算子破坏，但遗传算法实质上在处理规模为 n 的种群时，处理的模式数仍有 $O(n^3)$，这就是遗传算法的隐含并行性(implicit parallelism)。

6.8.3 构造块假设

定义长度短、低阶且具有高适应值的模式叫构造块，构造块一般能组合形成较好的串，这就是构造块假设。很多不同问题领域的经验结果支持这个假设，平滑、单一模块的问题，有噪声、多模块的问题以及组合优化问题等都被遗传算法成功地解决了。

6.8.4 遗传算法的收敛性

关于遗传算法的收敛性，有以下定理。

定理 6.2 如果在代的演化过程中，遗传算法保留了最好的解，并且算法以交叉和变异算子作为随机算子，则对于一个全局优化问题，随着代数趋向无穷，遗传算法将以概率 1 找到全局最优解。

6.9 遗传算法简例

例 6.9 用 GA 求解一元函数最大值的优化问题为

$$f(x) = x\sin(10\pi \cdot x) + 2.0 \quad x \in [-1,2]$$

(1) 编码。变量 x 作为实数，可以视为遗传算法的表现型形式。现采用二进制编码形式。如果设定求解精度精确到 6 位小数，由于区间长度为 $2-(-1)=3$，因此将闭区间 $[-1,2]$ 分为 3×10^6 等份。因为

$$2\ 097\ 152 = 2^{21} < 3 \times 10^6 < 2^{22} = 4\ 194\ 304$$

所以编码的二进制串长至少需要 22 位。

现在采用 22 位二进制编码，将一个二进制串 $(b_{21}b_{20}\cdots b_0)$ 与区间 $[-1,2]$ 内对应的实数值建立对应：

$$(b_{21}b_{20}\cdots b_0)_2 = \left(\sum_{i=0}^{21} b_i \cdot 2^i\right)_{10} = x'$$

$$x = -1.0 + x' \cdot \frac{2-(-1)}{2^{22}-1}$$

例如，一个二进制串 $s_1 = <1000101110110101000111>$ 表示实数 0.637 197，

$$x' = (1000101110110101000111)_2 = 2\ 288\ 967$$

$$x = -1.0 + 2\ 288\ 967 \times \frac{3}{2^{22}-1} = 0.637\ 197$$

二进制串 $<0000000000000000000000>$ 和 $<1111111111111111111111>$，则分别表示区间的两个端点值 -1 和 2。

(2) 产生初始种群。一个个体由串长为22的随机产生的二进制串组成染色体的基因码，可以产生一定数目的个体组成的种群。设产生的4个初始个体如下：

$$s_1 = < 1000101110110101000111 >$$
$$s_2 = < 0000001110000000010000 >$$
$$s_3 = < 1110000000111111000101 >$$
$$s_4 = < 0010001000110111010010 >$$

(3) 计算适应度。对于个体适应度的计算，考虑到本例目标函数在定义域内均大于0，而且是求函数的最大值，所以直接引用目标函数作为适应值函数，即

$$f(s) = f(x)$$

这里二进制串 s 对应变量 x 的值。以上4个个体的适应值及其所占比例如表6-2所示。显然，4个个体中 s_3 的适应值最大，为最佳个体。

表 6-2 初始群体与选择

编号	个 体 串	x	适应值	百分比/%	累计百分比/%
s_1	1000101110110101000111	0.637 197	2.586 345	29.1	29.1
s_2	0000001110000000010000	−0.958 973	1.078 878	12.1	41.2
s_3	1110000000111111000101	1.627 888	3.250 650	36.5	77.7
s_4	0010001000110111010010	−0.599 032	1.981 785	22.3	100

(4) 遗传操作。设按转盘赌方式选择子个体，生成的随机数为0.35、0.72，则选中的个体为 s_2 和 s_3。对 s_2 和 s_3 进行交叉操作，随机选择一个交叉点，如第5位与第6位之间的位置，交叉后产生新的子个体：

$$s_2' = < 00000 \mid 00000111111000101 >$$
$$s_3' = < 11100 \mid 01110000000100000 >$$

这两个子个体的适应值分别为

$$f(s_2') = f(-0.998\,113) = 1.940\,865$$
$$f(s_3') = f(1.666\,028) = 3.459\,245$$

交叉后，个体 s_3' 的适应值比其父个体的适应值高。

下面考察变异操作。假设已经以一小概率选择了 s_3 的第5个遗传因子(即第5位)变异，遗传因子由原来的0变成1，产生新的个体为

$$s_3' = < 1110100000111111000101 >$$

计算该个体的适应值：$f(s_3') = f(1.721\,638) = 0.917\,743$，发现个体的适应值比其父个体的适应值减少了，但是如果选择第10个遗传因子变异，产生的新个体为

$$s_3'' = < 1110000001111111000101 >$$
$$f(s_3'') = f(1.630\,818) = 3.343\,555$$

显然，这个个体的适应值比其父个体的适应值提高了。这说明变异操作有"扰动"作用。

(5) 模拟结果。设定种群大小为50，交叉概率 $p_c = 0.25$，变异概率 $p_m = 0.01$，按照标准的遗传算法SGA，在运行到第89代时获得最佳个体为

$$s_{\max} = < 1111001100111111001011 >$$
$$x_{\max} = 1.850\,549, f(x_{\max}) = 3.850\,274$$

这个个体对应的解与微分方程预计的最优解的情况吻合。表 6-3 列出了模拟一部分代的种群中最佳个体的演变情况(150 代终止)。

表 6-3 模拟世代的种群中最佳个体的演变情况

代数	个体的二进制串	x	适应值
1	1111000110100001110000	1.831 624	3.534 806
4	1111001010001101100000	1.842 416	3.790 362
7	1111001110011101010110	1.854 860	3.833 280
11	1111001110011101010110	1.854 860	3.833 286
17	1111001011111101010110	1.847 536	3.842 004
18	1111001011111101110000	1.847 554	3.842 102
34	1111001101111011000011	1.853 290	3.843 402
40	1111001100010001001011	1.848 443	3.846 232
54	1111001100010110110000	1.848 699	3.847 155
71	1111001101000110110001	1.850 897	3.850 162
89	1111001100111111001011	1.850 549	3.850 274
150	1111001100111111001011	1.850 549	3.850 274

6.10 遗传算法的应用领域

随着经济、科技和社会的不断发展,人们遇到的各种问题越来越复杂,迫切需要寻找一种更好的求解方法。遗传算法作为一种有效的全局搜索方法,从产生至今不断扩展应用领域,比如工程设计、制造业、人工智能、计算机科学、生物工程、自动控制、社会科学、商业和金融等,同时应用实践又促进了遗传算法的发展和完善。传统上比较成功的案例和应用领域如下。

1. 天然气管道的最优控制

伊利诺伊大学的 Goldberg 采用遗传算法研究一个复杂结构输气管道系统的运行控制问题。该系统模拟了从美国西南到东北输送天然气的输气管道系统。输气管道由许多支管组成,每条支线上的送气量各不相同,仅有的控制手段就是用压缩机来改变特定支线中压力以及用阀门来调节储气罐进出气流的流量,而且管道气压的实际变化极大地滞后于操纵阀门或压缩机的动作。Goldberg 采用拟人控制器经过遗传算法学习,建立了一套完备的规则知识层次体系,能够有效地实施管道运行的实时控制以及对管道被戳穿事故做出恰当的反应。

2. 喷气式飞机涡轮机的设计

通用电气公司和 Rensselaer 综合技术学院的一组研究人员成功地将遗传算法用到一种商业客机使用的高涵道比喷气式发动机的涡轮设计中。这种涡轮由好几级静止的和旋转的叶扇组成,安装在近似圆筒形的涵道内,是发动机开发计划的核心部分。涡轮的设计涉及至少 100 个变量,每个变量的取值范围各不相同,由此形成了具有 10^{387} 以上个点的搜索空间。涡轮设计方案的"适应度"取决于它满足一组限制的程度如何,这组限制有 50 个左右。在一般情况下,一个工程师独立工作并获得满意的设计要用大约几周时间。运行基于 GA

的发动机模拟软件和专家系统有助于引导设计人员找到有意义的修改,工程师用这样的专家系统,在不到一天的时间内就能完成一种设计。

3. 旅行商问题

旅行商问题是典型的组合优化问题之一,已远远超过其本身的含义,成为一种衡量算法优劣的标准,是采用非标准编码遗传算法求解最成功的一例。目前,GA已经能够对431个城市的TSP问题求得最优解,对666个城市可得到满意解。

4. 作业调度问题

作业调度问题同样可以用遗传算法进行处理。比如Cartwright关于化工厂生产计划的优化安排,Syswerda关于飞行支持设备调度问题,Hilliard关于运输军队及其装备多目标通路的作业调度,Gabbert关于铁路网络复杂运输调度等问题,采用遗传算法均取得了明显效果。

5. 遗传学习

将遗传算法用于知识获取,构成以遗传算法为核心的机器学习系统,其中群体由一组产生式规则组成。比较典型的是Holland设计的用于序列决策学习的分析器系统(classifiers)以及机器人规划、模式识别、概念学习等。

6. 自动控制领域

遗传算法适用于求解复杂的参数识别问题。Maclay等用GA求解电车模型参数识别问题,取得了较好的效果;Karr采用GA设计自适应模糊逻辑控制器,取得了显著的效果;Freeman等提出了应用GA精调控制中的由人定义的模糊逻辑集合概念。另外,GA在故障诊断和机器人行走路径规划的应用中也取得了成功。

7. 人工智能与计算机科学

GA在人工智能和计算机科学领域中的应用包括数据挖掘与知识获取、数据库查询优化、人工神经网络结构与参数优化和专家系统等。

8. 社会和经济领域

GA在早期就曾应用于囚徒困境问题分析。Bauer对GA在经济与投资中的应用进行了全面的分析。近年来,商业、金融领域已经成为遗传算法的应用热点。遗传算法与现代计算机强大的运算能力结合,使金融交易中瞬息万变的诸多因素能够为人所理解并能加以利用,使交易者更多地依赖于计算机的速度。目前已经有许多基于GA的软件包应用于金融系统和股票投资分析。

6.11 免疫算法

免疫算法来自于生物免疫系统的启示。生物免疫系统(Biology Immune System,BIS)是一个分布式、自组织和具有动态平衡能力的自适应复杂系统。它对外界入侵的抗原,可由不同种类的淋巴细胞产生相应的抗体,其目标是尽可能保证整个生物系统的基本生理功能得到正常运转。人工免疫系统(Artificial Immune System,AIS)就是研究、借鉴、利用生物免疫系统的原理和机制而发展起来的各种信息处理技术、计算技术及其在工程和科学中的应用而产生的多种智能系统的统称。从生物信息处理的角度看,它可归为信息科学范畴,是与人工神经网络(Artificial Neural Network,ANN)、进化计算(Evolutionary Computation,

EC)等智能理论和方法处在并列的同一个层次的新技术领域。

6.11.1 免疫算法的发展

免疫算法和免疫系统的理论与应用的研究历史较短，但得到迅速的发展，其发展历程如下。

(1) 1958 年澳大利亚学者 Burnet 率先提出了克隆选择原理，因此获得 1960 年诺贝尔奖。

(2) 1974 年，另一位诺贝尔奖得主，生物学家、医学家、免疫学家 Jerne 提出了免疫网络理论并建立了数学模型，奠定了免疫计算的基础。

(3) 1986 年和 1989 年，Farmer、Perelson、Varela 等学者分别发表了免疫计算的相关论文，在免疫系统启发实际工程应用方面做出了突出贡献。

(4) 1990 年，Bersini 首次使用免疫算法来求解问题。

(5) 1996 年，在日本举行了基于免疫系统的国际专题讨论会，首次提出了"人工免疫系统"的概念。

(6) 1997 年和 1998 年 IEEE Systems、Manand Cybernetics 国际会议还组织了相关专题讨论，并成立了"人工免疫系统及应用分会"。

(7) 20 世纪末，Forrest 等开始将免疫算法应用于计算机安全领域。近年来，免疫理论和算法已经引起了相关研究人员的极大关注。

目前，在国际上取得显著成绩的主要有利用免疫系统原理研究计算机安全的美国 New Mexico 大学计算机科学系的 Forrest 博士；研究基于免疫原理的计算机安全和异常检测及工业应用的 Missouri 大学计算机与数学系的 Dasgupta 博士；研究数据分析的英国 Kent 大学的 Timmis 博士；研究计算机网路入侵的 King's 学院的 Kim 博士；威尔士大学 E. hunt 和 Densie Cooke 领导的 ISYS 研究小组等。

在我国，免疫算法和免疫系统的理论与应用的研究也在迅速发展，并且在免疫优化算法理论与应用方面的研究成果具有鲜明特色。

(1) 1990 年西南交通大学就已经指出"免疫系统所具有的信息处理与肌体防卫功能，从工程角度来看，具有非常深远的意义"。

(2) 1998 年西安电子科技大学在 ICSP'98 上首先提出了一种免疫遗传算法并应用于典型优化问题 TSP 的求解中，并提出了具有较完备理论基础的免疫克隆算法及一系列改进，也在国际上较早提出了新颖的免疫遗传算法。

(3) 近年来，中国科学技术大学在国内较早开展免疫优化算法方面的研究，并扩展到基于免疫计算的人工生命、进化硬件领域。

6.11.2 免疫算法的基本原理

免疫系统是生物体的一个高度进化、复杂的功能系统，它能自适应地识别和排除侵入机体的抗原性异物，并且具有学习、记忆和自适应调节能力，维护机体内环境的稳定。

1. 免疫系统的几个基本概念

(1) 免疫。"免疫"一词源于拉丁文 immunitas，原意是免除税赋和差役，引入医学领域则指免除瘟疫之意。现代免疫学将"免疫"定义为：机体对"自己"和"异己(非己)"识别、应答过程中所产生的生物学效应的总和,正常情况下是维持生物体内环境稳定的一种生理性功能。换言之,机体识别非己抗原,对其产生免疫应答并加以清除;正常机体对自身组织抗原成分则不产生免疫应答,即维持耐受。

(2) 抗原。抗原(Antigen,Ag)指可被T、B淋巴细胞识别并启动特异性免疫应答的物质。抗原具有两个重要特性:免疫原性,指抗原能够刺激机体产生抗体或致敏淋巴细胞的能力;抗原性或免疫反应性,指抗原能够与其所诱生的抗体或致敏淋巴细胞特异性结合的能力。

(3) 抗体。抗体(Antibody,Ab)是介导体液免疫的重要效应分子,是B细胞接受抗原刺激后增殖分化为浆细胞所产生的糖蛋白,也称为免疫球蛋白分子。抗体可分为分泌型和膜型,前者主要存在于血液及组织液中,发挥各种免疫功能;后者构成B细胞表面的抗原受体。

(4) T细胞。T细胞即T淋巴细胞,它在胸腺中成熟,功能包括调节其他细胞的活动以及直接袭击宿主感染细胞。T细胞可分为毒性T细胞和调节T细胞两类。而调节T细胞又可分为辅助性T细胞和抑制性T细胞。辅助性T细胞的主要作用是激活B细胞,与抗原结合时分泌作用于B细胞并帮助刺激B细胞的分子。毒性T细胞能够清除微生物入侵者、病毒或者癌细胞。

(5) B细胞。B细胞即B淋巴细胞,来源于骨髓淋巴样前体细胞,成熟的B细胞存在于淋巴结、血液、脾、扁桃体等组织和器官中。B细胞是体内产生抗体的细胞,在清除病原体的过程中受到刺激,分泌抗体结合抗原,但其发挥免疫作用要受T辅助细胞的帮助。

(6) 抗原识别。抗原识别是通过表达在抗原分子表面的epitope(表位)和抗体分子表面的paratope(对位)的化学基进行相互匹配选择,这一反应是在T细胞的作用下完成的。这种匹配过程也是一个对抗原学习的过程,最终能选择产生最适合的抗体与抗原结合而排除抗原。

(7) 免疫记忆。免疫记忆是指免疫系统能将与侵入抗原反应部分抗体作为记忆细胞保留下来,当同类抗原再次入侵时,相应的记忆细胞被激活而产生大量的抗体,缩短了免疫反应的时间。

(8) 免疫调节。免疫调节是在免疫反应的过程中,抗体的大量产生降低了抗原对免疫细胞的刺激,从而抑制了抗体的分化、增殖,同时产生的抗体之间也存在着相互刺激和抑制关系,这种抗原和抗体、抗体和抗体之间的相互制约关系使免疫反应维持着一定的强度,保证机体的免疫平衡。

2. 免疫系统的组成和功能

免疫系统是负责执行免疫功能的组织系统。它的每个组成部分都有各自的功能。

(1) 免疫系统的组成。如图6-9所示,免疫系统由中枢免疫器官(骨髓、胸腺)和外周免疫器官(脾脏、淋巴结和黏膜)组成。其中,免疫器官中执行免疫功能的主要是各类免疫细胞,如淋巴细胞、抗原递呈细胞、粒细胞及其他参与免疫应答和效应的细胞。T(B)淋巴细胞是参与适应性免疫应答的关键细胞,分别发挥细胞免疫和体液免疫效应;抗原递呈细胞则具有摄取、加工、处理抗原的能力,并可将经过处理的抗原肽递呈给特异性T细胞;各类粒细胞主要发挥非特异性免疫效应。

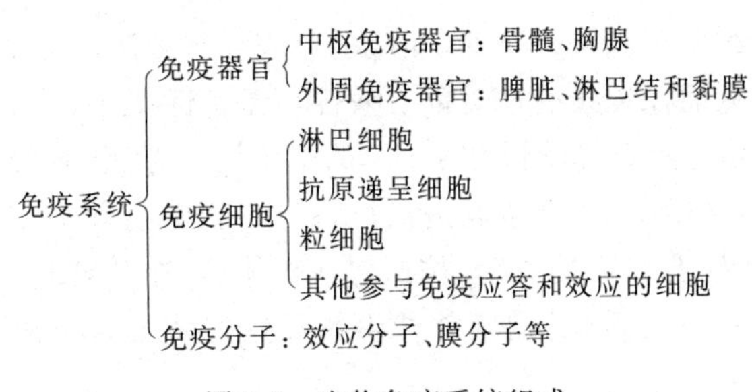

图 6-9 生物免疫系统组成

除免疫器官和免疫细胞外，多种免疫分子也被视为免疫系统的组分，如活化的免疫细胞所产生的多种效应分子(如免疫球蛋白、细胞因子)、表达于免疫细胞表面的各类膜分子(如特异性抗原受体、CD分子、黏附分子、主要组织相容性分子、各类受体)等。

人体免疫系统又可以分为固有免疫系统和适应性免疫系统。第一层固有免疫系统是天生就有的，不随特异病原体变化，由补体、内吞作用系统和噬菌细胞系统组成。

固有免疫系统具有与病原体第一次遭遇就能消灭它们的能力，它还能够识别自体和非自体组织结构，参与到自体与非自体识别组织中，并起到促进适应性免疫的重要作用。

适应性免疫系统使用两种类型的淋巴细胞：T细胞和B细胞。自适应免疫系统能完成固有免疫系统不能完成的免疫功能，清除固有免疫系统不能清除的病原体。

(2) 免疫系统的功能。正常情况下，免疫功能使机体内环境得以维持稳定，具有保护性作用；异常情况下，免疫功能可能导致某些病理过程的发生和发展。机体免疫系统通过对"自己"或"非己"物质的识别及应答，主要发挥3种功能，这3种功能如表6-4所示。

表 6-4 免疫系统的3大功能

功　能	生理性(有利)	病理性(有害)
免疫防御	防御病原微生物侵害	超敏反应/免疫缺陷
免疫自稳	消除损伤或衰老细胞	自身免疫病
免疫监视	消除复制错误的细胞和突变细胞	细胞癌变，持续感染

这3种功能的具体作用如下。

① 免疫防御(immune defense)。即抗感染免疫，主要指机体针对外来抗原的免疫保护作用。异常情况下也可能对抗体产生不利影响，其表现是：若应答过强或持续时间过长，则在清除致病微生物的同时，也可能导致组织损伤和功能异常，即超敏反应；若应答过低或缺少，可发生免疫缺陷病。

② 免疫自稳(immune homeostasis)。机体免疫系统存在极为复杂而有效的调解网络，借以实现免疫系统功能的相对稳定性。该机制若发生异常，可能使机体对"自己"或"非己"抗原的应答出现紊乱，从而导致自身免疫病的发生。

③ 免疫监视(immune surveillance)。由于各种体内外因素的影响，正常个体的组织细胞不断发生畸变和突变。机体免疫系统可识别此类异常细胞并将其清除，此为免疫监视。若该功能发生异常，可能导致肿瘤的发生或持续的感染。

(3) 生物免疫机制的抽象模型。免疫系统通过类似于生物免疫系统的机能，构造具有动态性和自适应性的信息防御体系，以此来抵制外部无用、有害信息的侵入，当危险的外来抗原侵入身体时,免疫细胞识别外来抗原,相应的免疫细胞被激活并增殖、分化,通过分泌对应的抗体将抗原消灭,从而保证接受信息的有效性与无害性。

根据Burnet的细胞克隆选择学说和Jerne的免疫网络学说,B细胞的功能是对抗原进行识别,并产生抗体;T细胞的主要功能是执行特异细胞免疫和免疫调节。生物体内先天具有针对不同抗原的多样性B细胞克隆,抗原侵入机体后,在T细胞的识别和控制下,选择并刺激相应的B细胞系,使之活化、增殖并产生特异性抗体结合抗原。生物免疫机制的抽象模型如图6-10所示。

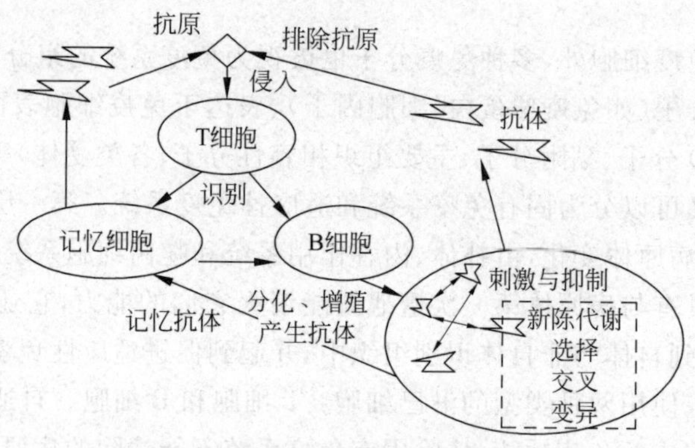

图6-10 生物免疫机制的抽象模型

在进行抗原识别时,如果是已知抗原,免疫系统就从记忆细胞库中搜索相应的记忆抗体,否则就产生新的抗体。当抗体的浓度大于某一阈值时,T细胞又反过来抑制B细胞的繁殖。这样,抗原和抗体、抗体和抗体之间的刺激和抑制关系形成的网络调节结构维持着免疫平衡。

6.11.3 生物免疫系统与人工免疫系统的对应关系

人工免疫系统研究、借鉴、利用生物免疫系统的原理和机制,实现了类似免疫系统的自我调节和生成不同抗体的功能,生物免疫系统与人工免疫系统对应关系如表6-5所示。

表6-5 生物免疫系统与人工免疫系统对应关系

生物免疫系统	人工免疫系统	生物免疫系统	人工免疫系统
抗原	所求解的问题	抗体的浓度阈值	免疫浓度机制
记忆细胞库	免疫记忆库	免疫细胞的复制	克隆复制
抗体	求解问题的一种方案		

6.11.4 免疫算法的基本类型和步骤

一般的免疫算法可分为3种情况:

(1) 模仿免疫系统抗体与抗原识别,结合抗体产生过程而抽象出来的免疫算法,如阴性选择算法。

(2) 与遗传算法等其他计算智能融合产生的新算法,如免疫遗传算法。

(3) 基于免疫系统中的其他特殊机制抽象出来的算法,如克隆选择算法。

这些免疫算法的基本步骤如下。

(1) 识别抗原。免疫系统确认入侵抗原。根据给定问题进行分析，一般应确定目标函数和各种约束为抗原，根据这种信息而得出的一类解为抗体。

(2) 产生初始抗体群体。首先从解空间产生初始抗体，初始抗体的产生采用随机方法，但在处理约束化问题时应加以限制约束，以产生符合要求的初始抗体。由此出发，择优汰劣，最后得出优秀的群体，满足优化要求。

(3) 计算抗原和抗体之间的亲和力。分别计算抗原与抗体之间、抗体与抗体之间的亲和力，它们分别表示抗体和抗原之间的结合强度、抗体与抗体之间的相似程度。

(4) 记忆细胞分化。将与抗原有最大亲和力的抗体加入给记忆细胞。由于记忆细胞有限，新产生的抗原具有更高亲和力的抗体将替换较低亲和力的抗体。此外，还需更新记忆细胞：若是新抗原，则用当前群体中适应度高的个体代替记忆细胞中适应度低的个体，否则，将当前群体中适应度高的个体加入记忆细胞中。

(5) 促进和抑制抗体的产生。高亲和力抗体受到促进，增加选择概率；高密度(浓度)抗体受到抑制，减少选择概率。通常以计算抗体存活的期望值来实施促进和抑制抗体的产生，以保持群体中个体的多样性。

(6) 抗体的产生。对未知抗原的响应，产生新的细胞来代替步骤(5)中清除的抗体。具体做法是按抗体交叉、变异准则，产生进入下一代的抗体。

(7) 终止判别。判别终止条件。若满足，计算停止，否则计算继续。

(8) 获取最优解。该步骤是获取在最后产生的抗体中与抗原亲和力最大的抗体，作为优化问题的解。

6.12 典型免疫算法分析

1997 年人工免疫学研究在国际上兴起之后，国内外研究人员提出了很多免疫算法。典型的算法有阴性选择算法、免疫遗传算法、免疫学习算法、克隆选择算法、基于疫苗的免疫算法、基于免疫网络的免疫算法、基于距离浓度的免疫算法等算法。下面就分析其中几种典型的算法。

6.12.1 阴性选择算法

阴性选择算法是模仿淋巴细胞的阴性选择过程而提出的一个人工免疫系统的算法，最早是由 Forrest 于 1994 年提出的，之后成为多种免疫算法效仿的对象。

1. 算法描述

生物免疫系统的主要工作原理是区分自身的细胞("自我")及有害病原体("非我")。免疫系统由免疫细胞的交互作用构成，免疫细胞对"自我"成分不作反应，而对"非我"成分产生免疫反应，以消除它们对机体的侵蚀。阴性选择算法正是体现了这种思想，图 6-11 描述了 Forrest 的阴性选择算法的基本框架。

这个框架的算法一般包括两个部分：初始未成熟检测器的生成和成熟检测器的生成。具体的算法描述如下。

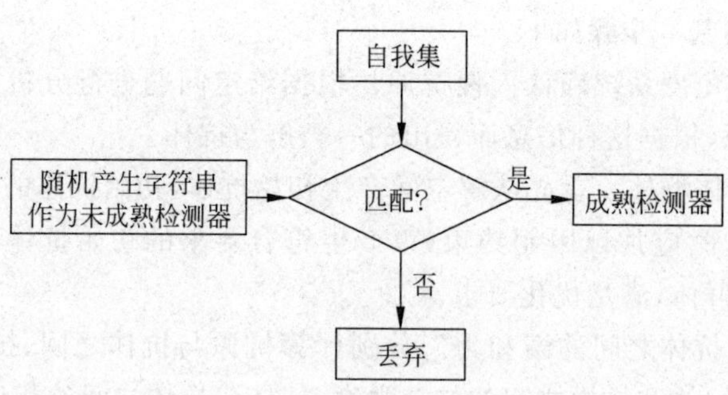

图 6-11　阴性选择算法的大体框架

阴性选择算法：

```
收集自我集 Si(i=1,2,…,M)
随机产生大量的字符串作为未成熟检测器 Dj(j=1,2,…,N)
While(成熟检测器集大小<规定的大小)
{
    计算每个未成熟检测器和自我集中
        每个个体的适应度 fji(i=1,2,…,M; j=1,2,…,N)
    if 适应度 fji>阈值
        删除该未成熟检测器 Dj
    else
        将 Dj 放入成熟检测器集中
}
```

实验表明，阴性选择算法可应用于计算机网络安全，以解决过去许多在同类问题中难以解决的难题，且成效显著。

2. 匹配规则

D'Haeseleer 基于阴性选择原理给出了一种阴性选择算法，用于监测数据改变。其中抗体(问题解答)与抗原(问题)的匹配采用 Forrest 提出的部分匹配规则。常用的匹配规则有 r-contiguous 匹配规则，其定义如下：

W 表示一个连续 r 位字符串的窗口，在 r 位串空间 U 中，对于所有的 $a\in U$，$a[W]$表示 a 是窗口 W 上的子串。

Match(d,a)表示 d 和 a 匹配。如果 d 和 a 匹配，则它们至少有 r 个连续位是相同的，即

$$\text{Match}(d,a)\Leftrightarrow(\text{windows } W)(a[W]=d[W])$$

其中，a 与 d 是长度均为 L 的字符串；r 为二者需要匹配的子串长度，$1\leqslant r\leqslant L$。例如：

a：11001101

d：01001110

当 $r\leqslant 4$ 时，认为 a 和 d 匹配成功，即 Match(d,a)成立。

3. 算法分析

从以上算法可以看出，每个检测器只覆盖非我集的部分，可以独立地行使各自的功能，相互之间无须协调，因此一组检测器可以随意分布多个位置；由于个体空间是有限的，如果所定义的自我集是完整的，则不会有误报产生。

在阴性选择算法下，无论采用何种匹配规则，都有“黑洞”存在。这种黑洞的定义

如下。

一个非我字符串 x，如果存在检测器 c，使得 Match(c,x)成立，并且在自我集中还存在字符串 p，使得 Match(p,x)成立，则字符串 x 就是一个检测黑洞。

例如，设自我集 $U=\{100110,100111,101111\}$，匹配阈值 $r=3$，则 101110 就是一个检测黑洞。黑洞的存在取决于模式集的结构和模式匹配所采用的匹配规则。如果自我集中的自我模式串和非我模式串越相似，黑洞的数量也就越多。

Forrest 算法中检测失败率定义为

$$P_{\mathrm{f}}=(1-P_{\mathrm{M}})^{N} \tag{6-1}$$

式中，P_{M} 表示匹配概率；N 表示检测器的个数。由式(6-1)可知，检测失败率与自体个数 N_{S} 无关，当检测器个数 N 固定时，检测失败率也固定。而实际运行的结果是，随着自体个数的增大，检测失败率也增大。又由式(6-1)可知，为了降低检测失败率，必须增加检测器的个数。

6.12.2 免疫遗传算法

Chun 等提出了一种免疫算法，实质上是改进的遗传算法。它采用类似遗传算法的搜索策略，借用了遗传算法的选择、交叉和变异算子(有的只用变异算子)，但在群体搜索策略、解的表示和记忆单元设置等方面与遗传算法有所不同。免疫遗传算法的基本思想是：在遗传算法中引进免疫记忆库和浓度控制的免疫机制，克服了遗传算法易于陷入局部收敛的缺陷；在一般免疫算法中引进标准遗传算法的交叉和变异过程来处理抗体，加快了抗体适应度的提高，从而加速算法的收敛。

1. 免疫遗传算法的基本概念

考虑到遗传算法易于陷入局部收敛的缺陷，免疫遗传算法引进免疫记忆库和浓度控制的免疫机制。免疫记忆库可以确保群体在历代进化过程中得到的优良个体不被遗忘和破坏，从而加速算法的收敛效率；而免疫浓度机制可以让个体在一个特定的生存环境中进化，预防个体同一化，防止其过早收敛而陷入"早熟"。下面对免疫记忆库和免疫浓度机制及其相关概念分别予以介绍。

(1) 免疫记忆库。抗体记忆机制的引入是免疫遗传算法的一个重要特点，系统能保留一定规模的求解过程中的较优抗体，即记忆细胞库。将具有高适应度的抗体写入数据库，其具体操作如下。

① 首次计算，初始群体 N 全部在参数限制范围内随机产生，并将群体中适应度高的 M 个个体存入记忆细胞库。

② 非首次计算，首先对库中的记忆细胞和经过算子某些遗传操作产生的更新群体 N 按适应度高低排序，然后选择前 N 个个体作为下一代的初始群体，并将适应度最高的 M 个个体写入记忆细胞库，完成对记忆细胞库的更新过程。

(2) 免疫浓度机制。免疫浓度机制控制和调节抗体的增殖：当抗体针对抗原有较高的亲和度时，该抗体就增殖；当这个抗体的增殖浓度过高时就被抑制。这个过程能确保搜索方向的多样性，以防局部极大化。

如果以抗体的相似度估计为标准，当群体中的某个抗体占据了相当规模，而又不是最优解时，就极易导致过早收敛。为此，当有些抗体的规模达到一定程度后，就要对其进行限制，以防过早收敛。

下面就涉及的几个概念分别予以介绍。

① 结合强度。一般免疫算法中计算抗体 u 和 v 之间结合强度常用的数学工具有海明空间的海明距离、Euclidean 距离和 Manhattan 距离。这里采用 Euclidean 距离衡量抗体之间的结合强度,其定义为

$$H_{uv}=\sqrt{\sum_{i=1}^{M}(x_i-y_i)^2} \tag{6-2}$$

式中,M 为抗体长度;x_i、y_i 分别为抗体 u 和 v 的基因。x_i、y_i 的一种取值方法是:先用科学计算法 $a\times10^b$ 表示各基因位构成的数值,但必须保证不同抗体相同基因位数值 b 的统一,然后取其系数 a 作为 x_i、y_i,以计算 H_{uv},按这样的方法统一数量级之后,解决了当各基因位数值数量级不同时精度不一致的问题。

② 亲和力。A_{uv}是抗体 u 和 v 之间的亲和力,定义为

$$A_{uv}=\frac{1}{1+H_{uv}} \tag{6-3}$$

式中,H_{uv}为抗体 u 和 v 的结合强度,可由式(6-2)计算得到。$H_{uv}=0$ 时,u 和 v 的基因完全匹配,此时 $A_{uv}=1$。

③ 浓度。抗体浓度是指某抗体以及与其相似抗体在群体中所占的比例,即

$$C_i=\frac{\text{与抗体相似度大于}\lambda\text{的抗体数}}{\text{抗体总数}N} \tag{6-4}$$

式中 λ 为亲和力常数,一般取为 $0.9\leqslant\lambda\leqslant1.0$,特殊情况下的取值可以不在此范围内。

④ 浓度概率。用式(6-4)计算抗体浓度,并找出浓度较大的个体,记为个体 $1,2,\cdots,t$,则定义第 t 个个体的浓度概率为

$$P_d=\frac{1}{N}\left(1-\frac{t}{N}\right) \tag{6-5}$$

其中 $1<t<N$。

⑤ 适应度概率。适应度概率定义为

$$P_f=\frac{1}{N}\left(1+\frac{t^2}{N^2-Nt}\right) \tag{6-6}$$

⑥ 选择概率。个体的选择概率 P 由适应度概率 P_f 和浓度概率 P_d 两部分组成,即

$$P=\alpha P_f+(1-\alpha)P_d \tag{6-7}$$

式中 α 为亲和系数,$\alpha>0$;P_f、$P_d<1$。

通过式(6-7)可以发现,个体适应度越大,则选择概率越大;个体浓度越大,则选择概率越小。这样既可保留适应度高的个体,又能确保个体的多样性,以防早熟收敛。在选定亲和系数 α 时,要非常慎重。如果取值太小,则降低了适应度在遗传算法选择机制中的作用,不利于进化;反之,若取值太大,则降低了免疫遗传算法中的自我调节能力,甚至破坏群体中个体的多样性,容易出现早熟收敛现象。

2. 免疫遗传算法

有了前面关于免疫遗传算法的基本概念,下面可以着手进行免疫遗传算法(IGA)的设计。考虑一个 M 维函数的优化问题:

$$\mathrm{Max}(F(Z)) \tag{6-8}$$

式中，$Z=[z_1,z_2,\cdots,z_M]$，$z_m\in[a_m,b_m]$，$m=[1,2,\cdots,M]$，$F(Z)>0$。

目标函数 $F(Z)$ 对应抗原，自变量 $z_m\in[a_m,b_m](m\in[1,2,\cdots,M])$ 对应被选抗体，将自体编码(这里使用浮点编码方式)设为遗传算法中的个体 $X_i(i=1,2,\cdots,N)$，这样有 $X_i=[X_{i1},X_{i2},\cdots,X_{iM}]$，$N$ 表示算法设定的种群规模，于是在 IGA 意义下，以上优化问题就转化为

$$\max(F(Z))=\max(F[X_i(z_m)]) \tag{6-9}$$

式中，$z_m(X_{im})\in[a_m,b_m]$，$F(X_i)>0$，$i=[1,2,\cdots,N]$，$m=[1,2,\cdots,M]$。

IGA 的基本步骤如图 6-12 所示。

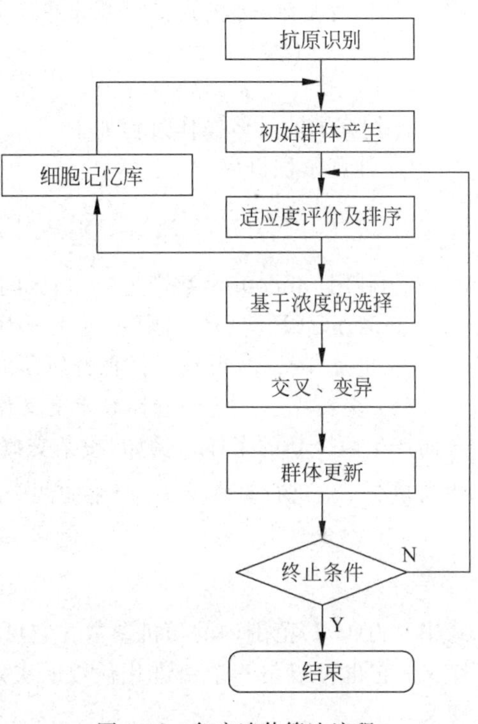

图 6-12　免疫遗传算法流程

其详细实现步骤如下。

(1) 编码方法。此处采用浮点数编码方式，所谓浮点数编码方法，是指个体的每个基因值用某一范围内的一个浮点数表示，个体的编码长度等于其决策变量的个数。因为这种编码方法使用的是决策变量的真实值，所以也叫做真值编码方式。

(2) 初始群体。设初始种群数目为 N，随机产生 N 个初始染色体。$\psi_i(x,y)$ 为第 i 个染色体，$[a_{1i},b_{1i}]$、$[a_{2i},b_{2i}]$ 分别为第 i 个染色体中 x、y 两个基因的取值范围。对于一般函数优化，随机产生 $2\times N$ 个小于 1 的数 β_{i1} 和 β_{i2}，$i=1,2,3,\cdots,N$；取初始第 i 个染色体的两个基因分别为

$$\begin{aligned}x_i&=\beta_{1i}+(b_{1i}-a_{1i})\times\beta_{i1}\\ y_i&=\beta_{2i}+(b_{2i}-a_{2i})\times\beta_{i2}\end{aligned} \tag{6-10}$$

重复上述过程 N 次，即可获得初始染色体 $\psi_1,\psi_2,\cdots,\psi_N$。

(3) 适应度评价。适应度函数是算法演化的驱动力。改变种群内部结构的操作一般都是通过适应度来控制的，其合理性直接关系到算法的优劣。

在这个步骤中，建立基于排序的适应度评价函数，种群按目标函数值进行排序，适应度仅仅取决于个体在种群中的序位，而不是实际的目标值。排序方法克服了比例适应度计算的尺度问题，当选择压力(最佳个体选中的概率与平均选中概率的比值)太小的时候，导致搜索带迅速变窄而产生过早收敛，个体再生范围被局限。

排序选择方法的主要思想是：对群体中的所有个体按目标函数值大小进行升序排列，然后基于这个排序分配各个个体，作为被选中的概率。排序方法比按比例的方法表现出更好的鲁棒性，是一种很好的选择方法。

排序方法引入种群均匀尺度，提供了控制选择压力的简单、有效方法。让染色体 $\psi_1,\psi_2,\cdots,\psi_N$ 按个体目标函数值的大小降序排列，使得适应性强的染色体被选择产生后代的概率更大。Michalewicz 提出了一种非线性排序的选择概率计算公式：

$$\mathrm{eval}(\psi_i)=\alpha\times(1-\alpha)^{i-1} \tag{6-11}$$

(4) 记忆细胞库。将个体按适应度降序排列,取前 M 个存于记忆细胞库,完成记忆细胞库更新过程,在前面的6.12.2小节中已详述。

(5) 基于浓度控制的选择算子。这一步骤中将对个体适应度施加免疫浓度调节,个体的选择概率 P 由适应度概率 P_f 和浓度概率 P_d 两部分组成,适应度概率由式(6-6)计算得到,浓度概率的基本公式如式(6-5)所示。比例选择算子是以各个个体所分配到的概率值作为其能够被遗传到下一代的概率,基于这些概率值用比例选择(即赌盘选择,其选择概率的计算公式如式(6-12)所示)的方法来产生下一代。该算子是一种随机采样方法,以旋转赌盘 N 次为基础,每次旋转都可选择单个个体进入子代种群。

$$P_i = \text{eval}(\psi_i) / \sum_{i=1}^{N} \text{eval}(\psi_i) \tag{6-12}$$

比例算子的具体操作过程如下。

① 计算累积概率 P_{s_i}:

$$P_{s_i} = \sum_{m=1}^{i} P_m \quad i = 1,2,\cdots,N, P_{s_0} = 0.0$$

② 利用 random 函数产生(0,1)区间中的一个随机浮点数 γ。

③ 若 $\gamma \in (P_{s_{i-1}}, P_{s_i}]$,则 ψ_i 进入子代种群。

④ 重复②~③,得到子代种群所需的 N 个染色体。

(6) 交叉算子。此处选择算术交叉作为交叉算子。算术交叉是指由两个个体的线性组合而产生两个新的个体。例如,按杂交概率 p_c,一般建议 $p_c \in (0.4, 0.99)$,随机选取两个父代向量 χ_a^t、χ_b^t 进行算术交叉,产生的两个新个体为:

$$\begin{cases} \chi_a^{t+1} = \alpha\chi_b^t + (1-\alpha)\chi_a^t \\ \chi_b^{t+1} = \alpha\chi_a^t + (1-\alpha)\chi_b^t \end{cases} \tag{6-13}$$

式中 α 为(0,1)范围内的随机参数。它可以是一个常数,此时所进行的交叉运算称均匀算术交叉;它也可以是一个由进化代数所决定的变量,此时所进行的交叉运算称为非均匀算术交叉。

(7) 变异算子。此处采用均匀变异算子,其操作过程是:首先,依次指定个体编码串中每个基因作为变异点。然后,对每一个变异点以变异概率 p_m 从对应基因值的取值范围内取一个随机数来替代原有基因值。一般建议 $p_m \in (0.0001, 0.1)$。

假设有一个个体为 $X = x_1x_2x_3\cdots x_k\cdots x_l$,若 x_k 为变异点,其取值范围为$[U_{\min}, U_{\max}]$,在该点对个体 X 进行均匀变异操作后,可得到一个新的个体 $X' = x_1x_2x_3\cdots x'_k\cdots x_l$,且

$$x'_k = U_{\min} + \gamma(U_{\max} - U_{\min}) \tag{6-14}$$

(8) 群体更新。将第(7)步得到的 N 个个体和第(4)步记忆的 M 个个体合并在一起,得到一个含有 $M+N$ 个个体的新种群,依据 $M+N$ 个个体新的适应度对其降序排列,前 M 个个体存入记忆库,前 N 个个体作为下一代进化的初始群体。

(9) 终止条件。终止条件设为世代数超过预先设定的值或适应度函数高于(或低于)某个阈值时就停止迭代。若不满足终止条件,更新进化代数计算器,$t=t+1$,返回到(5);若满足终止条件,则输出最佳个体,算法终止。

6.12.3 克隆选择算法

Castro 基于免疫系统的克隆选择理论提出克隆选择算法,免疫克隆选择算法(Immune

Clone Selection Algorithm,ICSA)是模拟自然免疫系统功能的一种新的智能方法,具有学习记忆功能,为信息处理提供了新的方法。它在传统演化算法的基础上,引入了亲和力成熟、克隆和记忆机理,并利用相应的算子保证了该算法能快速地收敛到全局最优解。

1. 算法概述

抗体克隆选择学说认为,当抗原侵入机体时,克隆选择机制在机体内选择出能识别和消灭相应抗原的免疫细胞,使之激活、分化和增殖,进行免疫应答以最终消除抗原。在这一过程中,克隆的父代与子代之间只有信息的简单复制,而没有不同信息的交流,无法促进抗体种群进化。因此,需要对克隆后的子代作进一步处理。

在人工免疫系统中,克隆选择是由亲和力诱导的抗体随机映射,抗体群的状态转移可表示为

$$\mathrm{Cs}: A(k) \xrightarrow{\text{克隆}} A'(k) \xrightarrow{\text{变异}} A''(k) \xrightarrow{\text{选择}} A(k+1)$$

该过程依据抗体与抗原的亲和力 f,将解空间中的一个点 $a_i(k) \in A(k)$ 分裂成 q_i 个相同的点 $a_i'(k) \in A'(k)$,再经过变异和选择后获得新的抗体群。在上述过程中,实际上包括了 3 个步骤,即克隆、变异和压缩选择。

免疫克隆的实质是在一代进化中,在候选解的附近,根据亲和力大小产生一个变异解的群体,扩大了搜索范围,有助于防止进化早熟和搜索陷于局部极小值。

2. 基于免疫克隆选择算法的特征选择

特征选择需要一个定量的准则来衡量所选特征子集对分类的有效性。实际中错误概率的计算很复杂,这就使得直接用错误概率作为标准来分析特征的有效性比较困难。一种替代的方法是在特征选择过程中使用分类正确率作为评价函数,即封装(wrapper)选择方法。这种方法能够得到较高的识别精度,但由于在选择过程中必须使用学习算法对每一个搜索到的特征子集进行学习,需要耗费大量时间,且改变学习算法时,又要重新进行特征选择,推广性不好。

本节讨论采用过滤(filter)特征选择方法,将特征选择只作为学习算法的一个独立的预处理过程,用类内和类间距离作为可分性判据,来滤除冗余特征。这种方法虽损失了部分识别精度,但耗时少,灵活性好。一旦针对训练样本选择出最佳特征子集,就可据此对大量的测试样本提取特征,从而降低实际应用问题中特征提取的代价,再选择恰当的分类器完成分类。

采用免疫克隆算法进行过滤式特征选择问题可描述为:从 D 个特征中选出 d 个特征组合,使得亲和度最大,即依据该抗体计算得到的 C 个类别样本之间的平均距离最大。

为了计算 C 个类别样本之间的平均距离,下面用到了巴氏距离(巴塔恰里雅距离,Bhattacharyya distance)和贾弗里斯-松下距离(Jeffreys Matusita Distance,JMD)。

在统计学中,巴氏距离用于测量两离散概率分布。它常在分类中测量类之间的可分离性。其中概率分布分为离散概率分布和连续概率分布。

在同一定义域 X 中,对概率分布 p 和 q 的巴氏距离定义为

$$D_{\mathrm{B}}(p,q) = -\ln(\mathrm{BC}(p,q))$$

此处的 BC()是巴氏系数,对离散概率分布其定义为

$$\mathrm{BC}(p,q) = \sum_{x \in X} \sqrt{p(x)q(x)}$$

对连续型概率分布 p 和 q,巴氏系数定义为

$$\mathrm{BC}(p,q)=\int\sqrt{p(x)q(x)}\,\mathrm{d}x$$

对离散和连续概率分布两种情况,都有 $0\leqslant \mathrm{BC}\leqslant 1$ 且 $0\leqslant D_{\mathrm{B}}\leqslant\infty$。

这里,对亲和度采用巴氏距离度量,对多类问题,使用平均贾弗里斯-松下距离度量。对 C 个具有等先验概率 $p(w_i)(i=1,\cdots,C)$ 的类,平均 JMD 定义为

$$J=\frac{2}{C(C-1)}\sum_{i=1}^{c}\sum_{j=1}^{i}J_{ij}\quad J_{ij}=2(1-\mathrm{e}^{-B_{ij}})\tag{6-15}$$

式中 B_{ij} 为第 i 类与第 j 类的巴氏距离。那么特征提取的任务就归结为获取使 J 最大的特征组合。这样,特征选择算法可用以下步骤实现。

(1) 生成初始群体。随机产生 N_p(种群规模)种特征组合作为初始抗体群体 $A(0)$,每个抗体表示一种特征组合,采用二进制编码方式,基因串长为特征向量长度 d,编码为 $(a_{v1},a_{v2},\cdots,a_{vd})$,其中,基因位 a_{vi} 为1表示相应的特征分量被选中,为0表示相应的特征分量未被选中。

(2) 计算亲和力。将每个抗体解码为对应的特征组合,得到新的训练样本集,用式(6-15)求解其相应的亲和度$\{J(A(0))\}$。

(3) 判断是否满足迭代终止条件。终止条件可设定为亲和度达到一定的阈值或迭代达到一定的次数。若满足则终止迭代,确定当前种群中的最佳个体作为算法最终寻找到的解,否则继续。

(4) 克隆。对当前的第 k 代父本种群 $A(k)$ 进行克隆,得到 $A'(k)=\{A(k),A_1'(k),A_2'(k),\cdots,A_{N_p}'(k)\}$。每个抗体的克隆规模可以根据抗体与抗原的亲和力大小按比例分配,也可简单地设定为一个固定的整数。

(5) 克隆变异。对 $A'(k)$ 以变异概率 $p_{\mathrm{m}}=1/d$ 进行变异操作,得到 $A''(k)$。

(6) 计算亲和度。将当前种群 $A''(k)$ 中各个个体解码为相应的特征组合,从而得到新的训练样本,依据式(6-15)计算每个个体的亲和度$\{J(A''(k))\}$。

(7) 克隆选择。在子种群中,若存在变异后抗体 $b=\max\{f(a_{ij})\mid j=2,3,\cdots,q_{i-1}\}$,使得 $f(a_i)<f(b)$,$a_i\in A(k)$,选择个体 b 进入新的父代群体,即以一定的比例选择亲和度较大的个体作为下一代种群 $A(k+1)$。

(8) 计算亲和度。依据种群中个体的编码,获得新的特征子集,依据式(6-15)计算种群 $A(k+1)$ 的亲和度$\{J(A(k+1))\}$。

(9) $k=k+1$,返回(3)。

6.12.4 基于疫苗的免疫算法

焦李成等利用免疫系统的理论提出基于疫苗的免疫算法。所谓的疫苗是指根据进化环境或待求问题的先验知识,得到的对最佳个体基因的估计;而根据疫苗修正个体基因的过程称为接种疫苗,其目的是消除抗原在新个体产生时所带来的负面影响。

在实际基于疫苗的免疫操作过程中,首先,对所求解的问题进行具体分析,从中提取出最基本的特征信息;其次,对特征信息进行处理,以将其转化为局部环境下求解问题的一种方案;最后,将此方案以适当的形式转化成免疫算子并用来产生新的个体。这里需要说明的是,一方面,待求问题的特征信息往往不止一个,也就是说,针对不同特征信息所能提取的

疫苗也可能不止一种，那么在接种过程中可以随机选择一种疫苗进行接种，也可以将多个或所有的疫苗按照一定的次序予以接种；另一方面，疫苗实质上是最优个体的某个分量的估计，而这种估计是否正确有待于其后的选择操作来判断，也就是说疫苗只会影响算法的搜索效率，而不涉及算法的收敛性。

1. 疫苗的提取

疫苗提取的过程也就是对所求问题的特征信息的提取过程，就 TSP 问题而言，所要求的最优解就是走完所有城市的最短路径，可以将两城市之间的最短路径作为特征信息，也就是所谓的疫苗。

这里可以将疫苗库定义为一个 $n\times2$，即 2 列的矩阵。由以下的距离矩阵可以看出城市 4 与城市 3 的距离是所有城市之间距离最短的边，所以{4—3}可以定义为疫苗，并放入疫苗库中。若需要更多的疫苗，可以继续考察距离矩阵，比如城市 1 和城市 2 的距离为 2，{1—2}的长度仅大于{4—3}的长度，则{1—2}作为下一个疫苗存入疫苗库中，具体过程如图 6-13 所示。

	城市1	城市2	城市3	城市4
城市1	0	2	3	4
城市2	2	0	5	3
城市3	3	5	0	1
城市4	4	3	1	0

城市i	城市j
3	4
1	2
…	…

图 6-13　从距离矩阵提取 $n\times2$ 的疫苗矩阵

2. 疫苗接种

疫苗接种函数设计得好坏对算法的收敛速度有着很重要的影响，它直接影响到疫苗在算法进程中所能起到的作用。如在 TSP 问题中，某一条遍历路径：A：{1—2—3—4—5—6—7—8—9}，对其进行接种疫苗操作，若选中的疫苗为{2—7}，模拟基因的重组操作，路径 A 转化成一个中间个体 A_1：{1—3—4—5—6—8—9}，接着对 A_1 中不同的位置进行插入操作，如图 6-14 所示，最后用适应度最优的个体替换原来的个体。

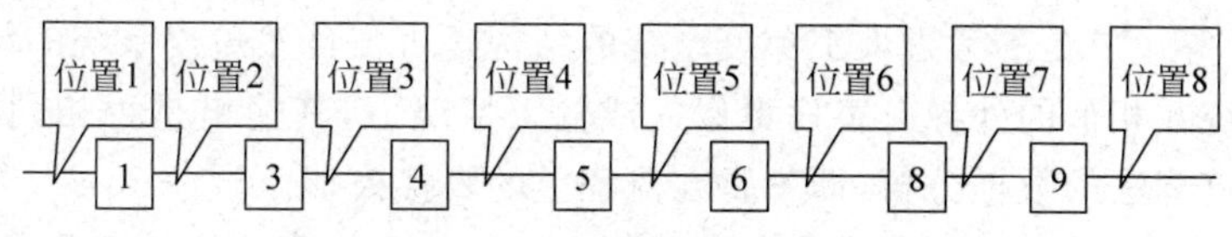

图 6-14　疫苗接种示意图

对 A_1 进行接种疫苗操作生成新的个体如下：

A_{1_1}：{2—7—1—3—4—5—6—8—9}

A_{1_2}：{7—2—1—3—4—5—6—8—9}

A_{1_3}：{1—2—7—3—4—5—6—8—9}

A_{1_4}：{1—7—2—3—4—5—6—8—9}

⋮

A_{1_15}：{1—3—4—5—6—8—9—2—7}

A_{1_16}：{1—3—4—5—6—8—9—7—2}

3. 算法步骤

基于疫苗的免疫算法的流程如图6-15所示。

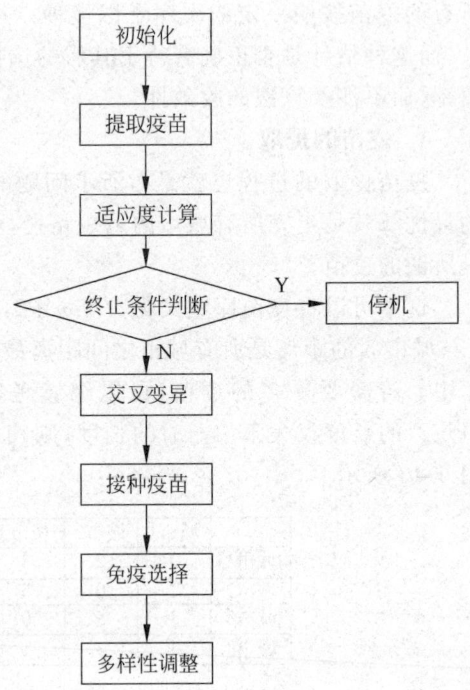

图6-15　基于疫苗的免疫算法流程

实现上述基于疫苗的免疫算法的基本步骤如下：

(1) 初始化。根据所要求解的问题，随机生成N个个体作为初始群体。

(2) 提取疫苗。根据问题的特征信息提取疫苗库H。

(3) 计算当前第k代种群中所有个体的适应度，并进行停机判断。若满足条件，则停止运行并输出结果；否则继续。

(4) 对当前的种群以一定概率进行交叉、变异操作，生成新的个体M，则当前种群个数为$N+M$。

(5) 对当前的种群以一定概率进行接种疫苗操作。

(6) 对当前的种群按照一定的规则进行免疫选择，尽可能多地保留适应度值高的个体N个。

(7) 对新生成的N个个体进行多样性调整，以避免早熟的现象发生，然后转至第(3)步。

6.13　免疫算法设计分析

设计免疫算法一般有以下两种思路。一是把人工免疫系统模拟成自然免疫系统的结构，类似于自然免疫机理的流程设计免疫算法，包括对外界侵害的检测，人工抗体的产生、复制、变异和交叉等。二是不考虑人工免疫系统的结构是否与自然免疫系统的结构相似，而着重考察两个系统在相似的外界有害病毒侵入或输入情况下，其输出是否相同或类似。因此侧重的是对免疫算法的数据分析，而不是在流程上的直接模拟。

免疫算法是人们模拟生物免疫系统的识别多样性机理而设计的新型计算方法。在构造免疫算法时，所借鉴的免疫识别多样性的机理主要包括以下内容。

(1) 模拟基因与表现型的形式，用适当的编码表达信息，使得信息更方便识别与处理。

(2) 模拟抗原与抗体的匹配方式，采用简单的互补匹配的形式实现识别。

(3) 模拟不完全匹配机制，采用不完全匹配和刺激度的机制来控制识别过程，以识别较一般性的模式和扩大识别能力。

(4) 模拟免疫应答过程中的克隆和超变异反应，采用选择克隆来维持正确模式和产生多样性的模式。

(5) 基于免疫记忆特性，保留针对某一具体问题的求解结果以及问题的特征和相关参数，作为下一次解决同类问题时的初始解，从而加快求解速度。

在借鉴机理方面，现有的免疫算法中并非每种算法都用到了上述所有的机理，这些免疫算法之间既有相似之处也有区别。它们主要是利用免疫系统的多样性和维持机制，来保持解群体的多样性，从而克服一般寻优过程尤其是多峰值函数中最难应付的“早熟”问题，最终求得全局最优解。

因为免疫机制与进化机制紧密相关，所以免疫算法往往利用演化计算来优化求解。

6.14 免疫算法与遗传算法比较

从本章的前几节可以看到，遗传算法是一种基于自然选择和基因遗传学原理的搜索算法，根据“优胜劣汰，适者生存”的生物进化规则来进行搜索计算和问题求解。它是受生物遗传进化过程的启示而构造的一种高度并行的、随机的和启发式的全局搜索算法，具有全局性、鲁棒性、自适应等特点。对许多用传统数学难以解决的复杂问题，特别是最优化问题，遗传算法提供了一个行之有效的新途径。但必须注意到遗传算法存在“早熟”等问题。

在免疫算法中，被求解的问题对应于抗原，抗体则对应于问题的解。与遗传算法相似，人工免疫算法也是从随机生成的初始解群出发，采用复制、变异等算子进行操作，产生比其父代优越的子代，这样循环执行，逐渐逼近最优解。

6.14.1 免疫算法与遗传算法的基本步骤比较

因为免疫算法与遗传算法都是来自于对生物机制的模拟，所以在基本步骤上有些类似的地方。下面分别列出这两个算法的基本步骤。

1. 遗传算法的基本步骤

遗传算法是模拟生物进化过程而设计的随机启发式全局优化方法。其基本步骤如下：

(1) 根据问题实际选择合适的解的表达形式以及各个参数(群体规模、交叉率、变异率等)的值。

(2) 随机产生初始解群体。

(3) 对解群体中的各个解个体进行评价，由此得出各个解的适应度。

(4) 按照解的适应度对解群体进行“遗传进化操作(选择、交叉、变异)”，以产生新群体。

(5) 判断是否满足结束条件，是则结束，否则重复(3)～(5)步。

2. 免疫算法的基本步骤

免疫算法是模拟免疫系统对病菌的多样性识别能力(即免疫系统几乎可以识别无穷多种类的病菌)而设计的多峰值搜索算法。其基本步骤如下：

(1) 根据问题实际选择合适的解的表达形式以及各个参数(群体规模、交叉率、变异率、浓度阈值等)的值。

(2) 基于记忆库的记忆元素产生初始解群体，若记忆库中没有相关记忆，则随机产生。

(3) 对解群体中的各个解个体进行综合评价，包括解(抗体)与问题(抗原)的适应度(亲和力)以及解与解之间的相似度(亲和力)。

(4) 按照解的综合评价值对解群体进行“增殖分化操作(选择、交叉、变异)”，以产生新群体。

(5) 判断是否满足结束条件，是则结束，并将问题的特征描述及结果元素存入记忆库，否则重复(3)~(5)步。

6.14.2 免疫算法与遗传算法不同之处

(1) 搜索目的。遗传算法以搜索全局最优解为目标；而免疫算法在搜索全局最优解的同时,还可以搜索多峰值函数的多个极值,是以搜索多峰值函数的多个极值为目标的。

(2) 评价标准。基于以上搜索目的,遗传算法以解(个体或染色体)的适应度为唯一的评价标准：而在免疫算法中,为保持群体多样性,只有那些适应度高且浓度较低的个体才是最好的,是以解(个体或抗体)的适应度(亲和度值)以及解(个体或抗体)本身浓度的综合作为评价标准。

(3) 交叉与变异操作的使用。在遗传算法中交叉操作作为主要操作之一,其作用是保留好的"基因"同时又给群体带来变化,而变异操作由于其变化较为激烈,只能作为算法中的辅助操作(使用的概率很小),从而保证算法的平稳全局收敛。在免疫算法中,为维持群体的多样性从而实现多峰值收敛,操作以克隆和变异为主,很少使用或不使用交叉操作。

(4) 记忆库。在遗传算法中没有记忆库这一概念。记忆库是受免疫系统具有免疫记忆特性的启示,在免疫算法结束时,将问题最后的解及问题的特征参数存入记忆库中,以便在下次遇到同类问题时可以借用这些结论,从而加快问题求解的速度,提高问题求解的效率。

从上面的分析可以看出,免疫算法与遗传算法的根本不同之处在于群体更新策略,遗传算法仅依据个体的适应度进行复制,而免疫算法则基于个体的适应度和浓度进行复制,从而具有极强的多样性保持能力。因此,研究免疫算法是克服遗传算法群体多样性保持能力不足、易陷入局部最优等缺点的一个有效途径。

6.14.3 仿真实验及讨论

为了比较免疫算法与遗传算法,选用典型的多峰值函数作为实验对象,其形式为

$$F(x)=\exp(-(x-0.1)^2)\sin^6(5\pi x^{3/4}) \tag{6-16}$$

其中 $x\in[0,1]$,存在5个峰值。

实验1

以搜寻全局最优点为目标,比较两种方法的寻优性能。表6-6所示为两种算法全局寻优性能比较。

表6-6 两种算法全局寻优性能比较

算法	交叉率(p_c)	变异率(p_m)	浓度阈值(T)	搜索代数(G)	寻优效率(Q)
遗	0.05	0.01		50	0.5
传	0.5	0.01		20	0.9
算	0.5	0.005		18	0.8
法	0.8	0.005		15	0.7
免	0.6	0.05	0.85	50	0.9
疫	0.6	0.05	0.6	30	0.4
算	0.6	0.01	0.3	35	0.8
法	0.6	0.005	0.2	20	0.8

从实验结果可以看出，免疫算法本身具有寻到全局最优点的能力，只是寻优的效率低于遗传算法，但是通过调整参数，免疫算法同样可以实现快速的全局寻优。当然，经过多年的应用和改进，遗传算法已具有了较好的寻优性能，所以，如果问题是要求全局最优解，选择遗传算法更有益于问题的解决。

实验 2

分别用遗传算法和免疫算法进行搜索，搜索过程以搜寻多峰值函数的几个峰值为目标，并比较两种方法的搜索能力。算法中，设 $p_c=0.6$，$p_m=0.05$。读者可以尝试用以上两个基本算法进行计算。

从计算结果可以看出，免疫算法具有较好的多峰值搜索能力，能够快速、高效地找到各个极值点。而遗传算法几乎无法找到所有的极值点，即使调整算法参数，也只是使最终结果限于某一个极值点而已。可见，遗传算法基本不具备多峰值搜索能力。对于多峰值函数的极值点搜索问题，采用免疫算法解决最为合适。

综上所述，免疫算法和遗传算法都是源于生物系统的启示而构造出来的随机启发式搜索算法，二者在实现形式上有着相似之处，但免疫系统和遗传进化系统从功能上讲，有着本质的不同。因此，免疫算法和遗传算法同样在功能上截然不同，免疫算法实现的是多样性的搜索，它的搜索目标具有一定的分散性、独立性；而遗传算法主要用于全局最优解的求取，它的搜索目标具有单一性、排他性。

由此可见，研究免疫算法主要针对其算法最终的收敛性和过程的分散性的矛盾，使算法可以快速、高效地收敛于多个峰值上。对于算法本身的研究应考虑以下几个方面：

(1) 将现有免疫算法应用于多种问题中，以全面了解其特性。

(2) 探索使用适当的数学工具，用数学的手段对算法特性进行系统的分析。

(3) 跟踪免疫系统功能机理的研究成果，及时利用所得到的启示改进免疫算法的实现。

6.15　免疫算法研究的展望

免疫算法及其应用研究已经取得了诸多成果。但仍有许多问题需要解决，如已有免疫算法问题的针对性比较强，应用范围有局限性，算法的自组织能力、噪声的鲁棒性和对动态数据的继续学习能力不强等。这些影响了免疫算法的应用，以后的免疫算法将围绕以下几个方面展开：

(1) 算法机理的深入探讨。研究免疫系统的有机过程、新个体多样性和联想记忆的编码方案，为免疫算法应用提供有效的编码方案和计算方法。

(2) 算法的数学理论分析。研究人工免疫算法的一般数学框架，提供一种通用的算法范式，然后对其性能进行深入的数学分析，包括参数分析、收敛性分析、稳定性分析等，为进一步提出高效的免疫算法提供理论依据。

(3) 与其他智能计算方法的融合。综合其他智能计算方法的优点，把人工免疫算法与其他智能计算方法融合起来，形成更为高效的优化和智能计算方法。

(4) 算法的应用研究。免疫算法的应用还没有其他智能算法(如神经网络、模糊逻辑和遗传算法等)那样广泛，因此，应该着力开展免疫算法在工程应用领域中的研究。

习 题 6

6.1 设计遗传算法必须经过哪几个基本步骤？

6.2 选择机制有哪几个基本策略？

6.3 遗传算法有哪几个控制参数？各起什么作用？

6.4 设计一个简单的遗传算法来说明遗传算法的工作机制，这个算法至少包括复制、交叉和变异算子。

6.5 用一个遗传算法来(包括选择、交叉和变异算子)求解如图6-16所示的函数优化问题：$f(x)=x^2$，$x\in I\cap[1,31]$。

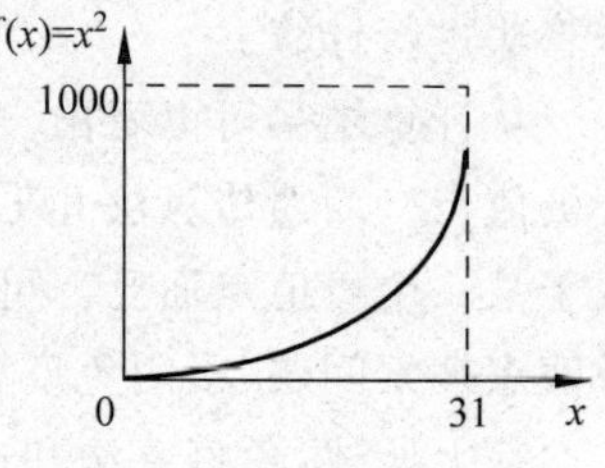

图 6-16 习题 6.5 用图

6.6 什么是免疫浓度？免疫浓度机制的作用是什么？

6.7 免疫系统有哪几种功能？其具体作用是什么？

6.8 免疫算法与遗传算法的基本步骤中，主要的差别是什么？

6.9 生物免疫系统中，有哪几种淋巴细胞？T 细胞的作用是什么？

6.10 选用以下典型的多峰值函数作为实验对象：

$$F(x)=\exp[-(x-0.1)^2]\sin^6(5\pi x^{3/4})$$

其中 $x\in[0,1]$，存在5个峰值，分别用基本的免疫算法与遗传算法进行编程计算，并将结果进行比较。

第7章 群集智能算法

7.1 群集智能算法的研究背景

群集智能算法是人工智能的一个重要分支方向，它起源于对人工生命的研究。"人工生命"用来研究具有某些生命基本特征的人工系统。该算法包括两个方面的内容：研究如何利用计算技术研究生物现象；研究如何利用生物技术研究计算问题。

现在关注的是第二方面的内容。目前已经有很多源于生物现象的计算技巧。例如，在第6章讨论了遗传算法和免疫算法，遗传算法模拟基因进化过程；免疫算法模拟生物免疫系统的功能。现在讨论另一种生物系统——社会系统。更确切的是，在由简单个体组成的群落与环境以及个体之间的互动行为，也可称为"群集智能(swarm intelligence)"。这些模拟系统利用局部信息，从而可能产生不可预测的群体行为，如 floys 和 boids，它们用来模拟鱼群和鸟群的运动现象及规律。

对群集智能的研究是受社会性昆虫行为的启发，从事计算研究的学者通过对社会性昆虫的模拟产生了一系列对于传统问题的新的解决方法，这些研究就是群集智能的研究。群集智能中的群体(swarm)指的是"一组相互之间可以进行直接通信或者间接通信(通过改变局部环境)的主体，这组主体能够合作进行分布问题求解"；而所谓群集智能，指的是"无智能的主体通过合作表现出智能行为的特性"。群集智能在没有集中控制并且不提供全局模型的前提下，为寻找复杂的分布式问题的解决方案提供了基础。

7.2 群集智能的基本算法介绍

在计算智能(computational intelligence)领域有3种基于群集智能的算法：蚁群算法(ant colony optimization)、flock 算法和粒子群算法。蚁群算法是对蚂蚁群落食物采集过程的模拟，已经成功运用在很多离散优化问题上；flock 算法和粒子群算法也是起源于对简单社会系统的模拟，最初设想都是模拟鸟群觅食的过程。

7.2.1 蚁群算法

蚁群算法是受到20世纪50年代仿生学的启发，由意大利学者 M. Dorigo 等首先提出的一种新型的模拟进化算法，该算法在求解组合优化问题中体现出优良的特性。作为一种基于种群的启发式搜索算法，它能很好地利用蚁群的集体寻优特征来寻找蚁穴和食物之间的路径。因此，被广泛应用于旅行商问题(TSP)、Job-shop 调度问题、指派问题及数据的特征聚类等,都取得了良好的仿真试验结果。

研究表明,蚂蚁在行进途中会留下一种信息素,而且单只蚂蚁都倾向于爬到信息素浓度最大的地方,虽然蚂蚁个体之间不发生联系,但是它们通过信息素影响环境,同时也受到环境中的信息素的影响。这样,一旦其中一只蚂蚁发现食物,通过信息素会引来更多的蚂蚁,进而更多的蚂蚁也将留下更多的信息素,这就形成了信息的正反馈,最终所有的蚂蚁都能成功找到食物。

1. 蚁群算法的模拟试验

(1) 试验简介。该试验在各只蚂蚁没有事先告诉它们食物在什么地方的前提下开始寻找食物。当一只蚂蚁找到食物以后,它会向环境释放一种信息素,吸引其他的蚂蚁过来,这样越来越多的蚂蚁会找到食物!有些蚂蚁并没有像其他蚂蚁一样总重复同样的路,它们会另辟蹊径,如果另开辟的道路比原来的其他道路更短,那么渐渐地更多的蚂蚁被吸引到这条较短的路上来。最后,经过一段时间运行,可能会出现一条接近最短的路径被大多数蚂蚁重复着。

为什么小小的蚂蚁能够找到食物?它们具有智能吗?要为蚂蚁设计这样的一个智能程序,需要设置哪些功能呢?这个试验程序的每只蚂蚁的核心程序编码不过100多行。为什么这么简单的程序会让蚂蚁干这样复杂的事情?答案是:巧妙地利用简单规则来实现集体智慧。

(2) 集智规则。事实上,每只蚂蚁并不需要知道整个世界的信息,它们其实只能观察到很小范围内的眼前信息,根据这些局部信息再利用几条简单的规则进行决策。这样,在蚁群这个集体里,复杂性的行为就会凸显出来。这就是人工生命、集智算法的复杂性科学的体现!这些规则就是下面所述的简单的6条规则。

① 范围。蚂蚁观察到的范围是一个方格世界,蚂蚁有一个参数为速度半径 vR(一般是3),那么它能观察到的范围就是 $vR * vR$ 个方格世界,并且当前能够移动的距离也在这个范围之内。

② 环境。蚂蚁所在的环境是一个虚拟的世界,其中有障碍物,有别的蚂蚁,还有信息素。信息素有两种:一种是找到食物的蚂蚁洒下的食物信息素;另一种是找到窝的蚂蚁洒下的窝的信息素。每只蚂蚁都仅仅能感知它所处范围内的环境信息。环境又以一定的速率让信息素消失。

③ 觅食规则。在每只蚂蚁能感知的范围内寻找是否有食物,如果有就直接过去;否则看是否有信息素,并且比较在能感知的范围内哪一点的信息素最多,这样,它就朝信息素多的地方走,并且每只蚂蚁多会以小概率犯错误,从而并不总是往信息素最多的点移动。蚂蚁找窝的规则和上面一样,只不过它对窝的信息素作出反应,而对食物信息素没有反应。

④ 移动规则。每只蚂蚁都朝向信息素最多的方向移动。当周围没有信息素指引时,蚂蚁会按照自己原来运动的方向惯性地运动下去,而且在运动的方向上有一个随机的小扰动。为了防止蚂蚁原地转圈,它会记住最近刚走过了哪些点,如果发现要走的下一点已经在最近走过了,它就会尽量避开。

⑤ 避障规则。如果蚂蚁要移动的方向有障碍物挡住,它会随机地选择另一个方向,并且有信息素指引的话,它会按照觅食的规则采取行动。

⑥ 播撒信息素规则。每只蚂蚁在刚找到食物或者窝的时候散发的信息素最多,并随着它走远的距离,播撒的信息素越来越少。

根据这6条规则,蚂蚁之间并没有直接的联系,但是每只蚂蚁都和环境发生交互,而通过信息素这个纽带，实际上把各只蚂蚁之间关联起来了。例如，当一只蚂蚁找到了食物，它并没有直接告诉其他蚂蚁这儿有食物，而是向环境播撒信息素，当其他蚂蚁经过它附近时，就会感觉到信息素的存在，进而根据信息素的指引找到食物。

(3) 试验参数。完成模拟实验需要设置以下参数。

① 最大信息素。蚂蚁在一开始拥有的信息素总量，越大表示程序在较长一段时间能够存在信息素。

② 食物释放信息素的半径。在食物点和窝点附近都会释放相应的信息素以便蚂蚁能更快地找到它们。这个半径越大，则越容易被蚂蚁找到。

③ 信息素消减的速度。随着时间的流逝，已经存在于世界上的信息素会消减，这个数值越大，那么消减得越快。

④ 错误概率。表示这只蚂蚁不往信息素最大的区域走的概率，越大则表示这个蚂蚁越有创新性。

⑤ 速度半径。表示蚂蚁一次能走的最大长度，也表示这个蚂蚁的感知范围。

⑥ 记忆能力。表示蚂蚁能记住多少个刚刚走过点的坐标，这个值避免了蚂蚁在原地打转，停滞不前。而这个值越大整个系统运行速度越慢，越小则蚂蚁越容易原地转圈。

(4) 实现原理。实验的过程和规则都比较简单，现在的问题是为什么能达到这样的效果？其原理是什么呢？下面简单回答两个方面的问题。

① 蚂蚁究竟是怎么找到食物的？

在没有蚂蚁找到食物的时候，环境没有有用的信息素，那么蚂蚁为什么会相对有效地找到食物呢？这要归功于蚂蚁的移动规则，尤其是在没有信息素时的移动规则。首先，它要能尽量保持某种惯性，这样使得蚂蚁尽量向前方移动(开始这个前方是随机固定的一个方向)，而不是原地无谓的打转；其次，蚂蚁要有一定的随机性，虽然有了固定的方向，但它也不能像一个小球一样直线运动下去，而是有一个随机的干扰。这样就使得蚂蚁运动起来具有一定的目的性，尽量保持原来的方向，但又有新的试探，尤其当碰到障碍物时它会立即改变方向。这就解释了为什么单只蚂蚁在复杂得如迷宫的地图中仍然能找到非常隐蔽的食物。而在有一只蚂蚁找到了食物后，其他蚂蚁会沿着信息素很快找到食物。

② 蚂蚁是如何找到最短路径的？

一是要归功于信息素；二是要归功于环境，即计算机时钟。信息素多的地方显然经过这里的蚂蚁会多，因而会有更多的蚂蚁聚集过来。假设有两条路从窝通向食物，开始时，走这两条路的蚂蚁数量同样多(或者较长的路上蚂蚁多，这也无关紧要)。当蚂蚁沿着一条路到达终点以后会马上返回来，这样，短的路径蚂蚁来回一次的时间就短，这也意味着重复的频率就快，因而在单位时间里走过的蚂蚁数目就多，洒下的信息素自然也会多，自然会有更多的蚂蚁被吸引过来，从而洒下更多的信息素，而长的路径则正好相反。因此，越来越多的蚂蚁聚集到较短的路径上来，最短的路径就近似找到了。

也许有人会问局部最短路径和全局最短路径的问题，实际上蚂蚁逐渐接近全局最短路径，为什么呢？这源于蚂蚁会犯错误，也就是它会按照一定的概率不往信息素高的地方走而另辟蹊径，这可以理解为一种创新，这种创新如果能缩短路径，那么根据刚才叙述的原理，更多的蚂蚁会被吸引过来。用这种思路实现的算法的搜索过程如图 7-1 和图 7-2 所示。

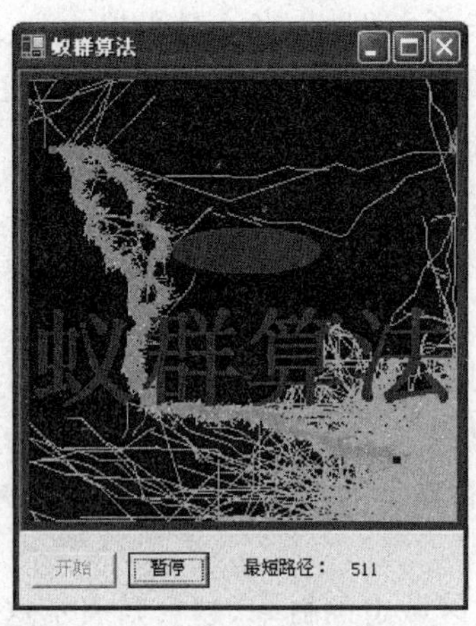

图 7-1　有两条路径通向食物

图 7-2　蚂蚁聚集到较短的路径

图 7-1 和图 7-2 所示的左上角的圆点表示食物，右下角的方点表示蚂蚁窝，与食物和蚂蚁窝连接的是觅食留下的信息素所形成的路径，蚂蚁窝旁边分布的是关于蚂蚁窝的信息素。图 7-1 和图 7-2 说明了这个过程，从蚂蚁窝出发到食物所在地有两条路径，右边的较长，左边的较短。在这两个图中，开始时(图 7-1)蚂蚁选择两条路的机会是均等的，当时间流逝以后(图 7-2)，更多的蚂蚁聚集到左边的较短的路上来，而右边的这条路径逐渐消失。

(5) 模拟试验结果的思考。从整个蚂蚁群运动的过程不难发现，蚂蚁之所以具有智能行为，完全归功于它的简单行为规则，而这些规则综合起来具有下面两个方面的特点：多样性、正反馈。

多样性保证了蚂蚁在觅食时不致走进死胡同而无限循环；正反馈机制则保证了相对优良的信息能够被保存下来。可以把多样性看成是一种创造能力，而正反馈是一种学习强化能力。正反馈的力量也可以比喻成权威的意见，而多样性是打破权威体现的创新性，正是这两点小心翼翼地巧妙结合才使得智能行为涌现出来了。

从广义上讲，大自然的进化、社会的进步、人类的创新实际上都离不开这两样东西。多样性保证了系统的创新能力，正反馈保证了优良特性能够得到强化，两者要恰到好处地结合。如果多样性过剩，也就是系统过于活跃，这相当于蚂蚁会过多地随机运动，它就会陷入混沌状态；相反，如果多样性不够，正反馈机制过强，那么系统就好比一潭死水。这在蚁群中来讲就表现为，蚂蚁群的行为过于僵硬，难以找到新的更佳的路径。

既然复杂性、智能行为是根据底层规则呈现出来的，而底层规则具有多样性和正反馈特点，那么就会探究这些规则是哪里来的？多样性和正反馈又是哪里来的？一般说来，规则来源于大自然的进化规律，而大自然的进化规律又体现为多样性和正反馈的巧妙结合，这种巧妙结合使人们看到一个栩栩如生的世界。

2. 应用蚁群算法求解 TSP 问题

现在就用求解 N 个城市的 TSP 问题来说明基本蚁群算法。首先讨论路径的构造，对每只蚂蚁用以下方式构造一条路径。

① 蚂蚁被放置在一个随机选择的城市上。

② 利用信息素和启发式信息，以一定的概率逐次向蚂蚁构建的部分路径添加尚未被访

问的城市，直到所有的城市都被访问过为止。

③ 蚂蚁返回到起始城市。

(1) 参数设置。下面有3种模型实现TSP问题的蚁群算法。所谓的不同模型，也就是前面所述的参数的设置方式不同。

设m为蚁群中蚂蚁的数量，n为旅行商要走过的城市数，$d_{ij}(i,j=1,2,3,\cdots,n)$为城市$i$到$j$的距离，$b_i(t)$为$t$时刻位于城市$i$的蚂蚁只数，则$m=\sum_{i=1}^{n} b_i(t)$。又设$\tau_{ij}(t)$为$t$时刻在$ij$连线上残留的信息量，初始时刻各条路径上的信息量相等，即$\tau_{ij}(1)=C$(C为常数)。如果在时间间隔$(t,t+1)$中，m只蚂蚁都从当前城市选择下一个城市，则经过n个时间间隔，所有蚂蚁都走完n个城市，构成一轮循环，此时，按以下方法修改各条路径上的残留信息：

$$\tau_{ij}(t+n)=\rho\tau_{ij}(t)+\Delta\tau_{ij} \tag{7-1}$$

$$\Delta\tau_{ij}=\sum_{k=1}^{m}\Delta\tau_{ij}^{k} \tag{7-2}$$

式中，ρ为信息残留系数，则ρ^{-1}表征了从时刻t到$t+n$在路径ij上残留信息的挥发程度；$\Delta\tau_{ij}^{k}$表示第k只蚂蚁在本次循环中留在路径ij上的信息量。

在这些计算公式的假设之下，用不同的方式设置这些参数的值，即构成以下3种模型。

① Ant-Circlc System模型。根据M. Dorigo的Ant-Circle System模型，有

$$\Delta\tau_{ij}^{k}=\begin{cases}\dfrac{Q}{L_k}, & \text{若第}k\text{只蚂蚁在本次循环中经过}ij\\ 0, & \text{其他}\end{cases} \tag{7-3}$$

式中，Q为常量；L_k为第k只蚂蚁在本次循环中所走路径的长度。

定义$p_{ij}^{k}(t)$为t时刻蚂蚁$k(k=1,2,3,\cdots,n)$由城市i到城市j的选择概率，并定义tabu_k为一个动态增长的列表，其中记录了蚂蚁k所经过的所有城市号。选择概率的计算公式为

$$p_{ij}^{k}(t)=\begin{cases}\dfrac{\tau_{ij}^{\alpha}(t)\eta_{ij}^{\beta}(t)}{\sum\limits_{s\in \text{allowed}}\tau_{is}^{\alpha}(t)\eta_{is}^{\beta}(t)}, & s\in \text{allowed}\\ 0, & s\notin \text{allowed}\end{cases} \tag{7-4}$$

式中，$\text{allowed}=(1,2,\cdots,n)-\text{tabu}_k$为在城市$i$蚂蚁$k$允许选择的城市；$\eta_{ij}(t)$为$t$时刻蚂蚁由城市$i$选择城市$j$的某种启发信息，在TSP问题中，通常取$\eta_{ij}(t)=1/d_{ij}$，而$\alpha$和$\beta$则分别为残留信息和启发信息的相对重要程度系数。根据具体算法不同$\tau_{ij}(t)$、$\eta_{ij}(t)$及$p_{ij}^{k}(t)$的表达形式可以不同。

M. Dorigo还给出了其他两种算法模型，即Ant-Quantity System模型和Ant-Density System模型。它们的差别在于$\Delta\tau_{ij}^{k}$的表达式不同。

② Ant-Quantity System模型。

$$\Delta\tau_{ij}^{k}=\begin{cases}\dfrac{Q}{d_{ij}}, & \text{若第}k\text{只蚂蚁在时刻}t\text{和}t+1\text{之间经过}ij\\ 0, & \text{其他}\end{cases} \tag{7-5}$$

③ Ant-Density System模型。

$$\Delta\tau_{ij}^{k}=\begin{cases}Q, & \text{若第}k\text{只蚂蚁在时刻}t\text{和}t+1\text{之间经过}ij\\ 0, & \text{其他}\end{cases} \tag{7-6}$$

很明显,在后两种模型中,利用的都是局部信息,而第一种模型利用的是整体信息。它们在求解不同问题时各有优劣。

除了上面3种模型中提到的一些参数外,还有一个重要参数是蚁群的规模 m。通常取 $m=n$。

(2) 初始化。在算法的开始,需要对构建图中每条边上的信息素初始化。初始时,各条边上信息素量相同,即有 $\forall(i,j)\in L,\tau_{ij}=\tau_0$,其中 τ_0 是一个正常数。如果初始值 τ_0 太小,搜索区域就会很快地集中到蚂蚁最初产生的几条路径中,这将导致搜索陷入较差的局部空间中。另一方面,如果 τ_0 太大,算法最初的多次迭代将会白白浪费掉,直到信息素逐渐蒸发,并减少到足够小时,蚂蚁释放的信息素才开始发挥引导搜索的作用。一种好的信息素初始化方法是将信息素的初始值设为略高于每一次迭代中蚂蚁释放信息素大小的期望值。可以用以下方式粗略地估算这个初始值:$\forall(i,j)\in L,\tau_{ij}=m/L_{nn}$,其中 m 为蚂蚁的个数,L_{nn} 为用最近邻(nearest neighbor)启发式方法构造的路径的长度。

(3) 终止条件。蚁群优化算法通常采用以下的算法终止条件:算法执行到预先指定的最大迭代次数;算法的运行时间达到预先指定的最大值;算法已探索的路径数目达到最大值;算法陷入停滞状态。

3. 算法实现

下面介绍用蚁群算法求解 TSP 所用的数据结构和具体的实现过程。

(1) 数据结构。为了表示待解问题所需要的所有数据,需要以下3个 $n\times n$ 的矩阵:距离矩阵 Dist:Dist[i,j] 给出了城市 i 与城市 j 之间的距离 d_{ij};信息素矩阵 Pheromone:Pheromone[i,j]给出了信息素 τ_{ij};选择信息矩阵 Choice_Info:Choice_Info [i,j] 给出了 $\tau_{ij}^{\alpha}\eta_{ij}^{\beta}$。

在蚁群算法中,每只蚂蚁是一个基本计算单元,它负责构建待解问题的一条路径,并可能向它所经过的边释放一定量的信息素 $\Delta\tau$。这样,每只蚂蚁必须能够:存储它至今构建的部分路径;确定每个城市可能的相邻城市;计算并存储它构建的解的目标函数值。

这样,一只蚂蚁可以由含有3个数据成分的结构体来表示:存储所构建路径的$(n+1)$元数组 tour;存储蚂蚁已经访问过的城市的 n 元布尔数组 visited;存储所构建路径的目标函数值的变量 tour_length。

m 只蚂蚁的蚁群可以用一个类型为上述结构体的 m 元数组 ant 来表示。

(2) 总体算法设计。求解 TSP 的蚁群算法的总体框架如下。

```
procedure ACO_TSP
begin
  SetParameters;InitializeData;
  L+ ← -∞;
  while(not termination condition)do
   for k←1 to m do
    BuildTrip(k);
    Compute the length Lk of Tk
    if(Lk <L+ )then
      T+ ←Tk;L+ ←Lk;
    end if
   end for
   UpdatePheromones;
```

```
  end while
  Output T⁺ as the best solution;
end
```

该算法中，过程 SetParameters 对算法所用的参数进行设置；过程 InitializeData 对距离矩阵、信息素矩阵和选择信息矩阵初始化；过程 BuildTrip(k)表示第 k 只蚂蚁构建路径 T_k 的过程；过程 UpdatePheromones 对信息素更新。而 T^+ 表示算法发现的最短路径，L^+ 则表示 T^+ 的长度。

(3) 路径构造算法设计。过程 BuildTrip(k)构造一条回路的具体步骤如下。

① 蚂蚁的记忆首先被清空。

② 随机地选择一个城市作为起始城市。

③ 蚂蚁按式(7-4)中定义的概率依次选择 $n-1$ 个城市。

④ 最后，蚂蚁返回起始城市。

为了方便算法的实现，在路径表示时把第一个城市重复地记录在路径的第 $n+1$ 个位置上。具体过程算法如下。

```
procedure BuildTrip(k)
begin
  for i←1 to n do
    ant[k].visited[i]←false;
  end for
  step←1;
  r←random{1, …, n};
  ant[k].tour[step]←r;
  ant[k].visited[r]←true;
  while(step < n)do
   step←step + 1;
   NextCity(k,step);
  end while
  ant[k].tour[n + 1]←ant[k].tour[1];
end
```

在该算法中，过程 NextCity 如下地选择下一个城市：首先判断蚂蚁目前在哪个城市，然后用类似于演化计算中的轮盘赌按式(7-4)中定义的概率选择下一个城市。

(4) 城市选择算法。选择下一个城市的具体过程如下。

```
procedure NextCity(k, i)
begin
  c←ant[k].tour[i - 1];
  sum_probabilities←0;
  for j←1 to n do
    if ant[k].visited[j]then
      selection_probability[j]←0
    else
      selection_probability[j]←Choice_Info[c, j];
      sum_probabilities←sum_probabilities + selection_probability[j];
  end if
  end for
  r←random[0, sum_probabilities];
  j←1;
```

```
    p←selection_probability[j];
    while(p<r)do
      j←j+1;
      p←p+selection_probability[j];
    end while
    ant[k].tour[i]←j;
    ant[k].visited[j]←true;
  end
```

(5) 信息素更新算法。实现更新信息素的 UpdatePheromones 过程如下。

```
procedure UpdatePheromones
begin
  Evaporate;
  for k←1 to m do
    DepositePheromones(k);
  end for
  UpdateChoiceInfo;
end
```

该过程由 3 个子过程组成：过程 Evaporate 实现信息素蒸发；过程 DepositePheromones(k)实现第 k 只蚂蚁的信息素释放；过程 UpdateChoiceInfo 更新选择信息矩阵 Choice_Info。

(6) 信息素蒸发算法。实现信息素蒸发过程的 Evaporate 算法如下。

```
procedure Evaporate
begin
 for i←1 to n do
  for j←i to n do
    Pheromone[i,j]←(1-ρ)·Pheromone[i,j];
    Pheromone[j,i]←Pheromone[i,j];
  end for
 end for
end
```

(7) 信息素释放算法。实现信息素释放过程的 Deposite_Pheromones(k)算法如下。

```
procedure Deposite_Pheromones(k)
begin
  Δτ←Q/ant[k].tour_length;
  for i←1 to n do
    j←ant[k].tour[i];
    l←ant[k].tour[i+1];
    Pheromone[j,l]←Pheromone[j,l]+Δτ;
    Pheromone[l,j]←Pheromone[j,l];
  end for
 end for
end
```

7.2.2 flock 算法

flock 算法是由 Craig Reynolds 于 1987 年在为 Siggraph 所写的一篇论文"Flocks, Herds, and Schools: A Distributed Behavioral Model"中首次提出的一种集智技术。这种技术有 3 个简单的规则，当它们组合在一起时，为自治主体(boid)群给出了一个类似于鸟群、鱼群或蜂群的群体行为的逼真表现形式。这些被 Reynolds 称为定向行为(steering behaviors)的规则如下。

(1) 分离(separation)。定向时要避免与本地 flock 同伴拥挤,如图 7-3 所示。

(2) 队列(alignment)。驶向本地 flock 同伴的平均航向,如图 7-4 所示。

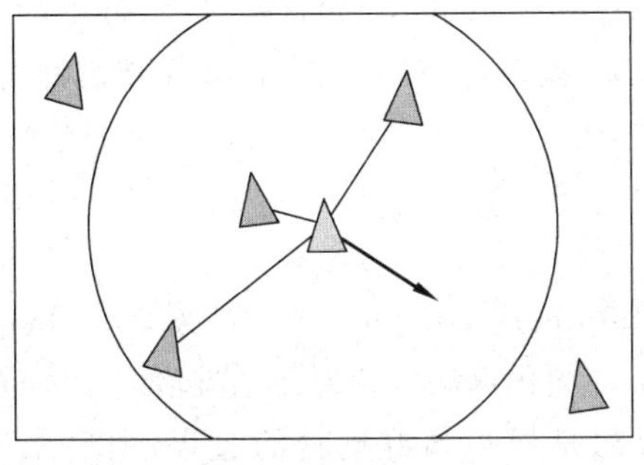

图 7-3 分离

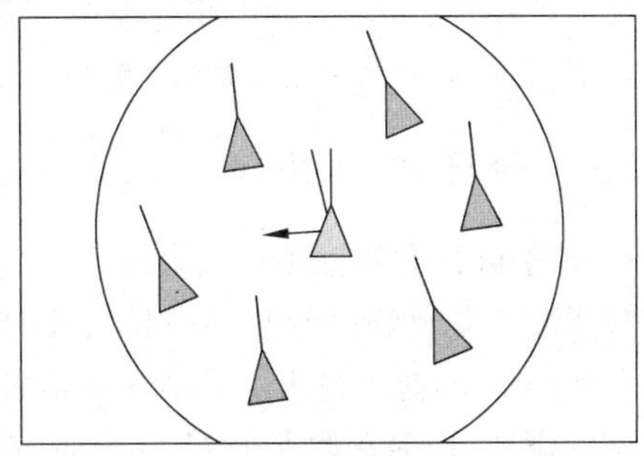

图 7-4 队列

(3) 聚合(cohesion)。定向时朝着本地 flock 同伴的平均位置移动,如图 7-5 所示。

这些规则的作用分别介绍如下。

分离规则给出了一个主体试图与其他邻近的主体保持一定的距离的能力。确保主体之间以一个"看似自然"的接近度模拟真实世界中的群体,以避免主体拥挤在一起。

队列规则为一个主体提供了与其他邻近主体队列的能力(即与其他邻近主体航向或速度相同)。与分离类似,本文将队列说明为:通过每一个 flock 成员观察邻近同伴,然后调整它的航向和速度,以与其邻近同伴的平均航向和速度相匹配。

聚合规则给出了一个主体与其他邻近主体"聚合(group)"的能力,从而模拟自然界的类似行为。

Reynolds 在稍后的实现和论文中又增加了有时被称为 flocking"第四规则"的规则。

(4) 躲避(avoidance):使避免撞上局部区域的障碍和敌人。躲避规则描述的现象如图 7-6 所示。

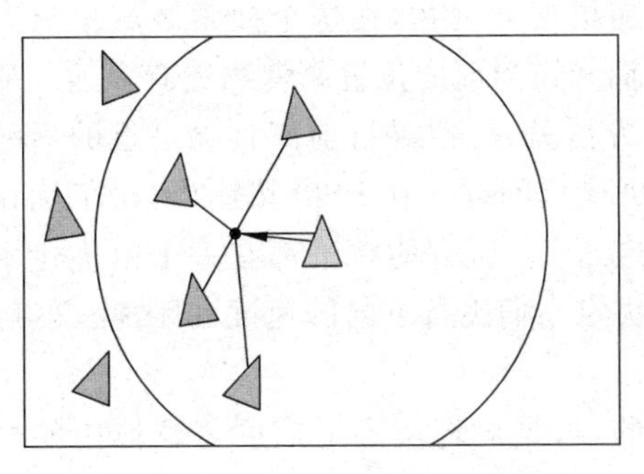

图 7-5 聚合

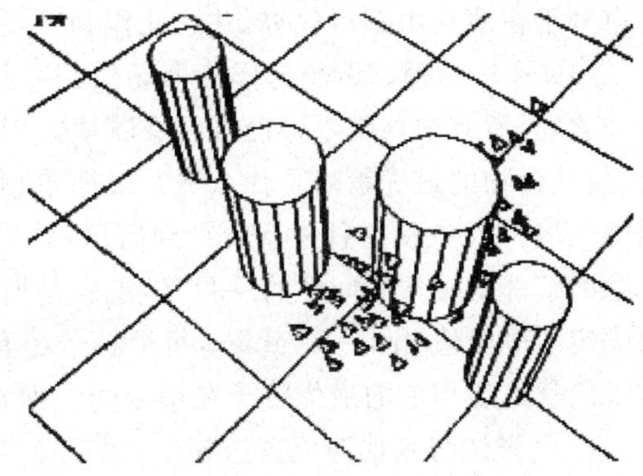

图 7-6 躲避

躲避规则的作用是为主体提供了使它绕过障碍和避免碰撞的能力。这种控制行为是这样完成的:通过赋予每个主体"向前看"一段距离的能力,决定与一些对象的碰撞是否可能,然后调整航向以避免碰撞。

flock 技术通过这 4 个简单的规则,最终模拟出逼真的群体行为,更有意思的是这种移动算法本身是无状态的:在移动更新中,不记录任何信息。在每次更新循环中,每只 boid 都将重新评估其环境。这样不但降低了内存需求,同时让物群能够对不断变化的环境状况作出实时的反应。因此,物群将具备突发行为(emergent behavior)的特性,即物群中的所有成员都对要前往何方一无所知,但作为一个整体行动,避开障碍物和天敌,并保持若即若离。

7.2.3 粒子群算法

1. 粒子群优化算法的由来

粒子群优化算法(PSO)是一种演化计算(evolutionary computation)技术,由 Eberhart 博士和 Kennedy 博士提出。类似于蚁群算法,粒子群优化算法(PSO) 也是起源于对简单社会系统的模拟,即对鸟群捕食的行为研究,最初设想是模拟鸟群觅食的过程,但后来发现 PSO 是一种很好的优化工具。PSO 中的"群(swarm)"来源于粒子群,符合 Millonas 在开发应用于人工生命(artificial life)的模型时所提出的群体智能的 5 个基本原则。而"粒子(particle)"则是一个折中的选择,因为既需要将群体中的成员描述为没有质量、没有体积的,同时也需要描述它的速度和加速状态。

PSO 又与遗传算法类似,是一种基于迭代的优化搜索算法。算法开始时,初始化一组随机解,然后通过迭代搜寻最优值。同遗传算法相比,PSO 的优势在于简单、容易实现,并且没有许多参数需要调整。PSO 并没有遗传算法用的交叉(crossover)及变异(mutation)算子,而是通过粒子在解空间追随最优的粒子进行搜索。

由于 PSO 算法概念简单、实现容易,短短几年时间,PSO 算法便获得了很大的发展,并在一些领域得到应用。目前,已被"国际演化计算会议"(CEC)列为讨论专题之一,并且已广泛应用于函数优化、神经网络训练、模糊系统控制及其他遗传算法的应用领域。

2. 算法介绍

如前所述,PSO 模拟鸟群的捕食行为。PSO 算法最初是为了图形化地模拟鸟群貌似有组织而不可预测的运动。人们通过对鸟群社会行为的观察,发现在群体中对信息的社会共享有利于在演化中获得优势,并以此作为开发 PSO 算法的基础。

(1) 算法原理。设想这样一个场景:一群鸟在随机搜索食物,在这个搜索区域里只有一块食物,所有的鸟都不知道食物在哪里。但是,它们知道当前的位置离食物还有多远。那么,找到食物的最优策略是什么呢? 最简单、有效的方法就是,搜寻目前离食物最近的鸟的周围区域。PSO 从这种模型中得到启示,并用于解决优化问题。在 PSO 算法中,每个优化问题的解都是搜索空间中的一只鸟,也就是所谓的"粒子"。所有的粒子都有一个由优化函数决定的适应值(fitness value),每个粒子还有一个决定它们飞行方向的速度和距离。然后粒子们就追随当前的最优粒子在解空间中搜索。

PSO 算法与其他演化算法相似,也是基于群体的,根据对环境的适应度将群体中的个体移动到好的区域,然而它不像其他演化算法那样对个体使用演化算子,而是将每个个体看作 D 维搜索空间中的一个没有体积的粒子(点),在搜索空间中以一定的速度飞行。这个速度根据它本身的飞行经验以及同伴的飞行经验进行动态调整,然后通过迭代找到最优解。

在每一次迭代中,粒子通过跟踪两个"极值"来更新自己。第一个就是粒子本身所找到的最优解，这个解叫做个体极值(p_{Best})。另一个极值是整个种群目前找到的最优解，这个极值是全局极值(g_{Best})。另外也可以不用整个种群，而只是用其中一部分作为粒子的邻居，那么在所有邻居中的极值就是局部极值。

将第 i 个粒子表示为 $X_i=(x_{i1},x_{i2},\cdots,x_{iD})$，它经历过的最好位置(有最好的适应值)记为 $P_i=(p_{i1},p_{i2},\cdots,p_{iD})$，也就是 p_{Best}。在群体所有粒子经历过的最好位置的下标用符号 g 表示，即 P_g，也就是 g_{Best}。粒子 i 的速度用 $V_i=(v_{i1},v_{i2},\cdots,v_{iD})$ 表示。对每一代，其第 d 维($1\leqslant d\leqslant D$)根据以下的公式来更新自己的速度和新的位置，即

$$v_{id}=wv_{id}+c_1\operatorname{rand}(\ )(p_{id}-x_{id})+c_2\operatorname{Rand}()(p_{gd}-x_{id}) \tag{7-7}$$

$$x_{id}=x_{id}+v_{id} \tag{7-8}$$

式中，w 为惯性权重(inertia weight)；c_1 和 c_2 为加速常数(acceleration constants)，也称为学习因子(通常 $c_1=c_2=2$)，rand( )和 Rand( )为两个介于(0,1)范围内变化的随机函数。

此外，粒子的速度 v_i 被一个最大速度 $v_{\max}$ 所限制。如果当前对粒子的加速导致它在某维的速度 v_{id} 超过该维的最大速度 $v_{\max,d}$，则该维的速度被限制为该维最大速度 $v_{\max,d}$。

式(7-7)的第 1 部分为粒子先前的速度；第 2 部分为"认知(cognition)"部分，表示粒子本身的思考；第 3 部分为"社会(social)"部分，表示粒子间的信息共享与相互合作。

"认知"部分是由一个所谓的"影响法则(law of effect)"解释的，即一个得到加强的随机行为在将来更有可能出现。这里的行为即"认知"，并假设获得正确的知识是得到加强的，这样一个模型激励着粒子去减小误差。

"社会"部分可由代理(vicarious)加强概念的解释。根据代理加强理论的预期，当观察者观察到一个模型在加强某一行为时，将增加它实现该行为的概率，即粒子本身的认知将被其他粒子所模仿。

PSO 算法的这些心理学假设是无争议的。在寻求一致的认知过程中，个体往往记住它们的信念(历史信息)，同时考虑同类们的信念(当前最好的信息)。当个体察觉同类的信念较好时，它将进行适时的调整。

(2) 算法流程。粒子群算法的大致流程如图 7-7 所示。

该流程可进一步描述如下：

① 初始化一群粒子(群体规模为 m)，包括随机位置和速度。

② 评价每个粒子的适应度。

③ 对每个粒子，将其适应值与其经历过的最好位置 p_{Best} 做比较，如果较好则将其作为当前的最好位置 p_{Best}。

④ 对每个粒子，将其适应值与全局所经历的最好位置 g_{Best} 做比较，如果较好则重新设置 g_{Best} 的值。

⑤ 根据式(7-7)和式(7-8)变化粒子的速度和位置。

⑥ 如果未达到终止条件(通常为足够好的适应值或达到一个预设最大代数 $G_{\max}$)，则返回②。

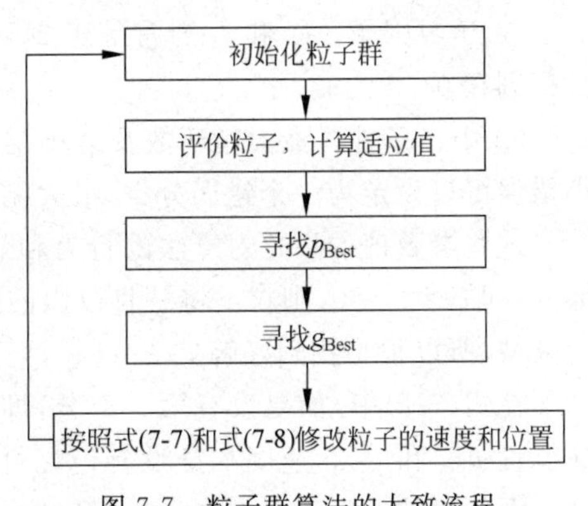

图 7-7 粒子群算法的大致流程

3. 算法参数分析

应用PSO解决优化问题的过程中有两个重要的步骤：问题解的编码和适应度函数。

PSO的一个优势就是采用实数编码。例如，对于问题 $f(x)=x_1^2+x_2^2+x_3^2$ 求解，粒子可以直接编码为 (x_1,x_2,x_3)，而适应度函数就是 $f(x)$。不需要像遗传算法一样将实数转化为二进制编码。

(1) 参数选择。PSO参数包括群体规模 m、惯性权重 w、加速常数 c_1 和 c_2、最大速度 $v_{\max}$ 和最大代数 $G_{\max}$。下面分别讨论这几个参数的作用和意义。

① 最大速度 $v_{\max}$。$v_{\max}$ 决定当前位置与最好位置之间的区域的跨度。如果 $v_{\max}$ 太高，粒子可能会飞过好的解；如果 $v_{\max}$ 太低，粒子不能在局部好区间之外进行足够的探索，导致陷入局部优值。

设置该限制有3个目的：防止计算溢出；实现人工学习和态度转变；决定问题空间搜索的粒度。

② 权重因子。在PSO算法中有3个权重因子：惯性权重 w、加速常数 c_1 和 c_2。

惯性权重 w 使粒子保持运动惯性，使其有扩展搜索空间的趋势，有能力探索新的区域。

加速常数 c_1 和 c_2 代表将每个粒子推向 p_{Best} 和 g_{Best} 位置的统计加速项的权重。设置低的值意味着允许粒子在被拉回之前可以在目标区域外徘徊，而设置高的值则意味着导致粒子突然地冲向或越过目标区域。

③ 群体规模 m 和最大代数 $G_{\max}$。群体规模 m 也就是粒子的数目，模拟多个个体参与演化进程。最大代数 $G_{\max}$ 也就是算法的迭代次数，是控制算法结束的条件之一。

(2) 参数值的设置。PSO中并没有许多需要调节的参数，下面列出了这些参数的经验设置。

① 群体规模 m。一般取值为20～40。实际上对于大部分的问题10个粒子已经足够取得好的结果。不过对于比较难的问题或者特定类别的问题，粒子数可以取到100或200。

② 粒子的长度。粒子的长度就是问题解的长度，这是由优化问题自身决定的，即由表示粒子的数据结构的长度确定。

③ 粒子的范围。这个参数也由优化问题决定，每一维可以设定不同的范围。

④ 最大速度 $v_{\max}$。决定粒子在一个循环中最大的移动距离，通常设定为粒子的范围宽度，如上面的例子里，粒子 (x_1,x_2,x_3) x_1 属于 $[-10,10]$，那么 $v_{\max}$ 的大小就是20。

⑤ 学习因子。c_1 和 c_2 通常等于2，不过在文献中也有其他的取值。但是一般 $c_1=c_2$ 并且范围在0～4之间。

⑥ 中止条件。最大循环数及最小错误要求。例如，在上面的神经网络训练例子中，最小错误可以设定为一个错误分类，最大循环设定为2000，这个中止条件由具体的问题确定。

这些参数值的设置对算法的行为和效率都有较大的影响。在式(7-7)中，如果没有后两部分，即 $c_1=c_2=0$，则粒子将一直以当前的速度飞行，直至到达边界。由于它只能搜索有限的区域，所以很难找到好解。

在式(7-7)中，如果没有第1部分，即 $w=0$，则速度只取决于粒子当前位置和其历史最好位置 p_{Best} 和 g_{Best}，速度本身没有记忆性。假设一个粒子位于全局最好位置，它将保持静止。而其他粒子则飞向它本身最好位置 p_{Best} 和全局最好位置 g_{Best} 的加权中心。在这种条件下，粒子群将收缩到当前的全局最好位置，更像一个局部算法。

在式(7-7)中，加上第1部分后，粒子有扩展搜索空间的趋势，即第1部分有全局搜索能力。这也使得 w 的作用为针对不同的搜索问题，调整算法全局和局部搜索能力的平衡。

在式(7-7)中，如果没有第2部分，即 $c_1=0$，则粒子没有认知能力，也就是"只有社会(social only)部分"的模型。对于这样的模型，在粒子的相互作用下，有能力到达新的搜索空间。它的收敛速度比标准版本更快，但对复杂问题，则比标准版本更容易陷入局部极值点。

在式(7-7)中，如果没有第3部分，即 $c_2=0$，则粒子之间没有社会信息共享，也就是"只有认知(cognition only)部分"的模型。这样就会因为个体间没有交互，一个规模为 m 的群体等价于 m 个单个粒子的运行，因而得到解的概率非常小。事实上，对一些函数的测试结果也验证了这一点。

早期的试验将 w 固定为1.0，c_1 和 c_2 固定为2.0，因此 $v_{\max}$ 成为唯一需要调节的参数，通常设置为每维变化范围的10%～20%。

引入惯性权重 w 可消除对 $v_{\max}$ 的需要，因为它们的作用都是维护全局和局部搜索能力的平衡。这样，当 $v_{\max}$ 增加时，可通过减小 w 来达到平衡搜索。而 w 的减小可使得所需的迭代次数变小。从这个意义上看，可以将 $v_{\max,d}$ 固定为每维变量的变化范围，只对 w 进行调节。

对全局搜索，通常的好方法是在前期有较高的探索能力以得到合适的种子，而在后期有较高的开发能力以加快收敛速度。为此可将 w 设为随时间线性减小，如由1.4～0、由0.9～0.4、由0.95～0.2等。

学者 Sugan Than 的实验表明，c_1 和 c_2 为常数时可以得到较好的解，但不一定必须为2。另一位学者 Clerc 引入收缩因子(constriction factor) K 来保证收敛性，即

$$v_{id}=K[v_{id}+\phi_1\text{Rand}()(p_{id}-x_{id})+\phi_2\text{Rand}()(p_{gd}-x_{id})] \tag{7-9}$$

其中，$K=\dfrac{2}{|2-\phi-\sqrt{\phi^2-4\phi}|}$，$\phi=\phi_1+\phi_2$，$\phi>4$。

不难看出，式(7-9)是对应于式(7-7)中一种特殊的参数组合，其中 K 实际上是一种受 ϕ_1 和 ϕ_2 限制的 w，而 $c_1=K\phi_1$，$c_2=K\phi_2$。

此外，群体的初始化也是影响算法性能的一个方面。Angeline 对不对称的初始化进行了实验，发现 PSO 只是略微受影响。

Ozcan 和 Mohan 通过假设 $w=1$、c_1 和 c_2 为常数、p_{best} 和 g_{best} 为固定点，进行理论分析，得到一个粒子随时间变化可以描述为波形运动，并对不同的感兴趣的区域进行了轨迹分析。这个分析可以被 Kennedy 的模拟结果支持。一个寻求优值位置的粒子尝试着操纵它的频率和幅度，以捕获不同的波。w 可以看作是修改了感兴趣的区域的边界，而 $v_{\max}$ 则帮助粒子跳到另外一个波。

4. 常用测试函数

下面给出一些在文献中经常用到的测试函数。前两个是单峰函数，另外几个为多峰函数，其最优值均为或接近原点。以 $\boldsymbol{x}$ 代表一个实数类型的向量，其维数为 n，而 x_i 为其中的第 i 个元素。

第1个为球面函数

$$f_0(\boldsymbol{x})=\sum_{i=1}^{n}x_i^2 \tag{7-10}$$

这是个单峰函数,用来区分局部优化器的优劣。

第2个为 Rosenb rock 函数,也叫香蕉(banana)函数,是个经典的优化函数,即

$$f_1(\boldsymbol{x}) = \sum_{i=1}^{n} [100(x_{i-1} - x_i^2)^2 + (x_i - 1)^2] \tag{7-11}$$

第3个为 Rastrigrin 函数,即

$$f_2(\boldsymbol{x}) = \sum_{i=1}^{n} [x_i^2 - 10\cos(2\pi x_i) + 10] \tag{7-12}$$

第4个为 Griewank 函数,即

$$f_3(\boldsymbol{x}) = \frac{1}{4000}\sum_{i=1}^{n} x_i^2 - \prod_{i=1}^{n} \cos\left(\frac{x_i}{\sqrt{i}}\right) + 1 \tag{7-13}$$

第5个为 Schaffer 函数,即

$$f_6(\boldsymbol{x}) = 0.5 - \frac{(\sin\sqrt{(x^2+y^2)})^2 - 0.5}{[1.0 + 0.001(x^2+y^2)]^2} \tag{7-14}$$

5. 一些改进的算法

(1) 簇分析(cluster analysis)方法。对团体借鉴(reference groups)和社会影响的研究表明,人们基于所在团体的规范来选择他的观点和行为,则趋向于收敛在团体的平均层次上。

簇分析方法在粒子群体中选择一些粒子作为中心,再将离它最近的 N 个粒子和中心粒子作为一簇,然后计算每个簇的中心位置,并以这些中心位置来替换 p_{Best} 或者 g_{Best}。结果表明,用簇中心替换 p_{Best} 时,测试函数式(7-10)～式(7-12)的解得到较好的改进,而函数式(7-13)和式(7-14) 只是略微差一点。如果用全局的簇中心替换 g_{Best} 时,则除函数式(7-12)外,结果都较差。

此外,簇分析方法虽然使收敛速度有所加快,但同时引入了一些附加计算,通常需要正常 PSO 计算时间的 74%～200%。

经验显示,在个体被它们自己簇的中心所吸引时,PSO 相对有效; 如果被相邻簇的中心所吸引,则一般不是很好。至于总共需要多少簇,这取决于问题空间的维数和局部优值点的数目。

(2) 加入选择(selection)的方法。PSO 算法只有一个隐含的弱选择,即得到 p_{Best} 的过程。

加入选择可得到一种混合 PSO: 将每个个体的适应度,基于其当前位置,与 k 个其他个体进行比较,并记下最差的一个点。群体再用这个记录排序,最高的得分出现在群体的头部。在个体记分和排序过程中,不考虑个体自身最好的位置。一旦群体排完序,群体中当前位置和速度最好的一半用来替换群体中差的另一半,而不修改其个体的最好位置 p_{Best}。

对于每一代,一半的个体将移动到搜索空间中相对较优的位置,这些移动的个体仍包含它们自己的最好点,用来影响它们下次移动的位置。

对函数式(7-10)～式(7-13)进行测试的结果表明,这种混合方法提高了前3个函数的性能。这是由于选择方法加快了对当前较好区域的开发过程,使得收敛速度较快,但也增加了陷入局部解的可能性。

(3) 邻域算子(neighborhood operator)。研究表明,尽管 PSO 能比其他演化算法更快

地得到相当有质量的解，但当粒子群的代数增加时，并不能进行更精确的搜索。为此，可引入一个变化的邻域算子：

① 在优化的初始阶段，一个粒子的邻域就是它本身。

② 优化代数增加后，邻域逐渐变大，最后将包括所有的粒子。

另外，原来的全局历史最好值 g_{Best} 将被粒子邻域的局部历史最好值 l_{Best} 替代。

为得到邻域，需计算候选个体与其他所有个体的距离，其中对第 l 个个体的距离为 dist[l]，而最大距离为 max-dist，并定义一个与当前计算代数 G_n 有关的数，称为分割数：

$$\mathrm{frac} = 0.6 + 3.0G_n/G_{\max}$$

如果 frac<0.9 且 frac>dist[l]/max-inst，则针对 l_{Best} 进行搜索；否则使用 g_{Best}。对函数式(7-10)～式(7-13)进行测试的实验结果显示，这个方法的平均结果总是好于标准 PSO 的结果，即好于采用式(7-7)进行搜索的结果。

(4) 无希望与重新希望方法。标准的粒子群算法有 3 个权重因子，这使得系统调整很方便，但也为找到最好的参数组合带来难度。Clerc 提出一个简化的 PSO 算法，该算法只有一个公式和一个"社会/信心"参数。然后，定义了一个无希望(no-hope) 收敛规则和一个重新希望(re-hope)方法，以便不时地根据对目标函数的梯度估计和先前的初始化(意味着有初级的记忆)，重新初始化群体位置，其中考虑了群体引力中心(gravity center)。用该算法对函数式(7-12)和另一个二维函数进行测试，得到了很好的结果。

6. 遗传算法和 PSO 的比较

大多数演化计算技术都是采用以下类似的过程。

(1) 种群随机初始化。

(2) 对种群内的每一个个体计算适应值，适应值与最优解的距离直接相关。

(3) 种群根据适应值进行遗传操作，繁衍下一代。

(4) 如果终止条件满足的话，就停止；否则转步骤(2)。

从以上步骤可以看到，PSO 和 GA 有很多共同之处。两种算法都随机初始化种群，并都使用适应值来评价系统，而且都根据适应值来进行一定的随机搜索。两种算法都不保证一定找到最优解。但是，PSO 没有遗传操作，如交叉(crossover)和变异(mutation)操作，而是根据自己的速度来决定搜索。粒子还有一个重要的特点，就是有记忆。

与遗传算法比较，PSO 的信息共享机制是差别很大的。在遗传算法中，通过染色体(chromosomes)互相共享信息，所以整个种群的移动是比较均匀地向最优区域移动。而在 PSO 中，只有通过 g_{Best} 将信息给其他的粒子，这是单向的信息流动。整个搜索更新过程是跟随当前最优解运动的过程。与遗传算法比较，在大多数的情况下，所有的粒子可能更快地收敛于最优解。

7. 人工神经网络和 PSO

人工神经网络(ANN)是模拟大脑分析过程的简单数学模型，反向传播算法是最流行的神经网络训练算法。近来，也有很多研究开始利用演化计算(evolutionary computation)技术来研究人工神经网络。

演化计算可以用来研究神经网络的 3 个方面：网络连接权重、网络结构(网络拓扑结构、传递函数)和网络学习算法。不过大多数这方面的工作都集中在网络连接权重和网络拓扑结构上。在遗传算法中，网络权重和拓扑结构一般编码为染色体(chromosome)，适应函数(fitness function)的选择一般根据研究目的确定。例如,在分类问题中,错误分类的比率可以用来作为适应值。

演化计算的优势在于可以处理一些传统方法不能处理的问题。但是缺点在于以下两点。

(1) 在某些问题上性能并不是特别好。

(2) 网络权重的编码及遗传算子的选择有时比较麻烦。

最近,已经有一些利用PSO代替反向传播算法来训练神经网络的研究。研究表明,PSO是一种很有潜力的神经网络算法。PSO速度比较快而且可以得到比较好的结果,并且还避免了遗传算法碰到的问题。

这里,用一个简单的例子说明用PSO训练神经网络的过程。这个例子使用分类问题的基准函数(benchmark function)iris(iris是一种鸢尾属植物)数据集。在该数据集的记录中,每组数据包含iris花的4种属性:萼片长度、萼片宽度、花瓣长度和花瓣宽度,3种不同的花各有50组数据,这样总共有150组数据或模式。

在这个例子中,用3层的神经网络来作分类,通过4个属性分出3种类型的花,就有4个输入和3个输出。所以,该神经网络的输入层有4个节点,输出层有3个节点。隐含层节点的数目可以动态调节,这里假定隐含层有6个节点。采用PSO也可以训练神经网络中其他的参数,这里只是采用它来确定网络权重。现在,粒子就表示神经网络的一组权重,那么就有$4\times6+6\times3=42$个粒子数。假设权重的范围设定为[−100,100](在实际情况中可能需要试验调整)。

在完成编码以后,就需要确定适应函数。对于分类问题,可以把所有的数据送入神经网络,网络的权重由粒子的参数决定,然后记录所有的错误分类的数目作为那个粒子的适应值。现在,就可以利用PSO来训练神经网络以获得尽可能低的错误分类数目。PSO本身并没有很多的参数需要调整。所以,在实验中只需要调整隐含层的节点数目和权重的范围以取得较好的分类效果。

8. PSO的在线资源

PSO的研究仍在不断深入,仍有许多没有研究透彻的领域,如粒子群的数学理论的有效性等。可以从Internet上获取大量的信息。以下就是一些在线资源。

http://www.particleswarm.net,该网站上有许多关于粒子群、粒子群优化及许多链接信息。

http://icdweb.cc.purdue.edu/~hux/PSO.shtml,该网站列出了粒子群优化算法的最新参考书和一些在线文章的链接。

http://www.researchindex.com/,该网站上可以查找到粒子群优化算法的相关论文和参考资料。

7.3 集智系统介绍

学术界对于群集智能算法的应用系统的研究、探索和尝试,取得了不少成果,其中较为突出的有“涂晓媛的人工鱼”和微软的P2P网络游戏Terrarium。

7.3.1 人工鱼

人工鱼群体是一种典型的多智能主体(multiple intelligent agent)的分布式人工智能系统(distributive artificial intelligent system)。

中国青年学者涂晓媛研究开发的新一代计算机动画"人工鱼"被学术界称为"晓媛鱼"(Xiaoyuan's fish),她发表的论文"人工动物的计算机动画"(artificial animals for computer animation: biomechanics ,locomotion,perception and behavior),在 1996 年获国际计算学会 ACM 最佳博士论文奖。

涂晓媛研究开发的"人工鱼"构成了栖息在虚拟海底世界中人工鱼群的社会,其中,每条"人工鱼"都是一个自主的智能体(autonomous intelligent agent),可以独立地活动,也可以相互交往。每条鱼都表现出某些人工智能,如自激发(self-animating)、自学习(self-learning)、自适应(self-adapting)等智能特性,所以会产生相应的智能行为。例如,因饥饿而激发寻食、进食行为;有性欲而激发求爱行为;能吸取其他鱼被鱼钩钩住的教训,而不去吞食有钩的鱼饵;能适应有鲨鱼的社会环境,逃避被捕食的危险等。人工鱼群的社会具有某些自组织(self-organizing)能力和智能集群行为,如人工鱼群体在漫游中遇到障碍物等,会识别障碍改变队形,绕过障碍后,又重组排队列,继续前进。

"晓媛鱼"具有极高的学术价值,相信它可以为国内的计算机动画开发者提供新的思路。下面对人工鱼作进一步的介绍。

1. "人工鱼"与"动画鱼"

"人工鱼"(artificial fish)是基于生物物理和智能行为模型的计算机动画新技术,是在虚拟海洋中活动的鱼的社会群体。其场景如图 7-8 所示。

图 7-8 一个多彩的虚拟海底世界

从计算机动画创作的观点,也可以说,"人工鱼"是新一代的计算机动画,但"人工鱼"与"动画鱼"之间存在着本质的不同。

"人工鱼"不同于一般的计算机"动画鱼"之处在于:"人工鱼"具有"人工生命"和自然鱼的某些生命特征,如思维、感知、行为等多层次的智能;具有饥饿感、性欲、恐惧感;具有游泳能力、进食能力、学习能力、逃避能力、避障能力、集群能力、求偶能力等多方面的习性和功能。

在一般的计算机动画中,创作者需要在动画设计和程序编制中确定动画鱼的所有动作细节,预先知道动画鱼的全部动作过程。然而,人工鱼的创作者并不去设计和规定每条鱼的动作和行为的细节,也不能预知人工鱼群中可能发生的各种具体动作和实际行为。例如,"人工鱼"的创作者虽然赋予"人工鱼"的求偶性能,但是,不必规定,也不知道,某条"雄鱼"将在什么时间、什么地点、以什么方式、对哪一条"雌鱼"产生求爱行为,举行求婚仪式。

"人工鱼"的形态(外形、颜色、姿态)和"自然鱼"非常相似,几乎达到了"以假乱真"的程度。在一次国际会议上,涂晓媛演示了"人工鱼"的录像,人们看到屏幕上一群色彩美丽、活泼可爱的热带鱼,在海水中漫游,逼真的外形、生动的姿态,伴随着水流的运动,还以为是在水族馆中拍摄的真热带鱼的录像。直到涂晓媛把"人工鱼"的彩色消隐,变成黑白的鱼,再把"人工鱼"的肌肉剥离,剩下一群热带鱼的骨架在游泳,才确信这是计算机动画的"人工鱼"。

“人工鱼”和一般的“动画鱼”的不同之处还在于:“人工鱼”具有某些自然鱼的“本能”性。

“人工鱼”有“鱼脑”“鱼眼”,能感知其他的“人工鱼”和海底环境,有“鱼肉”“鱼骨”“鱼嘴”“鱼头”“鱼尾”“鱼鳍”等,能产生类似于自然鱼的随意动作和行为。例如,人工鱼有性欲,当“雄鱼”看到“雌鱼”时,会产生求爱的动作,以获得配偶,如图 7-9 所示;“人工鱼”有饥饿感,当看到食物时,会进行捕食,如图 7-10 所示;“人工鱼”有学习能力,若一条鱼误吞了鱼饵,被鱼钩钩上,会进行挣扎,而其他的“人工鱼”,就会吸取教训不再上当,不去吞食带钩的鱼饵,离开钓鱼的水域;“人工鱼”有恐惧感,如果发现凶恶的鲨鱼来侵犯,都迅速散开,东奔西逃,脱离危险,……

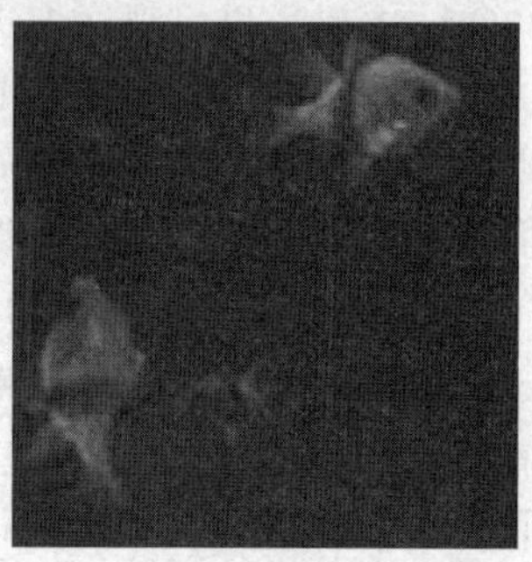

图 7-9 雄鱼向雌鱼求爱

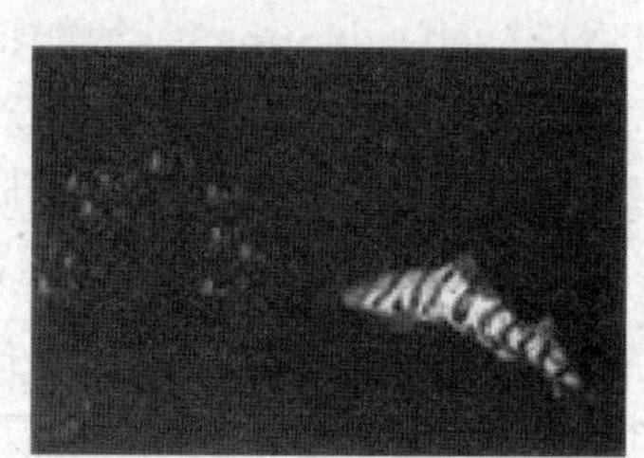

图 7-10 侵略者鲨鱼偷袭小鱼群

2. “人工鱼”与“人工生命”

涂晓媛所说的“人工生命”是指具有“自然生命”特性和功能的人造系统,或者说是“人造活体”。这里的“活体”是指有生命特征的个体或群体。

“人工生命”是当前生命科学、信息科学、系统科学及工程技术科学的研究热点,也是人工智能、计算机、自动化科学技术的发展动向之一。它的研究方法和技术途径,可以分为两类。

(1) 生命科学途径。如生物化学、分子生物学、遗传学、基因工程、“克隆”技术等,用人工方法合成蛋白质,用克隆技术进行哺乳动物的无性繁殖,如人工胰岛素、人工羊等。

(2) 工程技术途径。如仿生学、控制论、人工智能、计算机科学技术等,用电子技术、精密机械技术、计算机软、硬件技术,设计和制造出人工生命的工程技术模型,如人工脑模型、智能进化机器人、人工动物模型、人工植物生长模型等。

“人工羊”多莉是由生命科学途径,用基于生物化学和遗传工程的无性繁殖方法,在胚胎中生出来的“人工生命”,是“自然羊”的同类生物。

涂晓媛的“人工鱼”是由工程技术路径研究开发的“人工生命”,是基于生物物理和智能行为模型的,用计算机动画技术在屏幕上画出来的“人工鱼”,是具有“自然鱼”生命特征的计算机动画。

3. “人工鱼”的创作

“人工鱼”不同于一般的“动画鱼”,它的创作方法,建议大家去参阅涂晓媛关于“人工鱼”的著作,也可以通过 Internet 查询涂晓媛的网页:www. dgp. toronto. edu/people/tu/。

虽然“人工鱼”是基于计算机动画技术的“人工生命”，但是，“人工鱼”的动画创作方法和技术，已经突破了传统的计算机动画的框架，是新一代的计算机动画创作方法和技术。

首先，“人工鱼”不仅有逼真于“自然鱼”的外形和彩色，而且具有类似于“自然鱼”的运动和姿态。这样，就需要研究开发一种基于“自然鱼”的生物物理和生物力学、“自然鱼”的形态学和解剖学、计算机图形学、运动学、动力学的“人工鱼”建模方法和技术。从而使“人工鱼”在三维虚拟的海底世界中，通过肌肉和骨骼的伸缩和变形的协调控制，利用鱼鳍、鱼尾的动作和鱼体的姿态变化，以及海水及水中植物、岩石等的相互作用，在流体动力学、运动学条件下，产生各种优美的随意运动，如前进后退、左右转身、上下翻滚、摇头摆尾等。“人工鱼”不仅有运动协调控制，还有姿态协调控制。不仅和“自然鱼”静态相似，而且动态相似。

其次，“人工鱼”不仅具有“自然鱼”的形态，而且具有“自然鱼”类似的生命特性——“活性”。例如，“人工鱼”有饥饿感、性欲、恐惧感等，会寻觅食物，吞咽食物；会寻求配偶，进行求爱；会发现危险，进行逃避等。为此，在“人工鱼”的创作中，需要研究开发基于“自然鱼”的“动物行为学”的智能行为动画模型。从而，可以使“人工鱼”具有基本行为和激发行为。例如，进食、避障等条件反射行为；求偶、逃避等激发行为，以及“人工鱼”社会的集群行为等。

再次，“人工鱼”是具有人工智能的“灵巧鱼”，而传统的“动画鱼”是程序化的“木偶鱼”。在“人工鱼”中，有“意图发生器”(intention generator)相应于“鱼脑”，其中存储有“人工鱼”的某些特性参量，如雄鱼或雌鱼、喜明或喜暗、贪食或不贪食、胆大或胆小等。有基于计算机视觉的虚拟感受器官——“鱼眼”，有光感、距离感以及非视觉的温度感等，因此，“人工鱼”可以识别和感知其他“人工鱼”以及周围的虚拟海洋环境，如水草、岩石、水温和光照等。

意图发生器是“人工鱼”的“感知中心”，将各种感知信息与特性参量相结合，产生“人工鱼”的动作意图，如搜索食物、捕食进食等。并且具有集中注意力的意图集中或知觉集中机制，可以使“人工鱼”将注意力集中在当前主要的感知和行为上，抑制或滤除其他次要信息或干扰。因此，“人工鱼”是在动态的虚拟水底世界中，以“感知—动作”模式，具有自主能力的自激发、自适应的智能体。需要创作和设计出“人工鱼”的“意图发生器”“多感知融合器”“运动协调控制器”等多种协调机制。

最后，“人工鱼”是具有各种不同的人工鱼的鱼群社会，其中，各种人工鱼之间的相互通信、相互交往、相互作用，组成人工鱼社会。例如，由领头的鱼带队漫游的鱼群；由雌性鱼和雄性鱼组成的人工鱼配偶或情侣；由大鲨鱼和小热带鱼形成的“弱肉强食”的鱼社会。

由于多智能体之间多种多样的相互影响、相互作用，使人工鱼社会出现丰富多彩的群体行为和生态现象。一方面，提高了人工鱼群对“自然鱼”群的逼真度，丰富了人工鱼社会现象和活动内容；另一方面，也增加了人工鱼的动作和行为细节的不可预知性、事件的突发性及活动的趣味性。

4. “人工鱼”的意义和价值

(1) “人工鱼”开拓了计算机动画创作的新途径。因为绘制在自然环境中栖息活动的生物群体，是长期困扰着计算机动画创作者的“老大难”问题。如果用传统的计算机动画创作方法和技术，去创作“人工鱼”这种在虚拟海洋环境中活动的多种人工鱼的社会群体，则是十分复杂而又极其烦琐的。不仅要在软件设计和程序编制中，详细规定每一条“动画鱼”的每一个采样时刻、每一个动作、每一种体形、每一种姿态，而且要具体描述许多条“动画鱼”之间的相互关系、相互位置、相互作用，其计算复杂性将以指数级增长，造成“组合爆炸”问题。即使采用高速、大容量的计算机,也未必能使"动画鱼"群达到逼真于"自然鱼"群的满意效果。"人工鱼"的研究与开发,突破了传统计算机动画的框架,开拓了计算机动画创作的新途径,提供了基于生物物理和智能行为模型、具有"人工生命"特征、自动生成计算机动画的创作方法和技术。不仅显著地减少了动画创作者对计算机动画生成过程的介入和干预,而且有效地提高了动画的逼真度和临场感。

(2)"人工鱼"提供了"人工生命"的新范例。"人工鱼"的研究开发成功,一方面,为基于计算机动画的"人工生命"提供了新的范例;另一方面,也为在屏幕上创建其他"人工生命"提供了动画创作的新方法——基于生物物理和智能行为模型的动画生成方法。人们可以把"人工鱼"作为范例,用基于生物物理和智能行为模型的动画生成方法,研究开发计算机屏幕、电视、电影屏幕上的各种"人工生命",如"人工猫""人工狗""人工鸟""人工马",乃至于"人工人"等。结合虚拟现实技术,可以创作和摄制各种基于计算机动画的电视片和电影片。

(3)"人工鱼"实现了分布式"人工智能"。"人工鱼"以计算机动画的模式,在屏幕上实现了分布式"人工智能"系统——"人工鱼社会"群体。在"人工鱼社会"中,每一条人工鱼都是一个自激发的、自主的智能体(self-animating autonomous intelligent agent)。它们在意图、感知、行为等多层次上,以"感知—动作"的模式模拟自然鱼的智能,如"寻食—进食""求偶—交配""惊恐—逃逸""钩住—挣扎"等多方面表现出智能行为。在人工鱼群体中,分布在虚拟海底世界中的各种人工鱼,体现出复杂的相互关系和智能社会行为,如配偶关系、敌对关系、同伴关系和集群行为、逃逸行为、求偶行为等。因此,"人工鱼"也提供了多智能体分布式人工智能系统的一种范例,以及相应的设计方法和实现技术。类似地,也可以借鉴、推广应用于其他分布式人工智能系统,如智能机器人的群体的研究与开发。

7.3.2 Terrarium 世界

Terrarium 是微软公司开发的演示程序。在 Terrarium 游戏中,开发人员可以创建草食动物、肉食动物或植物,并将它们放到一个基于"适者生存"模型和对等网络结构的生态系统中。游戏既提供了一个可以测试开发人员的软件开发与策略设计水平的竞争环境,也提供了一个近乎真实的进化生物学和人工智能模型,以检验具有不同行为和属性的生物在生存斗争中的适应能力。Terrarium 还展示了.NET 框架中的一些重要特性。例如,使用与 DirectX 集成的 Windows forms 技术创建强大的用户界面(UI);XML Web Services 技术;支持对等网络结构(peer-to-peer networking);支持多种编程语言;通过远程 Web 服务器升级智能客户端,即基于 Windows 的应用程序的能力;使用包括凭据验证(evidence-based)和代码访问(code access)的安全架构来保护参与游戏、运行着移动代码(mobile code)的计算机。

1. 游戏概述

在进入技术细节之前,先来大致浏览一下游戏运行时的实际流程。游戏可以在两种模式中运行。

(1) 饲养场模式(terrarium mode)。这种模式给用户提供了两种选择。

用户可以独立运行,无须与其他节点连接。在这种情况下,屏幕上显示的生态系统就代表了整个生态环境。这种模式最适合于对开发出来的生物进行测试。

用户也可以选择加入到一组特定的节点环境中,所有连入此环境的计算机共同组成一个小型生态系统。加入特定节点组的方法非常简单，每个用户选择一个特定的专网，并在Terrarium控制台的“Channel”一项中输入一个事先约定好的字串，就可以加入该网络了。输入字串后，用户的计算机只与那些输入了相同字串的计算机构成一个独立的对等网络，并一同组建生态系统。

(2) 生物圈模式(ecosystem mode)。这是游戏的标准模式。全世界所有连入游戏的计算机共同构成一个完整的生态系统。每个参与者的计算机只是该生态系统的一个局部场景。

在上述两种模式下，开发者都可以使用Terrarium类库、.NET框架开发包和Visual Studio .NET工具随意创建它们自己的生物。或者，可以简单地把Terrarium当作一个独立运行的应用程序或是屏幕保护程序运行，并通过Terrarium观看其他开发者创建的生物在生态系统中为生存而战。

在创建生物时，开发者可以自行决定生物的每一种基本属性(如眼睛的颜色、运动速度、防卫能力、攻击能力等)、行为方式(寻找食物、活动和进攻的算法等)及繁殖能力(每隔多长时间繁殖一次，把某些基本信息遗传给后代)。开发好一个生物的所有代码之后，开发者将代码编译成.NET程序集。本地的生态系统局部场景可以调入和运行该程序集，并在Terrarium控制台上显示出这一生物。在生物圈模式中，新的生物种类被引入后，系统会自动在本地生态系统的不同位置创建该生物的10个个体。在这种生物的所有个体完全死亡之前，用户和网络上的其他人都不能再创建该生物的新个体了。相反，如果该生物生活在饲养场模式中，用户可以在生态系统中创建任意多个该生物的个体。

生物被载入Terrarium系统后，它就会按照自己的逻辑代码生活。每个生物的每一个动作可以延续2～5ms(取决于计算机的运行速度)，如果动作超时，该生物就会被强制摧毁。这一规则可以防止任何生物浪费计算机时间或使游戏瘫痪(如代码中的死循环)。

在网络每一个节点计算机的生态系统中，都有一个蓝色的“超时空运载球(teleporter ball，将物质转变为能，传送到目的地后重新转变为物质)”在不停地随机滚动。如果用户在其登录的活动节点上执行程序(不论是在生物圈模式中还是在加入了独立节点组的饲养场模式中)，每当蓝色的“超时空运载球”滚过某个生物时，该生物就会被随机地传送到另一个节点计算机的生态系统中。

系统中有一个中央“主”服务器负责对等节点的搜寻和状态报告。

2. 用户界面

图7-11所示屏幕截图显示了Terrarium的控制台界面。界面中显示了生态系统的一小部分以及用户玩游戏时可用的几个控制按钮，包括载入生物、报告状态等。

屏幕上的窗口和按钮都是使用.NET框架中Windows forms命名空间中的类开发而成的。这些类专用于Windows用户界面的开发，它们易于使用和扩展，集成了Visual Basic语言的易用性和C++语言的强大功能。

生态系统中的图形(包括生物和场景，其刷新频率是20f/s)是用DirectX开发的。DirectX图形库为开发者提供了直接访问系统显示卡、创建高性能图形应用的支持。有趣的是，在开发Terrarium游戏时，DirectX SDK还没有提供对基于.NET框架的委托代码的支持。结果，Terrarium的开发人员利用.NET框架提供的COM包装技术，将已有的非托管代码连入了使用托管代码开发的应用程序中。调用非托管代码是.NET框架的强大功能之一，它可以使开发人员在开发新的应用时充分发挥已有的可复用组件的潜力。

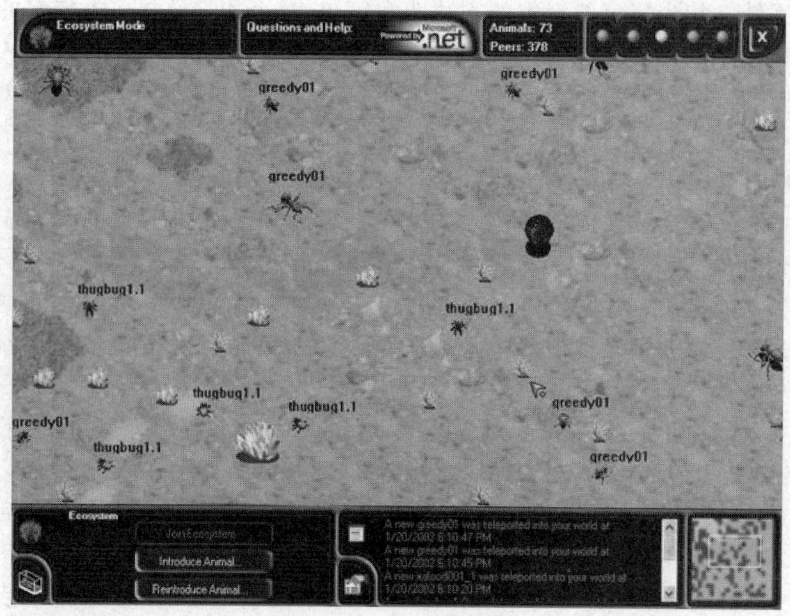

图 7-11　Terrarium 游戏的运行界面

3. XML Web Services

一个 XML Web Services 就是一个使用 SOAP、WSDL、XML 等 Internet 协议与标准，通过 Internet 或 Intranet 输出可编程功能接口的服务程序。从本质上说，XML Web Services 提供了一个基于松散连接的、面向消息和平台无关的分布式计算模型，无论是哪种客户端或服务端运行的系统平台，客户程序总能通过统一的方法调用远程服务的功能接口，这一远程调用甚至可以穿越网络上的防火墙。

Terrarium 中随处可见 XML Web Services 的痕迹。游戏本身运行在一个对等的网络结构中，也就是说，所有参与游戏的计算机在地位上都是平等的，都既是客户机又是服务器，整个网络中只有一台用于节点搜寻和状态报告的主服务器。所有对等节点的计算机与主服务器之间都是通过 XML Web Services 连接的。

4. IP 地址验证

当一个节点计算机第一次运行 Terrarium 时，它将调用主服务器的一个 XML Web Services，以查看自己提供给主服务器的是哪一个 IP 地址。然后，计算机将主服务器返回的 IP 地址(即该计算机提供给外界的 IP 地址)与自己的实际 IP 地址进行比较。有时 Terrarium 会发现自己实际的 IP 地址和输出到主服务器上的 IP 地址并不一致，其他 Terrarium 无法直接访问自己——这通常是由于客户计算机通过代理服务器或含有网络地址转换(NAT)功能的路由器与外界相连。在这种情况下，因为其他节点无法与之通信，此计算机将被禁止加入生物圈模式。

5. 注册和节点搜寻

假设节点计算机有一个静态的、公共的 IP 地址，它将调用主服务器的另一个 XML Web Services，将自己的地址加入到注册节点列表中。然后，主服务器将所有参与游戏的节点数目返回给该计算机，同时还返回一个节点联系表。节点联系表中包括 20～30 个在地理上与该计算机邻近的节点计算机地址，这些地址可在随后的游戏中用于生物传送。节点联系表中的 20～30 个节点互相连接成一个完整的网络——没有哪个节点是与网络的其他部分隔离的“孤岛”。特定的节点计算机会拒绝来自“节点联系表”以外的任何地址的连接请求。节点计算机每隔 5min 刷新一次登记信息。如果某个节点计算机在 15min 内没有刷新过自己的登记信息，主服务器就会认为这个节点计算机已经断线，并会将该节点地址从注册节点列表中删除，同时，主服务器还更新所有包含已断线节点地址的“节点联系表”，用另一个在线节点来替换它。

6. 载入一种生物的程序集

当开发者将它们开发出的生物代码编译成.NET 程序集之后，它们就可以使用“引入动物(introduce animal)”按钮，将生物引进到生态系统中。这时，Terrarium 程序在后台迅速扫描该程序集，以确认该程序集中实现了所有必需的方法，并确保该程序集中不包含任何可用于作弊的功能。如果程序集通过了这些测试，节点计算机就调用主服务器上的另一个 XML Web Services，注册这个新的生物，同时把一份程序集的复制品送到主服务器上保存起来(一旦该生物灭绝，用户可以使用主服务器上存储的复制品重新把该生物载入到生态系统中)。只有以上工作都完成以后，本地的 Terrarium 生态系统局部场景中才会创建出 10 个该生物的个体。

Terrarium 生态系统载入生物的程序集之后，将使用.NET 框架提供的基于凭据验证和代码访问的安全架构来保证其安全性。这包括阻止生物代码访问或潜在地破坏本地计算机上的任何资源。有关安全性的更多信息可见下面的第 11 项“凭据验证和代码访问安全性”。

7. 节点状态报告

大约每隔 6min，每一台节点计算机将自己的生态系统中存活的生物数量和种类等信息整理成一个数据集，发送给中央服务器。中央服务器将所有参与游戏的节点计算机发来的信息整合在一起，并将统计报表发布到一个公共网站上。

8. 对等网络

对等网络功能是通过.NET 框架的 System. NET 和 System. IO 命名空间中的类实现的。当“超时空运载球”滚过一个生物时，Terrarium 就从主服务器提供的“节点联系表”里，在 20～30 个节点计算机中随机选出一个作为生物传送的目的地。发送方首先询问被随机选中的节点计算机是否拥有这种生物的程序集。如果没有，发送方就通过网络把程序集传送给接收方，开发者用 System. NET 命名空间中的类可以很容易地管理这一功能。当程序集被传送到接收方的本地磁盘上以后，发送方就使用 System. Runtime. Serialization 命名空间中的类，将该生物的状态对象(包含它的当前大小、能量级等信息)序列化，并通过网络发送给接收方。接收方将该状态对象反序列化，并将其与程序集关联起来。由此生成的生物个体是发送方所传送的生物的精确副本，它被载入到接收方的生态系统局部场景中并被 Terrarium 程序激活。

9. 支持多种编程语言

.NET 框架支持 20 种以上的编程语言，包括 C++、C＃、Cobol、Fortran、Java 等。开发者可以根据他们的需要和技术经验选择最合适的语言，由此开发的代码可以和.NET 框架支持的其他 20 几种语言开发的代码无缝连接，甚至可以从其他语言开发的类中派生子类。

现在,Terrarium中的生物只能用C#或Visual Basic .NET语言开发。这样做是为了防止作弊。前面提到过,在载入新的生物时,Terrarium客户端将检查生物的代码以保证其中没有隐藏任何可以对其他生物构成不公平竞争的功能。静态方法、线程调用及析构函数都可用于作弊。不幸的是,一些语言的编译器能够自动引入静态构造方法等不安全因素。Terrarium的代码检查机制将找出可用于作弊的代码并禁止它们在系统中运行。今后,Terrarium将会支持更多的编程语言。

10. 通过远程Web服务器更新版本

.NET框架极大地改进了智能客户端即基于Windows的应用程序的发布过程。这是因为.NET框架解决了DLL冲突问题,并允许系统管理员通过远程Web服务发布和更新应用程序。为了实现远程更新功能,Terrarium实际上使用了另一个示例程序——.NET应用程序更新工具(.NET application updater),来有效管理所有发布和更新工作。更新组件调用主服务器上的一个XML Web Services,以检查是否有Terrarium的新版本存在。每台节点计算机上的Terrarium程序启动后30s就会调用这个XML Web Services,此后每隔15min调用一次。这个XML Web Services只是简单地将节点计算机上的程序版本号与最新的版本号做比较。如果有新版本发布,它就通过返回值告知节点计算机可下载新版本程序的URL地址。使用System.NET命名空间中的类,节点计算机可以在运行旧版本程序的同时,将新版本的文件下载到一个新的文件夹中。数字签名技术可以确保新版本的程序是通过了认证并且未经篡改的。Terrarium使用一个配置文件把程序的执行代理导向负责提供用户界面和游戏功能的程序集所在的文件夹。下载完毕新版本后,Terrarium会重写该配置文件,使执行代理指向保存有新版本程序集的新文件夹。Terrarium下一次启动时,就会运行新版本的程序集。存有上一个版本的文件夹会被保留下来,以防止新版本中出现错误。同时,Terrarium将删除更早期版本的文件夹,以节省磁盘空间。

11. 凭据验证和代码访问安全性

生物其实就是一段可以从一台计算机传输到Terrarium对等网络上的另一台计算机的移动代码。恰好.NET框架提供的基于凭据验证和代码访问的安全架构,计算机可以避免那些有意或无意的不安全代码的威胁。

一般地说,.NET框架中的凭据验证机制可以使代码具有不同的信任级别,信任级别与代码的来源及代码的其他属性(如作者的身份)相关。这些属性构成了可用于将特定代码赋予某个代码组或代码类的凭据,每个代码组或代码类都拥有一个权限集,系统靠权限集来判断该代码可以或不可以访问何种资源。

在代码执行阶段还要借助于另一种名为代码访问安全性的技术..NET框架的公共语言运行库(CLR)提供了底层的安全检查机制,确保代码只能执行那些经授权许可的操作。这时,CLR不仅要检查分派给请求特定操作的程序集的权限,还要检查调用堆栈上可能会调用活动程序以完成特定操作的所有其他程序集的权限。只有经这样全面的堆栈审查机制验证后的操作才能够执行,其他操作都不能执行。

代码组和与之相关的权限集可以基于企业、计算机、用户或应用领域等不同层次设定。在运行阶段,不同层次的权限设定是逐级递进的。例如,在计算机层次的设置只比企业层次的限制更强一些,以此类推。在Terrarium中,基本安全设置均作用于应用领域层次。在Terrarium应用领域中,生物代码只有可执行的权限。也就是说,代码可以运行,但不能访问任何系统资源，如本地磁盘、系统注册表等。尽管限制比较严格，这一策略还是给生物提供了在 Terrarium 生态系统中生存和活动所需的自由，同时也为用户加入对等网络提供了必要的保护。

12. Terrarium 世界的开发

在 Terrarium 世界中开发者需要指定生物的一些属性，如体力、是否会伪装、奔跑速度，当然这些都是对动物而言的。一旦这个物种被创建到 Terrarium 世界，属性不能改变，这也是 Terrarium 世界设计的一个缺陷，这样就无法通过基因算法让物种通过不断学习调整自身的属性，毕竟这个世界并不很简单。

开发者还要用.NET 框架支持的语言描述生物的逻辑，如如何觅食、如何躲避敌人、如何攻击及如何繁衍出更多的后代。并且这个逻辑不能太复杂，Terrarium 世界为每一个生物分配一个固定的时间片来处理，如果超时，就会被无情地销毁。动物可以通过一个触角接口互相间通信，但它们不能相隔太远，超过 5 个格子就无法通信。

在设计好了生物后，就可以通过 Terrarium Client 将物种引入 Terrarium 世界。Terrarium 世界会为每个新创建的物种生成 10 个生物，动态地分布到 Terrarium 世界中，让游戏规则来控制这些物种。

前面提到，在 Terrarium 世界中有一个会滚动的 Teleport，它会将它碰到的生物传送到其他 Terrarium 世界中，等于说 Terrarium 世界是分块的，是由一小块一小块的地图组成的。每次被传送到一个新的世界，生物都会被恢复到最原始的状态。

在网站上有一个 Terrarium Farm，在里面可以找到目前在 Terrarium 世界中已经存在的物种，Terrarium 世界会生成一个时时都在统计的信息，显示现在谁设计的什么物种有多少群体，也可以通过点击生物查看它的特性(property)。也可以将这些特性提取出来添加到本机的 Terrarium 世界中，然后在本机上观察这些优良物种的特性并学习它，将这些好的特性加到自己的物种中去，并避免它所犯的错误。现在做得最好的是一个叫做 Mark Yang 的人，他采取的方法就是创建 3 个物种：植物、食草动物、食肉动物。这样他可以为最顶层的食肉动物提供食物；同时食肉动物可以驱逐其他食肉动物保护自己的食草动物，并保持食草动物平衡。这样这个物种可以比较稳定地繁衍，在 Terrarium 世界中生存下去。

Terrarium 世界要进行所有生物的计算，对 CPU 要求极高，需要耐心。幸亏它是点对点的计算结构，如果不是这样，这些计算全都在一台机器上运行，真是无法想象需要多少 CPU。

7.4 群集智能的优缺点

透过前面的基本算法和实际系统，可以看出群集智能有以下优点。

(1) 群体中相互合作的个体是分布的(distributed)，这样更能够适应当前网络环境下的工作状态。

(2) 没有中心控制的机制与数据，这样的系统更具有稳固性(robust)，不会由于某一个或者某几个个体的故障而影响整个问题的求解。

(3) 可以不通过个体之间直接通信而是通过非直接通信进行合作，这样的系统具有更好的可扩充性(scalability)，由于系统中个体的增加而造成的系统的通信开销的增加在这里非常小。

(4) 系统中每个个体的能力十分简单，这样每个个体的执行时间比较短，并且实现也比较简单，具有简单性(simplicity)。

然而，群集智能也存在以下几个方面的缺陷。

(1) 并不是总能从涌现的群体行为中推导出个体的行为。

(2) 真实生物个体如此复杂，以至于几乎不可能在一个仿真系统中完成复制。

(3) 简单的规则产生类似生命的群体行为并不能保证真实的生态系统一定能够遵循这些简单的规则。

习 题 7

7.1 蚁群算法、flock算法和粒子群算法的共同特征是什么？它们是通过简单行为还是复杂行为来体现智能行为的？

7.2 请指出蚁群算法中的正反馈性和多样性分别指的是什么？怎样体现？

7.3 模拟蚂蚁觅食的过程主要依赖于哪几条简单的规则？

7.4 在模拟蚂蚁觅食的过程中，蚂蚁能够找到食物，主要归功于哪条规则？

7.5 PSO算法中，粒子运动的最重要的两个参数是什么？算法是如何利用它们的？

7.6 何为人工鱼？它和动画鱼有什么差别？

7.7 PSO算法与遗传算法有哪些相似之处和差别之处？

7.8 flock算法通过哪几条规则来进行个体定向和表现群体行为？

第 8 章　记忆型搜索算法

所谓记忆型搜索算法是在保持已搜索过的状态的同时，又增加了一些记忆机制，保存特定的搜索信息。前面讨论的一般搜索方法，最普遍的方法是用 Open 表和 Closed 表保存搜索到的状态信息。为了提高效率，下面讨论的禁忌搜索算法引入一个灵活的存储结构（或记忆装置）和相应的禁忌准则来避免迂回搜索，这个记忆装置就是禁忌表，禁忌表的主要目的是阻止搜索过程中出现循环和避免陷入局部最优。和声搜索算法是增加了和声记忆库 HM（Harmony Memory），该算法首先产生 M 个初始解（和声）放入 HM 内，然后以一定概率在 HM 内搜索新解，又以相反的概率在 HM 之外自变量值域中搜索。

两个算法的核心部分是这两个记忆装置：禁忌表和和声记忆库，围绕它们进行搜索，因此本章命名为记忆型搜索算法。

8.1　禁忌搜索算法

禁忌搜索算法（Tabu Search 或 Taboo Search，TS）是对人类智力过程的一种模拟的全局性邻域搜索算法，它模拟人类具有记忆功能的寻优特征。它通过局部邻域搜索机制和相应的禁忌准则来避免迂回搜索，并通过一定的规则来释放一些被禁忌的优良状态，进而保证多样化的有效探索，以实现全局优化。

相对于模拟退火和遗传算法，TS 算法是又一种搜索特点不同的元启发式（meta-heuristic）算法。迄今为止，TS 算法在组合优化、生产调度、机器学习、电路设计和神经网络等领域取得了很大的成功，近年来又在函数全局优化方面得到较多的研究，并大有发展的趋势。本节将主要介绍禁忌搜索的优化流程、原理与实现技术等内容。

8.1.1　禁忌搜索算法的基本思想

禁忌搜索的思想最早由美国工程院院士、科罗拉多大学教授 Fred Glover 提出，TS 算法通过引入一个灵活的存储结构和相应的禁忌准则来避免迂回搜索，并通过藐视准则来赦免一些被禁忌的优良状态，进而保证多样化的有效探索以最终实现全局优化。

考虑最优化问题 $\min f(x) \mid x \in X$，对于 X 中每一个解 x，定义一个邻域 $N(x)$。在距离空间中，通常的邻域定义是以一点为中心的一个球体。其相关定义为

$$N: x \in D \to N(x) \in 2^D$$

$x \in N(x)$ 称为一个邻域映射，其中 2^D 表示 D 的所有子集组成的集合。

$N(x)$ 称为 x 的邻域，$y \in N(x)$ 称为 x 的一个邻居。

例 8.1 TSP问题解的邻域映射。TSP问题解的一种表示方法为

$$D = \{x = (i_1, i_2, \cdots, i_n) \mid i_1, i_2, \cdots, i_n \text{ 是 } 1,2,\cdots,n \text{ 的排列}\}$$

定义它的邻域映射为 2-opt,即 x 中的两个元素进行对换,$N(x)$中共包含 x 的 $C_n^2 = n(n-1)/2$ 个邻居和 x 本身。

例如,设 $x=(1,2,3,4)$,则 $C_4^2=6$,$N(x)=\{(1,2,3,4),(2,1,3,4),(3,2,1,4),(4,2,3,1),(1,3,2,4),(1,4,3,2),(1,2,4,3)\}$。

TSP问题解的邻域映射可由 2-opt 推广到 k-opt。

邻域的结构在现代优化算法中起重要的作用。下面可以看到邻域在禁忌搜索算法中也发挥很重要的作用。

一般的基于邻域的搜索算法的步骤是,首先确定一个初始可行解 x,初始可行解 x 可以从一个启发式算法获得,或者在可行解集合 X 中任意选择。确定完初始可行解后,就可以定义可行解 x 的邻域 $N(x)$,然后从邻域中挑选一个能改进当前解 x 的 x',x'属于邻域 $N(x)$。再从新解 x'开始,重复搜索。如果在邻域中只接受比当前解 x 好的解,搜索就可能陷入循环和局部最优的危险。

例 8.2 采取邻域搜索求解5个城市的对称 TSP 问题。

图 8-1 给出5个城市的对称 TSP 问题的连接图和邻接矩阵。

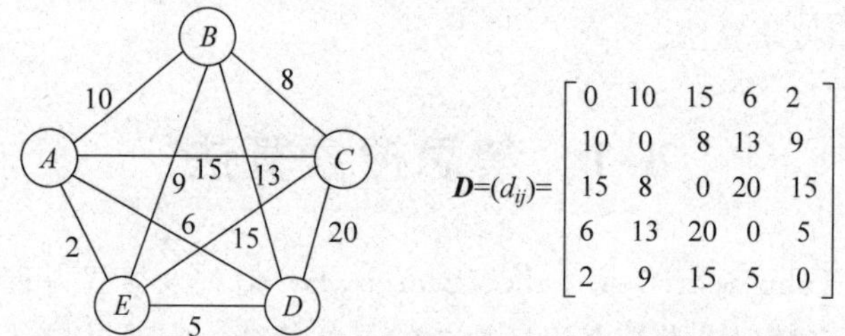

$$\boldsymbol{D}=(d_{ij})=\begin{bmatrix} 0 & 10 & 15 & 6 & 2 \\ 10 & 0 & 8 & 13 & 9 \\ 15 & 8 & 0 & 20 & 15 \\ 6 & 13 & 20 & 0 & 5 \\ 2 & 9 & 15 & 5 & 0 \end{bmatrix}$$

图 8-1 5个城市的对称 TSP 问题的连接图和邻接矩阵

设该问题初始解为 $x_{\text{best}}=(ABCDE)$,$f(x_{\text{Best}})=45$,定义邻域映射为对换两个城市位置的 2-opt,选定 A 城市为起点。

首先采取全邻域搜索,其步骤如下。

第一步:$N(x_{\text{best}})=\{(ABCDE),(\underline{ACBDE}),(ADCBE),(AECDB),(ABDCE),(ABEDC),(ABCED)\}$,对应目标函数分别为 $f(x)=\{45,\underline{43},45,60,60,59,44\}$,所以 $x_{\text{best}} := x_{\text{now}}=(ACBDE)$。

第二步:$N(x_{\text{best}})=\{(\underline{ACBDE}),(ABCDE),(ADBCE),(AEBDC),(ACDBE),(ACEDB),(ACBED)\}$,对应目标函数为 $f(x)=\{\underline{43},45,44,59,59,58,43\}$,所以 $x_{\text{best}} := x_{\text{now}}=(ACBDE)$。即当前的最优解并没有改变,陷入局部最优解。

下面采用随机搜索方法,其步骤如下。

第一步:从 $N(x_{\text{best}})$中随机选一点,如 $x_{\text{now}}=(ACBDE)$,对应的目标函数为 $f(x_{\text{now}})=43<45$,所以 $x_{\text{best}} := x_{\text{now}}=(ACBDE)$。

第二步:从 $N(x_{\text{best}})$中又随机选一点,如 $x_{\text{now}}=(ADBCE)$,对应目标函数为 $f(x_{\text{now}})=44>43$,所以当前最优解还是不变,即 $x_{\text{best}} := x_{\text{now}}=(ACBDE)$。

因此,采用随机搜索方法,还是陷入局部最优解。

上面给出的局部搜索方法简单易行，但无法保证全局最优性。

为避免陷入死循环和局部最优，禁忌搜索算法对局部邻域搜索算法进行了推广，禁忌即禁止重复前面的工作。

在禁忌搜索算法中，需要构造一个短期循环记忆表——禁忌表(tabu list)，禁忌表中存放刚刚进行过的 $|T|$ ($|T|$ 称为禁忌表长度)个邻居的移动，这种移动即为解的简单变化。

假设 $x, y \in D$，D 为定义域，x 的邻域映射为 $N(x)$，则 $x \to y \in N(x)$ 是从一个解 x 变化到 y 的简单变化。

在禁忌表中的移动称为禁忌移动(tabu move)。对于当前进入到禁忌表的移动，在以后的 T 次循环内是禁止的，以避免回到原先的解，$|T|$ 次以后释放该移动。禁忌表可以定义为一个循环表，搜索过程中被循环地修改，使禁忌表始终保存着 $|T|$ 个移动。需要指出的是，即使引入了一个禁忌表，禁忌搜索算法仍有可能出现循环。因此，必须给定停止准则以避免算法出现循环。当迭代内所发现的最好解无法改进或无法离开它时，则算法停止。

8.1.2 禁忌搜索算法的基本流程

简单 TS 算法的基本思路是：给定一个当前解(或初始解)以及它的相应的邻域表示，然后在当前解的邻域中确定若干候选解；若最佳候选解对应的目标值优于“当前最好”状态，则忽视其禁忌特性，用其替代当前解和“当前最好”状态，并将相应的对象加入禁忌表，同时修改禁忌表中各对象的任期；若不存在以上所述的候选解，则在候选解中选择非禁忌的最佳状态为新的当前解，而无视它与当前解的优劣，同时将相应的对象加入禁忌表，并修改禁忌表中各对象的任期；如此重复上述迭代搜索过程，直至满足停止准则。

简单禁忌搜索算法的具体步骤如下。

(1) 给定问题的状态表示，随机产生初始解 x，并置禁忌表为空。

(2) 判断算法终止条件是否满足。若是，则结束算法并输出优化结果；否则，继续以下步骤。

(3) 利用当前解的邻域函数产生其所有(或若干)邻域解，并从中确定若干候选解。

(4) 对候选解判断藐视准则是否满足。若成立，则用满足藐视准则的最佳状态 y 替代 x 成为新的当前解，即 $x=y$，并用与 y 对应的禁忌对象替换最早进入禁忌表的禁忌对象，同时用 y 替换“当前最好”状态，然后转步骤(2)；否则，继续以下步骤。

(5) 分析候选解对应的各对象的禁忌属性，选择候选解集中非禁忌对象对应的最佳状态为新的当前解，同时用与之对应的禁忌对象替换最早进入禁忌表的禁忌对象元素。

(6) 转步骤(2)。

这里的藐视准则就是破禁规则，又称为特赦准则。当一个禁忌移动在随后 $|T|$ 次的迭代内，即还未解禁时再度出现，如果它能把搜索带到一个从未搜索过的区域，则应该接受该移动即破禁，不受禁忌表的限制。后面将讨论特赦准则的几种原则。

8.1.3 禁忌搜索示例

组合优化是 TS 算法应用最多的领域。置换问题，如 TSP、调度问题等，是一大批组合优化问题的典型代表。在此用置换问题来解释简单的禁忌搜索算法的思想和操作。对于 n

个元素的置换问题,其所有排列状态数为 $n!$,当 n 较大时搜索空间的大小将是巨大的天文数字,而禁忌搜索算法则可以仅通过少量的搜索来得到满意解。

首先对置换问题定义一种邻域搜索结构,如互换操作(SWAP),即随机交换两个点的位置,则每个状态的邻域解有 $C_n^2=n(n-1)/2$ 个。另外,采用一个存储结构来保存一些特殊的候选解,即禁忌“对象”。

考虑 4 元素的置换问题,并用每一个置换状态作为候选解。为了在一定程度上防止迂回搜索,每个被采纳的移动在禁忌表中将滞留 2 步(即禁忌长度为 2),即将移动在以下连续 2 步搜索中将被视为禁忌对象,即被排除的对象。需要指出的是,由于当前的禁忌对象对应状态的适应值可能很好,因此,在算法中设置判断:若禁忌对象对应的适应值优于“当前最好”状态,则无视其禁忌规则而仍采纳其为当前选择,也就是前面所说的藐视准则(或称特赦准则)。

例 8.3 求解 4 城市非对称 TSP 问题。4 城市的路径和权值如图 8-2 所示,其中没有箭头的路径表示双向路径,有箭头的路径表示单向路径。

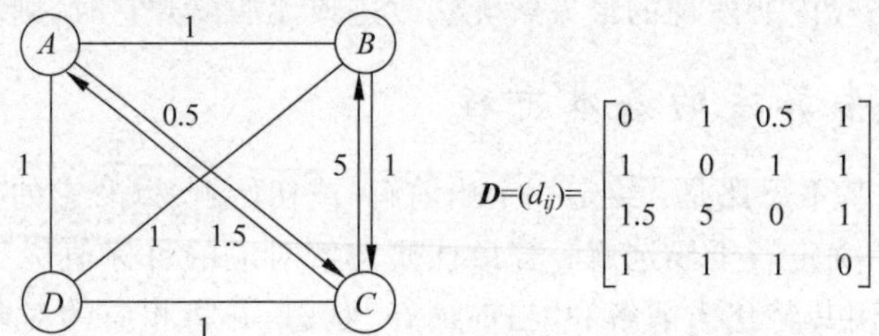

图 8-2 4 个城市的非对称 TSP 问题的路径和权值

TSP 问题解的形式为城市的节点序列,假设始、终点都是 A 城市。初始解为 $x_0=(ABCD)$,$f(x_0)=4$,邻域映射为两个城市顺序对换的 2-opt。选择禁忌对象为一对城市节点的位置交换。例如,如果城市 C 和城市 D 置换,$ABDC$ 作为当前最好的解后,CD 就作为禁忌对象。另外,禁忌长度设置为 2,评价函数为计算整个路径的总长度。使用禁忌搜索算法的求解过程如下。

第一步:设置初始解为 $ABCD$(即从 A 城市出发依次经过 B、C、D,最后再回到 A),初始时禁忌表为空,无禁忌对象,即任何两个城市顺序交换,都为候选解。选择候选解中评价值最小的对换来形成下一轮的解,即选择 C 与 D 对换,下一轮解为 $ABDC$。将 CD 对换加到禁忌表中(标记 T),禁忌长度为 3。中间的一个表为横向的字母与纵向的字母可组成禁忌对象,如果横向与纵向的字母交叉的位置上填写了数字,这一对字母就是禁忌对象,这个数字就是禁忌长度,此时,解的形式、禁忌对象及长度、候选解如图 8-3 所示。图中“√”表示当前的最优解。

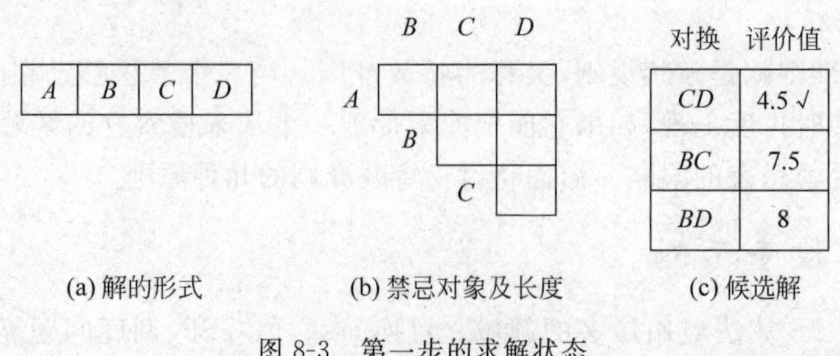

(a) 解的形式 (b) 禁忌对象及长度 (c) 候选解

图 8-3 第一步的求解状态

第二步：这一步，解的形式、禁忌对象及长度、候选解如图 8-4 所示。评价值后标有 T 表示该值对应的对换正在禁忌表中。

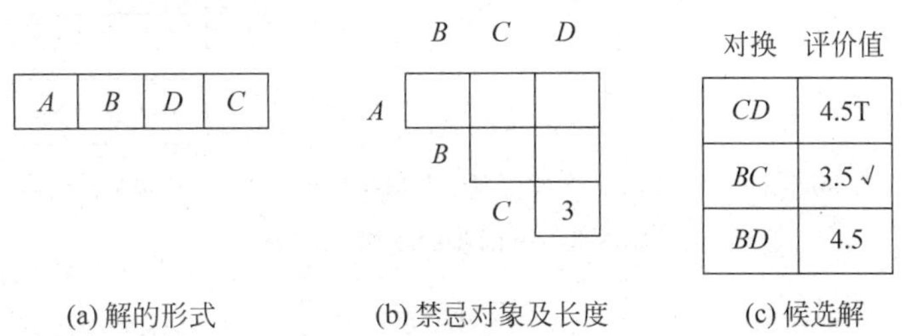

图 8-4　第二步时的解的状态

在第二步中，对换 CD 进入禁忌表中，在下一轮候选解时将其排除在外。此时，$x_1=ABDC$，当前的解 $f(x_1)=4.5$，选择评价值最小的对换 BC，下一轮解为 $x_2=ACDB$。将 BC 也加到禁忌表中，禁忌长度为 3。在禁忌表中的其他禁忌对象的禁忌长度减 1。

第三步：CD、BC 对换在禁忌表中，此时，$f(x_2)=3.5$，注意此时 x_2 的邻域为：$N(x_2)=\{ADCB,ABDC,ACBD\}$，选择 BD 对换，下一轮解为 $ACBD$。BD 进入禁忌表中，禁忌表中其他对象的禁忌长度减 1。这一步，解的形式、禁忌对象及长度、候选解如图 8-5 所示。

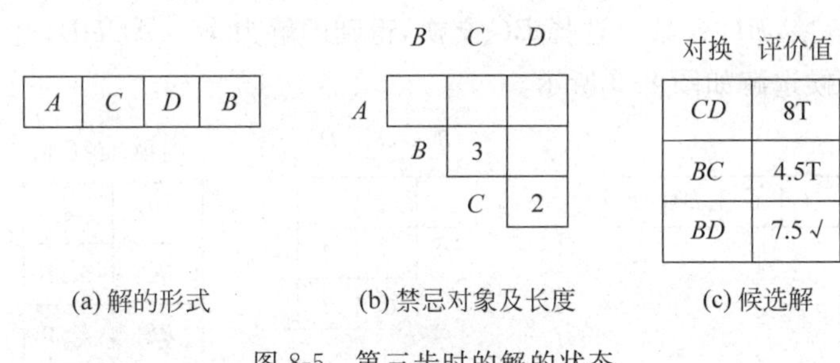

图 8-5　第三步时的解的状态

第四步：$x_3=ACBD$，$f(x_3)=7.5$。此时，解的形式、禁忌对象及长度、候选解如图 8-6 所示。

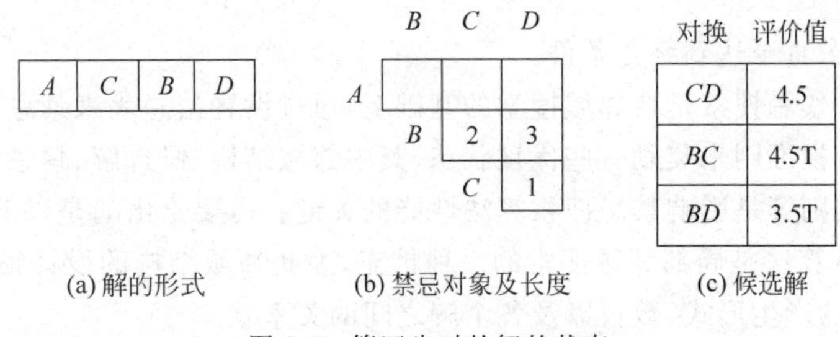

图 8-6　第四步时的解的状态

此时，CD 应解禁，按禁忌规则应选择 CD 交换，得到的解为 $x_4=ADBC$，但此时破禁规则满足，因为 BD 对应的解的评价值最好，因此将 BD 解禁出来，得到的解为 $x_4=ACDB$，此时解的形式、禁忌对象及长度、候选解如图 8-7 所示。

第五步：$x_4=ACDB$，$f(x_4)=3.5$，x_4 的邻域为：$N(x_4)=\{ADCB,ABDC,ACBD\}$。此时，$CD$ 和 BC 解禁，BD 受禁。选择 BC 交换，得到的解为 $x_5=ABDC$，这一步，解的形式、禁忌对象及长度、候选解如图 8-8 所示。

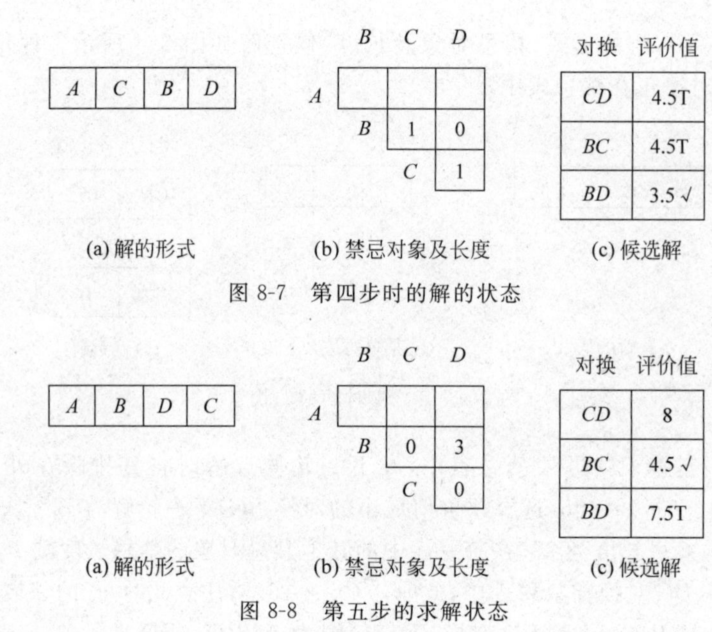

图 8-7　第四步时的解的状态

图 8-8　第五步的求解状态

第六步：$x_5=ABDC, f(x_5)=4.5$，x_5 的邻域为：$N(x_5)=\{ABCD, ACDB, ADBC\}$。此时，$CD$ 和 BC 解禁，BD 受禁。选择 BC 交换，得到的解为 $x_6=ACDB$，这一步，解的形式、禁忌对象及长度、候选解如图 8-9 所示。

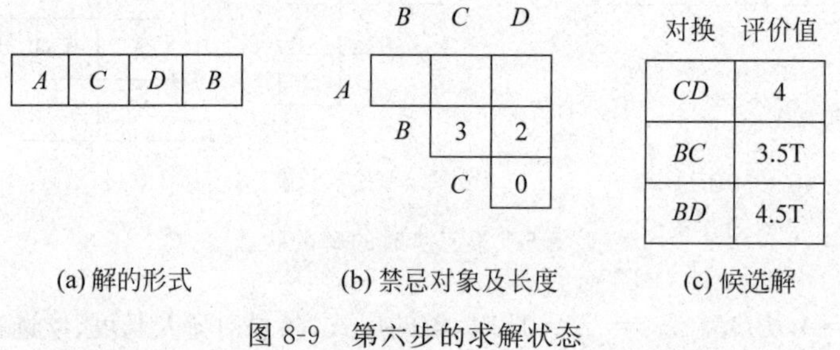

图 8-9　第六步的求解状态

依此进行下去直至达到终止条件。

可见，简单的禁忌搜索是在邻域搜索的基础上，通过设置禁忌表来禁忌一些已经完成过的操作，并利用藐视准则来奖励一些优良状态，其中邻域结构、候选解、禁忌长度、禁忌对象、藐视准则、终止准则等是影响禁忌搜索算法性能的关键。需要指出的是以下几点。

(1) 由于 TS 算法是局部邻域搜索的一种扩充，因此邻域结构的设计很关键，它决定了当前解的邻域解的产生形式、数目以及各个解之间的关系。

(2) 出于改善算法的优化时间性能的考虑，若邻域结构决定了不可避免产生大量的邻域解(尤其对大规模问题，如 TSP 的 SWAP 操作将产生 C_n^2 个邻域解)，则可以仅尝试部分互换的结果，而候选解也仅取其中的少量最佳状态。

(3) 禁忌长度是一个很重要的参数，它决定禁忌对象在禁忌表中的时间，其大小直接影响整个算法的搜索进程和行为。一般，禁忌表中禁忌对象的替换是采用 FIFO 方式(不考虑藐视准则的作用)，当然也可以采用其他方式，甚至是动态自适应的方式。

(4) 藐视准则的设置是算法避免遗失优良状态、激励对优良状态的全局搜索，进而实现全局优化的关键步骤。

(5) 对于非禁忌候选状态,算法无视它与当前状态的适应值的优劣关系,仅考虑它们中间的最佳状态为下一步决策,如此可实现对局部极小的跳跃(是一种确定性策略)。

(6) 为了使算法具有优良的优化性能或时间性能,必须设置一个合理的终止准则来结束整个搜索过程。

此外,在许多场合禁忌对象的被禁次数(frequency)也被用于指导搜索,以取得更大的搜索空间。禁忌次数越高,通常可认为出现循环搜索的概率越小。

8.1.4 禁忌搜索算法的基本要素分析

禁忌搜索算法是一种由多种策略组成的混合启发式算法。每种策略均是一个启发式过程,它们对整个禁忌搜索起着关键的作用。禁忌搜索算法一般由以下几种策略组成。

1. 邻域移动

邻域移动是从一个解产生另一个解的途径。它是保证产生好的解和算法搜索速度的最重要因素之一。邻域移动定义的方法很多,对于不同的问题应采用不同的定义方法。通过移动,目标函数值将产生变化,移动前后的目标函数值之差,称为移动值。如果移动值是非负的,则称此移动为改进移动;否则称为非改进移动。一个好的移动不一定就是改进移动,也可能是非改进移动,这一点就保证搜索陷入局部最优时,禁忌搜索算法能自动把它跳出局部最优。

2. 禁忌表

禁忌表的主要目的是阻止搜索过程中出现死循环和避免陷入局部最优,它通常记录前若干次的移动,禁止这些移动在禁忌时期内加入候选解的行列。一般,在迭代固定次数后,禁忌表释放这些移动,重新参加候选。因此它是一个循环表,每迭代一次,将最近的一次移动放在禁忌表的末端,而它的最早的一个移动就从禁忌表中释放出来。为了节省记忆时间,禁忌表并不记录所有的移动,只记录那些有特殊性质的移动,如记载能引起目标函数发生变化的移动。

禁忌表是禁忌搜索算法的核心,禁忌表的大小在很大程度上影响着搜索速度和解的质量。如果选择得好,可有助于识别出曾搜索过的区域。实验表明,如果禁忌表长度过小,那么搜索过程就可能进入死循环,整个搜索将围绕着相同的几个解徘徊;相反,如果禁忌表长度过大,那它将在相当大的程度上限制了搜索区域,好的解就有可能被跳过。同时,不会改进解的效果,反而会增加算法运行时间。因此,一个好的禁忌表长度应该是尽可能小却又能避免算法陷入死循环。禁忌表的这种特性非常类似于“短期记忆”,因而人们把禁忌表称为短期记忆函数。

禁忌表另一个作用是通过调整禁忌表的大小控制搜索的发散或收敛。通常,初始搜索时,为提高解的分散性,扩大搜索区域,使搜索路径多样化,经常希望禁忌表长度比较小。相反当搜索过程接近最优解时,为提高解的集中性,减少分散,缩小搜索区域,这时通常希望禁忌表长度大。因此,最近越来越多的人们允许禁忌表的大小和结构随搜索过程发生改变,即使用动态禁忌表,实验结果表明了动态禁忌表往往可以比固定禁忌表获得更好的解。

下面还是以前面的5个城市的TSP问题为例,讨论禁忌表的若干问题。讨论中用下划线“___”标识当前最优解,用“___”标识处在禁忌表中的元素。Can_N()代表候选集,H代表禁忌表。

(1) 禁忌对象的选取。

① 选取简单解的变化为禁忌对象。

例8.4 还是以例8.2中5个城市的对称TSP问题的求解为例。其搜索图和邻接矩阵如图 8-1 所示。

设禁忌长度为 4,从 2-opt 邻域中选出最佳的 5 个解组成候选集 Can_N(x_{now})。首先,选取初始解 $x_{now}=x_0=(ABCDE)$,$f(x_0)=45$,设为候选解及其取值作为禁忌对象,开始时禁忌表 $H=\{(ABCDE;45)\}$。以简单解的变化为禁忌对象的搜索过程如下。

第 1 步:

$x_{now}=(ABCDE)$,$f(x_{now})=45$,$H=\{(ABCDE;45)\}$

Can_N(x_{now}) $=\{(\underline{ACBDE;43}),(\underline{\underline{ABCDE;45}}),(ADCBE;45),(ABEDC;59),(ABCED;44)\}$。

$x_{next}=(ACBDE)$

第 2 步:

$x_{now}=(ACBDE)$,$f(x_{now})=43$,$H=\{(ABCDE;45),(ACBDE;43)\}$

Can_N(x_{now}) $=\{(\underline{\underline{ACBDE;43}}),(\underline{ACBED;43}),(ADBCE;44),(\underline{\underline{ABCDE;45}}),(ACEDB;58)\}$。

$x_{next}=(ACBED)$

第 3 步:

$x_{now}=(ACBED)$,$f(x_{now})=43$,$H=\{(ABCDE;45),(ACBDE;43),(ACBED;43)\}$

Can_N(x_{now}) $=\{(\underline{\underline{ACBED;43}}),(\underline{\underline{ACBDE;43}}),(\underline{ABCED;44}),(AEBCD;45),(ADBEC;58)\}$。

$x_{next}=(ABCED)$

第 4 步:

$x_{now}=(ABCED)$,$f(x_{now})=44$,$H=\{(ABCDE;45),(ACBDE;43),(ACBED;43),(ABCED;44)\}$

Can_N(x_{now}) $=\{(\underline{\underline{ACBED;43}}),(\underline{AECBD;44}),(\underline{\underline{ABCDE;45}}),(\underline{\underline{ABCED;44}}),(ABDEC;58)\}$。

$x_{next}=(AECBD)$

第 5 步:

$x_{now}=(AECBD)$,$f(x_{now})=44$,$H=\{(ACBDE;43),(ACBED;43),(ABCED;44),(AECBD;44)\}$

Can_N(x_{now}) $=\{(\underline{AEDBC;43}),(\underline{\underline{ABCED;44}}),(\underline{\underline{AECBD;44}}),(AECDB;44),(AEBCD;45)\}$。

$x_{next}=(AEDBC)$

② 选取分量变化为禁忌对象。

例 8.5 还是以例 8.2 中 5 个城市的对称 TSP 问题的求解为例。其搜索图和邻接矩阵如图 8-1 所示。

设禁忌长度为 3,从 2-opt 邻域中选出最佳的 5 个解组成候选集 Can_N(x_{now}),初始解 $x_{now}=x_0=(ABCDE)$,$f(x_0)=45$。以分量变化为禁忌对象的搜索步骤如下。

第 1 步:

$x_{now}=(ABCDE)$,$f(x_{now})=45$,$H=\varnothing$

Can_N(x_{now}) $=\{(\underline{ACBDE;43}),(ADCBE;45),(AECDB;60),(ABEDC;59),$

$(ABCED;44)\}$。

$x_{next}=(ACBDE)$

第 2 步：

$x_{now}=(ACBDE)$，$f(x_{now})=43$，$H=\{(B,C)\}$

$\text{Can\_N}(x_{now})=\{(\underline{ACBED;43}),(ADBCE;44),(ABCDE;45),(ACEDB;58),(AEBDC;59)\}$。

$x_{next}=(ACBED)$

第 3 步：

$x_{now}=(ACBED)$，$f(x_{now})=43$，$H=\{(B,C),(D,E)\}$

$\text{Can\_N}(x_{now})=\{(ACBDE;43),(ABCED;44),(\underline{AEBCD;45}),(ADBEC;58),(ACEBD;58)\}$。

$x_{next}=(AEBCD)$

③ 选取目标值变化为禁忌对象。

例 8.6 还是以例 8.2 中 5 个城市的对称 TSP 问题的求解为例。其搜索图和邻接矩阵如图 8-1 所示。

设禁忌长度为 3，从 2-opt 邻域中选出最佳的 5 个解组成候选集 $\text{Can\_N}(x_{now})$，初始解为 $x_{now}=x_0=(ABCDE)$，$f(x_0)=45$。以目标值变化为禁忌对象的搜索步骤如下。

第 1 步：

$x_{now}=(ABCDE)$，$f(x_{now})=45$，$H=\{45\}$

$\text{Can\_N}(x_{now})=\{(ABCDE;45),(\underline{ACBDE;43}),(ADCBE;45),(ABEDC;59),(ABCED;44)\}$。

$x_{next}=(ACBDE)$。

第 2 步：

$x_{now}=(ACBDE)$，$f(x_{now})=43$，$H=\{45,43\}$

$\text{Can\_N}(x_{now})=\{(ACBDE;43),(ACBED;43),(\underline{ADBCE;44}),(ABCDE;45),(ACEDB;58)\}$。

$x_{next}=(ADBCE)$

从上面几种将不同属性作为禁忌对象的情况可以看到以下内容。

- 解的简单变化比解的分量变化和目标值变化的受禁范围都要小，选取解的简单变化作为禁忌对象可能造成计算时间的增加，并造成较大的搜索范围。
- 解分量的变化和目标值变化的禁忌范围大，选取解分量的变化和目标值变化作为禁忌对象可减少计算时间，但可能导致陷入局部最优点。

(2) 禁忌长度的选取。关于禁忌长度 t 的选取可分为以下几种情况。

① t 可以为常数，易于实现。

② t 是可以变化的数：$t_{min}\leqslant t\leqslant t_{max}$，$t_{min}$ 和 t_{max} 是确定的。t_{min} 和 t_{max} 根据问题的规模确定，t 的大小主要依据实际问题、实验和设计者的经验。

③ t_{min} 和 t_{max} 的动态选择。

一般说来，禁忌长度过短，一旦陷入局部最优点，会出现循环无法跳出；禁忌长度过长，造成计算时间较大，也可能造成计算无法继续下去。

3. 特赦(藐视)准则

特赦(藐视)准则通常指渴望水平(aspiration)函数选择,当一个禁忌对象在随后$|T|$次的迭代内再度出现时,如果它能把搜索带到一个从未搜索过的区域,则应该接受该移动,即破禁,不受禁忌表的限制。用满足藐视准则的最佳状态y替代x成为新的当前解,即$x=y$,并用与y对应的禁忌对象替换最早进入禁忌表的禁忌对象,同时用y替换"当前最好"状态。衡量标准就是定义一个渴望水平函数,渴望水平函数通常选取当前迭代之前所获得的最好解的目标值或此移动禁忌时的目标值作为渴望水平函数。

下面是特赦准则的几个原则。

① 基于评价值的规则,若出现一个解的目标值好于前面任何一个最佳候选解,可特赦;例如,若点x的目标函数值优于目前为止搜索到的最优点的目标函数值,则点x满足特赦准则。

② 基于最小错误的规则,若所有对象都被禁忌,特赦一个评价值最小的解。

③ 基于影响力的规则,可以特赦对目标值影响大的对象。

4. 候选集合的确定

候选集合的选择策略即择优规则,是对当前的邻域选择一个移动而采用的准则。择优规则可以采用多种策略,不同的策略对算法的性能影响不同。一个好的选择策略应该是既保证解的质量又保证计算速度。

候选集合的选择也可以采取以下策略:从邻域中选择若干目标值最佳的邻居入选;在邻域中的一部分邻居中选择若干目标值最佳的状态入选;随机选取。

当前采用最广泛的两类策略为:最优解优先策略(best improved strategy);优先改进解策略(first improved strategy)。

最优解优先策略就是对当前邻域中选择移动值最好的移动产生的解,作为下一次迭代的开始。而优先改进解策略是搜索邻域移动时选择第一个改进当前解的邻域移动产生的解作为下一次迭代的开始。最优解优先策略相当于寻找最快速的下降,这种择优规则效果比较好,但是它需要更多的计算时间;最直接的下降对应寻找第一个改进解的移动,由于它无须搜索整个一次邻域移动,所以它所花费的计算时间较少,对于比较大的邻域,往往比较适合。

5. 评价函数

评价函数是对解的质量进行评价的函数,评价函数可简单地划分为:直接评价函数,通过目标函数的运算得到评价函数;间接评价函数,构造其他评价函数替代目标函数,应反映目标函数的特性,减少计算复杂性。

6. 记忆频率信息

记忆频率可记录的信息有:静态频率信息,解、对换或目标值在计算中出现的频率;动态频率信息,从一个解、对换或目标值到另一个解、对换或目标值的变化趋势。

根据记忆的频率信息(禁忌次数等)来控制禁忌参数(禁忌长度等)。例如,如果一个元素或序列重复出现或目标值变化很小,可增加禁忌长度以避开循环;如果一个最佳目标值出现频率很高,则可以终止计算认为已达到最优值。

7. 终止规则

在禁忌搜索中终止规则通常是把最大迭代数作为停止算法的标准,而不以局部最优为终止规则;也有一种情况是在给定数目的迭代内所发现的最好解无法改进或无法离开它时，算法停止。一般的控制终止的规则是：确定步数终止，无法保证解的效果，应记录当前最优解；频率控制原则，当某一个解、目标值或元素序列的频率超过一个给定值时，终止计算；目标控制原则，如果在一个给定步数内，当前最优值没有变化，可终止计算。

8. 记忆表

短期记忆用来避免最近所作的一些移动被重复，但是在很多的情况下短期记忆并不足以把算法搜索带到能够改进解的区域。因此，在实际应用中常常将短期记忆与长期记忆相结合使用，以保持局部的强化和全局多样化之间的平衡，即在加强解的质量的同时，还能把搜索带到未搜索过的区域。

在长期记忆中，频率起着非常重要的作用，使用频率的目的就是通过了解同样的选择在过去做了多少次来重新指导局部选择。当在非禁忌移动中找不到可以改进的解时用长期记忆更有效。

目前长期记忆函数主要有两种形式：一种通过惩罚的形式，即用一些评价函数来惩罚在过去的搜索中用得最多或最少的那些选择，并用一些启发方法来产生新的初始点。用这种方式获得的多样性可以通过保持惩罚一段时间来得到加强，然后取消惩罚，禁忌搜索继续按照正常的评价规则进行。另一种形式采用频率矩阵，使用两种长期记忆，一种是基于最小频率的长期记忆，另一种是基于最大频率的长期记忆。通过使用基于最小频率的长期记忆，可以在未搜索的区域产生新的序列；而使用基于最大频率的长期记忆，可以在过去的搜索中认为是好的可行区域内产生不同的序列。在整个搜索过程中频率矩阵被不断修改。

8.1.5 禁忌搜索算法流程的特点

与传统的优化算法相比，TS算法的主要特点如下：

(1) 在搜索过程中可以接受劣解，因此具有较强的"爬山"能力。

(2) 新解不是在当前解的邻域中随机产生，而是优于"当前最好"的解，或是非禁忌的最佳解，因此选取优良解的概率远远大于其他解。

由于TS算法具有灵活的记忆功能和藐视准则，并且在搜索过程中可以接受劣解，所以具有较强的"爬山"能力，搜索时能够跳出局部最优解，转向解空间的其他区域，从而增强获得更好的全局最优解的概率，所以TS算法是一种局部搜索能力很强的全局迭代寻优算法。

8.1.6 禁忌搜索算法的改进

尽管禁忌搜索算法可以有效地避免陷入局部最优解，但是它却对初始解有很强的依赖性，一个不好的初始解会导致搜索过程出现"停滞"现象。针对禁忌搜索对初始值过于依赖的缺陷，下面有一种改进的禁忌搜索算法。

改进的算法采用迭代的局部搜索ILS(Iterative Local Search)及I&D (Intensification and Diversification) 策略。I&D策略的思想是：先采用上述的禁忌搜索算法对一个随机初始解进行求解，得到一个局部最优解，此过程称为强化操作；然后对这个局部最优解进行特定的变异操作，此过程称为分化操作；接着用变异操作后的解作为初始解进行强化操作；如此反复进行下去。

在改进禁忌搜索算法中，每一次强化操作都是为了集中搜索出更优的解，每一次分化操作都扩大搜索区域为前一次的强化操作服务，从而探索出更优的解。I&D策略与从多个随机初始解进行禁忌搜索的方法相比,其优点在于:I&D利用每次强化后的局部最优解,能够快速地从一个局部最优解跳到另一个改进的局部最优解,使得在获得相同解质量前提下,花费更少的运算时间。I&D策略相对于运行一次禁忌更长次数迭代的优点在于:I&D在遇到短期停滞时立即大幅度调整当前解,阻止算法的长期停滞,使得相同的运算时间内可以获得更好质量的解。

8.2 和声搜索算法

和声搜索算法是由Z. W. Geem在2001年提出的一种元启发式优化算法。

8.2.1 和声搜索算法简介和原理

在音乐演奏中,乐师们凭借自己的记忆,通过反复调整乐队中各乐器的音调,最终达到一个美妙的和声状态。Z. W. Geem等受这一现象启发,提出了和声搜索算法(Harmony Search,HS)。HS算法的原理如图8-10所示。

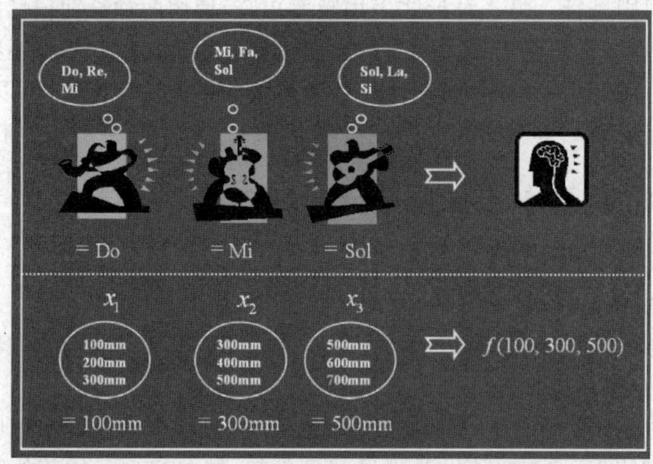

图8-10 HS算法原理

由图8-10揭示的HS算法原理实际上是这样一种类比:优化算法的目的是寻找一个解,使得目标函数的值最大或者最小;乐队演奏的目的是寻找一个最优状态,即美学意义上美妙的和声。目标函数的计算取决于各变量的取值;和声的美妙程度取决于乐队里各种乐器发出的声音。优化算法通过不停的迭代来改善候选解;乐队通过不停的练习来获得更美妙的和声。优化算法与乐队演奏的类比如表8-1所示。

表8-1 优化算法与乐队演奏的类比

类比项目 \ 优化和演奏	优化	演奏
目的	最优解	优美的和声
评估标准	目标函数	美学评估
评估对象	各变量的取值	各乐器的声音
处理单位	每次迭代	每次练习

基于以上思想，HS 算法更进一步将乐器 $i(i=1,2,\cdots,m)$类比于优化问题中的第 i 个设计变量；各乐器声调的和声 $R_j(j=1,2,\cdots,M)$相当于优化问题的第 j 个解向量；评价类比于目标函数。算法首先产生 M 个初始解（和声）放入和声记忆库 HM（Harmony Memory）内，以概率 HMCR 在 HM 内搜索新解，以概率 1－HMCR 在 HM 外自变量值域中搜索。然后算法以概率 PAR 对新解产生局部扰动。判断新解目标函数值是否优于 HM 内的最差解，若是则替换之；然后不断迭代，直至达到预定迭代次数 T_MAX 为止。

和声搜索算法主要分为以下 5 个步骤。

(1) 定义问题以及初始化算法参数。

(2) 初始化和声库（Harmony Memory，HS）。

(3) 基于和声库构造新的和声。

(4) 如果新和声优于和声库中最差和声，那么就用新和声替换掉最差和声。

(5) 如果满足终止条件，那么算法结束；否则返回步骤(3)。

算法流程如图 8-11 所示。

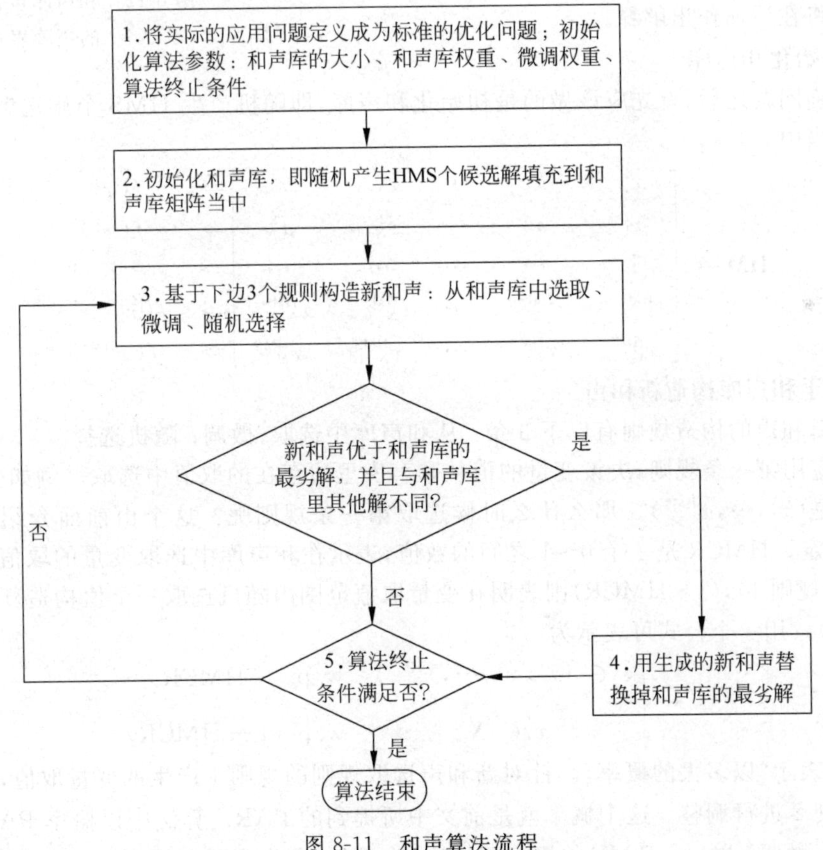

图 8-11　和声算法流程

下面就详细讨论以上流程图的各个步骤。

1. 定义问题以及初始化算法参数

和声搜索算法是一种元启发式优化算法，因此需要将实际的应用问题定义成为标准的优化问题。

$$\text{Min} f(x),\text{Subject to } x_i \in X_i \quad i=1,\cdots,N$$

式中,$f(x)$是目标函数;x 是决策变量 x_i 的集合;N 是决策变量的个数;X_i 是决策变量 x_i 的取值范围;Subject to 表示约束条件。

和声搜索算法中使用到的参数有:和声库的大小(Harmony Memory Size,HMS);和声库权重(Harmony Memory Considering Rate,HMCR);微调权重(Pitch Adjusting Rate,PAR);算法终止条件(Termination Criterion),一般使用最大迭代次数。

和声库是一个由候选解以及候选解对应的目标函数值组成的集合。例如,对以下函数:

$$f(x)=(x_1-1)^2+(x_2-2)^2+(x_3-3)^2$$

其和声库包含的内容如图 8-12 中矩阵部分所示。

在和声库中,每一行代表一个候选解。在图 8-12 中,每行的前面 3 个值分别是 3 个决策变量 x_1、x_2 和 x_3 的取值,最后一列的 $f(x)$是对应的目标函数的取值,用来衡量候选解的质量。

在这个和声库中,HMS 为 4,即和声库的行数。其他参数的含义将在后面作出解释。

$$\begin{array}{ccccc} x_1 & x_2 & x_3 & \Rightarrow & f(x) \end{array}$$
$$\begin{bmatrix} 1 & 2 & 3 \\ 1 & 3 & 5 \\ 2 & 4 & 2 \\ 3 & 2 & 1 \end{bmatrix} \begin{array}{l} \Rightarrow 0 \\ \Rightarrow 5 \\ \Rightarrow 6 \\ \Rightarrow 8 \end{array}$$

图 8-12 和声库包含的内容的矩阵表示

2. 初始化和声库

在明确问题之后,首先应该做的是初始化和声库,即随机产生 HMS 个候选解填充到和声库矩阵当中。

$$\mathbf{HM}=\begin{bmatrix} x_1^1 & x_2^1 & \cdots & x_{N-1}^1 & x_N^1 \\ x_1^2 & x_2^2 & \cdots & x_{N-1}^2 & x_N^2 \\ \vdots & \cdots & \cdots & \cdots & \cdots \\ x_1^{\mathrm{HMS}-1} & x_2^{\mathrm{HMS}-1} & \cdots & x_{N-1}^{\mathrm{HMS}-1} & x_N^{\mathrm{HMS}-1} \\ x_1^{\mathrm{HMS}} & x_2^{\mathrm{HMS}} & \cdots & x_{N-1}^{\mathrm{HMS}} & x_N^{\mathrm{HMS}} \end{bmatrix} \begin{array}{l} \Rightarrow \quad f(x^1) \\ \Rightarrow \quad f(x^2) \\ \Rightarrow \quad \vdots \\ \Rightarrow \quad f(x^{\mathrm{HMS}-1}) \\ \Rightarrow \quad f(x^{\mathrm{HMS}}) \end{array}$$

3. 基于和声库构造新和声

一个新和声的构造规则有以下 3 条:从和声库中选取;微调;随机选择。

如果应用第一条规则,决策变量的值从和声库里边存在的取值中选取。例如变量 x_1 的取值范围是($x_1^1,\cdots,x_1^{\mathrm{HMS}}$)。那么什么时候选取第一条规则呢?这个由前面介绍过的参数 HMCR 决定。HMCR 是一个 0~1 之间的数值,表示在和声库中选取变量的取值构造新和声的概率(规则 1),(1-HMCR)则表明在变量取值范围内随机选取一个值构造新和声的概率(规则 3)。用一个公式可表示为

$$x_i' \leftarrow \begin{cases} x_i' \in \{x_i^1, x_i^2, \cdots, x_i^{\mathrm{HMS}}\} & \text{w. p.} \quad \mathrm{HMCR} \\ x_i' \in X_i & \text{w. p.}\ (1-\mathrm{HMCR}) \end{cases}$$

其中 w. p. 表示“以多大的概率”。针对新和声选取规则的规则 1 产生的变量取值,需要依概率应用规则 2 进行调整。这个概率就是前文中所提到的 PAR。算法中以概率 PAR 对变量的取值进行微调;以(1-PAR)的概率不做改变。用一个公式可表示为

$$\text{Pitch adjusting decision for } x_i' \leftarrow \begin{cases} \text{Yes} & \text{w. p.} \quad \mathrm{PAR} \\ \text{No} & \text{w. p.} \quad (1-\mathrm{PAR}) \end{cases}$$

对于不同的变量类型,微调的方法不同。其具体公式为

离散变量 $x_i' \leftarrow x_i'(k+m)$

连续变量 $x_i' \leftarrow x_i^1+\alpha$

式中，k 为当前变量 x_i' 在离散值域中的序号，即第 k 个元素；m 为一个索引值，其取值范围为{…，−2，−1，1，2，…}；α 为一个调整区间，具体取值为 bw×u(−1,1)，bw 为一个任意区间的长度，u(−1,1)函数产生一个−1～1 的随机值。

4. 更新和声库

如果构造出来的新和声优于和声库的最劣解，并且与和声库里其他解不同，那么用这个新和声替换掉和声库的最劣解。

5. 检查终止条件

如果算法终止条件满足，算法退出；否则跳转到第 3 步。比如终止条件可为算法达到最大迭代次数，算法结束，否则继续迭代。

8.2.2 算法应用

和声算法在许多组合优化问题中得到了成功应用，并在许多问题上显示出了比遗传算法、模拟退火算法和禁忌搜索算法更好的性能。下面讨论几个典型的应用。

1. 函数优化

$$f(x) = 4x_1^2 - 2.1x_1^4 + \frac{1}{3}x_1^6 + x_1x_2 - 4x_2^2 + 4x_2^4$$

该二元 6 次函数是优化问题中一个典型的测试函数，它是一个多峰函数，共有 6 个极值，其中有两个极值点为 $x^*=(-0.089\,83, 0.7126)$ 和 $x^*=(-0.089\,83, -0.7126)$，此时函数取最小值为 $f^*(x)=-1.031\,628\,5$。函数的图像如图 8-13 所示。

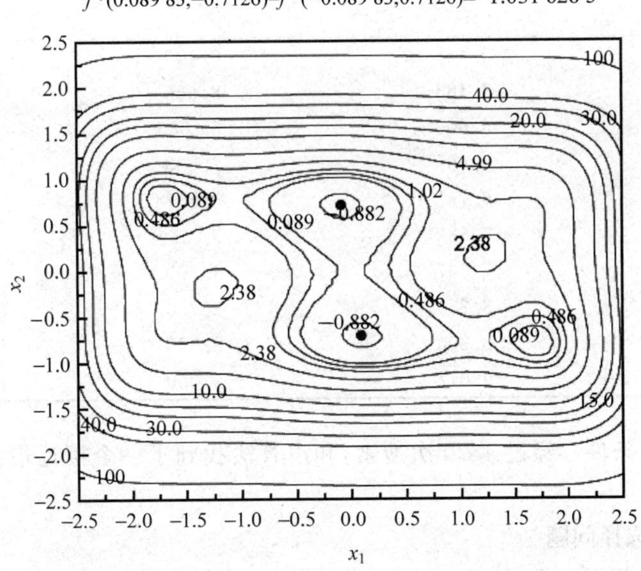

图 8-13　一个有 6 个极值的多峰函数的图像

采用和声算法对这个函数求解的具体过程如下。

(1) 初始化算法参数。设置：和声记忆库的大小(HMS)为 10；和声记忆库权重(HMCR)为 0.85；选取微调权重(PAR)为 0.45。

(2) 初始化和声记忆库。随机产生 10 个解向量，并按序排列，其数据如表 8-2 所示。

表 8-2 初始化和声记忆库时随机产生的 10 个解向量

Rank	x_1	x_2	$f(x)$
1	3.183	−0.400	169.95
2	−6.600	5.083	26 274.83
3	6.667	7.433	37 334.24
4	6.767	8.317	46 694.70
5	−7.583	5.567	60 352.77
6	7.767	4.700	67 662.40
7	8.250	2.750	95 865.20
8	−8.300	8.533	120 137.09
9	−9.017	−8.050	182 180.00
10	−9.500	3.333	228 704.72

(3) 构造新的解向量。首先以 0.85 的概率从和声库中选择对应变量的值,而以 0.15 的概率从变量的整个值域中进行选择。然后对新的解向量按 0.45 的概率进行微调。

假设经过以上步骤产生了一个新的解向量(3.183,8.666)。

(4) 更新和声库。新的解向量(3.183,8.666)的函数值为 22 454.67;和声库中的最差解(−9.50,3.333)的函数值为 228 704.72。因此新解优于最差解,对其进行替换。替换后的数据如表 8-3 所示。

表 8-3 新解替换最差解得到的和声记忆库

Rank	x_1	x_2	$f(x)$
1	3.183	−0.400	169.95
2	**3.183**	**8.666**	**22 454.67**
3	−6.600	5.083	26 274.83
4	6.667	7.433	37 334.24
5	6.767	8.317	46 694.70
6	−7.583	5.567	60 352.77
7	7.767	4.700	67 662.40
8	8.250	2.750	95 865.20
9	−8.300	8.533	120 137.09
10	−9.017	−8.050	182 180.00

(5) 检查终止条件。经过 4870 次搜索,和声算法找到了一个接近最优的解(0.089 83,−0.7126)。

2. 校车路线选择问题

校车路线选择问题(school bus routing problem)是一个多目标优化问题,旨在找出一条最佳路线。衡量一条最佳路线的标准有两个:使用较少数目的校车;所有校车的运行时间最少。

同时,每辆校车有着自己的限制条件:所能装载的乘客数和限定的时间,违反了这两条当中的任何一个条件都会受到"惩罚"。

这里所研究的线路网络包括一个校车总站(Depot)和 10 个校车停车点,具体地理位置如图 8-14 所示。

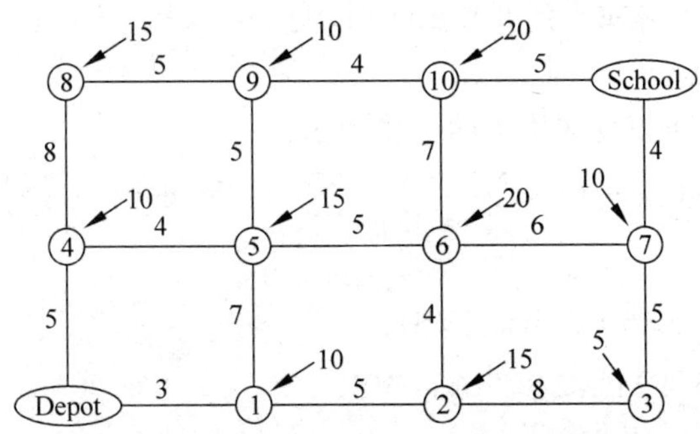

图 8-14　校车总站和 10 个校车停车点的地理位置

图中标出了每个校车站、停车点、等车的学生人数以及每两个校车停车点之间的行车时间。

该问题所涉及的决策变量和其他变量如下。

(1) x_i：代表了第 i 个校车停车点，本例中共有 10 个校车停车点和 4 辆候选校车。

(2) x：决策变量 x_i 的集合，$i \in \text{DN}$。

(3) nbus(x)：校车数。

(4) $\text{lk}_{ij}^k = \begin{cases} 1, & \text{如果校车 } k \text{ 经过校车停车点 } i \text{ 和 } j \quad k \in \text{VS}, i \in \text{STDN}, j \in \text{DNED} \\ 0, & \text{其他} \end{cases}$

(5) $\text{vcp}^k = \begin{cases} 1, & \text{校车 } k \text{ 的装载人数超过了校车的装载能力}, k \in \text{VS} \\ 0, & \text{其他} \end{cases}$

(6) $\text{vtm}^k = \begin{cases} 1, & \text{校车 } k \text{ 所用的时间超过了时间限制}, k \in \text{VS} \\ 0, & \text{其他} \end{cases}$

该问题的一些参数如下：

fc＝每辆校车的固定耗费费用，例如司机的工资。

rc＝行驶过程中每单位时间的耗费费用。

sp_{ij}＝节点 i 和节点 j 之间的最短路径(按 min 计算)，最短路径是按 Floyd-Warshall 算法计算的。

pc_1＝违反了校车的载客数量限制时的“惩罚”费用。

pc_2＝违反了校车的行车时间限制时的“惩罚”费用。

nset(VS)＝候选车辆的数目。

DM_i^k＝校车 k 在校车停车点 i 所载的学生数，$k \in \text{VS}, i \in \text{DN}$。

BC^k＝校车 k 的载客容量。

bt＝每个学生上车所花费的时间。

TW^k＝每辆校车的运行时间限制。

DN＝校车停车点集合。

ST＝始点，也就是校车站。

ED＝终点，也就是学校。

STDN=始点和校车停车点的并集 ST∪DN。

DNED=终点与校车停车点的并集 ED∪DN。

VS=候选校车的集合。

校车路线选择问题可以化成以下的优化问题：

$$\min: f(x) = \mathrm{fc} \times \mathrm{nbus}(x) + \mathrm{rc} \times \sum_{k} \sum_{i \in \mathrm{STDN}} \sum_{j \in \mathrm{DNED}} \mathrm{sp}_{ij}\, \mathrm{lk}_{ij}^{k} + \mathrm{pc}_1 \times \sum_{k} \mathrm{vcp}^{k} + \mathrm{pc}_2 \times \sum_{k} \mathrm{vtm}^{k}$$

约束条件：

$$\mathrm{nbus}(x) \leqslant \mathrm{nset}(\mathrm{VS})$$

$$\sum_{i} \mathrm{DM}_i^k \leqslant \mathrm{BC}^k, k \in \mathrm{VS}$$

$$\sum_{i \in \mathrm{STDN}} \sum_{j \in \mathrm{DNED}} \mathrm{sp}_{ij}\, \mathrm{lk}_{ij}^{k} + \sum_{i} \mathrm{DM}_i^k\, \mathrm{bt} \leqslant \mathrm{TW}^k, k \in \mathrm{VS}$$

以上的 x_i 代表了校车停车点 i，与其相关联的是经过它的校车 k，目标函数是找出使得参与的校车数和总运行时间最小的方案。每一辆运行校车的固定费用 fc 是＄100 000/bus，单位运行时间内的路耗费用 rc 是＄105/min，节点 i 和节点 j 之间的最短距离 sp_{ij} 是根据 Floyd-Warshall 算法计算出来的。lk_{ij}^{k} 代表了校车 k 是否经过校车停车点 i 和 j，如果为 1，则表示校车 k 经过校车停车点 i 和 j，否则为 0。对于超过每辆车的承载能力(45/bus)的“惩罚”pc_1 是＄100 000，对于超过每辆车的运行时间限制(32min)的“惩罚”pc_2 是＄100 000。每个学生上车的时间是 6s。

为了利用和声搜索算法求解校园校车路线选择的问题，将参数设置如下。

校车停车点 10 个，每个站点微调的范围为{校车 1，校车 2，校车 3，校车 4}。HMS∈(10～100)，HMCR∈(0.3～0.95)，PAR∈(0.01～0.05)，终止条件为改进次数达到 1000 次。

本例中经过了 1000 次搜索，找出了一种可行的方案，其数据如表 8-4 所示。

表 8-4 经过 1000 次搜索到的一种可行方案

目标函数值	校车编号	路径	学生数	运行时间
307980	1	Depot→8→9→10→School	45	31.5
	2	Depot→4→5→6→School	45	28.5
	3	Depot→1→2→3→7→School	40	29.0
	4	—	—	—
410185	1	Depot→2→6→School	35	25.5
	2	Depot→1→3→7→School	25	27.5
	3	Depot→5→9→10→School	45	27.5
	4	Depot→4→8→School	25	29.5

由表 8-4 可知，该方案的耗费是＄307 980，方案中第 4 号车没有使用。这是从 4^{10} ($\approx 1.05 \times 10^6$)种情况中查找出来的。与其他算法相比，和声搜索算法得到了更好效率的解决方案。

3. 广义定向问题

广义定向问题(Generalized Orienteering Problem，GOP)是一个类似于 TSP 的多目标优化问题。

问题描述如下：一个旅行者想要游览中国东部大陆，如图 8-15 所示，想游览尽可能多的城市以尽可能高地满足各方面的要求，包括自然风景(S_1)、历史文化(S_2)、人文气息(S_3)、商业机会(S_4)。

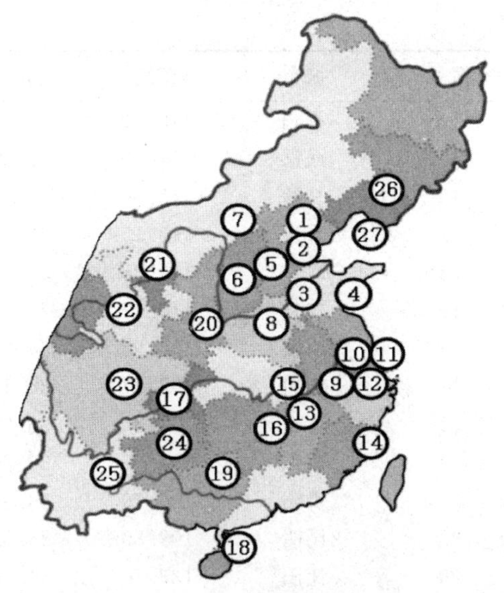

图 8-15 中国东部的游览图

限制条件是总的旅行路程。如果给每个城市的以上各方面一个分数，总的分数是这些分数的加权之和的话，这个旅行问题可以抽象为一个广义定向问题。

记 V 为 N 个点(城市)的集合，E 为城市两两之间边的集合，V. G=$\{V,E\}$为一个完全图。每条边有一个对称的，非负的权值 $d(i,j)$，可以将其理解为距离或者是运行时间。可以假设始点为 1 和终点为 N，每个点 V(城市)在图 V. G 中都有一个非负的得分向量 $S(i)=(S_1(i), S_2(i),\cdots,S_m(i))^{\mathrm{T}}$，其中的 m 为城市得分的影响因素个数，$S_g(i)$代表的是城市 i 在影响因素 g 上面的得分。

定义一条路线 P 的总得分的目标函数为

$$Z=\sum_{g=1}^{m}W_g\left[\left\{\sum_{i\in P}[S_g(i)]^k\right\}^{1/k}\right] \tag{8-1}$$

其中起点在城市 1，终点在城市 N，各个城市节点都隐含在路线 P 中；W_g 为影响因素 g 的得分，初始指数 k 可以定义为 5。

表 8-5 展示出了城市的一些数据，包括城市号、经度、纬度、得分向量。在此表格中 S_1、S_2、S_3 和 S_4 是自然风景、历史文化、人文气息、商业机会这 4 项影响因素的得分。其数据如表 8-5 所示。

表 8-5 自然风景、历史文化、人文气息、商业机会 4 项影响因素的得分

序号	城市	经度	纬度	S_1	S_2	S_3	S_4
1	北京	116.40	39.91	8	10	10	7
2	天津	117.18	39.16	6	5	8	8
3	济南	117.00	39.67	7	7	5	6
4	青岛	120.33	36.06	7	4	5	7
5	石家庄	114.50	38.05	5	4	5	5
6	太原	112.58	37.87	5	6	5	5
7	呼和浩特	111.70	40.87	6	6	5	5
8	郑州	113.60	34.75	5	6	5	5
9	黄山	118.29	29.73	9	3	2	2
10	南京	118.75	32.04	7	8	8	6
11	上海	121.45	31.22	5	4	9	9
12	杭州	120.15	30.25	9	8	7	6
13	南昌	115.88	28.35	7	6	5	5

续表

序号	城市	经度	纬度	S_1	S_2	S_3	S_4
14	福州	119.30	26.10	6	5	5	7
15	武汉	114.30	30.55	6	6	8	6
16	长沙	113.00	28.20	6	6	6	5
17	重庆	113.15	23.15	6	6	5	10
18	海口	110.35	20.02	7	3	4	8
19	桂林	110.29	25. 28	10	4	4	4
20	西安	108.92	34.28	5	9	8	6
21	银川	106.27	38.48	5	7	5	5
22	兰州	103.80	36.03	7	6	5	6
23	成都	104.07	30.66	6	7	6	5
24	贵阳	106.00	26.59	8	5	4	5
25	昆明	102.80	25. 05	9	7	7	6
26	沈阳	123.40	41.80	5	8	5	6
27	大连	121.60	38.92	7	5	6	7

本例中,最大迭代次数指定为50 000;(PAR_1,PAR_2,PAR_3)分别为选择最近城市的概率、第二近城市的概率、第三近城市的概率。

本例中,旅游者从城市1开始,基于以下3条规则选择下一个城市。

(1) 以概率 HMCR×(1-PAR)从和声库 HM 中选择一个和声向量,其中($PAR=PAR_1+PAR_2+PAR_3$)。

(2) 以概率 $HMCR\times PAR_1$ 选取一个最近距离的城市,以概率 $HMCR\times PAR_2$ 选取一个第二近距离的城市,以概率 $HMCR\times PAR_3$ 选取一个第三近距离的城市。

(3) 以概率(1-HMCR)随机选择一个城市。

每当旅行者旅行到一个城市 i,就按照前面的式(8-1)将该城市的4个影响因素的得分加上。从上一个城市到当前城市的距离根据以下公式进行计算(根据经度和纬度):

$$d(x,y)=r\cdot\arcsin\left(\sin(c_1)\sin\left(\frac{\pi(90-b_1)}{180}\right)/\sin(e)\right)$$

其中

$$e=\arctan(d_1)+\arctan(d_2)$$

$$d_1=\cos\frac{c_2}{2}/\cos\frac{c_3}{2}\tan\frac{c_1}{2},\quad d_2=\sin\frac{c_2}{2}/\sin\frac{c_3}{2}\tan\frac{c_1}{2}$$

$$c_1=(a_1-a_2)\frac{\pi}{180},c_2=(b_2-b_1)\frac{\pi}{180},\quad c_3=\pi-(b_1+b_2)\frac{\pi}{180}$$

上式中 $d(\cdot)$用于计算两城市之间的距离(在这里简单地计算沿着地球表面的弧线距离)。a_1 和 a_2 分别指的是城市 x 和 y 的经度,b_1 和 b_2 指的是城市 x 和 y 的纬度。当两城市之间的距离超过50 000km时,“惩罚”费用也要计算在总和之中。

本例中选取5个不同的权重向量,它们包括:$\boldsymbol{W}_0=(0.25,0.25,0.25,0.25)$,$\boldsymbol{W}_1=(1,0,0,0)$,$\boldsymbol{W}_2=(0,1,0,0)$,$\boldsymbol{W}_3=(0,0,1,0)$,$\boldsymbol{W}_4=(0,0,0,1)$。

第一个权重向量给每个影响因素以相等的权重,其他的4个则是考虑其中的某一个而忽略另外3个。每个权重向量都将以不同的 HMS 和 HMCR 运行45个用例。其结果如

表 8-6 所示。

表 8-6　以不同的 HMS 和 HMCR 运行 45 个用例

权重	算法	分数	距离	路　　线
$\boldsymbol{W}_0$	HS	12.38	4993.4	1-2-3-10-11-12-9-13-17-19-16-20-6-5-1
	ANN	12.38	4993.4	1-2-3-10-11-12-9-13-17-19-16-20-6-5-1
$\boldsymbol{W}_1$	HS	13.08	4985.4	1-2-15-24-19-13-9-12-10-4-27-1
	ANN	13.05	4987.7	1-2-3-4-10-11-12-9-13-16-19-24-20-6-5-1
$\boldsymbol{W}_2$	HS	12.56	4910.6	1-26-27-4-10-12-9-13-16-15-20-8-3-2-1
	ANN	12.51	4875.1	1-2-26-27-3-10-11-12-13-15-20-6-5-1
$\boldsymbol{W}_3$	HS	12.78	4987.5	1-2-3-5-6-20-8-15-16-13-9-12-11-10-4-27-1
	ANN	12.78	4987.5	1-2-3-5-6-20-8-15-16-13-9-12-11-10-4-27-1
$\boldsymbol{W}_4$	HS	12.40	4845.2	1-2-27-4-10-11-12-14-17-16-15-3-1
	ANN	12.36	4989.8	1-2-3-10-9-13-16-17-14-12-11-4-27-1

表 8-6 展示出了分别在 5 种不同权重向量下的算法求解出来的最佳旅游路线。其中 ANN 是采用人工神经网络计算的结果。从表中可以看出，HS 算法在权重向量为 $\boldsymbol{W}_1$、$\boldsymbol{W}_2$ 和 $\boldsymbol{W}_4$ 时能够找出更好的旅游路线，在 $\boldsymbol{W}_0$ 和 $\boldsymbol{W}_3$ 时与 ANN 找到相同的解。在本例中，和声算法表现出了更好的性能。

8.2.3　算法比较与分析

这里主要将和声算法与遗传算法进行比较。它们的相似之处就是在产生新解的过程中都考虑到已经存在的解；而它们的差别就在于如何去利用这些已存在的解去找到一个较优的新解。

遗传算法用交叉概率来产生新解；而和声算法采用 HMCR 和 PAR 这两个概率来产生新解。另外，遗传算法的交叉操作是配合其选择操作来的，不断繁殖，通过适者生存的选择操作来达到产生优质后代的目的；和声算法中选择算法退化，因为产生一个解的代价稍高，会影响效率。

和声算法基于群体的解构造方法，提供了在整个群体范围内构造最优解的可能，相比之下，遗传算法在这方面的效率比较低。如在一个 TSP 问题中，优质边分布在群体中的各个解中，遗传算法整合各个解优质边的效率比较低下。

此外，对于和声算法的效率和可靠性也存在改进的地方，例如，如何选择 HMCR 和 PAR 的值的问题就是一个改进算法效率的思路。其中一个解决办法就是随着搜索次数的增加，动态地改变这两个概率的取值。具体变化的方法是 HMCR 的值随着搜索次数增大而增大，PAR 的值随着搜索次数增大而减小，这样可以更快、更好地找到最优解。

习　题　8

8.1　试述禁忌搜索算法和和声搜索算法的记忆装置各起什么作用？在操作上有什么不同？

8.2　试讨论在禁忌搜索算法中，如果没有特赦准则，算法执行的结果将会怎样？

8.3 分别使用禁忌搜索算法和和声搜索算法求解 TSP 问题,并比较求解的结果和效率。

8.4 试述特赦准则一般有哪些原则?请列举出来。

8.5 分别将禁忌搜索算法与遗传算法、和声搜索算法与遗传算法比较,列举其相同和相异之处。

8.6 禁忌搜索算法中的禁忌表和记忆表分别起什么作用?

8.7 分别使用禁忌搜索算法和和声搜索算法求解一个多峰函数的优化问题,并比较求解的结果和效率。

第9章 基于 Agent 的搜索

随着计算机和人工智能技术的发展及普及，所解决的问题也越来越复杂，无论单个智能体的功能多么强大也难以解决，需要多个智能体(Agent)协作搜索才能解决，因此出现了分布式人工智能(Distributed Artificial Intelligence，DAI)。由于分布式求解问题的方式不同，需要多个智能体分布到各个不同的地方进行问题求解，因此出现了多 Agent 系统(Multi-Agent Systems，MAS)，从问题求解的角度看，它实质是基于 Agent 技术的搜索系统。

智能化和网络化的发展共同促成了智能主体 Agent 技术的发展，智能主体 Agent 技术正是为解决复杂、动态、分布式智能应用而提供的一种新的计算手段，许多专家信心十足地认为智能主体 Agent 技术将成为 21 世纪软件技术发展的又一次革命。

9.1 DAI 概述

DAI 是分布式计算和人工智能的交叉学科，是计算机科学的一个不断发展与成熟的研究领域。自从 1979 年第一次在 MIT 召开 DAI 会议至今，大量的 DAI 理论和研究系统层出不穷。DAI 研究的目标是要建造描述自然和社会系统精确的概念模型，研究在由多个问题求解实体组成的系统中，实体之间如何交互、知识和动作如何分布和协作以增强整个系统的性能。

早期的分布式人工智能的研究主要是分布式问题求解 DPS(Distributed Problem Solver)。DPS 所研究的是对于一个给定的问题，怎样把工作任务在一群模块或者节点之间进行分配，各个节点能够共享这个问题以及求解方法的知识。

分布式问题求解是基于分散的、松耦合知识源的合作对问题求解。这些知识源分布在不同的处理节点上，在单个知识源不能解决整个问题的前提下，就需要知识源的合作、信息的共享对群体作出决定。分散是指控制和数据是分布的、没有全局控制和全局数据。在一个纯粹的 DPS 系统中，问题被分解成任务，并且为求解这些任务，需要为该问题设计一些专用的任务执行系统，所有的交互策略都被集成为系统设计的整体部分。因为处理系统是为满足在顶部所给定的需求而设计的，所以这是一种自顶向下设计的系统。在 DPS 系统的研究和实际运行过程中，强调的是个体之间紧密型的群体合作，而非个体能力的自治和发挥。

随着分布式计算环境的快速增长和应用普及，人们认识到紧密型协调工作并非实用需求的主流，松散型协同工作才是社团组织和个人迫切需要的，这种协作只有在需要的时候才进行合作，从而促进了对个体或 Agent 的行为理论、体系结构和相互通信语言的深入研究，这极大地促进了对 Agent 的研究及开发。这不仅促进了 Agent 技术的实用化，而且使得多

Agent之间的协调工作的成效因个体能力的提高而得到提高。

多Agent系统研究的是一组自治的智能Agent之间智能行为的协调,为了一个共同的全局目标,或者是关于各自的不同目标,共享有关问题以及求解方法的知识,协调进行问题求解。多Agent系统是一种自底向上解决问题的方法。

分布式人工智能具有以下特点。

(1) 分布性。整个系统的信息,包括数据、知识和控制等,无论在逻辑上或者在物理上都是分布的,不存在全局控制和全局数据存储。系统中各个路径和节点能够并行地求解问题,从而提高子系统的求解效率。

(2) 连接性。在问题求解过程中,各个子系统和求解机构通过计算机网络相互连接,降低了求解问题通信代价和求解代价。

(3) 协作性。各子系统协调工作,能够求解单个机构难以解决或者无法解决的困难问题。多领域专家可以协作求解单个领域或单个专家无法解决的问题,提高求解能力,扩大应用领域。分布式人工智能的这一特点需要具有社会性的多个子系统来协作完成。

(4) 开放性。通过网络互联和系统的分布,便于扩充系统规模,使系统具有比单个系统广大得多的开放性和灵活性。

(5) 容错性。系统具有较多的冗余处理节点、通信路径和知识,能够使系统在出现故障时,主动降低响应速度或求解精度,以保持系统正常工作,提高工作可靠性。

(6) 独立性。系统把求解任务规约为几个相对独立的子任务,从而降低了各个处理节点和子系统问题求解的复杂性,也降低了软件设计开发的复杂性。

9.2 分布式问题求解

DAI领域的主要任务是分布式问题求解,因此"分布式问题求解"这一术语被广泛地使用着。Smith和Davis首先定义了分布式问题求解的框架为:"通过分散和耦合的一组问题求解器,合作对问题进行求解。"

在分布式问题求解中,数据、知识、控制一般均匀分布在系统的各个节点上,既无全局控制,也无全局数据和知识库。由于系统中没有一个节点拥有足够的知识和数据来求解整个问题,因此各节点需要交换部分数据、知识、问题求解的状态等信息,相互协作进行复杂问题的协作求解。

分布式问题求解系统的求解过程一般可以分为4步:任务分解、任务分配、子问题求解、结果综合。系统首先从用户接口接受用户提出的任务,判断是否可以接受。若可以接受,则将任务交给任务分解器,否则通知用户系统不能完成该任务。任务分解器将接受的任务按照一定的算法分解为若干相互独立但又相互联系的子任务。若有多个分解方案,则选出一个最佳方案交给任务分配器。任务分配器按一定的任务分配算法将各子任务分配到合适的节点。各求解器在接收到子任务后,与通信系统密切配合进行协调求解,将局部解通知协作求解系统,然后该系统将局部解综合成一个统一的解并提交给用户。

在分布式问题求解过程中,参与合作或联合求解的个体必须既能为整个环境作出贡献,又能提供其他个体提供不了的资源和信息。

无论对DPS还是对多Agent系统,个体都需要协调它们之间的活动。除了要研究个体下一步将执行什么动作外，个体之间还需要协作，共同完成问题的求解。显然通信是协作的基础。在 DAI 领域，有两种主要的通信模型：内存共享和消息传递。内存共享模型中最广泛使用的例子是黑板系统。黑板本身是一个全局数据库，其中含有各个个体（知识源）生成的条目。这些条目是问题求解工厂生产的中间结果并包括问题求解的解答和拥有问题求解的重要信息。知识源不断地检测黑板上的分区，等待所需的数据。一旦该数据出现后，某个知识源取到该数据并进行处理，产生新的数据并放到黑板的其他分区上。黑板系统是许多 DAI 系统的基础，如 HEARSAY Ⅱ 和 DVMT。

消息传递的思想来源于传统的面向对象程序设计，特别是基于对象的并行程序设计。目前大多数 DAI 系统采用消息传递机制的主要原因如下。

(1) 它具有更易于理解的语义，并提供了更抽象的通信方式。

(2) 没有隐含操作，因此对存取权限有更可靠、更完整的控制。

(3) 很少对系统的结构作出假设。

(4) 内存共享的可扩展性不太好——单一的黑板可能是一个严重的瓶颈，而多个黑板具有与消息传递相同的语义。

分布式问题求解系统一般有两种基本的协作方式：任务分担和信息共享。

第一种基本合作方式任务分担可用图 9-1 来说明，图中的数字表示事件的时序关系。从图中可以看出，任务分担是一个个体（提出者）请求另一个个体（接收者）为其执行某些任务求解活动。请求的原因可能是由于请求者自身不能执行该任务，而它确实需要计算它，或者是它希望平衡系统的计算负载。如果接收者接受了该请求，则它完成该任务并把结果返回给该请求者。虽然在某些情况下提出者在等待任务完成时可能会继续执行其他活动，但这类交互与传统分布式系统中的远程过程调用具有类似的语义。

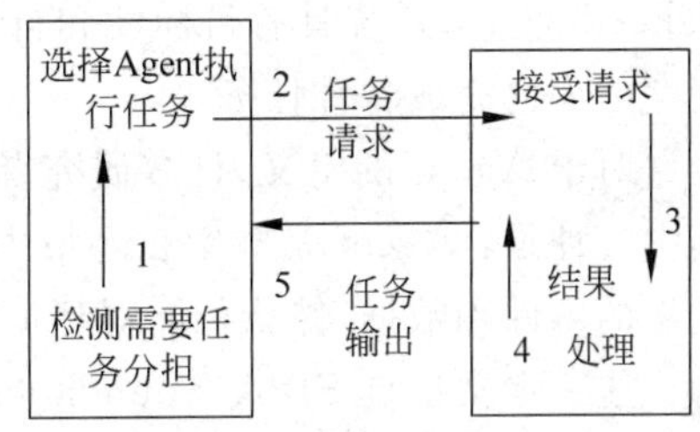

图 9-1 任务分担

任务分担型的交互的主要问题是确定哪个 Agent 执行任务。在大多数应用中把单个请求直接传递给 Agent 就可以了（如客户/服务器模式），这是因为通常任务只能由很少的 Agent 执行。然而如果很多 Agent 可以执行某种特殊的活动并预先不能作出适当的选择，则需要更复杂的交互协议。合同网协议就是其中的一种。

第二种基本合作方式是信息共享，如图 9-2 所示。各个 Agent 相互帮助，提供基于不同观点的部分结果。这些观点是由于 Agent 具有不同的知识或者是使用了不同的数据而产生的。

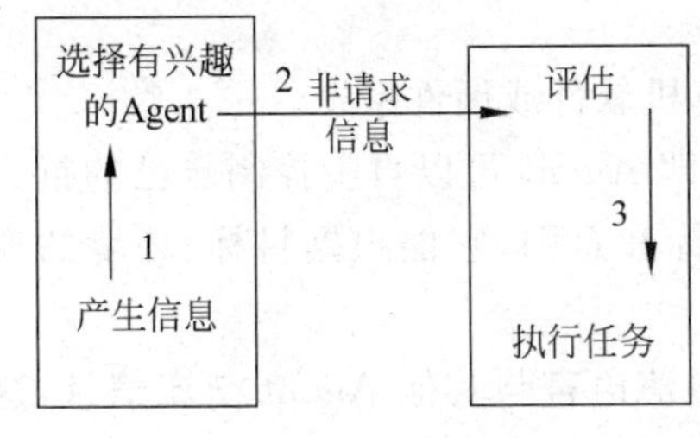

图 9-2 信息共享

在任务分担系统中，节点之间通过分担任务的子任务而相互协作，系统中的控制以目标为指导，各节点的处理目标是为了求解整个任务的一部分。在信息共享方式的系统中，各节点通过共享部分结果相互协作，系统中的控制以数据为指导，各节点在任何时刻进行的求解取决于当时它本身拥有或从其他节点收到的数据和知识。

任务分担的问题求解方式适合于具有层次结构的任务,如工厂联合体生产规划、数字逻辑线路设计、医疗诊断等。信息共享的求解方式适合于求解与任务有关的各子任务的结果相互影响,并且部分结果需要综合才能得出问题的解,如分布式运输协调系统、分布式车辆监控实验系统等。事实上,问题分担和信息共享两种求解方法,只是强调了问题求解任务的阶段不同,它们本质上并非是不相容的。

分布式问题求解中,规划理论的研究成果使应用程序有了初步的面向目标和特征,即应用程序具有某种意义上的主动性,而人工智能的另一个分支——决策理论和方法,则使应用程序具有自主判断和选择行为的能力,加上分布式对象技术(如 CORBA、DCOM 技术)的出现,则进一步使分布且异构的应用程序之间能以一种共同的方式提供和获得服务,实现了在分布式状态下的"软"集成,这就产生了 Agent 技术。

9.3 Agent 的定义

Agent 直译为"代理",广义上是指具有智能的任何实体,包括智能硬件(如机器人)和智能软件。Agent 的思想诞生于 John McCarthy 在 20 世纪 50 年代末提出的 The Active Taker 系统,该系统具有目标性和自主性,系统内可以用自然语言进行交流,可以从人的角度考虑如何完成各种任务。

对于 Agent 的定义,许多研究者从不同的角度提出了不同的定义,典型的定义有两种,其中一种是:Agent 是驻留在环境中的实体,它可以解释从环境中获取的能反映环境中所发生的事件和数据,并执行能对环境产生影响的行为。

这一定义出自 FIPA(Foundation for Intelligent Physical Agents),FIPA 是一个致力于 Agent 技术的标准化组织。在该定义中,Agent 被视为一个能在环境中生存的实体,它既可以是硬件也可以是软件。

另一种是软件 Agent 的研究者从以下两个角度对 Agent 进行的定义。

(1) 从软件角度看,Agent 是组成 Agent 社会的成员,它是包含信念、承诺、义务、意图等精神状态的实体。

(2) 从软件工程的角度看,面向 Agent 的软件开发方法可以认为是为了更确切地描述复杂的开发系统的行为而采用的一种抽象描述形式,它与面向对象方法一样,是观察客观世界及解决问题的一种方法。

Wooldridge 和 Jennings 对 Agent 的不同定义进行了总结,给出了现在基本上被学术界普遍认可的定义。他们认为,Agent 按其用法可以分成两种,即两种 Agent 定义:弱定义和强定义。

9.3.1 Agent 的弱定义

Agent 的弱定义认为 Agent 是具有以下特性的计算机软件或硬件系统。

(1) 自主性(autonomy)。这是 Agent 的基本特性,即 Agent 可以自主控制自己的行为和内部状态,它的行为是主动的;Agent 具有自己的目标和意图,它能根据目标、环境的变化对自己的短期行为作出规划。

(2) 社会性(social ability)。Agent 能够通过某种通信语言与其他 Agent 交流信息,这也是 Agent 协商与合作的基础。所以社会性也可称为可通信性。

（3）反应性（reactivity）。Agent 对环境的感知和影响。Agent 具有探知自身所处环境的能力，从而对环境作出反应。不能对环境作出影响的系统不能称为 Agent。

（4）能动性（proactive）。传统的应用程序被动地接受和完成用户的指令，但 Agent 的行为应该具有一定的主动性，即它能根据环境的变化作出基于目标的行为。

在该定义下，最简单的 Agent 就是满足上述条件的一个计算机进程，只要该进程能与别的 Agent 通信，能根据环境的变化产生基于目标的行为。

9.3.2 Agent 的强定义

某些研究者认为，Agent 除了具有弱定义下的特性外，还应该具有某些人类的特性，如知识、信念、意图等，有的学者甚至认为 Agent 应具有某些人类的情感。因此，当前对强定义 Agent 的研究主要集中在理论方面，例如 Shoham 提出的面向 Agent 的编程（Agent-Oriented Programming，AOP）使用的就是强定义的 Agent：

"一个 Agent 是这样一个实体，它的状态可以看作是由信念（belief）、能力（capability）、选择（choice）、承诺（commitment）等心智构件（mental component）组成"。

9.4 Agent 的分类

如同对 Agent 的定义一样，现在对 Agent 的分类也没有一个统一的标准，各个领域的研究者都把具有某些 Agent 属性的研究对象称为某类 Agent。因此，为明确这些 Agent 的具体含义，必须根据 Agent 的不同功能和特性对 Agent 进行分类。

根据 Agent 的工作环境可将其分为软件 Agent、硬件 Agent 和人工生命 Agent 等，这是对 Agent 的最一般的分类。

（1）平常所提到的 Agent 常常是指软件 Agent。软件 Agent"生存"在计算机操作系统、数据库及网络等环境中，软件 Agent 技术的诞生和发展是人工智能和网络技术相结合的产物。

（2）硬件 Agent 指平时所说的机器人。

（3）人工生命 Agent 则是"生存"在一种人造的环境中（如计算机屏幕等）的虚拟生命体，如前面介绍的"人工蚂蚁""人工鱼"等。

软件 Agent 与程序不同，所有的软件 Agent 均是程序，但并非所有的程序均是软件 Agent，只有满足 Agent 定义中的 4 条最基本特征的程序才能称为软件 Agent。图 9-3 是软件 Agent 的主要分类。

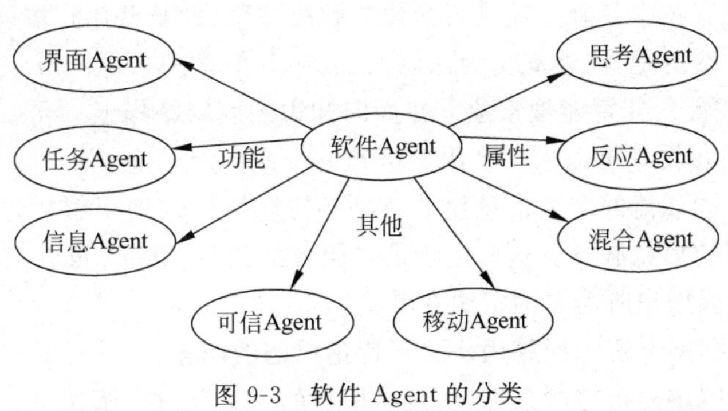

图 9-3　软件 Agent 的分类

9.4.1 按功能划分

按功能划分,Agent可以分为以下几类。

1. 界面 Agent(Interface Agent)或个人助手

它的主要任务是协助用户完成乏味而重复的工作。Agent将观察并监督用户怎样执行特定的任务,当这些Agent能确定用户在特定情况下将如何反应时,它就开始替代或帮助用户完成任务。这些Agent已针对某一用户进行了个性化处理,适应于特定用户的行为。这些问题与人机接口、用户建模、模式匹配密切相关。Microsoft公司在Office 97中推出了桌面动画Agent,就是典型的界面Agent,尽管由于其功能的不完善给用户带来了很多麻烦,但不能否认的是,在繁杂的日常事务管理中,确实需要智能Agent在用户最需要的时候给用户以帮助。界面Agent所体现出的智能直接依赖于其模型的准确程度,这也关系到界面Agent能否真正在市场上取得成功。在General Magic公司的Portico系统中,界面Agent忠实地提供过滤E-mail、路由电话呼叫或直接回答、安排会议或约会等功能,这些都是界面Agent的应用实例。当前应用和研究的一个热点是语音界面Agent,通过语音识别,界面Agent可以按照主人的命令去执行任务。Lucent、IBM、Microsoft等公司都正在为此进行大量的研究。

2. 任务 Agent (Task Agent)

它是帮助人类进行复杂决策和其他知识处理的软件Agent。这些Agent以AI领域的机器学习、资源受限推理、知识表达等在某个实用框架中的应用为基础,注重对一组个体或业务机构怎样组织自身求解问题的方式进行建模。每个Agent具备足够的智能来调度其工作,并在共同利益下委托其他Agent、应用程序或与其他Agent谈判来执行任务。

3. 信息/Internet Agent(Information/Internet Agent)

这是目前使用最广泛的一种智能Agent系统。随着互联网的迅速发展和普及,人们对网络的依赖性越来越大,希望通过互联网获取所需的各种信息资源,以方便自己的学习和工作。为此,各种搜索引擎,如Yahoo、Excite等相继诞生。然而,随着网络上的信息资源无论在数量上还是类型上都飞速膨胀,搜索引擎也越来越难以为用户提供满意的服务。

在这日益增长的海量数据资源中,搜索引擎查询出来的结果常常是成千上万、五花八门,用户很难从中找到自己真正需要的信息。也有可能这些查询结果满足了某一类用户的需求,但难以满足另一类用户的需求。Agent技术的使用,有利于这些问题的解决。目前,大多数用于智能搜索的Internet Agent主要是知识元搜索引擎(meta search engine),其主要贡献是不断在现有技术基础上提供智能化的解决方案,使某些用户群能进行更快、更方便的搜索。而更为重要的是,要建立更为深层次的Web信息的本体(ontology)和信息内容的格式(如XML格式等),使智能搜索建立在面向知识的底层结构上。

这方面的Agent技术可以为一个用户培养一个或几个信息Agent,这些信息Agent相当于用户的几种不同职能的个人信息秘书,它们通过学习,逐渐了解用户的兴趣和偏好,为用户提供不同类型的信息服务。这些用于信息服务的信息Agent可以完成以下工作。

① 导航,即告诉用户所需要的资源在哪里。

② 解惑,即根据网上资源回答用户关于特定主题的问题。

③ 过滤,即按照用户指定的条件,从流向用户的大量信息中筛选符合条件的信息,并以

不同的级别(全文、详细摘要、简单摘要、标题)呈现给用户。

④ 整理,即为用户把已经下载的资源进行分门别类的组织。

⑤ 发现,即从大量的公共原始数据(例如股票行情等)中筛选和提炼有价值的信息,向有关用户发布。

以上都是基于 Agent 的个性化主动信息服务应当具备的、不可缺少的功能。

信息 Agent 减轻了由于信息分散所带来的网络负担和用户的寻找信息的负担。这种 Agent 一般都是通过 HTTP 协议来取得信息,当然 Agent 之间可以 KQML 或其他 Agent 通信语言实现 Agent 与 Agent 的信息通信。这种 Agent 与下面要讨论的移动 Agent 有一定的相似性:它们都是活跃在 Web 环境下,而且有些信息 Agent 本身也具有可移动性。信息 Agent 目前已经有了一些可以商业化使用的系统,但是这些系统的智能化程度还不是很高,而且主动有余、过滤不足,这些都会带来一些负面影响,因此亟待发展更先进的人工智能技术以解决其不足之处。

9.4.2 按属性划分

根据 Agent 的属性可以分为思考 Agent、反应 Agent 和混合 Agent。

1. 思考 Agent

思考 Agent 的最大特点就是将 Agent 看作是一种有意图系统(intentional system)。人们设计基于 Agent 系统的目的之一是把它们作为人类个体或社会行为的智能代理,这样的 Agent 就应该或必须能模拟或表现出被代理者所具有的意识程度(intentional stance),如信念、愿望、意图、目标、承诺和责任等。已经有很多学者认为,把 Agent 作为有意识的系统来研究是合理的,意识程度和意识系统概念的引入更有助于研究者们以一种自然而又直观的方法来理解、描述、规范、推理和预测基于 Agent 系统的内部结构、运行规律和变化状态等。选择什么样的意识程度来刻画 Agent 是建造思考 Agent 所首先要考虑的问题。

不同的 Agent 模型或系统对意识程度有不同的认识和分类的观点。

(1) Shoham 等根据应用的特点将意识程度分为信息类(刻画 Agent 所具有的信息)、动机类(Agent 的动作选择)、社会类(与 Agent 的社会、道德和理性行为有关)和其他类(如欢喜、恐惧等)。

(2) Wooldridge 等把单个 Agent 应具有的意识程度(或精神状态)分为两类:信息程度和积极程度。

前者是指 Agent 所拥有的关于自身、环境及其他 Agent 的信息和知识,如信念和知识等;后者是指那些能导致 Agent 执行动作的状态,如愿望、目标、意图、承诺、责任、能力等。他们还指出,一个理性的 Agent 总是基于信息程度去采取积极程度,如根据信念去选择目标和形成意图。

任何一个完备的形式化系统都要包括相互独立的两个方面的属性:形式语言及其语义模型。Wooldridge 曾经指出,在 Agent 形式化方面,经典的命题逻辑和一阶谓词逻辑是不合适的。目前最常用的形式化工具是模态逻辑(包括各种时态逻辑)和可能世界语义,即将意识程度看成是一种模态。在语法方面,通过在公式中引入一些非真值功能的模态算子,从而构成模态语言;在语义方面,用可能世界及其可达关系来解释信念、目标等意识概念的含义。目前,关于模态逻辑和可能世界语义的研究已形成一整套的相关理论,成为智能 Agent

和多 Agent 系统的表示和推理最有力的形式化工具。

Bratman 最早提出用意图、信念、期望等概念来描述 Agent 系统,其观点为后来的许多相关工作,尤其是 BDI 模型奠定了理论基础。而第一个对信念和意图概念进行形式化描述的首推 Cohen 和 Levesque,他们以 Bratman 的工作为基础,以言语行为理论为背景,采用形式化逻辑方法讨论了自主 Agent 的信念、目标、意图、动作等的“理性平衡”(rational balance)问题,分析了意图在维持平衡中的作用。该工作被公认为是对 Agent 理论和性质进行形式化研究的奠基性工作,并为绝大多数相关研究工作所引用。在所有有关 Agent 理论和结构的研究中,BDI 模型以其坚实的理论基础和方便的可操作性而成为目前的研究和应用中使用最多的 Agent 模型,其结构如图 9-4 所示。

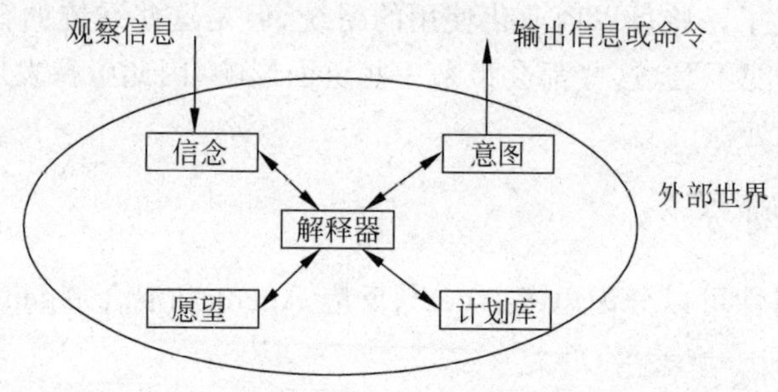

图 9-4　BDI Agent 结构

其中各部分的解释如下。

① 信念(belief)即 Agent 对其所处环境的认识,这种认识应尽可能全面和正确。

② 愿望(desire)是 Agent 希望达到的状态,这通常是人交给 Agent 的任务。

③ 意图(intention)描述了 Agent 为达到愿望而计划采用的动作步骤,意图在 Agent 的动作过程中可能会由于环境的改变而需要采取新的动作步骤。

④ 计划库存储了一些预先设计的计划,使 Agent 能方便地完成其意图。

⑤ 解释器负责对 Agent 的控制,这通常包括通过对外部世界的观察更新信念、在新信念的基础上产生新愿望、产生意图以完成愿望等。

BDI 模型研究的典型代表当数 Rao 和 Georgeff。关于单 Agent 意识程度的其他形式化工作还有很多,它们仍然是目前 Agent 理论研究的一个热点。

2. 反应 Agent

从上面的讨论可以看出,符号主义下的 AI 特点和种种限制给思考 Agent 带来了很多尚未解决,甚至无法解决的问题,这就导致了反应 Agent (reactive Agent)的出现。反应 Agent 的支持者认为,Agent 的智能取决于感知和行动(所以在 AI 领域也被称为行为主义学派),从而提出 Agent 智能行为的“感知——动作”模型。他们认为,Agent 不需要知识,不需要表示,也不需要推理,Agent 可以像人类一样逐步进化,Agent 的行为只能在现实世界与周围环境的交互中表现出来。反应 Agent 的支持者们还认为,符号 AI 对真实世界客观事物及其行为工作模型的描述是过于简化的抽象,因而不可能是真实世界的客观反映。

3. 混合 Agent

反应 Agent 能及时而快速地响应外来信息和环境的变化,但其智能程度较低,也缺乏足够的灵活性。思考 Agent 具有较高的智能,但无法对环境的变化作出快速响应,而且执行效率相对较低。混合 Agent (hybrid Agent)综合了二者的优点，具有较强的灵活性和快速响应性。

混合结构的系统通常被设计成至少包括以下两部分的层次结构：高层是一个包含符号世界模型的认知层，它用传统符号 AI 的方式处理规划和进行决策；低层是一个能快速响应和处理环境中突发事件的反应层，它不使用任何符号表示和推理系统。反应层通常被给予更高的优先权。采用分层结构时要处理的主要问题是，各层应采用什么样的控制框架以及各层之间应如何交互。

采用混合 Agent 结构的一个典型实例是过程推理系统(Procedural Reasoning System，PRS)，它是一个在动态环境中推理和执行任务的 BDI 系统。

从当前的研究和应用现状来看，思考 Agent 占据主导地位，因为多数研究和开发者都喜欢使用自己已经较为熟悉的符号 AI 技术和方法；反应 Agent 的研究和应用目前尚处于初级阶段；混合 Agent 由于集中了上述两种 Agent 的优点而成为当前的研究热点。

在所有有关 Agent 的理论和结构的研究中，BDI 结构以其坚实的理论基础和方便的可操作性而成为目前研究和应用领域中使用最多的 Agent 结构。

4. 移动 Agent(mobile Agent)

通过在客户和服务器之间传送可执行程序，使程序在远程执行的想法人们久已有之，如远程过程调用(RPC)，基本的出发点是解决本地运算能力的不足，共享资源和实现分布式系统负载平衡。这些概念都是在比较专用和封闭的环境中提出的。而移动 Agent 则是一个开放的概念，可以看作对远程调用的扩展，除了代码与数据，每个 Agent 都有明确的执行状态，允许程序的一个节点在某个状态暂停，迁移到另外的节点后继续执行。此外，移动 Agent 能够创建子 Agent，有效地分布处理任务，这样 Agent 可以在不同的节点以协调方式执行特定的任务。

在执行过程中，活动的 Agent 可以从一个节点转移到另一个节点，逐渐地完成它的任务，即 Agent 能够暂停执行，然后将自己的执行代码、数据和运行状态传送到网络的其他节点，接着从暂停点继续执行。在它迁移过程中，可以启动新的 Agent 来传送需要的信息给客户或者某个子任务，后面要讨论移动 Agent 平台——Aglet 已初步具备这些功能。这种方式与传统的 RPC 调用有显著的不同。

移动 Agent 的关键是允许进程在其他计算机上执行的一种软件结构，这是一种新的软件技术，对它的深入研究有着巨大的现实意义和广阔的应用前景。

5. 可信 Agent(believable Agent)

它是在与人的交互过程中以“令人信任”的特征来执行，它需要处理在与人的交互过程中发生的各种情况，而不是局限于把少量事情做得特别好。典型例子有教育 Agent、娱乐 Agent 等。将娱乐 Agent 引入到网络系统中，可以使网络上的娱乐效果得到加强，也是网络娱乐系统开发新功能的一个很有希望的选择。目前智能 Agent 在娱乐方面可以做的事情有以下几个。

(1) 个性化的节目点播服务。

(2) 游戏和虚拟现实中更加人性化的机器角色的设计，比如战争或经济活动中决策的智能化、人类活动中动作的人性化和自然语言对话的使用。

(3) 网络社交场合(如聊天室)中用来招徕用户或以假乱真的机器对话角色的设计和使

用等。CMU的著名人机对话程序JULIA可以用英语同在Internet上登录的任何用户进行对话。虽然话题控制略显生硬,也谈不上有什么“理解”,但毕竟它是把自然语言处理技术用于网上娱乐的一个开端。

9.5 Agent通信

9.5.1 Agent通信概述

Agent具有社会性,即在Agent所处的环境中还包括其他的Agent存在,这种由多个单Agent组成的系统称为多Agent系统。在多Agent系统中,一个Agent需要和其他的Agent进行通信和交互,单Agent所处的环境需要能够为Agent的通信和交互提供一个基本的结构,Agent的这种能力来源于Agent的感知能力(接收消息)和动作能力(传递消息)。

Agent间通信的基本作用是提供信息交换的方法,这些信息包括规划、部分结果和同步信息。

对通信的形式研究包括3个方面:语法(通信符号如何组织)、语义(这些符号指的是什么)和语用(这些符号如何解释)。语义和语用的结合体现了通信的意义或含义。Agent通信是为了理解和被理解,这和Agent的语用有密切的关系。一个通信的语用与通信者如何使用通信有关,这需要考虑通信者的心智状态和所处的环境,需要考虑通信的语法和语义以外的东西。因此,通信中消息的含义不可以孤立地理解,它和Agent的心智状态、环境的当前状态、环境的变化和历史演变有关,消息的解释直接与Agent以前的消息和动作有关。

在Agent中,Agent的通信一般是通过对话完成的,其中Agent的角色可以是主动的、被动的或者两者兼有,Agent可以处于主要的地位、次要的地位或者对等的地位。Agent通信中有两种基本的消息类型:声明(assertions)和查询(queries)。每个Agent无论是主动还是被动,都必须有接收消息的能力,不同Agent的能力可见表9-1。

表9-1 不同Agent的能力

	基本Agent	被动Agent	主动Agent	对等Agent
接收声明	√	√	√	√
接收查询		√		√
发送声明		√	√	√
发送查询			√	√

Agent之间的通信协议可以在几个层次上定义,最底层说明互连的方法,中间层说明消息的格式或语法,上层说明消息的含义或语义。一个通信协议可以通过5个方面说明:发出者、接收者、协议所使用的语言、编码与解码函数、接收者需要执行的动作。

9.5.2 言语动作

人类通过语言进行交流的方式可以作为Agent之间通信的一种模式,这种模式目前比较流行的方法来自于言语动作理论的思想。言语动作理论是语言的语用理论,它处理日常生活中语言的使用问题。语言动作理论的基本思想是：人所表达的话语是一种动作，如请求、建议、承诺和回答等，它表达的是说话者的意图。研究人们的话语如何达到其意图的理论就是言语动作理论。言语动作可以改变世界的状态，类似于“真实的”动作对世界的改变。例如，当人们需要什么东西的时候，并不是简单地给出说明，而是建立一个请求。

austion 所创立的言语动作理论认为语言动作包括 3 个方面。

① 语句(locution)。说话者说出的语法可接受的句子。语句动作仅仅是简单地发出一个语法上可以接受的句子。

② 语内行为(illocutions)。语句所包含的含义。语内行为动作是将说话者的意图传递给听者的动作，这常常表示为一个行为动词，如 request、inform、insist、demand 等。每一个这样的动作具有一定的相关影响力。

③ 言语表达效果(perlocution)。语句所导致的动作，即由所说的句子的结果造成的任何动作。

例如，小张会对小李说：“请关上窗户。”这个动作包括有小张发出的声音(或者由小张写出的文字序列)，小张的目的是一个请求或者是命令，并且如果所有情况都正常的话，窗户将被关上。

说话者常常是在某种上下文的语境中说话，并且执行言语动作，而且可以对上下文的语境进行改变，这是语言的语用理论的基本思想。假设 $\mathscr{L}$ 是某种语言所有可能的话语，$\mathscr{C}$ 是所有可能的语境集合，则语用理论可以看作下面的函数：

$$f: \mathscr{L} \times \mathscr{C} \rightarrow \mathscr{C}$$

通常认为话语的语境由参与说话者的心智状态所决定，如意图、信念、愿望等，这和前面把 Agent 看成是具有意向的系统是一致的。

言语动作理论使用行为原语(performatives)说明话语内所含的动作，如行为原语动词可以是 promise、report、convince、insist 和 tell 等。言语动作理论内含的动作类型可以粗略地分为断言型、指示型、承诺型、允许型、禁止型和声明型。

言语动作理论可以帮助定义消息的类型，可以清晰地定义发送者内含的通信动作，接收者不会对消息的类型产生疑虑。这可简化软件 Agent 的设计。

9.5.3 SHADE 通信机制

20 世纪 90 年代美国的知识共享促进组织(knowledge-sharing effort)在 ARPA 的赞助下开发了 SHADE(SHAred Dependency Engineering)项目，该项目提出了在知识级实现信息和知识共享的自治软件通信机制。其中，KIF(Knowledge Interchange Formant)、本体论(ontology)和 KQML(Knowledge Query Manipulation Language)技术的综合形成能支持语义互操作的自治软件通信语言 ACL。

1. KIF 格式

KIF 是异质软件(不同人在不同时间用不同语言编写的程序)间交换知识时采用的形式语言，是一阶谓词演算的扩展版本。KIF 提供的编码可以表示简单数据、约束、否定、析取、规则、量化表达式、元级信息、程序或过程等。

尽管 KIF 可以作为用户交互的表示语言，但提倡异质软件以各自原有的方式与用户交互；KIF 也可以作为智能软件内部的知识表示语言，但提倡这些软件用自己原有的方式表示知识,而仅在相互交换知识时,才把知识转变为 KIF 格式。由于 KIF 追求逻辑表示的充分性,所以并不是能高效地支持推理的知识表示语言,但由于 KIF 不依赖于特别解释器的可理解性,使其十分适合于作为通信内容的表示语言。

KIF 的基本格式类似于 LISP 语言的表达式,即一个表达式可以是单词或表达式的有穷序列。单词分为3大类:变量、常量和运算符。

<变量>: : =<个体变量>|<序列变量>
<运算符>: : =<项运算符>|<句子运算符>|<规则运算符>|<定义运算符>
<常量>: : =<对象常量>|<函数常量>|<关系常量>|<逻辑常量>

KIF 有它自己的本体论——按照对象、函数和关系等术语对世界作概念化说明,所有假设存在于世界的对象构成领域。对象可以是抽象的概念或特定的个体,可以是假设基本单元或合成体。

2. 本体论

本体论这一术语借鉴于哲学。在哲学中,本体论是对"存在"的系统化阐述。在人工智能研究的角度,本体论被视为设计智能系统时建立的世界观,清晰表示的本体论则等价于对应用领域概念化的说明。可以说,任何软件系统(包括智能系统)都基于某种本体论,只不过传统软件系统的本体论往往是隐含的,即仅存在于设计者头脑中或隐含于程序中。从知识表示的角度,清晰表示的本体论都有一个论域,即拟定表示和处理的对象集。对象及其可描述的关系构成表示应用领域的词汇。因此可通过定义由基本术语构成的词汇以及用基本术语去合成词汇外延的法则来建立关于智能系统的本体论。

人、组织、软件系统都必须通信。但是由于不同的上下文和需求,对于同样的 Agent,存在很多不相同的观点和设想,概念、结构和方法失配,但又有许多部分重叠。缺乏共享的理解,导致人、组织、软件系统间沟通困难。不同的建模方法、风格、语言和软件工具不仅严重阻碍了软件系统间的互操作,也导致软件设计中的许多重复性工作。清晰的表述软件系统的本体论,可以促进理解的沟通,进而促进软件的重用和共享、互操作及可靠性。

本体论研究的长期目标是支持 KB 系统的开发和分布式计算环境下软件系统运行时的知识共享。分布式计算时的知识共享主要面向 Agent 的语言互操作。共享本体论拥有描述 Agent 共同遵守的本体论约定。

本体论以构架(forms)形式定义构成本体论的基本术语,包括类、关系、函数、实例及管理这些术语的公理。构架的语法是简单的,包括定义指示符、术语名、参数表、文档型字符串、一系列由关键字标签的 KIF 语句等。SHADE 的本体论在 KIF 语言的基础上提供了开发共享本体论和对其做翻译的机制,能将类、关系、函数、实例及公理作为共享本体论的基本元素,并将这些元素翻译为几个常用的知识表示系统可接收的形式。

目前本体论已经为知识表示系统 LOOMS、Epikit 和 Algermon 提供了翻译机,并准备为 Cycl、KEE 和 Express 等提供翻译机。本体论能分析任何 KIF 语言并识别许多关于表示的习惯用法,从而可确保在其支持下开发的共享本体论能翻译为 Agent 所采用的内部知识表示形式。

3. KQML

KQML 是一种用于交换信息和知识的语言及协议,发布于1993年。它是一种支持 Agent 之间进行知识共享的消息格式和消息处理协议,可作为多 Agent 系统(MAS)为合作求解问题而进行知识共享的一种语言。它的优点之一是理解消息内容的所有信息都包含在通信自身当中。在概念上，KQML 是一种层次结构语言，可以分为 3 个层次：内容层、通信层和消息层。内容层携带信息的实际内容，其内容可以是任何表示语言，包括 ASCII 字符串和二进制符号。目前，所有 KQML 语言的具体实现都不关心消息中内容部分的具体含义。通信层描述底层的通信参数，如发送者、接收者和与通信相关的标识等。消息层是 KQML 语言的核心，主要功能是标识用于传递信息的协议。

KQML 的句法基于由配对括号包含的表，表的第一个元素是行为原语(performative)，其余的元素是行为原语的参数及其值。KQML 的语义就在于 Agent 之间观察彼此的性能。从外部看来，似乎每个 Agent 都在管理着一个知识库(KB)，与一个 Agent 的通信就是访问它的知识库，如询问一个知识库包括什么、叙述一个知识库包括什么、要求向知识库添加或从知识库删除语句等。实际上 Agent 并不一定要建造知识库，也可以使用数据库或其他数据结构，但要将其表示翻译成知识库的形式，使之用于通信。可以认为，每个 Agent 都管理着一个虚拟知识库。

KQML 与现存其他通信协议的本质区别在于，它不仅负责传递消息本身，而且能够通过定义丰富的消息类型及其语义来提出接收者应如何处理消息内容和如何应答期望，从而促进 Agent 间通信的协调。消息的类型以行为原语指示，所以每种类型的消息也称为 performative 信息。例如，tell 是一种 performative 类型，则相应的消息称为 tell 信息。

KQML 消息的格式如下：

```
(<performative>{:<参数关键字> {<单词>|<表达式>}}*)
```

常用的参数关键字如下。

- Content：消息拟传递的内容信息，其格式取决于所用的表示语言。
- Language：关于内容信息的表示语言。
- Ontology：消息内容遵循的本体论。
- Reply-with：指示消息发送者期望的应答标记。
- In-reply-to：在应答消息中知识被期望的应答标记。
- Sender：消息发送者。
- Receiver：消息接收者。
- To：在消息内容的转发中知识最终接收者。
- From：在内容消息的转发中知识信息源(原始发送者)。

例 9.1 在积木世界的本体论中，如果木块用一元谓词 Block 表示，则木块 A 在木块 B 之上可以表示为

```
(tell
   :sender     Agent1
   :receiver   Agent2
   :language   KIF
   :ontology   Blocks- world
   :content    (AND ( Block  A)  (Block  B)  ON(A,B))
)
```

在上述积木世界中，项 Block 表示概念，ON 表示关系。类和关系必须用本体表示，而

类的实例并不需要表示。

KQML的行为原语是基于言语动作理论的行为原语,与领域无关。KQML的基本行为原语可以分为以下几类。

- 基本询问原语(如 evaluate,ask-all,ask-one,…)。
- 简单询问回答原语(如 reply,sorry,…)。
- 多重回答询问原语(如 stream-in,stream-out,…)。
- 通用信息原语(如 tell,achieve,cancel,untell,unachieved,…)。
- 发生器原语(如 standby,ready,next,rest,discard,generator,…)。
- 能力定义原语(如 advertise,subscribe,monitor,…)。
- 网络原语(如 register,unregister,forward,broadcast,route,…)。

基于KQML的Agent之间的通信可以是同步的也可以是异步的。另外,KQML的消息可以是嵌套的,一个KQML消息可以作为另一个KQML消息的内容。

例 9.2 Agent1不能直接和Agent2通信,但可以和Agent3通信,则Agent1可以请求Agent3把消息传递给Agent2:

```
(forward
    : from        Agent1
    : to          Agent2
    : sender      Agent1
    : receiver    Agent3
    : language    KQML
    : ontology    KQML - ontology
    : content     (tell
                  : sender Agent1
                  : receiver Agent2
                  : language KIF
                  : ontology Blocks -  world
                  : content (AND ( Block A) (Block B) ON(A,B))
                  )
)
```

KQML在很多多Agent系统中得到了广泛的应用,为知识层建立Agent系统奠定了基础,但是KQML也有不足之处。

接收者和发送者必须理解它们之间所使用的通信语言,必须建立合适的本体论,它们对所有参与通信的Agent都是可调用的。

另外,Agent必须运作在一个基本的框架结构之中,使得一个Agent能够确定其他Agent的地址。

9.6 移动 Agent

移动Agent可以看成是软件Agent技术与分布式计算技术相结合的产物,它与传统网络计算模式有着本质的区别。前面谈到移动Agent不同于远程过程调用(RPC),这是因为移动Agent能够不断地从网络中的一个节点移动到另一个节点,而且这种移动是可以根据自身需要进行选择的。移动 Agent 也不同于一般的进程迁移,因为一般来说进程迁移系统不允许进程自己选择什么时候迁移及迁移到哪里,而移动 Agent 却可以在任意时刻进行移动,并且可以移动到它想去的任何地方。移动 Agent 更不同于 Java 语言中的 Applet,因为 Applet 只能从服务器向客户机做单方向的移动,而移动 Agent 却可以在客户机和服务器之间进行双向移动。

虽然移动 Agent 目前还没有统一的定义,但它至少具有以下基本特征。

① 身份唯一性。移动 Agent 必须具有特定的身份,能够代表用户的意愿。

② 移动自主性。移动 Agent 必须可以自主地从一个节点移动到另一个节点,这是移动 Agent 最基本的特征,也是它区别于其他 Agent 的主要标志。

③ 运行连续性。移动 Agent 必须能够在不同的地址空间中连续运行,即保持在不同环境下运行的连续性。具体说来,就是当移动 Agent 转移到另一节点上运行时,其状态必须是在上一节点挂起时那一刻的状态。

移动 Agent 适用于提供复杂服务,例如复杂的 Internet 过滤和搜索程序,智能消息传递、智能通信和管理,这类 Agent 的开发手段主要是通过脚本语言。Agent 的移动性是很有使用价值的属性,将会影响传统的通信和服务实现方式,但是它的安全性是最大的问题。Agent 程序必须在一个开放和保证安全的环境中运行,由于具有很好的可移动性和安全性,脚本语言引起了大家的重视。移动 Agent 的性能取决于移动模式和移动 Agent 的大小。

移动 Agent 的技术带来了 Internet 环境中新的应用机会。

(1) 异步与协作处理,移动 Agent 通过向一个或者多个节点分配任务可以实现动态和并行的计算,这种计算允许连接中断和弱客户计算。

(2) 服务用户化和可配置化,通过对现有服务的再配置和定制将 Agent 作为服务配置器,大大简化了安装。

(3) 即时服务和电子化交易,利用 Agent 缓解集中式网络管理的压力,移动 Agent 可以按时间或者按空间分布管理活动;Agent 通过配置用户的通信环境、信息格式转换和网间网互联为更高级的通信提供支持。

移动 Agent 可以利用脚本语言实现在脚本中预先定义它的动作和目标:Agent 也可以是一个由目标驱动的过程性程序;Agent 也可以由规则驱动,这是更一般的定义 Agent 目标的方法;还有一些更复杂的嵌入 Agent 目标的方法包括规划方法,或者由 Agent 自己随时间改变目标。

9.6.1 移动 Agent 系统的一般结构

虽然目前不同移动 Agent 系统的体系结构各不相同,但几乎所有的移动 Agent 系统都包含移动 Agent(简称 MA)和移动 Agent 服务设施(简称 MAE)两个部分,其结构如图 9-5 所示。

MAE 负责为 MA 建立安全、正确的运行环境,为 MA 提供最基本的服务(包括创建、传输、执行),实施针对具体 MA 的约束机制、容错策略、安全控制和通信机制等。MA 的移动性和问题求解能力在很大程度上取决于 MAE 所提供的服务,一般来讲,MAE 至少应包括以下基本服务:

• 事务服务。实现移动 Agent 的创建、移动、持久化和执行环境分配。

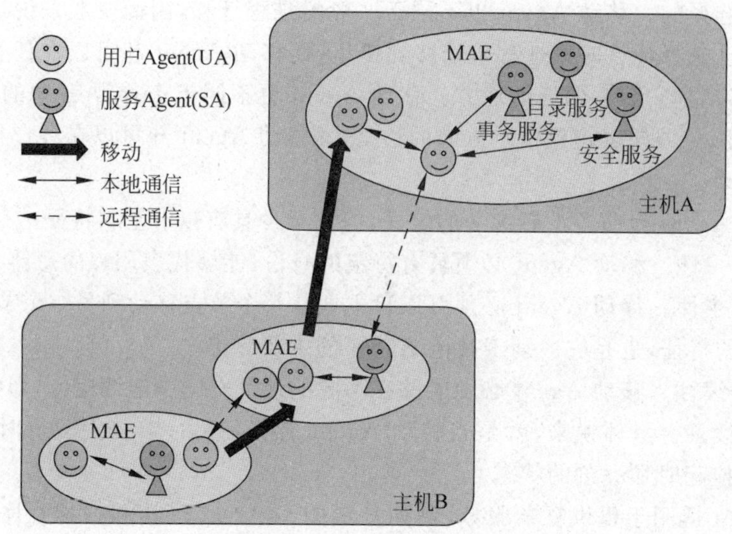

图 9-5 移动 Agent 系统

- 事件服务。包含 Agent 传输协议和 Agent 通信协议,实现移动 Agent 间的事件传递。
- 目录服务。提供移动 Agent 的定位信息,形成路由选择。
- 安全服务。提供安全的执行环境。
- 应用服务。提供面向特定任务的服务接口。

通常情况下,一个 MAE 只位于网络中的一台主机上,但如果主机间是以高速网络进行互联的话,一个 MAE 也可以跨越多台主机而不影响整个系统的运行效率。MAE 利用 Agent 传输协议(Agent Transfer Protocol,ATP)实现 MA 在主机间的移动,并为其分配执行环境和服务接口。MA 在 MAE 中执行,通过 Agent 通信语言(Agent Communication Language,ACL)相互通信并访问 MAE 提供的各种服务。

在移动 Agent 系统的体系结构中,MA 可以细分为用户 Agent(User Agent,UA)和服务 Agent(Server Agent,SA)。UA 可以从一个 MAE 移动到另一个 MAE,它在 MAE 中执行,并通过 ACL 与其他 MA 通信或访问 MAE 提供的服务。UA 的主要作用是完成用户委托的任务,它需要实现移动语义、安全控制、与外界的通信等功能。SA 不具有移动能力,其主要功能是向本地的 MA 或来访的 MA 提供服务,一个 MAE 上通常驻有多个 SA,分别提供不同的服务。由于 SA 是能不移动的,并且只能由它所在 MAE 的管理员启动和管理,这就保证了 SA 不会是"恶意的"。UA 不能直接访问系统资源,只能通过 SA 提供的接口访问受控的资源,从而避免恶意 Agent 对主机的攻击,这是移动 Agent 系统经常采用的安全策略。

9.6.2 移动 Agent 的分类

1. 按移动技术分类

移动 Agent 按移动技术大致可以分为两类:弱移动技术和强移动技术。

(1) 弱移动技术。弱移动技术将移动代码发送到远程站点执行,或动态连接远程站点并进行信息检索；最重要的弱移动技术是 Java，通常是移动 Agent 系统选择的程序设计语言。然而典型的 Java Applet 只是有限意义上的移动：从一个 HTTP 服务器移动到客户机，执行、死亡。特殊情况下，从一个执行环境移动到另一个执行环境没有执行状态。

(2) 强移动技术。强移动技术允许一个移动代码或程序段在不同执行环境间移动。在这种情况下，执行程序或程序段暂停执行，它的代码和状态被移动到其他站点。

2. 按移动机制分类

按照移动 Agent 的机制，可以将移动 Agent 分为 3 类：delegate-Agent、download-Agent 和 mobile-Agent。

(1) delegate-Agent。可以由管理者或者其他 Agent 指派或推到某个网络节点，在该节点上完成任务，仅发生一次移动操作。只要该 Agent 执行任务，它就一直处于执行状态。

(2) download-Agent。可以从远端主机下载到本地，然后在本地执行，一般一直驻留在本地。下载后其状态可以转为执行状态，也可以是阻塞状态，由其他服务唤醒。

(3) mobile-Agent。它能够在网络上移动，在一个节点完成一部分任务，然后移动到另一个节点继续执行。

3. 按移动模式分类

从移动 Agent 实现的角度看，有两种移动模型：显式移动和隐式移动。

(1) 显式移动。Agent 系统提供一原子操作 moveTo，自动获取正在执行的 Agent 的完整状态并将其发送到另一台机器上，在另一台机器上恢复状态，并从执行点重新开始运行。

(2) 隐式移动。系统负责将 Agent 的变量和方法移动到另一台机器上，然后在某一指定的方法处重新开始执行。如果使用面向对象的语言，系统自动获得的是对象的完整状态。为减少程序设计人员的负担，系统为每一个 Agent 预先制定一个路线，说明了将要去的机器和在上面要执行的方法，Agent 就按照这个路线执行。

这两种模型各有利弊，显式移动模型减轻了用户的负担，程序设计人员不需要程序说明如何获取当前的状态以及在每个入口点决定做什么，但是给系统开发人员增加了负担。

4. 按应用的结构分类

按照单 Agent 在环境中的移动可以将应用的结构分为单弱机单强机结构、单强机单弱机结构、单弱机多强机结构、单强机多弱机结构、多强机多弱机混合结构。

所谓强机，指计算能力较强的机器，如 C/S 模式中的服务器；而客户机则是弱机。下面分别讨论这几种应用结构。

(1) 单弱机单强机结构。单弱机单强机应用结构是指，移动 Agent 从弱机移动到强机上运行。Agent 移动的目的是利用强机的 CPU 处理能力或资源，高效地完成任务，如可以将复杂、耗时的计算工作在远程的强机上运行。单弱机单强机结构体现了弱机主动性。移动 Agent 结构为应用带来了极大的灵活性。这种面向用户的结构使得用户可以在系统运行时自主地指定软件运行方式，而不是像传统的客户/服务器模式那样，客户端只能实现在服务器方已经提供了的功能。开发具有高度灵活性的个性化系统是最能体现移动 Agent 技术的应用，也是软件开发和设计中具有新意的领域。例如，在旅游应用中，移动 Agent 可以事先为旅游者选择最好的航班或交通方式、选择适合用户要求的旅馆及相关旅游信息和服务，重要的是移动 Agent 可以监视这些状态的变化，如价格的变化、航班的变化等，Agent 对这些变化能够作出自己的判断和处理，并及时向旅游者报告详细信息。

(2) 单强机单弱机结构。单强机单弱机应用结构是指,强机发送移动 Agent 到弱机上运行。Agent 移动的目的是减轻强机的负担,将大任务分解为小任务,在弱机上完成一部分任务。采用这一结构可以解决当前 C/S 结构中服务器负担过重的问题。典型的应用领域有网上财务结算:网络财务可以实现动态处理功能,网络财务下的会计可从事后的静态核算达到事务中的动态核算,能便捷、迅速地产生各种反映企业经营和资金状况的动态财务报表、报告等,极大地提高财务处理活动的及时性。

(3) 单弱机多强机结构。单弱机多强机应用结构是指,由弱机发送的移动 Agent 在多个强机上移动。Agent 移动的目的是充分利用多强机(服务器)提供的服务或利用强机的丰富资源,典型的应用领域有工作流应用、电子商务、群件管理、分布式决策支持领域、移动电话网络应用等。

(4) 单强机多弱机结构。单强机多弱机应用结构是指,由强机发送的移动 Agent 在多个弱机上移动。Agent 移动的目的是收集弱机的有关信息供强机使用,利用弱机在地理位置上的分布特性,完成某些分布式任务。例如,收集网络节点的信息以使进行有效的网络管理;数据挖掘等数据库领域:Goldberg 和 Sentor 开发的 FAIS 系统对大现金事务进行考察以确定潜在的洗黑钱行为,决策的关键在于对大数据空间进行数据挖掘和信息收集,移动 Agent 对各节点的现金情况进行分析、过滤并收集各节点的信息,最后将各节点的信息汇总处理。

(5) 多弱机多强机结构。多弱机多强机应用结构是指,移动 Agent 在多个弱机和强机上移动。Agent 移动的目的是利用多强机(服务器)提供的服务或资源以及收集弱机的信息来完成任务。

9.6.3 移动 Agent 的优点

正因为移动 Agent 具有突出的优点,移动 Agent 技术受到了来自于世界范围内的工业界及学术界的重视,不少专家预言,移动 Agent 将成为分布式计算模式的主流,其突出优点主要有以下几点。

(1) 充分利用网上资源。很显然,移动 Agent 可以移动到网络中的各个节点,因而可以充分地利用网络上的计算资源。

(2) 减轻网络负载。移动 Agent 技术能较大地减轻网络上的原始数据的流量,不需要保持网络的始终连通,允许间断式的连接,提高网络的利用率。分布式系统通常依赖于通信协议,这些协议在完成给定任务的过程中涉及多次交互行为,这将导致网络交通拥挤。移动 Agent 可以将一个会话过程打包,然后将其派遣到目的主机上去进行本地交互。此外当进行远地主机的大量数据处理时,这些数据不应在网络上传来传去,而应在本地被处理完成。理由很简单:应把计算移动到数据上去进行,而不是把数据移动到计算中来。这种计算模式越是在需要通信量大的情况下越能体现出优越性。

(3) 克服网络隐患。对那些重要的实时系统而言,通常需要对环境的变化作出实时的反应,但对网络控制而言有很多隐患,对实时系统而言是不可接受的。移动 Agent 可以从中央控制器被传送到各局部点激活,并在当地直接执行控制器的指令。

(4) 封装协议。当数据在分布式系统中进行交换时,每一台主机都有自己的网络协议,该协议将对传出数据进行编码,对传入数据进行解码。但是,协议经常为满足新的效率和安全需要改进，而实现该协议的代码升级工作要么几乎不可能，要么相当困难。而移动 Agent 能够直接移动到远地主机，建立起一个基于私有规程的数据传输通道。

(5) 异步自主运行。通常，移动设备上的计算皆依赖于昂贵而脆弱的网络连接，它要求在移动设备和固定网络之间建立持续的连接，这种要求从经济和技术的角度来讲都不易实现。但这些任务可以嵌入到移动 Agent 中去，此后移动 Agent 就独立于生成它的进程，并可异步自主操作了；移动设备则可在稍后的时间里再连接并收回 Agent。

(6) 应变能力。移动 Agent 具有感知其运行环境，并对环境变化作出反应的能力。许多移动 Agent 拥有在网络主机之间动态合理分布自身的独特能力，例如按一定规则来维持解决某个特定问题的最优配置。

(7) 自然异构性。网络计算平台往往是异构的。由于移动 Agent 通常是独立于计算机和传输层，而仅仅依赖于其运行环境，所以移动 Agent 提供了系统无缝集成的最优条件。

(8) 坚定性和容错性。移动 Agent 具有对非预期状态和事件的应变能力，更容易创建稳定和容错性好的分布式系统。当关闭一台主机时，所有正在该主机上运行的 Agent 会得到警告，并有足够的时间移动到另一台主机上并继续运行。

9.6.4 移动 Agent 的技术难点

移动 Agent 虽然具有很多令人振奋的优点，但实现起来却具有相当大的技术难度。具体来说要克服以下的技术难点。

1. 克服计算环境的异构

移动 Agent 是将整个 Internet 作为计算平台的，移动 Agent 可能要在不同的计算环境中自主地执行，因此必须首先解决移动 Agent 的跨平台问题。

2. 自主移动

Agent 的自主移动应该解决以下 3 个问题：

(1) Agent 的移动规程。Agent 移动的触发、目的地指定、Agent 重执入口指定等规程。

(2) Agent 的通信模型。移动 Agent 之间存在着协作关系，该模型应保证 Agent 在移动时正确的通信和协作关系。

(3) Agent 的移动方式。移动 Agent 在运行的过程中可能会因为本身的需要或意外事件暂停运行，需迁移到另外的站点上并继续执行等。

3. 移动 Agent 的安全性

安全性问题涉及 3 个方面：移动 Agent 自身的安全保护、移动 Agent 之间通信的安全保护及站点的安全保护。移动 Agent 的安全性是急需解决的问题之一，它直接影响移动 Agent 系统的实用性。

4. 移动 Agent 灵活方便的环境

移动 Agent 系统用户需求是千变万化的，对应的移动 Agent 也各不相同，因而用户必须可以根据自己的需要来开发合适的移动 Agent。为用户提供一种方便的移动 Agent 编程语言及相应的开发环境是移动 Agent 系统所需解决的问题。

目前虽有不少移动 Agent 的应用，但尚未出现代表性的应用(killer application)，无法充分体现出移动 Agent 的技术特点和优势，影响了其实际应用和普及，必须提供一个良好的移动 Agent 设计环境，使移动 Agent 概念为人们所接受；此外，还需要提供一个将应用从传统技术过渡到移动Agent的途径,使得系统升级的费用和代价不至于过高,同时还要考虑到移动Agent的应用可能带来的消极影响。

9.6.5 移动Agent技术的标准化

现在的许多移动Agent系统在体系结构和系统实现上存在较大差异,这种现状极大地妨碍了移动Agent的互操作及技术的推广应用。因此,为了改变这种现状,一些标准化组织相继制定了一系列标准,主要有MASIF (Mobile Agent System Interoperability Facility)和FIPA (Foundation for Intelligent Physical Agents)。

1. MASIF

MASIF首先定义了通用概念模型,基本涵盖了现有移动Agent的所有主要抽象特征,定义了固定Agent、移动Agent、Agent状态、Agent授权者、Agent名字、Agent系统、位置、域、代码库和通信基础等一系列概念。

MASIF还定义了Agent系统之间的接口。对移动Agent而言,语言互操作难度太大,故MASIF没有语言的互操作内容,它只限于不同开发者用相同语言实现的移动Agent系统间的互操作。此外,MASIF也没有对局部的Agent操作如解释、序列化、执行等进行标准化。因此,MASIF实际上是一个在Agent系统级上,而非Agent本身级别上的接口标准化。MASIF制定了移动Agent以下4个方面的标准。

(1) Agent管理。从事移动Agent的工作人员非常希望对Agent管理进行标准化。很明显,一个管理着不同类型的移动Agent的系统管理员肯定期望这些系统能在同一标准下运行。在该标准下,可以创建一个Agent,给定一个名字,然后在一个标准的模式下挂起、恢复或终止这个Agent的执行。

(2) Agent移动。Agent应用中创建出众多Agent在不同类型的Agent系统中自由移动的能力是标准化的主要目标之一,它规定了一个公共的基础构架。

(3) Agent和Agent系统的命名。Agent系统的互操作除了要求Agent操作的标准化,其参数的语法和含义也必须标准化,特别是Agent和Agent系统命名也要标准化,它使得应用能够标识Agent和Agent系统,亦使得Agent和Agent系统能相互标识。

(4) Agent系统类型和定位。只有能被某一目标Agent系统所支持,Agent才能向该Agent系统迁移,因此,Agent迁移前必须要能从异地获取目标系统的类型信息,故Agent系统的定位语法必须标准化。从Agent系统彼此定位的角度来讲,定位语法也需标准化。

MASIF的最大贡献是定义了两个标准架构: MAFFinder和MAFAgentSystem,通过接口定义语言IDL对它们的属性、操作和返回值进行了明确的规定。MAFFinder架构通过提供一个名字和地址映射关系的动态数据库,实现了Agent位置和Agent系统的注册、注销和定位等操作。MAFAgentSystem则定义对Agent系统的操作,包括接收、创建、暂停、恢复等,它详细定义了方法名、参数类型、含义、数量、返回值等,这些方法提供了Agent传输的基本功能。

2. FIPA

FIPA目的是促进Agent技术的发展,制定国际性的规范,最大限度地使基于Agent的各种应用得以有机地结合。FIPA从不同方面规定或Agent建议在体系结构、通信、移动、知识表达、管理和安全方面的内容,对于Agent技术起到很大的推动作用,其中Agent管理、ACL、Agent 安全管理和 Agent 移动管理与移动 Agent 技术关系较紧密。

(1) Agent 管理。Agent 管理制定了一个标准框架。与 FIPA 相兼容的 Agent 在此框架下可以存在、运行和被管理。与 MASIF 相似,该部分定义了标准的开放式接口和管理服务,同时也规定了 Agent 管理本体和 Agent 平台消息传输。

(2) ACL。ACL 是基于语言行为理论,消息被视为行为或通信行为,它们被发送去执行某种动作。ACL 定义了消息类型和对语言的描述。基于模态逻辑,通信行为被描述成叙述性表格和形式化语义。ACL 与 KQML 比较相似,但两者之间仍然存在一定的差异。

(3) Agent 安全管理。Agent 安全管理指出了安全危险存在于 Agent 管理的全过程:注册、Agent 间的交互、Agent 配置、Agent 平台间交互、用户与 Agent 间的交互和 Agent 移动。它分析了在 Agent 管理中关键安全危险,并提出在 FIPA 兼容的环境中如何维护 Agent 间通信安全。

(4) Agent 移动管理。Agent 移动管理提出了在 FIPA 环境中支持软件 Agent 移动的标准框架,此框架包含了所需的最基本技术,并参考该领域内的其他标准。它还支持非移动 Agent 的管理操作。

9.7 移动 Agent 平台的介绍

移动 Agent 目前已经从理论探索进入到实用阶段,涌现出了一系列较为成熟的开发平台和执行环境。理论上移动 Agent 可以用任何语言编写(如 C/C++、Java、Perl 等),并可在任何机器上运行,但考虑到移动 Agent 本身需要对不同的软、硬件环境进行支持,所以最好还是选择在一个解释性的、独立于具体语言的平台上开发移动 Agent。Java 是目前开发移动 Agent 的一门理想语言,因为经过编译后的 Java 二进制代码可以在任何具有 Java 解释器的系统上运行,具有很好的跨平台特性。

移动 Agent 技术虽然已经研究了很多年,但直到 1996 年才出现了移动 Agent 系统,目前使用的移动 Agent 系统大致可以分为 3 类:基于传统解释语言的;基于 Java 语言的;基于 CORBA 平台的。

下面介绍几个典型的移动 Agent 系统,它们代表了当今移动 Agent 技术的基本方向和潮流。

9.7.1 General Magic 公司的 Odysses

作为移动 Agent 系统专用语言的最早尝试,General Magic 公司开发的 Telescript 曾经在过去的几年里被广泛采用。Telescript 是一种面向对象的解释性语言,用它编写的移动 Agent 在通信时可以采用两种方式:若在同一场所运行,Agent 间可以相互调用彼此的方法;若在不同场所运行,Agent 间需要建立连接,互相传递可计算的移动对象。

Telescript 在开始出现时还是一个比较成功的移动 Agent 开发平台,其安全性和健壮性都比较好,执行效率也很高。

随着 Java 的迅速崛起及其跨平台特性的逐步完善,Telescript 的优势慢慢消失,General Magic 公司开始改变其策略,开发了一个完全用 Java 实现的移动 Agent 系统 Odysses,它能够支持 Java RMI、Microsoft DCOM 及 CORBA IIOP。Odysses 继承了 Telescript 中的许多特性,是目前被广泛使用的一个移动 Agent 开发平台。

9.7.2 IBM公司的Aglet

Aglet是最早基于Java的移动Agent开发平台之一,Aglet的名字来源于Agent和Applet,可以简单地将其看成具有Agent行为的Applet对象。Aglet以线程的形式产生于一台机器,需要时可以随时暂停正在执行的工作,并将整个Aglet分派到另一台机器上,然后继续执行尚未完成的任务。从概念上讲,一个Aglet就是一个移动Java对象,它支持自主运行的思想,可以从一个基于Aglet的主机移动到其他支持Aglet的主机上。

Aglet构造了一个简单而全面的移动Agent编程框架,为移动Agent之间的通信提供了动态而有效的交互机制,同时还具备一整套详细而易用的安全机制,这一切使得移动Agent的开发变得相对简单起来。

图9-6是Aglet的事件模型的状态图,使用该图可以简单了解一下Aglet的运行机制。

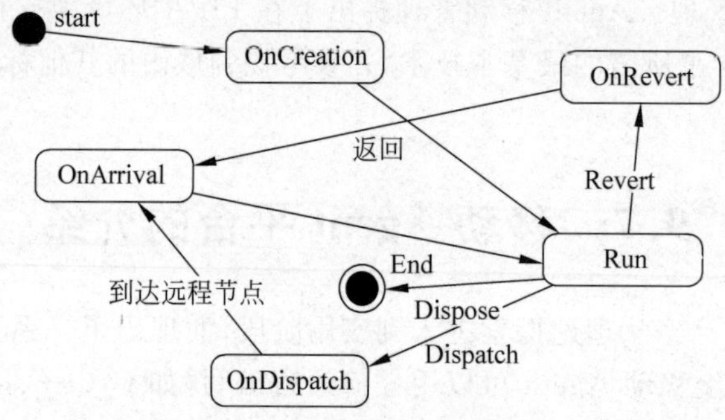

图9-6 Aglet事件模型的状态图

当Aglet开始运行时,调用OnCreation,然后开始执行Run方法;当要分派(dispatch)时,进入OnDispatch状态;当到达对方机器时,进入OnArrival状态,然后继续执行Run方法;当收到Revert消息时,进入OnRevert状态,并发送回到原来的站点,同时会再次调用OnArrival。

Aglet 1.0只能运行于JDK 1.1.x版本。因此并没有采用消息适配器的消息模型,Aglet 2.0以后就没有限制了。当事件发生时,调用Aglet的handleMessage(Message msg)方法。用户通过重载handleMessage来定义自己的消息处理方法。当用户需要发送消息时,必须知道要发送到的目的Aglet的AgletProxy。然后可以通过调用AgletProxy的sendMessage、sendAsyncMessage和sendOnewayMessage方法来发送消息。

Aglet平台具有许多优点:Aglet提供了一个简单、全面的移动Agent编程框架,它使得Agent的迁移变得简单,容易实现;Aglet为Agent提供了有效的和动态的通信机制;Aglet还提供了一套详细易用的安全机制。

习 题 9

9.1 比较分布式任务求解的任务分担和信息共享的异同。

9.2 叙述理性主体的BDI模型。

9.3 比较4种主体结构的优缺点。

9.4 什么是 KQML？其主要特点是什么？KQML 消息格式是什么？

9.5 用 KQML 语言的 performative 信息描述积木世界中的下列通信过程：

主体 1 请求主体 2 将积木 B1 从 L1 移到 L2；
主体 2 回复同意接受任务；
主体 2 向主体 1 报告任务完成。

9.6 合同网任务分配机制的内容是什么？

9.7 Agent 的定义和基本特征是什么？

9.8 DAI 的研究一般分为哪些部分？

9.9 有哪几种类型的移动 Agent？其特点及其技术难点是什么？

9.10 目前流行的 Agent 平台有哪些？请简述它们的特点。

9.11 简要描述一下 BDI 模型。

9.12 移动 Agent 的技术难点是什么？大规模应用 Agent 技术所面临的问题是什么？

第2部分 知识与推理

目前，在计算机中存储知识是比较容易的一件事，因为它可以通过各种媒体来保存知识。但这种知识只是可以用来展示，要靠人自身的智力来理解。由于简单存储的知识计算机不能理解，因而也就不能被计算机自身所利用，更不能从知识得到新的知识。

人工智能要解决知识的存储和利用问题，要从现有的知识中获取新的知识。前者是知识如何表达，后者是知识如何推理，两者构成知识工程的核心问题，本部分内容主要围绕这个核心问题展开。

第10章 知识表示与处理方法

"知识就是力量"这句名言在人工智能领域中能够得到很好的体现。人工智能的求解是以知识为基础的,一个程序具备的知识越多,它的求解问题的能力就越强,所以知识表示是人工智能研究的一个重要课题。

10.1 概 述

不管应用人工智能技术求解什么问题,首先遇到的问题就是如何将获得的有关知识在计算机内部以某种形式加以合理的描述、存储,以便有效地利用这些知识。

10.1.1 知识和知识表示的含义

知识是人类进行一切智能活动的基础。哲学、心理学、语言学、教育学等都是在对知识和知识的表示方法等问题进行研究。

1. 知识的定义

关于知识的定义在前面第1章已经简单说明了,知识是人们对于可重复信息之间联系的认识,它是信息经过加工整理、解释、挑选和改造而形成的,所以知识是人们对信息和信息之间联系的认识和人们利用这些认识解决实际问题的方法和策略等。关于知识,难以给出严格的、统一的定义,比较有代表性的定义如下。

(1) Feigenbaum。知识是经过裁剪、塑造、解释、选择和转换了的信息。

(2) Bernstein。知识由特定领域的描述、关系和过程组成。

(3) Heyes-Roth。知识=事实+信念+启发式。

2. 知识表示

人类拥有的知识如何才能被计算机系统所接受并用于实际问题的求解呢?这就必须以合适的方式将面向人的知识转化为计算机系统所能接受的形式,这就是知识表示研究的内容。

知识表示是指将知识符号化并输入给计算机的过程和方法。它包含两层含义:用给定的结构,按一定的原则、组织方式表示知识;解释所表示知识的含义。

就形式而言,知识表示具体表现为选取合适的数据结构描述用于求解某问题所需的知识。同一知识可以有不同的表示形式,但不同的表示形式可能产生不同的效果。知识表示的目的不仅是解决知识在计算机中的存储问题,更重要的是要使这种表示方法能够方便地运用知识和管理知识。

理想的知识表示方法是模仿人脑的知识存储结构,但目前还难以做到。合理的知识表示能够使得问题求解变得容易,并具有较高的求解效率。

在AI领域,研究知识表示方法的目的是用知识来改善程序的性能,具体表现为:利用知识来帮助选择或限制程序搜索的范围;利用知识来帮助程序识别、判断、规划与学习。所以AI的研究集中在如何使程序拥有知识而具有智能行为。

3. 智能系统中的知识

要使计算机系统具有智能,一般来说至少应使系统拥有以下几个方面的知识。

(1) 关于对象(object)和物体的知识,如火山、人。AI中的知识表示应能表示各种知识对象以及对象的类型、性质等。

(2) 事件(event),AI中的知识表示应能表示事件的时序、因果关系等,如天正在下雨、人会死、火山在一定条件下会爆发等。这些知识是动态的,常常可以从中提炼出一些规则来,特别是启发式规则。

(3) 行为(performance),它是关于如何做的知识、如何写文章、如何造句、如何证明定理等。

(4) 元知识(meta knowledge),它是关于知识的知识,即怎样知道什么是知识以及如何运用知识。如果将知识组成知识库,那么元知识是最高层的知识,它是关于怎么获取、使用、解释、校验知识的知识。

10.1.2 知识表示方法分类

AI中知识表示方法的分类与知识的分类是分不开的。常见的知识可以从不同的角度进行划分,举例如下。

(1) 就知识的形成而言,知识由概念、命题、公理、定理、规则和方法等组成。

(2) 就知识的层次而言,知识可以分为表层知识和深层知识。

(3) 就知识的确定性程度而言,知识可以分为确定性知识和模糊知识。

(4) 就知识的等级而言,知识可以分为元知识和非元知识。

(5) 就知识的作用而言,知识可以分为陈述性知识和过程性知识。

AI中知识表示方法注重知识的运用,所以从知识的运用角度,可将知识表示方法粗略地分为以下两大类。

1. 过程式知识表示

过程式知识(procedure)一般是表示如何做的知识,是有关系统变化、问题求解过程的操作、演算和行为的知识。这种知识是隐含在程序中的,机器无法从程序的编码中抽取出这些知识。

过程式知识表示描述过程性知识,即描述表示控制规则和控制结构的知识,给出一些客观规律,告诉怎么做。过程式知识一般可用算法予以描述,用一段计算机程序来实现。例如,矩阵求逆程序,程序中描述了矩阵的逆和求解方法的知识。

2. 陈述式知识表示

陈述式知识(declarative)描述系统状态、环境和条件,以及问题的概念、定义和事实。

陈述式知识表示描述这种事实性知识,描述客观事物所涉及的对象是什么,有时有必要给出对象之间的联系。它的表示与知识运用(推理)是分开处理的。这种知识是显式表示的,如:

isa(John,man)

isa(ABC,triangle)→cat(a,b)∧cat(b,c)∧cat(c,a)

前者表示 John 是一个男人；后者表示如果 ABC 是一个三角形，则它的 3 条边是相连的。

这种知识可以为多个问题所利用，其实现方法是：数据结构＋解释程序，即设计若干数据结构来表示知识，如谓词公式、语义网、框架等，再编制一个解释程序，它能利用这些结构作推理，二者缺一不可。

陈述式表示法易于表示“做什么”。由于在陈述式表示法下，知识的表示与知识的推理是分开的，所以这种表示法的优点是：易于修改，一个小的改变不会影响全局大的改变；可独立使用，这种知识表示出来后，可用于不同目的；易于扩充，这种知识模块性好，扩充后对其模块没有影响。

10.1.3 AI 对知识表示方法的要求

首先，一种好的知识表示方法要求有较强的表达能力和足够的精细程度的描述能力，这可以从以下几个方面考虑。

(1) 表示能力。要求能够正确、有效地将问题求解所需的各类知识都表示出来。

(2) 可理解性。所表示的知识应易懂、易读、易于表示。

(3) 自然性。即表示方式要自然，要尽量适用于不同的环境和不同的用途，易于检查、修改和维护。

然后，从知识的使用角度讲，衡量知识表示方法可以从以下 3 个方面考察。

(1) 便于获取，便于表示新知识，并以合适方式与已有知识相连接。

(2) 便于搜索，在求解问题时，能够较快地在知识库中找出有关知识。因此，知识库应具有较好的记忆组织结构。

(3) 便于推理，要能够从已有知识中推出需要的答案或结论。

这几个方面都是当代 AI 研究的重点与难点，并形成了 AI 研究的新分支，如自动推理就是 AI 中单独研究推理规则与技术的一个研究方向。目前关于推理的主要研究方法有 3 大类：演绎推理、归纳推理和类比推理。从推理的形式看，推理可分为单调、非单调、模糊、概率推理等。推理是 AI 中的核心问题，它必须从已有知识中找出未知的知识。在后面的几章里几乎都要涉及推理。

选择何种知识表示，不仅取决于知识的类型，还取决于这种表示形式是否能够得到广泛应用，是否适合于推理，是否适合于计算机处理，是否有高效的算法，能否表示不精确的知识，知识和元知识是否能用统一的形式表示，以及是否适于加入启发信息等。

随着人工智能应用领域的不断推广，智能系统中知识的复杂性也不断增加，单一的知识表示方法已不能完全描述复杂的知识，混合知识表示为人工智能提供了新的研究课题。

10.1.4 知识表示要注意的问题

对于人类而言，知识表示的最主要手段是自然语言。现在要将知识植入到计算机中去，这就涉及知识在计算机内部的表示。知识在计算机内部表示出来以后，还有一个是否能够还原的问题，即是否“失真”的问题。理想的内部表示要能真实地直接反映外部世界的事实，所以内部知识表示与自然语言和外部世界三者之间的关系可用图10-1所示描述。

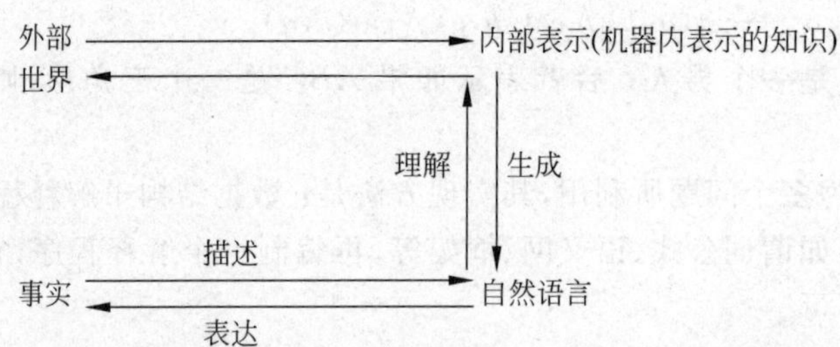

图10-1　内部知识表示与自然语言和外部世界三者之间的关系

建立知识的内部表示是知识表示的具体实现，在建立内部表示时要注意以下问题。

(1) 知识的范围和基本知识的确定。

① 范围(scope)——外部世界的哪些部分需要表达到系统中去。

② 粒度(grain size)——所表示的部分需要细化到何种程度。它取决于系统要求解问题的性质，如医学方面要求到细胞级；生物、化学方面要求到分子级。

(2) 决定哪些知识该清楚表达出来，哪些可以隐含。

一般说来，那些是必须要向用户解释如何得出此结论的知识必须明确表示。如医学专家系统MYCIN的诊断规则，必须向病人解释如何从病人的症状得出病因和医治措施，这些知识是必须明确表示的。有些不需解释，只需求出结果。如图书参考资料咨询，只需回答用户所需的图书，不必解释如何得到这些图书。

(3) 知识库的模块化和可理解性，以及知识检索的效率。一般模块化了的知识易于检索、理解，但也有无法模块化的知识。

(4) 排除自然语言的二义性。

(5) 加入必要的常识。

下面具体介绍目前比较常用和有效的几种知识表示方法，谓词逻辑表示法将在下一章讨论归结原理时详细叙述，这里只对其特点稍作介绍，重点介绍其他的知识表示方法。

10.2　逻辑表示法

逻辑是一种比较常见的知识表示法，在人工智能领域中，很早就使用一阶谓词逻辑来表示知识。一阶谓词逻辑是一种形式语言，其根本目的在于把数学中的逻辑论证进行符号化，使我们能够采用数学演绎的方式，证明一个新的语句(或断言)是从哪些已知正确的语句推导出来的，从而也就证明这个新语句也是正确的。

例10.1　已知命题公式集合 s 可以转化为以下2条子句。

$$\text{起大风}(5\text{日}) \tag{1}$$

$$\sim\text{起大风}(x\text{日}) \vee \text{天气变冷}((x+1)\text{日}) \tag{2}$$

根据子句(1)是否可以推断6日天气要变冷呢？可以用以下的反证法予以证明。

首先假设6日天气不会变冷，用公式表示为

$$\sim\text{天气变冷}(6\text{日}) \tag{3}$$

采用归结方法(将在第11章详细介绍)证明，如图10-2所示。

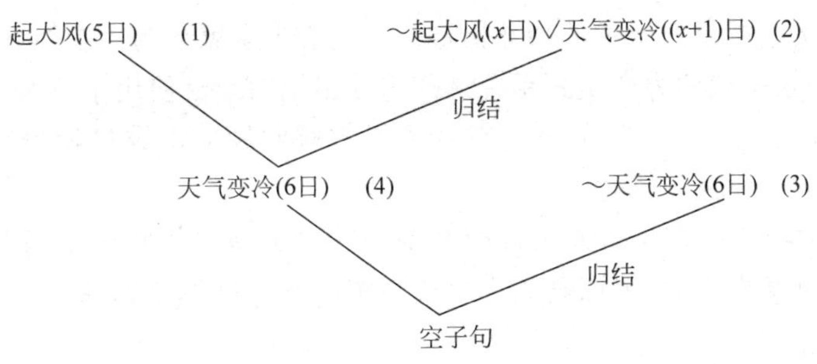

图 10-2 一个简单的归结证明

在上述推理中，首先由子句(1)和(2)进行归结，得到新子句(4)：

天气变冷(6 日) (4)

再由子句(3)和(4)进行归结，得到空子句。空子句的出现意味着子句组合中存在矛盾，这个矛盾就是加入了假设——子句(3)而造成的，从而说明子句(3)不成立。也即证明了由已知条件可以推断 6 日天气要变冷。

这就是一阶谓词逻辑中一个最简单的归结证明。本书将在第 11 章详细介绍基于一阶谓词逻辑的知识表示和归结证明方法。

逻辑表示法主要用于定理的自动证明、问题求解、机器人学等领域。

逻辑表示法的主要特点是它建立在某种形式逻辑的基础上，因而具有以下优点。

(1) 自然。逻辑表示法是人们对问题直观理解的一种描述，易于被人们接受。在一阶谓词表示法中，谓词实质上就是人们所熟知的函数的概念，只不过是这里的函数只取两个特殊的值——真值和假值而已，所以容易掌握，而且表示起来也很容易。

(2) 明确。逻辑表示法对如何表示事实以及如何表示事实之间的复杂关系有明确的规定(如连接词及量词的用法、意义等)。对于它表示的知识，人们可以按照一种标准的方法去解释和使用，因此，逻辑表示法表达的知识也易于理解。

(3) 灵活。逻辑表示法把知识和知识处理的方法有效地区分开来，使得在使用知识时，无须考虑程序处理知识的细节问题。

(4) 模块化。在逻辑表示法中，各条知识都是相对独立的，容易模块化，所以添加、删除、修改知识的工作比较容易。

逻辑表示法也有明显不足的地方，主要表现在它所表示的知识属于表层知识，不易表达过程性知识和启发式知识；另外，它把推理演算和知识的含义截然分开，抛弃了表达内容中所含有的语义信息，往往使推理难以深入，特别是当问题比较复杂、系统知识量大的时候，容易产生组合爆炸问题。

值得指出的是，广义逻辑表示法的含义较广，现在有很多逻辑形式系统，都可以说是使用的逻辑表示法，特别是模糊逻辑表示一些非精确的知识、非单调逻辑表示一些常识、次协调逻辑表示一些相对矛盾的知识等。

10.3 产生式表示法

1943 年美国数学家波斯特(Post)首先提出的产生式系统(production system)，是作为组合问题的形式化变换理论提出来的，其中产生式是指类似于 A→Aa 的符号变换规则。谓词公式中的蕴涵关系就是产生式的特殊情形。有的心理学家认为人脑对知识的存储就是产生式形式,相应的系统就称为产生式系统。产生式系统的广泛使用主要有两点理由。

(1) 用产生式系统结构求解问题过程和人类求解问题的思维过程很相像,因而可以用来模拟人们求解问题时的思维过程。

(2) 人们可以把产生式当作人工智能系统中的一个基本的知识结构单元,从而将产生式系统看作是一种基本模式,因而研究产生式系统的基本问题就对人工智能的研究具有很广泛的意义。

10.3.1 产生式系统的组成

产生式系统由全局数据库(global database)、产生式规则集(set of product rules)和控制策略(control strategies)3 部分组成。各部分之间的关系如图 10-3 所示。

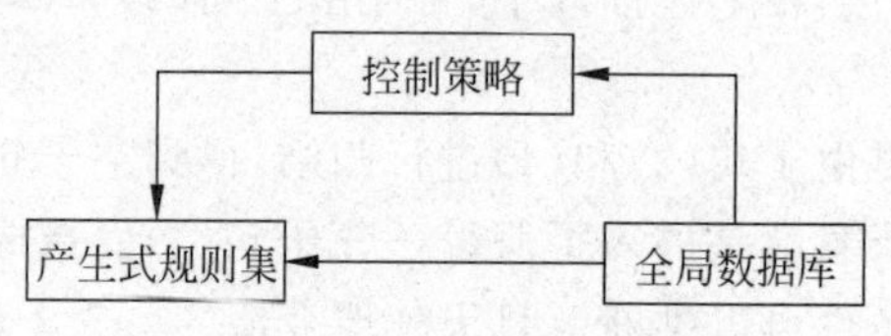

图 10-3 产生式系统的组成

全局数据库是产生式系统所使用的主要数据结构,它存放输入的事实和问题状态以及所求解问题的所有信息,包括推理的中间结果和最后结果。全局数据库中的数据根据应用问题的不同,可以是常量、变量、谓词、表结构、图像等。全局数据库中的数据是产生式规则集的处理对象。

规则集是某领域知识的用规则形式表示的集合,规则用产生式来表示。规则集包含将问题从初始状态转换到目标状态的那些变换规则。规则的一般形式为

$$\text{条件} \longrightarrow \text{行为}$$

$$\text{或}\quad \text{前提} \longrightarrow \text{结论}$$

用一般计算机程序语言表示为

```
if … then …
```

其中左部确定了该规则可应用的前提条件,右部描述应用这条规则所采取的行动或得出的结论。在确定规则的前提或条件时,通常采用匹配的方法,即查看全局数据库中是否存在规则的前提或条件所指出的情况。若存在则认为匹配成功,否则失败。若匹配成功,则执行规则行为部分规定的动作(如"添加"新数据、"更新"旧数据、"删除"无用数据等),或得到规则中所描述的结论。

控制策略或控制系统是规则的解释程序,它规定了如何选择一条可应用的规则对全局数据库进行操作,即决定了问题求解过程或推理路线。通常情况下,控制策略负责产生式规则前提或条件与全局数据库中数据的匹配,按一定的策略从匹配超过的规则(可能不止一条)中选出一条加以执行(执行规则行为部分规定的操作,或得到规则结论部分描述的结论),并在合适的时候结束产生式系统的运行。

10.3.2 产生式系统的知识表示

产生式系统的知识表示方法,包括事实的表示和规则的表示。

1. 事实的表示

产生式知识表示方法易于描述事实,事实可看成是一个语言变量的值或是多个语言变

量间关系的陈述句。语言变量的值或语言变量间的关系可以是一个词。对事实有以下两种表示方法。

(1) 孤立事实的表示。孤立事实通常用三元组(对象,属性,值)或(关系,对象1,对象2)表示,其中对象就是语言变量。当要考虑不确定性时,就要用四元组表示。这种表示的内部实现就是一个表。

如事实老王年龄已40,可以表示成

```
(Wang,Age,40)
```

而若要表示老王、老张是朋友,则可表示成

```
(friend,Wang,Zhang)
```

如果增加不确定的度量,可增加一个因子表示两人友谊的可信度。如

```
(friendship,Wang,Zhang,0.8)
```

可理解为王、张二人友谊的可信度为0.8。

(2) 有关联事实的表示。在许多实际情况下,知识本身是一个整体,事实之间联系密切,很难独立地予以描述。在计算机内部需要通过某种途径建立起这种联系,以便于知识的检索和利用。下面以实际的专家系统来说明这个问题。

① 树型结构。在MYCIN系统中表示事实用的是四元组,为了查找方便,它把不同的对象(即上下文)按层次组成一种上下文树,如图10-4所示。

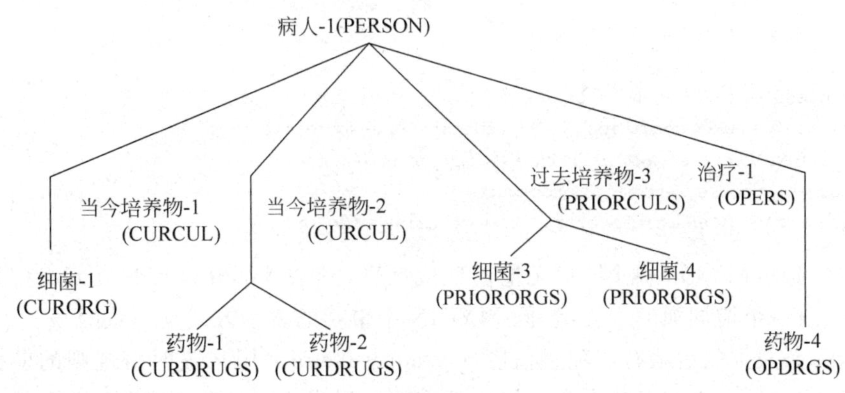

图10-4 MYCIN系统中按层次组成的上下文树

② 网状结构。在PROSPECTOR探矿系统中,整个静态知识以语义网络的结构表示,它实际上是"特性—对象—取值"表示法的推广,把相关的知识连在一起,这样就使查找更加方便了。

PROSPECTOR将不同对象的矿石按子集和成员关系组成类似图10-5所示的网络。图10-5所示网络最左分支表示"方铅矿是硫化铅的成员,硫化铅是硫化矿的子集,而硫化矿又是矿石的子集"。

其中,s表示子集关系,<subset x y>表示y是x的子集;e表示成员关系,<element x y>表示y是x的成员。

同样的关系也存在于岩石之间,其网状结构如图10-5中右部所示。

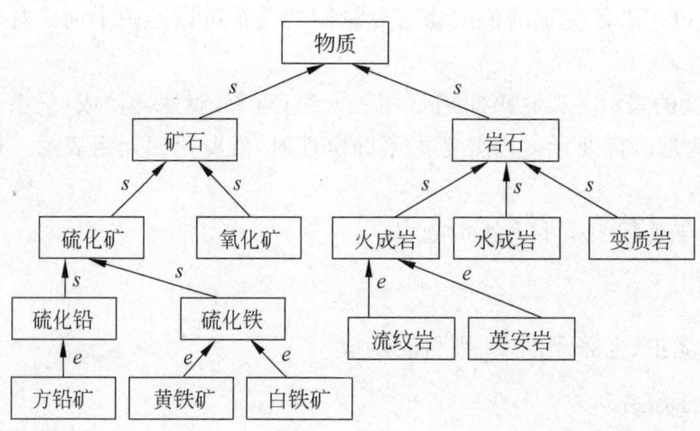

图 10-5 PROSPECTOR 探矿系统中事实的网状结构表示

2. 规则的表示

(1) 单个规则的表示。单个规则一般由前项和后项两部分组成。前项由逻辑连接词组成各种不同的前提条件；后项表示前提条件为真时，应采取的行为或所得的结论。如果考虑不精确推理，则可考虑附加可置信度量值。现仍以 MYCIN 和 PROSPETOR 系统中的规则表示为例。

MYCIN 系统中的规则定义为

```
<rule> = ( IF <antecedent> THEN <action> ELSE <action>)
```

其中各部分的定义分别为

```
<antecedent> = (AND{<condition>})
<condition> = (OR{<condition>}|(<predicate><associative.triple>)
<associative. triple> = (<attribute><object><value>)
<action> = {<consequent>}|{<procedure>}
<consequent> = (<associative.triple><certainty.factor>)
```

由定义可见，MYCIN 规则中，无论前项或后项，其基本部分是关联三元组(〈特性—对象—取值〉)或一个谓词加上三元组，同 MYCIN 中事实的表示方式是一致的。

此外，每条规则的后项有一项置信度(certainty factor)，用来表明由规则的前提导致结论的可信程度。这一点在多数专家系统中都需要加以考虑，以便在不完全知识的条件下描述推理的不确定性。

有了规则的定义，再进一步分析一个具体的 MYCIN 规则及其在机器内部用 LISP 语言的表示。

MYCIN 系统中有以下一个典型规则。

前提条件：细菌革氏染色阴性；形态杆状；生长需氧。

结论：该细菌是肠杆菌属，CF=0.8。

采用 LISP 表达式描述为

```
PREMISE: ( $ AND (SAME CNTXT GRAM GRAMNEG)
                 (SAME CNTXT MORPH ROD)
                 (SAME CNTXT AIR AEROBIC))
```

ACTION：(CONCLUDE CNTXT CLASS ENTEROBACTERIACEAE TALLY 0.8)

在 LISP 表达式中，规则的前提和结论均以谓词加关联三元组的形式表示，这里三元组中的顺序有所不同，其顺序为〈object-attribute-value〉。如〈CNTXT GRAM GTRAMNEG〉表示某个细菌其革氏染色特性是阴性，这里 CNTXT 是上下文(即对象)context 的缩写，表示一个变量，可为某一具体对象——用具体细菌予以例化，MORPH 是形态，ROD 是杆状。

SAME、$ AND、CONCLUDE 等为 MYCIN 中自定义的函数，其中 SAME(C,P,LST)为 3 个自变量的特殊谓词函数，3 个自变量分别是上下文 C，临床参数(特性)P，P 的可能取值 LST。SAME 谓词函数的取值不是简单的 T 和 NIL，而是根据其自变量〈对象—特性—取值〉所表达内容的置信度，取 0.2～1.0 之间任一数值，当置信度 CF≤0.2 时取为 NIL。

$ AND〈condition〉…〈condition〉也是特殊的谓词函数，与 LISP 中系统定义的函数 AND 不同，其取值范围与 SAME 函数类似。

TALLY 是规则的置信度。

(2) 有关联规则间关系的表示。在知识库(规则库)中某些规则常按某种特征组织起来放在一起，形成某种结构。这样既便于规则库的维护和管理，也方便规则的使用。

① 规则按参数分类。在 MYCIN 中每一项特性(临床参数)设有一种专门的特征表，表中设置一属性值，其中特别设置了两个属性值，这两个属性值指出涉及的规则。

属性 LOOKAHEAD：指明哪些规则的前提涉及该参数。

属性 UPDATE-BY：指出从哪些规则的行为部分可存取该参数。

例如：

```
IDENT：〈属细菌属性 PROP-ORG〉
CONTAINED-IN：(RULE 030)
EXPECT：(ONE OF(ORGANISMS))
LABDATA：T
LOOKAHEAD：(RULE004，RULE054，…，RULE168)
PROMPT：(Enter the identity (genus) of ＊)
TRANS：(THE IDENTITY OF ＊)
UPDATED-BY：(RULE021，RULE003，…，RULE166)
```

其中涉及的参数还有以下几个。

EXPECT：指出该参数的取值范围，如(YN)指取值是或否。

LABDATA：指出该参数是否为实验的原始数据，若为 T，则在推理时可向用户提问，索取该参数。

PROMPT：为 MYCIN 向用户显示的提示符，其中＊号表示在提问的过程中可用当前涉及的上下文替代的内容。

TRANS：为便于人机对话，指出如何将该参数的内容翻译成英语表达式。

显然，通过这些参数将规则组织在一起，实质上是实现了对规则的索引，从而可以有效地对规则进行调用。

② 规则的网状结构。规则之间可以以各种方式相互联系，当某一规则的结论正好是另一规则的前提或前提的一部分时，这两个规则就形成了一种“序关系”。如果用箭头表示这种序关系，在规则之间就形成了一种复杂的网状结构。

例 10.2 PROSPECTOR 系统中由不同规则所形成的部分推理网络如图 10-6 所示,这是 Kuroko-型均匀结构的硫化矿沉积的部分矿床模型。

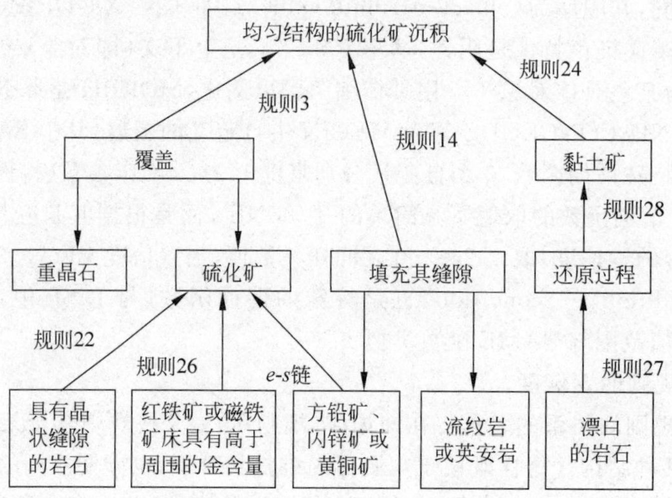

图 10-6 Kuroko-型均匀结构硫化矿沉积层部分矿床模型

10.3.3 产生式系统的推理方式

产生式系统的推理方式有正向推理、逆向推理和双向推理 3 种。

1. 正向推理

正向推理是从已知事实出发,通过规则库求得结论,称为数据驱动方式,也称为自底向上的方式。推理过程如下。

(1) 规则集中规则的前件与数据库中的事实进行匹配,得到匹配的规则集合。

(2) 从匹配规则集合中选择一条规则作为使用规则。

(3) 执行使用规则,将该使用规则后件的执行结果送入数据库。

重复这个过程直至达到目标。

具体地说,如果数据库中含有 A,而规则库中有规则 $A \rightarrow B$,那么这条规则便是匹配规则,进而将后件 B 送入数据库。这样可不断扩大数据库,直至数据库中包含目标便成功结束。如有多条匹配规则,则需从中选一条作为使用规则,不同的选择方法直接影响着求解效率,如何选取规则称为冲突消解,它是控制策略的一部分。

例 10.3 在动物识别系统 IDENTFIER 中,包含有以下几个规则。

规则 I2 如果该动物能产乳,那么它是哺乳动物。

规则 I8 如果该动物是哺乳动物,它反刍,那么它是有蹄动物而且是偶蹄动物。

规则 I11 如果该动物是有蹄动物,它有长颈,它有长腿,它的颜色是黄褐色,它有深色斑点,那么它是长颈鹿,如图 10-7 所示。

根据这样的规则,假如已知某个动物产乳,依规则 I2 可以推出这个动物是哺乳动物。如果再知该动物反刍,依规则 I8 又可以推出该动物有蹄且是偶蹄动物,于是得到新的事实:该动物是有蹄动物。再加上该动物有长腿、长颈等事实,利用规则 I11,可以推出该动物是长颈鹿。

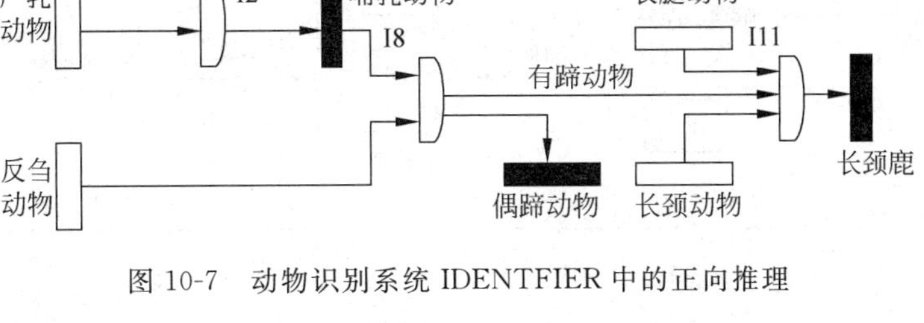

图 10-7　动物识别系统 IDENTFIER 中的正向推理

2. 逆向推理

逆向推理是从目标(作为假设)出发,逆向使用规则,找到已知事实。逆向推理也称目标驱动方式或称自顶向下的方式,其推理过程如下。

(1) 规则集中的规则后件与假设的目标事实进行匹配,得到匹配的规则集合。

(2) 从匹配规则集合中选择一条规则作为使用规则。

(3) 将使用规则的前件作为新的假设子目标。

重复这个过程,直至各子目标均为已知事实后成功结束。如果目标明确,使用逆向方式推理效率较高,所以常为人们所使用。

从上面推理过程可以看出,作逆向推理时可以假设一个结论,然后利用规则去寻求(推导)支持假设的事实。

例如,在动物识别系统中,为了识别一个动物,可以进行以下的逆向推理。

(1) 假设这个动物是长颈鹿的话,为了检验这个假设,根据 I11,要求这个动物是长颈、长腿且是有蹄动物。

(2) 假设全局数据库中已有该动物是长腿、长颈等事实,还须验证"该动物是有蹄动物",为此规则 I8 要求该动物是"反刍"动物且是"哺乳动物"。

(3) 要验证"该动物是哺乳动物",根据规则 I2,要求该动物是"产乳动物"。现在已经知道该动物是"产乳"和"反刍"动物,即各子目标都是已知事实,所以逆向推理成功,即"该动物是长颈鹿"假设成立。

3. 双向推理

双向推理,又叫混合推理,既自顶向下,又自底向上,从两个方向作推理,直至某个中间界面上两个方向的结果相符便成功结束。不难想象这种双向推理较正向推理或逆向推理所形成的推理网络来得小,从而推理效率更高。

例如,在动物识别系统中,已知某动物具有特征:长腿、长颈、反刍、产乳。为了识别一个动物,可以进行以下的双向推理。

(1) 首先假设这个动物是长颈鹿,为了检验这个假设,根据 I11,要求这个动物是长颈、长腿且是有蹄动物。这是逆向推理得到的中间结论。

(2) 根据该动物产乳,由规则 I2 知该动物是哺乳动物;再加上该动物反刍,由规则 I8 知该动物是有蹄动物而且是偶蹄动物。这是正向推理得到的中间结论。

(3) 由(1)和(2)得到的中间结论——"有蹄动物"重合,而(1)中的另两个中间结论"长颈、长腿"是已知事实,所以假设"这个动物是长颈鹿"是正确的。

上述双向推理过程可用图 10-8 所示描述。

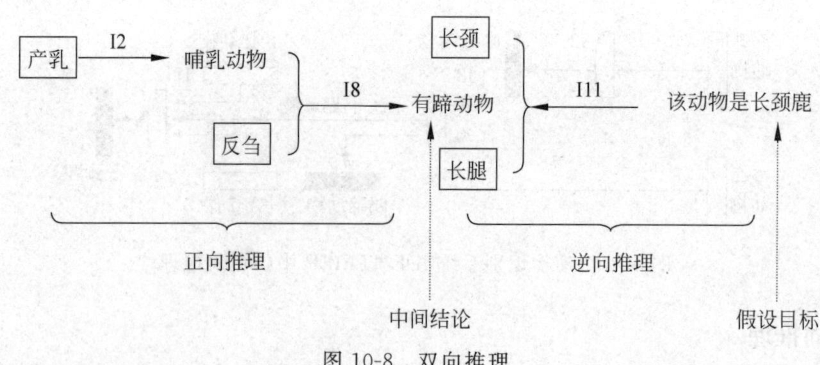

图 10-8 双向推理

10.3.4 产生式规则的选择与匹配

通常搜索策略的主要任务是确定选取规则的方式和方法。选择规则的基本方式有两种：不考虑给定问题所具有的特定知识；考虑问题领域可应用的知识。

选择规则的方法可以使用匹配。

1. 规则的匹配

匹配方式有以下几种：

(1) 用索引匹配。对全局数据库(Global database,Gd)加索引,再通过映射函数找出相应的规则。例如,自动情报检索系统,将用户需求输入到Gd,其中的关键词作为索引。如用作者名为索引,则利用已知作者名找书的规则；用书名为索引,则利用已知书名找书的规则。

(2) 变量匹配。例如,符号积分,使用规则 $\int u\mathrm{d}v \to uv - \int v\mathrm{d}u$,而系统实际求积分时,要查找Gd中 $\int x\mathrm{d}y$ 的形式,要求 x 与 u、y 与 v 匹配。

(3) 近似匹配。在匹配中,有大部分条件符合或接近符合,则可认为规则匹配。例如,Carnage-Mellon大学研制的HearsayⅡ采用依据声学和语言学中的词汇、语法和语义等因素构成的评价函数,用去最大值的方法作为匹配。因为语音识别中音波有变异和噪声,不完善、不精确的语音造成了表达式的意义不明确、不精确,与标准信息相比畸变严重,因此,只有采取近似匹配。

2. 规则的选择

在匹配之后,可用规则如果有若干条,如何选择哪一条来执行？这就需要恰当的选取,即过滤,过滤也是控制策略问题之一。

在不考虑利用启发式知识的情况下,有以下一些原则可用于规则的选择。

(1) 专用与通用性排序,如果某一规则的条件部分比另一规则的条件部分所规定的情况更为专门化,则更为专门化的规则优先使用。

那么如何确定哪个规则更专门化呢？下面用实例说明。

例 10.4 美式足球训练规则：

pr1：If 是第四次开始进攻(fourth down)

且进攻方前3次进攻中前进的距离少于10码(short yardage)

then 可以在第四次进攻时踢悬空球(punt)

pr2：If 是第四次开始进攻(fourth down)

且进攻方前 3 次进攻中前进的距离少于 10 码(short yardage)

且进攻位置在对方球门线 30 码之内(within 30 yards from the goal line)

then 可以射门(field goal)

以上两个规则，pr2 比 pr1 更专门化，因为 pr2 条件限制更多一些。

通常的判定方法是：如果某一规则的前件集包含另一规则的所有前件，则前一规则较后一规则更为专门化；如果某一规则中的变量处在第二规则中是常量，而其余相同，则后一规则比前一规则更专门化。

(2) 规则排序，通过对问题领域的了解，规则集本身就可划分优先次序。那些最适用的或使用频率最高的规则优先使用。

例如，模仿心理疗法的行为的智能程序 ELIZA，有规则：

```
pr1: …; pr2: …; …prn: …;
```

其中，最后一个规则为：

```
prn: if nil then "tell me more about your family"
```

因为最后一个规则的前件 nil 是空值，可以无条件地使用，所以必须安排在无其他规则可使用时才可使用。

(3) 数据排序，将规则中的条件部分按某个优先次序排序。

(4) 规模排序，按条件部分的多少排序，条件多者优先。

(5) 就近排序，最近使用的规则排在优先位置，这样使用多的规则优先。

(6) 按上下文限制将规则分组，如在医学专家系统 MYCIN 中，不同上下文用不同组的规则进行诊断或开处方。

10.3.5 产生式表示的特点

上述产生式系统具有一般性，可用来模拟大量的计算或求解过程。产生式系统作为人工智能中的一种形式体系，具有以下特点。

(1) 产生式以规则作为形式单元，格式固定，易于表示，且知识单元间相互独立，易于建立知识库。

(2) 推理方式单纯，适于模拟强数据驱动特点的智能行为。当一些新的数据输入时，系统的行为就会发生改变。

(3) 知识库与推理机相分离，这种结构易于修改知识库，可增加新的规则去适应新的情况，而不会破坏系统的其他部分。

(4) 易于对系统的推理路径作出解释。

10.4 语义网络表示法

语义网络是 Quillian 在 1968 年研究人类联想记忆时提出的心理学模型，认为记忆是由概念间的联系实现的。1972 年 Simmons 首先将语义网络表示法用于自然语言理解系统。

语义网络是知识的一种图解表示，它由节点和弧线组成。节点用于表示实体、概念和情况等,弧线用于表示节点间的关系。

语义网络表示由下列 4 个相关部分组成。

(1) 词法部分。决定该表示方法词汇表中允许有哪些符号,它涉及各个节点和弧线。

(2) 结构部分。叙述符号排列的约束条件,指定各弧线连接的节点对。

(3) 过程部分。说明访问过程,这些过程能用来建立和修正概念的描述以及回答相关问题。

(4) 语义部分。确定与描述相关意义的方法,即确定有关节点和对应弧线的排列及其相互关系。

10.4.1 语义网络结构

语义网络是对知识的有向图表示方法。一个语义网络是由一些以三元组(节点 1,弧,节点 2)的图形表示连接而成的有向图。其节点表示概念、事物、事件、情况等;弧是有方向和有标注的,方向体现主次关系,节点 1 为主,节点 2 为辅。弧上的标注表示节点 1 的属性或节点 1 和节点 2 之间的关系。

这样一个三元组的图形表示为图 10-9 所示。

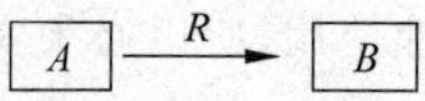

A —R→ B

图 10-9 一个三元组表示

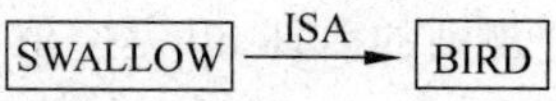

SWALLOW —ISA→ BIRD

图 10-10 二元语义网络表示

10.4.2 二元语义网络的表示

二元语义网络可以用来表示一些涉及变元的简单事实,其实质还是一个三元组:(R,x,y)。

例如,表示"所有的燕子(SWALLOW)都是鸟(BIRD)"这一事实,可建立两个节点:SWALLOW和BIRD。两节点以 ISA(表示"是一个")链相连,如图 10-10 所示。

对于事实"知更鸟是鸟,所有的鸟都有翅膀",为了表达知更鸟、鸟及翅膀这 3 个个体,要建立 3 个节点,并分别用ROBIN、BIRD及WINGS表示。因为知更鸟是鸟的一部分,因此在 ROBIN 和 BIRD 之间用弧线连接,并加标记 AKO(A Kind Of 的缩写),以表示这种关系;又因为翅膀属于鸟的一个组成部分,所以在 BIRD 和 WINGS 之间也用弧线连接,并加标记 has-part,这样形成的上述事实的语义网络如图 10-11 所示。

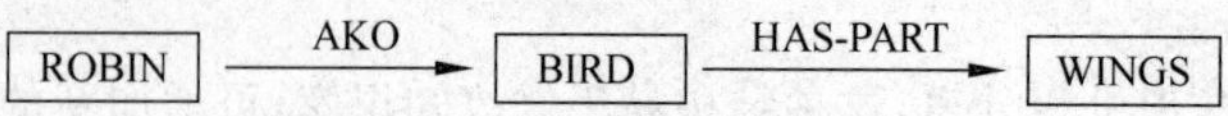

ROBIN —AKO→ BIRD —HAS-PART→ WINGS

图 10-11 语义网络

如果增添新的事实,只需在语义网络中增加新的节点和弧线就可以了。如果在图 10-11 所示的语义网络中,要增添事实:

"CLYDE 是一个知更鸟,并且有一个叫做 NEST-1 的巢。"

则图 10-11 变成了如图 10-12 所示的图形。

CLYDE 是知更鸟的一个实例,因而 CLYDE 与 ROBIN 之间用表示"是一个"这样的含义的弧 ISA 连接。而 CLYDE 的巢 NEST-1 属于所有巢的一个实例,因而增加一个 NEST

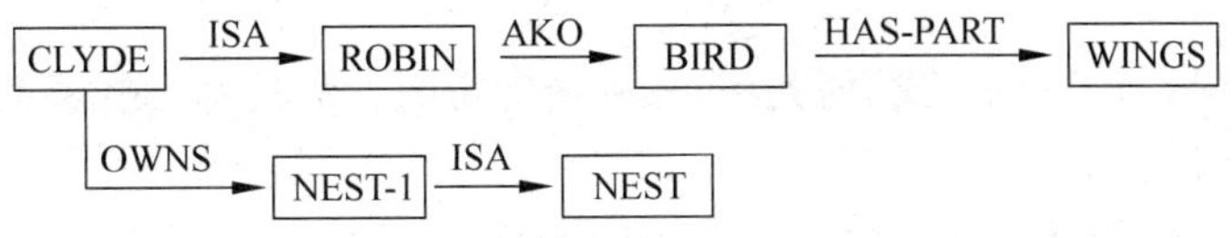

图 10-12 鸟与知更鸟的关系语义网络表示

节点，并用 ISA 弧连接 NEST-1 和 NEST 节点。

从上面不难看出语义网的语义表示方法。例如，BIRD 和 WINGS 之间的关系是固定的，但表示的方法可以不止一种。若表示为 BIRD ←— WINGS，仍然可以表达它们之间的关系，这时它的标记应为 PART-OF。不管哪一种表示，它们表达的语义都是一样的。

10.4.3 多元语义网络的表示

语义网络是一种网络结构。从本质上讲，节点之间的连接是二元关系。如果要表示的事实是多元关系，必须将多元关系转化为二元关系，然后用语义网络表示出来。必要时要在语义网络中增加一些中间节点。具体来说，多元关系 $R(x_1,x_2,\cdots,x_n)$ 总可以转成

$$R(x_{11},x_{12}) \land R(x_{21},x_{22}) \land \cdots \land R(x_{n1},x_{n2})$$

例如，TRIANGLE(a,b,c)表示一个三角形由 3 条边 a、b、c 构成，可表述成

$$\text{cat}(a,b) \land \text{cat}(b,c) \land \text{cat}(c,a)$$

其中 cat 表示将两条边串接起来。

又例如，要表达：

“John gave Mary a book.”

这一事实，用谓词可表示为

```
GIVE(JOHN,MARY,BOOK)
```

这是一个多元关系。用语义网络表示如图 10-13 所示。

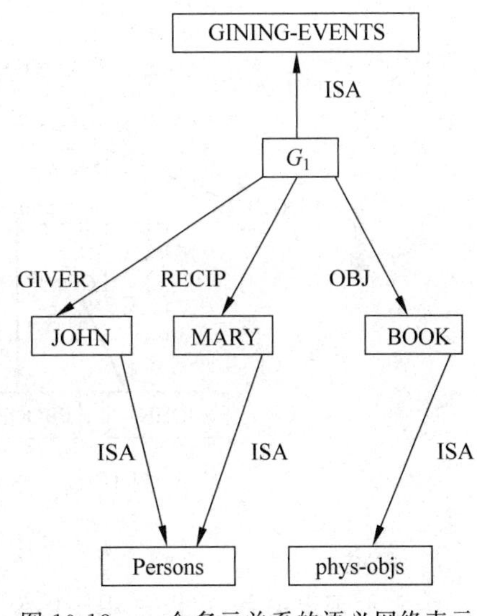

图 10-13 一个多元关系的语义网络表示

其中 G_1 是增加的一个节点，用来表示一个特定 GIVING-EVENTS 事件。

10.4.4 连接词和量词的表示

从逻辑上看，一个基本的语义网络相当于一组二元谓词，因为三元组(节点 1，弧，节点 2)可以写成 P(个体 1，个体 2)。其中，P 与表达节点 1、节点 2 之间关系的弧相对应，个体 1、个体 2 与节点 1、节点 2 相对应。这样，语义网络可以作为一种“粒度”较大的、表达信息更丰富的知识单元，在这种知识单元中也存在与谓词逻辑中类似的各种连接词及量词。

1. 合取

在上例中与节点 G_1 相连的链 GIVER、OBJ 以及 RECIP 之间是合取关系。因为只有给予者是 JOHN，接受者是 MARY，给予物是 BOOK，这 3 个关系同时成立时，才构成事件 G_1。在语义网络的表示中约定：如果不另外增加标志，就意味着弧与弧之间的关系就是合取。

2. 析取

在语义网络中,为了表示"或"的关系,一种最常用的方法是将"或"关系的弧用一条封闭虚线包围起来,并标记 DIS。

图 10-14(a)表示的就是具有"或"关系的语义网络,其含义用谓词公式表示出来就是

$$\mathrm{ISA}(A,B) \vee \mathrm{PART\text{-}OF}(B,C)$$

如果"与"关系是嵌套在"或"关系内的,则这些具有"与"关系的弧用标记为 CONJ 的封闭虚线包围起来。例如,句子"JOHN 是一个程序员或者 MARY 是一个律师",其语义网络表示如图 10-15 所示。

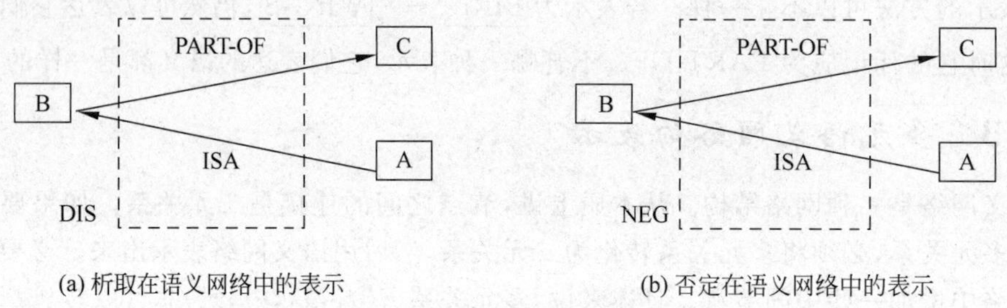

(a) 析取在语义网络中的表示　　(b) 否定在语义网络中的表示

图 10-14　语义网络表示

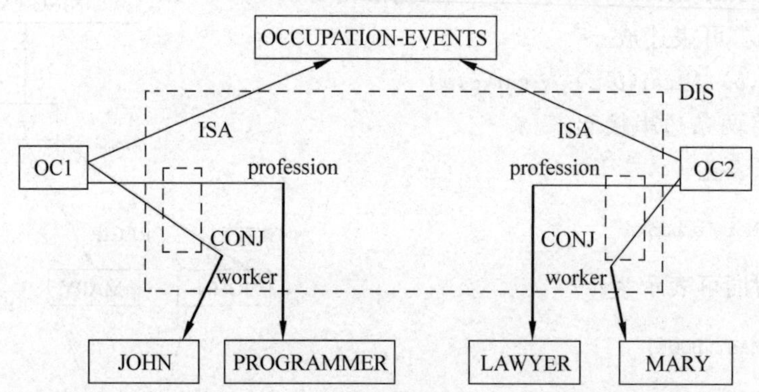

图 10-15　合取与析取相嵌的语义网络表示

3. 否定

为表示否定关系,可以采用～ISA 和 ～PART-OF 关系或标注出 NEG 界限,如:

$\boxed{A} \xrightarrow{\sim \mathrm{ISA}} \boxed{B}$

$\boxed{B} \xrightarrow{\sim \mathrm{PART\text{-}OF}} \boxed{C}$

其中,$\boxed{A} \xrightarrow{\sim \mathrm{ISA}} \boxed{B}$ 表示～(A ISA B); $\boxed{B} \xrightarrow{\sim \mathrm{PART\text{-}OF}} \boxed{C}$ 表示 ～(B PART-OF C)。

如果要用语义网络表示

$$\sim[\mathrm{IS}\ A(A,B) \wedge \mathrm{PART\text{-}OF}(B,C)]$$

可以利用狄·摩根定理,使否定关系只作用于 ISA 和 PART-OF 关系。这时,仍可利用～ISA 和～PART-OF 来表示这个事实。如果不希望改变这个表达式的形式,那么可以利用 NEG 界限,如图 10-14(b)所示。

4. 蕴涵

在语义网络中可用标注 ANTE 和 CONSE 界限来表示蕴涵关系。ANTE 和 CONSE 界限分别用来把与前提条件(antecedent)及与结果(consequence)相关的弧联系在一起。例如,可用图 10-16 来表示"Every one who lives at 37 Maple Street is a programmer."。

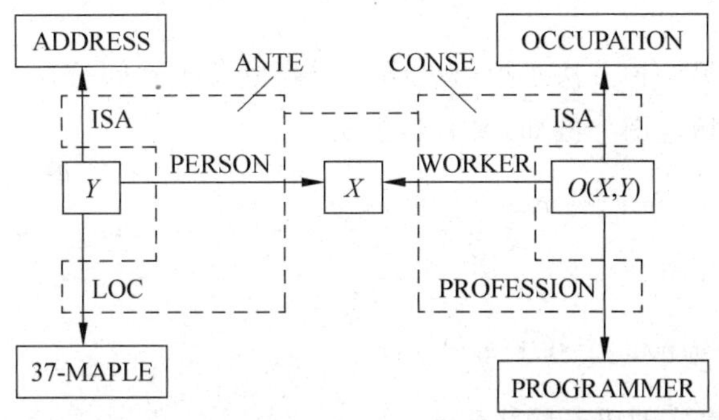

图 10-16　蕴涵关系的语义网络表示

在前提条件这边,建立 Y 节点,表示一个特定的地址事件。这一事件涉及住在枫树街 37 号的人。因此用 LOC 链与 37-MAPLE 节点相连。用 PERSON 链和 X 节点相连,X 是一个变量,表示与此事件有关的人。

在结果这边,建立 $O(X,Y)$ 节点代表一个特定的职业事件,这个事件是以 X 和 Y 的 SKOLEM 函数的形式来表示的。因为一个特定的职业事件决定于 X 和 Y,每给定一个 X 和 Y,就有一个特定职业事件与之相对应。用 ANTE 和 CONSE 界限来分别标注出和前提条件及结果有关的弧,然后用一条虚线把这两个界限连接起来,以表示这两者是一对构成蕴涵关系的前提条件和结果。

5. 量化

语义网络中的节点同样可以是变量,同样有存在量词和全称量词,并且利用语义网络推理也同样存在量化过程。

(1) 存在量词的量化。存在量词在语义网络中可直接用 ISA 链来表示。

例如,要表示:

```
The dog bites the postman.
```

这句话意味着所涉及的是存在量化,如图 10-17 所示。

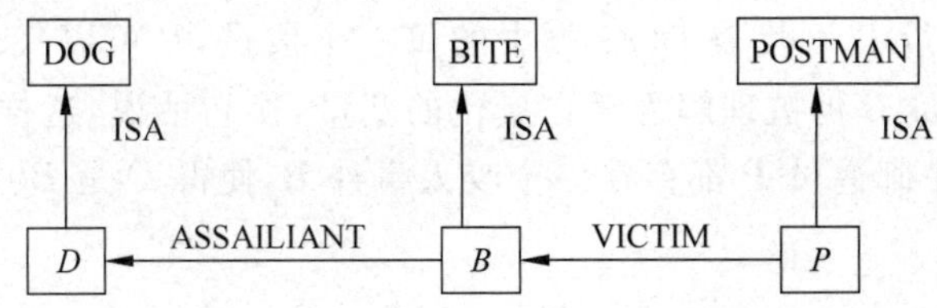

图 10-17　存在量词在语义网络中的表示

网络中 D 节点表示一个特定的狗;P 表示一个特定的邮递员;B 表示一个特定的咬人事件。咬人事件 B 包括两部分:一部分是攻击者,另一部分是受害者。节点 D、B 和 P 都是用 ISA 链与概念节点 DOG、BITE 及 POSTMAN 相连,因此表示的是存在量化。

(2) 全称量词的量化。全称量词在语义网中的量化,其量词的辖域可以是整个语义网络,也可以是把语义网络分割后的某一个范围。

要表达"JOHN 给了所有人一件东西",可用图 10-18 所示的语义网络表示出来。

图中,$g(x)$、$sk(x)$是 skolem 函数;x 是被全称量词量化的变量。x 的辖域是整个语义网络。

表达全称量化的另一种方法是把语义网络分割成若干空间分层集合,每一个空间对应于一个或几个变量辖域范围。例如,要表达事实:

Every dog has bitten every postman.

用谓词逻辑表达为

$\forall x \forall y dog(x) \wedge postnman(y) \rightarrow bit(x, y)$

图 10-19 是这个事实的语义网络表示。

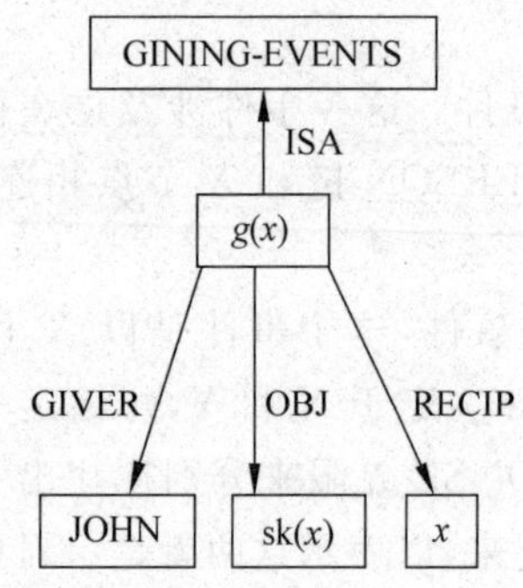

图 10-18 全称量词在语义网络中的表示

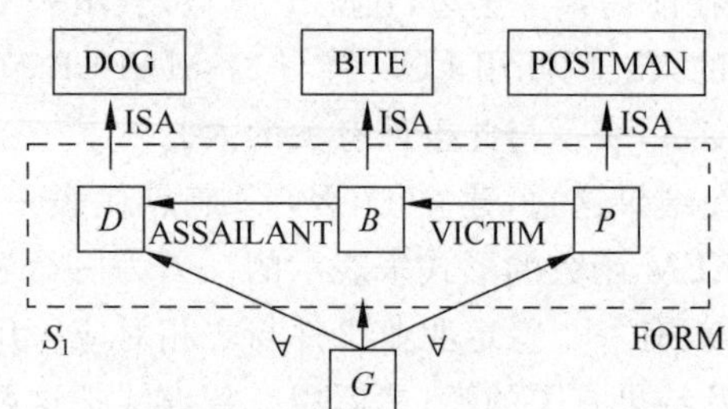

图 10-19 把语义网络分割成若干空间的全称量化表示

其中空间 S_1 是一个特定的分割,它表示一个断言:

A dog has bitten a postman.

因为这里所指的狗应是每一条狗,所以把这个特定的断言看作是断言 G。断言 G 有两部分:第一部分是断言本身,它说明所断定的关系,叫做格式(FORM);第二部分是代表全称量词的特殊弧∀,一根∀弧可表示一个全称量化的变量。在这个例子中,有两个全称量化的变量 D 和 P,变量 D 可代表 DOG 类中的每一个成员,P 可以代表 POSTMAN 类中的每一个成员,而变量 B 仍被理解为存在量化的变量,换句话说,这样的语义网络表示对每一条狗 D 和每一个邮递员 P 都存在一个咬人事件 B,使得 D 是 B 中的攻击者,而 P 是受害者。

10.4.5 语义网络的推理过程

语义网络中的推理过程主要有两种,一种是继承,另一种是匹配。以下分别介绍这两种过程。在下面的表达中,用到了下一节框架中的术语,如槽和侧面,它们在语义网络中是一种弧,其实质是一样的。

1. 继承

在语义网络中,所谓继承是把对事物的描述从概念节点或类节点传递到实例节点中去。例如,在图 10-20 所示的语义网络中,BRICK 是概念节点,BRICK12 是一个实例节点。BRICK 节点在其 shape(外形)槽中填入了 RECTANGULAR(矩形),说明砖块的外形是矩形的。这个描述可以通过 ISA 链传递给实例节点 BRICK12。因此,虽然 BRICK12 没有 shape 槽,但可以从这个语义网络推理出 BRICK12 的外形是矩形的。

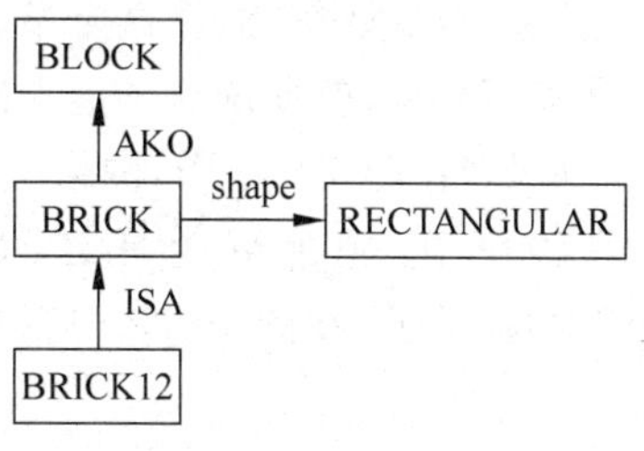

图 10-20 语义网络中的继承关系

这种推理过程符合人的思维过程。

在语义网络中一共有 3 种继承过程:值继承、"如果需要"(if-needed)继承和默认(default)继承。

(1) 值继承。最简单的值继承是 ISA 关系下的直接继承。

例如,

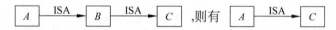

A —ISA→ B —ISA→ C ,则有 A —ISA→ C

另外,还有一种 AKO(a-kind-of)弧也用于语义网络中的描述特性的继承。

ISA 和 AKO 弧都可以直接地表示类的成员关系以及子类和类之间的关系,提供了一种把知识从某一层传递到另一层的途径。

在图 10-20 中可推出 BRICK12 的外形是矩形,就是一个值继承过程。

(2) "如果需要"继承。在某些情况下,当不知道槽值但又需要这个槽值时,可以利用已知信息进行计算。进行这种计算的过程称为 if-needed 继承,进行这种计算的程序称为 if-needed 程序。这种槽有 if-needed 侧面,if-needed 程序就放在这侧面中。

例如,如图 10-21(a)所示,一个确定重量的程序存放在 BLOCK 节点的 WEIGHT 槽的 IF-NEEDED 侧面中。在需要时执行这个程序,就可以根据 BRICK12 的密度计算出重量,并把它存入 BRICK12 的 WEIGHT 槽的侧面中,其结果如图 10-21(b)所示。

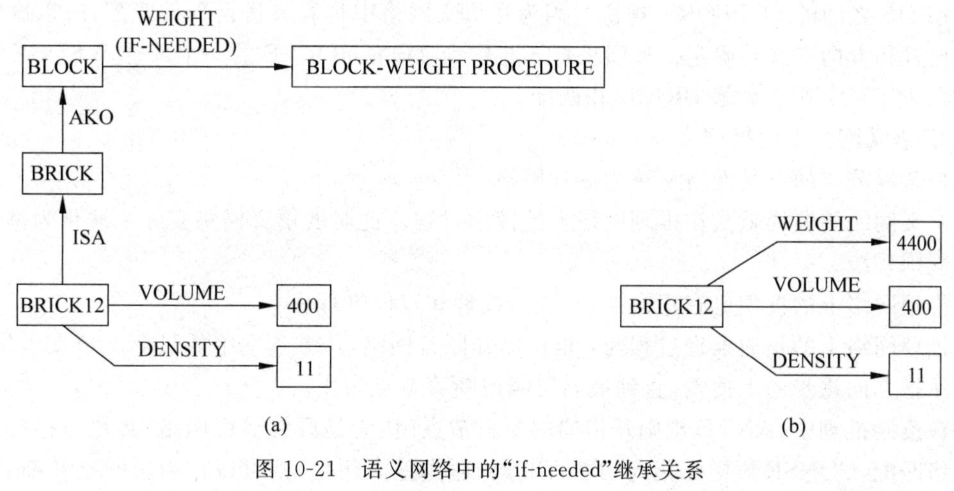

图 10-21 语义网络中的"if-needed"继承关系

(3) 默认继承。在某些情况下,某个弧值具有相当程度的真实性,但又不能十分肯定,因此设定为默认值,放在这个节点中,并标明这个弧为 DEFAULT(默认)弧。只要不与现有事实相冲突,就默认这个值为这个节点的值,语义网络中这种推理称为默认继承。

例如,在图 10-22 中,网络所表示的含义是:从整体来说,积木的颜色很可能是蓝色的,但在砖块中,颜色可能是红的。对 BLOCK 和 BRICK 节点来说,在 COLOR 链都是 DEFAULT 链,在图 10-22 中以括号加以标识。

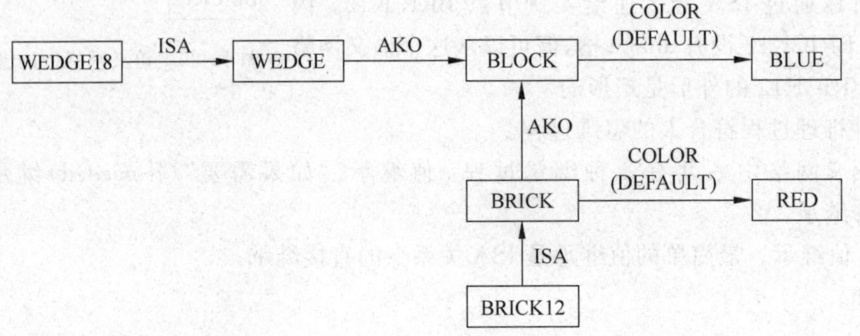

图 10-22 语义网络中的"默认"继承关系

在上例中,如果 BRICK 节点没有指定 —color default→ RED 这个弧和节点,则 BRICK 的 COLOR 应是 BLUE。

2. 匹配

语义网络中推理方法主要是依靠匹配。进行匹配时,根据提出的问题可构成局部网络,这个网络中有的节点或弧的标记是空的,表示有待求解的。依据这个局部网络到知识库中寻找匹配的网络,以便求得问题的解答。

现在来讨论研究图 10-23 中的 STRUCTURE35。已知这个结构有两个部件,一个砖块 BRICK12 和一个楔块 WEDGE18。一旦在 STRUCTURE 和 TOY-HOUSE 之间放上 ISA 弧,就可以知道 BRICK12 必须支撑 WEDGE18。在图中用虚线箭头表示 BRICK12 和 WEDGE18 之间的 SUPPORT 虚链。因为在语义网络中很容易进行部件匹配,所以虚线箭头的位置和方向很容易确定。WEDGE18 与作为 TOY-HOUSE 的一个部件 WEDGE 相匹配,而 BRICK12 则和砖块 BRICK 相匹配。

3. 语义网络上的推理

带蕴涵节点的语义网络又称为推理网络。

语义网络的演绎就是在推理网络上的搜索过程。此时的语义网络实际上演化为基于网络的规则系统。

推理网络上的搜索也有正向推理、逆向推理和双向推理。

推理网络上的正向推理过程为:根据已知断言网络,从推理网络的最低层节点出发,按规则所指方向逐步向上搜索,直到最高层假说断言节点为止。

在蕴涵推理中,ANTE 规则弧指向的断言节点(认为是假设目标网络)必须与存在的事实网络匹配,CONSE 规则弧指向的断言节点(适当地实例化)则可以作为新的已知断言,增加到事实网络中去。

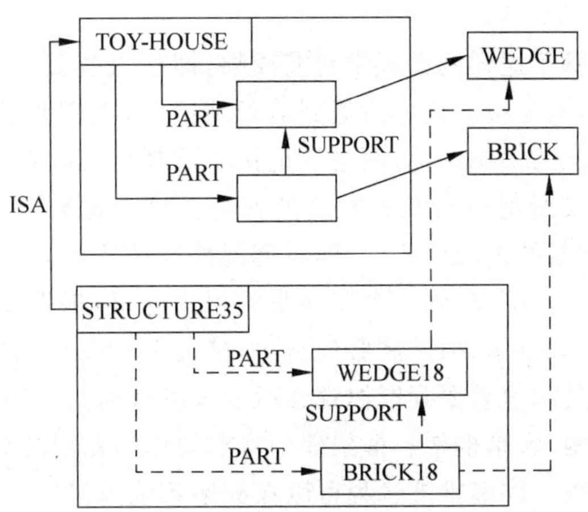

图 10-23　语义网络中部件匹配

推理网络上的逆向推理则反之。其过程为：CONSE 规则弧指向的断言节点（被认为是事实网络）必须与目标结构匹配，于是引出规则弧 ANTE 的断言节点（适当地实例化）就是通过应用规则所产生的子目标。

另外，若目标结构被分为若干个分量结构，则在这些分量结构都与规则的结论断言逐一匹配时，必须考虑置换的一致性问题。

10.4.6　语义网络的一般描述

语义网络具有以下特点。

(1) 语义网络能把实体的结构、属性与实体间的因果关系显式地和简明地表达出来，与实体相关的事实、特征和关系可以通过相应的节点弧线推导出来。这样可以联想方式实现对系统的解释。

(2) 由于与概念相关的属性和联系被组织在一个相应的节点中，因而语义网络使概念易于访问和学习。

(3) 语义网络表现问题更加直观，更易于理解，适合于知识工程师与领域专家沟通。语义网络中的继承方式也符合人类的思维习惯。

(4) 语义网络结构的语义解释依赖于该结构的推理过程而没有固定结构的约定，因而得到的推理不能保证像谓词逻辑法那样有效。

(5) 语义网络节点间的联系可能是线状、树状或网状的，甚至是递归状的结构，使相应的知识存储和检索需要比较复杂的过程。

10.5　框架表示法

10.5.1　框架理论

1975 年，Minsky 在他的论文 A Framework for Representing Knowledge 中提出了框架理论，受到了人工智能界的广泛重视，后来被逐步发展成为一种被广泛使用的知识表示方法。

框架理论的提出是基于这样的心理学研究成果,即在人类日常的思维及理解活动中已存储了大量的典型情景,当分析和理解所遇到的新情况时,人们并不是从头分析新情况,然后再建模描述这些新情况的知识结构,而是从记忆中选择(即匹配)某个轮廓的基本知识结构(即框架)与当前的现实情况进行某种程度的匹配。这个框架是以前记忆的一个知识空框,而其具体的内容又随新的情况而改变,即新情况的细节不断填充到这个框架中,形成新的认识存储到人的记忆中。例如,到一个新开张的饭馆吃饭,根据以往的经验,可以想象到在这家饭店里将看到菜单、桌子、椅子和服务员等,然而关于菜单的内容、桌子、椅子的式样和服务员穿什么衣服等具体信息要到饭馆观察后才可以得到。这种可以预见的知识结构在计算机中表示成数据结构,就是框架。框架理论将框架作为知识的单元,将一组有关的框架连接起来便形成框架系统。许多推理过程可以在框架系统内完成。

10.5.2 框架结构

框架是由若干个节点和关系(统称为槽)构成的网络,是语义网络一般形式化的一种结构,它同语义网络没有本质区别。

框架是基于概念的抽象程度表现出自上而下的分层结构,它的最顶层是固定的一类事物。框架由框架名和描述事物各个方面的槽组成。每个槽又可以拥有若干侧面,而每个侧面可以拥有若干个值。这些内容可以根据具体问题的具体需要来取舍。

一个框架的一般结构如下:

<框架名>
<槽 1 > <侧面 11 > <值 111 >...
<侧面 12 > <值 121 >...
⋮
<槽 2 > <侧面 21 > <值 211 >...
…
…
<槽 n > <侧面 $n1$ > <值 $n11$ >...

例如,一个人可以用其职业、身高和体重等项信息来描述,因而可以用这些项目组成框架的槽。当描述一个具体的人时,再用这些项目的具体值填入到相应的槽中。下面给出的是描述JOHN这个人的一个框架。

JOHN
ISA : PERSON
profession : PROGRAMMER
height : 1.8m
weight : 79kg

对于大多数问题,不能这样简单地用一个框架表示出来,必须同时使用多个框架,组成一个框架系统。图10-24所示的就是表示立方体的一个视图的框架。图中,最高层的框架,用ISA槽说明它是一个立方体,并由region-of槽指示出它所拥有的3个可见面 A、B、E。而 A、B、E 又分别用3个框架来具体描述,用must-be槽指示出它们必须是一个平行四边形。

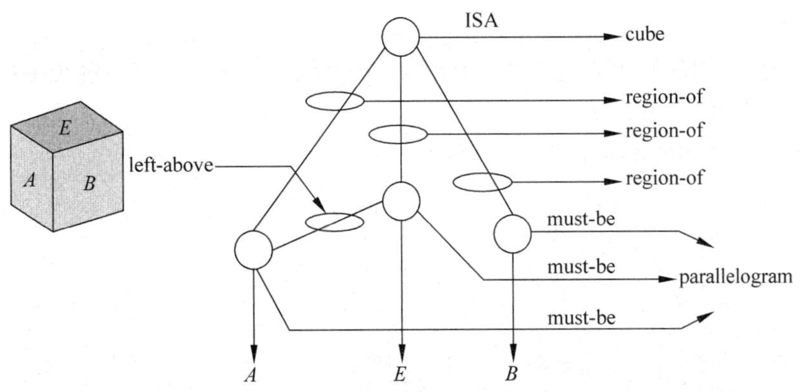

图 10-24　一个立体视图的框架表示

为了能从各个不同的角度来描述物体，可以对不同角度的视图分别建立框架，然后再把它们联系起来组成一个框架系统。图 10-25 所示的就是从 3 个不同的角度来研究一个立方体。为了简便起见，图中略去了一些细节，在表示立方体表面的槽中，用实线与可见面连接，用虚线与不可见面连接。

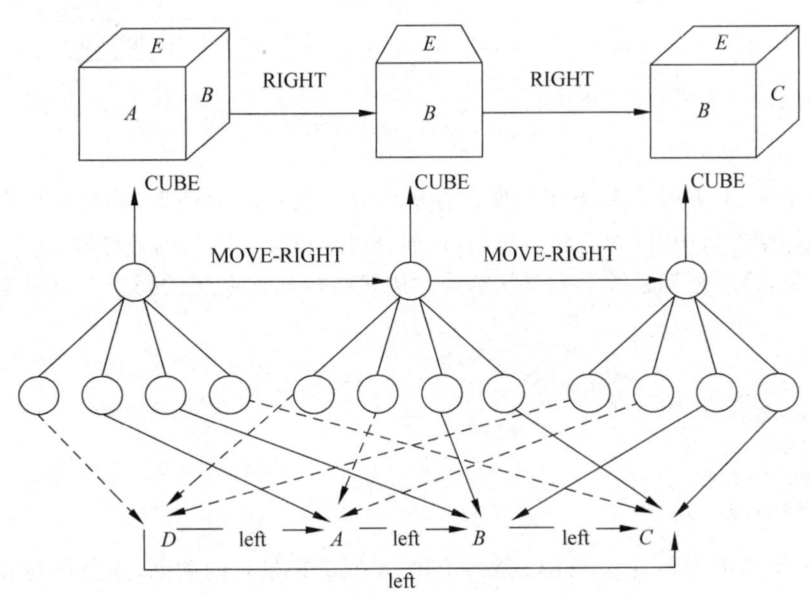

图 10-25　表示立方体的框架系统

从图 10-25 中可以看出，一个框架结构可以作为另一个框架的槽值，并且同一个框架结构可以作为几个不同框架的槽值。这样，一些相同的信息不必重复存储，从而节省了存储空间。

框架的一个重要属性是其继承性。为此，一个框架系统常被表示成一种树形结构，树的每一个节点是一个框架结构，子节点与父节点之间用 ISA 或 AKO 槽连接，从而有实例框架、类框架、超类框架等。所谓框架的继承性，就是当子节点的某些槽值或侧面值没有被直接记录时，可以从其父节点继承这些值，这种继承性和语义网络是类似的。例如，椅子一般都有 4 条腿，如果一把具体的椅子没有说明它有几条腿，则可以通过一般椅子的特性，认为它也有4条腿。

框架是一种通用的知识表达形式,对于如何运用框架系统还没有一种统一的形式,常常由各种问题的不同需要来决定。

例10.5 动物分类框架如图10-26所示。

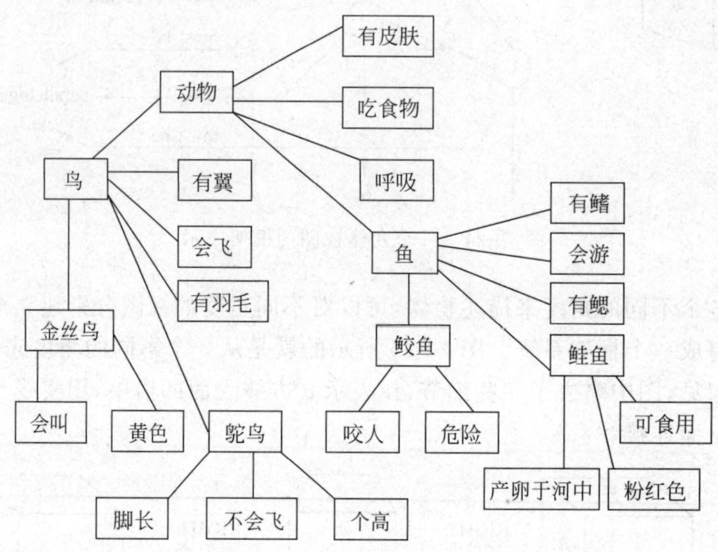

图10-26 动物分类的框架表示

这个例子中,上下层关系属ISA型。各层仅存有其特有的信息,如金丝鸟会飞就不必填入金丝鸟框架的槽中,因为金丝鸟是鸟,依属性继承可知具有鸟的各种属性。

显而易见,这种框架系统具有树状结构。树状结构框架系统的每个节点具有以下框架结构形式:

```
框架名
AKO VALUE <值>
PROP DEFAULT <表1>
SF IF-NEEDED <算术表达式>
CONFLICT ADD <表2>
```

其中,框架名用类名表示,AKO是一个槽,VALUE是它的侧面,通过填写<值>的内容表示出该框架属于哪一类。PROP槽用来记录该节点所具有的特性,其侧面DEFAULT表示该槽的内容是可以进行默认继承的,即当<表1>为非空时,PROP的槽值为<表1>,当<表1>为空时,PROP的槽值用其父节点的PROP槽值来代替。

10.5.3 框架表示下的推理

框架是一种复杂的结构的语义网络,框架系统的推理和语义网络一样遵循匹配和继承的原则,而且框架中if-needed、if-added槽的槽值是附加过程,在推理的过程中起重要的作用。

1. 匹配

框架的匹配,就是根据已知事实寻找合适的框架。其过程可描述为:根据已知事实,与知识库中预先存储的框架进行匹配——逐槽比较，从中找出一个或几个与该事实所提供情况最适合的预选框架，形成初步假设；然后对所有预选框架进行评估，以决定最适合的预选框架。

需要说明的是，由于类框架、超类框架等是对一类事物的一般性描述，当应用于某个具体事物时，具体事物往往存在偏离该类事物的某些特殊性，因此，框架的匹配只能做到不完全匹配。

例如，在图 10-27 中，当将“鸵鸟框架”与“鸟框架”匹配时，“原产地”槽将无法匹配，因为对于抽象的“鸟”来说是没有具体产地的；当将“鸵鸟小黑框架”与“鸵鸟框架”匹配时，“年龄”“表演特长”“马戏团团龄”“超类”“实例”等槽将无法匹配；而若是将“鸵鸟小白框架”与“鸵鸟框架”匹配，则“年龄”“居住地”“超类”“实例”等槽无法匹配。

鸟
　有翼：是
　会飞：是
　有羽毛：是
　子类：金丝鸟、鸵鸟、……
　超类：动物

(a) 鸟框架

鸵鸟
　会飞：不是
　脚：长度：……
　　数量：2 只
　原产地：非洲
　超类：鸟
　实例：鸵鸟小黑、鸵鸟小白、……

(b) 鸵鸟框架

鸵鸟小黑
　类：鸵鸟
　脚：长度：……
　　数量：1
　表演特长：单腿跳远、钻火圈
　产地：澳大利亚
　年龄：3
　马戏团团龄：2

(c) 鸵鸟小黑框架

鸵鸟小白
　类：鸵鸟
　脚：长度：……
　　数量：
　产地：澳大利亚
　年龄：2
　居住地：武汉鸟语林

(d) 鸵鸟小白框架

图 10-27　不完全匹配

由于只能做到不完全匹配，为确定最合适的预选框架，必要时需要计算匹配度——事实与预选框架的匹配程度。

2. 填槽

填槽就是进行槽值的计算。计算槽值主要有两种方法：继承和附加过程。

(1) 继承是指下层框架可以共享上层框架（直至顶层框架）中定义的有关属性和属性值，又分为值继承、属性继承和限制继承。

例如，在图 10-27 中，“鸵鸟小白框架”可以继承“鸵鸟框架”中“脚”槽中“数量”侧面的值，这是值继承；“鸵鸟小黑框架”可以继承“鸵鸟框架”的“超类”槽，这是属性继承；“鸵鸟框架”不能继承“鸟框架”中“会飞”槽，这就是限制继承。

(2) 附加过程又叫“幽灵(DEMON)”程序，是附加在数据结构上，并在询问或修改数据结构所存放的值时被激活的过程。附加过程主要有以下值。

if-needed：按需求值。本程序所属槽的值将被使用而该槽又暂时无值时，自动启动本程序。

if-added：一旦所属槽被赋值则启动本程序。

if-removed：删除本程序所属槽的时候启动本程序。

if-modified：本程序所属槽值被修改时启动本程序。

附加过程在推理中的作用，可通过例子来说明。例如，确定一个人的年龄，在已知知识库中要匹配的框架为：

框名：
年龄　NIL
if-needed　ASK
if-added　CHECK

这时便自动启动 if-need 槽的附加过程 ASK。而 ASK 是一个程序，表示的是向用户询问，并等待输入。例如，当用户输入"25"后，便将年龄槽设定为 25，进而启动 if-added 槽执行附加过程 CHECK 程序，用来检查该年龄值是否合适。如果这个框架有默认槽：default 20，那么当用户没有输入年龄时，就默认年龄为 20。

又例如，在图 10-28 中给出了制作积木时的有关框架。

```
BLOCK
    Subclass：wedge，brick，…
    Color(default)：blue
    Weight：(if-needed)block_weight_procedure
```

(a) BLOCK 框架

```
BRICK
    Superclass：BLOCK
    Member：BRICK1，BRICK2，…
    Color：(default)red
    Shape：rectangular
```

(b) BRICK 框架

```
BRICK1
    Class：BRICK
    Weight：
    Volume：400
    Density：11，(if-removed)new_weight_procedure
    Paint-Area：(if-needed)area_procedure，
              (if-added)paint_procedure
```

(c) BRICK1 框架

图 10-28　积木框架

图 10-28 中所用附加过程分别为：

block_weight_procedure——计算积木重量。

new_weight_procedure——修改重量。

area_procedure——计算油漆面积。

paint_procedure——计算油漆量。

对框架“BRICK1”来说，槽“Weight”采用属性值继承，来自祖父框架 BLOCK；槽“Shape”和“Color”采用属性继承，来自父框架 BRICK；槽“Density”和“Paint-Area”使用附加过程：如果修改了所用材质，导致密度发生变化，则调用 new_weight_procedure 修改积木重量；如果需要刷漆面积，则调用程序 area_procedure 计算油漆面积；如果计算出了刷漆面积，则应调用 paint_procedure 填写所需油漆量。

10.6 过程式知识表示

前面所讨论过的语义网络、框架等知识表示方法，均是对知识和事实的一种静止的表达方法，这类知识表达方式称为陈述式知识表达。它们共同的特点是强调事物所涉及的对象是什么。这种对事物有关知识的静态描述，是知识的一种显式表达形式。对于这些知识的使用和推理，则是通过控制策略或推理机制来决定的。

正如本章开始时所述，与陈述式知识表示方法相对应的是过程式知识表示。过程式知识表示就是将有关某一问题领域的知识，连同如何使用这些知识的方法，隐式地表达为一个求解问题的过程。它们给出的是事物的一些客观规律，表达的是如何求解问题。

过程表示法的知识描述形式就是程序，所有的信息均隐含在程序中。因而从程序求解问题效率上来说，过程式表达要比陈述式表达高得多，但缺点是过程式表示难以添加新知识和扩充新的功能，它适合于知识表示与求解结合非常紧密的这一类问题。

过程式知识表示依赖于具体的问题领域，所以它没有固定的表示形式。以 8 数码问题为例，给出求解该问题的过程式描述。

用一个 3×3 的方格阵来表示 8 数码问题的状态。问题的目标状态为

1	2	3
8		4
7	6	5

为了描述方便，用 a～i 这 9 个字母来标记 9 个方格，其对应的关系为

a	b	c
d	e	f
g	h	i

当任意给定一个初始状态后，求解该问题的过程如下。

(1) 首先移动棋牌，使棋子 1 和空格均不在位置 c 上。

		*

* 不能为 1 或空格。

(2) 依次移动棋牌,使得空格沿图中的箭头方向移动,直到棋子1位于位置a为止。

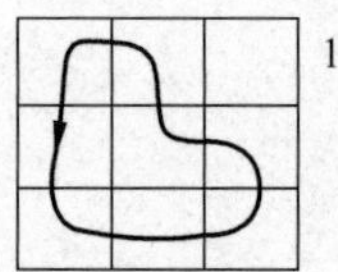

(3) 依次移动棋牌,使得空格位置沿图箭头所示的方向移动直到数码2位于位置b为止。

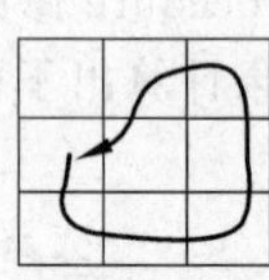

1	2	3

若这时刚好数码3在位置c,则转步骤(6)。

(4) 依次移动棋牌,使得空格位置沿图中箭头所示的方向移动,直到数码3位于位置e为止,而且这时空格刚好在位置d。

1	2	X

其状态为:

1	2	X
	3	X
X	X	X

其中X表示除1、2、3和空格以外的任意棋子。

(5) 依次移动棋牌,使得空格位置沿图中箭头所示的方向移动,直到空格又回到位置d为止。

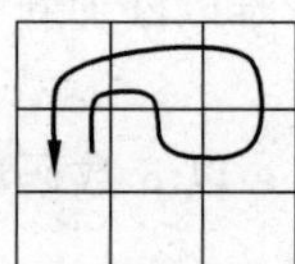

	2	X
1	3	X
X	X	X

2		X
1	3	X
X	X	X

2	3	X
1		X
X	X	X

2	3	X
1	X	
X	X	X

2	3	
1	X	X
X	X	X

2		3
1	X	X
X	X	X

	2	3
1	X	X
X	X	X

1	2	3
	X	X
X	X	X

(6) 依次移动棋牌,使得空格位置沿图中箭头所示的方向移动,直到数码4位于位置f为止。这时若数码5刚好在位置i,则转步骤(9)。

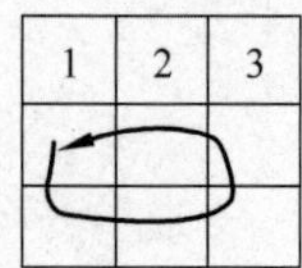

(7) 依次移动棋牌,使得空格位置沿图中箭头所示的方向移动直到数码5位于位置e,而且空格刚好在位置d。

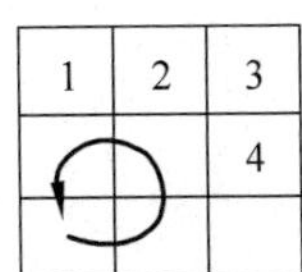

1	2	3
	5	4
X	X	X

(8) 依次移动棋牌，使得空格位置沿图中箭头所示的方向移动，直到空格又回到位置 d 为止。

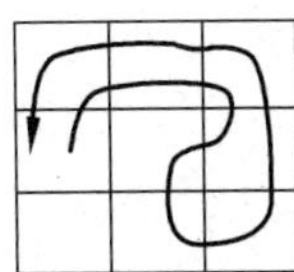

移动的结果由

1	2	3
	5	4
x_g	x_n	x_i

到

1	2	3
	x_n	4
x_g	x_i	5

(9) 依次移动棋牌，使得空格位置沿图中箭头所示的方向移动直到数码 6 位于位置 h 为止，若这时数码 7、8 分别在位置 g 和 d，即状态为

1	2	3
8		4
7	6	5

则达到目标，否则说明由所给初始状态不到所要求的目标状态。

下面给出的例子，分别对应上述(1)～(9)步骤结束时达到的状态，这个过程如下。

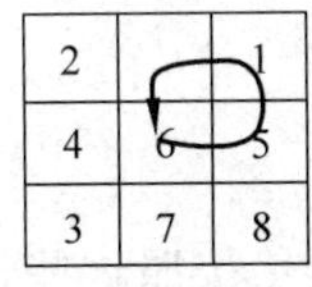

(初态)

2	1	5
4		6
3	7	8

(1)

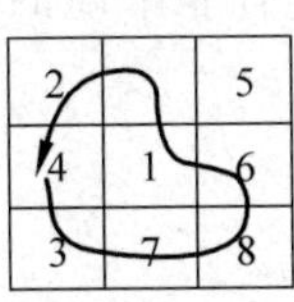

1	6	5
	8	7
2	4	3

(2)

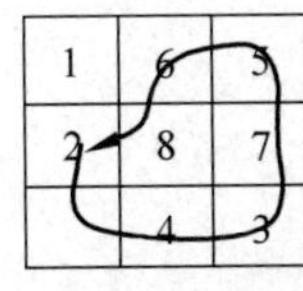

1	2	8
4		6
3	7	5

(3)

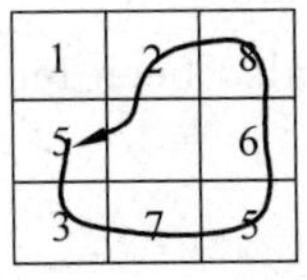

1	2	8
	3	4
7	5	6

(4)

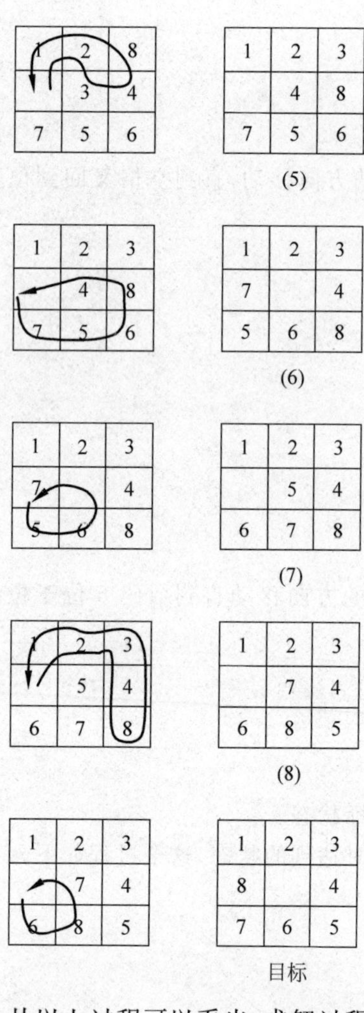

从以上过程可以看出,求解过程可以归纳为6种移动棋牌的过程。虽然按照这些过程去求解的路径不一定是最佳的,但按照这样一种过程编写的计算机程序具有非常高的求解效率。

习　题　10

10.1　把下列语句表示成语义网络的描述:

(1) All man are mortal.

(2) Every cloud has a silver lining.

(3) All roads lead to Rome.

(4) All branch managers of G-TEK participate in a profit-sharing plan.

(5) All blocks that are on top of blacks that have been moved have also been moved.

10.2　构造一个描述房间的框架系统。

10.3　试述本章所讨论过的几种知识表达方法及其推理方法。

10.4　有哪几种知识分类方法?有哪几种知识表示的分类方法?

10.5　试用语义网络和框架知识表示方法表达出一个椅子，并将两种知识方法进行比较。

10.6　陈述式知识表示和过程式知识表示有哪些优、缺点？有哪几种知识表示属于陈述式？有哪几种知识表示属于过程式？

10.7　给出以下命题的语义网络图：我的椅子是棕色的；椅子的包套是皮革；椅子是一种家具；椅子是座位的一部分；椅子的主人是 X；X 是人。

10.8　简述如何用 XML 作为描述框架知识表示的工具，讨论它们的对应关系，并给出一个实例描述。

第 11 章　谓词逻辑的归结原理及其应用

本章将简要介绍归结的基本概念、理论基础、推理规则、推理技术及归结在 AI 领域中的应用。

归结推理来源于这样的一种想法：能否找到一种标准方法来证明谓词逻辑中的定理。20 世纪 60 年代初，美籍华人王浩首先总结了 10 条推理规则，1965 年 Robinson 提出了归结原理(resolution)，从而使谓词演算的定理机械证明有了统一的标准方法。这种方法用反证法来证明一个命题的成立，是通过证明该命题的否定，与一个已知命题或一个推导出来的命题相矛盾。

11.1　命题演算的归结方法

要证明在 $A \wedge B \wedge C$ 成立的条件下有 D 成立，也即要证明 $A \wedge B \wedge C \rightarrow D$ 是重言式(定理)。现在的问题是，如何建立一套规则来自动证明这个定理。由数理逻辑可以知道：$A \wedge B \wedge C \rightarrow D$ 是重言式等价于 $\sim(A \wedge B \wedge C \rightarrow D)$ 是永假式，也即 $\sim(A \wedge B \wedge C \rightarrow D) = \sim(\sim(A \wedge B \wedge C) \vee D) = A \wedge B \wedge C \wedge \sim D$ 是永假式，即要证明的命题的否定与前提条件有矛盾，这就是反证法。归结推理方法就是从 $A \wedge B \wedge C \wedge \sim D$ 出发，使用推理规则来找出矛盾，达到证明：

$$A \wedge B \wedge C \rightarrow D$$

是一个定理的目的。这就是归结原理。本节讨论如何实现定理的机器证明。

11.1.1　基本概念

下面熟悉一下与归结相关的定义。

文字(literal)：指任一原子公式或原子公式的非。

例如：$\sim P, Q, R$ 都是文字。

子句(clause)：文字的析取范式。

例如：$\sim P \vee Q \vee R$ 就是一个子句。

亲本子句(parent clauses)：是指这样的两个子句，一个子句中含文字 L，另一个子句含文字 $\sim L$，L 与 $\sim L$ 又称互补文字。亲本子句又称为母子句。

例如，设有子句 $C_1 = \sim P \vee Q \vee R$，$C_2 = P \vee S$，$C_1$、$C_2$ 就可作为亲本子句，$\sim P$ 与 P 就是互补文字。

归结式(resolvent)：从亲本子句中去掉一对互补文字后，剩余的两个部分的析取范式。

例如，$P \vee Q$ 与 $\sim Q \vee R$ 归结后，归结式为 $P \vee R$。

11.1.2 命题演算的归结方法

设给定的已知条件为公式集 F,要从 F 求证的命题为 G,进行命题演算的归结步骤如下。

(1) 将公式集 F 中的所有命题改写成子句。

(2) 将命题 $\sim G$ 改写成一个子句或多个子句。

(3) 将(1)、(2)所得到的子句合并成子句集 S,并在出现一个矛盾或无任何进展(得不到新子句)之前执行:

① 从子句集中选一对亲本子句。

② 将亲本子句对归结成一个归结式。

③ 若归结式为非空子句,将其加入子句集;若归结式为空子句,则归结结束。

注意,在该算法的(1)、(2)步将命题公式改写为子句时,命题和子句并不是一一对应的,因为子句是析取式,一个命题公式改写后,可能是析取式,也可能是析取式的合取式。例如,一个很简单的命题公式 $A \wedge B$,将它改写成子句后,成为分别只含文字 A 和只含文字 B 的两个子句。又因为公式集中的公式之间的关系都是合取关系,因此,将一个公式的合取符号去掉之后,化成多个子句,这些子句之间放入子句集中后还是合取关系,这就是说,将公式改成子句后,并没有改变它们之间的逻辑关系。

例 11.1 已知,命题公式集 $s=\{p, p \wedge q \rightarrow r, u \vee t \rightarrow q, t\}$,求证 r。

首先,将每个命题化为子句形式。其过程是将 s 中的公式化为子句集 S'。其对应关系为

公式	子句
p	p
$p \wedge q \rightarrow r$	$\sim p \vee \sim q \vee r$
	$\sim u \vee q$
$u \vee t \rightarrow q$	$\sim t \vee q$
t	t
目标 r	目标的否定:$\sim r$

其中,第三个命题改写成了两个子句。

用归结方法证明结论 r,即求证 $\sim r$ 与子句集 S' 产生矛盾,其过程如图 11-1 所示。这就是一阶命题逻辑语言中一个简单的归结证明。

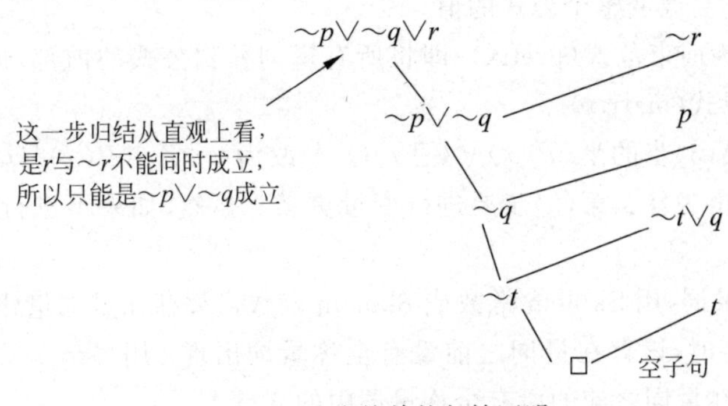

图 11-1 一个简单的归结证明

11.2　谓词演算的归结

下面首先讨论谓词演算的归结方法,然后在11.3节讨论谓词演算的归结原理。

11.2.1　谓词演算的基本问题

由于谓词含有变量,将一阶谓词逻辑公式化成子句形式并进行归结时,要比一阶命题逻辑复杂得多。谓词演算的归结方法需要解决以下3个问题。

(1) 将任一谓词逻辑表达式(完形公式)变成标准子句形式。

(2) 如何确定哪两个子句作为亲本子句。

(3) 如何挑选亲本子句才更有效。

对于上述第(2)个问题,可以通过合一算法来解决;第(3)个问题可通过归结的控制策略来解决;第(1)个问题可通过下面的11.2.2小节来完成。

11.2.2　将公式化成标准子句形式的步骤

由于谓词演算归结要由机器自动完成,所以要将谓词公式化为机器可以接受的标准形式。其目标是将一个公式化成析取式的合取式,再将合取式的各个析取式作为独立的子句,下述算法就是将公式化成标准子句形式的步骤(以下"¬"等同于"～")。

(1) 用$\neg A \vee B$取代$A \to B$,消去"→"符号。

(2) 降低¬号的辖域,直到到达原子公式之前或消去¬号。

例如,可用$\neg A \vee \neg B$　代替　$\neg(A \wedge B)$;

$\neg A \wedge \neg B$　代替　$\neg(A \wedge B)$;

A　代替　$\neg\neg A$;

$(\exists x)(\neg A(x))$　代替　$\neg \forall x A(x)$;

$(\forall x)(\neg A(x))$　代替　$\neg(\exists x)A(x)$。

(3) 变量标准化。重新命名哑变量(dummy variable),以保证每个量词有自己唯一的变量名。

例如,对$\forall x P(x) \vee (\exists x)Q(x)$进行标准化变量时,可将其改为$(\forall x)P(x) \vee (\exists y)Q(y)$。这一步可以将每个量词辖域内的变量,全部改为没有出现在其他辖域内的变量名并且不重名,这种变量更名不会改变整个公式的值。

(4) 将公式变为前束范式(prefix),即将所有量词移到公式的前部,后面的一部分变成无量词的公式,即母式(matrix)。

例如,将上述第(3)步的$\forall x P(x) \vee (\exists x)Q(x)$改为$\forall x \exists y(P(x) \vee Q(y))$。

从这里可以看出为什么第(3)步要进行变量更名。显然,如果不进行更名,本步骤将改变逻辑公式的含义。

(5) 消去存在量词,用Skolem常数或Skolem函数代替存在量词量化变量的每个出现。用Skolem常数代替时,该存在量词之前没有全称量词出现;用Skolem函数代替,Skolem函数的变量是该存在量词之前的所有全称量词中的变量。

例 11.2 $(\exists x)P(x,y)$去掉存在量词可以化为$P(A,y)$，其中A称为 Skolem 常量。

$$(\forall x)(\forall y)(\exists z)(P(x,y)\vee Q(y,z)\vee W(z))$$

可以化为

$$\forall x\forall y(P(x,y)\vee Q(x,f(x,y))\vee W(f(x,y))$$

其中$f(x,y)$称为 Skolem 函数，它是由于$\exists z$出现在$\forall x$、$\forall y$的辖域之内，所以去掉$\exists z$量词时要用x、y作为f的参数，并用$f(x,y)$代替z的出现。上述过程中A，$f(x,y)$只是一个符号，它表示被替代的存在量词与哪些变量有关。Skolem 函数符要用公式中尚未出现的符号，并且要替换受该存在量词约束变量的一切出现。

(6) 消去全称量词。因为全称量词的次序无关紧要，只要简单消去即可，这样一个公式就变成无量词公式了。

(7) 重复利用分配律，变公式为析取式的合取式。例如，将$A\vee(B\wedge C)$改变为$(A\vee B)\wedge(A\vee C)$。

(8) 消去"$\wedge$"连词，使公式成为若干子句。例如，$(A\vee B)\wedge(A\vee C)$就变成为两个子句：$(A\vee B)$和$(A\vee C)$。

(9) 将变量换名，使同一个变量符不会出现在两个或两个以上的子句中。该步骤称为变量分离标准化。

在表示谓词的变量时，一般约定小写的$x,y,z,\cdots$表示变量，大写的$A,B,C,\cdots$表示常量。

例 11.3 考虑以下命题所组成的集合。

(1) 马科斯是人。

(2) 马科斯是庞贝人。

(3) 所有庞贝人都是罗马人。

(4) 恺撒是一位统治者。

(5) 所有罗马人或忠于恺撒或仇恨恺撒。

(6) 每个人都忠于某个人。

(7) 人们只想暗杀他们不忠于的统治者。

(8) 马科斯试图谋杀恺撒。

将这些句子表达成一组逻辑公式，即为

(1) 马科斯是人：Man(Marcus)。

(2) 马科斯是庞贝人：Pompeian(Marcus)。

(3) 所有庞贝人都是罗马人：$\forall x$ Pompeian(x)→Roman(x)。

(4) 恺撒是一位统治者：Ruler(Caesar)。

(5) 所有罗马人或忠于恺撒或仇恨恺撒：$\forall x$ Roman(x)→Loyalto(x,Caesar)$\vee$Hate(x,Caesar)。

(6) 每个人都忠于某个人：$\forall x\exists y$ Loyalto(x,y)。

(7) 人们只想暗杀他们不忠于的统治者：$\forall x\forall y$ man(x)$\wedge$Ruler(y)$\wedge$Tryassassinate(x,y)→～Loyalto(x,y)。

(8) 马科斯试图谋杀恺撒：Tryassassinate(Marcus,Caesar)。

为了在归结中使用这些语句，使用前面讲过的化公式为标准子句形式的 9 个步骤，可将上述逻辑公式转换成以下的子句形式：

(1) Man(Marcus)

(2) Pompeian(Marcus)

(3) ~Pompeian(x_1) ∨ Roman(x_1)

(4) Ruler(Caesar)

(5) ~Roman(x_2) ∨ Loyalto(x_2,Caesar) ∨ Hate(x_2,Caesar)

(6) Loyalto(x_3,$f(x_3)$)

(7) ~Man(x_4) ∨ ~Ruler(y_1) ∨ ~Tryassassinate(x_4,y_1) ∨ ~Loyalto(x_4,y_1)

(8) Tryassassinate(Marcus,Caesar)

11.2.3 合一算法

现在讨论如何解决谓词演算归结的第二个问题，即如何决定哪两个子句为亲本子句。例如，$L(f(x)) \vee L(A)$与$\sim L(B)$是否能够成为一对母子句呢？问题的关键是，如何确定谓词演算的两个子句中两个文字是否为互补文字以及这两个文字的变量之间是否存在一定的联系。

在谓词逻辑中，一个表达式的项是常量符号、变量符号或函数式。表达式的例示(instance)是指在表达式中用项来置换变量而得到特定的表达式，用来置换变量的项称为置换项。在归结过程中，寻找项与项之间合适的变量置换，使两个表达式一致(相同)的过程，称为合一过程，简称合一(unify)。

定义 11.1 若存在一个代换 s，使得两个文字 L_1 与 L_2 进行代换后，有 $L_{1s}=L_{2s}$，则 L_1 与 L_2 为可合一的。L_1 与 $\neg L_2$ 为互补文字，这个代换 s 称为合一元(unifier)。

若有两个子句各含有互补文字中的一个，则称这两个子句是可合一的。那么到底$L(f(x)) \vee L(A)$与$\sim L(B)$是否能够合一呢？也就是说它们的变量之间到底是否存在代换呢？回答是否定的，因为这里 A、B 是常量，不能进行任何代换，$f(x)$是函数，实际是一个特定的值，它的地位与常量是一样的，也不能进行任何代换。使用代换要注意以下几点：

(1) 只能用项(常量、变量或函数符号) t 去代换某个变量 x，且必须代换公式中 x 的一切出现，代换记为 $s=t/x$，对一个公式 F 作 s 代换记为 Fs。显然，$f(x)$、A、B 之间不存在代换。

(2) 任一被代换的变量不能出现在用作代换的表达式中。$\{g(x)/x\}$不是代换。

(3) 代换并非唯一。

例 11.4 对于 $F=P(x,f(y),B)$，存在 4 种代换：

$s_1=\{z/x,w/y\}$，　则 $Fs_1=P(z,f(w),B)$　(较一般的代换)

$s_2=\{A/y\}$，　则 $Fs_2=P(x,f(A),B)$

$s_3=\{g(z)/x,A/y\}$，　则 $Fs_3=P(g(z),f(A),B)$

$s_4=\{C/x,A/y\}$，　则 $Fs_4=P(C,f(A),B)$　(限制最严格的代换)

s_4 称为基例示，因为作替换后不再含有变量。

(4) 复合置换 $Es_1s_2=(Es_1)s_2$。通常要求用尽可能一般的代换，其置换项的限制最少，所产生的例示更一般化，因而有利于产生新的置换。

定义 11.2 表达式集合$\{E_1,\cdots,E_r\}$的合一元 σ 称为最一般合一元(most general unifier,mgu),当且仅当对集合的每一个合一 θ 都存在代换 λ,使得 $\theta=\sigma\cdot\lambda$,即任何代换都可以由 mgu$\sigma$ 再一次代换后得到。

例 11.5 表达式集合$\{P(x),P(f(y))\}$是可合一的,其最一般合一元为 $\sigma=\{f(y)/x\}$。因为对此集合的另一个代换 $\theta=\{f(a)/x,a/y\}$,有替换 $\lambda=\{a/y\}$,使 $\theta=\sigma\cdot\lambda=\{f(f)/x\}\cdot\{a/y\}$。

为什么要寻找最一般合一元?从下例就可以看到,在合一时尽可能使用最一般代换的重要性。

例 11.6 求证:$\{\neg P(x,y)\vee\neg Q(y,z),P(A,W)\}\vdash\neg Q(B,C)$。

首先将 $Q(B,C)$加入到子句集,再使用最一般的代换进行归结,如图 11-2 所示。

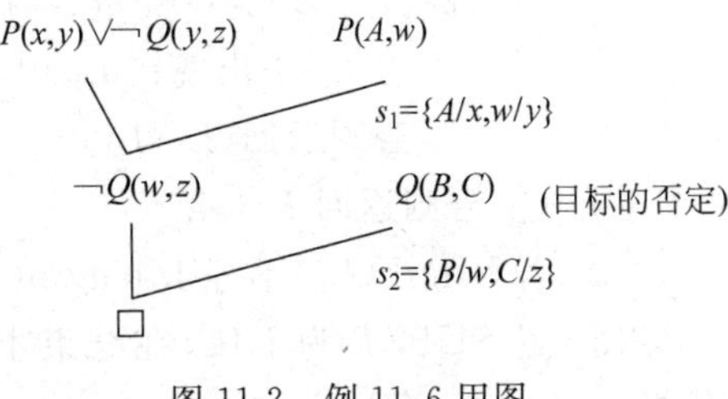

图 11-2 例 11.6 用图

若使用限制较严格的代换进行归结,如图 11-3 所示。

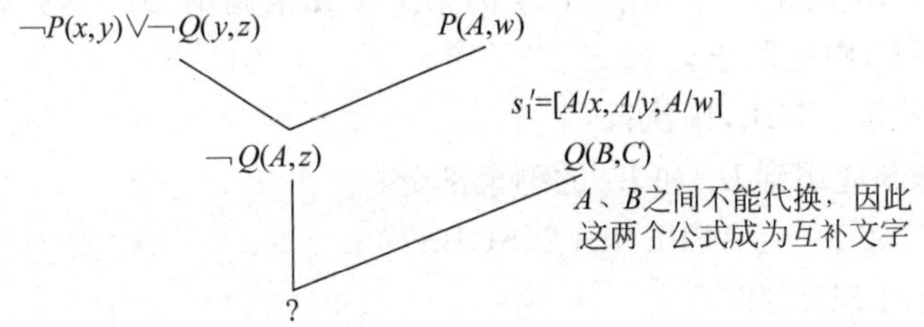

图 11-3 使用限制较严格的代换归结

在讨论合一算法的实现之前,首先需要作以下说明。

(1) 为实现方便,可规定将每个文字和函数符表达成一个表,表中第一元素为谓词名,其余元素为变元。例如,$P(x,y)$表示成$(P\ x\ y)$,$f(x)$ 表示成 $(f\ x)$。若变元为函数,则该变元为一个子表,子表中第一元素为函数名,如 $P(f(x),y)$表示成$(P(f\ x)y)$,这样谓词和函数都统一表示成表。

(2) 判断两个文字能否合一,则要判断它们所对应的表的各个项是否能够匹配,判断两个表项匹配的规则如下。

① 变量可与常量、函数或变量匹配。

② 常量与常量,函数与函数,谓词与谓词相等才可以匹配。不同的常量、函数、谓词之间不能匹配。

(3) 判断两个文字能否合一,还必须判断表示文字的表的长度必须相等,并且谓词是否相同。

例如,$P(x,y)$化成表形式为$(P\ x\ y)$,其长度为 3。

$Q(x,y,g(z))$化成表形式为$(Q\ x\ y\ (g\ z))$,其长度为 4。

合一过程 Unify(L_1,L_2)用一张代换表作为其返回的值。算法如果返回空表 NIL,表示可以匹配,但无须任何代换;如果返回由 F 值组成的表,则说明合一过程失败。

合一算法 Unify(L_1,L_2)

(1) 若 L_1 或 L_2 为一原子,则执行

① 若 L_1 和 L_2 恒等,则返回 NIL

② 否则,若 L_1 为一变量,则执行

若 L_1 出现在 L_2 中,则返回 F;

否则返回(L_2/L_1)

③ 否则,若 L_2 为一变量,则执行

若 L_2 中出现在 L_1 中,则返回 F;

否则返回(L_1/L_2)

④ 否则返回 F

(2) 若 length(L_1)不等于 length(L_2),则返回 F。

(3) 置 SUBST 为 NIL,在结束本过程时,SUBST 将包含用来合一 L_1 和 L_2 的所有代换。

(4) 对于 i:=1 到 L_1 的元素数$|L_1|$,执行

① 对合一 L_1 的第 i 个元素和 L_2 的第 i 个元素调用 Unify,并将结果放在 S 中。

② 若 $S=F$,则返回 F。

③ 若 S 不等于 NIL,则执行:

把 S 应用到 L_1 和 L_2 的剩余部分;

SUBST:=APPEND(S,SUBST)。

返回 SUBST。

例 11.7 设 L_1=(f Marcus),L_2=(f Caesar)。对合一算法进行跟踪,看是否可以进行合一。跟踪步骤如下。

(1) L_1、L_2 都不为原子。

(2) Length(L_1)=Length(L_2)。

(3) 置 SUBST 为 NIL。

(4) 分别对(f f)、(Marcus Caesar)进行合一。

(5) f 与 f 合一,返回 NIL(不需要任何代换)。

(6) Marcus 与 Caesar 不能合一,返回 F。

(7) SUBST={F},所以 L_1、L_2 不能合一。

11.2.4 变量分离标准化

下面再看看在 11.2.2 小节中将公式化成子句形式时,为什么需要第(9)步的变量分离标准化。

例 11.8 设知识库中有以下知识。

(1) 若 x 是 y 的父亲,则 x 不是女人:father(x,y)→¬woman(x)。

(2) 若 x 是 y 的母亲,则 x 是女人:mother(x,y)→woman(x)。

(3) Chris 是 Mary 的母亲:mother(Chris,Mary)。

(4) Chris 是 Bill 的父亲:father(Chris,Bill)。

求证这些断言包含有矛盾。

将上述公式化成子句集为：

(1) $\neg$ father(x,y) $\vee$ $\neg$ woman(x)

(2) $\neg$ mother(x,y) $\vee$ $\neg$ woman(x)

(3) mother(Chris,Mary)

(4) father(Chris,Bill)

其中将子句(2)分离标准化后为 $\neg$ mother(w,z) $\vee$ woman(w)。

图 11-4 所示是对作了分离标准化和未作分离标准化的归结过程进行比较。

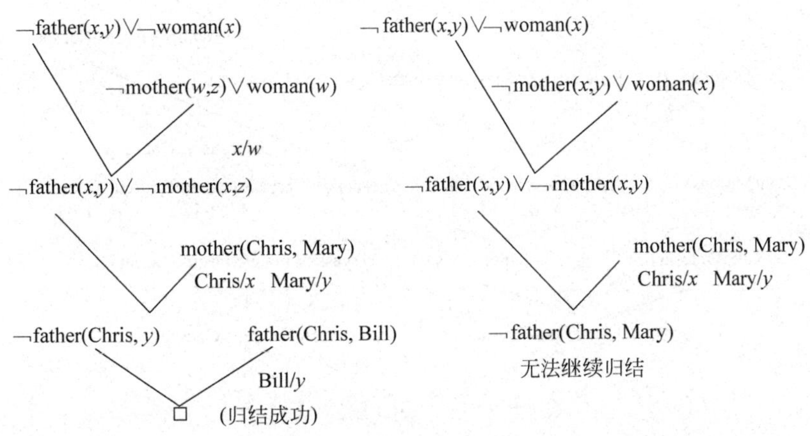

图 11-4 分离标准化与未分离标准化归结过程的比较

11.2.5 谓词演算的归结算法

有了前面的一系列准备工作后，现在可以实现谓词演算的自动归结证明。设 $F=\{F_1,\cdots,F_n\}$ 为给定的公理集，设 G 为要求证的定理，则自动归结证明的过程如下。

(1) 将 F 中的一切公式变成子句形式。

(2) 将 $\neg G$ 变成子句形式，并加入 F 的子句构成子句集：$S^*=\{C_1,C_2,\cdots,C_n\}$。

(3) 在出现一个矛盾(空子句)或无任何进展之前执行：

① 从 S^* 中挑选一对子句 C_1 与 C_2，并找出一个最一般合一元 s 使得

当$C_1s=(L_1\vee P)s=L_1s\vee Ps$

$C_2s=(\neg L_2\vee Q)s=\neg L_2s\vee Qs$ 时，

有 $L_1s=L_2s$ 成立。

② 令 $C_{12}=Ps\vee Qs$ 作为 C_1 与 C_2 的归结式(resolvent)。

③ 若 C_{12} 为空子句，即找到矛盾，G 得证；若 C_{12} 为非空子句，则将 C_{12} 加入 S^*。

例 11.9 现在讨论如何利用上面所述归结算法，来对例 11.3 中用子句表达的知识进行归结。从例 11.3 得到的 S^* 中包含有 9 个子句(原来的 8 个加上被证命题的否定)，跟踪算法的有效归结步骤(所谓无效步骤则是对产生空子句没有帮助的归结)，即有效推理路径，得到如图 11-5 所示的一棵归结树。

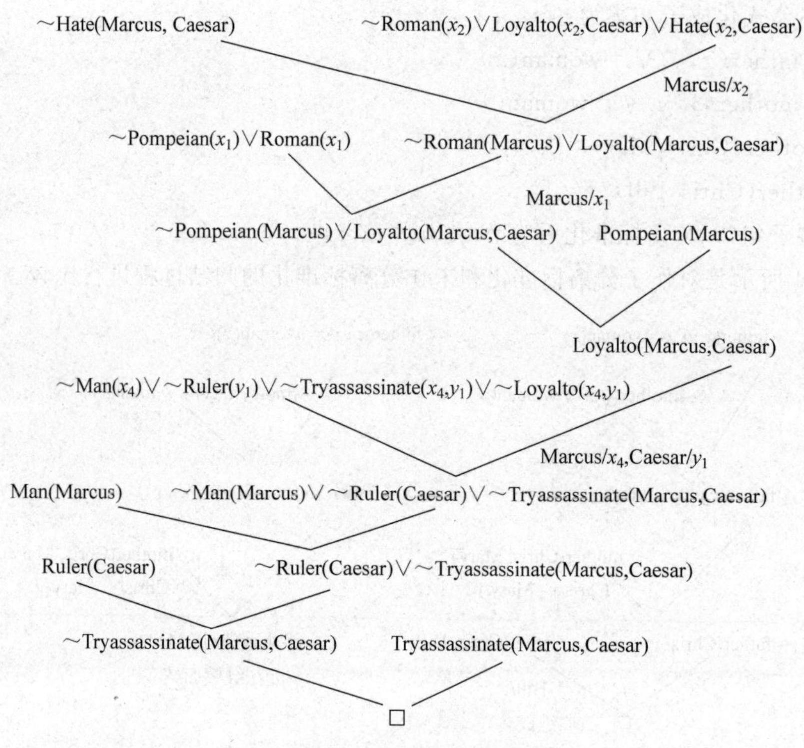

图 11-5　归结算法的有效步骤得到的归结树

11.3　归结原理

一般形式系统作为一种语言,其语法都有精确定义。谓词演算作为一种语言,其语法基本成分包括基本符号、合式公式、公理、推理规则和定理等。

语法(syntax)是语言(或符号系统)内部各种符号的连接关系;语义(semantics)是语言(或符号系统)和对象之间的对应关系。

谓词演算语言要有正确和完整的语义,必须将某一谓词的真假与某一非空论域 D 以某种方式联系起来。如果建立联系后能够正确地描述论域,则 P 为真;否则 P 为假。这种联系称为一个解释。

例 11.10　对于 $\forall x(P(x)\Rightarrow Q(x))$,对其论域、谓词的含义和公式的取值定义以下对应关系。

论域	谓词的含义		公式的取值
人类	P-is man	Q-is mortal	公式取真值
石头	P-is stone	Q-is mortal	公式取假值
鸟类	P-is bird	Q-can fly	公式取真值

这说明了有的公式在不同的论域上可以有不同的真假值。但有的公式,如 $(\forall x)(P(x)\vee\neg P(x))$,在任何论域上,其解释恒为真。

11.3.1 谓词演算的基本概念

1. 解释的定义

定义 11.3 谓词公式 P 在非空论域 D 上的一个解释，是指对 P 中出现的各个常量、函数符和谓词符作以下指定：

(1) 每一个常量对应 D 中一个元素。

(2) 每一个 n 元函数符对应一个 D^n 到 D 的映射。其中 $D^n=\{(x_1,x_2,\cdots,x_n)\mid x_1,\cdots,x_n\in D\}$。

(3) 每个 n 元谓词对应一个由 D^n 到{F,T}的映射。

前面的例 11.10 说明了，有的公式在不同的论域上可以有不同的真假值。下面的例子要说明，一个公式在相同的论域上，在不同的解释下也可能取不同的真假值。

例 11.11 设 $B_1=\forall x\exists yP(x,y)$，$D=\{0,1\}$，定义 B_1 的一个解释 I_1所指定的对应关系为

$P(0,0)$	$P(0,1)$	$P(1,0)$	$P(1,1)$
T	F	T	F

因为，当 $x=0$ 时，存在一个 $y=0$，使 $P(0,0)=\mathrm{T}$。当 $x=1$ 时，存在一个 $y=0$，使 $P(1,0)=\mathrm{T}$。

又因为 D 中只有两个元素，即对 D 中所有 x，存在相应的 y 使 P 为真，所以在解释 I_1 下，公式 B_1 为真。

如果再定义 B_1 的另一个解释 I_2 为

$P(0,0)$	$P(0,1)$	$P(1,0)$	$P(1,1)$
F	F	T	T

因为当 $x=0$，不存在一个 y 使公式 $P(0,y)=\mathrm{T}$，所以在解释 I_2 下公式 B_1 不为真。

对于一般情况，任何 n 元谓词 P 在 D^n 上可有 $2^{|D|^n}$ 个解释。因为，D^n 有 $|D|^n$ 个元素，每个元素与 P 相联系有一个真值或假值，因此共有 $2^{|D|^n}$ 种可能的映射。

2. 3 类基本公式

有了解释这一概念，可以熟悉一下模型的概念。设 I 是一阶语言 L 的一个解释，F 是 L 的一个公式，若 F 在解释 I 下为真，则 I 称为 F 的一个模型。更一般地，设 S 为一组公式，若 S 中的每一个公式在解释 I 下为真，则称 I 为 S 的一个模型。如果说一个公式 F 或一组公式 S 没有模型，则断言没有任何解释使得 F 或 S 的每一个公式都为真。

有了解释之后，公式可分成 3 类：

(1) 有效(validity)公式。某一合式 F 在给定的论域上的一切可能解释均为真，则称为有效式。F 可以称为永真式或重言式。

(2) 可满足(satisfiability)公式。某一合式公式在给定的论域上是可满足的，当且仅当存在一个解释 I，使得公式在 I 下为真。也可以说，I 满足了 F，或 I 是 F 的一个模型。

(3) 不可满足(unsatisfiability)。在给定的论域上，不存在一个解释使 F 为真。这时 F 可以称为不相容或永假式，即公式 F 没有模型。

3. 逻辑结论的相关概念

定义 11.4 逻辑结论(推论)：某一合式公式 G 是一组合式公式 $F_1,F_2,\cdots,F_n$ 的逻辑结论，当且仅当对每一解释 I，若 $F_1,F_2,\cdots,F_n$ 为真时，G 也为真。

定义 11.5 可靠性(soundness):某一推理方法是可靠的,当且仅当任何一个从公式集中能利用该推理方法推出的公式,都是该公式集的逻辑结论。

可以看出,可靠性是说,使用该推理方法推理出来的首先是该公式集的逻辑结论,而不是非逻辑结论,也就是说该推理方法是有效的。

定义 11.6 完备性(completeness):某一推理方法是完备的,当且仅当公式集的任何逻辑结论均能用该方法推出。

完备性是说,使用该推理方法,只要是公式集的逻辑结论就一定可以推导出来,不会漏掉,不会形成推理死角。

11.3.2 归结方法可靠性证明

有了上面的预备知识,下面就可以着手分析归结方法的理论根据,即讨论为什么可以使用归结这种方法进行推理(也即这种方法是可靠的),这种推理方法管用(即这种方法完备)吗?

1. 有效结论

定理 11.1 G 为 $F_1,F_2,\cdots,F_n$ 的逻辑结论,当且仅当 $F_1 \wedge F_2 \wedge \cdots \wedge F_n \Rightarrow G$ 是有效的。

证明:

充分性 若 $F_1 \wedge F_2 \wedge \cdots \wedge F_n \Rightarrow G$ 有效,即对一切解释,公式为永真,所以在 $F_1 \wedge F_2 \wedge \cdots \wedge F_n$ 为真时,G 必为真,这就是 G 为 $F_1,F_2,\cdots,F_n$ 的逻辑结论的定义。

必要性 即要证若 G 是 $F_1,F_2,\cdots,F_n$ 的逻辑结论,则 $F_1 \wedge F_2 \wedge \cdots \wedge F_n \Rightarrow G$ 有效。

用反证法。若 G 是 $F_1,F_2,\cdots,F_n$ 的逻辑结论,但上述公式不是有效的,则必存在一个解释 I 使公式为假,但上述公式为假的情况,只有当 $F_1 \wedge F_2 \wedge \cdots \wedge F_n$ 在 I 下为真且 G 为假时才有可能,这与 G 是 $F_1,F_2,\cdots,F_n$ 的逻辑结论矛盾。

2. 可靠性证明

定理 11.2 G 为 $F_1,F_2,\cdots,F_n$ 的逻辑结论,当且仅当 $(F_1 \wedge F_2 \wedge \cdots \wedge F_n) \wedge \neg G$ 是不可满足的。

证明: 因为 $(F_1 \wedge F_2 \wedge \cdots \wedge F_n) \wedge \neg G$ 不可满足等价于 $\neg(F_1 \wedge \cdots \wedge F_n) \vee G$ 是有效的,也即 $F_1 \wedge F_2 \wedge \cdots \wedge F_n \Rightarrow G$ 是有效的。

再由定理 11.1 可知,G 为 $F_1,F_2,\cdots,F_n$ 的逻辑结论,定理得证。

定理 11.2 说明从 $F_1,F_2,\cdots,F_n$ 求证 G,可化成求证集合 $\{F_1,\cdots,F_n,\neg G\}$ 不可满足性,反之亦成立。这就是归结原理的基础。

下面讨论归结方法的可靠性。

对于归结方法的可靠性,最理想的情况是归结的每个步骤保持语义上的等价,即每个步骤都不改变原公式的逻辑含义。稍作分析:在将公式集 $\widetilde{S}$ 化成子句集 $\widetilde{S}_n$ 的 9 个步骤中,除第(5)步消去存在量词外,其余 8 个步骤均为恒等变化,所以只需考察第(5)步。

在第(5)步的转换时,经过前 4 步变换,公式化为

$$(\forall x_1)(\forall x_2)\cdots(\forall x_r)(Q_r x_r)(Q_{r+1} x_{r+1})\cdots(Q_n x_n)M(x_1,\cdots,x_n) \Leftrightarrow \widetilde{S}$$

其中,$Q_r x_r = \exists x_r$ 为第一个存在量词;$Q_{r+1},\cdots,Q_n$ 可为全称量词,也可为存在量词。

在第(5)步中,用 Skolem 函数消除 Q_r,得到新公式 S_r:

$$(\forall x_1)\cdots(\forall x_{r-1})(Q_{r+1}x_{r+1})\cdots(Q_n x_n)M(x_1,\cdots,x_{r-1},f(x_1,\cdots,x_{r-1}),x_{r+1},\cdots,x_n)$$

如果 $Q_r x_r=\exists x_r$ 前面没有全称量词，则仅将一个常量代替 x_r。

下面的例子表明，第(5)步的改写是破坏了等价性的。

例 11.12 $\widetilde{S}=\{\exists xP(x)\}$，它的标准形为 $\widetilde{S}_n=\{P(a)\}$，设论域 $D=\{0,1\}$，给出解释 I 为

a	$P(0)$	$P(1)$
0	F	T

在解释 I 下，$\widetilde{S}$ 为 True，$\widetilde{S}_n$ 为 False。

这个例子说明，一个合式公式集 $\widetilde{S}$ 的标准形子句集 $\widetilde{S}_n$ 并不等价于 $\widetilde{S}$ 公式本身。然而，下述结论是成立的。

定理 11.3 设 $\widetilde{S}_n$ 是一个子句集，它是公式集 $\widetilde{S}$ 的标准形，则 $\widetilde{S}$ 不可满足，当且仅当 $\widetilde{S}_n$ 不可满足。

现在要证明：若公式 S 不可满足，则子句 $\widetilde{S}_r$ 也不可满足。

同样也要证明：若 $\widetilde{S}_r$ 不可满足，则 S 也不可满足。

对 Q_r 以后的每个存在量词以此类推，定理即可得证。现在就只需证明 $\widetilde{S}_r$ 不可满足的充要条件是 S 不可满足。

证明：

充分性　要证若 S_r 不可满足，则 S 不可满足。用反证法，假设 S_r 不可满足，而 S 可满足。

因为 S 可满足，说明对某一论域，存在一个解释 I 对一切 $x_1,x_2,\cdots,x_{r-1}$ 至少存在一个 $\widetilde{x}_r$ 使 $(Q_{r+1}x_{r+1})\cdots(Q_n x_n)M(x_1,\cdots,x_{r-1},x_r,x_{r+1},\cdots,x_n)$ 为真。

在化子句为标准形的第(5)步只是说明有这样的 Skolem 函数，可以用它代替 x_r，并没有限制是什么样的函数，所以令 $\widetilde{x}_r=f(x_1,\cdots,x_{r-1})$。因此有

$$(Q_{r+1}x_{r+1})\cdots(Q_n x_n)M(x_1,\cdots,x_{r-1},f(x_1,\cdots,x_{r-1}),x_{r+1},\cdots,x_n)$$

为真，即解释 I 使 S_r 为真，这与假设矛盾。

必要性　要证若 S 不可满足，则 S_r 不可满足。

同样用反证法：假设若 S 不可满足，而 S_r 可满足。因为 S_r 可满足，即存在一个解释 I 使 S_r 为真，即

$$(Q_{r+1}x_{r+1})\cdots(Q_n x_n)M(x_1,\cdots,x_{r-1},f(x_1,\cdots,x_{r-1}),x_{r+1},\cdots,x_n)$$

在 I 下为真。可以令 x_r 取值 $f(x_1,\cdots,x_{r-1})$ 时，相应的 S 也就为真，这说明在 I 下存在一个 x_r 的值，能使公式

$$(Q_{r+1}x_{r+1})\cdots(Q_n x_n)M(x_1,\cdots,x_{r-1},x_r,x_{r+1},\cdots,x_n)$$

为真，即 S 为真，也就是 S 可满足，这与假设矛盾。

定理 11.3 说明了一个逻辑公式化为标准形后，虽然与原公式不等价，但并不影响原公式的不可满足性。但也要注意 S_r，S 在可满足性上不具有等价性。从前面的例子也可看到，存在这样的解释，使得 $\widetilde{S}$ 与 $\widetilde{S}_r$ 不具有相同的可满足性。下面要说明代换也不影响子句集的不可满足性。

定理 11.4 某一公式 C 的任何代换 C_s 都是 C 的逻辑结论。

证明：只需证能使 C 为真的解释也一定使 C_s 为真。设 I 为任何一个解释：

C 中常量对应论域 D 中某一元素。

C 中函数对应 D^n 到 D 的映射。

C 中谓词对应 D 中某个关系定义的 D^n 到 $\{F,T\}$ 的映射。

C 中的变量可取 D 中一切值。

所做的代换如下。

(1) 常量代换变量，若 $C(\cdots,x,\cdots)$ 为真，x 可取 D 中的一切元素，则 $A\in D$ 时，$C_s=C(\cdots,A,\cdots)$ 也为真。

(2) 函数代换变量，用 $f(y)$ 代替 x，$f(y)\in D$，所以 $f(y)$ 的值域包含于 D，故 $C_s=C(\cdots,f(y),\cdots)$ 也为真。

(3) 变量代换变量，用 y 代替 x，y 与 x 一样也可以取 D 中一切值，所以 $C_s=C(\cdots,y,\cdots)$ 也为真。

推论：用子句集 $\widetilde{S}$ 中任意子句的代换实例，代替原子句得到新子句集 S'，则 $\widetilde{S}'$ 不可满足可以推出 $\widetilde{S}$ 也不可满足。

证明：设 $\widetilde{S}=\{P_1,\cdots,P_r,C\}$，$\widetilde{S}'=\{P_1,\cdots,P_r,C_s\}$，其中，$C_s$ 是 C 的代换式。用反证法，设若 $\widetilde{S}'$ 不可满足，而 $\widetilde{S}$ 可满足，则存在一个解释 I，使得在 I 下，$P_1\wedge P_2\wedge\cdots\wedge P_r\wedge C=T$。由定理 11.4 可知 $C=T\Rightarrow C_s=T$，也即 $P_1\wedge P_2\wedge\cdots\wedge P_r\wedge C_s=T$，即 $\widetilde{S}'$ 在 I 下也为真，这与假设矛盾。

定理 11.5 归结式是其亲本子句的逻辑结论。

证明：假设两个亲本子句在合一之后为

$$C_1 = L \vee P$$
$$C_2 = \neg L \vee Q$$

的归结式为

$$C_{12} = P \vee Q$$

$$\begin{aligned} C_1 \wedge C_2 &= (L \vee P) \wedge (\neg L \vee Q) = (P \vee L) \wedge (L \Rightarrow Q) \\ &= (\neg P \Rightarrow L) \wedge (L \Rightarrow Q) = (\neg P \Rightarrow Q) = P \vee Q \end{aligned}$$

上式证明中用到了三段论。事实上，如果没有经过替换，则归结式与亲本子句等价，经过代换后，才减弱为前者是后者的逻辑结论这种关系。

推论：用归结式 C_{12} 加入后的子句集 $\widetilde{S}'$ 后，$\widetilde{S}'$ 不可满足，则 $\widetilde{S}$ 也不可满足。

证明：令

$$\widetilde{S} = \{P_1,\cdots,P_r,C_1,C_2\},$$

$$\widetilde{S}' = \{P_1,\cdots,P_r,C_{12},C_1,C_2\}$$

用反证法，设 $\widetilde{S}'$ 不可满足，而 $\widetilde{S}$ 可满足，则存在一个解释 I，使

$$P_1 \wedge P_2 \wedge \cdots \wedge P_r \wedge C_1 \wedge C_2 = T$$

因此，有 $C_1\wedge C_2=T$。

由定理 11.5，$C_1\wedge C_2\Rightarrow C_{12}$，所以，$C_{12}=T$。

所以$\widetilde{S}'$在解释 I 下为真，$\widetilde{S}'$可满足，这与假设矛盾。

上面讨论了归结方法的可靠性，也即归结方法的有效性。回顾一下，其证明的步骤由定理 11.2 知：一个子句 C 是一个子句集 $S=\{C_1,C_1,\cdots,C_n\}$的逻辑结论，则要证明$S'=\{C_1,C_1,\cdots,C_n,\sim C\}$的不可满足性；再由定理 11.3 知：要证明 S'的不可满足性，只要证由 S'化成的子句集 S_n'的不可满足性；然后由定理 11.4 的推论知：归结过程中的代换不影响不可满足性；最后由定理 11.5 的推论知：归结过程中的归结式加入到子句集S_n'中不影响不可满足性。这样，归结证明的每个步骤都是有效的，因而，这种方法是可靠的。

下面要讨论归结证明的完备性。所谓完备性是要证明：任何不可满足的子句集 S 一定可归结为空子句，即可以推出矛盾。

11.3.3 归结方法的完备性

首先要了解怎样才能知道一个子句集是不可满足的。为了证明一个有限子句集 S 是不可满足的，必须证明不存在任何一个解释满足 S。对于解释，首先要选择一个论域，在选定了论域后，S 在这个论域上的解释又非常多。显然，通过检验一切可能的论域上的一切可能的解释都不满足 S 是不合适的，也是行不通的。

为此，Herbrand 首先将 S 对任何论域、任何解释的不可满足性化为一特定的论域$H(S)$（由 S 构造的 Herbrand 域）和 $H(S)$上一切解释的不可满足性，然后 Robinson 构造了一个工具（叫语义树）来表达 $H(S)$上的一切解释，再通过不可满足的子句集所对应的语义树的特殊性质归纳证明：含矛盾的子句集一定会推导出空子句。

1. 归结原理完备性定理的基础

Herbrand 证明了以下定理，从而为归结的完备性的证明奠定了基础。

定理 11.6 一个子句集 S 是不可满足的，当且仅当 S 在 $H(S)$域上的一切解释为假。

显然，这个定理把证明 S 在一个任意论域上的不可满足性，缩小到一个特定的论域（即 Herbrand 域）上的不可满足性。下面在证明这个定理之前，首先熟悉一下 Herbrand 域的定义和其他相关知识。

2. Herbrand 域

定义 11.7（Herbrand 域 $H(S)$） 设 S 为子句集，S 的 Herbrand 域定义如下：

(1) S 中一切常量字母均在 $H(S)$中，若 S 中无任何常量字母，则命名一个常量字母 A，使 $A\in H(S)$。

(2) 若项 $t_1,\cdots,t_n\in H(S)$，则 $f_i(t_1,\cdots,t_n)\in H(S)$，其中 f_i 为 S 中的任一函数符号。

(3) 无其他元素在 $H(S)$中。

这个定义把 $H(S)$限定得很小。

例 11.13 $S=\{P(x)\vee Q(y),R(z)\}$，S 中无常量出现，则令 $A\in H(S)$，因为没有函数符号出现，$H(S)$中没有其他元素，所以 $H(S)=\{A\}$。

例 11.14 设 $S=\{Q(A)\vee\sim P(f(x)),\sim Q(B)\vee P(g(x,y))\}$

则

$$H_0(S)=\{A,B\}$$
$$H_1(S)=\{A,B,f(A),f(B),g(A,A),g(A,B),g(B,A),g(B,B)\}$$

$$
\begin{aligned}
H_2(S)=\{&A,B,f(A),f(B),g(A,A),g(A,B),g(B,A),g(B,B),\\
&f(f(A)),f(f(B)),f(g(A,A)),f(g(A,B)),f(g(B,A)),\\
&f(g(B,B)),g(A,A),\cdots,g(B,B),g(f(A),f(A)),g(f(A),f(B)),\\
&g(f(B),f(A)),g(f(B),f(B)),\cdots,g(g(B,B),g(B,B))\}\\
&\vdots
\end{aligned}
$$

H_∞ 称为 Herbrand 全域,简记为 $H(S)$。

3. Herbrand 基

定义 11.8 Herbrand 基(Herbrand Base)为 S 中所有原子公式建立在 $H(S)$上的一切基例式的集合(也称原子集),简记为 HB(S)。基例式是用 $H(S)$中的元素代换 S 中的原子公式中的变元而得到的。

例 11.15 $S=\{P(x),Q(f(y))\vee R(y)\}$,$S$ 中没有出现常量,所以令 A 为常元,有

$$H(S)=\{A,f(A),f(f(A)),\cdots\}$$

原子公式集$=\{P,Q,R\}$,因此有

$$\mathrm{HB}(S)=\{P(A),Q(A),R(A),P(f(A)),Q(f(A)),R(f(A)),\cdots\}$$

有了 Herbrand 基之后,就可以定义 Herbrand 域上的解释,由于这些解释的特殊性,也称为 Herbrand 解释。

4. Herbrand 解释

定义 11.9 子句集 S 在 $H(S)$上的一个解释 I^* 满足以下条件:

(1) I^* 映射 S 中所有常元到自身。

(2) 若 $h_1,h_2,\cdots,h_n\in H(S)$,$f(h_1,\cdots,h_n)$是 n 元函数,在 I^* 中 f 指定为一个从 $H^n(S)\to H(S)$的映射。

(3) S 中的任何 n 元谓词,在映射 $H^n(S)\to\{\mathrm{F},\mathrm{T}\}$时的指派无限制。即若

$$A=\{A_1,A_2,\cdots,A_n,\cdots\}$$

是 S 的 $H(S)$,则 $H(S)$上的解释 I 可以表示为

$$I^*=\{m_1,m_2,\cdots,m_n,\cdots\}$$

$$m_i=A_i \text{ 或 } \neg A_i \quad i=1,2,\cdots,n,\cdots$$

当 $m_i=A_i$ 时,表示 A_i 在解释 I^* 下指派为真;当 $m_i=\neg A_i$ 时,表示 A_i 在解释 I^* 下指派为假。满足这个定义的解释称为 Herbrand 解释。

例 11.16 设 $S=\{P(x)\vee Q(y),\sim P(A),\sim Q(B)\}$

因为 S 中无函数出现,所以 $H(S)$为有限集,且 $H(S)=\{A,B\}$。

$$\mathrm{HB}(S)=\{P(A),Q(A),P(B),Q(B)\}$$

S 在 $H(S)$上的 Herbrand 解释有 16 种,即

$$
\begin{aligned}
&I_1^*:\{P(A),Q(A),P(B),Q(B)\}\\
&I_2^*:\{P(A),Q(A),P(B),\neg Q(B)\}\\
&I_3^*:\{P(A),Q(A),\neg P(B),Q(B)\}\\
&\vdots\\
&I_{16}^*:\{\neg P(A),\neg Q(A),\neg P(B),\neg Q(B)\}
\end{aligned}
$$

下面首先用例子加以说明。

例 11.17 设 $S=\{P(x), Q(y, f(y,z))\}$，$D=\{1,2\}$为一个论域。

S 在 D 上的一个解释 I 为：

$f(1,1)$	$f(1,2)$	$f(2,1)$	$f(2,2)$		
1	2	2	1		
$P(1)$	$P(2)$	$Q(1,1)$	$Q(1,2)$	$Q(2,1)$	$Q(2,2)$
T	F	F	T	F	T

再求得

$$H(S)=\{A, f(A,A), f(f(A,A), f(A,A)), \cdots\},$$

$$\begin{aligned}\mathrm{HB}(S)=\{&P(A), Q(A,A), P(f(A,A)), Q(A, f(A,A)),\\ &Q(f(A,A),A), Q(f(A,A), f(A,A)), \cdots\}\end{aligned}$$

$H(S)$上的解释就是指派 HB(S)中的每一元素为真或为假。为了证明定理 11.6，要想办法把 S 在 $H(S)$上的 Herbrand 解释 $I*$ 与 S 在其他任一论域上的解释 I 建立起某种对应关系。为此，给出以下定义。

定义 11.10 S 在任一论域 D 上的任一解释 I 与 S 在 $H(S)$上的解释 $I*$ 相对应，是指满足以下条件：

(1) 若 $h_1, \cdots, h_n \in H(S)$，令 h_i 映射到 D 中某元素 d_i。

(2) 如果 $P(d_1, d_2, \cdots, d_n) \in S$ 中，为原子公式且被 I 指定为 T 或 F，则 $P(h_1, \cdots, h_n)$在 I^* 中也指定为 T 或 F。

在例 11.16 中指定与 I 对应同真假的解释有两个：

$$\begin{aligned}I_1^*:(A\leftrightarrow 1)=\{&P(1), \neg Q(1,1), P(f(1,1))=P(1), \neg Q(1, f(1,1))=\neg Q(1,1),\\ &\neg Q(f(1,1),1), \neg Q(f(1,1), f(1,1)), \cdots\}\\ =\{&P(1), \neg Q(1,1), P(1), \neg Q(1,1), \neg Q(1,1), \neg Q(1,1), \cdots\}\end{aligned}$$

因为，此时 $H(S)$只有以下元素：

$$\begin{aligned}&A=1, f(A,A)=f(1,1)=1, f(f(A,A),A)=f(f(1,1),1)=f(1,1)=1,\\ &f(f(A, f(A)), f(f(f(A), f(A)), A))\\ &=f(f(1,1), f(f(1,1),1))=f(1, f(1,1))=f(1,1)=1\end{aligned}$$

同理：

$$\begin{aligned}&I_2^*:(A\leftrightarrow 2)\\ &=\{\neg P(2), Q(2,2), P(f(2,2)), \neg Q(2, f(2,2)), Q(f(2,2),2), \neg Q(f(2,2), f(2,2)), \cdots\}\end{aligned}$$

作这样的对应后，I 与 I^* 有以下引理。

引理 11.1 如果在某论域 D 上的一个解释 I 满足一子句集 S，则 I 所对应的任一 $H(S)$上的解释 I^* 也满足 S。

证明：用反证法。假设若 I 满足 S，但对应的 I^* 不满足 S，则 S 中至少有一个公式 F_k 在 I^* 下为假。设 $F_k=P_1() \vee P_2() \vee \cdots \vee P_r()$，在 I^* 下 F_k 为假，即各个 P_i 均为假，但各公式与 I 所对应的 P_i 同真假，也就是说在 I 下 F_k 也为假，这就产生了矛盾。

现在可以证明定理 11.6，即 S 不可满足，当且仅当 S 在 $H(S)$上不可满足。

证明：

充分性 要证 S 在 $H(S)$的一切解释都为假，则 S 在 D 上不可满足。

反证法。设 S 可满足，则存在一个论域 D 中某一个解释 I 使 S 为真，但按引理 11.1，在$H(S)$上与 I 对应的 I^* 也满足 S,这与假设产生矛盾。

必要性　要证 S 在任意论域 D 上不可满足,则在 $H(S)$的一切解释也不可满足。

$H(S)$上的解释与 D 上的解释对应后,有同样的指定,S 在 D 上的一切解释都不可满足,则 $H(S)$上与之对应的解释也应该是不可满足的,因而,$H(S)$上的一切解释也不可满足。

定理 11.6 将 S 的不可满足性化为只考虑在 $H(S)$上的不可满足性就足够了。下面考虑如何证明 $H(S)$上的不可满足性。为此,Robinson 用一个语义树工具来描述 $H(S)$上各个解释。

5. 语义树(semantic tree)

定义 11.11　S 的语义树 T_r 是一个由根节点向下生长的树,树的每一边都按以下方式附着 HB(S)中的一个原子或原子的非。

(1) 对于任一节点 N,仅有两个直接引出边 L_L 和 L_R,Q_1、Q_2 为附着其上的互补原子,且 $Q_i(i=1$ 或 $2)=\mathrm{T}$ 时,附于 L_L; $Q_i(i=1$ 或 $2)=\mathrm{F}$ 时,附于 L_R。

(2) 对于任一节点 N,若 $I(N)$是 T_r 中由根向下到达 N 的路径上所有边上依附的文字的组成的集合,则 $I(N)$中不包含有文字的互补对。

定义 11.12　完全语义树:如果语义树 T_r 中的任意终端节点 N 的 $I(N)$中都包含 HB(S)中每一原子或原子的非,则称这样的语义树为完全语义树。

若 HB(S)是无限的,则对应的完全语义树也是无限的。

$S=\{P(x)\vee Q(y),\sim P(A),\sim Q(B)\}$

例 11.18　设

$$H(S)=\{A,B\}$$

$$\mathrm{HB}(S)=\{P(A),Q(A),P(B),Q(B)\}$$

其语义树如图 11-6 所示,它的每一分支对应着 S 的一个解释 I_i^*。$I_1^*,\cdots,I_{16}^*$恰好为 S 在 $H(S)$的 16 个解释。

$I_{1\sim8}^*$使 S 为假,因为 $I_{1\sim8}^*$都指派 $P(A)$为 T,所以在 S 中 $\neg P(A)$为 F; I_9^*、I_{11}^*使 S 为假,因为指派 $Q(B)=\mathrm{T}$,所以 S 中的 $\neg Q(B)$就为 F。

I_{10}^*、I_{12}^*使 S 为假,因为这两个解释中,指派$\sim P(A)=\mathrm{T}$,$\sim Q(B)=\mathrm{T}$,当 $x=A\wedge y=B$ 时,S 中的公式

$$P(x)\vee Q(y)=P(A)\vee Q(B)=\mathrm{F}$$

因为 $P(x)\vee Q(y)$的含义是$\forall x\forall yP(x)\vee Q(y)$,现在存在 $x=A,y=B$ 使该公式为假。

$I_{13\sim16}^*$使 S 为假,因为$\neg Q(A)=\mathrm{T}$,所以 S 中 $Q(A)=\mathrm{F}$,$\neg P(A)=\mathrm{T}$,即 $P(A)=\mathrm{F}$,所以 $P(x)\vee Q(y)$为 F。

定义 11.13　失效点(failure node):某一节点 N 称为失效点,若 $I(N)$使 S 中某个子句的基例式为假,但 $I(N')$不使 S 中任何子句的基例式为假。其中 N'是 N 的任何前驱节点。

例如,图 11-6 中 N_1 是失效点,因为 $I_{1\sim8}^*$中由于 $P(A)$为 T,从而使 S 中的$\neg P(A)$为假,所以 N_1 以下的 8 个解释均不能满足 S。

N_2 是失效点,因为 $I_{13\sim16}^*$中$\sim P(A)$,$\sim Q(A)$为真,使 $P(x)\vee Q(y)$,当 $x=y=A$ 时为假,所以 N_2 以下的 4 个解释也均不能满足 S。

N_3、N_5 是失效点,因为 $Q(B)$为真,使公式$\sim Q(B)$为假。N_4、N_6 是失效点,因为$\sim P(A)$与$\sim Q(B)$为真,当 $x=A,y=B$ 时,使公式 $P(x)\vee Q(y)$为假。

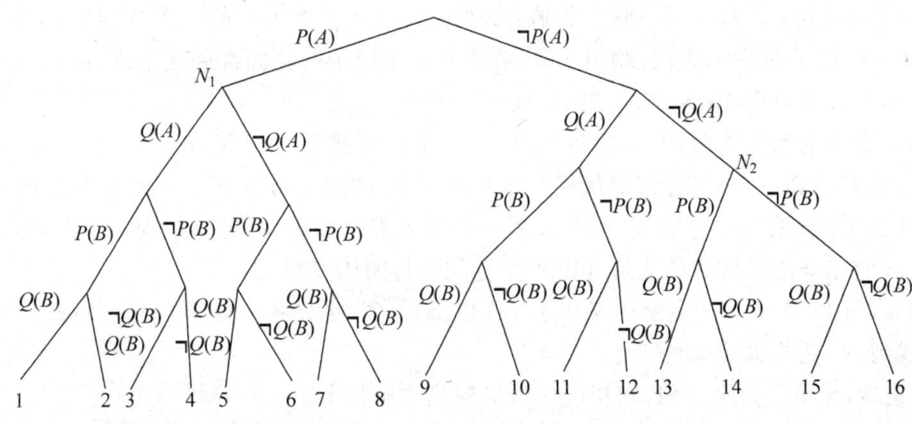

图 11-6 子句集$\{P(x) \vee Q(y), \sim P(A), \sim Q(B)\}$的完全语义树

定义 11.14 封闭语义树(closed semantic tree)：若语义树 T_r 的每一分支都终止在失效点上，则称其为封闭语义树。

例 11.19 $S=\{P(x) \vee Q(y), \neg P(A), \neg Q(B)\}$的封闭语义树如图 11-7 所示。

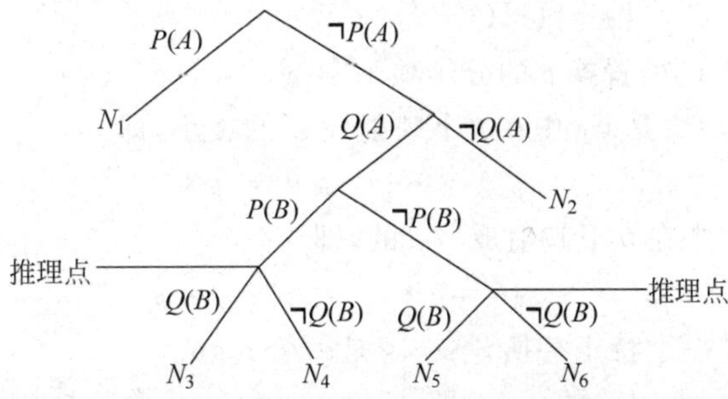

图 11-7 $S=\{P(x) \vee Q(y), \neg P(A), \neg Q(B)\}$的封闭语义树

定义 11.15 推理点(inference node)：封闭语义树中那些直接后继节点都是失效点的节点称为推理点。

6. 归结原理完备性证明

引理 11.2(Herbrand 定理 11.1) 一个子句集 S 是不可满足的，当且仅当对于 S 的任意完全语义树都有一个有限的封闭语义树。

证明：

充分性 要证 S 有封闭语义树存在，则 S 不可满足。

(1) T'_r 的任一分支终点都是失效点 N_i，N_i 对应的解释 $I^*(N_i)$必须使 S 中某子句 C 的基例 C'为假，且 $I^*(N_i)$是解释 I^* 的一部分，所以解释 I^* 也使 C'为假，即 I^* 不满足 S。

(2) T'_r 的任一分支均如此，而 S 的任一解释 I 都必然有一个对应的 I^* 落在 T_r 的一个分支上，所以无一解释可使 S 为真，因此 S 不可满足。也可以这样证明：T'_r的任一分支均不满足 S，即 $H(S)$上的解释 I^* 对 S 是不可满足的，根据定理 11.6，S 是不可满足的。

必要性 要证 S 不可满足，则 S 的完全语义树是封闭的且有限的。

因为 S 不可满足，完全语义树的每一分支都是一个使 S 为假的解释，任取一解释 I_i^*，

I_i^* 是一个 Herbrand 解释，I_i^* 使 S 为假，必须使 S 中某一子句 C 的一个基例 C' 为假(否则，I_i^* 不使任何 C 的基例示为假，则由于 H 解释使每个原子的真假都确定下来，所以 S 中每个子句的基例示都为真，即 S 在 I_i^* 解释下为真，矛盾)。

而 C' 是由有限个符号组成，所以沿路径 I_i^* 上总可找到一点 N，$I_i^*(N)$ 使 C' 为假，再沿 N 往上，即可找到一个失效点(即从根节点开始沿 I^* 的这个分支第一个使 S 为假的点)，因为 N 到根节点只有有限个节点。对 T_r 所有的分支都是如此，都可以找到一个失效点，也就说明从 S 的完全语义树必然能够导出一棵有限的封闭语义树。

例如，图 11-6 所示的完全语义树中 I_{15}^*，$Q(B)=T$，使公式 $\neg Q(B)$ 为假，沿此分支往上找，可找到 N_2 为失效点。

特别地，S 集若为空子句，则相应的语义树只含有根节点。

引理 11.3(提升引理 lifting lemma)　若

(1) C_1' 与 C_2' 分别为 C_1 与 C_2 的例示。

(2) C' 是 C_1' 与 C_2' 的归结式。

则存在子句 C，C 是 C_1 与 C_2 的归结式，且 C' 是 C 的例示。

证明：

(1) 依定义，$C'=\{C_1'-\{\phi'\}\}\cup\{C_2'-\{\sim\phi'\}\}$

而 $C_1'=C_1\theta$，$C_2'=C_2\theta$，置换 θ 的分子项为常量。

(2) 设 $\{\phi_1,\phi_2,\cdots,\phi_m\}$ 是 C_1 中在 θ 下映射成 ϕ' 的文字，即

$$\phi_1\theta=\cdots=\phi_m\theta=\phi'$$

$\{\psi_1,\cdots,\psi_n\}$ 是 C_2 中在 θ 下映射成 $\sim\psi'$ 的，即

$$\sim\psi_1\theta=\cdots=\sim\psi_n\theta=\sim\phi'$$

注意：这里的 θ 是一个特定替换，不一定是一个 mgu。

(3) 令 σ 是 $\{\phi_1,\phi_2,\cdots,\phi_m\}$ 的 mgu，即 $\phi_1\sigma=\cdots=\phi_m\sigma=\phi''$，$\tau$ 是 $\{-\psi_1,\cdots,\sim\psi_n\}$ 的 mgu，即 $\sim\psi_1\tau=\cdots=\sim\psi_n\tau=\sim\psi''$，作 $\delta=\sigma\cup\tau$，由于 σ、τ 是 mgu，所以 ϕ' 必是 ϕ'' 的例示，ψ' 必是 ψ'' 的例示，于是 ϕ'' 和 ψ'' 必有合一元。

即存在替换 r，r 是 ϕ''、ψ'' 的 mgu，$\psi''r=\phi''r=\phi'''$，ϕ' 也必是 ϕ''' 的例示。

$$\begin{aligned}C'&=\{C_1\theta-\{\phi_1,\cdots,\phi_m\}\theta\}\cup\{C_2\theta-\{\sim\psi_1,\cdots,\sim\psi_n\}\theta\}\\&=\{C_1\theta-\{\phi'\}\cup\{C_2\theta-\{\sim\phi'\}\}\end{aligned}$$

令

$$\begin{aligned}C&=\{C_1\delta\cdot r-\{\phi_1,\cdots,\phi_m\}\delta\cdot r\}\cup\{C_2\delta\cdot r-\{\sim\psi_1,\cdots,\sim\psi_n\}\delta\cdot r\}\\&=\{C_1\delta\cdot r-\{\phi'''\}\}\cup\{C_2\delta\cdot r-\{\phi'''\}\}\end{aligned}$$

由于 ϕ' 是 ϕ''' 的例示，因此 θ 不如 $\delta\cdot r$ 更一般。所以 C' 必是 C 的例示，即存在代换 λ，使得 $C'=C\lambda$，再从 C 的形式可以看出 C 是 C_1、C_2 的归结式，定理得证。

为什么要有提升引理，这是因为完备性定理的证明是在语义树上进行的，而语义树上标出的都是基例示。因此，与基例示归结对应的一般子句归结是否存在是证明完备性定理的关键。

例 11.20　设 $C_1=P(x)\vee P(y)\vee\sim Q(z)$

$C_2=\sim P(f(u))\vee\sim P(f(b))\vee W(v)$

根据提升引理的证明步骤：

(1) 在置换 $\theta=\{f(b)/x,f(b)/y,a/z,b/u,c/v\}$ 下(分子都是常量),

$$C'_1=C_1\theta=P(f(b))\vee P(f(b))\vee\sim Q(a)=P(f(b))\vee\sim Q(a)$$

$$\phi'=P(f(b))$$

$$C'_2=C_2\theta=\sim P(f(b))\vee\sim P(f(b))\vee W(c)=\sim P(f(b))\vee W(c)$$

即

$$\sim\phi'=\sim P(f(b))$$

$$C'=\sim Q(a)\vee W(c)$$

(2) $\phi_1=P(X),\phi_2=P(y)$ 是 C_1 中在 θ 下变为 $\phi'=P(f(b))$ 的文字。

$\psi_1=\sim P(f(u)),\sim\psi_2=\sim P(f(b))$ 是 C_2 中在 θ 下变成 $\sim\phi'=\sim P(f(b))$ 的文字。

(3) $\{P(x),P(y)\}$ 的最大合一元是 mgu$\sigma,\sigma=\{x/y\}$

$$\phi_1\sigma=\phi\sigma=\phi''=P(x)$$

设 τ 为 $(\sim P(f(u)),\sim P(f(b)))$ 的 mgu,则 $\tau=\{b/u\}$

$$\sim\psi_1\tau=\sim\psi_2\tau=\sim\phi''=\sim P(f(b))$$

$$\delta=\sigma\cup\tau=\{x/y,b/u\}$$

(4) $\phi'=P(f(b))$ 是 $\phi''=P(x)$ 的例示

ϕ' 也是 $\psi''=P(f(b))$ 的例示。

ϕ'' 与 ψ'' 必可合一,有 mgu $r=\{f(b)/x\}$,

即 $\phi'''=P(f(b))$。

(5) $c=\{c_1\delta\cdot r-\{\phi_1,\phi_2\}\delta\cdot r\}\cup\{c_2\delta\cdot r-\{\sim\phi_1,\sim\phi_2\}\delta\cdot r\}=\sim Q(z)\vee W(v)$

$\delta\cdot r=\{x/y,b/u\}\cdot\{f(b)/x\}=\{f(b)/y,b/u,f(b)/x\}$

而 $c'=\sim Q(a)\vee W(w)$

所以,存在 $\lambda=\{a/z,c/v\}$,使得

$$c'=c\lambda=\{\sim Q(z)\vee W(v)\}\cdot\lambda=\sim Q(a)\vee W(c)$$

定理 11.7(归结算法的完全性定理) 一个子句集 S 是不可满足的,当且仅当存在一个从子句集到空子句的演绎。

证明:

充分性 要证若存在一个从 S 到空子句的演绎,则 S 不可满足。

用反证法。假若 S 可满足,则存在一个解释 I 使 S 为真,又假设 $C_1,\cdots,C_k$ 是演绎中的归结式序列。因为 $C_1,\cdots,C_k$ 是 S 的逻辑结论(定理 11.5),所以 I 一定使 $C_1,\cdots,C_k$ 为真,但 $C_1,\cdots,C_k$ 中含有一空子句,空子句是不能在任何解释下为真的,所以导致矛盾。

必要性 要证若 S 不可满足,则一定存在一个从 S 到空子句的演绎。

设 $\mathrm{HB}(S)=\{A_1,A_2,\cdots,A_n,\cdots\}$,$T_r$ 是 S 的完全语义树。

由引理 11.2,S 不可满足,则存在一个 T_c 是 S 的封闭语义树。T_c 分别有以下两种情况。

(1) 若 T_c=根节点,因为除空子句外,无别的子句能在根节点上为假,所以空子句在子句集中。

(2) T_c 由多个节点组成,此时可分为以下几个步骤讨论。

① T_c 上至少有一个推理点 N,因为若每个点都有一非失效点为其后继,那么从任何一个分支继续搜索下去,将得到一个无穷分支,这与 T_c 是封闭语义树矛盾。

② 令 N 的两后继 N_1、N_2 均为失效点,则有

$$I(N)=\{m_1,m_2,\cdots,m_n\}$$

$$I(N_1) = \{m_1, m_2, \cdots, m_n, m_{n+1}\}$$
$$I(N_2) = \{m_1, m_2, \cdots, m_n, \neg m_{n+1}\}$$

且 $I(N_1)$、$I(N_2)$使 S 为假。

③ 由②可以说明,S 中有两个子句 C_1 与 C_2,它们的基例示 C_1'、C_2'分别在 $I(N_1)$、$I(N_2)$下为假,并且由推理点的定义知,$I(N)$不使 C_1'为假,也不使 C_2'为假,因此,C_1'必须包含文字 m_{n+1},C_2'必须包含文字 $\neg m_{n+1}$,而子句形式是为原子公式的析取式。所以,可以设:

$$C_1' = C_1'' \vee m_{n+1} \quad C_2' = C_2'' \vee \neg m_{n+1}$$

C_1'在 $I(N_1)$下为假,必然是 C_1''与 m_{n+1}均为假。

C_2'在 $I(N_2)$下为假,必然是 C_2''与 $\neg m_{n+1}$均为假。

令 $C' = (C_1' - \{m_{n+1}\}) \cup (C_2' - \{\neg m_{n+1}\}) = C_1'' \vee C_2''$

则 C'在 $I(N)$下为假,因为 C_1''、C_2''的每个基原子在解释 $I(N_1)$、$I(N_2)$下为假。$I(N_1)$、$I(N_2)$都包含 $I(N)$。

④ 由提升引理和上一步可知,必存在 C_1 与 $C_2 \in S$ 和它们的归结式 C,使得 C'为 C 的基例示。

⑤ 构造一个新子句集$\{S \cup \{C\}\}$,由定理 11.5 的推论,S 不可满足,则$\{S \cup \{C\}\}$仍不可满足,因为 S 对任何解释为假,$S \wedge C$ 对任何解释同样为假。

⑥ 设$\{S \cup \{C\}\}$的封闭语义树 $T_c^{(1)}$,则 $T_c^{(1)}$ 的节点数要比 T_c 少,因为节点 N 使 C'为假,则 $T_c^{(1)}$ 的失效点为 N。这就是说,T_c 中的推理点 N 变成了失效点(从直观上看,C 中的原子全属于S,所以 S 与 $S \cup \{C\}$原子集相同且增加了一新条件 C,使失效机会更多)。记 $C^{(1)} = C$。

⑦ 对 $T_c^{(1)}$ 重复上述(2)中的①~⑥的过程,得到

$$\vdots$$
$$T_c^{(2)} \text{ 和} \{S \cup \{C^{(1)}\} \cup \{C^{(2)}\}\}$$
$$T_c^{(n)} \text{ 和 } S \cup \{C^{(1)}\} \cup \cdots \cup \{C^{(n)}\}$$

由于 T_c 节点数有限,达到某个节点 N 后,N 为根节点,这样

$$S \cup \{C^{(1)}\} \cup \{C^{(2)}\} \cup \cdots \cup \{C^{(n)}\}$$

就构成了"S→空子句"的演绎。

11.4 归结过程的控制策略

在使用归结法时,若从子句集 S 出发完成所有可能的归结,并将归结式加入 S 中,再做第二层的归结,这样一直进行下去。这样盲目地全面归结,可能在产生空子句之前就产生组合爆炸问题,因为这种无控制的盲目归结将导致大量的无用归结式的产生。于是,必须寻求一种控制策略,使之能够合理地选取因子句,以避免无用子句的产生。下面讨论几种归结控制策略,研究如何从子句集中选一对亲本子句。

11.4.1 简化策略

(1) 消去重言式(永真式),在一个不可满足的子句集中,除去永真式后,仍然为不可满足的,一个永真式不会包含对归结推理起任何作用。因此可将子句集中已知为永真的公式

除去，可在归结时将选择范围减小。

(2) 简化可计算谓词，如 gt(2008,2000)显然为真(gt 表示大于)，在识别出为真后，可用 T 代替 gt(2008,2000)，使公式化简。

(3) 消除被归类子句。

定义 11.16(归类定义)　设有两个子句 L、M，若存在一个代换 s，使得 Ls 所包含的文字为 M 包含的文字的子集，则说 L 把 M 归类(subsume)。

例 11.21　$P(x)$将 $P(y) \vee Q(z)$归类，因为存在 $S=y/x$，使 $P(x)$经过代换后成为$\{P(y),Q(z)\}$的子集。

$P(x)$将 $P(A)$归类，因为存在 $S=A/x$，使 $P(x)=P(A)$。

$P(x) \vee Q(A)$将 $P(f(A)) \vee Q(A) \vee R(y)$归类，因为存在 $S=f(A)/x$，使得$\{P(y),Q(A)\}$经过代换后成为$\{P(f(A)),Q(A),R(y)\}$的子集。

引进归类的定义，是因为若一个子句归类另一个子句，则它为假的可能性更大，因而可以把被归类的子句去掉，定理 11.8 说明了这一点。

定理 11.8　如果在一个不可满足的子句集中的一个子句 M 可被该集中另一子句 L 所归类，则消除被归类的子句 M 不会影响该子句集的不可满足性。

证明思路为：设子句集为$\{F_1,F_2,\cdots,L,M,\cdots,F_n\}$不可满足，要求证$\{F_1,F_2,\cdots,L_s,\cdots,F_n\}$(其中去掉了 M)也不可满足，再由定理 11.4 的推论知：$\{F_1,F_2,\cdots,L,\cdots,F_n\}$不可满足。其中 L_s 是 L 经过代换而得到的子句。下面只要证$\{F_1,F_2,\cdots,L_s,\cdots,F_n\}$不可满足。

证明：假设子句集为$\{F_1,F_2,\cdots,L,M,\cdots,F_n\}$不可满足，可以推出$\{F_1,F_2,\cdots,L,M,\cdots,F_n\}$在 $H(S)$上的一切解释为假，而对 $H(S)$的每个基例示，由吸收律，有

$$L_s \wedge M = L_s \wedge (L_s \vee P) = L_s \vee L_s \wedge P = L_s$$

所以$\{F_1,F_2,\cdots,L_s,\cdots,F_n\}$在 $H(S)$的一切解释为假，可以推出$\{F_1,F_2,\cdots,L_s,\cdots,F_n\}$不可满足。

下面讨论如何识别一个子句归类另一子句的算法。

归类算法(Subsume Algorithm)SA(L,M)

设 $M=M_1 \vee M_2 \vee \cdots \vee M_m$，$\delta=\{A_1/x,\cdots,A_n/x_n\}$，$x_1,\cdots,x_n$ 为 M 中所有变元符，$A_1,\cdots,A_n$ 为不出现在 L 与 M 中的常量符。

(1) 令 $\overline{W}=\{\neg M_1\delta,\cdots,\neg M_m\delta\}$，$K\Leftarrow 0$；$U^0=\{L\}$。

(2) 若空子句$\square \in U^k$，则算法终止，L 归类 M。

(3) 令 $U^{k+1}=\{\text{Resolution}(L_1,L_2) \mid L_1 \in U^k, L_2 \in \overline{W}\}$，Resolution($L_1$,$L_2$)表示 L_1、L_2 的归结式。

(4) 若 U^{k+1}=空集，停止，L 不归类 M。

(5) $K\Leftarrow K+1$，转第(2)步。

下面分析一下归类算法的设计思想，如图 11-8 所示。

为了简单起见，就假设 L 不经过代换就是 M 的一部分，例如：

$$M = M_1 \vee M_2 \vee \cdots \vee M_m, L = M_1 \vee M_2 \vee M_3$$

令

$$\overline{W} = \{\neg M_1, \neg M_2, \neg M_3, \cdots, \neg M_n\}$$

跟踪算法：令$\{u^0\}=\{L\}$

此时空子句$\square \in U^k$，则算法终止，L 归类 M。

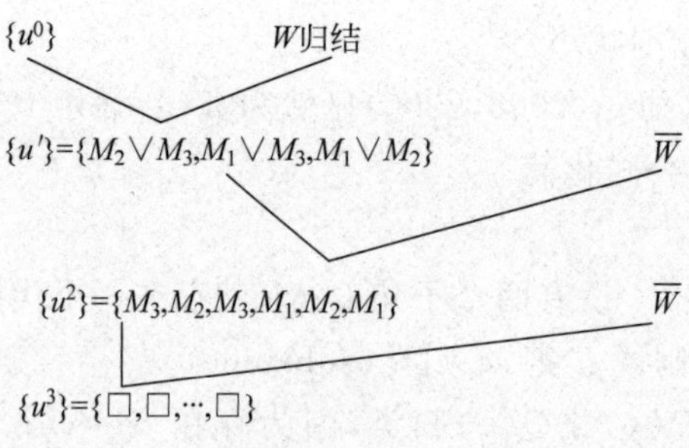

图 11-8 跟踪算法

分析上述算法,可以得出以下结论:

- 若 u^{k+1} =空集,则说明不能产生新的归结式,不能归类。
- 任一条归结路径得到一个空子句都说明 L 是 M 的一部分,所以一出现空子句就可以说明 L 归类 M。

例 11.22 设:$L=\neg P(x)\vee Q(f(x)A)$

$$M=\neg P(h(y))\vee Q(f(h(y)),A)\vee \neg P(z)$$

试判定 L 是否可归类 M。

又设:$\delta=\{B/y,C/z\}$

$$W=\{\neg\neg P(h(B)),\neg Q(f(h(B),)A),\neg\neg P(C)\}$$

跟踪算法:

$k=0$ 时,$u^0=\{\neg P(x)\vee Q(f(x),A)\}$,空子句$\square\notin u^0$。

$k=1$ 时,$u^1=\{Q(f(h(B)),A),\neg P(h(B)),Q(f(C),A)\}\neq$空。

$k=2$ 时,求得 $u^2=\{\square,\square,Q(f(C),A)\}$。

$\square\in u^2$,所以 L 归类 M,算法终止。

11.4.2 支撑集策略

每次归结时,归结式的母子句之一取自于目标公式的否定或取自于这些子句的归结式,这种做法称为支撑集策略(set-of-support strategy)。该策略是完备的,即对一个不可满足的子句集使用支撑集策略,必定可以归结出空子句。

例 11.23 设有下述断言:

(1) Anyone who can read is able to learn to read.

(2) Dolphin can not learn to read.

(3) Some Dolphin is intelligent.

求证:There is someone who is intelligent but is not able to read.

上述断言和求证目标用逻辑公式可表达为

(1) $\forall x(R(x)\rightarrow L(x))$

(2) $\forall x(D(x)\rightarrow \neg L(x))$

(3) $\exists x(D(x)\wedge I(x))$

$\neg G$: $\neg(\exists x)(I(x)\wedge \neg R(x))$

用子句表达为

(1) $\neg R(x) \lor L(x)$

(2) $\neg D(y) \lor \neg L(y)$

(3) $D(A)$

(4) $I(A)$

$\neg G$：$\neg I(z) \lor R(z)$

在图 11-9 的表示中，子句下面是子句的标号，前面的数字为层号，圆圈内的数字为子句号。

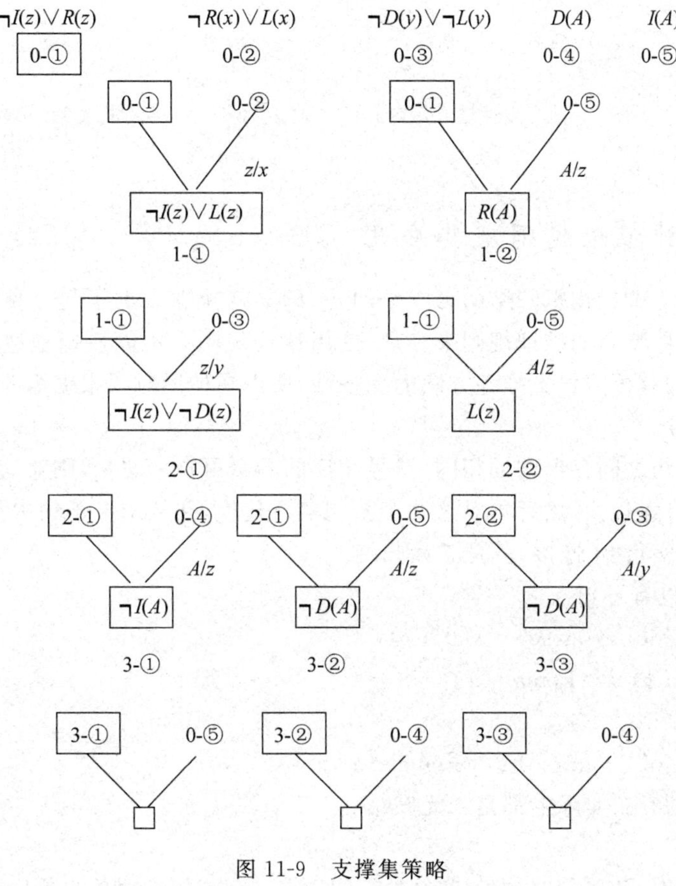

图 11-9　支撑集策略

图 11-9 中，方框内为支撑集内的子句。不难看出，以上每一步的归结都有方框内的子句参加。

11.4.3　线性输入策略

利用该策略归结选择亲本子句时每次都有一个子句来自于原始子句集，这不是一个完备的策略。

例 11.24　线性输入策略，如图 11-10 所示。

图 11-10 中，前面层号为 0 表示该子句来自于原始集，这说明若限定母子句中必须有一个来自于原始集，则无法归结到空子句。如果放宽这个限制，则可以推导出空子句，如

图 11-11 所示。

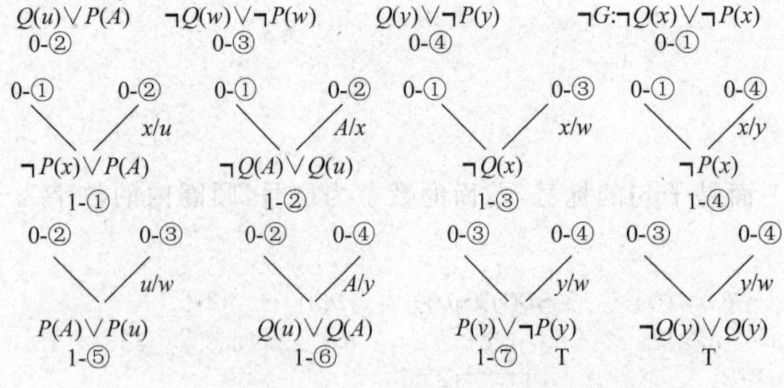

图 11-10 线性输入策略

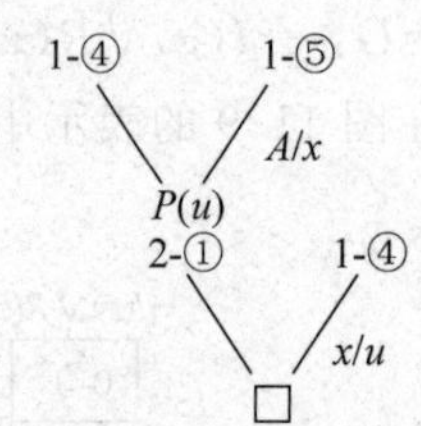

图 11-11 如果放宽限制则可以推导出空子句

11.4.4 几种推理规则及其应用

这一小节讨论谓词逻辑归结的第 3 个问题，即如何挑选亲本子句才更有效。提高归结的效率可以用一些特殊的推理规则来实现，使用这些规则有可能快速地达到目标。但是提高效率的同时，却有可能损失推理方法的完备性，所以在使用时要根据需要进行取舍。

1. 二元归结

如果两个子句之间存在谓词相同、符号相反的两个可合一文字，则对这两个文字实行合一算法，可得到一组代换，然后再对这两个子句实行代换，并从结果子句中消去合一文字，再将剩下的两部分实行 or 连接，就是二元归结。

例 11.25 设有子句：

¬ Hasajob(x, nurse) ∨ Male(x)

¬ Male(x) ∨ ¬ Female(x)

二元归结为

¬ Hasajob(x, nurse) ∨ ¬ Female(x)

前面讨论的归结，实际上都是二元归结。

2. UR-归结

UR-归结应用一组子句时，参加归结的子句中有一个子句必须是非单位子句，而余下的必须是单位子句，非单位子句中所有的文字数应比单位子句数多 1，每个单位子句对应非单位子句中的一个相反文字，对每个单位子句进行二元归结后，产生一个结果子句是单位子句。

例 11.26 设有子句：

(1) ¬ Marriedto(x, y) ∨ ¬ Mother(x, z) ∨ Father(y, z)

(2) Marriedto(Thelma, Pete)

(3) ¬ Father(Pete, Steve)

UR-归结产生：¬ Mother(Thelma, Steve)。

实际上，UR-归结就是连续调用二元归结，但不保留中间结果。

3. 超归结

参加归结的子句中有一个必须是负子句或者混合子句，称为中心子句，余下的子句必须是正子句，称为卫星子句。中心子句中负文字数等于卫星子句的数目，卫星子句中可以有相同的子句。在上述限定条件下，对中心子句的负文字和其对应的卫星子句按顺序执行二元归结，其结果必须是正子句。

例 11.27 设有子句：

(1) $\neg$Marriedto(x,y) $\vee$ $\neg$Mother(x,z) $\vee$ Father(y,z)

(2) Marriedto(Thelma,Pete) $\vee$ Olderthan(Thelma,Pete)

(3) Mother(Thelma,Steve)

超归结产生的结果为

Father(Pete,Steve) $\vee$ Olderthan(Thelma,Pete)

超归结不同于 UR-归结在于，它要求产生正子句（包括单位和非单位子句），UR-归结仅产生单位子句（包括正单位和非单位子句）。实现超归结时，同样要注意对子句的变量进行重新命名，使得任意两个子句中无公共变量。

4. 等式归结

等式归结应用于两个子句，其中至少有一个子句应含有等式谓词 EQUAL 的正文字，含正 EQUAL 谓词的子句称为行为子句，另一个则称为执行子句。首先在 EQUAL 谓词中取一个变量作为行为项，再在执行子句中寻找一个可与行为项合一的项，作为执行项。如果行为项和执行项合一成功，则可找到一个代换 α，然后进行下列归结操作。

(1) 对 EQUAL 谓词的另一个变量进行代换 α，令结果为 T。

(2) T 取代执行子句中的执行项，并对其余的项执行代换 α，令结果为 C。

(3) 从行为子句中去掉 EQUAL 谓词，并对子句的其余部分进行代换 α，令结果为 D。

(4) 返回 $C \vee D$ 作为等式归结的结果。

例 11.28 设有子句：

Olderthan(father(x),x)　　　　执行子句

Equal(father(Jack),Ralph)　　　　行为子句

$\alpha=\{\text{Jack}/x\}$

执行等式归结后，得 Olderthan(Ralph,Jack)。

下例是一个利用等式归结完成数学证明的实例。

EQ(Sum(0,x),x)　　　　行为子句

EQ(Sum(y,minus(y)),0)　　　　执行子句

作代换 $\alpha=\{0/y,\text{minus}(0)/x\}$产生结果子句：EQ(minus(0),0)，又将

EQ(Sum(x,minus(x)),0)　　　　作行为子句

EQ(Sum(y,Sum(minus(y),z)),z)　　　　作执行子句

作代换：$\alpha'=\{\text{minus}(y)/x,\text{minus}(\text{minus}(y))/z\}$，结果为

EQ(Sum(y,0),minus(minus(y))

即 $y+0=-(-y)$。

从这个例子可以看出，等式归结可以导出一些新的“定理”。从归结的机制看，等式归结可以完成前面的归结方法所不能完成的证明。

5. 归约

归约(demodulation)是一条简化规则，它利用单位等式子句自动对表达式进行重写和

规范化。在参加归约的子句中,单位等式子句称为归约式,被归约子句中有一个被归约式。

例如,$P(f(g(a)),g(a))$称为被归约子句,因为该子句中只有一个谓词,它又是被归约式,其中有一个变元称为被归约项。$\text{EQ}(f(g(x)),h(x))$称为归约式。$P(h(a),g(a))$称为归约元,即归约后的结果。

归约过程为:首先在被归约式中确定要归约的项,然后在归约式的等式谓词的两个变量中选取一个(一般选左项)可以和被归约项进行合一的项,进行合一时,规定被归约项中的变量不允许进行代换。合一成功后,将被归约项用等式谓词的另一项的代换结果来取代。

例 11.29 EQ(brother(father(x),uncle(x)) 归约式

AGE(brother(father(John)),55) 被归约式

归约⇒AGE(uncle(John),55) 归约元

然而下式中的两个子句之间不能进行归约:

EQ(father(Pete),Steve)

Older(father(x),x)

因为被归约项不允许进行变量代换。但本例可进行等式归约,等式归结的结果为

Older(Steve,Pete)

11.5 应用实例

11.5.1 归约在逻辑电路设计中的应用

首先考虑电路的设计说明和基本的门电路完全匹配,而且又无任何限制条件的情况,如用 and、or、not 门构造一个电路满足等式:

$O_2=\text{and}(\text{or}(i_1,\text{not}(i_2)),\text{not}(\text{and}(i_1,i_3)))$

这个等式可用图 11-12 表示。

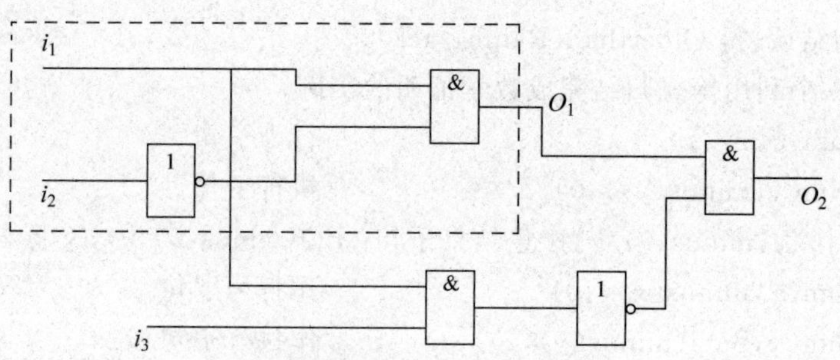

图 11-12 用 and、or、not 构造的电路

由于 nand 门是通用的,现在要使用 nand 门而不用 and、or、not 门来实现电路。首先看一个简单的例子,要求用 nand 构造出图 11-12 中虚线框内的电路,即要求构造出的电路满足

$$O_1=\text{or}(i_1,\text{not}(i_2))$$

这里使用的方法是用归约将等式的右边改写成仅含 nand 的等式。

首先，从已知条件式构成的一个单位子句出发，有以下子句表达式。

(1) 从 CKT(or(i_1，not(i_2)))出发，将该子句改写成

CKT(<expression>)

使其中<expression>是仅含 nand 门的表达式。

目的是要利用归约进行重写(rewrite)，将 and、or 和 not 用仅含 nand 的表达式代换。这个代换可能要逐步进行。例如，为消去 or，用含有 nand 和 not 的逻辑等式作为归约式。

(2) EQ(or(x，y)，nand(not(x)，not(y)))。

类似地，也可用以下两个归约式来消去 and 和 not。

(3) EQ(and(x，y)，not(nand(x，y)))。

(4) EQ(not(x)，nand(x，x))。

此外，还需要一个用于简化处理的归约式如下。

(5) EQ(nand(nand(x，x)，nand(x，x))，x)。

这里，要将归约作为一条推理规则，当从支撑集中选择一个输入子句时，必须应用所有的归约式于该子句。归约的顺序是从被归约式的最右项开始，由右向左，由内向外，即某个项的所有子项归约后，该项才能归约。

例 11.30 对于上述图 11-12 中虚线框内的电路，可进行以下归约，即

CKT(or(i_1，not(i_2)))被归约式

对最右、最内的项 i_2 无归约式可调用，然后对 not 调用归约式(4)，得

CKT(or(i_1，nand(i_1，i_2)))

对 nand 无归约式可调用，然后对 or 调用归约式(2)，得

CKT(nand(not(i_1，not(nand(i_1，i_2)))))

对 not 继续调用归约式(4)，得

CKT(nand(not(i_1)，nand(nand(i_1，i_2)，nand(i_1，i_2))))

对后项调用化简的重写规则(5)，得

CKT(nand(not(i_1)，i_2))

对 not 调用归约式(4)，得

CKT(nand(nand(i_1，i_1)，i_2))

该子句对应的电路如图 11-13 所示。

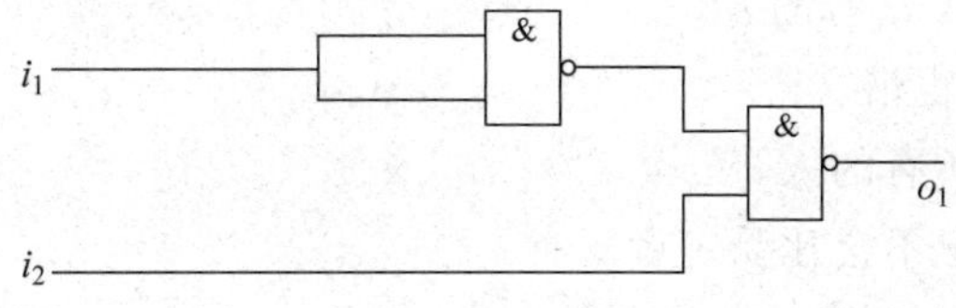

图 11-13 只含有“与非门”的部分电路

现在回到原始的复杂问题上，对于这个复杂的电路，可以进行以下步骤的归约，即

CKT(and(or(i_1，not(i_2)，not(and(i_1，i_3)))))　　调用式(3)

CKT(and(or(i_1，not(i_2)，not(not(nand(i_1，i_3))))))　　调用式(4)

CKT(and(or(i_1,not(i_2),not(nand(nand(i_1,i_3),nand(i_1,i_3))))))调用式(4)

注：以下将 nand(i_1,i_3)简记为 T。

CKT(and(or(i_1,not(i_2),nand(nand(T,T),nand(T,T))))) 调用式(5)

CKT(and(or (i_1,not(i_2),T)))

再恢复 T=nand(i_1,i_3),并利用前面将 or(i_1,not(i_2))归约为 nand(nand(i_1,i_1),i_2)的结果,得

CKT(and(nand(nand(i_1,i_1),i_2)),nand(i_1,i_3)) 调用式(3)

CKT(not(nand(nand(nand(i_1,i_1),i_2)),nand(i_1,i_3))) 调用式(4)

CKT(nand (nand(nand(nand(i_1,i_1),i_2),nand(i_1,i_3)),
nand(nand(nand(i_1,i_1),i_2),nand(i_1,i_3))))

该公式对应的电路如图 11-14 所示。

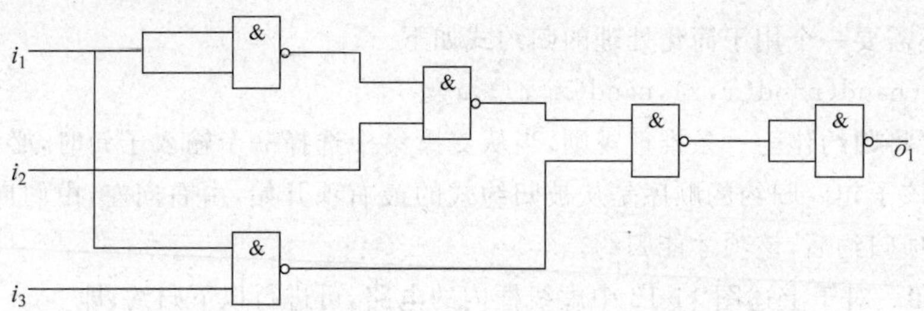

图 11-14 例 11.30 只含有“与非门”的完整电路

11.5.2 利用推理破案的实例

下面给出一个较复杂的例子,其中要用到一般的归结(正负文字相抵消)和等式归结。

例 11.31 破案问题。在一栋房子里发生了一件神秘的谋杀案,现在可以肯定以下几点事实:

(1) 在这栋房子里仅住有 A、B、C 3 人。

(2) 是住在这栋房子里的人杀了 A。

(3) 谋杀者非常恨受害者。

(4) A 所恨的人,C 一定不恨。

(5) 除了 B 之外,A 恨所有的人。

(6) B 恨所有不比 A 富有的人。

(7) A 所恨的人,B 也恨。

(8) 没有一个人恨所有的人。

(9) 杀人嫌疑犯一定不会比受害者富有。

为了推理需要,增加以下常识:

(10) A 不等于 B。

根据这些事实,读者可以试图推理一下,谋杀者究竟是谁呢?

下面看看推理系统如何推导。首先将上述事实用逻辑公式表达为

(1) $\forall x L(x) \rightarrow x=A \vee x=B \vee x=C$

(2) $\exists y \mathrm{SK}(y,A) \wedge L(y)$

(3) $\forall x \mathrm{SK}(x,A) \rightarrow H(x,A)$

(4) $\forall x H(A,x) \rightarrow \sim H(C,x)$

(5) $\forall x \sim \mathrm{EQ}(x,B) \rightarrow H(A,x)$

(6) $\forall y \sim R(y,A) \rightarrow H(B,y)$

(7) $\forall y H(A,y) \rightarrow H(B,y)$

(8) $\forall x \exists y \sim H(x,y)$

(9) $\forall x \mathrm{SK}(x,A) \rightarrow \sim R(x,A)$

(10) $\sim \mathrm{EQ}(A,B)$

在上述逻辑公式中，谓词 $\mathrm{SK}(x,y)$ 表示怀疑 x 杀了 y；$L(x)$ 表示 x 生活在这栋房子里；$H(x,y)$ 表示 x 恨 y；$R(x,y)$ 表示 x 比 y 富有。

将上述逻辑公式分别化成子句为：

(1) $\sim L(x) \vee \mathrm{EQ}(x,A) \vee \mathrm{EQ}(x,B) \vee \mathrm{EQ}(x,C)$

(2) $\mathrm{SK}(K_0,A)$

(3) $L(K_0)$

(4) $\sim \mathrm{SK}(x,A) \vee H(x,A)$

(5) $\sim H(A,x) \vee \sim H(C,x)$

(6) $\mathrm{EQ}(x,B) \vee H(A,x)$

(7) $R(y,A) \vee H(B,y)$

(8) $\sim H(A,y) \vee H(B,y)$

(9) $\sim H(x,f(x))$

(10) $\sim \mathrm{SK}(x,A) \vee \sim R(x,A)$

(11) $\sim \mathrm{EQ}(A,B)$

现在要回答“谁杀 A”，因此设

(12) 为 $\sim \mathrm{SK}(x,A) \vee \mathrm{SK}(x,A)$

其中，$\mathrm{SK}(x,A)$ 只参加代换，不参加归结，这种方法称为基于归结的问答方式。下面是找出谋杀者的推导路径：

(13) $\mathrm{EQ}(K_0,A) \vee \mathrm{EQ}(K_0,B) \vee \mathrm{EQ}(K_0,C)$	由(1)、(3)
(14) $H(A,A)$	由(11)、(6)
(15) $\sim H(C,A)$	由(14)、(5)
(16) $\sim \mathrm{SK}(C,A)$	由(15)、(4)
(17) $\mathrm{EQ}(y,B) \vee H(B,y)$	由(6)、(8)
(18) $\sim \mathrm{SK}(x,A) \vee H(B,x)$	由(7)、(10)
(19) $\mathrm{EQ}(f(B),B)$	由(17)、(9)
(20) $\sim H(B,B)$	由(19)、(9)等式归结
(21) $\sim \mathrm{SK}(B,A)$	由(20)、(18)
(22) $\mathrm{SK}(A,A) \vee \mathrm{EQ}(K_0,B) \vee \mathrm{EQ}(K_0,C)$	由(13)、(2)
(23) $\mathrm{SK}(A,A) \vee \mathrm{SK}(B,A) \vee \mathrm{EQ}(K_0,C)$	由(22)、(2)
(24) $\mathrm{SK}(A,A) \vee \mathrm{SK}(B,A) \vee \mathrm{SK}(C,A)$	由(23)、(2)

(25) $SK(A,A) \vee SK(B,A)$ 由(24)、(16)

(26) $SK(A,A)$ 由(21)、(25)

(27) $\square \vee SK(A,A)$ 由(26)、(12)

推导表明 A 是自杀。

习 题 11

11.1 将逻辑公式化为子句形有哪些步骤？请结合例子说明之。

11.2 确定下列子句间的归类关系：

$C_1 = P(x,y) \vee Q(z)$

$C_2 = Q(z) \vee P(B,B) \vee R(u)$

$C_3 = P(x,y) \vee R(z)$

11.3 设子句集 $S = \{P(x), \sim P(x) \vee Q(x,A), \sim Q(A,y)\}$，试求：

(1) S 的 $H(S)$；

(2) S 的 $HB(S)$；

(3) S 的一棵完全语义树；

(4) S 的一棵封闭语义树。

11.4 应用T门和超归结，给出表11-1所描述的电路图。

表11-1 习题11.4用表

I_2 \ I_1	0	1	2
0	1	2	2
1	0	1	0
2	2	0	1

11.5 给定下述语句：

John like all kinds of food.

Apples are food.

Anything anyone eats and isn't killed by is food.

Bill eats peanuts and is still alive.

Sue eats everything Bill eats.

(1) 把这些句子翻译成逻辑谓词中的公式。

(2) 把a部分的公式转换成子句。

(3) 用归结证明John likes peanuts。

11.6 给定下述事实：

Joe、Sally、Bill和Ellen都是桥牌俱乐部的成员。

Joe同Sally结婚。

Bill是Ellen的兄弟。

俱乐部里每位已婚者的配偶也在俱乐部里。

俱乐部的最后一次会议在Joe家举行。

(1) 用谓词逻辑表达这些事实。

(2) 根据上面给出的事实，多数人应能确定下述语句的真假：

a. 俱乐部的最后一次会议在Sally家举行。

b. Ellen未婚。

借助上面给出的5个事实，能用归结证明说明这两个语句的真假吗？若能，请给出归结过程；否则，增加需要的事实，然后再构造证明。

11.7　假设给定下述事实：

$\forall x \forall y \forall z\ \mathrm{gt}(x,y) \wedge \mathrm{gt}(y,z) \rightarrow \mathrm{gt}(x,z)$

$\forall a \forall b\ \mathrm{succ}(a,b) \rightarrow \mathrm{gt}(a,b)$

$\forall x \neg \mathrm{gt}(x,x)$

若要证明 gt(5,2)，考虑如图 11-15 所示的归结证明尝试：

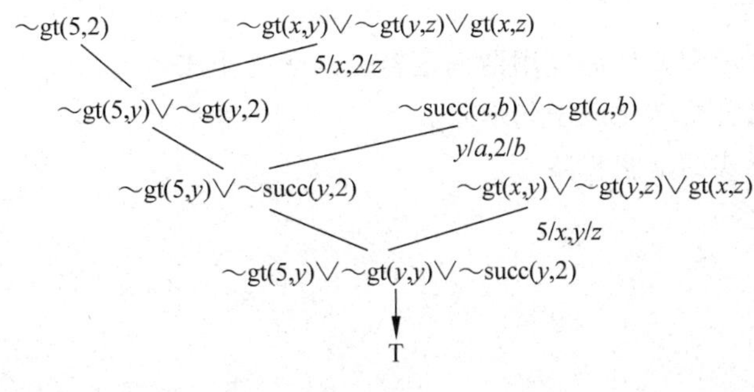

图 11-15　习题 11.7 用图

(1) 以上证明有什么错误？

(2) 为了保证这些错误不会发生，需要在上述归结过程中增加什么？

11.8　用谓词 $T(x,y,u,v)$ 表示 x、y、u、v 分别是梯形的左上、右上、右下、左下顶点，用谓词 $P(x,y,u,v)$ 表示线段 xy 平行于 uv，用谓词 $E(x,y,z,u,v,w)$ 表示角 xyz 等于角 uvw；用公理“梯形的上边与下边平行”以及“平行线的内错角相等”，证明由梯形的对角线形成的内错角是相等的。

11.9　证明理发师悖论：若每个理发师都为不能给自己理发的人理发，且每个理发师都不为能给自己理发的人理发，则不存在任何理发师。

11.10　提升引理：若 C_1' 和 C_2' 分别是子句 C_1 和 C_2 的基例，C_1 和 C_2 不存在公共变量，且 C_1' 和 C_2' 存在归结子句 C_{12}'，则 C_1 和 C_2 也必存在归结子句 C_{12}，且 C_{12}' 是 C_{12} 的基例。试证明之。

11.11　对下面的每一对项，跟踪合一算法的操作步骤：

(1) $(f\ x)\ (f(g\ y))$

(2) $(f$ Marcus $(g\ x\ y))(f\ x\ (g$ Caesar Marcus$))$

11.12　说明下列文字能合一和不能合一的理由：

(1) $\{P(f(x,x),A), P(f(y,f(y,A)),A)\}$

(2) $\{P(A), P(f(x))\}$

(3) $\{P(f(A),x), P(x,A)\}$

(4) $\{P(x,f(y,z)), P(x,f(g(a),h(b)))\}$

(5) $\{P(x,f(y,z)), P(x,a), P(x,g(h(k(x))))\}$

11.13　某村民王某被害，有 4 个嫌疑犯 A、B、C、D。公安局派出 5 个侦察员，他们的侦察结果分别是：A、B 中至少有一人作案；B、C 中至少有一人作案；C、D 中至少有一人作案；A、C 中至少有一人与此案无关；B、D 中至少有一人与此案无关。所有侦察结果都是可靠的。试用归结原理求出谁是罪犯。

11.14 已知某些病人喜欢所有的医生,没有一个病人喜欢任意一个骗子。证明任意一个医生都不是骗子。

$P(x)$:x 是病人。

$D(x)$:x 是医生。

$Q(x)$:x 是骗子。

$L(x,y)$:x 喜欢 y。

(1) 试将已知命题和要证命题用谓词逻辑公式表达出来。

(2) 将谓词逻辑公式转化成子句形式。

(3) 给出子句形式的证明步骤。

第12章 非经典逻辑的推理

传统的人工智能系统几乎都是建立在经典逻辑(特别指标准数理逻辑)的基础之上的,虽然经典逻辑在人工智能发展的历史上曾有过很重要的地位和作用,但它的表达和推理能力有一定的局限性,在现实世界中有许多用谓词逻辑无法表示的事实,举例如下:

(1) 相对程度。例如,"It is very hot today",这里的"非常热(very hot)"没有一个绝对的标准,不同的地点、不同的人、不同的季节感觉的程度不一样。

(2) 确定程度。例如,"Blond-haired people often have blue eyes",这种"常常(often)"到底有多大的概率或程度,也难以用逻辑语言表达清楚。

(3) 常识推理。人们往往利用自己的经验和已知信息而跳过或忽略一些细节来作出自己的判断。另外,还有情感、信心对信念的影响,使得在推理中使用的信息不能简单地使用真、假值 T、F 来分类。

在日常生活中,人们通常并不是在掌握了所有证据的完全信息后才开始解决问题的,而是可以在有些信息未知的情况下,作出一些合理的假设。常识推理(common sense reasoning)就是一种基于普通知识和合理假设的推理。常识推理具有不确定性,一个常识可能有众多的例外。例如,"鸟会飞"是常识,例外情况有鸵鸟、死鸟、玩具鸟。常识可为尚无理论依据或缺乏充分验证的经验,往往是在不出现相反证据时,作一些有益的猜想。

目前,人们已逐渐认识到经典逻辑有着很大的局限性,它的推理与人的实际推理相差甚远,达不到实用阶段。由于人们不断地探索新的途径,研究新的逻辑系统,因而后来在人工智能领域中又兴起了一些新的逻辑推理理论和方法,这些理论和方法以认识论为指导,以模拟高级思维过程和常识为目标,突破了传统演绎逻辑的框架,试图从不同角度拓宽知识体系和解决问题的能力。这些理论和方法主要有非单调逻辑、不确定性推理、Fuzzy 逻辑、信念推理、时序推理、基于事例的推理和归纳法推理等。下面将简单讨论前面几种非经典逻辑的推理。

12.1 非单调推理

在本小节首先熟悉一下非单调推理的基本概念,然后给出一种简单的非单调逻辑。

12.1.1 单调推理与非单调推理的概念

单调推理(monotonic reasoning)是指为真的语句的数目随时间而严格增加。新语句的加入、新定理的证明都不会引起已有语句或定理变得无效。如谓词逻辑中的推理就是单调推理。

非单调推理(nonmonotonic reasoning)是相对于经典逻辑的单调性而言的,是指在系统中为真的语句数目并非随时间而严格增加。新加入语句或定理可能引起原有语句或定理变成无效,如默认推理、常识推理都是非单调推理。

就经典的一阶谓词逻辑来说,它的单调性表现为,若 A 和 B 都是系统内的公式,且 A 可推出 W,记作 $A \models W$,则 A 加上新知识 B 后仍可推出 W,记作 $A \cup B \models W$。这意味着新增加的信息并不影响原有推理的有效性。然而,非单调逻辑却认为,上述推理与实际情况并不符合,增加新知识恰恰可能导致原有逻辑结论有效性的改变。所谓"非单调性"说的正是这个意思。

需要非单调推理的主要原因如下:

- 由于缺乏完全的知识,只好对部分问题作暂时的假设。而这些假设可能是对的,也可能是错的。错了以后要能够在某时刻得到修正,这就需要非单调推理。
- 客观世界变化太快,某一时刻的知识不能持久使用,这也需要非单调推理来维护知识库的正确性。

非单调推理的实现是一项很困难的工作。非单调推理的难点在于:每当从知识库中消除一个语句 A 时,则其中依赖于 A 而导出的定理 $B_1, B_2, \cdots, B_m$ 均随之不成立,从而又引起一切依赖于 B_i 而导出的定理 $C_1, C_2, \cdots, C_n$ 也不成立,如此连锁反应,可以导致整个系统发生非常大的变化。如何保证系统不会将它的时间全部花在传递这种变化上,是一个关键问题。

12.1.2 默认逻辑

默认逻辑是在信息不完全和前提缺省的情况下默认一些先决条件而进行的推理。

默认逻辑认为,如果一个命题是真的,必存在一个公理来说明它是真的。如果公理不存在,就假设它是假的。例如,给宴会的女主人送鲜花,是在没有说明女主人对花过敏,就假设女主人对花过敏为假。

又例如,在一般情况下,乘船或过桥都默认船不会漏,桥不会垮。

这种默认看作是一种规则,用公式可表示为

$$\frac{\alpha(x): m\beta_1(x), \cdots, m\beta_m(x)}{w(x)}$$

式中,$\alpha(x)$为前提;$\beta(x)$为缺省条件;$w(x)$为结论;m 表示相容,即前提与缺省条件相容或不矛盾,就可以认为结论是可信的。

例 12.1 在日常生活中,假定人们已知某个个体 x 是一只鸟,而且并未掌握 x 不能飞的具体证据,那么实际上可以推断或相信 x 是能飞的。用默认逻辑表述为:用 $\alpha(x)$表示 x 是鸟,$m\beta(x)$表示"x 会飞与系统不矛盾",$w(x)$表示"结论是 x 会飞",这个常识推理可概括为一条默认规则:

$$\frac{\text{鸟}(x):m\ \text{会飞}(x)}{\text{会飞}(x)}$$

除了默认规则之外,还有相应的事实条件,可以作为默认推理的依据。它反映现实生活中的实际情况。例如,有一只鸟 x 被取名为 Tweety。假如仅仅知道 Tweety 是鸟,则根据默认规则可知,Tweety 会飞。即由

$$\left\{鸟(\text{Tweety})；\frac{鸟(x)：m\ 会飞(x)}{会飞(x)}\right\}$$

可推出“会飞(Tweety)”。

假如后来掌握了新的信息，得知它的翅膀受伤，或者得知它是一只鸵鸟(ostrich)，那么由于翅膀受伤的鸟不能飞，鸵鸟也不能飞，可以推出 Tweety 会飞是不可信的。

以鸵鸟为例，如果得知 Tweety 是一只鸵鸟就可以推出一个新的“理论”(理论＝由规则＋事实推出的结论)，即由

$$\left\{\frac{鸟(x)：m\ 会飞(x)}{会飞(x)}，鸵鸟(x)\rightarrow 并非“会飞(x)”；鸟(\text{Tweety})；鸵鸟(\text{Tweety})\right\}$$

可推出“会飞(Tweety)”不可信。

此处增加了“鸟(Tweety)”和“鸵鸟 $(x)\rightarrow\neg$ 会飞(x)”，导致原有逻辑结论的改变，这正是默认逻辑的非单调性的表现。

12.1.3 默认逻辑非单调推理系统

Doyle 的正确性维护系统(Truth Maintenance System，TMS)是一个已经实现了的非单调推理系统。它可以用于协助其他推理程序维持系统的正确性，所以它的作用不是生成新的定理，而是在其他程序所产生的命题之间保持相容性，从而保持知识的一致性。

1. TMS 的依据

TMS 的作者认为：人们的行为是有意识的，是建立在当前信念集基础上的，而信念集是不断非单调地修改着。传统(单调)逻辑观念将每一个信念看成孤立的命题。信念之间是通过语义相联系，而语义并不明显表示在系统中，TMS 试图将语义联系明显表示出来。

不论推理者的目的是什么，如求解问题、寻找答案、采取每个行动等，都是通过信念指导的，根据信念的要求去构造一个推理。所以 TMS 认为任何信念都来自于一定的理由，信念绝不会独立存在。这也说明研究合理的思维和推理，应研究当前可证实的信念和经过推理的论点，而不管以前对这个论点是肯定还是否定。

2. 信念的状态

TMS 的一个命题 P 可取两种状态：

- P 处于 In 状态(In the current set of beliefs)，若至少有一个当前可接受的理由，则说它是当前信念集中一个成员。
- P 处于 Out 状态(Out the current set of beliefs)，若没有当前可接受的理由或存在的理由，则说它不是当前信念集中的一个成员。

P 处于 In 状态时相信为真，P 处于 Out 状态时不相信为真。

TMS 认为矛盾应作为一个状态，尽管是暂时的，但对处理而言，尚需一定时间，所以专门设有一个矛盾(contradictor)状态。

3. TMS 中信念的表示方法

TMS 用节点表示信念，若该节点表示的信念为 In 状态，称为 In 节点；若该节点表示的信念为 Out 状态，称为 Out 节点。

每个节点都有一组论据，即信念的理由。信念的理由称为证实(justification)，是由一组其他的信念组成。若这组理由每一个均有效，则它们所说明的信念也有效。

有两种特殊的理由：一种是在信念间循环论证，这是要消除的；另一种是基本类型的信念，它是证实其他信念的基础。

现在，引入两个概念：

- 前提(premise)：被信任，不需要任何理由。
- 假设(assumption)：也属当前信念集中的一员，但它的理由是依赖于当前信念集之外的信念。

默认推理就属于假设这种类型，在后面例12.3中，关于聚会时给女主人送花就是这种假设。

4. TMS中的证实和推理

在TMS中，理由表示成证实表的形式。证实表只当有效时才能起到证实的作用。TMS采用两种证实表：支持表证实SL(Support-List justification)；条件证明CP(Conditional-Proof justification)。

1) 支持表证实SL

支持表证实SL的形式为：(SL (Inlist) (Outlist))。

一个SL是有效的，当且仅当在检验时它的Inlist中各节点是处于In状态，它的Outlist中各节点是处于Out状态。

例12.2 设有节点：

(1) 现在是冬天　　(SL( )( ))。

(2) 天气是寒冷的　(SL(1)(3))。

(3) 天气是温暖的。

在这些节点中，节点(1)中SL证实两个表均为空，说明不需要证实就可以相信，所以节点(1)属于“前提”一类的信念，即为In节点；节点(3)无任何证实(理由)，因此，节点(3)处于Out状态；节点(2)的状态依赖于当前信念集以外的信念(即节点(3))，所以是属于“假设”这一类的信念。由于(1)为In，(3)为Out，所以(2)的SL有效，即(2)为In，这与谓词逻辑的蕴涵有点相似。

在“假设”的SL证实中Outlist中的节点肯定表示对被证实命题的否定，如例12.2中节点(2)中的Outlist中的节点(3)，它说明假设的特定条件。由此可见，“假设”一定具有非空的Outlist，它们是当前信念集之外的信念。如果在某种特殊情况下，有证实来说明节点(3)有效，则(3)为In引起(2)变成Out。TMS就是以这种方式支持非单调推理。

例12.3 关于参加聚会有以下TMS节点：

(1) 送鲜花(SL(2)(3))。

(2) 参加聚会。

(3) 宴会女主人对花过敏。

这3个节点说明：参加聚会时，如果没有说明女主人对花过敏，就给女主人送鲜花；如果知道女主人对花过敏，则节点(3)的状态为In，此时，会引起节点(1)为Out，那么该问题的结论是不给女主人送鲜花。至于这些节点和证实如何产生，那是由其他的问题求解程序负责完成的。TMS只是当问题求解程序在新生成的信念与原有信念产生矛盾时才被调用。TMS使用自己的非单调推理机制去修改最小信念集，以消除矛盾。

2) 条件证明的证实

条件证明的证实形式为：

(CP 结论　(In 假设)　(Out 假设))

也可记为：(CP　C　IH　OH)

条件证明的证实含义为：无论何时当IH表中的节点处于In状态，且OH表中节点处于Out状态时，C也为In状态，则CP有效。

当OH＝空时，CP节点相当于谓词逻辑中的蕴涵。一般情况下，OH＝空，但也有极少情况会出现OH≠空的CP节点。

3) CP与SL区别

SL的有效性依赖于Inlist与Outlist中节点的当前状态，而CP的有效性与IH和OH中节点当前状态无关，因为它只是记录一个逻辑推导，推导本身的成立与CP中节点当前所处状态无关。那么为什么需要CP节点呢？这可通过例子来说明。

例12.4　一个制订计划的系统。

首先假设在星期三举行会议，得到下述节点：

(1) Day (meeting)＝Wednesday(SL( )(2))

(2) Day(meeting)≠Wednesday

此时还不知是否有理由断定会议不能定在星期三。系统再经过某些推理后，得到了会议在某一天的具体时间，其理由是标号为5、103、45的节点所代表的命题，所以有节点：

(3) Time(meeting)＝14:00(SL(57,103,45)( ))

然后，系统又发现星期三下午两点不合适，于是产生节点：

(4) Contradiction(SL(1,3)( ))

这时要调用TMS来消除矛盾，TMS用回溯机制产生一个不相容节点，来说明不相容的假设集，这个节点为：

(5) Nogood(CP　4(1,3)( ))

为了消除矛盾，TMS从不相容集中选一个假设节点使其为Out就可消除矛盾。这里要使(1)变成Out，只要使(2)变In即可，而要(2)变In最好是(5)为In状态时，于是有

(1) Day(meeting)＝Wednesday　(SL( )　(2))。

(2) Day(meeting)≠Wednesday　(SL(5)　( ))。

(3) Time(meeting)＝14:00　(SL(57,103,45)　( ))。

(4) Contradiction　(SL(1,3)　( ))。

(5) Nogood　(CP　4　(1,3)　( ))。

若(5)不使用CP节点，而是使用SL节点，即改为

(5) Nogood (SL　(4)　( ))

各节点状态将经历以下变化：

(2)为In⇒(1)为Out⇒(4)为Out⇒(5)为Out⇒(2)为Out⇒(1)为In⇒(4)为In⇒(5)为In⇒(2)为In还是引起矛盾，而且引起了循环推理。而用(CP　4　(1,3)　( ))节点就保证(5)永远为In，即(2)也为In，(1)也就永远为Out。

用TMS来维护知识库，可以使知识库不至于把大量时间花在修改已过时的知识上。

12.2　Dempster-Shater(D-S)证据理论

证据理论产生于20世纪60年代Arther Dempster在多值映射方面的工作，他把证据的信任函数与概率的上下值相联系，从而提供了构造不确定推理模型的一般框架。70年代

他的学生 Glen Shafer 对它的理论进行了扩充,形成了处理不确定信息的数学理论,即证据理论。该理论对某个事实赋予[0,1]之中一个数表示支持的程度。从表面上看,这有点类似于概率,但它比概率中的 Bayesian 方法更具一般性,因为该理论认为:相信一个事实和相信该事实的非的程度加起来不一定等于1。当没有信息可用于判断时,人们往往只好采取既不相信事实 A 又不相信事实 $\neg A$。这时相信 A 的程度加上相信 $\neg A$ 的程度为 $0+0=0$,而不是概率等于1,所以它更真实地反映了人们采集证据时,使信念值与信念相联系的过程。

证据理论提出时,开始并未为人们所认识,到20世纪80年代初 Barnett 和 Friedman 等将其用于专家系统(ES)后,使其成为处理不精确推理的重要工具。下面介绍 D-S 理论的要点和在推理中的应用。

12.2.1 识别框架

在证据理论中,一个样本空间称为一个识别框架(frame of discriminate),它由一系列对象构成。

设原始集 $\theta=\{q_1,q_2,\cdots,q_n\}$ 为一组可能的判别假设的集合,$q_1,q_2,\cdots,q_n$ 之间是相互排斥的,且 $q_1,q_2,\cdots,q_n$ 已列出了全部互斥的判别假设,作以下定义:

$2^\theta=\{\{\phi\},\{q_1\},\cdots,\{q_n\},\{q_1,q_2\},\{q_1,q_3\},\cdots,\{q_1,q_n\},\cdots,\{q_{n-1},q_n\},\{q_1,q_2,q_3\},\cdots,\{q_1,q_2,\cdots,q_n\}\}$

12.2.2 基本概率分配函数

基本概率分配函数(Basic Probabilistic Assignment,BPA)定义如下。

定义 12.1 $m(x)$以[0,1]区间的一个值来赋予 2^θ 中每一个元素,即

$$m(x):2^\theta\rightarrow[0,1]$$

令 $m(\phi)=0$,由于知道总有某一假设集为真,所以可以令

$$\sum_{z\in 2^\theta}m(z)=1$$

假若 $A\in 2^\theta$,令 $m(A)=s$; 2^θ 中其余未赋值的元素,统称为 Θ,则令 $m(\Theta)=1-s$。这与 Bayes 理论不同,在 Bayes 中,$1-s$ 是赋给 A 的补集 A^c 的概率值。

在 D-S 理论中,Θ 中还可能包含 A 中的元素,例如,设 $A=\{q_1,q_2\}$,则 $\Theta=2^\theta-\{q_1,q_2\}$,$\Theta$ 中还包含 q_1 和 q_2。

另外,又规定若将一数赋予 A,即 $m(A)$,则在 D-S 理论中,此数并不能再分割赋给它的子集。

12.2.3 置信函数 Bel(A)

置信函数(function of belief)定义如下。

定义 12.2 置信函数 Bel: $\theta\rightarrow[0,1]$,并且满足:对任何 $A\subseteq\theta$,有

$$\mathrm{Bel}(A)=\sum_{z\text{为}A\text{的正则子集}}m(z)$$

例如,$\mathrm{Bel}(\{q_1,q_2,q_3\})=m(\{q_1\})+m(\{q_2\})+m(\{q_3\})+m(\{q_1,q_2\})+m(\{q_1,q_3\})+m(\{q_2,q_3\})+m(\{q_1,q_2,q_3\})$

置信函数具有以下性质:

(1) 对于单元素集合 A,$\mathrm{Bel}(A)=m(A)$。

(2) 对于 θ,有 $\mathrm{Bel}(\theta)=\sum_{z\in 2^{\theta}} m(z)=1$。

(3) $\mathrm{Bel}(\phi)=m(\phi)=0$。

12.2.4 置信区间

定义 12.3 对一特定假设 A,它的置信程度由置信区间来描述:

$$[\mathrm{Bel}(A), p^{*}(A)]$$

其中,$p^{*}(A)=1-\mathrm{Bel}(A^{c})$,$A^{c}$ 为 θ 中 A 的补集,$p^{*}(A)$表示不怀疑 A 的度量,且有$p^{*}(A)-\mathrm{Bel}(A)\geqslant 0$。

A^{c} 不等于 $2^{\theta}-\{A\}=\theta'$,其原因是 A^{c} 与 A 无非空交集,而 2^{θ} 中除去A,还有与 A 有非空交集的成分。例如:

$$\theta=\{B,J,S\}, 2^{\theta}=(\{B\},\{J\},\{S\},\{B,J\},\{B,S\},\{J,S\},\{B,J,S\})$$

令 $A=\{B\}$,则 $A^{c}=\{J,S\}$。而 $\theta'=2^{\theta}-\{B\}=(\{J\},\{S\},\{B,J\},\{B,S\},\{J,S\},\{B,J,S\})$,它不等于 A^{c},因此,$\mathrm{Bel}(A^{c})+\mathrm{Bel}(A)\leqslant 1=\sum_{z\in 2^{\theta}} M(z)$,所以

$$\begin{aligned} p^{*}(A)-\mathrm{Bel}(A) &= 1-\mathrm{Bel}(A^{c})-\mathrm{Bel}(A) \\ &= 1-(\mathrm{Bel}(A^{c})+\mathrm{Bel}(A))\geqslant 1-1=0 \end{aligned}$$

对任一 $z\in\theta$,有以下结论:

- 若 z 的置信区间为$[0,1]$,则说明对 z 一无所知,因为 $\mathrm{Bel}(z)=0$,$p^{*}(z)=1-\mathrm{Bel}(z^{c})=1-0=1$,所以,$\mathrm{Bel}(z^{c})=0$,即对 $\neg z=z^{c}$ 也一无所知。
- 若 z 的置信区间为$[0,0]$,说明 $\mathrm{Bel}(z^{c})=\mathrm{Bel}(\neg z)=1$,即完全信任 $\neg z$。
- 若 z 的置信区间为$[1,1]$,说明 $\mathrm{Bel}(z)=1$,即完全相信 z。
- 若 z 的置信区间为$[0,0.85]$,说明不信任 z,但部分信任 $\neg z(0.15)$。
- 若 z 的置信区间为$[0.2,0.4]$,说明部分信任 $z(0.2)$,也部分信任 $\neg z(0.6)$。

12.2.5 证据的组合函数

对同一假设(或结论),由不同知识源(或不同推理路径)得到不同的概率分配函数 BPA,如 $m_1,m_2,\cdots,m_n$,如何形成一个统一概率分配函数 m 呢?

首先定义 $m=m_1\oplus m_2$ 为 m_1 与 m_2 的正交和,如

$$m(\Phi)=0$$

$$m(A)=\frac{\sum_{x\cap y=A} m_1(x)\cdot m_2(y)}{1-\sum_{x\cap y=\Phi} m_1(x)\cdot m_2(y)}=\frac{\sum_{x\cap y=A} m_1(x)\cdot m_2(y)}{\sum_{x\cap y\neq\Phi} m_1(x)\cdot m_2(y)}$$

例 12.5 设 $\theta=\{B,J,S\}$

A	$\{B\}$	$\{J\}$	$\{S\}$	$\{B,J\}$	$\{B,S\}$	$\{J,S\}$	$\{B,J,S\}$	
$m_1(A)$	0.1	0.2	0.1	0.1	0.1	0.3	0.1	(专家给出)
$\mathrm{Bel}_1(A)$	0.1	0.2	0.1	0.4	0.3	0.6	1.0	
$m_2(A)$	0.2	0.1	0.05	0.3	0.05	0.1	0.2	(专家给出)
$\mathrm{Bel}_2(A)$	0.2	0.1	0.05	0.6	0.3	0.25	1.0	

试计算 $m(B)=m_1(B)\oplus m_2(B)$。

先计算公式的分母部分，由于 $B\cdot J+B\cdot S+B\cdot JS+J\cdot B+J\cdot S+J\cdot BS+S\cdot B+S\cdot J+S\cdot BJ+BJ\cdot S+BS\cdot J+JS\cdot B$ 这些部分的交均为空，可用图 12-1 表示。

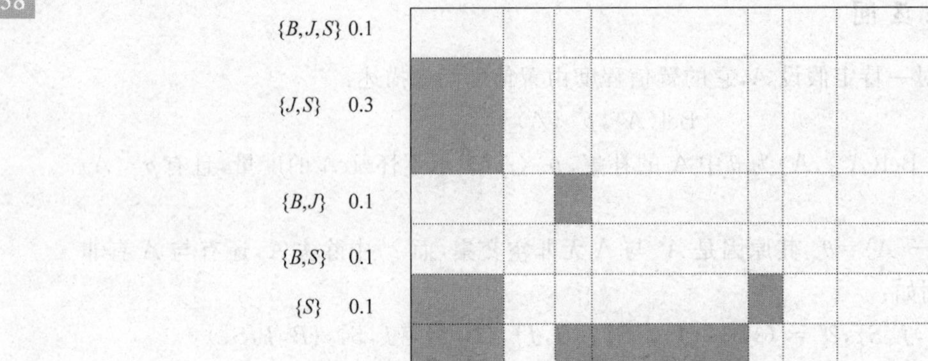

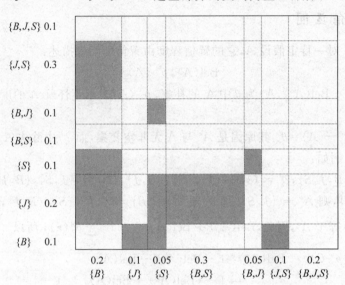

图 12-1　计算 $m_1(B)$与 $m_2(B)$正交和的分母部分的图示

所以，上式 $m(A)$的分母中，交均空的计算公式为

$$\begin{aligned}
&m_1(B)(m_2(J)+m_2(S)+m_2(JS))+m_1(J)(m_2(B)+m_2(S)+m_2(BS))\\
&\quad+m_1(S)(m_2(B)+m_2(J)+m_2(BJ))+m_1(BJ)\cdot m_2(S)\\
&\quad+m_1(BS)m_2(J)+m_1(JS)\cdot m_2(B)\\
&=0.1(0.1+0.05+0.1)+0.2(0.2+0.05+0.05)+0.1(0.2+0.1+0.3)+0.1\\
&\quad\times 0.05+0.1\times 0.1+0.3\times 0.2\\
&=0.1\times(0.1+0.05+0.1+0.2+0.1+0.3+0.05+0.1)+2\times 0.3\times 0.2\\
&=0.1\times 1+0.12=0.22
\end{aligned}$$

分母 $=1-0.22=0.78$

这个分母可同样用于计算 $A=J,S,BJ,BS,JS,JBS$ 时的 m 值。

计算分子，先找出 $x\cap y=B$ 的各种可能有：

$$B\cdot B+B\cdot BJ+B\cdot BS+B\cdot BJS+BJ\cdot B+$$
$$BJ\cdot BS+BS\cdot B+BS\cdot BJ+BJS\cdot B$$

所以

$$\begin{aligned}
m(B)&=m_1(B)(m_2(B)+m_2(BJ)+m_2(BS)+m_2(BJS))+m_1(BJ)(m_2(B)\\
&\qquad+m_2(BS))+m_1(BS)(m_2(B)+m_2(BJ))+m_1(BJS)m_2(B)\\
&=0.1(0.2+0.3+0.05+0.2)+0.1(0.2+0.05)\\
&\qquad+0.1(0.2+0.3)+0.1\times 0.2\\
&=0.1(0.75+0.25+0.5+0.2)=0.17
\end{aligned}$$

对于 $x\cap y=J$，有

$$J\times J+J\times BJ+J\times JS+J\times BJS+BJ\times J+BJ\times JS+JS\times J+JS\times BJ+BJS\times J$$

所以

$$m(J)=0.2(0.1+0.3+0.1+0.2)+0.1(0.1+0.1)+0.3(0.1+0.3)+0.1\times 0.1$$
$$=0.2\times 0.7+0.1\times 0.2+0.3\times 0.4+0.1\times 0.1=0.29$$

对于 $x\cap y=S$,有

$$S\times S+S\times BS+S\times JS+S\times BJS+BS\times S+BS\times JS+JS\times S+JS\times BS+BJS\times S$$

所以

$$m(S)=0.1(0.05+0.05+0.1+0.2)+0.1(0.05+0.1)+0.3\times(0.05+0.05)+0.1\times 0.05$$
$$=0.1\times 0.6+0.3\times 0.1=0.09$$

对于 $x\cap y=BJ$,有

$$BJ\times BJ+BJ\times BJS+BJS\times BJ$$

所以

$$m(BJ)=0.1\times 0.3+0.1\times 0.2+0.1\times 0.3=0.08$$

对于 $x\cap y=JS$,有

$$JS\times JS+JS\times BJS+BJS\times JS$$

所以

$$m(JS)=0.3(0.1+0.2)+0.1\times 0.1=0.1$$

对于 $x\cap y=BS$,有

$$BS\times BS+BS\times BJS+BJS\times BS$$

所以

$$m(BS)=0.1(0.05+0.2)+0.1\times 0.05=0.03$$

对于 $x\cap y=BJS$,有

$$BJS\times BJS$$

所以

$$m(BJS)=0.1\times 0.2=0.02$$

用 0.78 除以上各式后,由于经过四舍五入造成误差,需作适当调整,使 $\sum m(A)=1$。

以上各数均除 0.78 后得

$$0.22+0.37+0.12+0.10+0.04+0.13+0.03=1.01$$

其中误差最大的一个数是 0.12,它由 0.11538 四舍五入而来,故将其改为 0.11。

这样一来,综合以后可得

A	B	J	S	BJ	BS	JS	BJS
$m(A)$	0.22	0.37	0.11	0.10	0.04	0.13	0.03
$\mathrm{Bel}(A)$	0.22	0.37	0.11	0.69	0.37	0.61	1

其中,若 $A=\{B\}$,则 $A^c=\{JS\}$,$\mathrm{Bel}(A^c)=\mathrm{Bel}(JS)=0.61$。

如果只知道 m_1,B 的置信区间为

$$[0.10,1-\mathrm{Bel}(\{J,S\})]=[0.10,1-0.60]=[0.10,0.4]$$

J 的置信区间为

$$[0.20,1-\mathrm{Bel}(\{J,S\})]=[0.20,1-0.3]=[0.20,0.70]$$

S 的置信区间为

$$[0.10,1-\mathrm{Bel}(\{J,S\})]=[0.10,1-0.40]=[0.10,0.60]$$

现综合 m_1 与 m_2 后,B,J,S,BJ,BS,JS,BJS 的置信区间为

B:$[0.22,1-0.61]=[0.22,0.39]$

J:$[0.37,1-0.37]=[0.37,0.63]$

S:$[0.11,1-0.69]=[0.11,0.31]$

BJ:$[0.10,1-\mathrm{Bel}(\{S\})]=[0.10,0.89]$

BS:$[0.04,1-\mathrm{Bel}(\{J\})]=[0.04,0.63]$

JS:$[0.13,1-\mathrm{Bel}(\{B\})]=[0.13,0.78]$

BJS:$[0.03,1-0]=[0.03,1]$

如果统一用一个数来描述置信区间,设这个数为

$$f(A)=\mathrm{Bel}(A)+\frac{|A|}{|Q|}[P^*(A)-\mathrm{Bel}(A)]$$

其中,$|Q|$ 为样板空间的元素个数,则有

$$f(B)=0.22+\frac{1}{3}(0.39-0.22)=0.22+0.06=0.28$$

$$f(J)=0.37+\frac{1}{3}(0.63-0.37)=0.37+0.09=0.46$$

$$f(S)=0.11+\frac{1}{3}(0.31-0.11)=0.11+0.07=0.18$$

$$f(BJ)=0.10+\frac{2}{3}(0.89-0.10)=0.10+2\times 0.26=0.62$$

$$f(BS)=0.04+\frac{2}{3}(0.63-0.04)=0.04+\frac{2}{3}\times 0.59$$
$$=0.04+0.40=0.44$$

$$f(JS)=0.13+\frac{2}{3}(0.78-0.13)=0.13+\frac{2}{3}\times 0.65=0.13+0.46=0.79$$

$$f(BJS)=0.03+\frac{3}{3}(1-0.03)=1$$

上述公式未必合理,所以改为

$$f(A)=\mathrm{Bel}(A)+\frac{1}{|A|}(P*(A)-\mathrm{Bel}(A))$$

$$f(B)=0.22+\frac{1}{1}(0.39-0.22)=0.22+0.17=0.39$$

$$f(J)=0.37+\frac{1}{1}(0.63-0.37)=0.37+0.26=0.63$$

$$f(S)=0.11+\frac{1}{1}(0.31-0.11)=0.11+0.20=0.31$$

$$f(BJ) = 0.10 + \frac{1}{2}(0.89 - 0.10) = 0.10 + 0.40 = 0.50$$

$$f(BS) = 0.04 + \frac{1}{2}(0.63 - 0.04) = 0.04 + 0.30 = 0.34$$

$$f(JS) = 0.13 + \frac{1}{2}(0.78 - 0.13) = 0.13 + 0.33 = 0.46$$

$$f(BJS) = 0.03 + \frac{1}{3} = 0.36$$

作上述改变后，$f(A)$很接近 $p^*(A)$，所以以上公式也不太合适，再改为

$$f(A) = \text{Bel}(A) + \frac{1}{|Q|}(p^*(A) - \text{Bel}(A))$$

12.2.6 D-S 理论的评价

(1) D-S 理论的一个重要优点是，可用它来表示对肯定程度的肯定(certainty about certainty)，而其他方法不能表示。D-S 理论的特点是，相信某个事实 A(即 $\text{Bel}(A)$)，不等于其余的部分就是表示不信任 A。因为，$\text{Bel}(A)+\text{Bel}(A^c)\leqslant 1$，其中的剩余量 $1-[\text{Bel}(A)+\text{Bel}(A^c)]$是表示对 A"无知"或"不知"的程度。用图形表示如图 12-2 所示。

0	$\text{Bel}(A)$	$1-(\text{Bel}(A)+\text{Bel}(A^c))$	$\text{Bel}(A^c)$	1
	相信 A	对 A 无知	不相信 A	

图 12-2 证据理论对一个事实 A 的相信程度的划分

(2) D-S 理论主要的困难在于它比较复杂，其原因如下：

① 它要遍历出识别框架中的一切子集，这是一个很大的空间。

② 它没有给出如何求基本概率的分配函数以及如何根据结果作出决策。

12.3 不确定性推理

不确定性(uncertainty)是智能问题的本质特征之一，大多数要求智能行为的任务都有某种程度的不确定性，因此都离不开不确定性处理。可以说，智能的体现在很大程度上反映在求解不确定性问题的能力上。有些知识库系统(KBS)之所以显得有智能，因为它模拟了专家们积累的经验后，通过联想和启发式方法，而不是用精确的算法去求问题。这就要求 KBS 有能力处理关于推导数据的不确定性和推导结果的不确定性。

12.3.1 不确定性

1. 数据不确定性

数据的不确定性主要来源于：随机性，有些数据是随时在发生变化的；模糊性，由于测量误差或多次冲突的测量引起数据不可靠，有些数据用来表示某些边界不明确的概念也会引起模糊性；不精确性，数据表示不精确，数据精度的损失或无效，甚至不相容；歧义性，有的数据有多种意义或有明显不同的解释，有些数据可能由用户猜测而来；不完全性，有些数据的特征值不全，有些数据的采集不完全，有些数据可能根据缺省推理而来。

2. 知识表示的不确定性

知识表示的不确定性主要来源于：许多知识是由专家根据似然的或统计的或联想而得的猜测；知识可能不适合一切情况；知识也在经常不断地发生变化。

KBS必须以某种方式来处理这些不确定性，它必须解决3个问题：如何表示不确定数据；如何联合两个或多个不确定数据；如何利用不确定数据进行推理。

在具体的应用中，知识表示的不确定性表现在规则的不确定性和推理的不确定性。

3. 不确定性推理模型

不确定性推理模型是指用数据(证据)和规则的度量方法以及不确定性推理的组合计算规则三者构成的计算模式。该模型涉及：证据的不确定性；推理规则的不确定性；推理(证据传递)的不确定性。

在不确定性推理中，相信某一命题的相信和不相信的程度一般都不是100%。处理不确定性推理的一种方法是将逻辑与概率论结合起来。例如，在关于不确定语句推理中，可推广一阶逻辑，允许使用概率论。这就需要将逻辑中句子的语义由原来的只与True和False相联系，改为与两个随机变量的概率分布相联系。

例如，对于句子P，可与概率分布$\{(1-p),p\}$相联系，即P为真的概率为p，P为假的概率为$1-p$。基于这种解释，为了保持逻辑的相容性，则不能任意指定解释给句子。因为若P的概率为p，则$\neg P$的概率必须为$1-p$。

又例如，对一个句子集，假如它由两个基原子P、Q组成，即原子集$=\{P,Q\}$。它的一个解释要由P、Q的联合概率组成，也就是说，必须说明P、Q为True、False的4种组合概率：

$$p_r(P \wedge Q) = p_1$$
$$p_r(P \wedge \neg Q) = p_2$$
$$p_r(\neg P \wedge Q) = p_3$$
$$p_r(\neg P \wedge Q) = p_4$$

设$p_r(\phi)$表示公式ϕ为True的概率，而P、Q单独的概率叫边际概率(marginal probabilities)，它是用组合概率的和给出的：

$$p_r(P) = p_1 + p_2$$
$$p_r(Q) = p_1 + p_3$$

但反过来，仅仅给出P和Q的概率是不能完全决定组合概率的，因而不可能计算出复合公式的概率，如$P \wedge Q$的概率。如何将逻辑与概率两者结合起来有不同方式，这里只介绍利用Bayes公式作不确定性推理。

12.3.2 主观概率贝叶斯方法

1. 贝叶斯规则

最常见的不确定性是随机性，因此不确定性推理与概率有许多内在的联系，使用概率进行不确定性推理的方法称为概率推理。在概率推理中，概率一般解释为对证据和规则的主观信任度，其中起支撑作用的是所谓的贝叶斯规则(Bayes Rule)。

由概率论，有以下条件概率公式：

(1) $p(y/x)=\frac{p(x \wedge y)}{p(x)}$

或

$$p(x \wedge y) = p(y/x) \cdot p(x) = p(x/y) \cdot p(y)$$

(2) $p(x)+p(\neg x)=1$

(3) $p(x \wedge y)=p(y \wedge x)$

(4) $p(x)=p(x \wedge y)+p(x \wedge \neg y)=p(x/y) \cdot p(y)+p(x/\neg y) \cdot p(\neg y)$

(5) 当 A、B 为独立事件时

$$p(AB) = p(A) \times p(B)$$

(6) 全概率公式,设试验 T 的样本空间为 S,A 为 T 的事件,$B_1,\cdots,B_n$ 为 S 的一个划分且 $p(B_i)>0, i=1,2,\cdots,n$,则有

$$p(A) = p(A/B_1) \times p(B_1) + p(A/B_2) \times p(B_2) + \cdots + p(A/B_n) \times p(B_n)$$

2. 利用 Bayes 公式进行推理

若知识表示采用 If then 形式:

If E is True Then H can be concluded with probability p

该规则可以解释为:在事件 E 发生的情况下,H 发生的概率,由概率规则知这个概率为 $p(H/E)$。

如果已知先验概率 $p(H)$ 和 $p(E/\neg H)$,则由 Bayes 公式可求得 $p(H/E)$:

$$\begin{aligned} p(H/E) &= \frac{p(EH)}{p(E)} \\ &= \frac{p(E/H) \cdot p(H)}{p(E)} && \text{(由公式(1))} \\ &= \frac{p(E/H) \cdot p(H)}{p(E \wedge H) + p(E \wedge \neg H)} && \text{(由公式(4))} \\ &= \frac{p(E/H) \cdot p(H)}{p(E/H) \cdot p(H) + p(E/\neg H) \cdot p(\neg H)} && \text{(由公式(4))} \end{aligned}$$

例 12.6 已知规则:

If Rob has a cold Then Rob Sneeze (0.75) (Rob 患感冒时打喷嚏的概率为 0.75)

If H(假设) Then E (证据) (0.75)

又已知:

先验概率 p(Rob has a cold)$=p(H)=0.2$

条件概率 p(Rob was observed sneezing/Rob does not have a cold)$=p(E/\neg H)=0.2$

求:p(Rob have a cold /Rob was observed sneezing)$=p(H/E)$。

由公式(4)知:

$$\begin{aligned} p(E) &= p(E/H) \cdot p(H) + p(E/\neg H) \cdot p(\neg H) \\ &= 0.75 \times 0.2 + 0.2 \times (1-0.2) = 0.31 \end{aligned}$$

$$p(H/E) = \frac{p(E/H) \cdot p(H)}{p(E)} = \frac{0.75 \times 0.2}{0.31} = 0.48$$

这说明,当观察到 Rob 打喷嚏时,Rob 得感冒的可能性为 0.48。

$$p(H/\neg E)=\frac{p(\neg E/H)\cdot p(H)}{1-p(E)}=\frac{(1-0.75)\times 0.2}{1-0.31}=0.07$$

这说明当观察到 Rob 不打喷嚏时,Rob 得感冒的可能性为 0.07。

由此可知,当了解到 Rob 打喷嚏这一证据后,判断 Rob 得感冒的可能性由原来的 0.2($p(H)=0.2$)上升到 0.48($p(H/E)=0.48$)。而当了解到 Rob 不打喷嚏时,Rob 得感冒的可能性由原来的 0.2 下降到 0.07。

3. 信念的传递

当有 m 个假设 $H_1,H_2,\cdots,H_m$ 和 n 个证据 $E_1,E_2,\cdots,E_n$ 时,依据公式(1)和公式(6),Bayes 公式变为

$$p(H_i/E_1E_2\cdots E_n)=\frac{p(E_1E_2\cdots E_n/H_i)\cdot p(H_i)}{p(E_1E_2\cdots E_n)} \quad \text{(由公式(1))}$$

$$=\frac{p(E_1/H_i)\times p(E_2/H_i)\times\cdots\times p(E_n/H_i)\times p(H_i)}{\sum_{K=1}^{m}p(E_1/H_K)\times p(E_2/H_K)\times\cdots\times p(E_n/H_K)\times p(H_K)} \quad \text{(由公式(6))}$$

例 12.7 H_1: Rob 有感冒; E_1: Rob 打喷嚏;

H_2: Rob 过敏; E_2: Rob 咳嗽;

H_3: Rob 光过敏;

已知以下先验概率和条件概率:

	$I=1$ (感冒)	$I=2$ (过敏)	$I=3$ (光过敏)
$p(H_i)$	0.6	0.3	0.1
$p(E_1/H_i)$	0.3	0.8	0.3
$p(E_2/H_i)$	0.6	0.9	0.0

当观察到证据 E_1(这时 $n=1,m=3$)时,则

$$p(H_1/E_1)=\frac{p(E_1/H_1)\cdot p(H_1)}{p(E_1)}$$

$$=\frac{p(E_1/H_1)\cdot p(H_1)}{p(E_1/H_1)\cdot p(H_1)+p(E_1/H_2)\cdot p(H_2)+p(E_1/H_3)\cdot p(H_3)}$$

$$=\frac{0.3\times 0.6}{0.3\times 0.6+0.8\times 0.3+0.3\times 0.1}=0.4$$

同理,可以计算:

$$p(H_2/E_1)=\frac{0.8\times 0.3}{0.3\times 0.6+0.8\times 0.3+0.3\times 0.1}=0.53$$

$$p(H_3/E_1)=\frac{0.3\times 0.1}{0.3\times 0.6+0.8\times 0.3+0.3\times 0.1}=0.06$$

当观察到 E_1 和 E_2 时($n=2,m=3$),则

$$p(H_1/E_1E_2)=\frac{p(E_1/H_1)\times p(E_2/H_1)\times p(H_1)}{\sum_{K=1}^{3}p(E_1/H_K)\times p(E_2/H_K)\times p(H_K)}$$

$$=\frac{0.3\times 0.6\times 0.6}{0.3\times 0.6\times 0.6+0.8\times 0.9\times 0.3+0.3\times 0.0\times 0.1}=0.33$$

同理

$$p(H_2/E_1E_2)=\frac{p(E_1/H_2)\times p(E_2/H_2)\times p(H_3)}{\sum_{K=1}^{3}p(E_1/H_K)\times p(E_2/H_K)\times p(H_K)}$$

$$=\frac{0.8\times 0.9\times 0.3}{0.3\times 0.6\times 0.6+0.8\times 0.9\times 0.3+0.3\times 0.0\times 0.1}=0.67$$

$$p(H_3/E_1E_2)=\frac{p(E_1/H_3)\times p(E_2/H_3)\times p(H_3)}{\sum_{K=1}^{3}p(E_1/H_K)\times p(E_2/H_K)\times p(H_K)}$$

$$=\frac{0.3\times 0.0\times 0.1}{0.3\times 0.6\times 0.6+0.8\times 0.9\times 0.3+0.3\times 0.0\times 0.1}=0.0$$

以上计算说明，在已获得证据 E_1、E_2 的情况下，H_2 成立的可能性最大。

4. Bayes 推理的优、缺点

Bayes 推理的优点是，有概率论作为其理论基础，是目前不确定推理中最成熟的方法。对作决策而言，它具有已定义好的语义。

Bayes 推理的缺点是，要求由大量的概率数据来构造知识库；难以解释这些概率数据，如先验概率值和条件概率值，这些先验概率值又根据什么得到的呢？一般来说，它有两个来源：一是由大量统计而得；二是由专家提供。这时必须检查这些数据的相容性和可理解性。在推理中，如果不能提供如何得出结论的解释，则有可能使用户不愿意相信系统给出的推理。

12.4 MYCIN 系统的推理模型

MYCIN 模型是 Shortliffe 与 Buchanan 等在开发医疗专家系统 MYCIN 时提出的一种不精确推理模型。MYCIN 模型的主要吸引力在于它对证据和假设不确定性的综合方法十分简单，且专家对证据和假设的可信度赋值通常比主观贝叶斯方法的概率赋值容易得多，所以该模型产生后，很受人工智能界的重视。

12.4.1 理论和实际的背景

概率是处理随机世界的一个很好的方法，有 3 类情况需用概率推理：

(1) 所涉及的论域是真正随机的。例如，流行病发作时，人们得病的概率；原子中电子的运动。

(2) 完全掌握资料时，论域并不随机，但人们无法完全掌握这些资料。例如，对某一病人，一种药物成功的可能性。

(3) 表面是随机的，但这只是因为人们没有以正确的方式描述或表示，如模式识别中的墨水点。

下面讨论一种非概率推理的模型——MYCIN 系统的推理模型。MYCIN 系统主要用来为细菌感染疾病提供抗菌剂治疗建议。为此，系统必须准确识别致病微生物；开出参考处方。

设 e 表示症状，H_i 表示疾病，则使用 Bayes 的条件概率公式的含义为：

$P(H_j/e)$患者有症状 e 时，患疾病 H_j 的概率；

$P(e/H_j)$患者患疾病 H_j 时，有症状 e 的概率；

$P(H_j)$患者患疾病 H_j 的先验概率。

然后使用Bayes公式:

$$P(H_i/E)=\frac{P(E/H_i)P(H_i)}{\sum_{j=1}^{n}P(E/H_j)P(H_j)}$$

但如果在MYCIN的论域中使用Bayes公式,有以下困难:

(1) 先验概率$P(H_j)$不易搜索。当人们花很多精力搜索资料时,微生物对药物的反应可能又发生了变化,从而使搜索的资料已经过时。

(2) 修改数据库很困难。因为Bayes公式要求一切可能的概率之和等于1,一旦加入一新规则(知识)到库中,原来概率值全部要修改,以保持其概率之和等于1。这会使系统将大量时间花费在维护系统中产生的任何变化上。

(3) Bayes公式要求各事件不相交,从而构成样本空间的一个划分。然而,现实中一个病人可能同时患几种感染疾病。

(4) 从理论上讲,根据观察e而对假设h的进一步证实(confirmation),并不是证明了假设,而是支持假设,这种支持度可用$C[h,e]$表示。如果将这种对证实量化作为概率处理,就会导致明显的悖论(paradox)。Carl Hempel(1945)提出下例所述的著名的乌鸦悖论(paradox of the ravens)。

例12.8 令h_1:所有乌鸦都是黑的。

令h_2:所有非黑色者不是乌鸦。

令$P(x)$为x是乌鸦。

$Q(x)$为x是黑的。有

$$h_1=\forall x(P(x)\rightarrow Q(x))$$
$$h_2=\forall x(\sim Q(x)\rightarrow\sim P(x))$$

显然,$h_1\Leftrightarrow h_2$,即逻辑上等价。

若用条件概率来定义“进一步证实”C,则有

$$p(h_1/e)=C[h_1,e]$$
$$p(h_2/e)=C[h_2,e]$$

由于$p(h_1/e)=p(h_2/e)$,所以$C[h_1\quad e]=C[h_2,e]$。即,对任何观察结果e,$C[h_1,e]$与$C[h_2,e]$应该相同,但直观上讲,却不一定,例如:e:观察到一个绿色花瓶,则有$C[h_1,e]<C[h_2,e]$。

因为看到一个绿色花瓶确实进一步证实了“非黑色东西不是乌鸦”,但并未进一步证实“乌鸦是黑的”;

e_1:观察到一个乌鸦是黑的,则有$C[h_1,e_1]>C[h_2,e_1]$。

因为观察到一个乌鸦是黑的,是进一步证实了“所有乌鸦是黑的”,但并未进一步证实“所有非黑的东西不是乌鸦”。

12.4.2 MYCIN模型

MYCIN总结了医生用的“信任增长”和“信任不增长”两个概念来作推理。这种推理的基本依据是:如果发现某一证据将增加对患者得某一病假设的证实,但并不就减少“否定得该病”相信程度,所以有必要将增加相信与增加不相信两者分开。该模型采用信任度

(measure of belief)和不信任度(measure of disbelief)作为对证据与假设信任程度的两个基本测量单位。因此,作以下定义。

定义 12.4 定义信任增长率:$MB[h,e]\geqslant 0$,$MB[h,e]$ 表示因证据 e 而对假设 h 信任的增长率;

不信任增长率:$MD[h,e]\geqslant 0$,$MD[h,e]\geqslant 0$ 表示因证据 e 而对假设 h 不信任的增长率。

互斥率:若 $MB[h,e]>0$ 时,$MD[h,e]=0$;

若 $MD[h,e]>0$ 时,$MB[h,e]=0$。

互斥率表明,同一证据 e 不可能同时既增长对假设 h 的信任,又增加对假设 h 的不信任。这里的 e 可能为观察值,也可能为另一个假设。

定义 12.5 确定因子(Certainty Factor,CF)记为 $CF[h,e]$,可定义为

$$CF[h,e]=MB[h,e]-MD[h,e]$$

CF 人为地将相信与不相信联合成一个值。在 MYCIN 的 200 多条规则中,都使用了 CF,其用法如下。

例 12.9 MYCIN 的一条规则为:

如果:(1) 生物体的染色体是革兰氏阳性;

(2) 生物体的形态是球菌;

(3) 生物体的增长形态是成群结团。

那么,有证据(0.7)认为该生物体属葡萄球菌。

这是为用户提供的规则表达形式。在系统内部,规则实际上是表达成易于处理的 LISP 表结构。上述规则的内部表示为

```
PREMISE: ( $ AND (SAME CNTXT GRAM GRAMPOS)
   (SAME CNTXT  MORPH  COCCUS)
   (SAME  CNTXT  CONFORM  CLUMPS))
ACTION: (CONCLUDE  CNTXT  IDENT  STAPHYLOCOCCUS  TALLY  0.7)
```

其中,0.7 称为结论的 CF 值,它是指在前提完全可信时,结论的可信程度。

引进了 CF 的概念之后,要解决以下问题:

(1) 如何计算结论的 CF 值?

(2) 若前提不完全可信,若干个前提之间不同的 CF 如何组合?

(3) 前提的 CF 与结论 CF 值之间有何影响?

(4) 几条不同的规则得到同一结论,该结论的 CF 又该如何计算?

首先,用概率表示 MB、MD,其定义如下:

$$MB[h,e]=\frac{\text{因 } e \text{ 对 } h \text{ 信任增长}}{\text{不信任 } h \text{ 概率}}=\frac{P(h/e)-P(h)}{1-P(h)},\qquad P(h/e)>P(h)$$

$$MD[h,e]=\frac{\text{因 } e \text{ 对 } h \text{ 信任增长}}{\text{信任 } h \text{ 概率}}=\frac{P(h)-P(h/e)}{P(h)},\qquad P(h/e)<P(h)$$

$$MB[h,e]=\begin{cases}1, & P(h)=1\\ \dfrac{\max\,[P(h/e),P(h)]-P(h)}{1-P(h)}, & \text{其他}\end{cases}$$

$$MD[h,e]=\begin{cases}1, & P(h)=0\\ \dfrac{\min\,[P(h/e),P(h)]-P(h)}{-P(h)}, & \text{其他}\end{cases}$$

12.4.3 MYCIN 模型分析

从上述 MB 和 MD 的定义及 CF 的定义,可推得 CF 有以下性质。

性质 12.1 已知 $MB[h,e]$和 $MD[h,e]$可唯一确定 $CF[h,e]$,反之亦然。

如果 $MB[h,e]$、$MD[h,e]$已知,根据定义 12.5 有

$$CF[h,e] = MB[h,e] - MD[h,e]$$

反之,$CF[h/e]$ 确定之后,由 $CF[h,e]>0$ 和互斥律知: MB、MD 不能同时大于 0。

所以,必然 $MB[h,e]=CF[h,e]>0$,$MD[h,e]=0$。同理,若 $CF[h,e]<0$,有 $MD[h,e]=-CF[h,e]$,$MB[h,e]=0$。

性质 12.2 MB、MD、CF 的变化范围为

$$0 \leqslant MB[h,e] \leqslant 1$$

$$0 \leqslant MD[h,e] \leqslant 1$$

$$-1 \leqslant CF[h,e] \leqslant 1$$

性质 12.3

(1) 若 e、h 可信,即 e 完全证实 h,$P(h/e)=1$,则

$$MB[h,e] = \frac{\max\left[P(h/e),P(h)\right]-P(h)}{1-P(h)} = \frac{1-P(h)}{1-P(h)} = 1$$

$$MD[h,e] = 0$$

所以

$$CF[h,e] = 1$$

(2) 若 e、$\bar{h}$完全可信,e 否定 h,即 $P(\bar{h}/e)=1$,则

$$P(h/e) = 1 - P(\bar{h}/e) = 0$$

且

$$MD[h,e] = \frac{\min\left[P(h/e),P(h)\right]-P(h)}{-P(h)} = \frac{-P(h)}{-P(h)} = 1$$

再由互斥律有

$$MB[h,e] = 0$$

所以

$$CF[h,e] = -1$$

性质 12.4 若 e 既不证实 h,也不否定 h,即 e 与 h 无关,则 $MB[h,e]=MD[h,e]=0$,也就是说 $CF[h,e]=0$。

e 不否定 h,则 $MD[h,e]=0$;

e 不证实 h,则 $MB[h,e]=0$,所以 $CF[h,e]=0$。

性质 12.5 $CF[h,e]+CF[\bar{h},e]\neq 1$,而为 0。

该性质说明:专家们认为某一证据 e 以 x 程度支持假设 h,并不一定就以 $1-x$ 程度支持假设的否定$\bar{h}$,其理由如下:

$$MB[\bar{h},e] = \begin{cases} 1, & P(\bar{h}) = 1 \\ \dfrac{\max\left(P(\bar{h}/e),P(\bar{h})\right)-P(\bar{h})}{1-P(\bar{h})}, & P(\bar{h}) \neq 1 \end{cases}$$

根据它的取值,分两种情况讨论:

(1) 当 MB[$\bar{h}$,e]=1,即 $P(\bar{h})=1$,也即 $P(h)=0$。由 MD 的定义,可推出 MD[h,e]=1,所以 CF[h,e]=−1。再由 MB [$\bar{h}$,e]=1,可推出 CF[$\bar{h}$,e]=1,所以,CF[h,e]+CF[$\bar{h}$,e]=0。

(2) MB[$\bar{h}$,e]>0 且不等于 1。因为

$$P(\bar{h}) = 1 - P(h)$$

所以

$$MB[\bar{h},e] = \frac{P(\bar{h}/e) - P(\bar{h})}{1 - P(\bar{h})} = \frac{1 - P(h/e) - 1 + P(h)}{1 - 1 + P(h)}$$

$$= \frac{P(h) - P(h/e)}{P(h)} = \mathrm{MD}[h,e]$$

同理

$$\mathrm{MD}[\bar{h},e] = \frac{P(\bar{h}) - P(\bar{h}/e)}{P(\bar{h})} = \frac{1 - P(h) - 1 + P(h/e)}{1 - P(h)}$$

$$= \mathrm{MB}[h,e]$$

所以

$$\begin{aligned}\mathrm{CF}[h,e] + \mathrm{CF}[\bar{h},e] &= \mathrm{MB}[h,e] - \mathrm{MD}[h,e] + \mathrm{MB}[\bar{h},e] - \mathrm{MD}[\bar{h},e] \\ &= \mathrm{MB}[h,e] - \mathrm{MD}[h,e] + \mathrm{MD}[h,e] - \mathrm{MB}[h,e] \\ &= 0\end{aligned}$$

这说明某个证据以 x 程度支持假设 h,同样以 x 程度不支持 $\bar{h}$。

12.4.4 MYCIN 推理网络的基本模式

现在要讨论 MYCIN 推理网络的基本模式。在同一证据下观察到多个症状,而这多个症状的可信度不一样,这时如何计算 MB、MD 和 CF? 这实际上是 MYCIN 推理网络的计算规则。下面就讨论基本计算规则的求值方法。

1. 规则条件的合取

在某一规则中,有多个条件的合取,CF 的计算方法为

$$\mathrm{CF}[S_1 \& S_2, E] = \min\{\mathrm{CF}[S_1, E], \mathrm{CF}[S_2, E]\}$$

这是用于前提部分 AND 条件的求值规则。显然有

$$\mathrm{MB}[S_1 \& S_2, E] = \min\{\mathrm{MB}[S_1, E], \mathrm{MB}[S_2, E]\}$$

$$\mathrm{MD}[S_1 \& S_2, E] = \max\{\mathrm{MD}[S_1, E], \mathrm{MD}[S_2, E]\}$$

2. 规则条件的析取

在某一规则中,多个条件的析取,CF 的计算方法为

$$\mathrm{CF}[S_1 \vee S_2, E] = \max\{\mathrm{CF}[S_1, E], \mathrm{CF}[S_2, E]\}$$

显然也有

$$\mathrm{MB}[S_1 \vee S_2, E] = \max\{\mathrm{MB}[S_1, E], \mathrm{MB}[S_2, E]\}$$

$$\mathrm{MD}[S_1 \vee S_2, E] = \min\{\mathrm{MD}[S_1, E], \mathrm{MD}[S_2, E]\}$$

3. 由规则和前提的可信度,计算结论 h 的可信度

设 E 为 S 的观察值(如仪器的读数等),CF[S,E]为在得到观察值 E 后 S(症状)的信任

度,即前提的可信度,$CF[h,S]$为规则的可信度,则

$$CF[h,E] = CF[h,S] \times \max\{0, CF[S,E]\}$$

例 12.10 以 MYCIN 的 037 规则为例,设 $CF[S_1,E]=0.6$,$CF[S_2,E]=0.3$,$CF[S_3,E]=0.8$,利用规则条件合取的计算公式,可得

$$CF[S_1 \& S_2 \& S_3, E] = \min\{0.6, 0.3, 0.8\} = 0.3$$

这就是前提的可信度。

又已知规则的可信度 $CF[h,S]$为 0.8,即绝对相信 S 时,对 h 的信任。这时结论可信度为

$$CF[h,E] = CF[h,S] \times \max\{0, CF[S,E]\} = 0.8 \times \max\{0, 0.3\} = 0.8 \times 0.3 = 0.24$$

4. 证据的合取

这是用多条规则来推断同一假设的情况,先以两条规则得出同一假设的情况为例,对于多条规则的情况可以类推。

设 CF_1、CF_2 分别为第一、第二条规则得到的结论的确定性因子,CF 为两条规则综合后得到的结论的确定性因子,则

$$CF = \begin{cases} CF_1 + CF_2 - CF_1 \times CF_2, & CF_1 \geqslant 0 \wedge CF_2 \geqslant 0 \\ CF_1 + CF_2 + CF_1 \times CF_2, & CF_1 < 0 \wedge CF_2 < 0 \\ \dfrac{CF_1 + CF_2}{1 - \min(|CF_1|, |CF_2|)}, & CF_1 \times CF_2 < 0 \end{cases}$$

例 12.11 MYCIN 推断患者疾病的例子。

每个患者的数据和推导由一个树表示,这棵树与树在计算机中的一般表示正好相反。它的叶子节点上的数据是用户(医生)所给出的症状、化验结果等数据,往下通过规则产生新的节点,直至根节点得出疾病的结论。

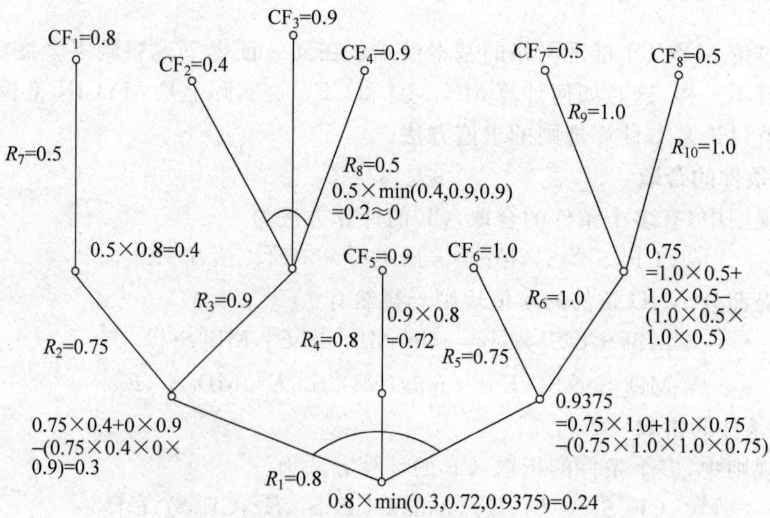

图 12-3 MYCIN 推断患者疾病的推理树

对于图 12-3 作以下几点说明:

(1) R_i 表示绝对信任观察值时,即对假设的信任。

(2) 与弧连接表示若干个前提支持同一结论(用(1)、(2)、(3)公式)。

(3) 或弧表示若干规则支持同一假设(用(4)公式)。

(4) 对可信度确定了一个阈值,凡不大于这个阈值(如 0.2),就认为不可信,干脆将其置为 0。

12.4.5 MYCIN 推理模型的评价

与其他概率推理模型相比较,MYCIN 的 CF 模型的优点是有选择地使用概率论基础,其优点是:CF 的计算简单,不要求统计基础;可表达对每个阶段的信任与不信任;可表达多种信任源的总效果。

其缺点是:在相同规则中,相互不独立的证据虽然可联合表达,但要将它们作一些划分;有些互相不独立的不确定的信念不能有效而自然地表达;新的知识加入,增加和删除知识库的知识,会引起现存知识的 CF 值的变化。

12.5 模糊推理

12.5.1 模糊集论与模糊逻辑

模糊集论与模糊逻辑(fuzzy sets and fuzzy logic)最初是由加州大学的 Lofti Zadeh 于 1965 年提出的,用于处理人类日常推理中固有的模糊性和不精确性。

人们在表达知识时常使用不精确和主观量化方式,如"taller""older""not very likely",所以 Zadeh 的模糊集论与模糊逻辑概念很自然地用于基于知识的系统(knowledge-based systems)。

1. 模糊子集

使用的概念都有一定的内涵(connotation)和外延(denotation)。

- 内涵是概念所代表的事物的本质属性,在模糊集论中等价于集合的定义。
- 外延是具有该本质属性的一切事物,在模糊集论中等价于组成该集合的一切元素。

下面就使用内涵和外延的概念来定义模糊集。

定义 12.6 如果一个集合有清晰的内涵和外延,则为普通集。

例如,一个班级中的所有男生,这个集合就是一个普通集。

定义 12.7 如果一个集合无清晰的内涵和外延,则为模糊集。

例如,一个班级中的高个子,这个集合就是一个模糊集。

普通集合的特征函数可定义为

$$X_A(x) = \begin{cases} 1, & x \in A \\ 0, & x \notin A \end{cases}$$

而模糊集合的特征函数定义为 $u_A(x)=[0,1]$中的任一值,$u_A(x)$称为隶属度。

例如,"几个"是一个模糊概念,它对应一个模糊集,若讨论的论域限于

$$D = \{1,2,3,4,5,6,7,8,9,10\}$$

A 表示"几个"。其隶属度为:

$$u_A(1) = 0 \quad u_A(2) = 0 \quad u_A(3) = 0.3$$

$$u_A(4) = 0.7 \quad u_A(5) = 1 \quad u_A(6) = 1$$

$$u_A(7) = 0.7 \quad u_A(8) = 0.3 \quad u_A(9) = 0 \quad u_A(10) = 0$$

A 可用不同的方式表示为

(1) $A=\{0/1,0/2,0.3/3,0.7/4,1/5,1/6,0.7/7,0.3/8,0/9,0/10\}$

(2) $A=\{(0,1),(0,2),(0.3,3),(0.7,4),(1,5),(1,6),(0.7,7),(0.3,8),(0,9),(0,10)\}$

或舍弃隶属度为零的项,记为

$$A=\{(0.3,3),(0.7,4),(1,5),(1,6),(0.7,7),(0.3,8)\}$$

(3) $A=\{0,0,0.3,0.7,1,1,0.7,0.3,0,0\}$

这种方法直接标出每个元素的隶属度。

模糊集合的特征函数也可以用函数的形式表达,例如:

$$\mu_A(x)=\begin{cases}0, & x\leqslant 0\\ \dfrac{1}{1+100/x^2}, & x>0\end{cases}$$

它表示"比0大得多的数所组成的模糊集"。

2. 模糊集合的运算

两个模糊集合间的运算,实际上就是对特征函数作相应的运算。其定义如下。

定义12.8 A、B 为两个模糊集,它们之间的关系条件分别定义为:

相等 对 $\forall x\in D$,若 $u_A(x)=u_B(x)$,则 $A=B$。

补集 对 $\forall x\in D$,$u_A(x)=1-u_A(x)$,称 $\overline{A}$ 为 A 的补集。

包含 若 $\forall x\in D$,$u_B(x)<u_A(x)\Leftrightarrow B\subset A$。

并集 若 $\forall x\in D$,$u_C(x)=\max[u_A(x),u_B(x)]\Leftrightarrow C=A\cup B$。

交集 若 $\forall x\in D$,$u_C(x)=\min[u_A(x),u_B(x)]\Leftrightarrow C=A\cap B$。

例12.12 设有一个论域为5人组成的集合

$$X=\{x_1,x_2,x_3,x_4,x_5\}$$

设 A 为高个子集,B 为胖子集

$$u_A(x_1)=0.6\quad u_B(x_1)=0.5$$
$$u_A(x_2)=0.5\quad u_B(x_2)=0.6$$
$$u_A(x_3)=1\quad u_B(x_3)=0.3$$
$$u_A(x_4)=0.4\quad u_B(x_4)=0.4$$
$$u_A(x_5)=0.3\quad u_B(x_5)=0.7$$

$C=A\cup B$ 为高个或胖子集,则

$$u_C(x_1)=0.6$$
$$u_C(x_2)=0.6$$
$$u_C(x_3)=1$$
$$u_C(x_4)=0.4$$
$$u_C(x_5)=0.7$$

3. 模糊集合的性质

(1) De Morgan 定理对模糊子集仍成立,即 $\overline{A\cup B}=\overline{A}\cap\overline{B}$。

因为 $u_{\overline{A\cup B}}(x)=1-u_{A\cup B}(x)=1-\max\{u_A(x),u_B(x)\}$

$$u_{\overline{A}\cap\overline{B}}(x)=\min\{u_{\overline{A}}(x),u_{\overline{B}}(x)\}$$
$$=\min\{1-u_A(x),1-u_B(x)\}$$

若 $u_A(x)>u_B(x)$，有

$$u_{\overline{A\cup B}}(x)=1-u_A(x)$$
$$u_{\bar{A}\cap\bar{B}}(x)=1-u_A(x)$$
$$u_{\overline{A\cup B}}(x)=u_{\bar{A}\cap\bar{B}}(x)$$

若 $u_B(x)\leqslant u_A(x)$，有

$$u_{\overline{A\cup B}}(x)=1-u_B(x)$$
$$u_{\bar{A}\cap\bar{B}}(x)=1-u_B(x)$$

所以

$$u_{\overline{A\cup B}}(x)=u_{\bar{A}\cap\bar{B}}(x)$$
$$\overline{A\cup B}=\bar{A}\cap\bar{B}$$

(2) 分配律成立，即

$$C\cup(A\cap B)=(C\cup A)\cap(C\cup B)$$

(3) 交换律、结合律、幂等律成立

$$A\cup B=B\cup A$$
$$A\cap B=B\cap A$$
$$A\cup(B\cup C)=(A\cup B)\cup C$$
$$A\cap(B\cap C)=(A\cap B)\cap C$$
$$A\cup A=A$$
$$A\cap A=A$$

(4) 互补律不成立

$$A\cup\bar{A}\neq U, A\cap\bar{A}\neq\varnothing$$

例如，$u_A(x)=0.5, u_{\bar{A}}(x)=0.5$

$u_{A\cup\bar{A}}=\max(0.5,0.5)=0.5\neq1$

$u_{A\cap\bar{A}}=\min(0.5,0.5)=0.5\neq0$

12.5.2 Fuzzy 聚类分析

按确定的标准对客观事物进行分类的方法，称聚类。它的用途很广，例如，生产活动中对产品质量分类，建筑工程上对地基优劣分类，生物学中对优良品种分类，几何学中对几何图形分类。

这里的所谓分类，是按等价关系将对象划分成若干类。在 Fuzzy 分类中，是按模糊等价关系分类。

1. 模糊关系

定义 12.9 集合 $\bar{X}$ 到集合 $\bar{Y}$ 中的一个模糊关系 $\boldsymbol{R}$，是直积空间 $\bar{X}\times\bar{Y}$ 中的一个模糊子集。集合 $\bar{X}$ 到集合 $\bar{X}$ 中的模糊关系，称为 $\bar{X}$ 上的模糊关系。

设 $\bar{X}=\{x_1,x_2,\cdots,x_m\}$，$\bar{Y}=\{y_1,y_2,\cdots,y_n\}$，$\bar{X}\times\bar{Y}$ 上的模糊关系 $\boldsymbol{R}$ 可用模糊矩阵表示为

$$\boldsymbol{R}=\begin{bmatrix}u_R(x_1,y_1),u_R(x_1,y_2),\cdots,u_R(x_1,y_n)\\ \vdots \quad \vdots \quad \vdots\\ u_R(x_m,y_1),u_R(x_m,y_2),\cdots,u_R(x_m,y_n)\end{bmatrix}$$

例 12.13 设 $\overline{X}=\{x_1,x_2,x_3,x_4,x_5\}$表示5个人的集合。$\overline{X}$上的模糊关系 $\boldsymbol{R}$ 表示它们之间的相像关系。可用模糊矩阵 $\boldsymbol{R}$ 表示为

$$\begin{bmatrix} 1 & 0.8 & 0.6 & 0.1 & 0.2 \\ 0.8 & 1 & 0.8 & 0.2 & 0.85 \\ 0.6 & 0.8 & 1 & 0 & 0.9 \\ 0.1 & 0.2 & 0 & 1 & 0.1 \\ 0.2 & 0.85 & 0.9 & 0.1 & 1 \end{bmatrix}$$

2. 模糊矩阵运算

设:$\boldsymbol{C}=[c_{ij}],\boldsymbol{A}=[a_{ij}],\boldsymbol{B}=[b_{ij}]$ 为模糊矩阵,有

(1) 若 $c_{ij}=\max[a_{ij},b_{ij}]$,则 $\boldsymbol{C}=\boldsymbol{A}\cup\boldsymbol{B}$

(2) 若 $c_{ij}=\min[a_{ij},b_{ij}]$,则 $\boldsymbol{C}=\boldsymbol{A}\cap\boldsymbol{B}$

(3) 若 $c_{ij}=1-a_{ij}$,则 $\boldsymbol{C}=\overline{\boldsymbol{A}}$

(4) 用模糊矩阵乘积表示两模糊关系的复合,即若

$$c_{ij}=\max_k \min[a_{ik},b_{kj}]$$

则

$$\boldsymbol{C}=\boldsymbol{A}\cdot\boldsymbol{B}$$

也可以用 ∨ 代 max,∧ 代 min 运算符号,则

$$c_{ij}=\bigvee_k (a_{ik}\wedge b_{kj})$$

例 12.14 设有两个关系 $\boldsymbol{R}$ 和 $\boldsymbol{S}$ 分别为

$\boldsymbol{R}$	Y_1	Y_2	Y_3	Y_4
X_1	0.1	0.6	0.5	0.2
X_2	0.3	1	0.7	0.9
X_3	0.8	0.4	0	1

$\boldsymbol{S}$	Z_1	Z_2
Y_1	0.9	0
Y_2	1	1
Y_3	0	0
Y_4	0.2	0.3

则模糊矩阵 $\boldsymbol{R}$ 与 $\boldsymbol{S}$ 的乘积为

$\boldsymbol{R}\circ\boldsymbol{S}$	Z_1	Z_2
X_1	0.6	0.6
X_2	1	1
X_3	0.8	0.4

其中

$$\begin{aligned} u_{\boldsymbol{R}\circ\boldsymbol{S}}(x_3,z_2) &= \vee(0.8\wedge 0, 0.4\wedge 1, 0\wedge 0, 1\wedge 0.3) \\ &= \vee(0,0.4,0,0.3)=0.4 \end{aligned}$$

3. 模糊矩阵性质

定理 12.1 对任意的 Fuzzy 矩阵 $\boldsymbol{A}$,$\exists k\geqslant 1$ 和充分大的 N,$N\geqslant 1$,使得对于序列 $\boldsymbol{A}^1$,$\boldsymbol{A}^2,\cdots,\boldsymbol{A}^n,\cdots$,从 N 开始有

$$\boldsymbol{A}^{N+k+l}=\boldsymbol{A}^{N+l},\quad 0\leqslant i\leqslant k-1$$

式中,k 称为周期,它是使上式成立的最小整数。

证明:设 $\boldsymbol{A}$ 为 $m\times n$ 的 Fuzzy 矩阵,$\boldsymbol{A}=[a_{ij}]_{m\times n}$ 中共有 l 个互不相同的元素:

$$\{a_1,a_2,\cdots,a_l\},\quad l\leqslant m\times n$$

由于经过 max、min 运算而得的结果不会产生新的不同于 $a_1,\cdots,a_l$ 的元素，将矩阵按行展开，有 $1,2,\cdots,m\times n$ 个位置，每个位置可能取值的个数为 l。所以，最多可能的排列为 $(m\times n)^l$ 个。即最多有 $(m\times n)^l$ 个不同的 Fuzzy 矩阵，所以，在 $A^1,A^2,\cdots,A^n,\cdots$ 中只有 k 个不同，即

$$k \leqslant (m\times n)^l$$

设 N 和 k 是使下等式成立的最小正整数

$$\boldsymbol{A}^{N+k}=\boldsymbol{A}^N$$

那么对任意正整数 j，下式成立

$$\boldsymbol{A}^{N+k+j}=\boldsymbol{A}^{N+j}$$

令 $j=l\cdot k+i$，其中 $l\geqslant 1$ 且为整数，$0\leqslant i\leqslant k$。

那么有

$$\begin{aligned}\boldsymbol{A}^{N+j}=\boldsymbol{A}^{N+lk+i}&=\boldsymbol{A}^{N+(l-1)k+k+i}\\&=\boldsymbol{A}^{N+(l-1)k+i}\\&\vdots\\&=\boldsymbol{A}^{N+i}\end{aligned}$$

即 $\boldsymbol{A}^{N+lk+i}=\boldsymbol{A}^{N+i}$，定理得证。

4. 模糊等价关系

下面要讨论模糊等价关系，特别要讨论具有自返、对称和传递的模糊关系。

对普通集而言，X 上的等价关系 $\boldsymbol{R}$ 满足以下条件：

(1) 自反性。$\forall x\in X$，则 $(x,x)\in\boldsymbol{R}$。

(2) 对称性。$\forall x,y\in X$，若 $(x,y)\in\boldsymbol{R}$，则 $(y,x)\in\boldsymbol{R}$。

(3) 传递性。$\forall x,y,z\in X$，若 $(x,y)\in\boldsymbol{R}$，且 $(y,z)\in\boldsymbol{R}$，则 $(x,z)\in\boldsymbol{R}$。

用特征函数可描述为

(4) $\forall x\in X$，若 $u_{\boldsymbol{R}}(x,x)=1$。

(5) $\forall x,y\in X$，若 $u_{\boldsymbol{R}}(x,y)=u_{\boldsymbol{R}}(y,x)$。

(6) $\forall x,y,z\in X$，若 $u_{\boldsymbol{R}}(x,y)=1$，$u_{\boldsymbol{R}}(y,z)=1$，则 $u_{\boldsymbol{R}}(x,z)=1$。

将以上描述推广到 Fuzzy 关系，设 $\boldsymbol{R}$ 是 X 上的 Fuzzy 关系，u_R 为它的隶属度函数，可以得到

(7) 自返性。$\forall x\in X$，$u_{\boldsymbol{R}}(x,x)=1$。

(8) 对称性。$\forall x,y\in X$，$u_{\boldsymbol{R}}(x,y)=u_{\boldsymbol{R}}(y,x)$。

(9) 关于传递性。由(3)要求 $(x,y)\in\boldsymbol{R}\wedge(y,z)\in\boldsymbol{R}$，则 $(x,z)\in\boldsymbol{R}$，现在寻找一种等价的描述形式。

令 $\boldsymbol{R}^2=\boldsymbol{R}\cdot\boldsymbol{R}$，则用模糊矩阵乘积表示这个复合模糊关系，可知：

$$u_{\boldsymbol{R}^2}(x,z)=\bigvee_{y\in X}[u_{\boldsymbol{R}}(x,y)\wedge u_{\boldsymbol{R}}(y,z)]$$

上式表明 $(x,z)\in\boldsymbol{R}^2$ 的充要条件是 $\exists y\in X$，使得 $(x,y)\in\boldsymbol{R}$，$(y,z)\in\boldsymbol{R}$。这个充要条件说明 $\boldsymbol{R}^2$ 仅由这样的 (x,z) 组成，$(x,z)\subset\boldsymbol{R}$(由传递性所要求的)，所以有 $\boldsymbol{R}^2\subset\boldsymbol{R}$，即可用 $\boldsymbol{R}^2\subset\boldsymbol{R}$ 作为传递性判别条件。

如果 Fuzzy 集的关系是包含关系，其隶属度函数有

$$\forall x,y\in X,\quad u_{\boldsymbol{R}^2}(x,y)\leqslant u_{\boldsymbol{R}}(x,y)$$

所以,传递性的条件可为下面二者之一:

$$\boldsymbol{R}^2 \subset \boldsymbol{R} \quad 或 \quad u_{\boldsymbol{R}^2}(x,y) \leqslant u_{\boldsymbol{R}}(x,y)$$

有些关系可能具自反对称,但不具有传递性,所以它不构成等价关系。

例 12.15 对于前面例 12.13 中的相像关系,计算复合模糊关系为

$$\boldsymbol{S} = \boldsymbol{R}^2 = \begin{bmatrix} 1 & 0.8 & 0.8 & 0.2 & 0.8 \\ 0.8 & 1 & 0.85 & 0.2 & 0.85 \\ 0.8 & 0.85 & 1 & 0.2 & 0.9 \\ 0.2 & 0.2 & 0.2 & 1 & 0.2 \\ 0.8 & 0.85 & 0.9 & 0.2 & 1 \end{bmatrix}$$

$$= \begin{bmatrix} u_{\boldsymbol{R}^2}(x_1 x_1) \cdots u_{\boldsymbol{R}^2}(x_1 x_5) \\ \vdots \qquad\qquad \vdots \\ u_{\boldsymbol{R}^2}(x_5 x_1) \cdots u_{\boldsymbol{R}^2}(x_5 x_5) \end{bmatrix}$$

即,对 $\forall\, x_i x_j$ 都有 $u_{\boldsymbol{R}^2}(x_i,x_j) \geqslant u_{\boldsymbol{R}}(x_i,x_j)$,不满足 $\boldsymbol{R}^2 \subseteq \boldsymbol{R}$。

等价关系不成立就不能用来模糊分类,但经过改造后,可使之成为等价关系。

定理 12.2 设 $\boldsymbol{R}$ 是 X 上具有自反和对称的 Fuzzy 关系。

令 $\boldsymbol{R}^n = \boldsymbol{R} \cdot \boldsymbol{R} \cdot \cdots \cdot \boldsymbol{R}$,则

$$\lim_{n\to} \boldsymbol{R}^n = \boldsymbol{R}^*$$

存在。

证明:

$$u_{\boldsymbol{R}\cdot\boldsymbol{R}}(x,z) = \bigvee_{y\in X} [u_{\boldsymbol{R}}(x,y) \wedge u_{\boldsymbol{R}}(y,z)]$$

$$\geqslant u_{\boldsymbol{R}}(x,x) \wedge u_{\boldsymbol{R}}(x,z) = 1 \cdot u_{\boldsymbol{R}}(x,z) = u_{\boldsymbol{R}}(x,z)$$

所以 $\boldsymbol{R} \subseteq \boldsymbol{R}^2$,用归纳法可得对任意 $n \in N$(自然数)有 $\boldsymbol{R}^{n-1} \subseteq \boldsymbol{R}^n$,所以$\{\boldsymbol{R}^n\}$是递增序列。

又因为 $u_{\boldsymbol{R}^n}(x,y) \leqslant 1$,即它有上界,所以 $\lim \boldsymbol{R}^n$ 存在,记为 $\boldsymbol{R}^*$。

定理 12.3 .$\boldsymbol{R}*$ 是 X 上的 Fuzzy 等价关系。

证明:因为

(1) $\boldsymbol{R}$ 是自反的

从矩阵运算可以得到,$\boldsymbol{R}^2$ 是自反的。同理,任意的 $\boldsymbol{R}^n$ 也是自反的,所以 $\boldsymbol{R}^*$ 也是自反的。

(2) $\boldsymbol{R}$ 是对称的

因为对称矩阵相乘仍为对称,所以 $\boldsymbol{R}^2$ 也对称。同理,任意 $\boldsymbol{R}^n$ 也对称,所以 $\boldsymbol{R}^*$ 也是对称的。

(3) $\boldsymbol{R}^*$ 是传递的

令 $n = m_1 + m_2$,由定理 12.2 知,$\boldsymbol{R}^{m_1} \cdot \boldsymbol{R}^{m_2} \leqslant \boldsymbol{R}^*$。

当 $m_1, m_2 \to \infty$时,有

$$\boldsymbol{R}^* \cdot \boldsymbol{R}^* \leqslant \boldsymbol{R}^*$$

所以 $\boldsymbol{R}^*$ 有传递性。

综合上述(1)、(2)、(3)可得,$\boldsymbol{R}^*$ 是 X 上的 Fuzzy 等价关系。

5. Fuzzy 聚类方法

设 X 是非空集,$\boldsymbol{R}$ 是 X 上的等价关系,若 $X\boldsymbol{R}Y$,则 X,Y 并为一类。若 $\boldsymbol{R}$ 是 X 上的

Fuzzy 等价关系，$u_{\boldsymbol{R}}$ 为隶属度函数，Fuzzy 聚类方法有以下定义。

定义 12.10 $\boldsymbol{R}$ 的 $\bar{\alpha}$(弱)截集为：

$$R_{\bar{\alpha}}=\{(x,y)\mid u_{\boldsymbol{R}}(x,y)\geqslant\alpha;x,y\in z\},\quad 0<\alpha\leqslant 1$$

定理 12.4 若 $\boldsymbol{R}$ 是 Fuzzy 等价关系，则对 $\forall\alpha\in(0,1]$，$R_{\bar{\alpha}}$ 是(普通)等价关系。

证明：

(1) $R_{\bar{\alpha}}$ 是自反的

由于 $\boldsymbol{R}$ 是自反的，故 $u_{\boldsymbol{R}}(x,x)=1$，所以对 $\forall\alpha\in(0,1]$ 都有 $(x,x)\in R_{\bar{\alpha}}$，即 $R_{\bar{\alpha}}$ 是自反的。

(2) $R_{\bar{\alpha}}$ 是对称的

因为 $u_{\boldsymbol{R}}(x,y)=u_{\boldsymbol{R}}(y,x)$(由于 $\boldsymbol{R}$ 对称)，所以 $u_{\boldsymbol{R}}(x,y)\geqslant\alpha$，则 $u_{\boldsymbol{R}}(y,x)\geqslant\alpha$，所以 $(x,y)\in R_{\bar{\alpha}}$ 时，$(y,x)\in R_{\bar{\alpha}}$。

(3) $R_{\bar{\alpha}}$ 具有传递性

若 $(x^0,y^0)\in R_{\bar{\alpha}}\wedge(y^0,Z^0)\in R_{\bar{\alpha}}$

即
$$u_{\boldsymbol{R}}(x^0y^0)\geqslant\alpha\wedge u_{\boldsymbol{R}}(y^0,z^0)\geqslant\alpha$$

因为 $\boldsymbol{R}$ 是传递的，

$$u_{\boldsymbol{R}}(x^0,z^0)\geqslant u_{\boldsymbol{R}^2}(x^0,z^0)=\bigvee_{y\in z}[u_{\boldsymbol{R}}(x^0,y)\wedge u_{\boldsymbol{R}}(y,z^0)]$$
$$\geqslant u_{\boldsymbol{R}}(x^0,y^0)\wedge u_{\boldsymbol{R}}(y^0,z^0)\geqslant\alpha\wedge\alpha=\alpha$$

即

$$(x^0,z^0)\in R_{\bar{\alpha}}$$

所以 $R_{\bar{\alpha}}$ 具有传递性。

综合上述(1)、(2)、(3)，$R_{\bar{\alpha}}$ 就是 X 上的等价关系。

不难看出，对任意 $\alpha_1,\alpha_2\in(0,1]$，若 $\alpha_1<\alpha_2$，则 $R_{\bar{\alpha}_2}\leqslant R_{\bar{\alpha}_1}$。

定义 12.11 若用 $R_{\bar{\alpha}}$ 将 X 分类，则称为在 α 水平上的聚类。

$R_{\bar{\alpha}}$ 元素 X_i、X_j 归为同一类的充分必要条件是

$$u_{R_{\bar{\alpha}}}(x_i,x_j)=1$$

例 12.16 设

$$\boldsymbol{R}=\begin{bmatrix}1&0.8&0.8&0.2&0.8\\0.8&1&0.85&0.2&0.85\\0.8&0.85&1&0.2&0.9\\0.2&0.2&0.2&1&0.2\\0.8&0.85&0.9&0.2&1\end{bmatrix}$$

$\boldsymbol{R}$ 在 $\alpha=0.9$ 水平上的聚类为

$$\boldsymbol{R}_{0.\bar{9}}=\begin{bmatrix}1&&&&\\&1&&&\\&&1&&1\\&&&1&\\&&1&&1\end{bmatrix}$$

即 x_3 与 x_5 按 0.9 水平应分为一类，其余自成一类。

因为 $u_{R_{\overline{0.9}}}(x_3,x_5)=u_{R_{\overline{0.9}}}(x_5,x_3)=1$，又设 $\alpha=0.85$，则在这个水平上的聚类为

$$R_{\overline{0.85}} = \begin{bmatrix} 1 & 0 & 0 & 0 & 0 \\ 0 & 1 & 1 & 0 & 1 \\ 0 & 1 & 1 & 0 & 1 \\ 0 & 0 & 0 & 1 & 0 \\ 0 & 1 & 1 & 0 & 1 \end{bmatrix}$$

x_2、x_3、x_5 为一类,x_1、x_4 各成一类。再设 $\alpha=0.8$,则在这个水平上的聚类为

$$R_{\overline{0.8}} = \begin{bmatrix} 1 & 1 & 1 & 0 & 1 \\ 1 & 1 & 1 & 0 & 1 \\ 1 & 1 & 1 & 0 & 1 \\ 0 & 0 & 0 & 1 & 0 \\ 1 & 1 & 1 & 0 & 1 \end{bmatrix}$$

x_1、x_2、x_3、x_5 为一类,x_4 为一类。如果设 $\alpha=0.2$,则在这个水平上的聚类为

$$R_{\overline{0.2}} = \begin{bmatrix} 1 & 1 & 1 & 1 & 1 \\ 1 & 1 & 1 & 1 & 1 \\ 1 & 1 & 1 & 1 & 1 \\ 1 & 1 & 1 & 1 & 1 \\ 1 & 1 & 1 & 1 & 1 \end{bmatrix}$$

即,$x_1 \sim x_5$ 全属一类。

这样得出的 Fuzzy 分类如图 12-4 所示。

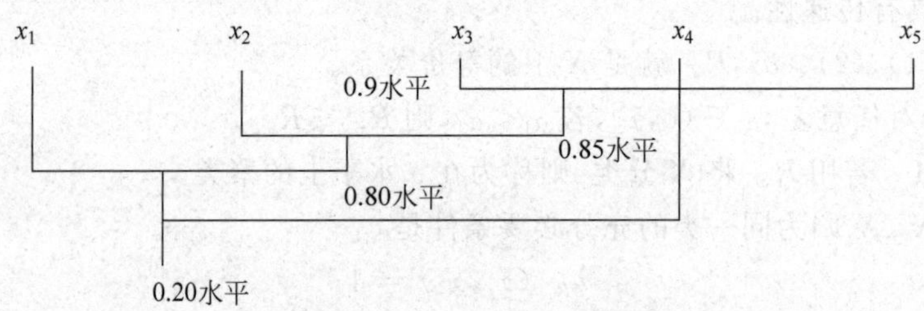

图 12-4 不同水平的 Fuzzy 分类

6. 实际问题所用的聚类方法

在实际应用中,许多问题要进行聚类分析。所谓聚类分析,就是要用数学的方法进行分类。然而,现实中的分类问题往往都伴有模糊性。例如,环境污染分类、雨季天气预报、临床症状资料分析、岩石分类等。对于这些问题要进行模糊聚类分析。

设 $X=\{x_1,x_2,\cdots,x_n\}$为样品集。每个样品都有 m 个指标,即

$$x_i = (x_{i1},x_{i2},\cdots,x_{im}), \quad i = 1,2,\cdots,n$$

采用的聚类方法的步骤是,根据样品的各项指标,采用适当公式计算它们之间的相似系数,建立在 X 上的 Fuzzy 关系(即指标之间的 Fuzzy 关系)$\boldsymbol{R}$;将 $\boldsymbol{R}$ 改造成 Fuzzy 等价关系;再按不同水平进行聚类。其中后面两个步骤的原理,已在 12.4 节和 12.5 节中讨论过,这里只略加解释,下面着重讨论第一个步骤。

第一步,建立相似关系。

样品之间的相似系数,指明哪些样品具有相同性质,从而在某个程度上可以将其合并为

一类。关于相似系数,常采用的计算公式如下:

(1) 计算样品之间的相似关系

① $$R_{ij}=\frac{1}{m}\sum_{k=1}^{m}\mathrm{e}^{-\frac{3}{4}\frac{(x_{ik}-x_{jk})^2}{s^2{}_k}},\quad i,j=1,2,\cdots,n$$

其中

$$S_k=\left\{\frac{1}{n}\sum_{i=1}^{n}(x_{ik}-\bar{x}_k)^2\right\}^{\frac{1}{2}},\quad k=1,2,\cdots,m$$

$$\bar{x}_k=\frac{1}{n}\sum_{i=1}^{n}x_{ik}$$

② $$R_{ij}=\frac{\sum_{k=1}^{m}\min(x_{ik},x_{jk})}{\sum_{i=1}^{m}\max(x_{ik},x_{jk})},\quad i,j=1,2,\cdots,n$$

③ $$R_{ij}=\frac{\sum_{k=1}^{m}\min(x_{ik},x_{jk})}{\frac{1}{2}\sum_{k=1}^{m}(x_{ik}+x_{jk})},\quad i,j=1,2,\cdots,n$$

④ $$R_{ij}=\frac{\sum_{k=1}^{m}\min(x_{ik},x_{jk})}{\sum_{k=1}^{m}\sqrt{x_{ik}x_{jk}}},\quad i,j=1,2,\cdots,n$$

⑤ $$R_{ij}=\frac{\sum_{k=1}^{m}x_{ik}\cdot x_{jk}}{\left\{\sum_{k=1}^{m}x_{ik}^2\cdot\sum_{k=1}^{m}x_{jk}^2\right\}^{\frac{1}{2}}},\quad i,j=1,2,\cdots,n$$

上述①~⑤只适合于 $x_{ij}\geqslant 0$ 的情况。

(2) 计算指标之间的相似关系

① $$R_{ij}=\frac{\sum(x_{ki}-\bar{x}_i)(x_{kj}-\bar{x}_j)}{\left\{\sum(x_{ki}-\bar{x}_i)^2\cdot\sum(x_{kj}-\bar{x}_j)^2\right\}^{\frac{1}{2}}},\quad i,j=1,2,\cdots,m$$

② $$R_{ij}=\frac{\sum_{k=1}^{n}x_{ki}\cdot x_{kj}}{\left\{\sum_{k=1}^{n}x_{ki}^2\cdot\sum_{k=1}^{n}x_{kj}^2\right\}^{\frac{1}{2}}},\quad i,j=1,2,\cdots,m$$

指标之间的相似系数反映指标之间的依赖关系,说明某些指标并不完全独立,在一定程度上反映出类似性质。

第二步,改造相似关系为等价关系。

由第一步建立的模糊关系矩阵 $\boldsymbol{R}$ 一般只满足自反性和对称性,即 $\boldsymbol{R}$ 是一个相似关系,现在需要将其改造成为等价关系。根据以上④中的讨论,可以采用平方法求出 $\boldsymbol{R}$ 的传递闭包 $\boldsymbol{R}^*$。所谓平方法就是先求出 $\boldsymbol{R}^2$,再求出 $(\boldsymbol{R}^2)^2=\boldsymbol{R}^4$,再求出 $(\boldsymbol{R}^4)^2=\boldsymbol{R}^8$……直到求得某个

$(\boldsymbol{R}^n)^2=\boldsymbol{R}_2^n$,即$\boldsymbol{R}$的传递闭包$\boldsymbol{R}^*$为止,$\boldsymbol{R}^*$就是所求得的等价矩阵。通过$\boldsymbol{R}^*$可以对问题进行分类。

第三步,聚类。

根据以上⑤中的讨论,可以选取适当的α,$R_{\bar{\alpha}}$ 在这个水平上将问题域分类,即聚类。

聚类的方法和原则有多种,如直接聚类法、编网法、最大树法等。这里不作详细叙述。

12.6 基于案例的推理

基于案例的推理(Case-Base Reasoning,CBR),是人工智能中新崛起的一种重要推理技术。这种技术旨在利用过去经验进行推理,因而它符合现代专家迅速、准确的求解新问题的过程,能够适应在专家系统中利用其他技术难以解决的复杂问题的求解,所以这种技术对于人工智能工作者很具有吸引力。

12.6.1 基于案例推理的基本思想

基于案例推理的思想最早是由Shanker在1982年发表的Dynamic Memory论文中提出的,以后由他的学生经过多年的工作逐渐发展起来。它的核心思想为:在问题求解时,人们可以使用以前对该问题求解的经验,即积累的案例,来进行推理。

在这种求解问题的方法中,人们将过去对典型问题的求解案例,按一定的组织方式存储在案例中,积累成案例库。当用户求解某一新问题时,按一定的组织方式输入待求解的新问题,即待求解案例。系统根据问题的描述,利用案例检索机制从案例库中寻找与待求解案例匹配或近似匹配的案例。如果找到的案例与待求解案例的描述完全一致,则将找到的案例作为对问题的解输出。否则,根据待求解问题描述,对检索出的案例进行修改,产生一个符合问题求解要求的解,并将其输出。同时将这个问题的求解作为一个新的案例再存储到案例库中,以备将来使用。因此,在以后系统求解时,可利用案例库中所有已知的案例,而不必每次都从头开始进行周密的推理和搜索。这个过程与医生看病类似,大家都知道,一个经验丰富的医生在诊病方面可能要比只有高学位而无实际经验的年轻医生高明。这是因为经验丰富的医生可以从他过去的治病生涯中总结大量经验,对于新遇到的病症,有经验的医生可以从过去医治过的相同病症或类似病症中很快地找到治疗方法。每次成功的治疗又都为将来积累新的经验。

一般地,基于案例的推理系统的基本构成如图12-5所示。

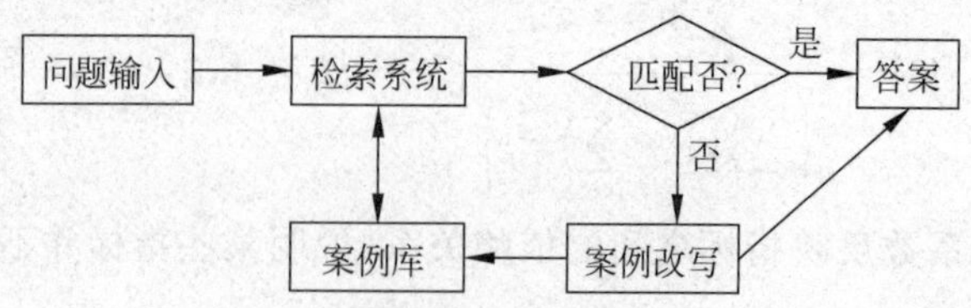

图12-5　基于案例推理系统的基本构成

从图12-5中可以看出,基于案例推理系统主要由案例检索系统、案例库及案例改写等核心部分构成。其中,案例库存储支持问题求解的所有案例,它是系统过去进行问题求解经验的聚集。

从基于案例推理系统的基本构成和推理过程可以看出，基于案例推理系统应具有以下特点：

(1) 学习是 CBR 的基本功能。这种学习就是人们常说的通过例子来进行的学习。在一个 CBR 系统中，问题求解的结果总是作为新的案例保存在案例库中作为知识积累。这无疑为后来的求解相同或类似的问题带来很大的方便。

(2) 检索系统是 CBR 的核心。检索系统一般包括检索机制和索引机制，索引机制关系到把当前已经推理出的结果案例如何保存到案例库中，以便检索系统容易查找和匹配。

(3) 系统维护是 CBR 是否成功的瓶颈之一。不难想象，在 CBR 中如果没有一个完善的维护机制，它把从专家那里收集的案例和把通过案例学习得到的综合案例加在一起，日积月累，会形成一个庞大的案例库，最后使得系统难以承受。当然，在 CBR 中维护和学习机制是分不开的。

CBR 求解问题的方式是直截了当的，它越过了依赖问题知识求解而进行规则化的这一间接层次，从以规则或知识为中心的求解方法转移到从案例到案例的问题求解。当然，在 CBR 中也可能使用一些领域的规则和知识，但不是以规则或知识为中心，规则知识的引入往往是为了进一步提高问题求解的效率。

12.6.2 案例的表示与组织

什么是案例、案例如何表示以及如何在案例库中存放案例，这些都是基于案例的推理系统中要解决的首要问题。在基于案例的推理系统中，所谓案例就是问题求解的状态及对其求解的策略。一般地，一个案例包含问题的初始状态，问题求解的目标状态及求解的方案。

案例的内容随具体求解领域不同可能有差异。对于简单的情况，一个案例就是一系列能够推导出结论的特征。例如，病历和相应的诊断就是医疗门诊系统中的一个案例；在文字识别系统中，一个字符的特征矢量及分类结果构成一个案例。但对于一个复杂的问题，案例所含内容可能就很复杂，案例可以组织成一个复杂的层次结构，一个复杂的案例甚至可以是若干个子案例的组合。例如，一个飞机设计案例可能就包含有电路设计子案例和机械设计子案例等。在具体实现某个实例时，可用对象、框架或语义网等形式表示。

当有了案例表示后，在案例库中如何组织案例就成了基于案例推理系统效率的关键。案例的组织主要有最近邻法、归纳索引法和知识引导法。

1. 最近邻法

最近邻法的基本思想是按案例之间的某种“距离”的远近作为组织案例的标准。常见的最近邻组织方法是将表征案例的 n 维特征向量看成 n 维空间的一个点，然后，对所有点按 n 维空间距离从小到大的顺序排列；或是按表征案例各部分的权值求其权和，然后根据其权的大小来组织相应的案例。这样使得恰当地给定一个问题的描述时，能够迅速找到与之取得最佳匹配的“点”，即与之取得最佳匹配的案例。

2. 归纳索引法

最常使用的归纳索引法是费根鲍姆提出的分类网方法。在这种方法中，案例按抽象/具体的层次结构加以组织，它可以将抽象化的案例放在上层，下层存放比上层具体的案例。

另外一种归纳索引方法是根据案例特征矢量在不同维上所提供信息的差异，将案例组织成一个决策树的形式。

归纳索引法能够自动地分析案例,确定出案例的最佳特征,并将案例库按层次结构进行组织,从而大大提高检索的效率。同时也必须看到,要建立一个有效的归纳索引机制,必须有大量的典型案例,这样导致归纳索引的分析时间一般都非常长,案例库的索引随新案例的增加而变化频繁。因此,CBR 往往采用将归纳索引法与最近邻法结合使用的方式:当案例较少时采用最近邻法;当案例数量达到一定程度,而且新增加的案例又不能引起案例库特征信息分布明显变化时,采用归纳法对案例进行重新组织。

3. 知识引导法

知识引导法是一种启发式的案例组织方法。在案例库中,系统按目前已知的索引知识判断案例特征的重要性,并按案例特征的重要性组织案例库。

索引知识可以包括领域知识、特征之间的因果关系等,显然,如果这些知识非常完备,则基于知识的索引法可以保证案例库组织结构相对稳定,因而不会随着新案例的增加而急剧变化。

12.6.3 案例的检索

案例检索的目标是以尽可能快的速度从案例库中找到与待求解问题相同或最相似的案例集合。案例的检索效率与案例在案例库中的组织方法密切相关。

对于按最近邻法组织的案例库,检索应按与待求解案例的距离大小进行搜索。

对于按归纳索引法组织的案例库,例如,对按分类网方式组织的案例库检索时,应采用自顶向下,逐层求精的策略,越往下搜索,相似程度越高。当检索停止时,位于当前停止点以下的所有案例都是检索到的与问题描述相匹配的全部可能案例。

由于知识索引法本身没有特定的模式,因此不同的方法其索引机制差异很大,最简单的方法是对案例的各种特征加权,对重要的属性优先检索。因为属性的权值反映了该属性在领域的重要程度,它也是一种领域知识。此外,在索引机制中加入领域里的因果模型等深层知识,也可以避免不相干的案例检索,进一步提高推理效率。

12.6.4 案例的改写

在基于案例的推理系统中,案例的改写表现为系统的学习功能。它的主要作用是:适当调节在检索操作中获得的最佳子案例的求解方案,使之适合于求解的当前问题。案例的改写往往与特定的领域密切相关。改写一般基于特定的改写知识来完成,改写过程中所用的知识可以包括领域知识和启发式改写规则。改写后的案例是原案例库中不存在的案例,当将其加入到案例库中后,就在原领域中形成了对问题求解能力的扩充。

12.7 归纳法推理

归纳法推理是一个重要推理形式和方法,它涉及计算机科学理论和数理逻辑等基础理论。

归纳法推理是在定理证明过程中应用归纳规则的证明方法。它要求推理对象具有重复的过程定义,如递归数据结构、包含递归与循环的计算机程序、具有反馈回路的电子线路等。研究表明,归纳法推理适于对这类对象进行正确性验证和证明。在数学理论、关键算法和程序的正确性证明中，可用递归函数描述许多问题，因此可应用归纳法推理来证明一些复杂、关键程序的正确性和一些著名算法、定理的重要属性。归纳法推理也用于证明计算机系统的正确性，如对实时系统的验证、硬件芯片的正确性验证等。归纳法推理还逐渐成为程序综合、程序验证、对软件系统和硬件系统转化与验证的一种形式化方法和工具。人们在研究归纳法推理的各种推理策略时，积极地将研究成果转化成实际应用系统，使定理自动证明和自动推理领域真正走向实用。

12.7.1 归纳法推理的理论基础

归纳法推理是在定理自动证明过程中，对待证定理应用归纳法原理。归纳法推理的应用对象是具有递归构造的数据结构，具有重复定义的过程与事件。如在数学理论中的自然数定义，数据结构中的表、树和堆栈，程序中的递归定义及电路中的反馈循环等。本章将给出归纳法推理的基本理论，为进一步的研究打下基础。

在数学定理和计算机程序中，存在着大量的递归数据结构的定义，而应用归纳法能有效地对其进行证明。对递归数据类型和递归定义的分析，是更有效地应用归纳法原理对问题进行证明的基础。

1. 递归数据类型

递归的数据分为两类：自由递归数据类型和受限递归数据类型。两者最主要的差别是递归定义中项的唯一性。

以自然数集 N 的递归定义为例，递归定义中的常元为 0，构造函数为后继函数 succ(x)，则自然数集可递归表示为递归项的集合：

$$\{0,\mathrm{succ}(0),\mathrm{succ}(\mathrm{succ}(0),\mathrm{succ}(\mathrm{succ}(\mathrm{succ}(0)))),\cdots\}$$

可以看到递归项是唯一的，$\mathrm{succ}(\mathrm{succ}(0))\neq\mathrm{succ}(0)$。而考察类型整数集 Z 递归定义中的常元为 0，构造函数为后继函数 succ(x)、前驱函数 pred(x)，非负整数集的递归定义同上，在对负整数集的递归项集为

$$\{0,\mathrm{pred}(0),\mathrm{pred}(\mathrm{pred}(0),\mathrm{pred}(\mathrm{pred}(\mathrm{pred}(0)))),\cdots\}$$

可以看到其递归项的冗余定义，对任意 $n\in Z$，有 $n=\mathrm{succ}(\mathrm{pred}(n))=\mathrm{pred}(\mathrm{succ}(n))$。由此，对递归的数据类型以递归项的唯一性为标准进行分类，有下述定义。

定义 12.12 递归数据结构为自由递归类型，是指其递归定义中递归项的表示形式唯一，而受限递归类型是指其递归项有多种表示形式。

递归数据类型对归纳法中的递归定义及归纳法推理的递归分析起着重要的作用。

常用的自由递归类型有表、S-表达式和树等。例如，在表的定义中，常元为 nil，构造函数为 addhead。其中 addhead(x,l)函数为将元素 x 加入到表 l 中，用前缀算子∷表示。递归定义元素类型为 T 的表 list(T)＝{nil,x_1∷nil,x_2∷x_1∷nil,…}，其中 x_i 为类型 T 的表 list(T)的元素。而受限递归类型包括整数集、集合等。如类型为 T 的集合 Set(T)的递归定义，常元为 Φ，构造函数为 insert(x)，对递归项进行分析，可有

$$\mathrm{insert}(x,\mathrm{insert}(x,S))=\mathrm{insert}(x,S)$$

$$\mathrm{insert}(x(\mathrm{insert}(y,S)))=\mathrm{insert}(y,\mathrm{insert}(x,S))$$

故集合的递归数据类型为受限数据类型。

2. 递归定义

在计算机科学理论中,递归定义是对函数自身的调用。递归定义要求其定义的函数是可计算的,即当自变元 x 给定时,递归定义函数 $f(x)$ 可以在有限步内得出该函数的计算结果。这就规定了函数中的递归定义必须是可终止的。

递归定义的通常形式是对基于递归数据结构的调用。不同的递归数据类型有不同的递归定义。加法(+)在不同数集上操作具有不同的递归定义。下面给出加法(+)在自然数集 **n** 和整数集 **z** 中的递归定义,以说明基于自由递归数据类型和受限递归数据结构的递归定义的区别。

定义 12.13 加法(+)在自然数集 N 中的递归定义:

$$0+Y=Y, \mathrm{succ}(X)+Y=\mathrm{succ}(X+Y)$$

式中,succ(X)为在自然数集 N 上的后继函数。

定义 12.14 加法(+)在整数集 Z 中的递归定义:

$$\begin{aligned} &0 + Y = Y \\ &\mathrm{succ}(X) + Y = \mathrm{succ}(X + Y) \\ &\mathrm{pred}(X) + Y = \mathrm{pred}(X + Y) \end{aligned}$$

式中,succ(X)和 pred(X)分别为在整数集 Z 上的后继函数和前驱函数。

可以看出,在自由递归数据类型中的递归定义具有良好的性质,而在受限递归数据结构中,由于项定义的冗余性,必须对递归定义的条件进行验证,如加法(+)在整数集 Z 中的递归定义正确性必须验证条件:

$$\mathrm{succ}(\mathrm{pred}(X)) + Y = \mathrm{pred}(\mathrm{succ}(X)) + Y = X + Y$$

的正确与否。例如,该处递归定义:

$$\begin{aligned} &0 + Y = Y \\ &\mathrm{succ}(X) + Y = \mathrm{succ}(X + Y) \\ &\mathrm{pred}(X) + Y = 0 \end{aligned}$$

判定其正确性,通过验证

$$\mathrm{succ}(\mathrm{pred}(0)) + 0 = \mathrm{succ}(\mathrm{pred}(0) + 0) = \mathrm{succ}(0) \neq \mathrm{pred}(\mathrm{succ}(0)) + 0 = 0$$

故知上述定义错误。由此可见,在基于受限递归数据结构的递归定义中,必须增加对其验证条件的判定证明。

在归纳法推理中,便于证明过程的机械化实现,递归定义并不一定采用构造函数的方式定义。下面给出加法(+)在自然数集 N 中的递归定义的另一种形式。

定义 12.15 加法(+)在自然数集 N 中的递归定义:

$$\begin{aligned} X + Y = &\ \mathrm{if}(X = 0)\ \mathrm{then}\ Y \\ &\mathrm{else}\quad \mathrm{succ}(\mathrm{pred}(X) + Y) \end{aligned}$$

式中,pred(X)为前驱函数。

12.7.2 归纳法推理的基本概念

1. 归纳法的基本定义

归纳法推理的基本原理是在定理证明中应用归纳法。归纳法的基本定义如下。

定义 12.16 数学归纳法原理。设待证命题为 P,x: T 表示 x 的类型为 T。类型以自

然数为例，归纳法可表示为

$$\frac{P(0), \forall n: N.(P(n) \rightarrow P(s(n)))}{\forall n: N. P(n)}$$

式中，$s(n)$为 n 的后继函数，$s(n)=n+1$。

该定义直观地表明了归纳法证明原理。归纳法证明分为两个部分：基础部分和归纳部分。

基础部分：$n=0$ 时，$P(0)$成立。

归纳部分：假设 $P(n)$成立，证明 $P(n+1)$成立。

将传统的数学归纳法应用于定理证明，其主要的应用对象不再局限于自然数集，而且涉及计算机算法的证明、程序的验证等。这些证明对象往往是递归数据结构，如表、数、集合、堆栈等，即应用在递归数据结构上的归纳法证明，称这样的归纳法为结构归纳法。下面给出其通用的形式化定义。

定义 12.17 结构归纳法。

$$\frac{P(t_0), \forall x: T.(\forall y: T. y \prec x \rightarrow P(y)) \rightarrow P(x)}{\forall x: T. P(x)}$$

式中，$\prec$为类型集 T 上的良基关系；$P(t_0)$为归纳法推理的基本情况。

良基关系(well founded relation，WFR)是归纳法推理证明中的一类重要关系。归纳法推理的成功证明，在很大程度上决定于良基关系的选择和归纳变量、归纳模式的确定。良基关系定义与相关定理描述了良基关系的重要性质，它在归纳法推理中起着重要的作用。

2. 良基关系及其性质

定义 12.18(良基关系) 设类型集 T 上的二元关系 r，使得如果不存在无穷序列 x_1，x_2，…，x_i，x_{i+1}，…使$(r\ x_{i+1}\ x_i)\neq F$，则称 r 为良基关系。

对于良基关系 r 来说，如果$(r\ x\ y)$成立，则称 x r-小于 y。如在非负整数集中小于关系是良基关系，而在整数集中小于关系不是良基关系，非负整数集中不大于关系也不是良基关系。

定义 12.19 设 r 是类型集 T 中的良基关系，A 是 T 中的非空子集。如果 $t_0\in A$，并且 A 中不存在元素 x，使得 x r-小于 t_0，则 t_0 是子集 A 的最小元素。

由上述定义，下面给出描述良基关系性质的定理 12.5。

定理 12.5 设 r 是类型集 T 中的良基关系，则 T 中的任何非空子集都有 r 最小元素，且唯一存在一个最小元素。

证明：

(1) 存在性证明。

设 T_1 是 T 的一个非空子集，且 T_1 无良基关系 r-小于的最小元素。

在 T_1 任取一元素 x_1，构造集合

$$T_2=\{x \mid x\in T_1,(r\ x\ x_1)\ 成立\}$$

则 T_2 一定为非空集合。因为如果 T_2 为空集，则 x_1 就是 T_1 的良基关系 r-小于的最小元素，这与假设矛盾。

同样，在 T_2 中任取一元素 x_2，构造集合

$$T_3=\{x \mid x\in T_2,(r\ x\ x_2)\ 成立\}$$

则 T_3 一定为非空集合。反复定义可得到：在非空集合 T_i 任取一元素 x_i，构造集合 T_{i+1}，$T_{i+1}=\{x \mid x\in T_i,(r\ x\ x_i)成立\}$。则 T_{i+1}一定为非空集合。

这样可得到以下序列：

$$x_1, x_2, \cdots, x_i, x_{i+1}, \cdots$$

使得$(r \quad x_{i+1} \quad x_i) \neq F$成立，则明显地与$r$是类型集$T$中的良基关系的定义矛盾。故$T$中的任何非空子集都有$r$最小元素。

(2) 唯一性证明。如果对于T中的任何两个非空子集都有r最小元素，且分别为m_1和m_2，由定义可知：m_1是最小元素，有$(r \quad m_1 \quad m_2) \neq F$成立。又因为$m_2$是最小元素，故有$(r \quad m_2 \quad m_1) \neq F$也成立，所以可构造无穷序列：

$$m_1, m_2, m_1, m_2, \cdots, m_1, m_2, m_1, m_2, \cdots$$

使$(r \quad m_i \quad m_j) \neq F(i, j=1$或$2)$，这明显与$r$为良基关系矛盾。故$T$中的任何非空子集都有$r$最小元素，且唯一存在一个最小元素。定理得证。

上述良基关系的定义空间均为一维空间，但在大多数情况下，需要证明的对象是在多维空间中的函数，良基关系在多元函数中的拓展，是确保应用归纳法推理证明的必要手段。将良基关系的概念推广到n维空间，引入测度函数来保证其良基关系。

定义 12.20(测度函数)　设$(m \quad x_1 \quad x_2 \quad \cdots \quad x_n)$是$D^n$上的函数，如果其值域中存在良基关系$r$，则说$m$是值域$D^n$上的测度函数，同时称$D^n$上是可测的。表示为

$$(m \quad x_1 \quad x_2 \quad \cdots \quad x_n) r\text{-小于} (m \quad y_1 \quad y_2 \quad \cdots \quad y_n)$$

或

$$(x_1 \quad x_2 \quad \cdots \quad x_n) rm\text{-小于} (y_1 \quad y_2 \quad \cdots \quad y_n)$$

对于测度函数的选择与良基关系的确定，是应用归纳法推理进行自动定理证明的重要问题。

3. 归纳法原理的形式化定义

在给出数学归纳法及结构归纳法的基本定义以及良基关系和测度函数的相关定义、定理后，下面形式化给出归纳法原理的定理，该定理是应用归纳法原理进行自动定理证明的重要理论基础。

定理 12.6(归纳法原理)　对待证公式p应用归纳法原理证明，如果对p中某一组n维变量$(x_1 \quad x_2 \quad \cdots x_n)$，存在$n$维测度函数$m$及良基关系$r$，分析公式$p$中的归纳情况。

设$q=q_1 \vee q_2 \vee \cdots \vee q_k$，使$rm$是$\{(x_1, x_2, \cdots, x_n) | q_i \neq F\}$中的良基关系，且对于每一$q_i$，存在代换$S_{ij}$，$1 \leqslant j \leqslant h_i$，满足：

$$q_i \rightarrow (r(m \quad x_1 \quad x_2 \quad \cdots \quad x_n) S_{ij} (m \quad x_1 \quad x_2 \quad \cdots \quad x_n)) \quad 1 \leqslant j \leqslant h_i$$

为一定理，则可对待证定理p应用归纳法原理证明：

(1)(基础步骤)$\neg q \rightarrow p$，即为$\neg(q_1 \vee q_2 \vee \cdots \vee q_k) \rightarrow p$为一定理。

(2)(归纳步骤)对于每个$i(1 \leqslant i \leqslant k) q_i \wedge p^{s_{i1}} \wedge p^{s_{i2}} \wedge \cdots \wedge p^{s_{ih_i}} \rightarrow p$为一定理。若满足上述(1)、(2)都为真时，则待证公式p为真。

证明：应用反证法。假设上述定理条件成立，但结论中待证公式p不为真。

不失一般性，设p中所含变量总数为$n'(n < n')$，为$x_1, x_2, \cdots, x_n, x_{n+1}, \cdots, x_{n'}$。

引入测度函数m'，使得$(m' \quad x_1 \quad x_2 \quad \cdots \quad x_{n'}) = (m \quad x_1 \quad x_2 \quad \cdots \quad x_n)$。

由假设可知，待证公式p不为真，故$(p x_1, x_2, \cdots, x_n) = \mathrm{F}$。

(1) 如果对每个$i(1 \leqslant i \leqslant k)$都有

$$(q_i \quad x_1 \quad x_2 \quad \cdots x_n) = \mathrm{F}$$

则推导基础步骤：

$$\neg q = \neg(q_1 \vee q_2 \vee \cdots \vee q_k) = (\neg q_1) \wedge (\neg q_2) \wedge \cdots \wedge (\neg q_k) \neq \mathrm{F}$$

由假设可知基础步骤为真，故$(p \quad x_1 \quad x_2 \quad \cdots \quad x_n) \neq \mathrm{F}$，这与假设矛盾。

(2) 不妨假设有一 q_i，使$(q_i \quad x_1 \quad x_2 \quad \cdots \quad x_n) \neq \mathrm{F}$，分别构造集合 S_i、S_j

$$S_i = \{(x_1, x_2, \cdots, x_n) \mid q_i \neq \mathrm{F}\}$$

$$S_j = \{(x_1, x_2, \cdots, x_n) \mid (q_i \neq \mathrm{F}) \wedge (p = \mathrm{F})\}$$

S_j 是 S_i 的非空子集，$S_j \in S_i$。由条件可知，rm 为 S_i 中的良基关系，则 S_j 中存在良基关系 rm 下的最小元素(定理 12.5)。

设最小元素为

$$(x_1 \quad x_2 \quad \cdots \quad x_n), \quad (x_1 \quad x_2 \quad \cdots \quad x_n) \in S_j$$

即

$$(q_i \quad x_1 \quad x_2 \quad \cdots \quad x_n) \neq \mathrm{F} 且 (p \quad x_1 \quad x_2 \quad \cdots \quad x_n) = \mathrm{F}$$

由归纳条件：$q_i \rightarrow (r(m \quad x_1 \quad x_2 \quad \cdots \quad x_n) S_{ij} (m \quad x_1 \quad x_2 \quad \cdots \quad x_n))$，$1 \leqslant j \leqslant h_i$ 为一定理，又 $(x_1 \quad x_2 \quad \cdots \quad x_n)$是使$(p \quad x_1 \quad x_2 \quad \cdots \quad x_n) = \mathrm{F}$ 的最小元素，故对所有 $1 \leqslant j \leqslant h_i$，都有

$$(p \quad x_1 \quad x_2 \quad \cdots \quad x_n) S_{ij} \neq \mathrm{F}$$

又由归纳步骤 $q_i \wedge p^{s_{i1}} \wedge p^{s_{i2}} \wedge \cdots \wedge p^{s_{ih_i}} \rightarrow p$，所以$(p \quad x_1 \quad x_2 \quad \cdots \quad x_n) \neq \mathrm{F}$，这与$(p \quad x_1 \quad x_2 \quad \cdots \quad x_n) = \mathrm{F}$ 矛盾，定理得证。

12.7.3 归纳法推理中的主要难点

人们在归纳法推理领域中做了大量的研究工作，也碰到了不少该研究领域中尚待解决的问题。以下是其中的几个主要问题。

1. 推理效率问题

推理效率的高低决定着归纳法推理系统的主要性能。在归纳法推理进行证明中，需要引入大量的归纳规则、函数定义、待证定理和引理，在庞大的知识库中搜索，需耗用大量的推理时间，这直接影响着推理效率。同时，选择归纳模式时，需要对所有可能的归纳变量进行选择；当证明过程需引入中间引理时，推理策略必须分析待证定理，以得到相应的引理。这些都是影响推理效率的主要因素。Boyer-Moore 研究小组在研究中，提出了递归分析算法、分元符删除、交融、推广、无关式删除机制和决策过程等推理策略，在一定程度上改善了推理效率的问题。D. McAllester 在应用 Boyer-Moore 证明器研究推理效率时发现，在归纳法推理过程中，需要在一个庞大的定理库知识库(corpus)中搜索相应的引理和定理，同时，还需引入许多新引理和定理并证明其正确性，这使推理效率明显下降。归纳法推理这种不同于一般的非递归、一阶定理证明方法，由于本身性质的限制，明显存在着对搜索空间的控制问题。引入新的启发式推理策略是解决此问题的有效途径。

2. 自动推理问题

在目前的归纳法推理系统中，自动推理程度不高，推理过程中往往需要人工在关键步骤引导证明过程。例如，在某个归纳模式证明失败时，需要人工给出必要的分析；在对递归函数的终止性分析证明中，用户必须引入归纳引理，同时需验证引理的正确性。

在归纳法推理中，中间引理的生成在很大程度上需要人工介入，而这类用户必须拥有大量关于归纳法推理和待证明问题领域的知识，这成为应用归纳法推理和实际工程的一个主要障碍。例如，通过对 Boyer-Moore 归纳法推理方法的深入研究发现，在对递归函数的终

止性分析证明中,用户必须正确地引入归纳引理,同时系统必须验证该引理,这种证明过程有时相当复杂,这影响了归纳法推理的机械化。

归纳引理由用户给定是 Boyer-Moore 方法的主要缺点。归纳引理的自动生成问题是影响归纳法推理自动化的主要因素。自动推理机制是归纳法推理研究中的一个难问题,如何使推理系统尽可能自动化是研究的主要目标。如何应用启发式方法对归纳引理进行自动生成是解决此问题的有益尝试。

3. 工程应用问题

只有真正地将归纳法推理应用于实际工程中,才能有效地推动归纳法推理的发展。长期以来,归纳法推理作为一种理论研究方法,通常用来证明一些复杂、关键程序的正确性和一些著名算法、定理的重要属性。随着研究的深入,研究者发现归纳法推理也可用于证明计算机系统的正确性。如对实时系统的验证、硬件芯片的验证等。归纳法推理正逐渐应用于程序综合、程序验证,软件系统和硬件系统的变换与验证等领域。归纳法推理还成为一种重要的形式化方法和工具。但目前真正将归纳法推理应用于实际工程的为数极少。

应用归纳法推理正确性的关键是,对应用领域进行正确的形式化,对形式化模型运用归纳法推理中的各种推理策略,对模型中的正确性定理进行证明,从而达到对正确性证明的目的。正确性证明的难点在于形式化地描述待证明问题的正确性。给出待证问题正确性的形式化模型是解决正确性证明的关键。

12.7.4 归纳法推理的应用

归纳法推理的研究一直走在最前沿的是美国德州奥斯汀大学(University of Texas at Austin)的 R. S. Boyer 教授和 J S. Moore 教授,他们开创性的工作是引入类似 Lisp 表达方式的计算逻辑,将递归函数论、数学归纳法和定理证明结合起来,用递归函数来代替一阶谓词逻辑,使问题的描述简单、自然、直观、易懂。

Boyer-Moore 归纳法推理系统能证明一些较难的定理,如唯一质因子分解定理、快速串搜索算法的正确性和优化表达式编译程序的正确性等,取得了一系列的丰硕成果。通过对各种启发式策略的研究,Boyer 改进了归纳法推理中的归纳法模式的自动生成和归纳假设猜测机制,重写了原有的归纳法推理证明器,于 1992 年形成了 NQTHM-92,用该证明器证明了近 1900 个定理。

近年来,R. S. Boyer 教授和 J S. Moore 教授研究小组的主要工作还有: N. Shankar 于 1986 年证明了 Godel 不完备定理和著名的 Church-Rosser 定理; 利用归纳法推理,W. A. Hunt 证明了微处理芯片 FM8502 的正确性; 与 B. Brock 合作证明了 FM9001 的正确性; M. Wilding 在 1996 年验证了特定的实时系统; Boyer 和 Yu 利用定理证明器 NQTHM 对 Motorola 68020 芯片将近 80%的指令进行了形式化规范,由此证明了 C、Lisp 和 Ada 等高级语言的源代码在该芯片上产生的二进制机器代码的正确性。1996 年 J S. Moore 等利用基于归纳法原理的定理证明器 ACL2,证明了 AMD 5_K86 的浮点运算的正确性。

英国爱丁堡大学(University of Edinburgh)的 Alan Bundy 教授领导的研究小组(mathematical reasoning group)在归纳法推理及基于归纳法推理的定理证明器的理论与实现方面,近年来取得了许多成果。A. Bundy 在研究数学归纳法推理的过程中,首先提出了证明规划(proof plan)的概念。其基本思想是,采用一种启发式策略,利用重写原理进行反向推理，将归纳结论反推到归纳假设，从而使定理得证。它采用的核心算法为 Rippling 算法，该算法允许重写在同一证明过程中以不同方向进行。

在以上一系列理论工作的基础上，A. Bundy 等人实现了 CL^AM 系统，利用 CL^AM 证明了大量数学定理，并将该系统用于系统开发的形式化方法、自动软件工程、计算机系统的验证等领域。例如，R. Monroy 证明了 CCS 描述的并发系统中的若干属性；Armando 研究了利用归纳法推理进行程序综合，利用证明规划的规范进行递归程序的自动综合；Ireland 和 Stark 致力于程序中循环不变量的发现与验证；Cantu-Ortiz 应用证明规划验证了硬件系统。

美国奥尔巴尼的 D. Kapur 和 H. Zhang 应用归纳法推理的原理，实现了 RRL(Rewrite Rule Laboratory)系统。该系统证明了一批数学定理，包括中国著名的余数定理和 Ramsey 定理。他们的主要贡献在于，提出了在重写规则中应用覆盖集(cover-set)，提高了重写的计算能力。

德国达特斯达迪科技大学(Darmstadt University of Technology)的 C. Walther 主要研究了归纳法推理的理论基础，如递归函数终止性研究和构造归纳规则方法的形式化。他的研究包括如何在归纳法证明中应用机器学习的方法等。德国人工智能研究中心(German Research Center for Artificial Intelligent)的 D. Hutter 的主要贡献在于对 Rippling 算法的扩充与研究，并应用于高阶逻辑中。

AT&T 实验室的 D. McAllester 致力于归纳法推理系统的方法学研究，他提出对于归纳法推理证明过程中，不同的系统可能需要许多相似或一致的引理、定理，能否构造一个通用的定理资料库(corpus)用于推理证明。Boyer-Moore 的证明器具有一个庞大的定理库，但由于无类型的计算逻辑的表达方式成为转化为通用定理资料库的障碍，D. McAllester 主要的研究问题是能否应用一种通用的表达方式构造定理资料库。

综上所述，国际上对归纳法推理的研究，在保持对归纳法推理的基础理论研究的同时，积极地将理论的研究成果转化成基础应用的系统，使定理自动证明和自动推理领域走向实用。归纳法推理系统不再只是证明一些经典、深奥的数学定理和计算机算法，而真正用于验证计算机系统，自动综合计算机程序以及系统开发中的形式化方法和工具。

习　题　12

12.1　考虑早晨找衣服穿的问题。为此必须利用这样一些知识：

穿工装裤，除非它们是脏的或你今天有一次劳动性质的聚会。

如果天气寒冷，穿毛衣。

通常冬天天气是寒冷的。

如果天气暖和，则穿凉鞋。

通常夏天天气是暖和的。

a. 为解题所需的事实建立一个 TMS 式的数据库。

b. 证明如何求解这一问题，并当有关事实(如一年的时间和工装裤脏与否)改变时，答案如何随之变化。

12.2　用 MYCIN 的非精确推理规则，计算 h_1 的 CF、MB 及 MD 值，已知 3 个观察值为

$$MB(h_1, O_1) = 0.5$$

$$MB(h_2, O_2) = 0.3$$

$$MB(h_3, O_3) = 0.2$$

12.3 人工智能系统可用各种知识表达和推理知识的形式机制。为回答所提问题，对下述每一组语句，指出最合适的知识表达形式机制，并用选定的形式机制表达。最后说明如何回答问题(这里可能用到第10章所讲到的知识表达形式)。

约翰喜欢水果。

金橘是水果。

人们吃自己喜欢吃的东西。

约翰吃金橘吗？

假定糖果含糖，除非你明确了解它用于节食。

M&M是糖果。

糖尿病患者不应吃糖。

比尔是糖尿病患者。

比尔会吃M&M吗？

多数人喜欢糖果。

多数举行宴会的人喜欢提供他们的客人所喜欢的食物。

汤姆举行一个宴会。

12.4 性质的继承是默认推理极普通的形式。考察语义网，如图12-6所示。

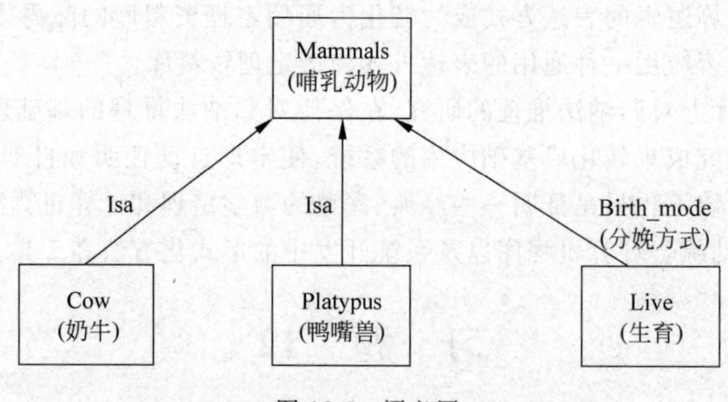

图12-6 语义网

a. 如何用TMS表达这个语义网？

b. 将鸭嘴兽生蛋这一附加事实插入此系统后会发生什么情况？

12.5 设论域X、Y均为有限模糊集合，它们分别为

$$X = \{x_1, x_2, \cdots, x_n\}$$

$$Y = \{y_1, y_2, \cdots, y_n\}$$

模糊矩阵$\boldsymbol{R}$表示从X到Y的一个模糊关系。试说明模糊矩阵$\boldsymbol{R}$的元素r_{ij}的含义是什么。

12.6 设$P(e'h|e)=P(e'|e)\ P(h|e)$

$P\ (e'h|\bar{e})=P\ (e'|\bar{e})\ P(h|\bar{e})$

证明：

(1) $P(h|ee')=P(h|e)$

$P(h|\bar{e}e')=P(h|\bar{e})$

(2) $P(e'|eh)=P(e'|e\bar{h})=P(e'|e)$

$$P(e'|\bar{e}h)=P(e'|\bar{e}\bar{h})=P(e'|\bar{e})$$

并说明上述公式在概率模型中的意义。

12.7 预测吸烟和性别对寿命的影响。经查阅已故人员的档案，知道某地区已故寿星(活到75岁以上)占已故人员的比例为0.5，而寿星中抽烟者的比例为0.3，非寿星中抽烟者的比例为0.6。又知，寿星中男性占0.4，非男性占0.56。假设吸烟与性别无关。试预测吸烟者长寿的可能性以及男性吸烟者长寿的可能性。

12.8 设辨别框架 $\theta=\{A,B,F\}$，对于表12-1给出的两个 m 函数：

表 12-1 习题 12.8 表

	$\{A,B,F\}$	$\{A,B\}$	$\{A,F\}$	$\{B,F\}$	$\{A\}$	$\{B\}$	$\{F\}$	ϕ
M_1	0.15	0.3	0.1	0.1	0.05	0.2	0.1	0
M_2	0.2	0.1	0.05	0.1	0.3	0.05	0.2	0

(1) 分别计算 m_1 和 m_2 对应的信任函数、似真函数和各个集合的信任区间。

(2) 计算两个证据的组合函数、信任函数、似真函数和相应的信任区间。

12.9 有 A、B、C、D、E 5个地区，其空气、水分、土壤、农作物4个方面受污染的有关指标如下：

A：(5,5,3,2)

B：(2,3,4,5)

C：(5,5,2,3)

D：(1,5,3,1)

E：(2,4,5,1)

试选定适当的计算公式计算它们两两之间的相似关系，并对它们进行Fuzzy聚类。

12.10 什么是不精确推理？不精确推理中需要解决的基本问题有哪些？

12.11 何谓模糊性？它与随机性有什么区别？试举例说明日常生活中模糊性的例子。

12.12 设有以下规则：

R_1：if E_1 then H_1(0.8)

R_2：if E_2 then H_1(0.9)

R_3：if E_3 and E_4 then E_1(0.9)

R_4：if E_5 then E_2(0.7)

R_5：if E_6 or E_7 then E_2(−0.3)

且已知初始证据的可信度为 $\mathrm{CF}(E_3)=0.8$，$\mathrm{CF}(E_4)=0.9$，$\mathrm{CF}(E_5)=0.8$，$\mathrm{CF}(E_6)=0.1$，$\mathrm{CF}(E_7)=0.5$，试画出推理网络，并用可信度计算方法计算 $\mathrm{CF}(H_1)$。

12.13 设有论域 $U=\{x_1,x_2,x_3,x_4,x_5\}$，$A$、$B$ 是 U 上的两个模糊集，且有

$$A=\{0.85/x_1,0.7/x_2,0.9/x_3,0.9/x_4,0.7/x_5\}$$

$$B=\{0.5/x_1,0.65/x_2,0.8/x_3,0.98/x_4,0.77/x_5\}$$

求：$A\cup B$、$A\cap B$ 和 $\sim A$。

12.14 模糊推理的一般过程是什么？

第13章 次协调逻辑推理

人工智能学科的中心内容之一是机器“思维”——知识处理问题。它涉及知识的表示、知识的积累和存储、知识推理和问题求解等。而这一切“思维”活动都是建立在某种逻辑之上的，因此逻辑是人工智能的基础。传统的人工智能几乎都是建立在经典逻辑（特别是符号逻辑或标准数理逻辑）的基础之上的。

然而，现实生活中不协调性是一种固有的现象，它表现为各种相互冲突的信念和矛盾的信息，在人工智能的各种应用领域中均可能出现。这就需要新的逻辑在各种相互冲突的信念和矛盾的信息中进行推理。在这种情况下，产生了一种非协调逻辑——次协调逻辑。

13.1 次协调逻辑的含义

在讨论次协调逻辑之前，还是分析一下传统的经典逻辑在人工智能中的作用和它的局限。

13.1.1 传统的人工智能与经典逻辑

传统的人工智能的最主要成就体现在专家系统和自动定理证明两个方面。例如，包括MYCIN在内的许多专家系统都是基于数理逻辑的，而纽厄尔的逻辑理论家（logic theorist）等自动定理证明系统大都是基于符号逻辑（主要是命题逻辑和谓词逻辑）。

经典逻辑具有单调性和协调性。对一阶谓词逻辑来说，单调性表现为：若 A 和 B 都是系统内的公式，且 A 可推出 W，记作 $A \vdash W$，则 A 加上新知识 B 后，仍可推出 W，即 $A \cup B \vdash W$。这意味着，新增加的信息并不影响原有推理的有效性。协调性指在系统中不允许 A 和 $\sim A$ 同时成立。所以包括后来的非单调逻辑推理系统都是建立在这样的一个信念之上的：一切合理的推理都要在一个协调的系统中进行，即系统中不能存在矛盾。

系统中的任何矛盾都被认为是无意义的。而如果在系统中出现矛盾，则根据传统的逻辑推理规则（科斯塔规则 $\alpha \& \sim\alpha \vdash \beta$），这种矛盾会扩散，即如果系统中存在矛盾，则可以推出任何结论。如果原有的知识库是协调的、有用的，但由于某种原因引进了两个新的矛盾的事实或知识（这在实际的系统中几乎是不可避免的），即使新增的不协调信息与原来的知识库中的协调的信息毫无关系，整个新的知识库还是毫无用处。

13.1.2 人工智能中不协调的数据和知识库

知识库由事实、规则和完整性约束3部分组成，不协调性可来自多方面，如矛盾的规则、矛盾的事实、已有的事实与由规则推导出来的事实之间的矛盾、完整性约束与某些事实和规则相互作用产生的矛盾等。例如，在构造专家系统时，必须通过向某个专业领域的一群专家咨询来形成构造方案，而这些专家们都有充分的理由各持己见。例如，在医学领域，对于同一可观察的症状，医生 d_1 可能认为该病人十有八九是病毒感染，医生 d_2 也许认为病人患有过敏反应症，医生 d_3 则认为病人可能是病毒感染，也可能是过敏反应症，但不可兼之。如果按照这 3 位医生的观点设计知识库，那么就必须处理不协调问题。不协调的存在不应该殃及系统的使用者。

在处理不协调问题上有两种观点：一是修订知识库，恢复其协调性；二是承认其不协调性，然后想办法处理它。前者可能带来下列问题：有多种恢复协调性的方法，而它们所得到的结果各不相同；而且当将某些信息去掉后，那以后不可能再使用它。这在处理某些例外的不协调时显得很自然，但在很多情况下，尤其是分布式的多来源的知识库中，这种方法值得商榷，因为在这些情况下保留所有可用信息是系统的目标之一。后者需要突破经典逻辑，次协调逻辑就是其中的一种。

13.1.3 次协调逻辑

次协调逻辑(paraconsistent logic)，是非经典逻辑的一个新兴分支。它是一种在不协调(inconsistent)系统中仍然能进行有效推理的逻辑。巴西逻辑学家达·科斯塔(N. C. A. da Costa)开创了次协调逻辑。“次协调逻辑”(paraconsistent logic)一词是由秘鲁哲学家奎萨达(Quesada)在 1976 年的国际逻辑会议上首次提出的。在这种逻辑中，当矛盾律被剥夺、不再普遍有效性之后，仍能保持一种稍弱的协调性。与经典逻辑相比，次协调逻辑有以下两个特点：矛盾律在其中不普遍有效；从相互矛盾的两个前提推不出一切公式。

但是另一方面，在保证了上述两点的前提下它又包含了经典逻辑中最重要的定理模式和规则。次协调逻辑适合作为经典逻辑所无法处理的非协调理论的基础。

在利用次协调逻辑进行推理的实际应用中，主要采用约束推理规则(如科斯塔的命题演算 C_n)、扩充真值、最大协调子集、扩充逻辑(如模态逻辑)4 种技术。

本章中将介绍基于扩充真值的注解谓词演算(Annotated Predicate Calculis)及其归结原理。

13.2 注解谓词演算

13.2.1 多真值格

传统的逻辑有两个真值：真和假。在注解逻辑中，使用更大的真值集，如 3 值逻辑、4 值逻辑、n 值逻辑。

格(lattice)是一种特殊的偏序集$(L,\leqslant)$，L 为集合元素，$\leqslant$ 为元素间的偏序。在许多数学对象中，所考虑的元素之间具有某种顺序。例如，一组实数间的大小顺序；一个集合的诸子集(或某些子集)间按(被包含)所成的顺序；一组命题间按蕴涵所成的顺序等。这种顺序一般不是全序，即不是任意二元素间都能排列顺序，而是在部分元素间的一种顺序，即偏序(半序)。

偏序$\leqslant$关系是一种关系，$x\leqslant y$，读作 x，y 满足$\leqslant$定义的关系。例如，若$\leqslant$定义为普通意

义上的小于,则 $3\leqslant5$。偏序关系满足自反性、反对称性和传递性。自反性指:对任何 $x\in L$,有 $x\leqslant x$。反对称性指:对任何 $x,y\in L,x\neq y$,若 $x\leqslant y$,则 $y\leqslant x$ 必不成立。传递性指:对任何 $x,y,z\in L$,若 $x\leqslant y$ 成立,$y\leqslant z$ 成立,则 $x\leqslant z$ 必然成立。

定义 13.1(完全格) 格的每子集 S 均存在一个最小上界 $\sqcup S$(也可记作 lub(S))和最大下界 $\sqcap S$(也可记作 glb(S))。

例 13.1 考虑图 13-1 所示的格 FOUR。它是集合元素基于 4 值逻辑的真值集,即 t、f、⊥、⊤。其中 t、f 分别表示经典真值中的“真”和“假”;⊥代表“未知”;⊤代表“不协调(矛盾)”。

如果定义格 FOUR 上的序关系≤为

$\forall x\in$ FOUR,有 $x\leqslant x$(即格中的任何值都具有自反性)。

$\forall x\in$ FOUR,有 $\perp\leqslant x$(即⊥为 FOUR 的最大下界)。

$\forall x\in$ FOUR,有 $x\leqslant\top$(即⊤为 FOUR 的最小上界)。

则格 FOUR 是上述序关系下的完全格,因为可以验证其任何子集都存在最小上界和最大下界。例如,$S_1=\{t,f\}$,则 $\sqcup S_1=\top$,$\sqcap S_1=\perp$;$S_2=\{t,\perp\}$,则 $\sqcup S_2=t$,$\sqcap S_2=\perp$;$S_3=\{t,\top\}$,则 $\sqcup S_2=\top$,$\sqcap S_2=t$;注意:在上述序关系下存在如下的关系 $\perp\leqslant t\leqslant\top$,$\perp\leqslant f\leqslant\top$,但 $f\leqslant t$ 或 $t\leqslant f$ 都不成立,通俗地说,t 和 f 不具有可比性。

格 FOUT 的真值可以看作是经典的二值{true,false}的子集,真值{true}由 t 表示,{false}由 f 表示,∅由⊥表示,{false,true}由⊥表示(既为真又为假)。

实际上,如果定义 $f\leqslant t$,那么{t,f}也是一个完全格。

常见的多真值格还有格 SIX,如图 13-2 所示。

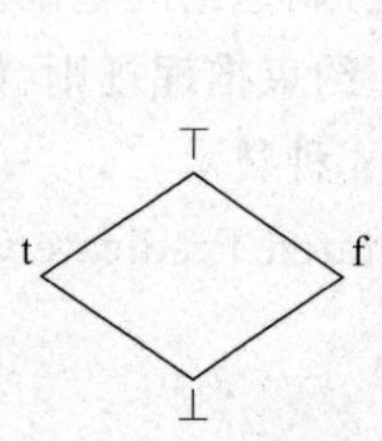

图 13-1 格 FOUR

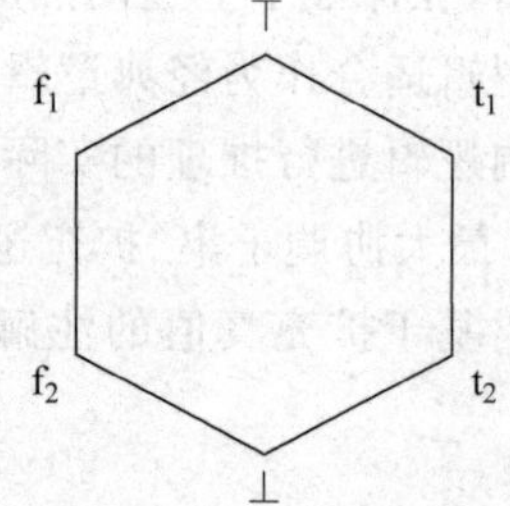

图 13-2 完全格 SIX

13.2.2 注解逻辑

注解谓词演算使用“信任度”的上半格,称为“信任半格(BSL)”。上半格是指对每个元素对,都有在偏序上的唯一的最小上界,而最大下界并非必需。BSL 满足下列条件:

至少包括下面 4 个可区分的元素:t(真)、f(假)、⊤(矛盾)、⊥(未知);

对每一个 $s\in$ BSL,$\perp\leqslant s\leqslant\top$(≤为格序);

lub(t,f)=⊤,lub 代表最小上界。

定义 13.2 如果 A 是一个文字,$\mu\in\tau$(τ 为固定真值集),则 $A{:}\mu$ 是一个注解文字,μ 称为 A 的注解(annotation)。

定义 13.3 如果 A 是原子,并且 μ 是一个注解常量,则 $A{:}\mu$ 是注解原子。

从直观上看，注解原子 $A:\mu$ 可以被解释为 A 的真值至少是 μ。注解也可以代表在推理系统中与原子命题 A 相关的信任度、不确定度或可靠度。例如，如果信任度范围为 $[0,1]$，则 $A:0.7$ 代表对 A 的信任度为 0.7（比较信任）；$A:1$ 代表对 A 的信任度为 1（完全信任）。

对于格 FOUR，直观上 $A:\mathrm{t}$ 可理解为"A 为真"，$A:\top$ 为"A 为不协调"。

定义 13.4

(1) 任何注解原子（即基本注解）是公式。

(2) 如果 $A:\mu$ 是一个注解原子，则带否定词的 $\neg A:\mu$ 也是一个公式。

(3) 如果 F_1、F_2 是公式，则通过几个基本的连接词连接而成的 $F_1 \& F_2$、$F_1 \vee F_2$、$F_1 \wedge F_2$、$F_1 \Rightarrow F_2$、$F_1 \Leftrightarrow F_2$ 也是公式。

(4) 如果 F 是公式，x 是任何变量符号，则带全称量词和存在量词的 $(\forall x)F$ 和 $(\exists x)F$ 也是公式。

定义 13.5 一个注解的否定定义为

$$\sim(\mathrm{t}) = \mathrm{f}, \quad \sim(\mathrm{f}) = \mathrm{t}, \quad \sim(\bot) = \bot, \quad \sim(\top) = \top$$

这个定义的解释是："真"注解的否定是"假"注解；"假"注解的否定是"真"注解；"未知"注解的否定仍是"未知"注解；"不协调"注解的否定仍是"不协调"注解。

13.2.3 注解谓词公式的语义

定义 13.6 解释 I 满足注解原子 $A:\mu$，当 $I(A) \geqslant \mu$。

同谓词演算中类似，给定注解程序语言（APL）L，其语义结构 I 是一个元组 $<D, I_F, I_P>$。D 为 I 的域；I_F 为 L 中每个 k 元函数符号 f 的一个映射 $I_F(f): D^k \to D$；I_P 为 m 元谓词符号 p 的一个函数 $I_P(p): D^m \to \mathrm{BSL}$。

赋值 v 将 D 中的值赋给变量。将 v 和 I_F 结合起来，这种映射可以像一阶逻辑中一样推广到项：$v(f(\cdots,s,\cdots)) = I_F(f)(\cdots,v(s),\cdots)$。对某一项 t，$v(t) \in \mathrm{BSL}$。

对原子公式 $p(t_1,\cdots,t_k):s$，记 $I \models_v p(t_1,\cdots,t_k):s$ 当且仅当 $s \leqslant I_P(p)(v(t_1),\cdots,v(t_k))$。这反映了这样一个观点：如果推理者以程度 r 信任 $p(a)$，那么它也以比 r 小的程度信任它。

现在把真值集上的序关系 $\leqslant$ 可以以一种等价的形式扩充到解释上，给定一个子句集 G 和赫布兰德解释 I_1、I_2，就说：$I_1 \leqslant I_2$ 当且仅当对 $(\forall A \in B_G)$，$I_1(A) \leqslant I_2(A)$。

根据标准定义，就说语义结构 I 是公式集 S 的一个模型，当且仅当 I 满足 S 中的每一个公式。一组公式 S 逻辑上推衍出一个公式 ϕ，记作 $S \models \phi$ 当且仅当 S 的每一个模型都是 ϕ 的模型。

在解释中，公式的真值按标准的方式定义。一个解释如果使知识库中所有的公式为真，则称该解释为一个模型。不包含其他任何模型的模型称为最小模型。

定义 13.7（闭合式定义） 一个公式如果不包含变量的自由出现，称为是闭合式。

所谓闭合式，实际上要求变量总是出现在某个量词的辖域（即管辖范围）内，也即这个范围内的变量是要受到某个量词的约束。一般用 $x,y,z,x_1,y_1,z_1,\cdots$ 表示变量，用 $a,b,c,a_1,b_1,c_1,\cdots$ 表示常量。最简单的情况是：$\forall x P(x)$ 是闭合式，$\exists x P(x)$ 也是闭合式，而公式 $P(x)$ 不是闭合式，因为 x 是自由变量。$\forall x P(x) \wedge Q(y)$ 也不是闭合式，其中 y 没有受到约束。

现在要讨论可满足性的概念。设 F 是某个逻辑语言 L 的一个公式,若 L 的一个解释 I 是 F 的模型,则称 I 满足 F,记作 $I \models F$。下面要继续扩展这个定义。

定义 13.8(可满足性)　$I \models F$ 表示 I 满足 F。

(1) 一个解释 I 满足 F,I 满足它的每一个闭例式,即对每一个在 F 中自由出现的变量符号 x 和每一个无变量项 t,$F(x/t)$ 在解释 I 下是可满足的。其中 $F(x/t)$ 表示 F 中所有 x 的出现用 t 来替换。

例如,F 为 $P(x)$,a 为 x 的论域中的一个常量,$P(a)$ 就是一个 $P(x)$ 的一个闭例式。

(2) 一个解释 I 满足无变量原子注解 $A:u$ 当且仅当 $I(A) \geqslant u$。在前面已提到过一个解释是函数映射 $B_L \to \tau$,所以 $I(A)$ 是 τ 中的一个值,即一个注解,设为 u_0,而且要求这个注释值 u_0 满足 $u_0 \geqslant u$,要注意 τ 中并不是所有元素 u' 都满足 $u' \geqslant u$。例如,在格 FOUR 中,设 $u=t$,$u'=f$,则 $u' \geqslant u$ 并不成立,$u \geqslant u'$ 也不成立。

(3) 一个解释 I 满足无变量注解文字 $\sim A:u$,当且仅当它满足 $A:\sim u$。

(4) 一个解释 I 满足闭合式 $(\exists x)F$,当且仅当对某个无变量项 t,$I \models F(x/t)$。这个定义是说,如果用某个常量项 t 代替 x,$I \models F(t)$,则 $I \models (\exists x)F$,反之也是如此。

(5) 一个解释 I 满足闭合式 $(\forall x)F$,当且仅当对每一个无变量项 t,$I \models F(x/t)$。这里要求对 x 所在论域的所有无变量项即常项,I 满足 F 时,才可称得上 I 满足 $(\forall x)F(x)$。例如,x 的论域中有常项 a、b、c,若是 $I \models xF(x)$,则要求 $I \models F(a)$,$I \models F(b)$,$I \models F(c)$ 都成立;反之,当 $I \models F(a)$,$I \models F(b)$,$I \models F(c)$ 成立时,$\forall xF(x)$ 也成立。

(6) 一个解释 I 满足 $F_1 \leftarrow F_2$,当且仅当 I 不满足 F_2 或 $I \models F_1$。

这里 $F_1 \leftarrow F_2$ 的可满足性与经典数理逻辑中蕴涵的定义有一定的可类比性。在经典数理逻辑中,蕴涵式为真的情况是并非前件为真后件为假的时候。在这里若 I 不满足 F_2,这就类似于在经典数理逻辑中排除了←的前件(←右边的项)为真的可能性;若 I 满足 F_1,这就类似于在经典数理逻辑中排除了←的后件为假的可能性,所以这两个条件都类似于排除了的前件为真后件为假的情况,这是和传统逻辑相同的地方。

(7) 一个解释 I 满足闭合式 $(F_1 \& F_2 \cdots \& F_n)$,当且仅当对所有 $i=1,\cdots,n$,$I \models F_i$。所以要满足一个合取式,就必须满足它的每个合取项。

(8) 一个解释 I 满足闭合式 $(F_1 \vee F_2 \vee \cdots \vee F_n)$,当且仅当对某些 $i(1 \leqslant i \leqslant n)$,有 $I \models F_i$ 成立。显然,要满足一个析取式,只需要满足其中一个公式即可。

(9) 一个解释 I 满足 $F \leftarrow\rightarrow G$,当且仅当 $I \models F \leftarrow G$,并且 $I \models G \leftarrow F$。

在这里实际上是要求 F、G 同时被 I 满足,或同时不满足。因为假如 I 满足 F,不满足 G,这时,根据定义的第(7)条,$I \models F \leftarrow G$,但 I 不满足 $G \leftarrow F$,所以 I 不能满足 $F \leftarrow\rightarrow G$。同理,当 I 满足 G 不满足 F 时,也可以推出 I 不满足 $F \leftarrow\rightarrow G$。只有在 I 同时满足 F 和 G,或同时不满足 F 和 G,这时才有 $I \models G \leftarrow F$ 且 $I \models F \leftarrow G$。

例 13.2　考虑以下给出的子句集 G_1:

$$P(a):\mathrm{t} \leftarrow P(b):\mathrm{f}$$

$$P(b):\mathrm{t} \leftarrow P(a):\mathrm{f}$$

这个 G_1 有 9 个模型,它们是(其中 4 种真值的含义仍为:t 真,f 假,⊥未知,⊤不协调):

$$I_1: I_1(P(a)) = \mathrm{t}; \quad I_1(P(b)) = \mathrm{t};$$

$$I_2: I_2(P(a)) = \mathrm{t}; \quad I_2(P(b)) = \mathrm{f};$$

$I_3: I_3(P(a)) = \mathrm{f};\quad I_3(P(b)) = \mathrm{t};$

$* I_4: I_4(P(a)) = \bot;\quad I_4(P(b)) = \bot;$

$I_5: I_5(P(a)) = \bot;\quad I_5(P(b)) = \mathrm{t};$

$I_6: I_6(P(a)) = \mathrm{t};\quad I_6(P(b)) = \bot;$

$* I_7: I_7(P(a)) = \top;\quad I_7(P(b)) = \top;$

$I_8: I_8(P(a)) = \mathrm{t};\quad I_8(P(b)) = \top;$

$I_9: I_9(P(a)) = \top;\quad I_9(P(b)) = \mathrm{t};$

此例的模型繁衍太多，可能使人有点迷惑不解，但仔细分析可以发现 G_1 有一个最小模型 I_4 和一个最大模型 I_7。最小模型说明，从 G_1 中并不知道 $P(a)$或 $P(b)$为真。同样地，模型 I_2 说明如果已知 $P(b)$为假，则可知 $P(a)$为真。模型 I_3 说明如果已知 $P(a)$为假，则可知 $P(b)$为真。这与直观上认为 G_1 就是表示子句 $P(a) \vee P(b)$ 是一致的。

现在来分析一下 I_2、I_4、I_7 3 个模型。首先 I_2 作为 G_1 的模型，它要满足 G_1 的每一个子句，由于 $I_2(P(a))=\mathrm{t}\geqslant\mathrm{t}$，根据定义 13.8 第(2)条，$I_2$ 满足 $P(a):\mathrm{t}$，再根据定义 13.8 第(6)条，I_2 满足 $P(a):\mathrm{t}\leftarrow P(b):\mathrm{f}$。同理，$I_2(P(a))=\mathrm{t}$，由于 t 和 f 是不可比较的，所以 I_2 不满足 $P(a):\mathrm{f}$，再根据定义 13.8 的第(6)条，I_2 满足 $P(b):\mathrm{t}\leftarrow P(a):\mathrm{f}$。

基于同样的分析，根据定义 13.8 的第(2)条和第(6)条，由于 $I_4(P(b))=I_4(P(b))=\bot$，所以 I_4 对 G_1 的两个子句的前件、后件都不满足，而对 G_1 的两个子句是满足的，所以 I_4 是 G_1 的模型。与 I_4 相反，由于 $I_7(P(b))=I_7(P(a))=\top$，I_7 对 G_1 的两个子句都满足，所以 I_7 是 G_1 的模型。

再看 I_4 和 I_7 为何分别为最小模型和最大模型。根据前面的定义，$I_i\leqslant I_j$，当且仅当对 $\forall A\in B_{G1}$，有 $I_i(A)\leqslant I_j(A)$，B_{G1} 只有两个基原子：$P(a)$和 $P(b)$，不难看出，对任何其他模型 I_k，$k=1\sim9$，$k\neq4$，$k\neq7$，有 $\bot=I_4(P(a))\leqslant I_k(P(a))\leqslant I_7(P(a))=\top$和 $\bot=I_4(P(b))\leqslant I_k(P(b))\leqslant I_7(P(b))=\top$成立，所以 I_4 为最小模型，I_7 为最大模型。

逻辑程序的许多概念都可推广到 ALP，如程序性语义、SLD-归结。

13.2.4 APC 中的不协调、非、蕴涵

在 APC 中，区分下面两种情况：推理者所信任的(认知层面上)和现实世界中实际是真是假(本质层面上)，后面将证明 APC 能忠实地在本质层面上解释标准谓词演算，故而能够容忍不协调，或者它能在认知层面上解释演算能容忍不协调。

1. 认知上的和本质上的不协调

例 13.3 考虑以下的公式及 $S=\{p:\mathrm{t}, p:\mathrm{f}\vee q:\mathrm{t}, p:\mathrm{f}\vee q:\mathrm{f}, r:\mathrm{t}\}$。若要用谓词演算来表达与之相同的含义，形式如 $S'=\{p, \neg p\vee q, \neg p\vee\neg q, r\}$。

在谓词演算中，S'是不协调的，所以按标准的谓词演算，它能推出任何结论，尤其是能推出 r 和 $\neg r$。从直观上看，r 和其他的 3 个公式对不协调所起的作用是不同的，后者是不协调的，与 r 无关。

现要将这种直观的判断转变成逻辑上正确的结果。S'中遇到的不协调说明推理者持有相互冲突的信任，反映出他有矛盾的意图或者现实世界的信息不准确。如果将他的信任与现实分离开来，就能够处理这种不协调。例如，可以这样来理解：S'中 p 和 q 是不协调的，而 r 是“真”的。

为了分析 APC 中不协调的概念，考虑例 13.3 中的 S，并选用图 13-1 所示的格 FOUR。

根据13.2.3小节模型的定义,可以列出S的一些模型:

m_1: $p:\top, q:\top, r:\mathrm{t}$为真。

m_2: $p:\top, q:\bot, r:\mathrm{t}$为真。

m_3: $p:\top, q:\top, r:\top$为真。

m_4: $p:\mathrm{t}, q:\top, r:\mathrm{t}$为真。

实际上,$p:\top$指推理者对p持不协调的信任,称为**认知的不协调**(简称e-不协调)。S的模型M是e-不协调的当对某一p有$M \models p:\top$。公式集S是e-不协调的当对某一非注解原子p有$S \models p:\top$。公式集是**本质的不协调**(简称o-不协调),当它在APC中不存在模型。

本质的不协调类似于普通的谓词演算中的不协调:本质的不协调公式集没有任何意义,因为它能推衍出所有结论。与之不同的是,认知的不协调在APC中存在模型,这些模型可以看作是推理者可能的信任状态。但是如果S是e-不协调的,则对某个p,有$S \models p:\top$,也就是说,在对S的每一个可能的信任状态中,至少有一个不协调的信任。这可从上面的m_1、m_2、m_3、m_4中看出来。

研究APC模型可以得出一些有用的概念。首先,各模型在它们所包含的不协调的信任(即e-不协调)的数量上不相同。例如,m_2和m_4包含的e-不协调比m_1的要少,而m_1又比m_3"更协调"些。另外,称m_2和m_4是所列模型中最小的,因为它们所包含的对p、q、r的信任(在半格序上)是最小的。m_2和m_4含有相同数量的不协调。

定义语义结构I_1比I_2更e-协调(或同等协调),记作$I_2 \leqslant_\top I_1$,当且仅当对每一个原子$p(t_1,\cdots,t_k)$,只要$I_1 \models p(t_1,\cdots,t_k):\top$,必然有$I_2 \models p(t_1,\cdots,t_k):\top$。$I$是语义结构中最$e$-协调的,当不存在一个语义结构比$I$严格更$e$-协调。

类似地,称J_1比J_2小,记作$J_1 \leqslant J_2$,当且仅当对每一个原子$p(t_1,\cdots,t_k)$,只要$J_1 \models p(t_1,\cdots,t_k):s$,必然有$J_2 \models p(t_1,\cdots,t_k):s$。$J$是给定的语义结构集合中最小的,当且仅当该集合中不包含比J严格更小的语义结构。

最小的模型可能不是最e-协调的,反过来,最e-协调的模型也可能不是最小的模型。下面的例子说明了这一点。

例13.4 $S=\{p:\mathrm{t}, p:\mathrm{f} \vee q:\mathrm{t}\}$。$S$有两个最小的模型:

m_1: $p:\mathrm{t}, q:\mathrm{t}$为真; m_2: $p:\top, q:\bot$为真。

显然m_1比m_2更e-协调。

2. 认知上的和本质上的非

13.2节中提到的非"$\neg$"具有本质的性质,$\neg p:\alpha$被解释为以程度α信任p的对立面。而在认知层面上的非,记作$\sim$,其含义有所不同,$\sim p:\mathrm{t}=p:\mathrm{f}$,$\sim p:\mathrm{f}=p:\mathrm{t}$。

形式上,认知的非$\sim$是BSL→BSL半格同构的,即

- 它是对称的,即$\sim\sim\alpha=\alpha$,对所有的$\alpha \in \mathrm{BSL}$。
- $\sim\mathrm{t}=\mathrm{f}$,$\sim\mathrm{f}=\mathrm{t}$,$\sim\bot=\bot$,$\sim\top=\top$。

推广可得以下公式:

① $\sim p:\alpha \equiv p:\sim\alpha$

② $\sim\neg\alpha \equiv \neg\sim\alpha$

③ $\sim(\phi \vee \psi) \equiv \sim\phi \wedge \sim\psi$; $\sim(\phi \wedge \psi) \equiv \sim\phi \vee \sim\psi$

④ $\sim(\forall X)\phi \equiv (\exists X)\sim\phi$; $\sim(\exists X)\phi \equiv (\forall X)\sim\phi$

3. 认知上的和本质上的蕴涵和推衍

在谓词逻辑中，蕴涵 $\psi \leftarrow \phi$ 定义为 $\psi \vee \neg \phi$，而在 APC 中有两种蕴涵，即本质的蕴涵 $\psi \leftarrow \phi \equiv \psi \vee \neg \phi$ 和认知的蕴涵 $\psi <\sim \phi \equiv \psi \vee \sim \phi$。这两种蕴涵各有不同的性质，尤其是在传播不协调的信任方面差异很大。

例 13.5 设 $S=\{q:\mathrm{t}, p:\mathrm{t} \leftarrow q:\mathrm{t}\}$。易得 $S \models p:\mathrm{t}$。而且即使 q 是不协调的，也能得出 $p:\mathrm{t}$，即 $\{q:\top, p:\mathrm{t} \leftarrow q:\mathrm{t}\} \models p:\mathrm{t}$。因此本质的蕴涵能从不协调的信任中推导出结论。这种推理的基本思想是：设推理者 A 持有不协调的信任 q，即 A 信任 q 为真，也信任 q 为假。那么，规则 $p:\mathrm{t} \leftarrow q:\mathrm{t}$ 说明只要 A 信任 q 为真，他就信任 p。因而，既然 A 认为 q 为真，那么可得出结论 p 为真，即使他同时也相信 q 可能为假。这种推理在推理者有多个同样可信度的信息源且希望探究这些信息的所有结论的情况下是适当的。例如，在火箭安全性专家系统中，要回答诸如"该设计是否将导致火箭坠毁"之类的问题，采用这种推理是必需的。

现在将 S 中的 $\leftarrow$ 换成 $<\sim$，得 $T=\{q:\mathrm{t}, p:\mathrm{t} <\sim q:\mathrm{t}\}$。令人惊讶的是，$T \models p:\mathrm{t}$ 将不再成立。诚然，$p:\mathrm{t} <\sim q:\mathrm{t}$ 等价于 $p:\mathrm{t} \vee q:\mathrm{f}$，而且存在一个模型 I($q:\top$ 为真)，使得 $I \models q:\top$，但该模型只能得到 $I \models p:\bot$，而 $I \not\models p:\mathrm{t}$。直观上可以这样理解：如果推理者 A 不相信 q 为假，则他相信 p。即使 A 认为 q 为真，但他也可能认为 q 为假，所以不能得出结论 $p:\mathrm{t}$。

通过上例可以看出，本质的蕴涵比较"急切"：它允许从不协调的信任中得出结论，具有较强的"肯定前件"的特性，即：如果 $\gamma \leqslant \alpha$，那么 $\{p:\alpha, q:\beta \leftarrow p:\gamma\} \models q:\beta$。比较起来，认知的蕴涵则显得"过于谨慎"。它不仅不允许从不协调的信任中推出结论，而且还提防着"前提中的某些项变成不协调"的可能性。这种过分的谨慎可通过"要求使用最低数量的 e-不协调的模型的闭合世界假定"得到弥补。

换句话说，在处理认知的蕴涵时，可将注意力限制在最 e-协调模型集上。限于最 e-协调模型的逻辑推理称为认知推衍，记作 $|\approx$。

一般地，设 $\Delta \in \mathrm{BSL}$，记 $T |\approx_{\Delta} \phi$，当且仅当只要 M 是 T 的关于 Δ 的最 e-协调模型，则 $M \models \phi$ 也成立。更典型的情况是将不协调在集合 $\widetilde{\Delta}$ 上进行最小化。

$$\widetilde{\Delta} = \{\alpha \mid \alpha \in \mathrm{BSL}, \sim \alpha = \alpha\}$$

而对格 FOUR 的 BSL 而言，$|\approx_{\widetilde{\Delta}}$ 正好与 $|\approx$ 重合(即 $|\approx_{\{\top\}}$)，所以可将 $\widetilde{\Delta}$ 忽略而简写成 $|\approx$。

对例 13.5 而言，存在一个最 e-协调模型 $m_1: q:\mathrm{t}, p:\mathrm{t}$ 为真，因此，$T |\approx p:\mathrm{t}$。可见认知推衍在克服了认知蕴涵的过分谨慎的缺点的同时，还不允许从不协调的前提中推出结论。也就是，如果 $T'=\{q:\top, p:\mathrm{t} <\sim q:\mathrm{t}\}$，那么 $T' \not|\approx p:\mathrm{t}$，这是因为，$T'$ 的最 e-协调模型 I 使得 $I \models q:\top$ 成立，但 $I \not\models p:\mathrm{t}$。

13.3 基于 APC 的 SLDa-推导和 SLDa-反驳

基于注解逻辑的注解谓词演算，是目前研究较多并在实际应用中运用最广泛的次协调处理方法。其最大的特点是继承了经典的一阶谓词演算的许多特点，能够利用原有的诸如合一、归结、反驳等技术来进行自动推理。

13.3.1 SLDa-推导和SLDa-反驳

SLDa-归结(resolution):设 Q 为查询 $\leftarrow A_1:\mu_1 \wedge \cdots \wedge A_k:\mu_k$,$C$ 为注解子句 $B:\rho \leftarrow B_1:\rho_1 \wedge \cdots \wedge B_r:\rho_r$,对某一 i,$1 \leqslant i \leqslant k$,$B$ 和 A_i 通过最一般合一元 θ 可合一的,且 $\rho \geqslant \mu_i$,则 Q 和 C 的 SLDa-归结式为查询:

$$\leftarrow (A_1:\mu_1 \wedge \cdots \wedge A_{i-1}:\mu_{k-1} B_1:\rho_1 \wedge \cdots \wedge B_r:\rho_r \wedge A_{i+1}:\mu_{k+1} \wedge \cdots \wedge A_k:\mu_k)\theta$$

SLDa-推导(deduction):SLDa-推导是一个从初始查询 Q_0 和子句集 C 出发的一个系列:$<Q_0, C_1, \theta_1> \cdots <Q_i, C_{i+1}, \theta_{i+1}> \cdots$,其中 Q_{j+1} 是 Q_j 和 C_{j+1} 的归结式,θ_{i+1} 为最一般合一元 mgu。

SLDa-反驳(refutation):SLDa-反驳是一个长度为 n 的从初始查询 Q_0 开始的一个推导 $<Q_0, C_1, \theta_1> \cdots <Q_n, C_{n+1}, \theta_{n+1}>$,其中 Q_{n+1} 是空子句。

13.3.2 注解逻辑推理方法

利用注解逻辑的归结原理,进行推理的基本步骤与谓词演算的一样。

(1) 将所有已知的知识和事实改写成注解子句。

(2) 将目标查询 Q 取非 $\neg Q$ 改写成注解子句。

(3) 将(1)、(2)所得到的子句合并成子句集 S,在得到空子句之前执行。

① 从子句集中选一对母子句。

② 将母子句归结成一个 SLDa-归结式。

③ 若 SLDa-归结式为非空子句,将其加入子句集。

(4) 若 SLDa-归结式为空,则归结结束。

13.3.3 注解逻辑推理举例

例 13.6 已知以下的规则和条件:

$R:\mathrm{t} \leftarrow P:\mathrm{f} \wedge Q:\mathrm{t}$; $S:\top$; $P:\mathrm{t}$; $Q:\mathrm{t}$。求证:$R:\mathrm{t}$。

首先将规则和条件转化为注解子句:

(1) $R:\mathrm{t} \vee \neg P:\mathrm{f} \vee \neg Q:\mathrm{t}$

(2) $S:\top$

(3) $P:\mathrm{f}$

(4) $Q:\mathrm{t}$

将目标子句取非得:

(5) $\neg R:\mathrm{t}$

归结过程如下:

(6) $R:\mathrm{t} \vee \neg P:\mathrm{f}$　　　(1)、(4)归结

(7) $R:\mathrm{t}$　　　(3)、(6)归结

(8) □　　　(5)、(7)归结

本例中存在不协调的条件:$S:\top$,即在对 S 的认识上存在矛盾。但这个矛盾并没有扩散,也就是由它并不能推出任意的结论,如不可能得出结论 $W:\mathrm{t}$,而且它并不影响推出其他正当的结论 $R:\mathrm{t}$。

例 13.7 已知以下的规则和条件,其注解是基于图 13-2 格 SIX:

R:t←P:lf∧Q:lt; Q:t←S:t; S:t; P:f。求证: R:t

首先将规则和条件转化为注解子句:

(1) R:t∨¬P:lf∨¬Q:lt

(2) Q:t∨¬S:t

(3) S:t

(4) P:t

将目标子句取非得:

(5) ¬R:t

归结过程如下:

(6) Q:t　　(2)、(3) 归结

(7) R:t∨¬P:lf　　(1)、(6) 归结

(8) R:t　　(4)、(7) 归结

(9) □　　(5)、(8) 归结

例 13.8 已知以下的规则和条件:

$P(f(x))$:f←$R(w)$:t; $Q(x)$:t←$P(y)$:f; $R(A)$:t; $T(u)$:⊤。求证: $Q(z)$:t。

首先将规则和条件转化为注解子句:

(1) $P(f(x))$:f∨¬$R(w)$:t

(2) ¬$P(y)$:f∨$Q(v)$:t

(3) $R(A)$:t

(4) $T(u)$:n

将目标子句取非得

(5) ¬$Q(z)$:t

归结过程如下:

(6) ¬$R(w)$:t∨$Q(v)$:t　　(1)、(2) 归结$\{f(x)/y\}$

(7) $Q(v)$:t　　(3)、(6) 归结$\{A/w\}$

(8) □　　(5)、(7) 归结$\{u/v\}$

13.4 注解逻辑的归结原理

下面所阐述的 APC 单调语义的归结原理是基于逻辑推衍关系 ⊨的,而不是基于认知推衍|≈,对|≈而言很难用下面的理论来证明基于它的推理理论具有完备性。|≈的计算与真值的保持关系紧密。

注解谓词演算所吸引人的特色在于诸如斯可林标准化、Herbrand 理论、反驳证明程序等标准技术仍然可用。

斯可林标准化过程:由于归结过程要由机器自动完成,所以要将注解谓词公式化为机器可以接受的标准形式,斯可林标准型是一种最常见的标准形式,将注解谓词公式化为斯可林标准型的步骤同第 4 章的标准谓词公式基本一样。

定理 13.1 设 S 为公式集,Φ 为公式,$\widetilde{S}$ 和 $\widetilde{\Phi}$ 分别为 S 和 Φ 的斯可林标准型,则

$S\cup\{\neg\Phi\}$是 o-不协调的当且仅当$\widetilde{S}\cup\{\neg\widetilde{\Phi}\}$是 o-不协调的。

证明过程与标准谓词演算的相同。

对给定的语言 L,APC 中的 Herbrand 域与 PC 中的相同。Herbrand 基是 L 中所有的注解基原子的集合。

Herbrand 解释 I 是 Herbrand 基的子集,对其中的每一个基文字 p(不含注解),存在 $r\in$ BSL(仅取决于 p),使得 $p:s\in I$ 当且仅当 $s\leqslant r$。通常在描述 Herbrand 解释时,只指定与每个原子相关联的注解的最大值。例如,$I=\{p:s,q:r\}$应当被视为$\{p:u,q:v \mid u\leqslant s, v\leqslant r\}$的简写。

引理 13.1 APC 中的一个子句集有模型当且仅当它有 Herbrand 模型。

引理 13.1 的证明过程本质上与 PC 中的相同,首先对任一论域 D 上的任一解释 I,在 Herbrand 域上构造一个相对应的解释 I^*,使得 Herbrand 域中的某元素 h_i 映射到 D 中的某元素 d_i,且原子公式 $P(d_1,\cdots,d_n):r$ 若在 I 中被指定为真或假,则 $P(h_1,\cdots,h_n):r$ 在 I^* 中同样被指定为真或假。

充分性 反证法。假设 I 满足 S,但对应的 I^* 不满足 S,则 S 中至少有一个公式 F 在 I^* 下为假,设 $F=P_1(\ ):r_1\vee\cdots\vee P_m(\ ):r_m$,则在 I^* 下各个 $P_i():r_i$ 均为假,但根据上面的对应规则,它们与 I 下的 $P_i():r_i$ 同真假,也就是说在 I 下,F 也为假,这就产生了矛盾。

必要性 显然成立,因为 Herbrand 模型就是一种特殊的模型。

一般来说,Herbrand 定理在 APC 中是不成立的,从下面的例子可以看出。因而 APC 不具有紧致性(一个无穷命题集的任何推论也是该命题集的任何有穷子集的推论)。下面的定理 13.2 说明在作某种限制之后,APC 还是具有紧致性的。

例 13.9 设信任半格取自于图 13-1 所示的格 FOUR,其菱形的边填充以连续的值。为清楚起见,假定边$<\bot,\mathrm{t}>$上的值在 $\bot$ 和 t 之间线性排列,形式为$\{t_r \mid r\in[0,1]\}$,其中 $t_0=\bot, t_1=\mathrm{t}$。设子句集 S 包括$\neg p:\mathrm{t}$ 和集合$\{p:t_r \mid 0<r<1\}$。

显然,S 是不可满足的,因为在 S 的每个模型中 $p:t_1(\equiv p:\mathrm{t})$必须为真,否则集合$\{p:t_r \mid 0<r<1\}$不可能为真,这又与$\neg p:\mathrm{t}$ 要为真矛盾。但是 S 的每一个有限的子集却是可满足的。

虽然如此,但 Herbrand 定理在许多重要的特例中是成立的,其中包括当 BSL 是有限的情况,见定理 13.2。

为了证明定理 13.2,首先需要将语义树的定义进行修正以适应 APC 的模型理论。

为了方便处理,考虑去掉了注解的 Herbrand 基中的原子,称为纯 Herbrand 基。设语言 L 和信任半格 BSL 上的 Herbrand 基 B,则 APC 中的语义树 T 是这样的一棵无限树:

(1) 对每一个非叶节点 v,它的引出边与$\{p_v:\alpha \mid \alpha\in \mathrm{BSL}\}$中的元素一一对应,其中 p_v 为 B 中与 v 对应的纯正基原子公式。每一条边都标记以相应的原子 $p_v:\alpha$。

(2) 对每一个 $p\in B$ 和 T 的每一条边,p 只标记于分支的一条边(即它与某一个注解只出现一次)。

值得注意的是,在 APC 中语义树可能有无限的分支因子,这是由于信任半格可能是无限的。所以与 PC 中不同,即使相应的纯 Herbrand 基是有限的,语义树也可能是无限的。

语义树的每一个分支对 B 中原子的一个真值指派,每一个指派决定了 APC 中的一个 Herbrand 解释,该解释中原子 $q:\alpha$ 为真当且仅当分支上有 $q:\lambda,\alpha\leqslant\lambda$。反过来说,$B$ 的每一个 Herbrand 解释对应于树的某一分支。显然，对每一个 $v\in T$，从 T 的根节点到 v 的路径决定了一个部分解释 $T(v)$。

对基子句集 S，S 的纯 Herbrand 基 B_S 和相应的语义树 T_S，S 的失效点是节点 $v\in T_S$，它对应的部分解释 $T_S(v)$ 使 S 中的某一子句为假，且从 v 到根节点的路径上不存在 S 的失效点。这样，如果 v 为失效点，则 T_S 中包含 v 的分支所对应的每一个解释都使 S 中的某一子句为假。当某一节点的所有子节点都是 T_S 的叶子(即失效点)，则称该节点为推理点。

如果 S 不可满足且 T_S 为 S 的语义树，则 T 的每一分支都有一个失效点。不可满足的子句集 S 的失效树是去掉失效点下所有分支之后得到的语义树。

引理 13.2 设 S 为基子句集，BSL_S 为 BSL 的包含 S 中所有注解的有限子半格。S 是关于 BSL 不可满足的当且仅当它是关于 BSL_S 不可满足的。

证明：

充分性 反证法。假设 S 是关于 BSL_S 不可满足的，但 S 是关于 BSL 可满足的，则存在 S 的关于 BSL 的模型 M。下面将证明：存在一个关于 BSL_S 的模型 M_S，使得 S 中的每一个子句在 M_S 中 M_S 为真当且仅当在 M 中为真。从而说明假设不成立。

构建 M_S 如下：对 S 的子句中出现的任何非注解原子公式 p，设 $p:\alpha_1,\cdots,p:\alpha_n,\neg p:\beta_1,\cdots,\neg p:\beta_m$ 为出现在 S 中的所有带有 p 的文字，在 M 中均为真。设 $\alpha=\mathrm{lub}(\alpha_1,\cdots,\alpha_n)$，由于上述 n 个正文字在 M 下均为真，则 $p:\alpha$ 在 M 下也应该为真。但是，由于 m 个负文字也为真，α 就必须比 $\beta_j(j=1,\cdots,m)$ 要严格小或不可比。这样在 M_S 中构建 $p:\alpha$ 为真且在具有对 p 的最高的信任度。显然，上述的各文字在 M_S 中也为真。对每一个原子公式进行如上构建，就可得到上述结论。

必要性 这是很显然的，因为 S 关于 BSL 不可满足，则在 BSL 的子集上也是不可满足的。

定理 13.2(比较 Herbrand 定理) 设 S 为可能的非基子句集，且子句的注解含有有限的不同信任注解。则 S 是 o-不协调的当且仅当存在它的基例式的有限子集是 o-不协调的。

证明： 充分性 当 S 的基例式的有限子集是 o-不协调的，则 S 是 o-不协调的。这是很显然的，因为 S 的基例式的有限子集不存在模型，必然 S 也不存在模型。

必要性 设 S' 为 S 的基例式的集合，$T_{S'}$ 为对应的语义树。由于 S 是不可满足的，所以 S' 也是不可满足的，这样可从 $T_{S'}$ 构建一棵失效树 $FT_{S'}$，按照经典逻辑，可根据 König 引理(每个有限分支的无限树都有一个无限的分支)，可以得出结论是 $FT_{S'}$ 有限的，故而 S' 的有限子集为假。但这个论点在 APC 中并不能直接使用，因为在 APC 中分支因子可能是无限的。所以需做以下分析。

(1) 如果信任半格是有限的，则每个节点的分支因子也是有限的，可如上据 König 引理推出是有限的 $FT_{S'}$。

(2) 如果信任半格 BSL 是无限的，可考虑包含 S 中所有注解的 BSL 的有限子半格 BSL_S(BSL_S 肯定存在，因为 S 中注解的数量是有限的)，因为 S' 对 BSL 是不可满足的，则它对 BSL_S 也是不可满足的，根据 S' 的有限的子集 BSL_S 对是不可满足的，再根据引理 13.2，可得出 S 的有限子集是 o-不协调的。

引理 13.3 归结、分解、删除和化简都是可靠的推导规则。

设子句 $\psi=p(t_1):s_1\vee\cdots\vee p(t_k):s_k\vee\phi$，令 $\theta=\mathrm{mgu}(p(t_1),\cdots,p(t_k))$，则称 $\psi\theta:\mathrm{glb}(s_1,s_2,\cdots,s_k)$ 为 ψ 的分解因子，或者 $\psi=\neg p(t_1):s_1\vee\cdots\vee\neg p(t_k):s_k\vee\phi$，令 $\theta=\mathrm{mgu}(p(t_1),\cdots,$

$p(t_k)$),则称 $\psi\theta$:lub$(s_1,s_2,\cdots,s_k)$为 ψ 的分解因子。对子句 $\alpha=p(t_1):s_1\vee\cdots\vee p(t_k):s_k\vee\phi$, $\beta=\neg p(t_1'):r_1\vee\cdots\vee\neg p(t_n'):r_n\vee\psi$,若 $\theta=\mathrm{mgu}(p(t_1),\cdots,p(t_k),p(t_1'),\cdots,p(t_n'))$,且对所有的 i、j 都有 $s_i\geqslant r_j$,则$(\phi\vee\psi)\theta$ 为子句 α 和 β 的归结式。

删除子句 C 中形如 $\neg p(t)$: ⊥的文字,称为删除策略。

对子句对 $p(t):s\vee\phi$ 和 $p(t'):r\vee\psi$,有 $\theta=\mathrm{mgu}(p(t),p(t'))$,则它们的化简式为 $p(t)\theta$: lub$(s,r)\vee\phi\theta\vee\psi\theta$。

证明:

① 假设二亲本子句在合一后为 $C_1=L:s\vee P:r$,$C_2=\neg L:t\vee Q:u$,$(s\geqslant t)$,它们的归结式为 $C_{12}=P:r\vee Q:u$。

$$
\begin{aligned}
C_1\wedge C_2&=(L:s\vee P:r)\wedge(\neg L:t\vee Q:u)\\
&=(\neg P:r\rightarrow L:t)\wedge(L:s\rightarrow Q:u)\\
&=(\neg P:r\rightarrow Q:u)=P:r\vee Q:u
\end{aligned}
$$

所以归结是亲本子句的逻辑结论。

② 对分解,由于分解因子只是原子句的简单置换(用常量替代了变量),故分解因子是原始子句的逻辑结论;又 $p(t_1),\cdots,p(t_k),p(t_1'),\cdots,p(t_n')$可合一,且对所有的 i、j 都有 $s_i\geqslant r_j$,故可依次进行归结,由上面的①可知,$(\phi\vee\psi)\theta$ 为原始子句集的逻辑结论。

③ 对删除,设子句 C 形如 $\neg P_1(t_1,\cdots,t_k)$: $\perp\vee Q_1(t_1,\cdots,t_{n1}):u_1\vee\cdots\vee Q_m(t_1,\cdots,t_{m1}):u_m$,则子句等价于: $P_1(t_1,\cdots,t_k)$: $\perp\Rightarrow Q_1(t_1,\cdots,t_{n1}):u_1\cdots\vee Q_m(t_1,\cdots,t_{m1}):u_m$。

对任何解释 I,显然有 $I(P_1(t_1,\cdots,t_k))\geqslant\perp$成立(参见前面关于注解的定义),即在 $P_1(t_1,\cdots,t_k)$: ⊥在任何解释下均成立,$P_1(t_1,\cdots,t_k)$: ⊥为重言式,则原子句 C 在任何解释 I 下的可满足性只取决于 $Q_1(t_1,\cdots,t_{n1}):u_1\vee\cdots\vee Q_m(t_1,\cdots,t_{m1}):u_m$ 的可满足性,所以文字 $\neg P_1(t_1,\cdots,t_k)$: ⊥可以删除。

④ $(p(t):s\vee\phi)\wedge(p(t'):r\vee\psi)\theta=(p(t):s\wedge p(t'):r)\theta\vee(p(t):s\wedge\psi)\theta\vee(p(t'):r\wedge\phi)\theta\vee(\phi\wedge\psi)\theta\overset{\text{化简}}{\Rightarrow}(p(t):s\wedge p(t'):r)\theta\vee\psi\theta\vee\phi\theta\vee(\phi\theta\wedge\psi\theta)=(p(t)\theta:s\wedge p(t')\theta:r)\vee\psi\theta\vee\phi\theta=(p(t)\theta:\mathrm{lub}(s,r))\vee\psi\theta\vee\phi\theta$

故化简式为原始子句集的逻辑结论。

命题 13.1 设 S 为可能的无限不可满足的基子句集,且存在一个包含 S 中所有注解的有限的子半格 BSL_S,则存在 S 的反驳。

证明:根据定理 13.2 可以假定 S 是有限的。而且可以使 S 在下列情况下是闭合的:在保证有限性的情况下进行所有可能的归结、因子化和化简。所以可以假定 S 在这种意义下是闭合的。由于 S 是有限的,所以对 BSL_S 有一棵有限的失效树 FT。

任何失效树都含有一个推理点,除非该树只包含一个根节点。对只含有一个根节点的树,它只能证明空子句为假,故 S 必定包括这样的空子句,命题成立。所以下面假定 FT 包括多于一个的节点。

设推理点为 $v,\mu_1,\cdots,\mu_n$ 为 v 的全部子节点,$p_v:\alpha_1,\cdots,p_v:\alpha_n$ 分别为边$\langle v,\mu_1\rangle,\cdots,\langle v,\mu_n\rangle$的标记,下面将通过证明 v 不可能是推理点来得出一个矛盾,从而说明 FT 不可能有多于一个的节点,进而得出空子句必在 S 中。

由于 μ_i 是失效点,可设 $C_1,\cdots,C_n$ 分别是在解释 $\mathrm{FT}(\mu_1),\cdots,\mathrm{FT}(\mu_n)$解释下为假的子句。可以假定已应用删除规则将形如 $\neg q$: ⊥的文字删除。

由于 v 不是失效点，所以每个 C_i 必形如 $C_i' \cup \{l_i\}$，其中的形式为 $p_v:\gamma_i$ 或 $\neg p_v:\gamma_i$，且

(1) 每一个 C_i' 在解释 FT(v)下均为假，因为 $p_v:\gamma_i$ 或 $\neg p_v:\gamma_i$，$1 \leqslant i \leqslant n$ 中至少有一个为真，而 μ_i 是失效点，所以各 C_i' 在解释 FT(v)下均为假。

(2) $p_v:\alpha_i \not\models l_i$，或等价地 l_i 在解释 FT(μ_i)不满足。

根据有限性假定，可得 $l_i = p_v:\beta_i$，当 $1 \leqslant i \leqslant s-1(1 \leqslant s < n)$；$l_i = p_v:\beta_j$，当 $s \leqslant i \leqslant n$。在这些 l_i 中至少有一个正文字和一个负文字，因为如果都为正文字，则有一条边如 $<v, \mu_{i0}>$ 的标记为 $p_v:\top$，而 FT(μ_{i0})满足所有的 l_i，因而也满足 C_{i0}，这与假定相矛盾；同样地，有一条边如 $<v, \mu_{j0}>$ 的标记为 $\neg p_v:\bot$，如果所有的 l_i 均为负文字，则 FT(μ_{j0})满足 C_{j0}。

设 C 为 $C_1, \cdots, C_{s-1}$ 在 p_v 上的简化式，记 $\mathrm{lub}_{i=1}^{s-1}\beta_i = \beta$，则 C 可表示为：$C = \bigcup_{i=1}^{s-1} C_i' \cup \{p_v:\beta\}$。显然 C 在每个 FT(μ_i) ($1 \leqslant i \leqslant s-1$)下为假。根据语义树的定义，肯定有一条边标记为 $p_v:\beta$，设为 $<v, \mu_k>$，$k < s$。由于这条边满足所有的 $l_i(i < s)$，则它必使某一个 $l_{k0} = \neg p_v:\beta_{k0}(k_0 \geqslant s)$ 为假。

所以 $\beta \geqslant \beta_{k0}$，$C$ 和 C_{k0} 能够进行归结得到子句 $\widetilde{C}$，该子句中没有 p_v。根据以上，$\widetilde{C}$ 在 FT(v)下为假，所以 v 是 S 的失效点，而不是推理点，矛盾。

引理 13.4 (提升引理) 设 C_1' 和 C_2' 分别为子句 C_1 和 C_2 的例式，C' 是 C_1' 和 C_2' 归结式，则存在一个由子句 C_1 和 C_2 经过归结的子句 C，且 C' 是 C 的例式。

证明过程与谓词演算基本相同。

同样地，可以证明如果 C' 是子句 C 的例式，$\bar{C}'$ 是 C' 的因子(或删除式)，则存在一个 C 的因子(或删除式)$\bar{C}$，$\bar{C}'$ 是它的例式。

定理 13.3 对检验只包含有限数目的不同的信任常量的子句集的 o-不协调性，反驳是可靠的、完备的。即：若 S 是这样的子句集，则 S 是 o-不协调的当且仅当存在 S 的一个反驳。

证明：

充分性 要证存在 S 的一个反驳，则 S 是 o-不协调的。

反证法。假设 S 是 o-协调的即是可满足的，则存在一个解释 I 使 S 为真，设 $C_1, \cdots, C_k$ 是演绎出空子句的归结式系列，因为 $C_1, \cdots, C_k$ 是 S 的逻辑结论，所以 I 一定也使 $C_1, \cdots, C_k$ 为真，但 $C_1, \cdots, C_k$ 中含有空子句，空子句不能在任何解释下为真，所以导致矛盾。

必要性 设 S 为可能的具有有限数目的不同注解的无限的不可满足的子句集，S' 为 S 中基例式子句集，S' 也是不可满足的。根据命题 13.1，存在 S' 的反驳，根据引理 13.4，该反驳可提升到 S。

13.5 应用实例

前面提到过，次协调系统可以用于人工智能领域中所有和推理有关的实际应用中去。鉴于专家系统在人工智能领域的独特地位和其中更可能出现不协调性这一特点，所以下面以简化了的医学专家系统、投资专家系统和案件侦破为例，来说明次协调的实际应用。

例 13.10 不协调的医学专家系统。考虑通过向两位医生 D_1 和 D_2 咨询的方法来构造医学专家系统。该系统的核心是 D_1 和 D_2 提供的知识，主要表现为非单位子句的形式。对病人进行医学检查，并把相应的检查结构同样以子句的形式添加到知识库中。

假设系统是基于格 FOUR 上的 APC。则医生 D_1 提供的知识表述如下。

$$C_1: D_1(x):\mathrm{t} \lor D_2(x):\mathrm{t} \lor \neg(S_1(x):\mathrm{t}) \lor \neg(S_2(x):\mathrm{f})$$

$$C_2: D_1(x):\mathrm{f} \lor \neg(D_2(x):\mathrm{t})$$

$$C_3: D_2(x):\mathrm{f} \lor \neg(D_1(x):\mathrm{t})$$

其中,S_i 表示症状;D_i 表示疾病;$\lor$ 表示"或";$\neg$ 表示"非";x 代表某病人;C_1 读作:如果某病人表现有症状 S_1 为真和症状 S_2 为假,那么该病人患有疾病 D_1 为真或患有疾病 D_2 为真;C_2 读作:如果某病人患有疾病 D_2 为真,那么该病人患有疾病 D_1 为假;C_3 读作:如果某病人患有疾病 D_1 为真,那么该病人患有疾病 D_2 为假。

直观上,这位医生说明如果一个人检查确定了症状 S_1,并否定了症状 S_2,那么该病人或者患病 D_1 或患病 D_2。而且还补充强调没有人同时患有 D_1 和 D_2 两种病。

同样,医生 D_2 提供的知识表述如下:

$$C_4: D_1(x):\mathrm{t} \lor \neg(S_2(x):\mathrm{f}) \lor \neg(S_3(x):\mathrm{t})$$

$$C_5: D_2(x):\mathrm{f} \lor \neg(S_3(x):\mathrm{f})$$

C_4 读作:如果病人检查否定了症状 S_2,但肯定了症状 S_3,则病人肯定患病 D_1;C_5 读作:如果病人检查否定了症状 S_3,则病人肯定不可能患病 D_2。

现对病人 P_1 和 P_2 检查的结果表述如下:

$$C_6: S_1(P_1):\mathrm{t}$$

$$C_7: S_1(P_2):\mathrm{t}$$

$$C_8: S_2(P_1):\mathrm{f}$$

$$C_9: S_2(P_2):\mathrm{f}$$

$$C_{10}: S_3(P_1):\mathrm{t}$$

其含义是:检查肯定了 P_1 的症状 S_1 和 S_3,否定了 S_2;肯定了 P_2 的症状 S_1,而否定了 S_2,而对 S_3 未得出任何结论。

将 $C_1 \sim C_{10}$ 合并成子句集 P,若要推断 P_1 患病 D_1,只需证 $D_1(P_1)$是 P 的逻辑结论。根据以上的步骤,需对$\{C_1,\cdots,C_{10}\} \cup \{\neg D_1(P_1):\mathrm{t}\}$进行归结,看是否能得到空子句。

归结过程如下:

$E_1: \neg D_1(P_1):\mathrm{t}$ (初始查询)

$E_2: \neg(S_2(P_1):\mathrm{f}) \lor \neg(S_3(P_1):\mathrm{t})$ (由 E_1 和 C_4: P_1/x)

$E_3: \neg(S_3(P_1):\mathrm{t})$ (由 E_2 和 C_8)

$E_4: \square$ (由 E_3 和 C_{10})

类似地,推断 P_1 没有患病 D_2 的归结过程如下:

$F_1: \neg D_2(P_1):\mathrm{f}$ (初始查询)

$F_2: \neg D_1(P_1):\mathrm{t}$ (由 F_1 和 C_3: P_1/x)

$F_3: \neg(S_2(P_1):\mathrm{f}) \lor \neg(S_3(P_1):\mathrm{t})$ (由 F_2 和 C_4: P_1/x)

$F_4: \neg(S_3(P_1):\mathrm{t})$ (由 F_3 和 C_8)

$F_5: \square$ (由 F_4 和 C_{10})

以上的推导所涉及的知识都是协调的,下面考虑不协调的情况。

假设第三位医生 D_3 提供了下列的知识:

$C_{11}: D_2(x):\mathrm{t} \lor \neg(S_3(x):\mathrm{t})$,即某人有症状 S_3,则他肯定患疾病 D_2。

将 3 个医生提供的规则和病理医生提供的“事实”全部合并到一起得到子句集 Q。这时就出现了不协调，不协调的原因在于：医生 D_2 认为病人有症状 S_3，则他肯定患疾病 D_1，医生 D_3 认为病人有症状 S_3，则他肯定患疾病 D_2，而医生 D_1 认为一个人不可能同时患 D_1 和 D_2 两种疾病。但子句集 Q 能够处理不协调性。

下面通过归结来推断出 P_1 既患疾病 D_1 又不患疾病 D_1，即 $D_1(P_1):\top$ 是 Q 的逻辑结论。

G_1：$\neg D_1(P_1):\top$ （初始查询）

G_2：$D_2(P_1):\mathrm{t}$ （由 C_{10} 和 C_{11}：P_1/x）

G_3：$D_1(P_1):\mathrm{f}$ （由 G_2 和 C_2：P_1/x）

G_4：$D_1(P_1):\mathrm{t} \vee \neg(S_3(P_1):\mathrm{t})$ （由 C_4 和 C_8：P_1/x）

G_5：$D_1(P_1):\mathrm{t}$ （由 G_4 和 C_{10}：P_1/x）

G_6：$D_1(P_1):\top$ （由 G_5 和 C_3）

G_7：$\square$ （由 G_1 和 C_6）

虽然规则的不协调性导致可能得到不协调的结论，但一方面不协调的存在并不允许引出任何结论。例如，不能推断出 P_2 患疾病 D_1 或不患疾病 D_1；另外，对 D_1 和 D_2 诊断规则的不协调并不影响对其他疾病（如 D_3、D_4、D_5…）的诊断。

例 13.11 地产投资专家系统。假设有下列一些投资规则：

C_1：buy(x):t ∨ ¬touristic_interest(x):t

C_2：buy(x):t ∨ ¬has_oil(x):t

C_3：buy(x):f ∨ ¬problems(x):t

C_4：problems(x):t ∨ ¬near_nuclear_plant(x):t

C_5：problems(x):t ∨ ¬not_registered(x):t

C_1 规则说明如果某地具有旅游潜力，则购买它。

C_2 规则说明如果某地有石油资源，则购买它。

C_3 规则说明如果某地有问题，则不购买它。

C_4 和 C_5 规则说明靠近核工厂或主人未合法登记的是有问题的。

根据调查获得下列信息：

C_6：has_oil(Mossor):t

C_7：not_registered(Mossor):t

C_8：touristic_interest(Icapui):t

其含义是：Mossor 有石油，Mossor 的主人未合法登记，Icapui 有旅游潜力。

上面的子句集包含有不协调的信息，因为对其应用-归结得到下面的结论：

buy(Mossor):t

目标子句取非得：

C_9：¬buy(Mossor):t

推理过程如下：

C_{10}：¬has_oil(Mossor):t （C_2、C_9 归结 {Mossor/x}）

C_{11}：$\square$ （C_6、C_{10} 归结）

同时又可得到下面的结论 buy(Mossor):f。

目标子句取非得：

C''_9：¬buy(Mossor)：f

推理过程如下：

C'_{10}：¬problems(Mossor)：t　　　　(C_3、C'_9归结 {Mossor/x})

C'_{11}：¬owner_not_registered(Mossor)：t　　　　(C_5、C'_{10}归结{Mossor/x})

C'_{12}：□　　　　(C_7、C'_{11}归结)

上面的两个结论，意味着既该购买 Mossor 又不该购买 Mossor。

也可以直接推出：buy(Mossor)：⊤。

目标子句取非得：

C''_9：¬buy(Mossor)：⊤

推理过程如下：

C''_{10}：problems(Mossor)：t　　　　(C_5、C_7 归结 {Mossor/x})

C''_{11}：buy(Mossor)：f　　　　(C_3、C''_{10}归结 {Mossor/x})

C''_{12}：buy(Mossor)：t　　　　(C_2、C_6 归结 {Mossor/x})

C''_{13}：buy(Mossor)：⊤　　　　(C''_{11}、C''_{12}化简)

C''_{14}：□　　　　(C''_{13}、C''_9归结)

虽然在购买 Mossor 上产生了不协调，但是系统还是能推导出其他有价值的结论，从而不影响系统的可用性。例如，在是否应该购买 Icapui 的问题上，是可得出有用结论的，即系统可推导出 buy(Icapui)：t。

该目标子句取非得：

C'''_9：¬buy(Icapui)：t

推理过程如下：

C'''_{10}：¬touristic_interest(Icapui)：t　　　　(C_1、C'''_9归结 {Icapui/x})

C'''_{11}：□　　　　(C_8、C'''_{10}归结 {Icapui/x})

但是却不能推出 buy(Icapui)：f。这说明系统虽然存在不协调的因素但是还是能推出有用的结论。

例 13.12　案件侦破。同第 4 章的情况类似，在一栋房子里发生了一起凶杀案。侦察专家 1 和侦察专家 2 根据他们的经验和知识以及对案件的调查分别建立了自己的知识库：

• 侦察专家 1

(1) 在这栋房子里住有 A、B、C、D 4 人。

(2) 只有这栋房子里的人才有可能杀死 A。

(3) 如果 x 恨 y，则 x 可能杀 y。

(4) A 所恨的人，C 一定不恨。

(5) 除了 B 之外，A 恨所有的人。

(6) D 不比 A 富有。

(7) D 恨 A。

(8) B 不恨 B。

• 侦察专家 2

(9) 如果住在这栋房子里的人当天外出，则没有作案时间。

(10) 谋杀者一定不比受害者富有。

(11) B 恨所有不比 A 富有的人。

(12) 若 x 谋杀 A，则 x 必定有作案时间。

(13) 若 x 谋杀 A，则 x 必定恨 A。

(14) D 在案发的这天外出。

显然，专家 1 是根据人与人之间感情关系来进行判断的，而专家 2 则是根据作案时间和当事人的富有程度来判断的。根据专家 1 获得的材料可推出 D 可能是谋杀犯，而根据专家 2 的材料来分析，D 不可能是谋杀犯。所以专家 1 和专家 2 的知识在个体 D 上出现了不协调信息。这就是与前面 11.5.2 小节中例 11.29 的不同之处，但是只要回避关于 D 的不协调信息，把两位专家的知识合起来。用一阶逻辑的归结证明方法仍可进行有效的推理，对于这个破案问题，由于 D 没有作案时间，将 D 排除在外时，可推出 A 是自杀。这个例子说明对于一个不协调知识库，它的子集可能仍然是非常有用的，所以不能在一出现不协调信息时，就将整个知识库废弃掉。上述知识用子句可以表达为以下几点。

(1) $\neg \mathrm{Kill}(A,A):\mathrm{f} \vee \neg \mathrm{Kill}(B,A):\mathrm{f} \vee \neg \mathrm{Kill}(C,A):\mathrm{f} \vee \neg \mathrm{Kill}(D,A):\mathrm{f}$

(2) $\neg \mathrm{Hate}(x_1,y_1):\mathrm{t} \vee \mathrm{Kill}(x_1,y_1):\mathrm{t}$

(3) $\neg \mathrm{Hate}(A,x_2):\mathrm{t} \vee \neg \mathrm{Hate}(C,x_2):\mathrm{t}$

(4) $\neg \mathrm{Equal}(x_3,B):\mathrm{f} \vee \mathrm{Hate}(A,x_3):\mathrm{t}$

(5) $\mathrm{RichThan}(D,A):\mathrm{f}$

(6) $\mathrm{Hate}(D,A):\mathrm{t}$

(7) $\neg \mathrm{Hate}(B,B):\mathrm{t}$

(8) $\neg \mathrm{Out}(x_4):\mathrm{t} \vee \mathrm{HadTime}(x_4):\mathrm{f}$

(9) $\mathrm{Kill}(x_5,y_2):\mathrm{f} \vee \mathrm{RichThan}(x_5,y_2):\mathrm{f}$

(10) $\neg \mathrm{RichThan}(x_6,A):\mathrm{f} \vee \mathrm{Hate}(B,x_6):\mathrm{t}$

(11) $\mathrm{Kill}(x_7,A):\mathrm{f} \vee \neg \mathrm{HadTime}(x_7):\mathrm{f}$

(12) $\mathrm{Kill}(x_8,A):\mathrm{f} \vee \mathrm{Hate}(x_8,A):\mathrm{f}$

(13) $\mathrm{Out}(D):\mathrm{t}$

为了推理的需要，要增加一些常识性的知识：

(14) $\mathrm{Equal}(A,B):\mathrm{f}$

首先证明：在 D 是否是凶手上存在不协调。即可以推出 D 既是凶手又不是凶手。为了说明证明系统的完备性，可以分别证明下面的 4 个命题：

① D 谋杀了 A，即 $\mathrm{Kill}(D,A):\mathrm{t}$

② D 没有谋杀 A，即 $\mathrm{Kill}(D,A):\mathrm{f}$

③ D 既谋杀了 A 又没有谋杀 A，即 $\mathrm{Kill}(D,A):\mathrm{t} \wedge \mathrm{Kill}(D,A):\mathrm{f}$

④ D 在是否谋杀 A 上存在不协调，即 $\mathrm{Kill}(D,A):\top$

对①：逆命题为：

(15) $\neg \mathrm{Kill}(D,A):\mathrm{t}$

归结过程：

(16) $\mathrm{Kill}(D,A):\mathrm{t}$　　　(2)、(6) $\{D/x_1, A/y_1\}$

(17) □　　　(15)、(16)

对②：逆命题为：

(15′) ¬Kill(D,A)：f

归结过程：

(16′) HadTime(D)：f (8)、(13) $\{D/x_4\}$

(17′) ¬HadTime(D)：f (11)、(15′) $\{D/x_7\}$

(18′) □ (16′)、(17′)

对③：逆命题为：

(15″) ¬Kill(D,A)：t ∨ ¬Kill(D,A)：f

归结过程：

(16″) ¬Hate(D,A)：t ∨ ¬Kill(D,A)：f (2)、(15″) $\{D/x_1, A/y_1\}$

(17″) ¬Kill(D,A)：f (6)、(16″)

(18″) ¬HadTime(D)：f (11)、(17″) $\{D/x_7\}$

(19″) HadTime(D)：f (8)、(13) $\{D/x_4\}$

(20″) □ (18″)、(19″)

对④：逆命题为：

(15‴) ¬Kill(D,A)：⊤

归结过程：

(16‴) ¬Hate(x_7,A)：t ∨ Kill(x_7,A)：n ∨ ¬HadTime(x_7)：f

(2)、(11) $\{x_7/x_1, A/y_1$ 化简$\}$

(17‴) Kill(D,A)：⊤ ∨ ¬HadTime(D)：f (6)、(16‴) $\{D/x_7\}$

(18‴) ¬Out(D)：t ∨ Kill(D,A)：⊤ (8)、(17‴) $\{D/x_4\}$

(19‴) Kill(D,A)：⊤ (13)、(18‴)

(20‴) □ (15)、(19‴)

这表明将侦察专家1的知识与侦察专家2的知识合并后出现了次协调性，但推导并不因此而中断，可以继续用SLDa-归结推导出A是自杀。

A是自杀的逆命题为：

(15⁗) ¬Kill(A,A)：t

其推导过程如下：

(16⁗) ¬Hate(A,A)：t (2)、(15⁗) $\{A/x_1, A/y_1\}$

(17⁗) Hate(A,A)：t (4)、(14) $\{A/x_3\}$

(18⁗) □ (16⁗)、(17⁗)

如同普通的谓词归结原理一样，注解谓词演算的归结原理不仅支持是否查询，而且支持问答式查询。对于本例可以直接向系统询问“谁是凶手”。与第4章类似，在目标子句中引入变量，然后附加一个特殊的文字Answer(x)。

可以写出以下的目标子句：Kill(z,A)：t ∧ Answer(z)：t。对它取非得以下子句：

(16⁗′) ¬Kill(z,A)：t ∨ Answer(z)：t (注意：Answer(z)：t并不参加逻辑运算)

从上面的分析已经知道，A是凶手(即自杀)和D是凶手的结论都是能从系统中得出的结论。采用问答式的推理同样也能得出该结论。推理过程如下：

(17⁗′) ¬Hate(z,A)：t ∨ Answer(z)：t (2)、(16⁗′) $\{z/x_1, A/y_1\}$

$(18'''')$ Answer(D):t　　　　(6)、$(17'''')$ $\{D/z\}$(结论一)

$(19'''')$ $\neg$ Equal(A,B):f $\vee$ Answer(A):t　　　　(4)、$(17'''')$ $\{A/z, A/x_3\}$

$(20'''')$ Answer(A):t　　　　(14)、$(19'''')$ (结论二)

完备性分析:

对于一个具有完备性的推理系统,不仅应该推出所有正当的结论,而且应当不允许推出不应当的结论。对本例而言,能否推出 B 是凶手(Kill(B,A):t)或 C 是凶手(Kill(C,A):t)呢?回答是否定的。

从上可以看出,在以次协调逻辑为基础的知识系统中,可以容纳一些有意义的矛盾。这正是次协调逻辑与传统逻辑的本质区别。

13.6 控制策略

次协调归结的直接实现所产生的程序的效率同样是极低的,因此需要采用某些策略来提高推理效率。适用于经典归结定理证明的许多策略可以适用于次协调逻辑。根据前面的归结原理证明中提到的技术,可以采用以下的控制策略。

1. 删除策略

(1) 删除子句 C 中形如 $\neg P(t)$: ⊥的文字。值得注意的是,只是删除文字,而不是删除子句。例如,若对子句 $\neg P(t)$: ⊥则产生空子句,若对 $\neg P(t)$: ⊥ $\vee C$ 则产生子句 C。

(2) 删除重言式。对注解子句的重言式可有下列两种判别方法。

① 凡是含有注解为⊥的正文字的子句均为重言式。

② 形如 $\neg C_1:s \vee C_2:p$,且满足 $C_1=C_2, s\geqslant p$ 的子句为重言式。

若一个子句经上述两种判别方法之一判别为重言式,则将整个子句删除。

(3) 删除被归类子句。被归类子句的判别方法同标准的归结方法基本一样,只不过算法中使用的是 SLDa-归结而不是 SLD-归结。

2. 分解因子策略

将子句 $\psi=p(t_1):s_1 \vee \cdots \vee p(t_k):s_k \vee \phi$ 化简为 $\psi\theta$: glb$(s_1, s_2, \cdots, s_k)$,或者将 $\psi=\neg p(t_1):s_1 \vee \cdots\cdots \vee \neg p(t_k):s_k \vee \phi$ 化简为 $\psi\theta$: lub$(s_1, s_2, \cdots, s_k)$,其中 $\theta=$ mgu$(p(t_1), \cdots, p(t_k))$。该策略实际上是子句内的化简策略。

3. 化简策略

子句对 $p(t):s \vee \phi$ 和 $p(t'):r \vee \psi$ 的化简式为 $p(t)\theta$: lub$(s,r) \vee \phi\theta \vee \psi\theta$,其中 $\theta=$ mgu$(p(t), p(t'))$。

4. 子句复杂性排序策略

把一个子句的复杂性定义为在该子句中出现的谓词符号和否定谓词符号的个数。例如子句

$$P(a):1 \vee P(b):0 \vee Q(a,b):0 \vee \sim P(a):\top \vee \sim P(b):\bot$$

具有复杂性 3。推理系统首先试图对较小复杂性的子句进行归结,这一思想完全类似于单位归结优先策略(即优先归结单位子句)或最少文字策略。在经典的定理证明中,证明也是从较简单的公式开始的。上述复杂性的定义是出于这样的观察:在很多情况下,根据分解因子策略在同一个步骤归结掉所有的或者是绝大多数具有同一谓词符号(或谓词符号的

否定)的文字。

习 题 13

13.1 什么是次协调逻辑?它主要解决什么问题?

13.2 什么是注解?注解文字的含义是什么?

13.3 格 FOUR 的 4 个逻辑值分别代表什么含义?

13.4 给出基于格 FOUR 的子句集 $C=\{P(a):\mathrm{t}, P(b):\mathrm{f}, P(a):\mathrm{f}\}$ 的至少一个模型。

13.5 已知以下的子句:

$\neg P(x):\mathrm{t} \vee \neg Q(x):\mathrm{f} \vee R(y):\mathrm{t}$

$T(A):\mathrm{t} \vee \neg P(A):\mathrm{f}$

$Q(A):\mathrm{f} \vee \neg P(A):\mathrm{f}$

$P(A):\mathrm{f} \vee \neg Q(A):\mathrm{f}$

$Q(A):\mathrm{f}$

$P(A):\mathrm{t}$

$T(A):\mathrm{f} \vee \neg Q(A):\mathrm{f}$

理解上面子句的含义,解释其中含有常规意义上的矛盾。

并求证:$R(B):\mathrm{t}$。同时试推一下看是否能得到:$R(B):\mathrm{f}$。

13.6 医生 1 给出以下规则

规则 1:如果某病人表现有症状 S_1 为真和症状 S_2 为假,那么该病人患有疾病 D_1 为真或患有疾病 D_2 为真。

规则 2:如果某病人患有疾病 D_2 为真,那么该病人患有疾病 D_1 为假。

规则 3:如果某病人患有疾病 D_1 为真,那么该病人患有疾病 D_2 为假。

医生 2 给出以下规则:

规则 4:如果病人检查否定了症状 S_2,但肯定了症状 S_3,则病人肯定患病 D_1。

规则 5:如果病人检查否定了症状 S_3,则病人肯定不可能患病 D_2。

现对病人 Zhang 和 Li 检查后得出:

肯定了 P_1 的症状 S_1 和 S_3,否定了 S_2。

肯定了 P_2 的症状 S_1,而否定了 S_2,而对 S_3 未得出任何结论。

用注解逻辑求证 Zhang 患病 D_1。

13.7 用注解逻辑求解破案问题。在一栋房子里发生了一件神秘的谋杀案,侦察专家 1 和侦察专家 2 根据他们的经验和知识以及对案件的调查,分别建立了自己的知识库。

- 专家 1:

(1) 在这栋房子里只住着 A、B、C、D 4 人。

(2) 是住在这栋房子里的人杀了 A。

(3) 如果 x 恨 y,则 x 可能杀 y。

(4) A 所恨的人,C 一定不恨。

(5) 除了 B 之外,A 恨所有的人。

(6) D 不比 A 富有。

(7) D 恨 A。

(8) B 不恨 B。

• 专家 2：

(9) 如果住在房子里的人当天外出,则没有作案时间。

(10) 杀人者一定不比受害者富有。

(11) B 恨所有不比 A 富有的人。

(12) 若 x 谋杀 A,则 x 必定有作案时间。

(13) 若 x 谋杀 A,则 x 必定恨 A。

(14) D 在案发的当天外出。

求:谁是凶手。

13.8　有下列投资策略:

策略 1:如果某地具有旅游潜力,则购买它。

策略 2:如果某地有石油资源,则购买它。

策略 3:如果某地有问题,则不购买它。

策略 4:靠近核工厂或主人未合法登记的是有问题的。

现有下列信息:

Mossor 有石油。

Mossor 的主人未合法登记。

Icapui 有旅游潜力。

用次协调推理推出:buy(Mossor):$\top$,$\top$ 即不协调。

第3部分 学习与发现

使计算机系统具有某种学习能力是人工智能研究的一个热点。在上一部分讨论了如何使计算机具备知识，并且能够推理。但这还不够，因为知识是不断变化、不断扩充的。要使计算机有更多的知识，不能只靠人类去对它进行灌输，也就是说要计算机具备学习的能力，即获取知识的能力。

计算机自动获取知识就是知识学习，一般称为机器学习。机器学习的简单模型就是从环境到学习部件、到知识库、到执行部件，再由执行部件反馈到环境的循环过程。

传统的机器学习包括两种截然不同的信息处理方法：归纳学习和演绎学习。归纳学习是在归纳信息处理过程中，从原始数据和经验得到一般模式和规则；演绎学习是在演绎信息处理中，从一般规则得到特定事实。

当人们考虑从不同途径实现人工智能时，生物神经网络和人工神经网络方面研究的进展，重新唤起了人们对用人工神经网络来实现人工智能的兴趣。人工神经网络之所以如此流行，源于人工神经网络具有的特点和优越性，主要表现在以下3个方面。第一，具有自学习功能；第二，具有联想存储功能；第三，具有高速寻找优化解的能力。

随着计算机、网络和通信等信息技术的高速发展，日益增长的科学计算和大规模的工业生产过程也提供了海量数据。而日益成熟的数据库系统和数据库管理系统都为这些海量数据的存储和管理提供了技术保证。另外，计算机网络技术，特别是Internet技术的长足进步和规模呈爆炸性地增长也形成了巨大的信息源，新兴的知识获取技术：数据挖掘、Web挖掘、文本挖掘应运而生，并得到迅速发展。

本部分将用3章的篇幅分别介绍传统的机器学习技术、神经网络的基本原理、方法以及数据挖掘和知识获取。

第14章 机 器 学 习

本章将对目前对于机器学习的研究方法进行探讨,并介绍几种典型的机器学习方法。

14.1 概 述

任何人工智能系统,特别是专家系统,在它拥有功能较强的自动化知识获取能力之前,都不会成为名副其实的强有力的智能系统。当前的专家系统在这方面还相当弱,其中大多数系统还不具有这种能力。机器学习技术的应用是解决这一问题的有效途径。事实上,目前机器学习一直被公认为是设计和建造高性能专家系统的"瓶颈",如果在这一研究领域里有所突破,将成为人工智能发展史上的一个里程碑。

14.1.1 机器学习的定义和意义

学习是人类具有的一种重要的智能行为,但究竟什么是学习,这仍然是社会学家、逻辑学家、心理学家和人工智能学家都在研究的问题。按照人工智能学家西蒙的观点,学习就是系统在不断重复的工作中对本身能力的增强或者改进,使得系统在下次执行同样的任务或类似的任务时,会比现在做得更好或效率更高。

那么什么是机器学习呢?这也很难给出一个统一和公认准确的定义。从字面上看,机器学习是研究如何使用机器来模拟人类学习活动的一门科学。从人工智能的角度出发的观点是:机器学习是一门研究使用计算机获取新知识和技能,并能够识别现有知识的科学。

14.1.2 机器学习的研究简史

由于机器学习的研究有助于发现人类学习的机理和揭示人脑的奥秘,所以在人工智能发展的早期阶段,机器学习的研究就占有重要的地位。它的发展过程大体可分为以下几个阶段。

第一阶段的机器学习侧重于非符号的神经元模型的研究。主要是研制通用学习系统,即神经网络或自组织系统。1957年,Rosenblatt首次引进了感知机(perception)的概念。它由阈值性神经元组成,试图模拟动物和人脑的感知和学习能力。这与当时占主导地位的、以离散符号推理为基本特征的人工智能途径完全不同,因而引起了很大争议。人工智能的创始人之一Minskey和Papert潜心研究数年,对以感知机为代表的网络系统的功能及其局限性从数学上作了深入的研究,于1969年出版了颇有影响的*Perception*一书,他们的结论是悲观的。由于他们悲观的结论致使这一研究方向陷入低潮。

第二阶段为20世纪70年代中期至80年代后期,机器学习主要侧重于符号学习的研究。由于人工智能的新分支——专家系统的蓬勃发展,知识获取变成当务之急。这给机器学习的研究带来了新的契机,并产生了许多相关的学习系统,其中具有代表性的有Michalski的

AQVAL(1973)、Buchana 等的 Meta-Dendral(1978)、Lenat 的 AM(1976)、Langley 的 BACON(1978)及 Quinlan 的 ID3(1983)等。

1980 年,第一届机器学习研讨会在 Carnegie-Mellon(CMU)大学举行(以后每两年举行一次,1983 年在 Illinois 大学,1985 年在 Rutgers 大学,1987 年在加州大学。从 1988 年起发展成为正式的机器学习年会 ICML)。同年,在 *International Journal of Policy Analysis and Information Systems* 杂志上连续 3 期出版了以机器学习为主题的专刊(1980 年第 2～4 期);1981 年 *SIGART Newsletter* 第 76 期又专题回顾了机器学习领域的研究工作;1983 年,由 Michalski 等编辑出版了第一本有关机器学习的读物 *Machine Learning: an Artificial Intelligence Approach* 第 1 卷(1986 年和 1990 年又分别出版了第 2、3 卷)。

1986 年,第一个机器学习杂志 *Machine Learning* 正式创刊。另外,在有关人工智能的各种学术会议(如 IJCAI、AAAI)上也不乏机器学习的研究报告。这一阶段,符号学习的研究兴旺发达,并出现了许多相关的学习策略,如传授式学习、实例学习、观察和发现式学习、类比学习和解释学习等。

第三阶段为 20 世纪 80 年代后期至今,机器学习的研究进入了一个全面化、系统化的时期。

一方面,传统符号学习的各种方法已全面发展并且日臻完善,应用领域不断扩大,达到了一个巅峰时期;同时由于发现了用隐单元来计算与学习的非线性函数方法,从而克服了早期神经元模型的局限性,加之计算机硬件的飞速发展,使神经网络迅速崛起,并广泛用于声音识别、图像处理等诸多领域;计算机运行速度的提高和并行计算机的不断普及也使得演化计算的研究突飞猛进,并在机器学习领域的应用取得了很大的成功。这使得连接学习和符号学习呈现出争奇斗艳的态势。

另一方面,机器学习基础理论的研究引起了人们越来越多的重视,从 1988 年起,美、德、日等国连续召开计算学习理论的学术会议,各种关于机器学习的杂志上也不乏这方面的学术论文。随着机器学习技术的不断成熟和计算学习理论的不断完善,机器学习必将会给人工智能的研究带来新的突破。

14.1.3 机器学习方法的分类

不同的学术观点对学习方法有不同的分类,在每种分类中又可以分为不同的学习方式。

(1) 根据所采用的策略分类,可分为:死记硬背式学习(rote learning);讲授式学习(learning by instruction);演绎学习(learning by deduction);类比学习(learning by analogy);归纳学习(inductive learning)。

(2) 根据系统中知识表示分类,可分为:神经模型(neural modeling);决策理论技术(decision theoretic techniques);符号概念获取(symbolic concept acquisition);特定领域的知识密集型学习(knowledge-intensive domain-specific learning)。

(3) 根据学习的手段或学习方法来分类可分为:合成式学习(synthetic learning),合成式学习旨在产生新的或更好的知识,即知识获取;分析式学习(analytic learning),分析式学习旨在将已有知识转化为或组织成另一种针对某个目标来说更好的形式,这也可以说是知识求精。

这几种分类方法是相互联系和相互渗透的,下面对这几种方法及其关系略加讨论。

在合成式方法中,基本的推理类型是归纳。而在分析式方法中,基本的推理类型是演绎。类比学习则处于归纳学习和演绎学习之间,它可看作是两者的结合。类比学习就是将基知识的某些特性传递给目标知识,这种传递既包括归纳又包括演绎。为了类比,首先必须找到基知识和目标知识之间的共同关系,然后作出假设,再将这些共同的关系扩展到被比较的关系之外,这基本是一个归纳过程。一旦这些共同联系确定,就可以将基知识的特性传递给目标知识,这又是一个演绎过程。

如果合成式学习方法的输入是预先分类好的实例,则为实例学习方法(learning from examples);如果输入是要由学习程序自己来分类或组织的事实,则是观察式学习方法(learning from observation),其典型例子是概念聚类(concept clustering)、连接方法(connectionist methods)及定性发现(qualitative discovery)。实例学习和观察式学习依赖很少的背景知识,并且基本推理机制是归纳,故均为经验式归纳学习方法(empirical inductive methods)。

归纳学习方法除了有背景知识松散型的经验式学习外,还有背景知识密集型的构造式学习。目前越来越受到广泛关注的基于事例学习方法实质是一种构造式归纳学习方法,它用过去事实作为概念的表征,运用灵活的匹配过程,使系统能识别与过去例子不完全匹配的新例子,诱导用解释性的假设来说明所有事实或一些事实,它也是一种构造归纳形式。

为了重新组织知识,分析式学习方法可以用实例或知识说明来指导。实例指导方法(example-guided)包括解释学习(explanation based learning)、基于解释的抽象(explanation-based generalization)和基于解释的例化(explanation-based specialization)。说明指导方法(specification-guided)包括自动程序合成(automatic program synthesis)、可操作化(operationalization)和请教(advice taking)方法。

解释学习是公理化方法的一个例子,因为它基于利用完备和一致的背景知识的纯演绎过程,背景知识类似于形式理论中的公理。自动程序合成就是将一个设计规范转化为一个可执行算法的过程。设计规范告诉系统输入与输出之间的关系,算法则指定如何实现这种关系。自动程序合成过程用保真的演绎技术来保证程序和设计规范之间的逻辑等价。

14.1.4 机器学习中的推理方法

在逻辑中,有3种基本的推理方法,即演绎推理、归纳推理和类比推理。机器学习离不开推理,不同的推理方法产生不同的学习模式。目前机器学习所用到的推理方法可分为3大类:基于演绎的保真性推理;基于归纳的从个别到一般的推理;基于类比的从个别到个别的推理。

不同的学习系统采用不同的推理方法,其中归纳和类比与演绎不同,它的结论是具有或然性的。早期的机器学习系统一般采用单一的推理学习方法,而现在则趋于采用多种推理技术支持的学习方法。

1. 演绎推理

演绎推理是从一般到特殊的推理,从主观上讲是一种主观充分置信的推理。在这种推理中,对接受前提所具有的充分置信度被转移到对结论的接受中去。经典数理逻辑是这种推理形式的数学基础,而非经典逻辑,如模态逻辑、时态逻辑、多值逻辑、非单调逻辑是这种方法的推广。基于演绎推理的学习方法主要有:自动程序设计,它可以从用户提供的任务规格说明产生用户事先未必知道的可完成规定任务的动作序列或程序;基于解释的学习,它是一种从通用规则转换成较为特殊规则的学习方法。

演绎推理是一种保真不保假的推理,即不可能由真的前提导致假的结论。形式化表示就是,设 $A \rightarrow B$ 是演绎推理,如果 A 为真,则 B 必为真;如果 A 为假,则 B 不一定为假。这主要是因为它的结论是由前提逻辑地、按形式正确的推理式得出的。

演绎推理具有3个特征：接受前提的置信度被充分地转移到对结论的接受中去；具有演绎正确性，当且仅当一个推理的前提给其结论提供充分理由，即结论是前提的推断，这个推理才是演绎正确的，演绎正确性保证由前提到结论有推断关系(consequence relation)，这是最大的支持关系；具有形式正确性，当且仅当一个推理的结论由前提逻辑地得出，这个推理才是形式正确的。

2. 归纳推理

归纳推理是从特殊到一般的推理，它是一种"从事实建立理论的过程"。从主观上讲是一种不充分置信的推理。在这种推理中，对接受前提所具有的充分置信度只是部分地转移到对结论的接受中，换句话说，就是以不大于前提的置信度来接受结论。它的前提和结论之间没有像推断关系那样严格的联系，而是前提给结论以一定程度的证据支持的较弱关系，这种较弱的支持关系叫做归纳支持关系。

与演绎正确性不同，主观不充分置信的推理在正确性方面有程度上的差别：前提对结论的关系并不是或者支持或者不支持，而是给予强弱程度不同的支持。因此，在归纳推理中，一般用归纳强度的概念来代替正确性的概念，即一般不谈这个推理是否正确，而是评价这种推理归纳强度的高低。

归纳推理是一种保假不保真的推理，即由假前提必然导致假结论。形式化表示就是，设$A \rightarrow B$是归纳推理，如果A为假，则B必为假；如果A为真，则B不一定为真。

基于归纳推理的学习方法主要有：推广，即从特殊到一般的推广；逆绎，它是从结论推断前提的推理方法。

3. 类比推理

类比推理是从个别事例到个别事例的推理方法。它是根据认识的新情况(目标)和已知情况(源)在某些方面的相似性，推断出其他相关方面的推理形式。其一般模式为

已知：

S_1, T_1　　(源S_1和目标T_1)

$S_1 \cong T_1$　　(源和目标相似)

$S_1 \gg S_2$　　(源S_1和源S_2相关)

S_2　　(已知源S_2)

结论：T_2(其中$T_2 \cong S_2$)　　(类比结论T_2)

即已知$S_1, T_1, S_1 \cong T_1, S_1 \gg S_2$，可类比结论得出$T_2$。

演绎、归纳和类比是3种基本的逻辑推理方法，也是机器学习研究的逻辑基础，从知识获取的角度来看，要想获取新知识，必须通过归纳形式，这也是归纳学习之所以受到广泛重视的原因之一。

14.2 归纳学习

归纳学习是从特殊情况推导一般规则的学习方法。例如，通过"麻雀会飞""燕子会飞"等观察事实，可以归纳到"鸟会飞"这样规律性的结论。许多事实表明，领域专家虽然能够对领域中的问题作比较精确的分析和判断，但人们常常难以将脑海中的领域知识清楚地表达

出来。如果这些实例是大量和充分的，那么人们在遇到一个新情况时，就很容易模仿专家作出判断。但事实上，要罗列出所有实例是不可能的，这就要求能从一个较小的、不完备的实例集中抽象出一般的能指导将来行为的规则，这个过程就是一个归纳过程。实现由实例到规则的归纳推理过程就是归纳学习过程。归纳学习已广泛地应用于许多分类和预测问题中，这些问题本质上就是从实例中学习概念，称为归纳概念学习(inductive concept learning)。下面给出了归纳概念学习的定义、形式描述和一般技术。

14.2.1 归纳概念学习的定义

归纳学习问题一般描述为使用训练实例以引导一般规则的搜索问题。全体可能的实例构成实例空间，而学习的任务就是要完成实例空间和规则空间之间同时的、协调的搜索。这样一个双空间搜索的归纳学习模型可表示为图 14-1 所示的形式。

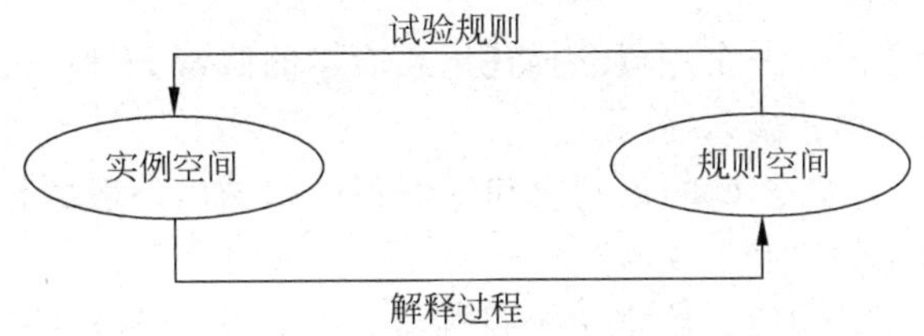

图 14-1 归纳学习的双空间模型

依照双空间模型建立的归纳学习系统，其执行过程为：针对规则空间的情况，有一个试验规则过程通过对实例空间的搜索完成实例选择，并将这些选中的活跃实例提交解释过程，解释过程对实例经过适当的转换，将活跃的实例变换为规则空间中的特定概念，以引导规则空间的搜索。

下面在严格定义归纳概念学习之前，先给出几个相关的定义。

定义 14.1 设 U 是对象(或观察)的全集，称为对象集，概念 C(或称类)就是 U 的一个子集，即 $C \subseteq U$。对 $\forall x \in U$，如果 $x \in C$，则称 x 为 C 的一个例示(instance)。

例如，设 U 是所有已登记病人的集合，$C \subseteq U$ 是已登记病人中患有某种疾病的所有病人的集合。

学习概念 C 就是学习识别 C 中的对象，即对每个 $x \in U$，要能识别出是否 $x \in C$。

定义 14.2 用来描述对象和概念的形式语言分别称为对象描述语言和概念描述语言。用指定的对象描述语言描述的对象称为对象描述，也可简称为事例；用指定的概念描述语言描述的概念称为概念描述，也可称为概念表示。

对象描述语言和概念描述语言既可以相同也可以不同。

在基于属性-值对象描述语言中，对象用固定的一组属性(也称为特征)来描述，每个属性可以取规定的值集中的一个值。例如，一张扑克牌可用“花色”和“点数”两个属性来描述，“花色”的值集为{黑桃，红心，梅花，方块}，“点数”的值集为{2,3,4,5,6,7,8,9,10,J,Q,K,A}。方块 7 是一个对象，它可描述为[花色＝方块，点数＝7]或＜方块，7＞；一对牌＜方块，7＞和＜红心，7＞可用一个 4 元组＜方块，7，红心，7＞表示。

在前面讨论过模糊集的外延和内涵。类似地，概念也有外延和内涵两种表示方法。实际上某些概念也是一个模糊子集，概念的外延表示就是列举出概念的所有示例。

例如,要描述扑克牌中"对子"的概念,外延表示为以下4元组的集合:

对子={<红心,2,梅花,2>,<红心,2,黑桃,2>,…,<方块,A,黑桃,A>}

如果一个概念包含无穷多个示例,则外延表示法是不理想的。

概念的内涵表示则允许对概念进行更严密、更简明的描述,如在属性-值概念描述语言中,"对子"概念的内涵表示为

$$\text{IF 点数}_1=\text{点数}_2\ \text{THEN 对子}$$

一个实例(example)e 就是一个带标签的对象描述,如果对象是 C 的一个示例,标签为"+";否则,标签为"−"。设 E 表示一个实例集,E 中标签为"+"的事例形成 C 的正例集(positive examples)E^+,正例集中的实例称为正例;标签为"−"的事例形成 C 的反例集(negative examples)E^-,反例集中的实例称为反例。

例如,设要学习"对子"概念,则<方块,7,红心,7>,<方块,6,红心,7>分别为"对子"这个概念的正例和反例。

定义 14.3(覆盖) 设有一个用概念描述语言表示的假设 H 和一个实例 $e\in\varepsilon$,如果 e 满足 H,则称 H 覆盖 e,或称 e 被 H 覆盖。

概念学习是指从目标概念 C 的正例集和反例集中归纳出一般的概念描述,对每个概念 C,实例集 E 均可分为正例集和反例集。

定义 14.4(归纳概念学习) 给定一个目标概念 C 的实例集 $\varepsilon=\varepsilon^+\cup\varepsilon^-$,寻找一个用概念描述语言表示的假设 H,使得 $\forall e\in\varepsilon^+$,$e$ 被 H 覆盖;$\forall e\in\varepsilon^-$,$e$ 不被 H 覆盖。

这个定义要求假设 H 覆盖所有正例并且不覆盖任何反例。

定义 14.5(完备性) 如果 H 覆盖所有正例,那么 H 相对于实例集是完备的。

定义 14.6(一致性) 如果 H 不覆盖任何反例,那么 H 相对于实例集是一致的。

图 14-2 给出了假设 H 的完备性或一致性的4种不同情况。

H:完备的,一致的

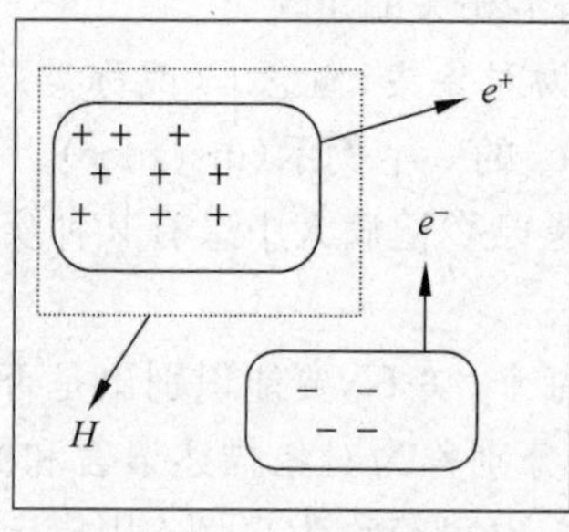

H:不完备的,一致的

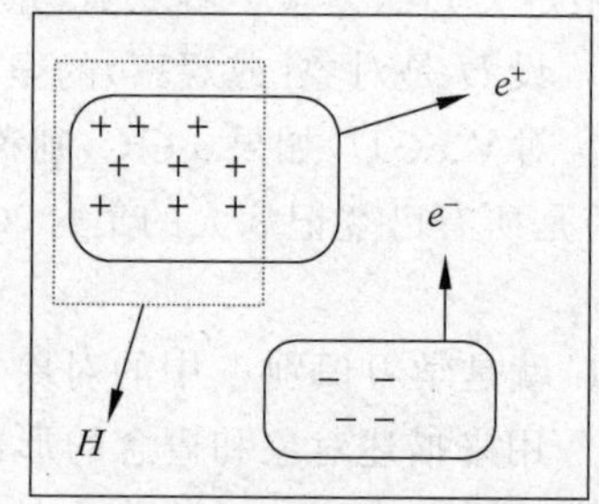

H:完备的,不一致的

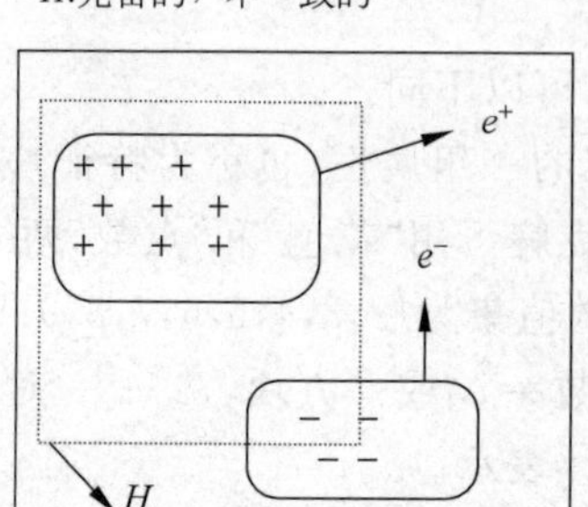

H:不完备的,不一致的

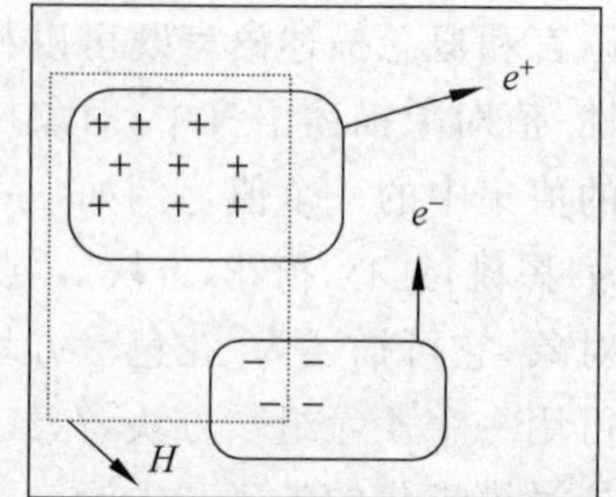

图 14-2 假设的完备性与一致性

14.2.2 归纳概念学习的形式描述

归纳概念学习程序可用下面 9 元组来描述：

$$\text{ICL} = (L_e, L_H, E, T, C_L, C_r, B, A, H)$$

其中，L_e 为指定的对象描述语言；L_H 为指定的概念描述语言；$E=\{e_i, *, e_n\}$为训练实例集，e_i 为一个实例；T 为背景知识；$C_L=\{C_i, *, C_K\}$为要学习的概念标签集，C_i 为一个概念的标签；C_r 为算法终止准则；B 为算法所采用的归纳偏向；A 为具体的实现算法；H 为生成的假设集，初始时 $H=\phi$。

归纳概念学习程序对这个 9 元组可解释为：对给定用 L_e 描述的实例集 ε、背景知识 T 及要学习的概念集 C_L，算法 A 在 L_H 和 T 定义的概念描述空间中搜索，寻找 C_L 中每个概念 C_i 的假设 H_i，这个搜索过程用归纳偏向 B 为指导，当终止准则 C_r 满足时，搜索过程结束，最后生成的假设集 $H=\{H_i\}$即为目标概念$\{C_1, *, C_K\}$的概念描述集。

由归纳学习的定义可知，算法的终止准则要求在 ε 上每个 $C_i \in C_L$ 和对应的 H_i 一致。然而，实际上提供给归纳概念学习系统的事例描述及分类可能包含一些错误。这种情况下就说学习程序要处理不良数据(imperfect data)。归纳概念学习系统的一个非常重要的特性，就是要有将规律与偶然因素区分开来，从而避免不良数据影响的能力。不良数据一般有以下几类：噪声，即训练实例或背景知识中的随机错误；不完全，实例空间未充分覆盖，即训练实例太少，不足以找到可信的规律；不精确，即采用了不适当或不充分的描述语言，不能精确描述目标概念；遗失，在实例训练中某些值遗失。

学习系统通常用一种机制同时处理前 3 种不良数据，这种机制称为噪声处理机制，而训练实例中的遗失值问题常由另外一种独立的机制来处理。

归纳概念学习程序不仅用训练实例指导，而且也要用归纳偏向(bias)指导。归纳偏向是所有影响归纳假设和实例的定义或选择的因素。归纳偏向分为表示型(representational)和过程型(procedural)。表示型偏向定义了搜索空间(实例空间和假设空间)的状态集，它一般用强度(strength)和正确性(correctness)来刻画。强表示型偏向把搜索集中在较小的空间，而弱表示型偏向将搜索放在较大的空间内进行。如果表示型偏向所定义的假设空间中包括目标概念，则它就正确，否则就不正确。过程型偏向也称算法型偏向(algorithm bias)，它决定了在表示型偏向所定义的搜索空间中状态的遍历次序。

在归纳概念学习系统中归纳偏向十分重要，它关系到学习过程的难易程度和学习结果的正确程度。目前多数学习系统中的归纳偏向是固定不变的，而一个好的学习系统应能自适应地动态调整归纳偏向。

14.2.3 归纳概念学习算法的一般步骤

归纳概念学习算法一般具有以下几个步骤：预处理训练实例集；构造分类规则；对新实例分类。下面分别予以讨论。

1. 预处理训练实例集

实例集的预处理包括以下 6 个部分。

(1) 离散化连续值型属性，将连续值型属性的值划分成有穷多个小区间。

(2) 过滤无关属性，过滤掉与目标概念无关的属性，一般可采用统计属性重要性，寻找最小充分属性等办法来实现。

(3) 处理“未知”属性值,有3种途径:赋一个特殊值“unknown”;赋一个最可能的值;按条件概率赋所有可能的值。

(4) 处理不重要的属性值,不重要属性值的存在使实例集增大,导致学习复杂性增加,预测精度下降。

(5) 清理无意义的属性值,将训练实例和将来要分类的实例中无意义的属性值去掉,简便的方法是将无意义的值视为一个特殊值“meaningless”,加到属性值集中。

(6) 整理数据,从训练集中选择一个“好”的实例集,以便减少噪声和不一致性,同时使得到的实例集更具代表性。

2. 构造分类规则

构造分类规则分两步进行。

(1) 学习分类规则。反复在假设空间中进行抽象和例化搜索,直至算法终止的充分和必要条件都满足。归纳概念学习的目标是找到对于已知训练集是完备和一致的分类规则或概念描述。从这个意义上讲,算法终止的充分条件等价于完备性条件,当所有正例都被结果规则覆盖时它才满足;算法终止的必要条件等价于一致性条件,当结果规则不覆盖任何反例时它才满足。然而,这样严格的条件仅适用于没有“不良数据”的领域,否则就要放宽这两个条件限制。然而,研究结果表明,在有“噪声”的领域中,既不完备又不一致的概念描述不仅更简洁,而且预测精度更高。

在满足完备性和一致性条件之前终止分类规则生成过程的机制称为“预剪枝”(pre-pruning),下一步是另一种剪枝过程。

(2) 对生成的分类规则进行“剪枝”。通过剪掉分类规则中不可信的部分可降低规则的复杂性。学习算法的这个机制通常对降低分类规则的大小和提高分类精度很有用处,尤其是在属性不充分的领域里更是如此。这个过程与“预剪枝”不同,“预剪枝”是为了决定何时终止规则的进一步生成。而这里的“剪枝”是在分类规则已经生成后进行的,这个“剪枝”机制是根据对“剪枝”前的规则和“剪枝”后的规则分类误差的估计来决定是否“剪掉”分类规则中某些部分,所以它一般称为“后剪枝”(post-pruning)。

3. 对新实例分类

对新实例分类要检查新实例是否与目标概念的分类规则匹配。一般来说,将一新实例与分类规则进行匹配操作时有3种可能情况,即单匹配、多匹配或不匹配,分别用SINGLE、MULTIPLE和NO_MATCH来表示,如图14-3所示。

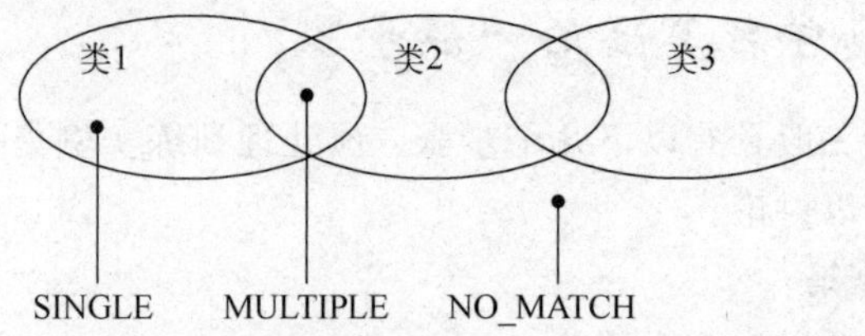

图14-3 一个新实例同分类规则匹配的3种可能情况

上述不同的匹配情况需要不同的执行过程和不同的计算分类精度的方法。许多算法提供了单匹配方法,即只同最好的或最有可能的规则进行匹配。

4. 复杂度和精确度的测量

对不同的概念描述语言,其复杂度的测量方法也不一样。比如,决策树的总体复杂度就用它的所有的节点数(包括中间节点和叶节点)来测量,而平均复杂度用各分枝上的平均节点数来测量。

精确度的测量方法主要有以下两种。

(1) 多数平均(majority average)。被正确分类的实例数与被测试的实例总数之比即为分类精度的百分比,用公式表示就是

$$A_C = \frac{N_C}{N}$$

式中,N_C 为被正确分类的实例数;N 为被测试的实例总数。

(2) 概率平均(probability average)。被分类规则正确预测的实例所属类的概率之和与被测试的实例总数之比即为分类精度。设被匹配的事例共有 k 类,第 i 类在结果规则中所占概率为 p_i,用公式表示即为

$$A_C = \sum_{i=1}^{k} p_i / N$$

14.2.4 归纳概念学习的基本技术

归纳概念学习的目的就是利用学到的概念完成下列 3 种任务之一。

(1) 分类(classification)。即给定一些新的未知实例,要求系统能判别出它们分别属于哪些概念,或者是否属于某一概念。

(2) 预测(prediction)。如果训练实例是一个序列中的相继元素,要求系统能预测出序列中下一个或第 n 个将是什么元素。

(3) 数据压缩(data compression)。给定各种可能的实例,即实例空间,要求系统找到能够描述它们的概念。

在前面已对概念进行了定义,实际上概念可以用某种语言描述成谓词,这个谓词应用于概念的正实例时,谓词为真;应用于概念的负实例时,谓词为假。从而,概念谓词将实例谓词空间划分为正、反两个子集。

归纳学习方法可分为单概念学习和多概念学习两类。对于单概念学习,学习的目的是从概念空间(或规则空间)中寻找某个与实例空间一致的概念;而多概念学习的任务是在概念空间中找出若干概念描述。对于每一概念描述,实例空间中均有相应的空间与之对应。多概念的学习任务可以划分成多个单概念学习任务来完成,如 AQ11 对每一概念的学习均采用 Induce 算法来实现。多概念学习除了完成多个单概念学习方法外,还必须解决概念之间的冲突问题。

迄今,人们已研究出一些从训练实例中学习概念的程序或算法。

单概念学习可以按行为方式的差异分为数据驱动、规则驱动和模型驱动 3 类方法。如果按所采用的技术归纳起来有 4 种方法:候选项删除法、求精操作法、生成-测试假设法和模式例化法。前两种是数据驱动的方法,后两种是模型驱动的方法。这 4 种技术并非互相

排斥,许多学习算法同时采用了多种技术,如 ABACUS 将求精操作法中的 BACON 方法与候选项删除法中的 A^q 方法结合起来,CN2 将 ID3 决策树生成方法与 AQ15 方法结合起来等。下面以典型的概念学习方法为例,介绍这 4 种技术。

1. 候选项删除法

在 Mitchell 提出的描述空间方法中,根据概念之间的特殊性和一般性,概念空间被表示成偏序的形式。偏序集的最大元素称为零描述,它表示只要规则空间中存在真概念描述,则零描述为真相当于规则空间中恒真的概念描述。偏序集中的极小元素为所有训练实例。

Mitchell 设计了一种在概念空间中搜索单个概念描述的版本空间(version space)算法,该算法的核心思想是候选项删除法(candidate-elimination)。

Mitchell 将概念空间中所有合理假设称为描述空间,一个描述空间 H 是所有与目前所得到的训练实例一致的概念集合,并假设空间 H 是所有包含可能概念的规则空间。当向程序提供训练实例时,一些与当前实例不相容的候选概念就从描述空间中删除。这样对描述空间不断求精,一旦描述空间中只剩下唯一元素时,那个候选概念就是所要发现的学习概念。训练正例使程序进行抽象(generalization)操作,从 H 中删去非常特殊的概念描述;训练反例使程序进行例化(specialization)操作,使得过于一般的概念描述从 H 中删去。这两种操作使假设空间逐渐缩小,直到仅剩所要的概念描述为止。该算法可用以下伪代码表示。

```
算法 candidate-elimination
(1) G={NULL},S={e0+}          // G 集合只包含零描述,初始化为一个正例
(2) Repeat
      ① ReadExample(e);        //接受一个新的训练实例
      ② if Possitive(e) then Update_S(e);
                               //如果实例为正例,则更新 S 集合
                 else Update_G(e);
                               //如果实例为反例,则更新 G 集合
    Until G=S
                               //如果 G≠S 集合,重复步骤(2)
(3) OutPut(G 或 S)             // 输出 G 或 S
```

算法第(1)步,G 只包含一个空假设,它表示最一般的似然假设集,S 包含最特殊的概念描述。具体实现时,S 包含第一个正例 e_0^+;第(2)步,接收一个实例 e,如果 e 为正例,删去 G 中所有不覆盖 e 的描述,并将 S 中所有元素作尽可能小的抽象,使它们都能覆盖 e,这一过程称为 Update_S 过程;如果 e 为一反例,删去 S 中所有覆盖 e 的描述,并将 G 中所有元素作尽可能小的例化,使它们不再覆盖它,这一过程称为 Update_G 过程;下一步再接收一个实例,重复以上过程直到 G、S 收敛于同一个描述集,这时,它们只包含要学习的概念描述。

候选项删除法实质上是仅用训练实例为指导,在规则空间中进行的一种耗尽式宽度优先的搜索方法。如果规则空间很大,这种方法的效率很低,另外,它还有以下两点不足之处限制了它在实际领域中的应用。

(1) 难以处理有噪声的数据。难以处理有噪声是所有数据驱动算法的一个通病,当遇到一个错误的正例时,S 就会过分抽象。同样,当算法遇到一个错误的反例时,G 就会过分

例化，这种有噪声的数据最终可能导致找不到与所有训练实例一致的概念描述。因此，为了能在有噪声的环境中学习，有必要放松所有训练实例必须一致这一苛刻条件。

(2) 不能学习析取概念。在候选项删除法中，由于一个新的正例和当前 S 的最小抽象就是简单地将 S 与正例析取，因此，S 将总是只包含迄今所有正例的析取式；同样，G 将总包含所有反例的非析取式。为了能学习析取概念，必须找到一种能控制析取式引入的方法，使得算法能排除无用的析取，朝着正确抽象的方向进行。解决办法之一就是重复使用候选项删除法，找到多个概念描述的合取式，它们的全体的析取，就是所要求的概念描述。

2. BACON 系统

BACON 是由 Pat Langley 开发的一系列概念学习程序。这些程序能解决许多单概念学习问题，包括"再发现"诸如欧姆定律、牛顿万有引力定律、开普勒定律等经典的科学定律。同时，这些程序还能用学到的概念预测将来的事例。

BACON 的基本思想很简单：程序重复地检查数据各项之间的关系，应用合适的求精操作产生新的项，直至找到一个项恒等于一个常数，这时概念就可表示为"项＝常数值"的形式。下面以 BACON. 4 为例，说明 BACON 算法的工作过程。

假设要发现开普勒定律：行星围绕太阳运转的周期 Y 与它离太阳的距离 D 满足关系式 $Y^2/D^3=k$(k 为常数)。提供给 BACON. 4 的训练实例如表 14-1 所示。

表 14-1　行星数据

行星	Y	D	行星	Y	D
水星	0.24	0.39	土星	29.46	9.54
金星	0.62	0.72	天王星	84.01	19.19
地球	1.0	1.0	海王星	164.80	30.07
火星	1.88	1.52	冥王星	248.40	39.52
木星	11.86	5. 20			

BACON. 4 寻找常量的过程如表 14-2 所示。

表 14-2　BACON. 4 的归纳过程

行星	Y	D	Y/D	$(Y/D)/D$	$((Y/D)/D)\times Y$	$(((Y/D)/D)\times Y)/D$
水星	0.24	0.39	0.62	1.61	0.39	1.00
金星	0.62	0.72	0.85	1.18	0.72	1.00
地球	1.0	1.0	1.00	1.00	1.00	1.00
火星	1.88	1.52	1.23	0.81	1.52	1.00
木星	11.86	5. 20	2.28	0.44	5. 20	1.00
土星	29.46	9.54	3.09	0.32	9.54	1.00
天王星	84.01	19.19	4.38	0.23	19.17	1.00
海王星	164.80	30.07	5. 48	0.18	30.04	1.00
冥王星	248.40	39.52	6.29	0.16	39.51	1.00

首先，BACON. 4 注意到 Y 随 D 的增大(减小)而增大(减小)，因此，引发除法操作，生成 Y/D 项，Y/D 仍随 D 的增大(减小)而增大(减小)。同样，引发除法操作，生成 $(Y/D)/D$ 项，$(Y/D)/D$ 同 Y 又呈反比变化，因而又引发乘法操作，生成 $((Y/D)/D)\times Y$ 项，而该项

又几乎同 D 呈正比变化,因此再引发除法操作生成$(((Y / D)/D)\times Y) / D$项,该项为一常数1.00,这就是最终要找的结果,即 $(Y\times Y) / (D\times D\times D)=k$(常数)。

实质上,BACON.4 方法可总结成以下3条规则:

◆ 如果 X 项近似为一常数,则可形成一条含 X 的规则。

◆ 如果 X 项随 Y 项增大而增大,则产生一新的项 X/Y。

◆ 如果 X 项随 Y 项增大而减小,则产生一新的项 $X\times Y$。

尽管 BACON.4 在以前的版本基础上有了一些改进,能处理无关属性,但仍存在与以前的 BACON 程序所共有的不足之处:

◆ 程序对变量出现的顺序及特定的变量值较敏感。

◆ 不能处理含噪声的训练实例,因此不能发现统计规律。

◆ 仅能处理含非数值变量较简单的概念学习问题,不能发现含有内部析取式的概念。

3. 决策树法

决策树又称为决策图。在决策树中有决策节点和状态节点两种节点。由决策节点可引出若干树枝,每个树枝代表一个决策方案,每个方案树枝连接到一个新的节点,它既可以是一个新的决策节点,也可以是一个状态节点,每个状态节点表示一个具体的最终状态。在决策树中,状态节点对应着叶节点。对于分类问题而言,决策节点表示待分类的对象属性,每一个树枝表示它的一个可能取值,状态节点表示分类结果。

决策树算法中典型的代表是 Quinlan 在1979年提出的 ID3 算法,这是一种通用的规则归纳算法,它源于 Earl. Hunt 的 CLS 算法。

CLS 是一种早期的基于决策树的归纳学习系统。在 CLS 的决策树中,节点对应于待分类对象的属性,由某一节点引出的弧对应于这一属性可能的取值,叶节点对应于分类的结果。图14-4给出了一个简单的决策树,下面就讨论如何构造决策树。

同 BACON 一样,CLS 和 ID3 也用属性-值表示法来描述训练实例。设 $x=(a_1,\cdots,a_n)$为一个训练实例,它有 n 个属性,分别属于属性表$(A_1,\cdots,A_n)$,即 a_i 分别表示 A_i 的取值。又设 $c_j\in C=(C_1,\cdots,C_n)$为分类结果,则 $T=\{(x,c_j)\}$为训练集。决策树可以通过训练集来构造,概念则用决策树表示。例如,设用"大小"(大、小),"形状"(圆、方、三角)和"颜色"(红、蓝)3个属性来描述实例,则"红圆"的概念可表示如图14-4所示。

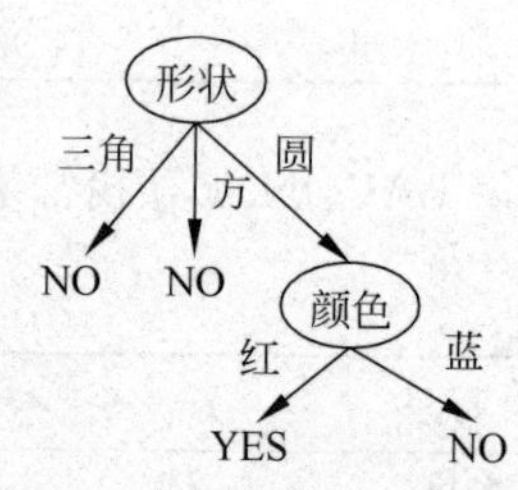

图14-4 判别概念红圆的决策树

决策树的构造算法 CLS 可递归地描述如下。

算法 CLS:

(1) 如果当前实例集 S 中实例均属于同一类或为空,则返回这个类或返回空后终止。

(2) 从属性表中找出信息增益量最大的属性 A,设它的取值为 $v_1,\cdots,v_n$,产生一新节点 A,它有 n 个分枝。

(3) 根据 A 的取值将 S 划分成 n 个子集 $S_1,\cdots,S_n$,A 在 S_i 中取值 v_i。

(4) 对每个 i,用 S_i 和新的属性表递归调用 CLS 算法生成 S_i 的决策树 DT_i。

(5) 返回以属性 A 为根,$\mathrm{DT}_1,\cdots,\mathrm{DT}_n$ 为子树的决策树。

算法中涉及信息增益量的概念,并将信息增益量最大的属性作为扩展属性。这一启发式规则称为最小熵原理,因为是获得的信息量最大等价于不确定性或紊乱的程度最小,即熵最小。设 S_j 表示 S 中属于概念 C_j 的子集，S_i 表示 S 中属性 A 的取值为 v_i 的子集，则属性 A 的信息增益量定义为：$M(S)-B(S,A)$，其中：

$$M(S)=-\sum_j \frac{|S_j|}{|S|}\lg\frac{|S_j|}{|S|}$$

$$B(S,A)=\sum_i \frac{|S_i|}{|S|}M(S_i)$$

当 $S=\phi$ 时，定义 $M(\phi)=0$。

由于决策树中每条由根节点到叶节点的路径都对应于不同的析取项，因此，决策树本质上是析取的，因而能表示析取概念。

一次对全部训练集构造决策树的算法是低效的，为此，Quinlan 提出了称为 ID3 的逐步形成完整决策树的迭代思想，其算法大致描述如下。

算法 ID3：

(1) 随机从整个实例集中选择一个大小为 W 的子集，构成训练窗口，W 为窗口的大小。

(2) 用 CLS 算法构造当前窗口的决策树。

(3) 用生成的决策树来分类所有训练实例，寻找出其中不能被正确分类的实例，即反例。

(4) 把当前窗口中的实例与反例中的一些组合形成新的窗口。

(5) 重复步骤(2)～(4)，直到所有实例被正确分类，即不存在反例为止。

在算法的第(4)步中，有两种产生新窗口的策略。

(1) 保留老窗口中所有实例，同时加入由用户指定个数的不能正确分类的实例，这使得窗口逐渐增大。

(2) 保持 W 不变，对生成的决策树的每个叶节点保留一个实例，将其他实例用那些不能被分类的实例取代。

这两种策略都很有效，但第(2)种策略对过于复杂的概念学习问题有时不能收敛。

ID3 算法的不足之处如下：

- 不能处理噪声数据。如果子集中还存在不是属于同一类的实例，ID3 就要对其进行划分，那些错误的属性值引起的噪声数据可能导致 ID3 产生过于复杂的决策树以致降低其分类精度。
- 不能处理有未知属性值的情况。
- 学习结果为决策树，难以理解。

4. Induce 算法

Induce 算法是由 Dietterich 和 Michalski 提出的模型驱动的学习方法。这种方法又称为生成-测试假设法，它的基本思想是不断生成假设 H，对 H 进行测试，直到 H 满足某种准则，从而完成概念学习。下面就用 Induce 算法为例说明这种技术的思想。

Induce 是一种仅从正例中学习概念的结构化学习方法。它从最具体的描述开始，逐步抽象。这种学习过程类似于候选项删除算法中寻找 S 集，但它又运用了某种基于模型的启发式方法来裁剪 S 集，使得只有少量抽象概念被发现。Induce 中主要过程可概括如下。

算法 Induce：

(1) 初始化。从训练实例中随机选取规模为 W(设定为一个常数)个训练实例作为初始

假设集 H,这里的常数 W 称为定向宽度,它限制了假设 H 的规模。

(2) 概念生成。将 H 中的每个实例或概念使用所有可能的方式去掉单一的合取条件后,作最小的泛化,形成新的假设集 H。

(3) 修剪不合理的假设。这种裁剪依据概念描述的句法特性及系统所覆盖的实例数进行,其评估的标准是,既简单又能覆盖较多实例的概念描述比既复杂又覆盖较少实例的概念描述要好,经过修剪保留 H 中 W 个最好的概念描述。

(4) 测试。检查 H 中是否存在一个概念描述覆盖了所有的或足够多的实例,如果有这样一个概念,这将它从 H 中去掉,并放入一个目标概念集合 C 中。

(5) 重复步骤(2)~(4)直到 C 达到预定的规模或 H 为空。

Induce 搜索过程如图 14-5 所示,图中每个节点表示一个描述,上面的节点比下面的节点更一般。图中符号○表示有后继节点,□表示被删除的节点,●表示保留的规则节点,该节点将放入 C 集合中,图中的规模 $W=7$。

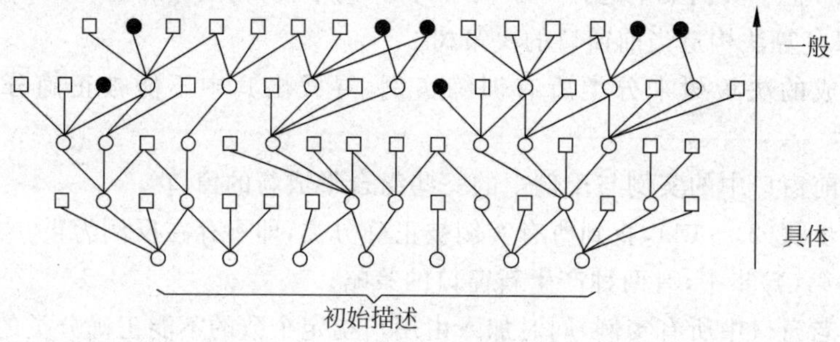

图 14-5 Induce 搜索过程

Induce 采用单一的表示策略,实例可看作是非常具体的规则,这使得搜索中的抽象工作比较容易进行,抽象的方式有多种,举例如下。

(1) 删除合取条件法 $[H(x)=R][H(y)=R]\rightarrow[H(x)=R]$

(2) 内部析取法 $[H(x)=R]\rightarrow[H(x)=R,B]$

(3) 放宽约束法 $[H=25]\rightarrow[H>24]$ 或者 $\rightarrow[H<26]$

(4) 变常元为变元法 $[H(a)=\mathrm{Bar}]\rightarrow[H(x)=\mathrm{Bar}]$等。

Induce 算法同描述空间法相比,速度较快。同其他所有模型化方法一样,Induce 具有良好的抗噪声能力。但它也有许多不足之处,主要表现在以下几个方面。

(1) 在第(3)步删除描述及第(4)步终止搜索时,缺乏强有力的模型指导。

(2) 在第(2)步的抽象操作要计算 H 中每个假设的所有可能的单步抽象式,这需要较大的空间开销。

(3) 由于在搜索过程中不断修剪,使得它不完备,无法找到覆盖所有实例的最小抽象概念。

(4) 不能引入渐进式学习,必须向算法同时提供所有实例。

5. SPARC 算法

SPARC 算法是由 Dietterich 提出的一种模型驱动的学习方法,也称为模式例化方法。它通过某种合适的模式指导搜索,并限制在规则空间的一部分上进行搜索。下面用实例来说明 SPARC 算法的思想。

SPARC 系统是用来解决扑克牌游戏 Eleusis 中的学习问题的。在该游戏中，玩家要试图发现庄家制订的秘密的出牌规则。这个规则描述了庄家出牌的顺序，玩家在庄家每次出牌后，将自己手中的扑克牌放一张在庄家的牌之后，如果放错牌，即违反了庄家制定的秘密的出牌规则，则罚他再放一张，玩家手中扑克牌出完后游戏宣告结束。游戏的出牌记录及庄家的秘密规则如下。

例 14.1

主行	3H	9S	4C	9D	2C	10D	8H	7H	2C	5H
辅行		JD	AC	AH			10C			
		5D	8C	10H						
					AS					

规则：如果上张牌为奇数点，出黑色牌；

如果上张牌为偶数点，出红色牌。

其中，每张牌用 XY 表示，X 为点数，可以为 2，3，…，Q，K，A；Y 为花色，分别用 C 表示梅花，D 表示方块，H 表示红桃，S 表示黑桃。主行记录了序列中所有正确的出牌，辅行中则是不正确的出牌。如第一张牌为红心 3，下一张如果出梅花 9 就正确，出方块 J 或者方块 5 均不正确。

在游戏中有 3 类规则，与之对应有 3 个参数化的模式。

(1) 周期规则。周期规则描述出牌序列的重复特性。如"红牌与黑牌交替出现"便是一条周期规则。这类规则的模式可用一 N 元组描述：$<C_1, C_2, \cdots, C_N>$，参数 N 表示周期的长度。如上述规则可表示为一个 2 元组：

$<\mathrm{Red}(\mathrm{card}_{i-1}), \mathrm{Black}(\mathrm{card}_i)>$

(2) 解析规则。解析规则用一系列 if-then 规则来描述整个布局。如：

if 上张牌的点数为奇数，then 出黑色牌；

if 上张牌的点数为偶数，then 出红色牌

是一条解析规则。这类规则的模式就是对规则中每个 if-then 部分用一个合取项表示，所有 if 部分互斥且必须包括所有可能性。如上述规则可写为

$\mathrm{ODD}(\mathrm{card}_{i-1}) \rightarrow \mathrm{BLACK}(\mathrm{card}_i) \lor \mathrm{EVEN}(\mathrm{card}_{i-1}) \rightarrow \mathrm{RED}(\mathrm{card}_i)$

(3) 析取规则。析取规则包括任何能表示合取项的析取式的规则。如"出与前张牌相同花色或相同点数的牌"是一条析取规则，它可表示为

$\mathrm{RANK}(\mathrm{card}_i) = \mathrm{RANK}(\mathrm{card}_{i-1}) \lor \mathrm{SUIT}(\mathrm{card}_i) = \mathrm{SUIT}(\mathrm{card}_{i-1})$

每个模式均有它自己的规则空间，通过例化模式得到的所有规则的集合。SPARC 采用单一的表示策略，整个算法可描述如下。

算法 SPARC：

(1) 参数化一个模式。SPARC 选择一个模式并选取某一个特定值来作为该模式的参数。

(2) 解释一个训练实例。将训练实例(即布局中的牌)转化成具体规则以适合于被选模式。

(3) 例化该模式。抽象转化实例，以适应该模式。

(4) 评估例化后的模式。决定模式与数据匹配的程度,去掉很不合适的规则。

下面用上面的例14.1来说明这个算法。

在第(1)步中,最终选取解析模式($L=1$)。

在第(2)步中,将实例转化为相应规则空间中的具体规则,如前4张牌可表示如下。

① (正例) <3,hearts,red,odd>→<9,spades,black,odd>

② (反例) <9,spades,black,odd>→<J,diamonds,red,odd>

③ (反例) <9,spades,black,odd>→<5,diamonds,red,odd>

④ (正例) <9,spades,black,odd>→<4,clubs,black,even>

在第(3)步中,产生以下例化模式

<*,*,*,odd>→<*,*,black,*>∨

<*,*,*,even>→<*,*,red,*>

在第(4)步中,判断出这条规则与训练实例完全一致,而且句子很简单。因此,可看作是庄家的秘密规则。

模式例化的方法能很快找到似然假设,并具有抗噪声的特点,但也有以下不足之处。

(1) 很难将约束分离开并重新组合形成一个模式。

(2) 必须为每个模式实现一个特定的模式例化算法,这使得它难以用于新的领域。

(3) 要为每个模式建立一套独立的解释方法。

14.3 基于解释的学习

解释实例、总结工作和训练的经验是学习的好方法,也是机器学习领域的热点之一。前面讨论了归纳的学习方法,该方法从根本上说是以数据为主导的,相应的研究成果较少考虑背景知识对学习的影响。基于解释的学习(Explanation-Based Learning,EBL)则力图反映人工智能领域里基于知识的研究和发展趋势,将机器学习从归纳学习方法向解释学习方法的方向发展。

14.3.1 基于解释学习的基本原理

基于解释的学习产生于基于实例学习的分析方法。它不仅将实例作为一组相互独立的特征集,而且在背景知识中考察每一实例,从而得到改进系统学习能力的一般原理。从人类的学习行为中也可以观察到:经常可以从单个实例的发展过程中得到问题求解的一般概念或规则。例如,教师向学生教授某门知识,教师往往先向学生提供先例,让学生练习,并期望学生在练习以后能发现一般原理。学生必须设法找出先例与练习间的因果关系,并用先例引导练习,把这个过程中学习到的东西上升到原理,然后将原理存储在大脑供检索使用。例如,在学习一元二次方程 $ax^2+bx+c=0\ (a\neq 0)$ 的求解方法时,教师要给出其求解公式和实例,学生要再自己练习,要根据老师的先例自己尝试一个例子,然后领会一般的方法。

14.3.2 基于解释学习的一般框架

基于解释的学习过程将大量的观察事例汇集在一个统一、简单的框架内,通过分析为什么一个实例是某个目标概念的例子,对分析过程(一个解释)加以推广,剔去与具体例子有关的成分，从而产生目标概念的一个描述。通过对一个实例的分析学习，抽象的目标概念被具体化了，从而变得更易理解与操作，为类似问题的求解提供有效的经验。

基于解释学习的一般框架可描述如下。

给定：领域知识、目标概念、训练实例和操作性准则。

找出：满足操作性准则的关于目标概念的充分条件。

更形式化一点，可以用一个 4 元组：$<\mathrm{DT},\mathrm{TC},E,C>$来表示基于解释的学习的一般框架。其中，DT 代表域理论(Domain Theory)，它包含一组事实和规则，用于证明或解释训练实例如何满足目标概念；TC(Target Concept)为目标概念的非操作性描述；E 为训练实例，即相应于 TC 的一个例子；C 称为操作性准则(operationality criterion)，用以表示学习得到的目标概念可用哪些基本的可操作的概念表示，C 是定义在概念描述上的一个二阶谓词。

基于解释的学习任务是从训练实例中找出一个一般描述，该描述中的谓词均是可操作的，且构成目标概念成立的充分条件。

例 14.2 这个例子是一个用 Prolog 语言(一种基于一阶谓词逻辑的描述语言)描述的基于解释的学习系统的实例。

有一个自杀事件，其应用模型如下。

领域理论 DT：

如果一个人感到沮丧，他会恨自己；

hate(x,x) :--depressed(x)

如果一个人买了某物，那么他就拥有该物；

possess (x,y) :--buy (x,y)

猎枪是武器，手枪也是武器；

weapon(x) :--shotgun(x)

weapon(x) :--pistol(x)

目标概念 TC：

如果 x 恨 y，并且 x 拥有武器 z，那么 y 可能被 x 所杀，即

kill(x,y) :--hate (x,y),weapon (z),possess(x,z)

操作准则 C：

谓词 depressed,buy,shotgun,pistol 均为可操作性谓词，即

operational(depressed(x))

operational(buy(x,y))

operational (shotgun(x))

operational (pistol(x))

在操作准则中，operational 是谓词，它的变元也是谓词，所以操作准则是二阶谓词。

在这一例子中，学习任务是获得一条判断自杀的法则，所使用的实例为下面要讨论的 John 自杀事件中 3 条事实。

14.3.3 基于解释的学习过程

基于解释的学习过程可分为以下两个阶段。

(1) 分析阶段。生成一棵证明树，解释为什么该实例是目标概念的一个实例。

(2) 基于解释的抽象阶段(Explanation-Based Generalization, EBG)。通过将实例证明树中的常量用变量进行替换,形成一棵基于解释的抽象树(简称EBG树),从而得到目标概念的一个充分条件。

在前面的例子中,因为系统要学习关于“自杀”这一概念,首先在分析阶段求解的目标:

? -kill (john, john)

这是一个Prolog表达式,即判定john是否自杀。由分析阶段可得到如图14-6所示的证明树。

由基于解释的抽象阶段,通过实例证明比较,基于解释学习EBG树将实例证明树中所有常量均用变量加以替换,并且保持一致替换,得到图14-7所示的EBG树。

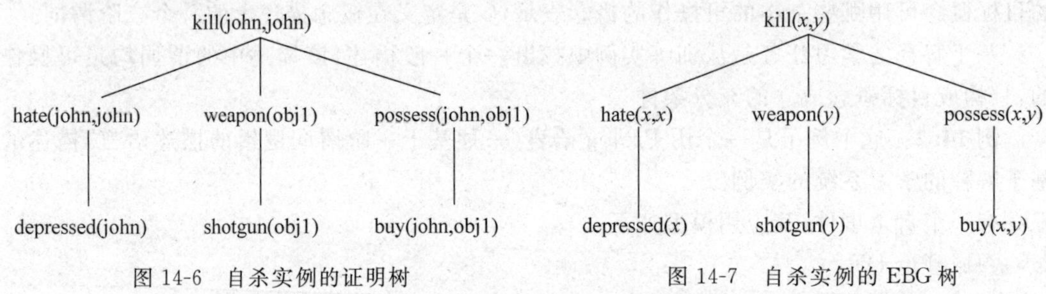

图14-6 自杀实例的证明树

图14-7 自杀实例的EBG树

由于这个EBG树中每个叶节点对应的概念均是可操作的,因此可以得到判断“自杀”的一个充分性条件:“如果某人感到沮丧,且买了猎枪,则某人可能是自杀而死。”相应的规则为

kill(x, x) :-- depressed (x), shotgun (y), buy (x, y)

这就是基于解释的学习过程得到的一个规则。

14.4 基于类比的学习

类比(analogy)是一种很有效的推理方法,利用它可以清晰地表达截然不同的对象间的相似性。同时,借助这种相似性进行推理后,人们可以领会或表达出来某些概念相应的内涵。

14.4.1 类比学习的一般原理

人类学习过程往往借助于类比推理来进行。例如,学生在学习某个知识点时,先由老师演示例题,然后把相应的习题留给学生练习。学生在练习时,将例题和习题对比,找出相似性,然后利用这种相似性进行推理找出相应的解题方法,这就是一种类比学习方法。一般来说,类比学习就是用类比推理来比较源域和目标域,以发现目标域中的新性质。

类比学习过程分为两步:首先归纳找出源域和目标域的公共性质;然后演绎地推出从源域到目标域映射,得出目标域的新性质。

不难看出,类比学习过程既有归纳过程,又有演绎过程。所以,类比学习是演绎学习和归纳学习的组合,是由一个系统已有某领域中类似的知识来推测另一个领域里相关知识的过程。

14.4.2 类比学习的表示

下面以 Winston 所研究的在实际环境中由类比引起学习的系统为背景，讨论类比学习方法和工作过程。假设对象的知识是用框架集来表示的，则类比学习过程可描述为从一个称为源框架的槽值传送到另一个称为目标框架的槽的过程，其传递过程分为以下两个步骤：

(1) 利用源框架产生若干候选槽，并将这些槽值送到目标框架中去。

(2) 利用目标框架中现有的信息来筛选上一步提取出来的相似性。

下面用一个实例来说明类比过程。

例 14.3 考虑消防车与比尔之间的相似关系，关于消防车与比尔的框架如下：

消防车	是一个(ISA)	车辆
	颜色	红
	活动级	快
	音量	极高
	梯高	高
	燃料效率	中等
比尔	是一个(ISA)	人
	性别	男
	活动级	
	音量	
	进取心	中等
进取心	是一种(ISA)	个人品质

其中，消防车是源框架；比尔是目标框架。目的是通过类比用源框架的信息来扩充目标框架的内容。为此，先推荐一组槽可以传递槽值，这要用到以下的几条启发式规则：

(1) 选择那些用极值填写的槽。

(2) 选择那些已知为重要的槽。

(3) 选择那些与源框架性质相似且还不具有的槽。

(4) 选择那些与源框架性质相似且不具有这种槽值的槽。

(5) 使用源框架中的一切槽。

在类比学习中相继使用这些规则，直至找到一组相似性为止，并进行相应的传递。将以上规则应用于例 14.3 的结果为：

(1) 用规则 1，活动级槽和音量槽填有极值，可以首先列选。

(2) 用规则 2，因本例无确认为重要的槽，所以无候选者。

(3) 用规则 3，将选择梯高，因为该槽不会出现在其他类型的车辆中。

(4) 用规则 4，颜色槽可选，因为其他卡车的颜色不是红色的。

(5) 若使用最后一条规则，则消防车的所有槽都列选。

14.4.3 类比学习的求解

在从源框架选择的槽建立起一组可能的传送框架之后，必须用目标框架的知识加以筛选，使用这种知识的启发式规则如下。

(1) 选择那些在目标框架中尚未填入的槽。

(2) 选择那些出现在目标框架"典型"示例的槽。

(3) 若第(2)步无可选者,则选择那些与目标框架有紧密关系的槽。

(4) 若仍无可选者,则选择那些与目标框架类似的槽。

(5) 若再无可选者,则选择那些与目标框架有紧密关系的槽类似的槽。

在例14.3中,应用上述规则可得以下结果。

(1) 应用规则1,将不删除任何推荐的槽。

(2) 应用规则2,将选择活动级槽和音量槽,因为在关于人的框架中通常会出现这两个槽。以上的例子属于这种典型,这两个槽虽然没有值,它们还是放在比尔的框架中。

(3) 若有些典型的示例槽未被推荐,则规则4会选择这些在其他关于人的框架中会出现的槽,由于人类具有身高,所以选择一个身高槽。

(4) 如果活动级和音量这两个槽已清楚地标明为典型人的一部分,它们仍会被这些规则选上。由于有进取心这个槽,且已知它属于个人品德,所以其他的个人品质也应该列选。

(5) 若进取心对比尔是未知的,而对其他人是已知的,则其他的个人品质槽将被选上。

以上过程结束时,描述比尔的框架如下:

比尔	是一个(ISA)	人
	性别	男
	活动级	快
	音量	极高
	身高	高
	进取心	中等

可以看出类比学习过程也依赖于知识表示和推理技术,在类比学习过程中合理地使用这些技术,能够形成一种合理的、有效的学习方法。

14.4.4 逐步推理和监控的类比学习

另一个类比学习的模型是Burstein在1986年提出的逐步推理和监控的类比学习。这个模型有两个主要观点:一个观点是,在新领域中学习所用的类比取决于利用在原有领域中形成的因果关系抽象;另一个观点是,类比是逐步扩展的,以便处理有关的情况。

在这种学习模型之下,他开发了CARL系统,该系统可以学习Basic语言赋值语句的语义。还可以分析学生在这个问题学习中的表现和错误。

考虑学习程序设计语言中变量的概念。在计算机中变量类似于盒子,数字存储在变量中就类似于某种物体放在盒子中。如果学生了解物体放入盒子的含义,他就可以由类比理解"为了把数值5放入变量X,应使用语句$X=5$"。这种类比建立了两个领域之间的某种映射关系。但用这种类比理解程序设计的另一些问题时,却可能出错。例如,学习会把"$X=Y$"理解为把变量Y放入变量X。因为类比毕竟是一种有用但不完善的映射,所以这种错误是难免的。这个例子说明,在由类比发展新概念的过程中,应不断监控推理过程。

下面通过一段教师和学生的对话来分析类比学习过程。

教师:假设有一个盒子叫X,要把数字5存在里面,你想怎么办?

学生:把数值5放在变量X中。

教师：你必须给它一个命令，告诉它怎样做。例如，我输入"$B=10$"。

学生：B 等于是 10。

教师：现在有了盒子 B，而且其中是 10。

学生：你写了盒子，再说要存的数。

教师：还要写一个等号，告诉它这样做。

这里有 3 个普通的类比：把数放在变量中类似于把物体放在盒子中；计算机用变量保存它被告知的东西；赋值语句类似代数等式。

这些类比从不同方面帮助理解赋值的含义，用多个类比的效果要比只用一个类比好。

CARL 程序能体现出学习模型的许多方面。它在学习中可用类比分析新的情况，可以在学习的过程中，通过解释和指出类比中的正确和错误之处，肯定类比学习中正确的推理，排除错误的推理。CARL 系统在学习各种赋值语句时，学习过程是构造和组合多个类比得到的推理。

CARL 的类比推理接受了心理学中对类比学习研究的影响。Gentner 给出了类比学习的认知模型。他使用的例子是"氢原子像太阳系；电流流过导线类似于水流过水管"。在他的模型中，有一个从原有领域到新的领域的恒等映射。恒等映射联系了两个领域中的一阶关系，这些一阶关系是领域中对象间的关系。恒等映射同时也联系了两个领域中的二阶谓词，二阶谓词是一阶关系之间的因果链，如太阳系类似氢原子的映射模型如图 14-8 所示。

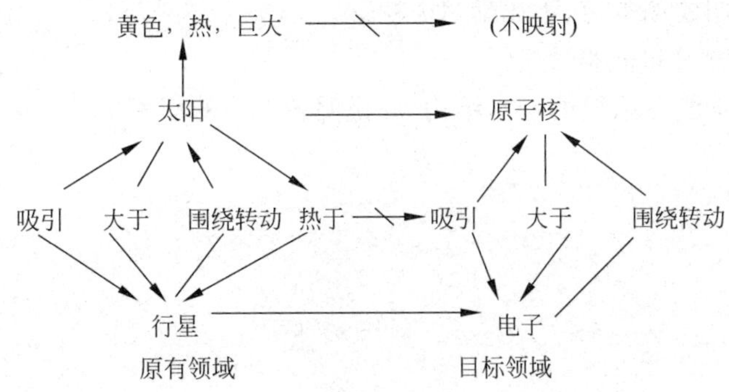

图 14-8　太阳系类似氢原子的映射模型

在图 14-8 中，太阳大于行星的关系映射到原子核大于电子的关系。但是太阳热于行星的关系没有映射到原子模型，人们不会认为由类比可以得到原子核热于电子。Gentner 对这种情况的解释利用了约束系统，这个约束系统是在两个关系"吸引""大于"和另一个关系"围绕转动"之间建立因果联系，也就是说，因为有"吸引"和"大于"关系，所以有"围绕转动"关系，这个因果联系是二阶谓词。如果类比学习中注意这种因果联系的映射，那么在已知太阳系模型中有这 3 个关系后，就可以类推出在原子模型中也应同时有这 3 个关系成立。

在 CARL 中，对这种约束条件进行了改造。一种情况是，当在原有论域中找到一个因果联系结构时，只把与该结构有关的关系映射到目标领域。例如，模型中应考虑待确定的类比（未发现因果结构）和含糊的类比（发现了几个因果结构）。另一种情况是，如果目标领域中的对象不能在同样的关系级别上比较，而且教师未提出相应的属性，那么这些属性的比较（如热于、大于等）就不进行映射。

通过对 CARL 的类比学习进行分析，对类比学习有下列认识：

(1) 类比映射应充分利用在原有领域中找到的因果联系。类比学习应依赖较大知识结构的映射,而不是关系和对象这类简单知识的映射。

(2) 同时使用多个类比要比只用一个类比好,因为多个类比的组合有利于发现错误。

(3) 类比学习和监控的过程,应不断发现错误并修改推理。

习 题 14

14.1 学习方法有哪几种分类方法? 它们各是怎样进行分类的?

14.2 机器学习中要使用到哪些推理方法? 试简述这些推理方法。

14.3 试简述基于解释学习的一般框架,并用实例进行说明。

14.4 类比学习的一般原理是什么? 举例说明实际生活中类比学习的实例。

14.5 什么是归纳学习? 归纳学习一般可以分为哪几种学习形式?

14.6 尝试一下决策分析的方法来猜一个人或物的2人游戏,回答者事先想好一个东西或人,然后让提问者提问,回答者回答是或否,看提问者在20次之内是否可以猜出回答者事先想好的人或物。如回答者想好了一个答案就是爱因斯坦,提问者问"这个东西是一个人吗?",回答者回答"是";提问者再问:"是演员吗?",回答者回答:"否"……这样一直进行下去。

14.7 举例说明实例学习、类比学习方法。

14.8 什么是学习和机器学习?

14.9 试述机器学习系统的基本结构,并说明各部分的作用。

第 15 章　人工神经网络

"人工神经网络"(Artificial Neural Network,ANN)是在对人脑组织结构和运行机制的认识理解基础之上模拟其结构和智能行为的一种工程系统。早在 20 世纪 40 年代初期,心理学家 McCulloch、数学家 Pitts 就提出了人工神经网络的第一个数学模型,从此开创了神经科学理论的研究时代。其后,Rosenblatt、Widrow 和 Hopfield 等学者又先后提出了感知模型,使得人工神经网络技术得以蓬勃发展。

15.1　人工神经网络的特点

人工神经网络的以下几个突出的优点使它近年来引起人们的极大关注。

(1) 可以充分逼近任意复杂的非线性关系。

(2) 所有定量或定性的信息都等势分布储存于网络内的各神经元,故有很强的鲁棒性和容错性。

(3) 采用并行分布处理方法,使得快速进行大量运算成为可能。

(4) 可学习和自适应不知道或不确定的系统。

(5) 能够同时处理定量、定性知识。

为什么人工神经网络具有这些优越性,下面从它的基本定义和基本原理开始分析。

1. 人工神经网络的定义

人工神经网络模拟人脑及其活动的一个数学模型,它由大量的处理单元通过适当的方式互连构成,是一个大规模的非线性自适应系统。1988 年 Hecht-Nielsen 曾经对人工神经网络给出了以下的定义:

"人工神经网络是一个并行、分布处理结构,它由处理单元及称为连接的无向信号通道互连而成。这些处理单元(process element)具有局部内存,并可以完成局部操作。每个处理单元有一个单一的输出连接,这个输出可以根据需要被分支多个并行连接,且这些并行连接都输出相同的信号,即相应处理单元的信号及其信号的太小不因分支的多少而变化。处理单元的输出信号可以是任何需要的数学模型,每个处理单元中进行的操作必须是完全局部的。也就是说,它必须仅仅依赖于经过输入连接到达处理单元的所有输入信号的当前值和存储在处理单元局部范围的值。"

该定义主要强调了神经网络的 4 个方面的内容:并行、分布处理结构;一个处理单元的输出可以被任意分支,且大小不变;输出信号可以是任意的数学模型;处理单元的局部操作。

这里所说的处理单元就是人工神经元(Artificial Neuron,AN)。

按照 Rumelhart、McCelland、Hinton 等提出的 PDP(Parallel Distributed Processing)模

型,人工神经网络由 8 个方面的要素组成:一组处理单元(PE 或 AN);处理单元的激活状态(a);每个处理单元的输出函数(f);处理单元之间的连接模式;传递规则;把处理单元的输入及当前状态结合起来产生激活值的激活规则(F);通过经验修改连接强度的学习规则;系统运行的环境(样本集合)。

这 8 个要素组成的 PDP 模型可表示成如图 15-1 所示的形式。

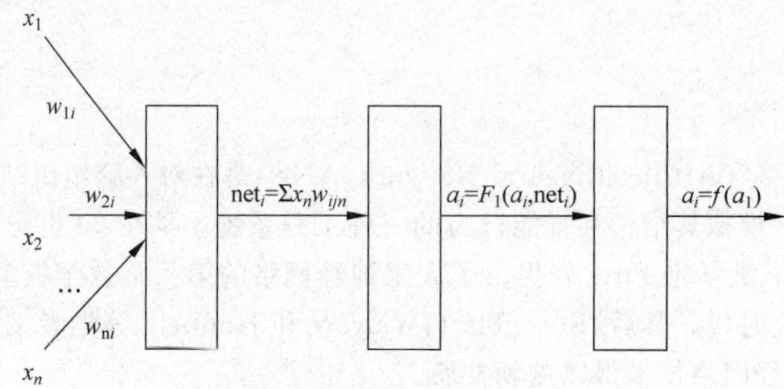

图 15-1 PDP 模型下的人工神经元模型

1987 年,Simpson 从人工神经网络的拓扑结构出发,给出了一个简明扼要的定义:

"人工神经网络是一个非线性的有向图。图中含有可以通过改变权值大小来存放模式的加权边,并且可以从不完整的或未知的输入找到模式。"

对一般的应用来说,人工神经网络除了可以叫做并行分布处理系统(PDP)外,还可以叫做人工神经系统(ANS)、神经网络(NN)、自适应系统(adaptive systems)、自适应网络(adaptive networks)、连接模型(connectionism)、神经计算机(neuron computer)等。

人工神经网络不仅在形式上模拟了生物神经系统,它在以下两个方面确实具有大脑的一些基本特征:

(1) 神经元及其连接。从系统构成的形式上看,由于人工神经网络是受生物神经系统的启发构成的,从神经元本身到连接模式,基本上都是以与生物神经系统相似的方式工作的。这里的人工神经元(AN)与生物神经元(BN)相对应,可以改变强度的连接则与突触相对应。

(2) 信息的存储与处理。从表现特征上来看,人工神经网络也力求模拟生物神经系统的基本运行方式,并且可以通过相应的学习/训练算法,将蕴涵在一个较大数据集中的数据联系抽象出来,就像人们可以不断地探索规律、总结经验一样,可以从先前得到的例子中找出一般规律或一般框架,再按要求产生出新的实例。

2. 人工神经网络的学习能力

人工神经网络可以根据所在的环境去改变它的行为。也就是说,人工神经网络可以接受用户提交的样本集合,依照系统给定的算法,不断地修正用来确定系统行为的神经元之间连接的强度。而且在网络的基本构成确定之后,这种改变是根据其接受的样本集合自然进行的。一般来说,用户不需要再根据所遇到的样本集合去对网络的学习算法做相应的调整。也就是说,人工神经网络具有良好的学习功能。

神经网络与传统的人工智能系统的学习问题形成对照。在传统的人工智能系统的研究中,虽然人们对"机器学习"问题给予了足够的重视并倾注了极大的努力。但是,系统的自学习能力差依然是阻碍这些系统获得广泛应用的最大障碍。而人工神经网络具有良好的学习功能的这一性能，使得人们对它产生了极大的兴趣。人工神经网络的这一特性称为“自然具有的学习功能”。

在学习过程中，人工神经网络不断地从所接受的样本集合中提取该集合所蕴涵的基本信息，并将其以神经元之间的连接权重的形式存储在系统中。例如，对于某一模式，可以用它的含有不同噪声的数据去训练一个网络，在这些数据选择得比较恰当的前提下，使得网络今后在遇到类似的含有一定缺陷的数据时，仍然能够得到它对应的完整模式。这表明，人工神经网络可以学会按要求产生它从未遇到过的模式。人工神经网络的这一功能叫做“抽象”。

目前，对应不同的人工神经网络模型，有不同的学习/训练算法。而且，同种结构的网络也可能拥有不同的算法，以适应不同的应用要求。对一个网络模型来说，其学习/训练算法是非常重要的。很多一般的多级网络学习/训练算法，虽然已被发现并应用多年，今天仍然有许多人在研究如何提高它的训练速度和性能。

15.2　人工神经网络的基本原理

人工神经网络是由大量的处理单元（即神经元）广泛的互相连接而形成的复杂的网络系统，也称为高度复杂的非线性动力学系统，它对人脑系统进行某种简化、抽象和模拟，反映了人脑的许多基本的特性。

1. 生物神经元的结构

神经系统的基本构造是神经元，神经元（neuron）即神经细胞，它是神经系统最基本的单元，它是处理人体内各部分之间相互信息传递的基本单元。神经元的形状和大小是多种多样的。图 15-2 所示为神经元的基本结构，它由细胞体（cell body 或 soma）和突（process）两部分组成。细胞体是神经元的主体，它是由细胞核、细胞质和细胞膜 3 部分构成。突又分轴突（axon）和树突（dendrite）两类。轴突是个突出部分，长度可达 1cm，把神经元的输出信号（兴奋）发送至连接的其他神经元。树突也是突出部分，但一般较短，且分枝很多，与其他神经元的轴突相连，以接收来自于其他神经元的生物信号。轴突和树突共同作用，实现了神经元之间的信息传递。轴突的末端与树突进行信号传递的界面称为突触（synapse），通过突触向其他神经元发送信号。在这个过程中，对某些突触的刺激促使神经元触发（fire），只有神经元所有输入的总效应达到阈值电平，它才能开始工作。越来越多的证据表明，学习发生在突触附近，而且突触把一个神经元轴突的脉冲转化为下一个神经元的兴奋或抑制。神经元细胞体将接收到的所有信号进行简单处理（如加权求和，即对所有的输入信号都加以考虑且对每个信号的重视程度——体现在权值上——有所不同）后由轴突输出。

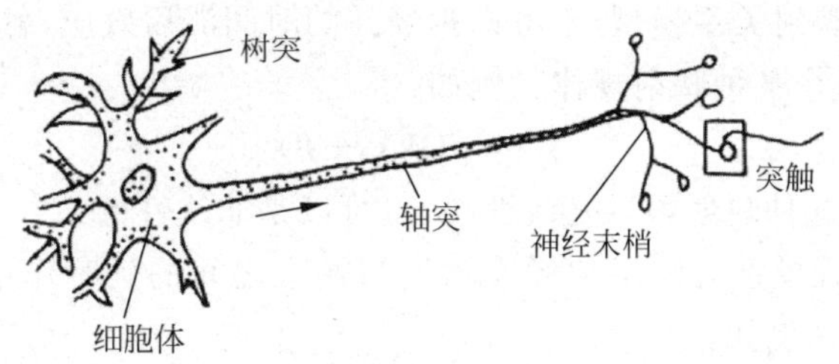

图 15-2　生理神经元的基本结构

脑神经生理科学研究结果表明，每个人的大脑含有 $10^{11}\sim10^{12}$ 个神经元，每个神经元又约束 $10^3\sim10^4$ 个突触。神经元通过突触形成的网络，传递神经元之间的兴奋与抑制信号。大脑的全部神经元构成极其复杂的拓扑网络群体，用于实现记忆与思维。

2. 人工神经元的组成

人工神经网络或模拟神经网络是由模拟神经元或形式神经元广泛互连而成的系统，所谓形式神经元是指对生物神经元的抽象与模拟。这里所说的抽象是从数学角度描述而言的，而模拟是指对神经元的结构和功能而言的。它的这一结构特点决定着人工神经网络具有高速信息处理的能力。从这一角度出发，可把人工神经网络看成是以处理单元 PE(Processing Element)为节点、用加权有向弧相互连接而成的有向图。其中，处理单元是对生理神经元的模拟，而有向弧则是对轴突-突触-树突对的模拟，有向图的权值表示两处理单元的相互作用的强弱。

用神经网络的术语来说，即人脑具有 $10^{14}\sim10^{16}$ 个互相连接的存储潜力。虽然每个神经元的运算功能十分简单，且信号传输速率也较低(大约 100 次/秒)，但由于各神经元之间的极度并行互连功能，最终使得一个普通人的大脑在约 1 秒内就能完成的任务，现行计算机至少需要数 10 亿次处理步骤才能完成。

一般地，将形式神经元模型表示为图 15-3 所示的一个具有多输入-单输出的非线性阈值器件。

在图 15-3 中，$x_1, x_2, \cdots, x_n$ 表示某一神经元的 n 个输入；W_{ji} 表示第 j 个神经元与第 i 个神经元的突触连接强度，其值称为权值。若用 A_i 表示第 i 个神经元的输入总和，它相应于生物神经细胞的膜电位，称为激活函数。Y_i 表示第 i 个神经元的输出。θ_i 表示神经元(膜电位)的阈值。这样，形式神经元的输出可描述为

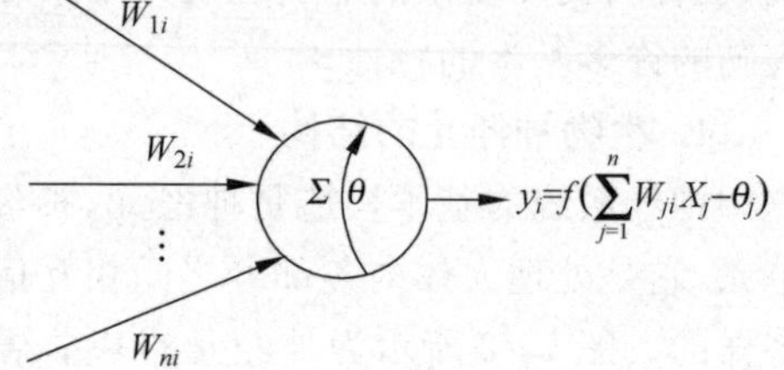

图 15-3 形式神经元模型表示

$$y_i = f(A_i)$$

$$A_i = \sum_{j=1}^{n} W_{ji}X_j - \theta_j$$

式中 $f(A_i)$ 为神经元输入/输出关系的函数，称为神经元功能函数、激活函数、作用函数、能量函数或传递函数。通常，神经元功能函数(激活函数) f 描述了神经元在输入信号作用下产生的输出信号的规律，这是神经元模型的外特征。它包含了从输入信号到净输入，再到激活，最终产生输出信号的过程。f 函数形式多样，它反映了神经元的线性特征，这些特征一般可分为 3 种类型：简单的映射关系、动态系统方程或概率统计模型。

(1) 对于简单的映射关系模型，不考虑神经元的时间滞后效应，各神经元构成的输出矢量 $\boldsymbol{Y}$ 与输入矢量 $\boldsymbol{X}$ 符合某种映射规律。例如：

$$\boldsymbol{Y} = f(\boldsymbol{WX} - \boldsymbol{\theta})$$

式中 $\boldsymbol{\theta}$ 是阈值矢量。这种映射可以是线性的，也可以是非线性的。

(2) 动态系统方程模型反映了神经元输出与输入之间的延时作用。通常，利用差分方程或微分方程来描述。例如：

$$\boldsymbol{Y}(t+1) = f(\boldsymbol{WX}(t) - \boldsymbol{\theta})$$

就是一个矢量差分方程。

(3) 概率统计模型的输出 $\boldsymbol{Y}$ 与输入 $\boldsymbol{X}$ 之间不存在确定性的关系，而是利用一个随机函数来说明神经元特性。如 1985 年 Hinton 等提出的波尔兹曼(Boltzmann)机就是一种神经元的概率统计模型，它利用了统计物理学和热力学中的一些基本概念。

3. 几个常见的神经元模型

激活函数(能量函数或传递函数)$f(A_i)$是表示神经输入/输出关系的函数，根据激活函数的不同，相应地有不同的形式神经元模型。下面介绍一些简单的基本神经元模型。

(1) 阈值型(threshold)。这种模型，神经元没有内部状态，激活函数 f 为一阶跃函数[图 15-4(a)]，它表示激活值(x 轴)和输出(y 轴)之间的关系。并根据激活的阈值产生 1 或 0 的输出，这个阈值也可以是一个随机向量。

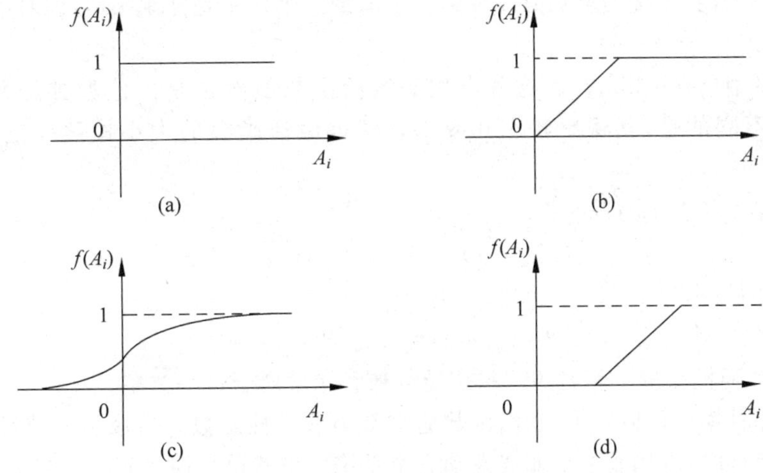

图 15-4 形式神经元模型及其神经元的输入/输出特性

阈值型神经元是一类最简单的形式神经元，由美国心理学家 McCulloch 和数学家 Pitts 共同提出，称之为 M-P 模型。在某一时刻，神经元处于何种状态由激活函数 f 决定。在图 15-4(a)中，如果 $A_i>0$，即神经元输入加权总和超过某个阈值，则第 i 个神经元将被激活，其状态 $f(A_i)$为 1；如果 $A_i\leqslant 0$，那么神经元不激活，其状态为 0。通常，将此规定称为阈值型神经元(或 M-P 模型神经元)的激活(或点火)规则，其数学表达式为

$$y_i = f(A_i) = \begin{cases} 1 & A_i > 0 \\ 0 & A_i \leqslant 0 \end{cases}$$

对于阈值型神经元，其输入的权值 W_{ji} 可在(−1,+1)区间连续取值。取负值表示抑制两神经元间的连接强度，正值表示加强。

(2) 线性饱和型(linear saturation)。线性饱和型又称为线性型，该种形式的神经元的输入/输出特性在一定的区间内满足线性关系[图 15-4(b)]，其输出可表达为

$$y_i = \begin{cases} 0 & A_i \leqslant 0 \\ CA_i & 0 \leqslant A_i \leqslant A_c \\ 1 & A_c \leqslant A_i \end{cases}$$

式中 C、A_i 均表示常量。通常，所有的物理系统都有一个有限的动态范围。在线性范围内系统是线性的，一直延缓到输出达到最大值 1，而且此后不再增大。

(3) S(sigmoid)型。这是一种连续型的神经元模型,其激活函数 f 称为西格莫伊德(Sigmoid)函数,简称S型函数,它是一个有最大输出值的非线性函数,如图15-4(c)所示,其输出值是在某个范围内连续取值的,输入/输出特性采用指数、对数或双曲正切等S型函数表示。例如,

$$y_i = f(A_i) = 1(1 + \exp(A_i))$$

或

$$y_i = f(A_i) = 1/(2(1 + \mathrm{th}(A_i/A_0)))$$

显然,S型激活函数反映了神经元的非线性输出特性。

(4) 子阈累积型(sub threshold summation)。这种类型的激活函数也是一个非线性的,如图15-4(d)所示。当所产生的激活值超过 T 值时,该神经元将被激活而产生一个反响。在线性范围内,系统的反响是线性的。子阈的一个作用是抑制噪声,即对小的随机输入不产生响应。

(5) 概率型(probability)。这种类型的激活函数虽然也是二值型神经元激活函数,但与前几类不同的是,其输出状态0或1是根据激活函数的大小按照一定的概率来确定的。

假定神经元状态1的概率为

$$P(S_i = 1) = 1/(1 + \exp(A_i/T))$$

则,状态为0的概率为

$$P(S_i = 0) = 1 - P(S_i = 1)$$

式中 T 为一个随机变量。著名的波尔兹曼机神经元就属于这一类型。

从以上几种模型可以看出,激活函数通常都为非线性函数。当众多的神经元连成一个网络并动态运行时,就构成一个非线性动力学系统。虽然单个神经元并不复杂且功能有限,但一个非线性动力学系统则会出现极为复杂、极为丰富的现象。

4. 人工神经网络的基本特点

一个人工神经网络通常有多个神经元,从单个神经元并不能得到系统的多少特性和现象,往往要看其整体的特性,它表现为一个高维非线性动力学系统。作为一个非线性动力学系统,神经网络具有一般非线性动力学系统的一切特征,如不可预测、不可逆性、多吸引子会出现混沌现象等,而且这种系统作为对人脑系统的模拟,具有许多特点,如信息的分布式存储、并行协同处理、容错性强和高维性。容错性强表现在能对不完整的或模糊的信息进行处理,并通过联想得出完整、清晰的图例。

人工神经网络的知识存储容量很大。在神经网络中,知识与信息的存储表现为神经元之间分布式的物理联系。它分散地表示和存储于整个网络内的各神经元及其连线上。每个神经元及其连线只表示一部分信息,而不是一个完整具体概念。只有通过各神经元的分布式综合效果才能表达出特定的概念和知识。

由于人工神经网络中神经元个数众多以及整个网络存储信息容量的巨大,使得它具有很强的不确定性信息处理能力。即使输入信息不完全、不准确或模糊不清,神经网络仍然能够联想思维存在于记忆中的事物的完整图像。只要输入的模式接近于训练样本,系统就能给出正确的推理结论。

正是因为人工神经网络的结构特点及其信息存储的分布式特点,使得它相对于其他的判断识别系统(如专家系统等)具有另一个显著的优点,即健壮性。生物神经网络不会因为

个别神经元的损失而失去对原有模式的记忆。最有力的证明是，当一个人的大脑因意外事故受轻微损伤之后，并不会失去原有事物的全部记忆。人工神经网络也有类似的情况。因某些原因，无论是网络的硬件实现还是软件实现中的某个或某些神经元失效，整个网络仍然能继续工作。

人工神经网络是一种非线性的处理单元。只有当神经元对所有的输入信号的综合处理结果超过某一阈值后才输出一个信号。因此，神经网络是一种具有高度非线性的超大规模连续时间动力学系统。它突破了传统的以线性处理为基础的数字电子计算机的局限，具有人类所具有的一些自适性、自组织、自学习等能力，它标志着人们智能信息处理能力和模拟人脑智能行为能力的一大飞跃。

5. 人工神经网络的数学基础

人工神经网络模拟涉及许多数学基础知识，尤其是非线性动力学系统及神经网络学习算法方面的数学基础。这里仅给出与人工神经网络结构相关的最基本的数学基础知识。

(1) 向量的内积与外积。人工神经网络的基本概念可用向量分析和线性代数的方法加以描述。

设给定一个 n 维向量

$$\boldsymbol{V}=(v_1,v_2,\cdots,v_i,\cdots,v_n)$$

式中 v_i 表示第 i 个分量。

向量可用两种方法来相乘。一种方法叫点积 $\boldsymbol{A}\cdot\boldsymbol{B}$，又称为向量积或内积；另一种方法叫外积。

内积由以下关系给出，即

$$\boldsymbol{U}=\boldsymbol{W}\cdot\boldsymbol{V}$$

在人工神经网络中，上式表示给定一个单元 $\boldsymbol{U}$，它接受来自 n 个单元的输入向量 $\boldsymbol{V}$ 和权向量 $\boldsymbol{W}$ 的内积。

两个向量的交积，也称为外积，其结果仍为向量。设三维空间中的两个向量

$$\boldsymbol{A}=(a_1,a_2,a_3)$$

$$\boldsymbol{B}=(b_1,b_2,b_3)$$

其外积可表示为

$$\boldsymbol{A}\times\boldsymbol{B}=[(a_2b_3-a_3b_2),(a_3b_1-a_1b_3),(a_1b_2-a_2b_1)]$$

(2) 矩阵运算与层次结构网络。向量与矩阵的乘积是一个重要的概念。设给定一个向量 $\boldsymbol{V}$ 和一个矩阵 $\boldsymbol{W}$，则它们的乘积为一向量

$$\boldsymbol{W}\cdot\boldsymbol{V}=\boldsymbol{U}$$

向量与矩阵的乘积，这种运算又称为映射。这里，$\boldsymbol{V}$ 被 $\boldsymbol{W}$ 映射成 $\boldsymbol{U}$，即

$$\boldsymbol{U}=\boldsymbol{W}\boldsymbol{V}$$

若用 $\boldsymbol{W}^{-1}$ 表示 $\boldsymbol{W}$ 的逆矩阵，则类似地有映射：

$$\boldsymbol{V}=\boldsymbol{W}^{-1}\boldsymbol{U}$$

图 15-5(a)就表示由 n 个输入单元和 m 个输出单元所构成的一个双层的人工神经网络。

在图 15-5(a)中，每个输入单元都连接到一个连接强度为 W_{ij} 的输出单元上。每个输出单元都计算它的权向量和输入向量的内积，即在第 i 个输出单元上的输出可作第 i 个单元

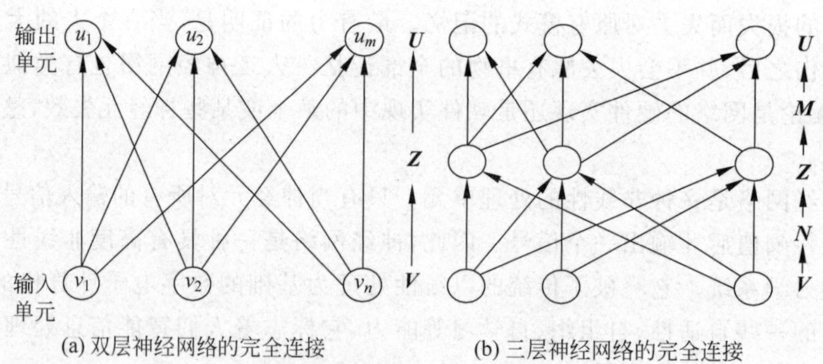

(a) 双层神经网络的完全连接　　(b) 三层神经网络的完全连接

图 15-5　神经网络的连接

的各个连接权与输入向量的内积。输入向量的分量是各输入单元的值,第 i 个单元的权向量是连接权矩阵 $\boldsymbol{W}$ 的第 i 行。

类似地,可将其扩展到多层系统,这时其中一层的输出将变成下一层的输入。图 15-5(b)所示为一个 3 层结构的神经网络。在图 15-5(b)中,在 $\boldsymbol{V}$ 层的单元与 $\boldsymbol{Z}$ 层的每个单元相连,$\boldsymbol{Z}$ 层的每个单元又依次连接到 $\boldsymbol{U}$ 层的每个单元上。

这样,输入向量 $\boldsymbol{V}$ 通过权矩阵 $\boldsymbol{N}$ 映射成向量 $\boldsymbol{Z}$,然后 $\boldsymbol{Z}$ 再通过权矩阵 $\boldsymbol{M}$ 映射成向量 $\boldsymbol{U}$。可表示

$$\boldsymbol{U} = \boldsymbol{MZ} = \boldsymbol{M}(\boldsymbol{NV})$$

在并行分布式处理的理论中,常采用向量及矩阵的转置和外积运算作为重要的数学工具,同样可以很方便地将其用于人工神经网络模型和算法研究。设

$$\boldsymbol{V}=[v_1\ v_2 \cdots v_n],\quad \boldsymbol{U}=[u_1\ u_2 \cdots u_n]$$

则

$$\boldsymbol{VU}^{\mathrm{T}} = \sum v_i u_i$$

其中,$\boldsymbol{U}^{\mathrm{T}}$ 是 $\boldsymbol{U}$ 的转置,上式常用来表示内积。

下面再看乘积 $\boldsymbol{V}^{\mathrm{T}}\boldsymbol{U}$,其中,$\boldsymbol{V}^{\mathrm{T}}$ 的列数与 $\boldsymbol{U}$ 的行数相同。根据矩阵乘法规则,它是 n^2 个内积,而且每一个内积是一个长度为 l 的向量,其结果为$(u_i v_j)_{n\times n}$,也称 $\boldsymbol{U}^{\mathrm{T}}\boldsymbol{V}$ 为外积。

外积的概念可用来表示一个神经网络的学习过程,如所谓的 Hebb 学习规则。一个特殊的矩阵可以通过与一个输出向量相联系的输入向量而产生,其过程就是所谓的联想学习。对于任一给定的向量 $\boldsymbol{V}$,当算出向量 $\boldsymbol{V}$ 和它的转置 $\boldsymbol{V}^{\mathrm{T}}$ 的内积时,就能生成有关存储状态唯一的一个存储矩阵。通常,输入向量并不一定是完整的信息,它可以是其中的一部分信息,或者是有干扰的信息。当这个不完整的信息与存储矩阵进行运算时,内积将给出完整的回答。

15.3　人工神经网络的基本结构模式

如前所述,尽管生物神经系统是一个充满神奇色彩和奥妙的复杂系统,结构精巧而宏大,但其基本构造和功能单元只有神经元,并通过突触构成错综复杂的神经元网络。因此,可以简略地认为,生物神经系统是以功能简单的神经元作为信号处理单元,通过广泛的突触连接形成庞大的信息处理网络,其强大的处理信息能力来自于规模宏伟的并行运算。

实际上,从神经系统处理信息的本质及从系统整体角度去分析,神经生物学最基本的认识如下。

(1) 神经元具有信号的输入、整合、输出 3 种主要功能作用和行为。

(2) 突触是整个神经系统各单元间信息传递的驿站,它构成各神经元之间广泛的连接。

(3) 突触具有可塑性,神经特质的数量可改变突触强度,从而使神经通路发生变化,即可使信号通道增强、变弱,甚至阻塞。这在客观上使生物神经网络的结构和状态具有可变性。

(4) 大脑皮质的神经元连接模式是生物体的遗传性与突触连接强度可塑性相互作用的产物,其变化是先天遗传信息所确定的总框架下有限度的自组织过程。

基于以上认识,人们认为人工神经网络均是由一群基本处理单元,即神经元,通过不同的连接模式所构成。人工神经元输出信号之间通过互相连接形成网络,互相连接方式称为连接模式。尽管目前的人工神经网络模型已涌现出上百种之多,但它们均是从神经生物学现象中所抽象出的最基本生物学事实衍生出来的。基本处理单元是对生物神经元的近似仿真,因而称为人工神经元。它仿效生物神经细胞最基本的特性,与生物原型相对应。人工神经元的主要功能是信号的输入、处理和输出。

人工神经元输出信号的强度反映了该单元对相邻单元影响的强弱。处理单元之间连接效率的大小,称作连接强度,也称为权重或连接权重。当网络的连接权矩阵确定后,网络的连接模式也确定了。所以连接模式也称为网络的连接权矩阵,它是对突触连接强度的模仿。相应的,连接模式可以不断修改。在人工神经网络中,改变信息处理过程或知识结构,就是修改处理单元间的相互连接模式。事实上,网络一切进化都可归结为通过学习不断修改连接强度,即修改权矩阵。

通常,权矩阵用$\boldsymbol{W}_{n\times n}$表示,矩阵元素$W_{ji}$表示从单元$U_j$到$U_i$的连接强度和性质。如果$U_i$对$U_j$是兴奋性作用,则$W_{ij}$为正数;反之,若$U_i$到$U_j$起抑制作用,则$W_{ij}$是一个负数,而$W_{ij}$的绝对值表示连接作用的强弱。除此之外,还有许多复杂的连接模式。它决定了网络的结构及信号处理的方式,因此不同的人工神经网络研究者建立了各种不同的神经网络互连结构。

15.4 人工神经网络互连结构

构造人工神经网络的一个很重要的步骤是构造神经网络的拓扑结构,由于单个神经元的功能是极其有限的,只有将大量神经元通过互连构造成神经网络,使之构成群体并行分布式处理的计算结构,方能发挥强大的网络运算能力,并初步具有相当于人脑所具有的形象思维、抽象思维和灵感思维的物质基础。

神经网络的互连结构往往决定和制约着神经网络的特性及能力,它部分地反映了生物神经系统工作的内在机理。根据神经元之间连接的拓扑结构的不同,可将神经网络的互连结构分为分层网络和相互连接网络两大类。

1. 分层网络结构

分层网络结构又称为层次网络结构,按层的多少,可分为单层、双层及多层的网络结构。

(1) 单层或双层网络结构。最早的神经网络模型的互连模式多数是单层或双层结构,如图 15-6 所示,这种互连模式是最简单的层次结构。在有些神经网络模式中,不允许属于同一层的神经元相互连接,如图 15-6(a)所示,感知机(perceptron)就是采用这种结构。而有的神经网络则允许属于同一层的神经元之间有相互连接,这种连接称为带侧抑制的,即属于同一层的神经元之间有相互抑制性连接。图 15-6(b)所示是单层局部互连结构。

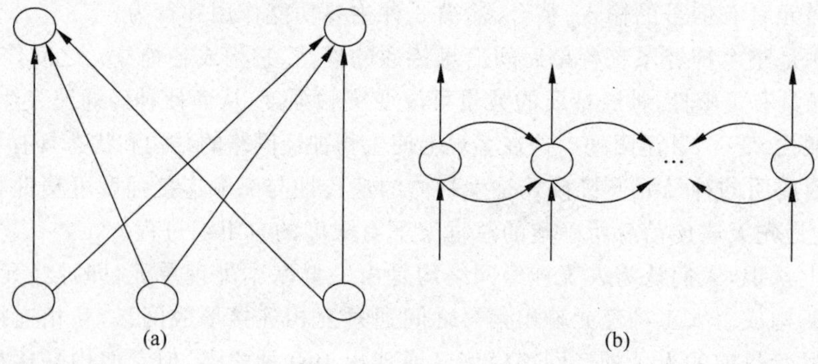

图 15-6　单层与双层神经网络互连结构

(2) 多层网络结构。在神经网络模型中,有一种十分典型的互连模式,这就是如图 15-7 所示的多层神经网络结构,这种互连模式的代表有简单的前向网络(BP 神经网络)模式、多层侧抑制(神经网络内有相互连接的前向网络)模式和带有反馈的多层神经网络模型。

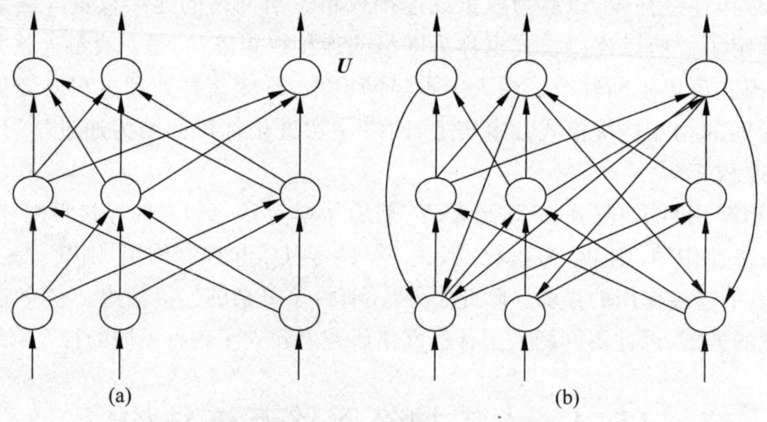

图 15-7　多层神经网络互连结构

① 多层前向网络。在多层互连结构的神经网络模型中,将所有神经元按功能分成若干层。一般有输入层、隐层(中间层)和输出层,各层依顺序连接。

输入层节点上的神经元接受外部环境的输入模式,并由它们传递给相连隐层上的各个神经元。

隐层是网络的内部处理层,这些神经元在网络内部构成中间层,它们不直接与外部输入、输出环境打交道,故称为隐层。神经网络具有模式变换能力,如模式分类、模式完善、特征抽取等,主要体现在隐层上神经元的处理上。根据模式变换功能的不同,隐层可以有多层,也可以没有。

输出层则是神经网络产生输出模式的地方。

图 15-7(a)所示为简单的前向多层网络。这种互连模式的典型代表就是 BP 神经网络,输入模式由输入层进入网络,经过中间层的顺序模式变换,最后由输出层产生一个输出模式,便完成一次网络状态更新,这是最简单的一种前向多层网络结构。前向网络是由分层网

络逐层模式变换处理的方向而得名的，BP 网络就是典型的前向多层网络。

② 闭环网络。更一般的多层神经网络连接模式称为循环连接或闭环网络模式，如图 15-7(b)所示。它包含多层神经网络中一层内有相互连接的侧抑制连接模式，不同层间的带有反馈的连接模式和兼有同层侧抑制与前层反馈连接的循环连接模式。图 15-7(b)所示为层间带有反馈的多层神经网络互连模型。

通常，多层网络互连结构中的输出层-隐层、隐层中各层之间、隐层-输入层之间都可能具有反馈连接的方式，反馈的结果将形成封闭环路。网络中具有反馈的神经元称为隐神经元，其输出又称为内部输入。由于循环式连接模式的神经网络有先前的输出反馈作为输入，它们的输出要由当前的输入和先前的输出两者决定，显示出很像人类短期记忆的性质。神经网络上的连接弧权值和反馈连接弧上的反馈传递信息。两者的强度分布正好反映了大脑长期记忆和短期记忆这两个性质。

2. 相互连接型网络结构

所谓相互连接网络如图 15-8 所示，是指网络中任意两个神经元之间是可达的，即存在任意的连接路径。Hopfield 网络、波尔兹曼机、自组织网络等神经网络模型结构均属此类。

对于多层前向网络，给定某一输入模式，网络能产生一个相应的输出模式，并保持不变。但对相互连接型网络及兼有同层侧抑制和前层反馈连接模式的网络，由于信息要在网络同层和层间的各个神经元之间反复往返传递，会使网络处于一种不断改变状态的过程中，因此，其产生的模式就比较复杂。

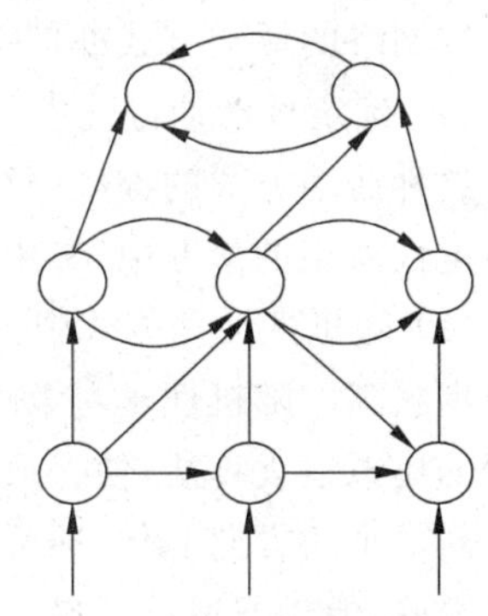
图 15-8　相互连接型网络结构

相互连接型网络可以认为是一种非线性动力学系统，其主要特点是模块内部的神经元紧密相互连接，每个模块则完成自己特定的功能。然后，模块之间互相连接，以完成整体功能。模块结构又与层次结构相结合，形成多层次多模块结构。显然，这种互连形式的人工神经网络结构将更接近于人脑神经系统的结构。

作为神经网络的最基本的处理单元——神经元，其组织结构简单，处理能力也十分单一和有限。然而，通过上述网络互连的拓扑结构将众多的功能简单的神经单元连接起来构成神经网络，将使其表现出许多优越的特性：群体的集合运算、分布式存储功能、高密集互连性、并行处理、非线性和可塑性。也就是说，具有网络互连拓扑结构的神经网络的计算是由大量神经元集体完成的，其计算与处理过程是一种集体活动，与之相适应的是信息的分布式存储记忆结构以及联想记忆的存取方式。神经网络结构的信息处理的快速性和强大的功能是由大规模并行互连、非线性处理、互连结构的可变性等固有结构决定的。

15.5　神经网络模型分类

通常，按网络的功能、结构、活动方式、学习方式及信息处理能力的不同，有多种不同的分类方法，且相应的学习算法也各不相同。将这些神经网络模型进行归纳、分类，有助于对其进行深入研究和选择适当的网络模型来开展应用。

1. 按学习方式分类

按学习方式分为有导师学习(有监督训练)、强化学习和无导师学习(无监督训练)3类网络模型。

(1) 在有导师学习中,必须预先知道学习的期望结果——教师信息,并依此按照某一学习规则来修正权值。

(2) 强化学习是利用某一技术表示"奖/惩"的全局信号,衡量与强化输入相关的局部决策(指权值、神经元状态等变量的变化)。强化学习只表示输出结果的"好"与"坏",它需要的外部已知信息很少,当不知道对给定的输入模式相应的输出应是什么模式时,强化学习能根据"奖/惩"规则,得出一些有用的结果。

(3) 无导师学习不需要教师信息或强化信号,只要给定输入信息,网络能通过自组织、自调整、自学习并给出一定意义上的输出响应。

2. 按网络的活动方式分类

按网络的活动方式亦即按网络的学习技术,可分为确定性活动方式和随机性活动方式。

(1) 确定性活动方式中,由确定性输入,经过确定性激活函数,产生确定性的输出状态。具有这种活动方式的神经网络,称为确定性网络模型,目前大部分神经网络模型均属此类。在确定性模型的学习中,采用确定性权值修正方法,如最速梯度下降法。

(2) 随机性活动方式中,由随机性输入或随机性激活函数,产生遵循一定概率分布的随机输出状态。随机性学习策略使用随机性权值修正方法,如随机性波尔兹曼机学习过程中所用的模拟退火算法,使得通过调整权值,网络输出误差不仅可向减小的方向变化,而且还可以向最小的方向变化,即可获得全局能量最优解。相比之下,随机性学习的结果比确定性学习要好,但学习速度较慢。

3. 按神经网络的建立原理分类

按神经网络的建立原理,可将人工神经网络模型分为数学模型和认知模型。

(1) 基于数学模型的人工神经网络模型是在神经元生理特性的基础上,通过抽象并用数学表达式来描述。神经网络的数学模型包括多层感知机、前向多层神经网络、映射网络、线性联想器、Hopfield联想神经网络、反馈联想网络、双向联想记忆网络、Hopfield-Tank连续神经网络、波尔兹曼机、柯西机、稀疏编码联想记忆网络和递归神经网络等人工神经网络模型。

(2) 基于认知模型的人工神经网络模型,主要根据神经系统信息处理的过程而建立模型。神经网络的认知模型包括相互激活与竞争网络IAC、自适应谐振理论ART、Kohenen自组织网络、认知机和神经认知机及遗传神经网络等模型。

4. 按网络的信息处理能力分类

按网络的信息处理能力可分为用于模式识别、模式分类、组合优化问题求解、数据聚簇与组合、数学映射逼近和联想记忆等。

15.6 几种基本的神经网络学习算法介绍

迄今为止已出现了许多神经网络模型和相应的算法。对学习算法的分类也有多种,例如,按学习方式可分为有监督与无监督学习,以区别学习时有导师学习、强化学习及无导师学习;按网络互连方式可分为层次连接或相互连接学习;按网络的信息处理能力可分为联想式与非联想学习等。较有代表性的分类是将学习分为 Hebb 学习、误差修正型学习、随机学习、竞争型学习、基于记忆的学习以及结构修正学习。以下就按这种分类方式对这些学习算法进行简单介绍。

15.6.1 Hebb 型学习

Hebb 算法是 D. O. Hebb 在 1961 年提出的，该算法又称为 Hebb 型学习规则。Hebb 型学习规则的思想可描述如下。

(1) 如果一个突触(连接)两边的两个神经元被同时(即同步)激活，则该突触的能量就被有选择性的增加。

(2) 如果一个突触(连接)两边的两个神经元被异步激活，则该突触的能量就被有选择的减弱或者消除。

Hebb 学习算法的数学描述可表达为

$$\Delta w_{ji}(n) = \eta(x_j(n) - \bar{x}_j)(x_i(n) - \bar{x}_i)$$

式中，$w_{ji}(n)$表示修正一次后的某一权值；η 是一正的常数，它取决于每次权值修正量，该值决定了在学习过程中从一个步骤进行到另一步骤的学习速率，所以又称为学习因子；$x_i(n)$、$x_j(n)$分别表示在 n 时刻第 i、第 j 个神经元的状态；$\bar{x}_i$、$\bar{x}_j$ 分别表示在 n 时刻第 i、第 j 个神经元在一段时间内的平均值。

Hebb 学习公式表示的含义如下。

(1) 如果神经元 x_j 和 x_i 活动充分时，即同时满足条件 $x_j > \bar{x}$ 和 $x_i > \bar{x}$ 时，突触权值 w_{ij} 增强。

(2) 如果神经元 x_j 活动充分(即 $x_j > \bar{x}$)，而神经元 x_i 活动不充分(即 $x_i < \bar{x}$)，或者神经元 x_i 活动充分(即 $x_i > \bar{x}$) 而神经元 x_j 活动不充分(即 $x_j < \bar{x}$)时，突触权值 w_{ij} 减小。

这一学习规则具有一定的生物背景，其基本思想很容易接受，可以说几乎所有的神经网络学习规则都可以看成是 Hebb 学习规则的变形。

15.6.2 误差修正学习方法

误差修正学习方法是一种监督学习过程，其基本思想是利用神经网络的期望输出与实际输出间的偏差作为调整连接权值的参考依据，并最终减少这种偏差。误差修正型学习过程可由图 15-9 表示。图中，样本训练数据加到网络输入端，同时将相应的期望输出与网络输出相比较得到误差信号，以此控制连接强度(权值)的调整，经过反复迭代计算达到收敛后给出确定的 W 值。当样本情况发生变化时，经学习可修正 W 值，以适应新的环境。

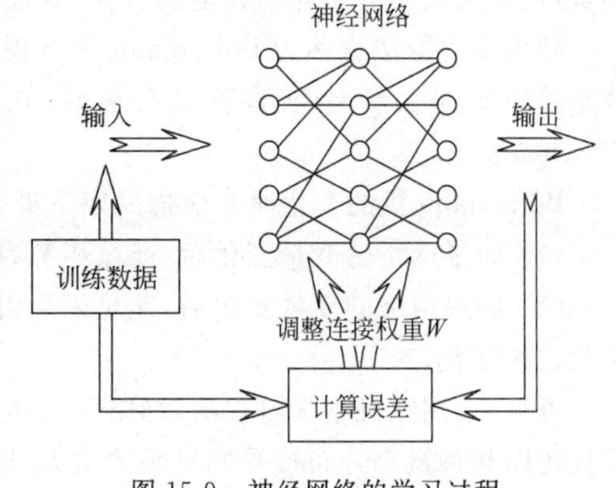

图 15-9 神经网络的学习过程

首先考虑一种简单的情况：设某个神经网络的输出层中只有一个神经元 i，给该神经网络加上输入，这样就产生了输出 $y_i(n)$，该输出称为实际输出。对于加上输入之后,期望该神经网络的输出为 $d(n)$,称为期望输出或目标输出。实际输出与期望输出之间存在着误差,用 $e(n)$表示,即为

$$e(n) = d(n) - y_i(n) \tag{15-1}$$

现在要调整突触权值,使误差信号 $e(n)$减小。为此,设定代价函数或性能指数 $E(n)$为

$$E(n) = e^2(n)/2 \tag{15-2}$$

学习的过程就是反复调整突触权值,使代价函数达到最小或使系统达到一个稳定状态,即,使突触权值稳定下来。

这样的学习过程称为纠错学习,也称为 Delta 规则,又称为 Widrow Hoff 规则。

设 w_{ij} 表示神经元 x_j 到 x_i 的突触值,在学习步骤为 n 时对突触权值的调整为

$$\Delta w_{ij}(n) = \eta e(n) x_j(n) \tag{15-3}$$

式中 η 为学习速率参数。

式(15-3)表明,对神经元突触权值的调整与突触误差信号和输入信号的差成比例。纠错学习实际上是局部的方法,Delta 规则所规定的突触调整局限于神经元 x_i 的周围。

得到 $\Delta w_{ij}(n)$后,定义突触权值 w_{ij} 的校正值为

$$w_{ij}(n+1) = w_{ij}(n) + \Delta w_{ij}(n) \tag{15-4}$$

$w_{ij}(n+1)$和 $w_{ij}(n)$可分别看成是突触权值 w_{ij} 的新值和旧值。

以上误差修正学习过程,可描述为以下 4 个步骤来实现。

(1) 选择一组初始权值 $w_{ij}(0)$。

(2) 计算某一输入模式对应的实际输出与期望输出的误差。

(3) 更新权值

$$w_{ji}(t+1) = w_{ji}(t) + \eta[d_j - y_j(t)]x_i(t)$$

式中,η 为学习因子; d_j、y_j 分别表示第 j 个神经元的期望输出与实际输出; x_i为第 i 个神经元的输入。

(4) 返回第(2)步,直到对所有的训练模式、网络输出均能满足要求。

15.6.3 随机型学习

随机型学习算法的基本思想是结合随机过程、概率和能量(函数)等概念来调整网络的变量,从而使网络的目标函数达到最大(或最小)。

随机学习算法也称为 Boltzmann 学习规则,是为了纪念 Ludwig Boltzmann 而命名的。该学习规则是由统计力学思想而来的,在该学习规则基础上设计出的神经网络称为 Boltzmann 机。

Boltzmann 机的变化通常应遵循以下准则:

(1) 如果网络的变量变化后,能量函数有更低的值,那么接受这种变化。

(2) 如果网络的变量变化后,能量函数没有更低的值,那么按一个预先选取的概率分布接受这种变化。

可见,采用随机型学习算法,网络不仅接受能量函数减少的变化,使某种性能得到改善,而且还以某种概率分布接受能量函数增大(即性能变差)的变化,这实际上是为网络的变量引入了"噪声",使网络有可能跳出能量函数的局部极小点,而向全局极小值点的方向发展。这就是 3.3.1 小节所讨论的模拟退火算法,它也是一种典型的随机学习算法。

15.6.4 竞争型学习

竞争型学习(competitive learning)是指网络的某些群体中所有单元相互竞争对外界刺激模式响应的活动方式,竞争取胜单元的连接权向着对这一刺激模式竞争更有利的方向变化,而且竞争取胜的单元又抑制了竞争失败单元对刺激模式的响应,因此,在任一时间只能有一个输出神经元是活性的。而在基于 Hebbian 学习的神经网络中几个输出神经元可能同时是活性的。

竞争学习更一般化的形式是不允许单个胜者出现,学习发生在取胜者集合(称为取胜域)中各单元的连接权上,这种学习被称为协同学习。

竞争学习规则有 3 项基本内容。

(1) 一个神经元集合。除了某些随机分布的突触权值以外,所有的神经元都相同,因此对给定的输入模式集合有不同的响应。

(2) 能量限制。每个神经元的能量都要受到限制。

(3) 一个机制。允许神经元通过竞争对各给定的输入子集作出响应。赢得竞争的神经元被称为全胜神经元。

在竞争学习的最简单形式中,神经网络有一个单层的输出神经元,每个输出神经元都与输入节点全相连,输出神经元之间全互连。从源节点到神经元之间是兴奋性连接,而输出神经元之间是横向侧抑制。

对于一个指定输入模式 x,一个神经元 i 成为获胜神经元,则它的感应局部区域 v_i 大于网络中其他神经元的感应局部区域。获胜神经元 i 的输出信号 y_i 被置为 1,所有竞争失败神经元的输出信号被置为 0,即

$$y_i = \begin{cases} 1, & v_i > v_j, \quad j \neq i \\ 0, & \text{其他} \end{cases}$$

感应局部场 v_k 表示神经元 k 的所有前向和反馈输入的组合行为。

令 w_{ij} 为输入 x_j 与某个神经元 i 的突触权值。假设已给每个神经元分配固定数量的突触权重,即

$$\sum_j w_{ij} = 1, \quad \text{对所有 } i \tag{15-5}$$

如果一个特定的神经元 i 在竞争中获胜,则这个神经元的每一个输入节点都放弃输入权值的一部分,并且放弃的权值平均分布在活性输入节点之中。根据标准竞争学习规则,突触权值的变化定义为

$$\Delta w_{ij} = \begin{cases} \eta(x_j - w_{ij}), & \text{如果神经元 } i \text{ 在竞争中获胜} \\ 0, & \text{如果神经元 } i \text{ 在竞争中失败} \end{cases} \tag{15-6}$$

式中 η 是学习速率参数。这个规则能够使得获胜神经元 i 的突触权重向量 w_{ij} 向输入模式 x_j 转移。

竞争型学习的自适应学习方式,使网络单元能有选择地接收外界刺激模式的不同特性,从而提供了基于检测特性空间活动规律的性能描述。

竞争学习是一种典型的非监督(无导师指导)的学习策略,学习时只需给定一个输入模式集作为训练集,网络自行组织训练模式,并将其分成不同类型。与 BP 学习相比,这种学

习方法进一步拓宽了神经网络在模式识别、分类方面的应用。竞争学习网络的核心——竞争层是许多神经网络模型的重要组成部分,如 Kohonen 提出的自组织映射网(SOM)、Hecht-Nielson 提出的反传网络(CPN)、Grossberg 提出的自适应共振理论(ART)网络模型等均包含有竞争层。

15.6.5 基于记忆的学习

基于记忆的学习主要用于模式分类。在基于记忆的学习中,过去的学习结果被存储在一个大的存储器中,当输入一个新的测试向量 $\boldsymbol{x}_{\text{test}}$ 时,学习过程就是将 $\boldsymbol{x}_{\text{test}}$ 归到已存储的某个类中。所有基于记忆的学习算法均包括两部分:用于定义 $\boldsymbol{x}_{\text{test}}$ 的局部邻域的标准;用于在 $\boldsymbol{x}_{\text{test}}$ 的局部邻域训练样本的学习规则。

一种简单而有效的基于记忆的学习算法就是最近邻规则。设存储器中所记忆的某一个类 l_1 含有向量 $\boldsymbol{x}'_n \in \{x_1, x_2, \cdots, x_n\}$,如果下式成立:

$$\min d(\boldsymbol{x}_i, \boldsymbol{x}_{\text{test}}) = d(\boldsymbol{x}'_n, \boldsymbol{x}_{\text{test}})$$

则 $\boldsymbol{x}_{\text{test}}$ 属于 l_1 类。其中 $d(\boldsymbol{x}_i, \boldsymbol{x}_{\text{test}})$ 是向量 $\boldsymbol{x}_i$ 与 $\boldsymbol{x}_{\text{test}}$ 的欧氏距离。

最近邻分类器的变形是 k 阶最近邻分类器。其思想为:如果与测试向量 $\boldsymbol{x}_{\text{test}}$ 最近的 k 个向量均是某类别的向量,则 $\boldsymbol{x}_{\text{test}}$ 属于该类别。

15.6.6 结构修正学习

近期生理学和解剖学的研究表明,神经网络结构的修正,即网络拓扑结构的变化,对动物的学习过程也起到重要的作用。这意味着神经网络的学习不仅体现在权值的变化上,而且网络结构的变化也会对学习产生影响。

人工神经网络中关于结构修正学习(structure-corrective learning)技术与权值修正方法两者之间具有互补作用。已有人将网络拓扑结构修正学习技术用于 BP 学习中分配新的隐单元(Kruschke,1988)。Honavar 与 Uhr(1988)在其报告中也指出了结构修正学习方法较之权值变化学习方法所具有的优点。

15.7 几种典型神经网络简介

目前流行的神经网络模型很多,下面介绍几种最典型的神经网络模型。

15.7.1 单层前向网络

在众多人工神经网络模型中,最为简单的就是单层前向网络,它是指拥有的计算节点(神经元)只有一层。本章所要介绍的单层感知机(perceptron)属于典型单层前向网络。虽然前面有所介绍,但这里比较详细地给出其学习步骤。

感知机是由美国学者 Rosenblatt 在 1957 年首次提出的作为有导师学习(即有监督学习)的模型。单层感知机是指包含一个突触权值可调的神经元模型,它的训练算法是 Rosenblatt 于 1958 年提出的。感知机是神经网络用来进行模式识别的一种最简单模型,但这种由单个神经元组成的单层感知机只能用来实现线性可分的两类模式的识别。

感知机模型在神经网络研究中有着重要的意义和地位,因为感知机模型包含了自组织、自学习的思想。

1. 单层感知机模型

单层感知机模型已在图15-10中给出，它包括一个线性的累加器和一个二值阈值元件，同时还有一个外部偏差值 b。线性累加器的输出作为二值阈值元件的输入，这样当二值阈值元件的输入是正数，神经元就产生输出+1；反之，则产生输出−1。其数学表达式为

$$y = \mathrm{sgn}\left(\sum_{j=1}^{n} w_{ij}x_j + b\right) \tag{15-7}$$

$$y_i = f(A_i) = \begin{cases} +1, & 若\left(\sum_{j=1}^{n} w_{ij}x_j + b\right) \geqslant 0 \\ -1, & 若\left(\sum_{j=1}^{n} w_{ij}x_j + b\right) < 0 \end{cases} \tag{15-8}$$

单层感知机的作用是让其对外部输入 $x_1, x_2, \cdots, x_n$ 进行识别分类，它可将外部输入分为 l_1 和 l_2 两类。当感知机的输出为+1时，就认为输入 $x_1, x_2, \cdots, x_n$ 属于 l_1 类，当感知机的输出为−1时，认为输入 $x_1, x_2, \cdots, x_n$ 属于 l_2 类，从而实现两类目标的划分。在 n 维信号空间，单层感知机进行模式识别的判定超平面由式(15-9)决定，即

$$\sum_{j=1}^{n} w_{ij}x_j + b = 0 \tag{15-9}$$

该判定超平面如图15-10所示，图中给出了只有 x_1、x_2 两个输入的判定超平面的情况，它的判定边界是直线，即

$$\boldsymbol{w}_1 x_1 + \boldsymbol{w}_2 x_2 + b = 0$$

决定的边界是直线，其主要参数是权值向量 $\boldsymbol{w}_1$ 和 $\boldsymbol{w}_2$，通过单层感知机的学习算法可训练出满意的 $\boldsymbol{w}_1$ 和 $\boldsymbol{w}_2$。

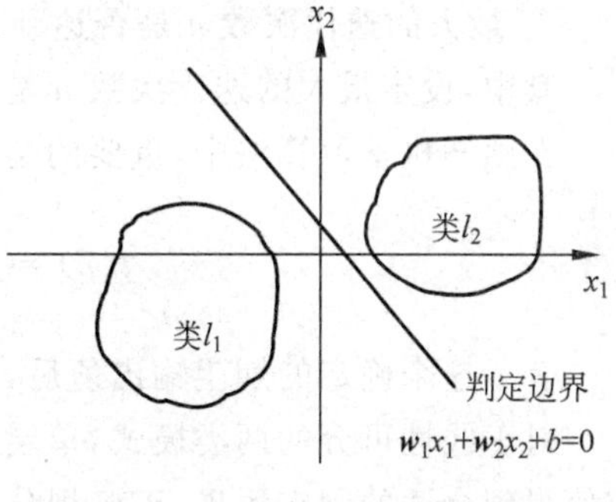

图15-10 两类模式识别的判定问题

2. 单层感知机的学习算法

单层感知机对权值向量的学习算法是基于迭代的思想，通常是采用纠错学习规则的学习算法。

为方便起见，可将偏差 b 作为神经元突触权值向量的第一个分量加到权值向量中去，那么对应的输入向量也应增加一项，可设输入向量的第一个分量固定为+1，这样输入向量和权值向量可分别写成以下的形式：

$$\boldsymbol{W}(n) = [b(n), w_1(n), w_2(n), \cdots, w_m(n)]^{\mathrm{T}}$$

$$\boldsymbol{x}(n) = [+1, x_1(n), x_2(n), \cdots, x_m(n)]^{\mathrm{T}}$$

式中变量 n 表示迭代次数。如果将 $b(n)$ 用 $w_0(n)$ 表示，则二值阈值元件的输入可重新写为

$$v = \sum_{j=1}^{m} w_{ij}(n)x_j(n) = \boldsymbol{W}^{\mathrm{T}}(n)x(n) \tag{15-10}$$

令式(15-10)等于零，即 $\boldsymbol{W}^{\mathrm{T}}=0$，可得在 m 维空间的单层感知机的判定超平面。

单层感知机的学习算法如下。

第一步，设置变量和参量：

$\boldsymbol{x}(n) = [1, x_1(n), x_2(n), \cdots, x_m(n)]$ 为输入向量，即称训练样本。

$$\boldsymbol{w}(n)=[b(n),w_1(n),w_2(n),\cdots,w_m(n)]$$ 为权值向量。

其中,$b(n)$为偏差;$y(n)$为实际输出;$d(n)$为期望输出;η为学习速率;n为迭代次数。

第二步,初始化:赋给 $w_j(0)$一个较小的随机非零值,$n=0$。

第三步,指定期望输出:对于一组输入样本 $\boldsymbol{x}(n)=[1,x_1(n),x_2(n),\cdots,x_m(n)]$,指定它的期望输出 d 为

$$\text{if}\,\boldsymbol{x}\in l_1,\quad d=1;\quad \text{if}\,\boldsymbol{x}\in l_2, d=-1$$

d 又称为导师信号。

第四步,计算实际输出:

$$y(n)=\mathrm{Sgn}(\boldsymbol{W}^{\mathrm{T}}(n)\boldsymbol{x}(n))$$

第五步,调整感知机的权值向量:

$$\boldsymbol{w}(n+1)=\boldsymbol{w}(n)+\eta[d(n)-y(n)]\boldsymbol{x}(n)$$

第六步,判断是否满足条件:若满足则算法结束,若不满足将 n 的值增加1,转到第三步重新执行。

需要说明的是,在以上学习算法的第六步需要判断是否满足条件,这里的条件可以是:

- 误差小于设定的值 ε,即$|d(n)-y(n)|<\varepsilon$。
- 权值的变化已很小,即$|\boldsymbol{w}(n+1)-\boldsymbol{w}(n)|<\varepsilon$。
- 最大的迭代次数 n 是否达到预定的值。

其中,设定最大的迭代次数 n 是为了防止算法不收敛时,程序进入死循环。

在感知机学习算法中,重要的是引入了一个确定的期望输出值 $d(n)$,其定义为

$$d(n)=\begin{cases}+1, & \text{若 } \boldsymbol{x}(n) \text{ 属于类 } l_1\\ -1, & \text{若 } \boldsymbol{x}(n) \text{ 属于类 } l_2\end{cases}\tag{15-11}$$

有了这个确定的期望输出值后,就可以采用纠错学习规则对权值向量进行逐步修正。

对于线性可分的两类模式,单层感知机的学习算法是收敛的,即可以通过学习调整突触权值得到合适的判定边界,正确划分两类模式,如图15-11(a)所示。而对于如图15-11(b)所示的线性不可分的两类模式,无法用一条直线来划分两类模式。因而单层感知机的学习算法对于这种情况是不收敛的,即单层感知机无法正确区分线性不可分的两类模式。正是像这样一些原因,人工神经网络在早期遭到符号主义学派的否定,使人工神经网络学派处于20多年的低迷时期。

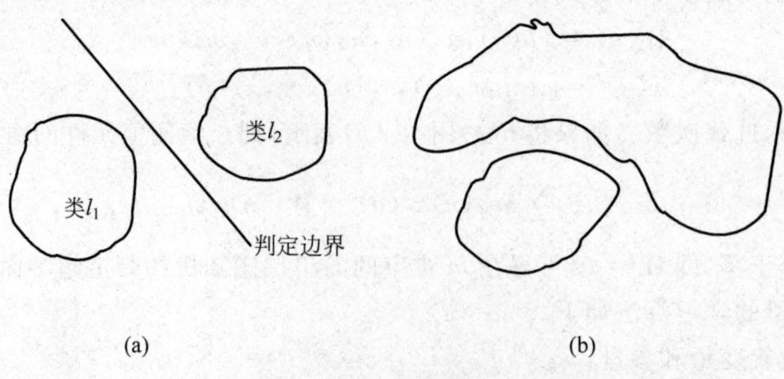

图15-11 线性可分与不可分的问题

对于上述的非线性可分和不可分问题可用单层感知机实现逻辑函数来进一步说明。如表 15-1 所示。

表 15-1 "与"运算的逻辑值表

x_1	x_2	$x_1 \wedge x_2$	$Y=w_1x_1-w_2x_2-b=0$	条件
0	0	0	$Y=w_1x_1-w_2x_2-b<0$	$b>0$
0	1	0	$Y=w_1x_1-w_2x_2-b<0$	$b>w_2$
1	0	0	$Y=w_1x_1-w_2x_2-b<0$	$b>w_1$
1	1	1	$Y=w_1x_1-w_2x_2-b\geqslant 0$	$b\leqslant w_1+w_2$

此表最后一列给出的条件是可解的，比如，取 $w_1=1, w_2=1, b=1.5$。

表 15-2 最后一列给出的条件也是可解的，比如，取 $w_1=1, w_2=1, b=0.5$。

表 15-2 "或"运算的逻辑值表

x_1	x_2	$x_1 \vee x_2$	$Y=w_1x_1-w_2x_2-b=0$	条件
0	0	0	$Y=w_1x_1-w_2x_2-b<0$	$b>0$
0	1	1	$Y=w_1x_1-w_2x_2-b\geqslant 0$	$b\leqslant w_2$
1	0	1	$Y=w_1x_1-w_2x_2-b\geqslant 0$	$b\leqslant w_1$
1	1	1	$Y=w_1x_1-w_2x_2-b\geqslant 0$	$b\leqslant w_1+w_2$

表 15-3 无解，即无法得到满足表 15-3 最后一列条件的 w_1、w_2 和 b。

表 15-3 "异或"运算的逻辑值表

x_1	x_2	$x_1 \oplus x_2$	$Y=w_1x_1-w_2x_2-b=0$	条件
0	0	0	$Y=w_1x_1-w_2x_2-b<0$	$b>0$
0	1	1	$Y=w_1x_1-w_2x_2-b\geqslant 0$	$b>w_2$
1	0	1	$Y=w_1x_1-w_2x_2-b\geqslant 0$	$b>w_1$
1	1	0	$Y=w_1x_1-w_2x_2-b<0$	$b>w_1+w_2$

为了表示以上 3 个表的非线性可分和不可分问题，如图 15-12 所示，逻辑运算的结果"0"代表 l_1 类，用空心小圆表示；逻辑运算的结果"1"代表 l_2 类，用实心小圆表示。可见单层感知机实现逻辑"与"运算、逻辑"或"运算是线性可分的，即总可以找到一条直线将"0"和"1"区分开来。但单层感知机不可实现逻辑"异或"运算，也即无法用一条直线将"0"和"1"两个类划分开。

必须指出，单层感知机无法解决线性不可分的两类模式识别问题，然而，采用多层感知机可解决此类问题，下一小节将讨论多层感知机。

15.7.2 多层前向网络及 BP 学习算法

前面介绍了单层感知机，它的缺点是只能解决线性可分的分类问题，要增强网络的分类能力唯一的方法就是采用多层网络，也就是在输入层与输出层之间加上隐层，这就构成多层感知机(multilayer perceptrons)。这种由输入层、隐层和输出层构成的神经网络称为多层前向神经网络。著名的 BP 网络就是一种单向的多层前向网络。

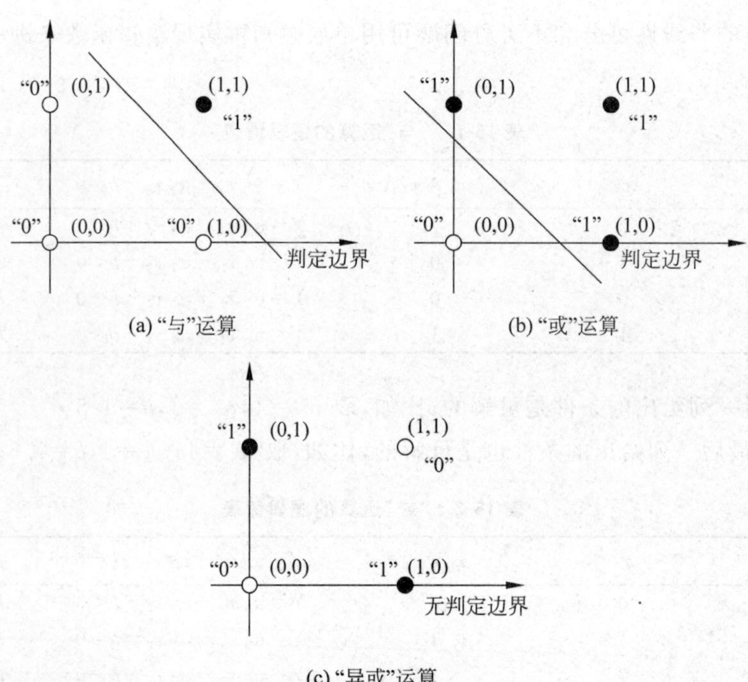

图 15-12　逻辑运算的非线性可分和不可分问题的表示

多层前向神经网络输入层中的每个源节点的激励模式(输入向量)单元组成了应用于第二层(即第一隐层)中的神经元的输入信号,第二层输出信号成为第三层的输入,其余层类似。这些中间层的节点称为计算节点。多层前向神经网络每层的神经元的输入只含有它们前一层作为输出的信号,网络的输出层(终止层)神经元的输出信号组成了对网络中输入层(起始层)源节点产生的激励模式的全部响应。即信号从输入层输入,经过隐层传给输出层,由输出层得到输出信号。

本节将介绍一个常用的多层前向网络——多层感知机,并详细介绍多层感知机的学习算法——误差反向传播算法(BP算法)及其改进算法。

1. 多层感知机

多层感知机是单层感知机的扩展,但是它能够解决单层感知机所不能解决的非线性可分问题。多层感知机由输入层、隐层和输出层组成,其中隐层可以为一层或多层。图 15-13 所示的就是一个单隐层的多层感知机的拓扑结构。

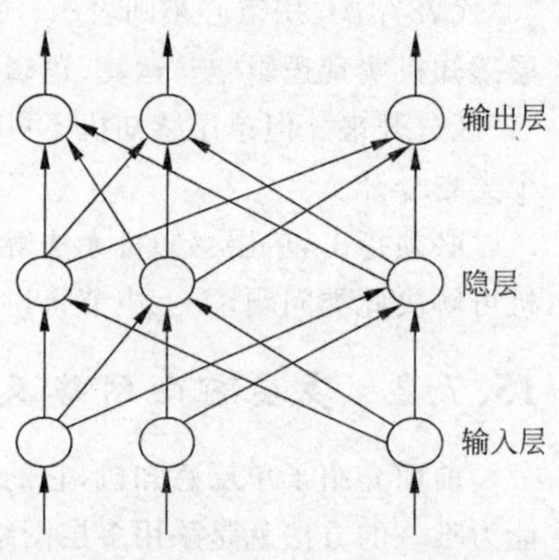

图 15-13　一个单隐层的多层感知机的拓扑结构

多层感知机的输入层神经元的个数为输入信号的维数,隐层个数以及隐节点的个数视具体情况而定,输出层神经元的个数为输出信号的维数。

多层感知机同单层感知机相比具有几个明显的特点。

- 除了输入输出层,多层感知机含有一层或多层隐单元,隐单元从输入模式中提取更多有用的信息,使网络可以完成更复杂的任务。

• 多层感知机中的每个神经元的激励函数是可微的 Sigmoid 函数，如

$$v_i = 1/(1+\exp(-u_i)) \tag{15-12}$$

式中，u_i 是第 i 个神经元的输入信号；v_i 是该神经元的输出信号。

• 多层感知机的多个突触使得网络更具备连通性，连接域的变化或连接权值的变化都会引起连通性的变化。

多层感知机具有独特的学习算法，即著名的 BP 学习算法。

2. BP 学习算法

1986 年，Rumelhart 和 McCelland 共同出版的 *Parallel Distributed Processing* 一书中，完整地提出了误差逆传播学习算法，并被广泛接受。多层感知网络是一种具有 3 层或 3 层以上的层次型神经网络。典型的多层感知网络是 3 层、前馈的层次网络，即输入层 I、隐层(也称中间层)J 和输出层 K。相邻层之间的各神经元实现全连接，即下一层的每一个神经元与上一层的每个神经元都实现全连接，而且每层各神经元之间无连接。

BP 算法解决了多层感知机的学习问题，促进了神经网络的发展。BP 学习过程可以描述如下。

(1) 工作信号正向传播。输入信号从输入层经隐单元，传向输出层，在输出端产生输出信号，这是工作信号的正向传播。在信号的向前传递过程中网络的权值是固定不变的，每一层神经元的状态只影响到下一层神经元的状态。如果在输出层不能得到期望的输出，则转入误差信号反向传播。

(2) 误差信号反向传播。网络的实际输出与期望输出之间的差值即为误差信号，误差信号由输出端开始逐层向前传播，这是误差信号的反向传播。在误差信号反向传播的过程中，网络的权值由误差反馈进行调节。通过权值的不断修正使网络的实际输出更接近期望输出。

图 15-14 所示为多层感知机的一部分。其中有两种信号：一种是用正向箭头表示的工作信号，即工作信号正向传播；另一种是用反向箭头表示的误差信号，即误差信号反向传播。

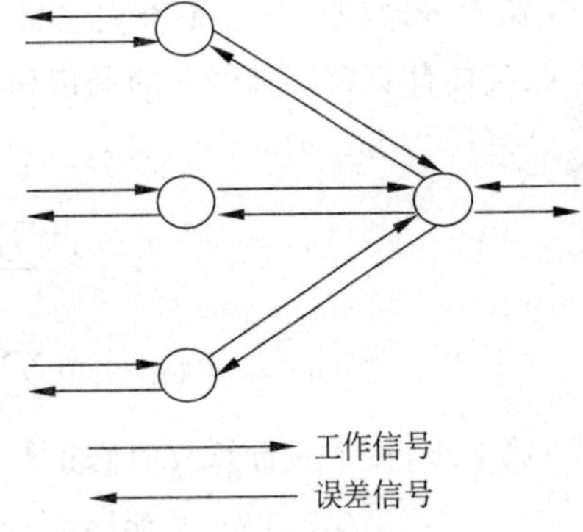

图 15-14　工作信号的正向传播与误差信号的反向传播

BP 算法的步骤如下：

第一步，设置变量和参量：

$\boldsymbol{x}_k=[x_{k1}, x_{k2}, \cdots, x_{kN}]$ $(k=1,2,\cdots,N)$ 为输入向量，或称训练样本；N 为训练样本的个数。设：

$$\boldsymbol{W}_{MI}(n)=\begin{bmatrix} w_{11}(n) & w_{12}(n) & \cdots & w_{1I}(n) \\ w_{21}(n) & w_{22}(n) & \cdots & w_{2I}(n) \\ \vdots & \vdots & & \vdots \\ w_{M1}(n) & w_{M2}(n) & \cdots & w_{MI}(n) \end{bmatrix}$$

为第 n 次迭代时，输入层与隐层 I 之间的权值矩阵。

$$\boldsymbol{W}_{IJ}(n)=\begin{bmatrix} w_{11}(n) & w_{12}(n) & \cdots & w_{1J}(n) \\ w_{21}(n) & w_{22}(n) & \cdots & w_{2J}(n) \\ \vdots & \vdots & & \vdots \\ w_{I1}(n) & w_{I2}(n) & \cdots & w_{IJ}(n) \end{bmatrix}$$

为第 n 次迭代时,隐层 I 与隐层 J 之间的权值矩阵。

$$\boldsymbol{W}_{JP}(n)=\begin{bmatrix} w_{11}(n) & w_{12}(n) & \cdots & w_{1P}(n) \\ w_{21}(n) & w_{22}(n) & \cdots & w_{2P}(n) \\ \vdots & \vdots & & \vdots \\ w_{J1}(n) & w_{J2}(n) & \cdots & w_{JP}(n) \end{bmatrix}$$

为第 n 次迭代时,隐层 J 与输出层 P 之间的权值矩阵。

再设:$Y_k(n)=[y_{k1}(n),y_{k2}(n),\cdots,y_{kN}(n)](k=1,2,\cdots,N)$为第 n 次迭代时网络的实际输出;

$d_k=[d_{k1}(n),d_{k2}(n),\cdots,d_{kN}(n)](k=1,2,\cdots,N)$为期望输出;

η 为学习速率;

n 为迭代次数。

第二步,初始化,赋给 $\boldsymbol{W}_{MI}(0)$,$\boldsymbol{W}_{IJ}(0)$,$\boldsymbol{W}_{JP}(0)$各一个较小的随机非零值。

第三步,输入随机样本 $\boldsymbol{x}_k$,并置 $n=0$。

第四步,对输入样本 $\boldsymbol{x}_k$,前向计算 BP 网络每层神经元的输入信号 u 和输出信号 v。其中

$$v_p^P(n)=y_{kp}(n) \quad p=1,2,\cdots,P$$

第五步,由期望输出 d_k 和上一步求得的实际输出 $Y_k(n)$计算误差 $E(n)$,判断其是否满足要求,若满足转至第八步;若不满足转至第六步。

第六步,判断 $n+1$ 是否大于最大迭代次数,若大于转至第八步;若不大于则对输入样本 $\boldsymbol{x}_k$ 反向计算每层神经元的局部梯度 δ。其中

$$\delta_p^P(n)=y_p(n)(1-y_p(n))(d_p(n)-y_p(n)), \quad p=1,2,\cdots,P$$

$$\delta_j^J(n)=f'(u_j^J(n))\sum_{p=1}^{P}\delta_p^P(n)w_{jp}(n), \quad j=1,2,\cdots,J$$

$$\delta_i^I(n)=f'(u_i^I(n))\sum_{j=1}^{J}\delta_j^J(n)w_{ij}(n), \quad i=1,2,\cdots,I$$

第七步,按下式计算权值修正量 Δw,并修正权值;$n=n+1$,转至第四步。

$$\Delta w_{jp}(n)=\eta\delta_p^P(n)v_j^J(n) \qquad w_{jp}(n+1)=w_{jp}(n)+\Delta w_{jp}(n)$$
$$j=1,2,\cdots,J;p=1,2,\cdots,P$$

$$\Delta w_{ij}(n)=\eta\delta_j^J(n)v_i^I(n) \qquad w_{ij}(n+1)=w_{ij}(n)+\Delta w_{ij}(n)$$
$$i=1,2,\cdots,I;j=1,2,\cdots,J$$

$$\Delta w_{mj}(n)=\eta\delta_i^I(n)x_{km}(n) \qquad w_{mi}(n+1)=w_{mi}(n)+\Delta w_{mi}(n)$$
$$m=1,2,\cdots,M;i=1,2,\cdots,I$$

第八步,判断是否学完所有的训练样本,若是则结束,否则转至第三步。

上述 BP 算法的学习过程中,需要注意以下几点。

(1) BP 学习时权值的初始值是很重要的。初始值过大、过小都会影响学习速度。因此,权值的初始值应选为均匀分布的经验值,在($-2.4/F$,$2.4/F$)或($-3/\sqrt{F}$,$3/\sqrt{F}$)之间,其中,F 为所连单元的输入端个数。另外,为避免每一步权值的调整方向是同向的(即权值同时增加或同时减少),应将初始权值设为随机数。

(2) 神经元的激励函数是 Sigmoid 函数，如果 Sigmoid 函数的渐进值为$+\alpha$和$-\alpha$，则期望输出只能趋于$+\alpha$和$-\alpha$，而不能达到$+\alpha$和$-\alpha$。为避免学习算法不收敛，提高学习速度，应设比期望输出数相应小一些。例如，渐进值为 1 和 0，此时应设相应的期望输出为 0.99 和 0.01 等小数，而不应设为 1 和 0。

(3) 用 BP 算法训练网络时有两种方式：一种是顺序方式，即为每输入一个训练样本修改一次权值的方式，以上给出的 BP 算法步骤就是按顺序方式训练网络的；另一种是批处理方式，即这种方式是在组成一个训练周期的全部样本都一次输入网络后，以总的平均误差能量E_{av}为学习目标函数修正权值的训练方式，即

$$E_{av}=\frac{1}{N}\sum_{k=1}^{N}E_k=\frac{1}{2N}\sum_{k=1}^{N}\sum_{p=1}^{P}e_{kp}^2$$

式中，e_{kp}^2为网络输入第k个训练样本时输出神经元p的误差；N为训练样本的个数。

(4) BP 学习中，学习步长η的选择比较重要。η的值大，权值的变化就大，则 BP 学习的收敛速度就快，但是η值过大会引起振荡，即网络不稳定；η的值小，可以避免网络不稳定，但是收敛速度慢。

(5) 要计算多层感知机的局部梯度δ，需要知道神经元的激励函数f的导数。常用的激励函数是非线性的 Sigmoid 函数。

(6) 在 BP 算法第五步需要判断误差$E(n)$是否满足要求。这里的要求是：对顺序方式，误差小于设定的值ε，$|E(n)|<\varepsilon$；批处理方式，每个训练周期的平均误差E_{av}的变化量在 0.1%～1%之间，就认为误差满足要求了。

(7) 在分类问题中，常常会碰到属于同一类的训练样本有几组，在第一步设置变量时，一般使同一类的训练样本的期望输出相同。例如，设输入的训练样本有L类，$\Pi=[l_1,l_2,\cdots,L]$，输入样本X_l^k表示第k组训练样本，$X_l^k=[x_{l1}^k,x_{l2}^k,\cdots,x_{lm}^k,\cdots,x_{lM}^k]$对应实际输出为$Y_l^k=[y_{l1}^k,y_{l2}^k,\cdots,y_{lp}^k,\cdots,y_{lP}^k]$，而期望输出为$d_l=[d_{l1},d_{l2},\cdots,d_{lp},\cdots,d_{lP}]$。

BP 网并不是十分完善的，它主要存在以下一些缺陷：学习收敛速度太慢、网络的学习记忆具有不稳定性，即当给一个训练好的网络提供新的学习记忆模式时，将使已有的连接权值被打乱，导致已记忆的学习模式信息的消失。

15.7.3 Hopfield 神经网络

对于前向网络，从学习的观点来看，它是一个强有力的学习系统，系统结构简单、易于编程；从系统的观点来看，它是一个静态非线性映射，通过简单的非线性处理单元的复合映射可获得复杂系统的非线性处理能力；从计算的观点来看，它并不是一个强有力的系统，因为它缺乏丰富的动力学行为。

反馈神经网络是一个反馈动力学系统，具有更强的计算能力。

1986 年美国物理学家 J. J. Hopfield 陆续发表了几篇论文，提出了 Hopfield 神经网络。他利用非线性动力学系统理论中的能量函数方法研究反馈人工神经网络的稳定性，并利用此方法建立求解优化计算问题的系统方程式。基本的 Hopfield 神经网络是一个由非线性元件构成的全连接型单层反馈系统。

Hopfield 用能量函数的思想形成了一种新的计算方法，阐明了神经网络与动力学的关系，并用非线性动力学的方法来研究这种神经网络的特性，建立了神经网络稳定性判定标

准,并指出信息可存储在网络中神经元之间的连接上,形成后来称之为离散型的 Hopfield 网络。而且 Hopfield 还将该反馈网络同统计物理中的 Ising 模型相类比,把磁旋的向上和向下方向看成神经元的激活和抑制两种状态,把磁旋的相互作用看成神经元的突触权值。这种类推为大量的物理学理论和许多的物理学家进入神经网络领域铺平了道路。

Hopfield 神经网络中的每一个神经元都将自己的输出通过连接权传送给所有其他神经元,同时又都接收所有其他神经元传递过来的信息,即网络中的神经元 t 时刻的输出状态实际上间接地与自己的 $t-1$ 时刻的输出状态有关。所以,Hopfield 神经网络是一个反馈型的网络,其状态变化可以用差分方程来表征。反馈型网络的一个重要特点就是它具有稳定状态。当网络达到稳定状态时,也就是它的能量函数达到最小的时候。

这里的能量函数不是物理意义上的能量函数,而是在表达形式上与物理意义上的能量概念一致的、能表征网络状态的变化趋势,并可以依据 Hopfield 工作运行规则不断进行状态变化,最终能够达到的某个极小值的目标函数。网络收敛就是指能量函数达到极小值。如果把一个最优化问题的目标函数转换成网络的能量函数,把问题的变量对应于网络的状态,那么 Hopfield 神经网络就能够用于解决许多优化组合问题。

对于同样结构的网络,当网络参数(指连接权值和阈值)有所变化时,网络能量函数的极小点(称为网络的稳定平衡点)的个数和极小值的大小也将变化。因此,可以把所需记忆的模式设计成某个确定网络状态的一个稳定平衡点。若网络有 M 个平衡点,则可以记忆 M 个记忆模式。

当网络从与记忆模式较靠近的某个初始状态(相当于发生了某些变形或含有某些噪声的记忆模式,也即只提供了某个模式的部分信息)出发后,网络按 Hopfield 工作运行规则进行状态更新,最后网络的状态将稳定在能量函数的极小点。这样就完成了由部分信息的联想过程。

Hopfield 神经网络的能量函数是朝着梯度减小的方向变化,但它仍然存在一个问题,那就是一旦能量函数陷入到局部极小值,它将不能自动跳出局部极小点,到达全局最小点,因而无法求得网络最优解。

Hopfield 神经网络可以分为离散型和连续型的,下面仅讨论离散型 Hopfield 神经网络。离散型 Hopfield 神经网络同前向神经网络相比,在网络结构、学习算法和运行规则上都有很大的不同。

1. 离散型 Hopfield 网络模型

离散型 Hopfield 神经网络是单层全互连的,其表现形式可为如图 15-15 所示的两种形式。

神经元可取值[0,1]或[−1,1],其中的任意神经元 i 与 j 间的突触权值为 w_{ij},神经元之间连接是对称的,即 $w_{ij}=w_{ji}$。每个神经元无自连接,但每个神经元都同其他的神经元相连,即每个神经元都将其输出通过突触权值传递给其他的神经元,同时每个神经元又都接收其他神经元传来的信息。这样对于每个神经元来说,其输出信号经过其他神经元后又有可能反馈给自己,所以 Hopfield 网络是一种反馈神经网络。

Hopfield 网络中有个 n 神经元,其中任意神经元 i 的输入用 u_i 表示,输出用 v_i 表示,它们都是时间 t 的函数,其中 $v_i(t)$ 也称为神经元 i 在 t 时刻的状态,即

$$u_i(n)=\sum_{\substack{j=1\\j\neq i}}^{n}w_{ij}v_j(t)+b_i \tag{15-13}$$

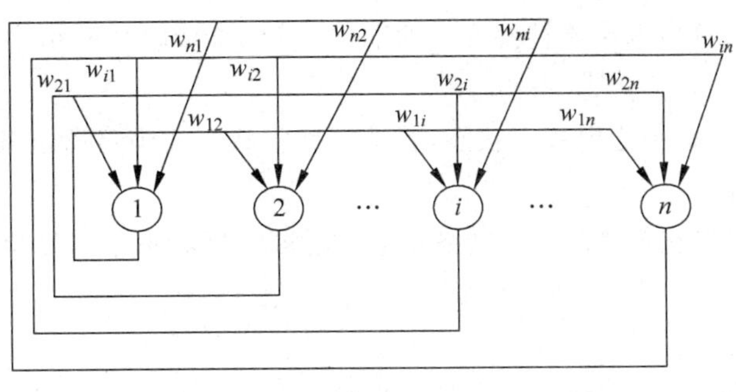

(a)

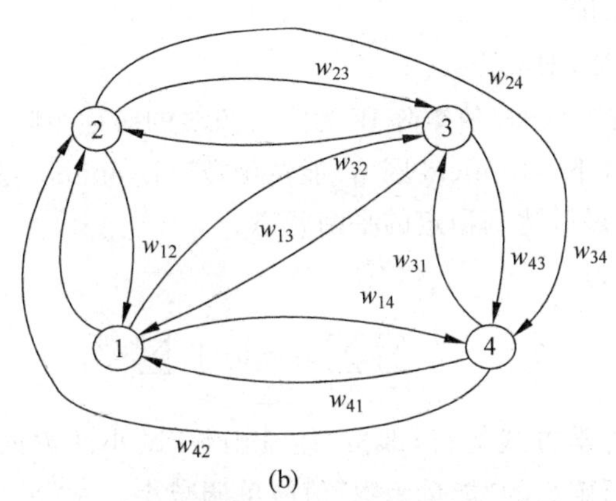

(b)

图 15-15　Hopfield 神经网络结构的两种表现形式

式中，b_i 表示神经元 i 的阈值或偏差。相应神经元 i 的输出或状态为

$$v_i(t+1) = f(u_i(t)) \tag{15-14}$$

其中的激励函数 $f(\cdot)$可取阶跃函数 $u(t)$或符号函数 $\mathrm{Sgn}(t)$。如取符号函数，则 Hopfield 网络的神经元的输出取离散值-1 或 1，即

$$v_i(t+1) = \begin{cases} +1, & 若\left(\sum_{j=1}^{n} w_{ij}x_j + b_i\right) \geqslant 0 \\ -1, & 若\left(\sum_{j=1}^{n} w_{ij}x_j + b_i\right) < 0 \end{cases} \tag{15-15}$$

2. 离散 Hopfield 网络的执行步骤

Hopfield 网络按动力学方式运行，其工作过程为状态的演化过程，即从初始状态按“能量”减小的方向进行演化，直至达到稳定状态。达到稳定状态即为网络的输出。

Hopfield 网络的工作方式主要有两种形式：

(1) 串行(异步)工作方式。在任一时刻 t，随机地或按某一方式确定地选择某一神经元 i，该神经元依上式变化，而其他神经元的状态不变。

(2) 并行(同步)工作方式。在任一时刻 t，部分神经元或全部神经元的状态同时改变。

下面是 Hopfield 网络以串行工作方式的运行步骤。

第一步，对网络进行初始化。

第二步，从网络中随机选取一个神经元 i。

第三步，按式(15-13)求出该神经元 i 的输入 $u_i(t)$。

第四步,按式(15-14)求出该神经元 i 的输出 $v_i(t+1)$,此时网络中的其他神经元的输出保持不变。

第五步,判断网络是否达到稳定状态,若达到稳定状态或满足给定条件后则结束;否则转到第二步继续运行。

这里网络的稳定状态定义为:若网络从某一时刻以后状态不再发生变化,即

$$v_i(t+\Delta t) = v_i(t) \quad \Delta t > 0 \tag{15-16}$$

则称网络处于稳定状态。

如果 Hopfield 网络存在稳定状态,则要求 Hopfield 网络模型满足以下条件:

- 网络为对称连接,即 $w_{ij}=w_{ji}$。
- 神经元自身无连接,即 $w_{ii}=0$。

这样 Hopfield 网络的突触权值矩阵 $\boldsymbol{W}$ 为零对角线的对称矩阵。

在满足以上参数条件下,Hopfield 网络"能量函数"(Lyapunov 函数)的"能量"在网络运行过程中应不断地降低,最后达到稳定的平衡状态。

Lyapunov 函数定义为

$$E = -\frac{1}{2}\sum_{\substack{i=1\\ j\neq i}}^{n}\sum_{\substack{j=1\\ j\neq i}}^{n} w_{ij}v_i v_j + \sum_{i=1}^{n} v_i b_i \tag{15-17}$$

Hopfield 网络按动力学方式运行,即按"能量函数"减小的方向进行演化,直到达到稳定状态,因而式(15-17)所定义的"能量函数"值应单调减小。

考虑网络中的任意神经元 i,其能量函数为

$$E_i = -\frac{1}{2}\sum_{\substack{j=1\\ j\neq i}}^{n} w_{ij}v_i v_j + b_i v_i$$

从 t 时刻至 $t+1$ 时刻的能量变化量为

$$\begin{aligned}\Delta E_i &= E_i(t+1) - E_i(t)\\ &= -\frac{1}{2}\sum_{\substack{j=1\\ j\neq i}}^{n} w_{ij}v_i(t+1)v_j + b_i v_i(t+1) + \frac{1}{2}\sum_{\substack{j=1\\ j\neq i}}^{n} w_{ij}v_i(t)v_j - b_i v_i(t)\\ &= -\frac{1}{2}[v_i(t+1) - v_i(t)]\left[\sum_{\substack{j=1\\ j\neq i}}^{n} w_{ij}v_j + b_i\right]\end{aligned}$$

由式(15-15)可得 $\Delta E_i \leqslant 0$。

因为神经元 i 为网络中的任意神经元,而网络中的所有神经元都按同一规则进行状态更新,所以网络的能量变化量应不大于零,即

$$\Delta E \leqslant 0$$

也即

$$E_i(t+1) - E_i(t) \leqslant 0$$

记

$$S_j = \sum_{\substack{i=1\\ j\neq i}}^{n} w_{ij}v_i + b_j$$

$$\Delta E_i = -\Delta v_i S_j / 2 \tag{15-18}$$

现在分析以下3种可能的情况。

- 如果第 j 个神经元没有改变状态,那么 $\Delta u_j=0$,因此由式(15-18)可知,能量改变 $\Delta E_i=0$。
- 如果第 j 个神经元的起始状态为1,并降至0状态,那么

$$v_i(t+1)=0$$
$$v_i(t)=1$$
$$v_i(t+1)-v_i(t)=-1<0$$

注意到式(15-15),当一个神经元由1变为0,那么 S_j 必须小于0,因此,$\Delta v_i S_j$ 的乘积必须大于0,由式(15-18)可以看出 $\Delta E_i \leqslant 0$。

- 如果第 j 个神经元的起始状态为0,并跃迁至1状态,那么

$$v_i(t+1)=1$$
$$v_i(t)=0$$
$$v_i(t+1)-v_i(t)=1>0$$

同样由式(15-15),当一个神经元由0变为1,那么 S_j 必须不小于0,因此,$\Delta v_i S_j$ 的乘积还是大于0,再由式(15-18)可以看出 $\Delta E_i \leqslant 0$。

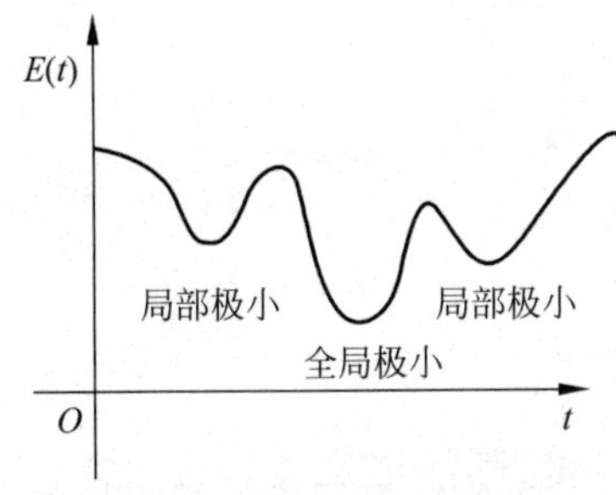

图 15-16　能量函数局部极小值

因此可以得到一个结论,在满足参数条件下,Hopfield网络状态是向着能量函数减小的方向演化。由于能量函数有界,所以系统必然会趋于稳定状态,该稳定状态即为Hopfield网络的输出。能量函数的变化曲线如图15-16所示,曲线含有全局最小点和局部最小点。将能量函数的这些极值点作为记忆状态,可将Hopfield网络用于联想记忆;将能量函数作为代价函数,全局最小点看成最优解,则Hopfield网络可用于最优化计算。

计算上述网络时,可以随机选取神经元,当所有的神经元都被访问到,并且没有神经元再改变状态时[见式(15-15)],就达到了一个全局的稳定状态,也就可以认为网络已经收敛了。

下面讨论网络训练问题,以便网络的极小值能和所希望的网络记忆的样本矢量集合相对应。

给定网络所需记忆的 m 个训练矢量集合 $\boldsymbol{A}_p$,下面的式(15-19)可用来固定网络的权值,以达到这样一个目的:每一预存的状态矢量能对应能量的极小值,并且网络对应于每一个这样的预存值都有一个稳定的状态,即

$$\begin{cases}\boldsymbol{W}=\sum_{p=1}^{m}(2a_i^{(p)}-1)(2a_j^{(p)}-1), & i\neq j\\ w_{ii}=0, \quad w_{ji}=w_{ij}\end{cases} \tag{15-19}$$

式中,$a_i^{(p)}$ 是第 p 个训练矢量的第 i 个分量;w_{ij} 是连接第 i 个与第 j 个神经元的权值。

3. Hopfield网络的一个范例

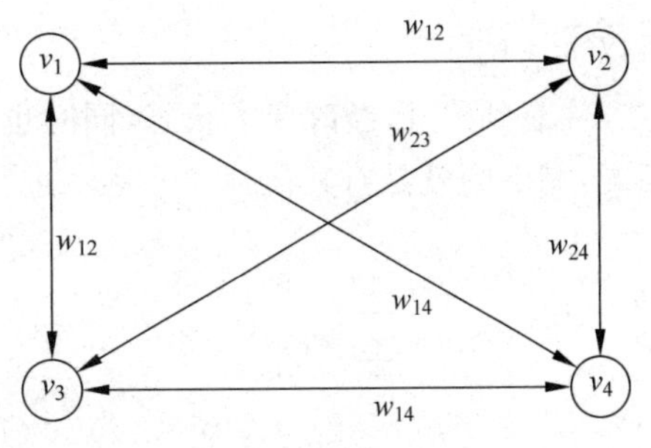

图 15-17　一个4个神经元的Hopfield网络

现在讨论一个简单的Hopfield网络例子。假设希望在图15-17所示的Hopfield网络中存储两

个模式,要存储的模式如下。

$$\boldsymbol{a}^{(1)} = [1\ 0\ 1\ 0]^{\mathrm{T}}$$

$$\boldsymbol{a}^{(2)} = [0\ 1\ 0\ 1]^{\mathrm{T}}$$

代入式(15-19)时,$m=2$。于是,根据训练的公式,权矩阵的每个元素的计算如下:

$$\begin{aligned}
w_{12} &= (2a_1^{(1)}-1)(2a_2^{(1)}-1)+(2a_1^{(2)}-1)(2a_2^{(2)}-1) \\
&= (1)\times(-1)+(-1)\times(1)=-2 \\
w_{13} &= (2a_1^{(1)}-1)(2a_3^{(1)}-1)+(2a_1^{(2)}-1)(2a_3^{(2)}-1) \\
&= (1)\times(1)+(-1)\times(-1)=2 \\
w_{14} &= (2a_1^{(1)}-1)(2a_4^{(1)}-1)+(2a_1^{(2)}-1)(2a_4^{(2)}-1) \\
&= (1)\times(-1)+(-1)\times(1)=-2 \\
w_{23} &= (2a_2^{(1)}-1)(2a_3^{(1)}-1)+(2a_2^{(2)}-1)(2a_3^{(2)}-1) \\
&= (-1)\times(1)+(1)\times(-1)=-2 \\
w_{24} &= (2a_2^{(1)}-1)(2a_4^{(1)}-1)+(2a_2^{(2)}-1)(2a_4^{(2)}-1) \\
&= (-1)\times(-1)+(1)\times(1)=2 \\
w_{34} &= (2a_3^{(1)}-1)(2a_4^{(1)}-1)+(2a_3^{(2)}-1)(2a_4^{(2)}-1) \\
&= (1)\times(-1)+(-1)\times(1)=-2
\end{aligned}$$

因此,完整的权矩阵为

$$\boldsymbol{W} = \begin{bmatrix} 0 & -2 & 2 & -2 \\ -2 & 0 & -2 & 2 \\ 2 & -2 & 0 & -2 \\ -2 & 2 & -2 & 0 \end{bmatrix}$$

现在再假设给上面训练的网络输入一个矢量$[1\ 1\ 1\ 0]^{\mathrm{T}}$,这就意味着网络的初始状态为

$$v_1 = 1$$

$$v_2 = 1$$

$$v_3 = 1$$

$$v_4 = 0$$

前面的 a_i 是训练模式,这里的 v_i 表示网络状态。如果神经元 v_2 首先要更新,那么得到

$$\begin{aligned}
S_2 &= \sum_{i=1}^{4} w_{2i} v_i \\
&= (-2)\times(1)+(0)\times(1)+(-2)\times(1)+(2)\times(0)=-4<0
\end{aligned}$$

所以 $v_2=0$。

注意到 v_2 已经改变了状态,同时也注意到这时网络的状态和预存的模式$[1\ 0\ 1\ 0]^{\mathrm{T}}$ 相匹配,剩下的就是对其他神经元逐一进行处理,直到没有状态改变为止。

由于

$$\begin{aligned}
S_4 &= \sum_{i=1}^{4} w_{4i} v_i \\
&= (-2)\times(1)+(2)\times(1)+(-2)\times(1)+(0)\times(0)=-2<0
\end{aligned}$$

所以 $v_4=0$。

又由于

$$S_1 = \sum_{i=1}^{4} w_{1i} v_i$$
$$= (0)\times(1)+(-2)\times(0)+(2)\times(1)+(-2)\times(0) = 2 > 0$$

所以 $v_1=1$。

再由于

$$S_3 = \sum_{i=1}^{4} w_{3i} v_i$$
$$= (2)\times(1)+(-2)\times(0)+(0)\times(1)+(-2)\times(0) = 2 > 0$$

所以 $v_3=1$。

还由于

$$S_2 = \sum_{i=1}^{4} w_{2i} v_i$$
$$= (-2)\times(1)+(0)\times(0)+(-2)\times(1)+(2)\times(0) = -4 < 0$$

所以 $v_2=0$。

综合 S_1、S_2、S_3 和 S_4，即根据所有计算过一遍的神经元的结果可知，网络的状态$[1\ 0\ 1\ 0\ 1]^T$ 没有改变，因此，网络已经收敛。

15.8 人工神经网络与人工智能其他技术的比较

作为研究智能的一个学派，人工神经网络的研究者在现代神经科学的研究成果的基础上，提出了与传统的人工智能不同的一种观点，认为智能的本质是连接机制。神经网络是一个由大量简单的处理单元组成的高度复杂度的大规模非线性自适应系统。

1. 人工神经网络对人脑智能的模拟方式

人工神经网络从以下 4 个方面出发去模拟人脑的智能行为，力图最大限度地体现人脑的一些基本特征，同时使得所得人工神经网络具有良好的可实现性。

(1) 物理结构。现代神经科学的研究结果认为，大脑皮层是一个广泛连接的巨型复杂系统，它包含有大约一千亿个神经元，这些神经元通过一千万亿个连接构成一个大规模的神经网络系统。人工神经网络也将是由与生物神经元类似的人工神经元通过广泛的连接构成的。人工神经元将模拟生物神经元的功能。它们不仅具有一定的局部处理能力，同时还可以接受来自系统中其他神经元的信号，并可以将自己的“状态”按照一定的形式和方式传送给其他的神经元。

(2) 计算模拟。人脑中的神经元，既有局部的计算和存储功能，又通过连接构成一个统一的系统。人脑的计算就是建立在这个系统的大规模并行模拟处理基础上的。各个神经元可以接受系统中其他神经元通过连接传送过来的信号，通过局部的处理，产生一个结果，再通过连接将此结果发送出去。

神经元接收和传送的信号被认为是模拟信号。由于对大脑中的各个神经元来说，接收和传送都是同时进行的。因此，神经网络是一个大规模并行模拟处理系统。由于人工神经网络中存在大量的有局部处理能力的人工神经元，所以，神经网络也应实现信息的大规模并行处理，以提高其性能。

(3) 分布存储。神经网络的研究认为,大脑对信息的记忆是通过改变突触(synapse)的连接强度来实现的。神经元之间的连接强度确定了它们之间传递信号的强弱,而连接强度则由相应的突触决定。也就是说,除神经元的状态所表现出的信息外,其他信息被以神经元之间连接强度的形式分布存放。存储区与操作可合二为一。这里的处理是按大规模、连续、模拟方式进行的。由于其信息是由神经元的状态和神经元之间实现连接的突触的强弱所表达的,所以说信息的分布存储是它的另一个特点。这是人工神经网络模拟实现生物神经系统的第三大特点。

(4) 训练与学习。一般认为,人的大脑的功能除了受到先天因素的限制外,还被后天的训练所确定。在先天因素和后天因素中,后天的训练更为重要。

人脑具有很强的自组织和自适应性。从生理的角度来讲,人的许多智力活动并不是按逻辑方式进行的,而是通过训练形成的。所以,人工神经网络将根据自己的结构特性,使用不同的训练、学习过程,自动从训练样本中获取相关的知识,并将其存放在系统内。

2. 人工神经网络与传统的人工智能的比较

人工神经网络与传统的人工智能在认知模型上有许多不同之处。下面从解释级别、处理方式和表示结构3个方面进行比较。

(1) 解释级别。在传统人工智能中,用符号表示某些事物。从认知的观点来看,人工智能认为智能表示方法是存在的,并且建立了由符号系统表示的认知模型。

人工神经网络强调并行分布处理模型,这种模型认为通过大量神经元的相互作用产生信息处理,每一个神经元在网络中将兴奋或抑制信号传送给其他神经元。神经网络特别强调对认知现象的神经生物解释。

(2) 处理方式。在传统人工智能中,处理是串行的,类似于典型的计算机编程,甚至当没有预定次序(如专家系统中对事实和规则的扫描)时,其处理操作仍然一步一步执行。相比之下,成千上万个神经元形成的巨大神经网络的并行处理方式不仅对信息处理至关重要,而且是适应性的一个重要因素,也是赋予神经网络鲁棒性这一重要特征:计算在众多网络神经元中传播,网络对含有噪声或不完整的输入仍然可以进行识别;一个被损坏的网络仍然可以满意运行。

(3) 表示结构。人工智能的符号表示含有一个准语言结构,同自然语言的表达一样,传统AI的表达通常非常复杂,它建立于简单符号的系统结构之上。这个语言结构为给定一有限符号集,在其之上有意义的表达通常由下列部分组成:一组符号、句法结构与语义模型,而结构和天然表示是神经网络的一个重要特征。符号人工智能可用自上而下的方法描述知识数据表示和规则系统;神经网络也可用自下而上的方法描述具有天然学习能力的并行分布式处理机。

3. 人工神经网络与传统的人工智能的结合

智能系统在执行认知任务的过程中,应发现更多隐含的、有用的方法手段并将其结合成为结构化的连接模型或混合系统,而不是单独的基于符号的人工智能或神经网络进行求解搜索。因此,能将神经网络的适应性、鲁棒性和一致性与从符号人工智能中继承的表示、推理和普遍性结合起来,以产生所期望的特性。基于这种思想,人工神经网络与传统的人工智能的结合,能从训练的神经网络中提取规则,另外加上对符号和连接方式结合的理解,可以整合起来制造一个智能系统。

15.9 人工神经网络的应用领域

人工神经网络并不是可以解决所有领域问题的，它有自己的适用面。如果说人脑既能进行"形象思维"又能进行"逻辑思维"，那么传统的人工智能技术模拟的是逻辑思维，而人工神经网络模拟的是形象思维，而这两者适用的方面是不同的。

人工神经网络适用于形象思维问题的处理，主要包括两个方面：对大量的数据进行分类，并且分类只有较少的几种情况；能够学习一个复杂的非线性映射。

这两个方面对传统的人工智能技术来说都是比较困难的。而人工神经网络所具有的非线性特性、大量的并行分布结构以及学习和归纳能力，使其在诸如建模、时间序列分析、模式识别、信号处理及控制等方面得到广泛的应用。尤其面对缺少物理或统计数据中存在着变化、数据由非线性机制产生等棘手问题，神经网络能够提供较为有效的解决方法。

按照 Mritin T. Hagen 等的总结，神经网络在实际生活中的应用领域如下。

(1) 航天业。高性能的飞行器自动驾驶、飞行轨道模拟、飞行器控制系统、飞行器元件错误检测器。

(2) 汽车行业。汽车自动驾驶系统、保险行为分析器。

(3) 银行业。支票和其他文档阅读器、贷款评估器。

(4) 国防工业。武器操纵控制、目标跟踪、物体识别、面部识别、各种新的传感器、声纳、雷达和含有压缩数据的图像信号处理、特征提取和噪声抑制、信号图像识别。

(5) 电子行业。编码序列预测、集成电路芯片设计、过程控制、芯片故障分析、机器视觉、声音合成及非线性建模。

(6) 娱乐行业。动画、特效设计、市场预测。

(7) 金融业。固定资产评估、贷款顾问、抵押审查、公司保证信誉度、信贷分析、法人资产分析及货币价格预测。

(8) 保险业。政策方针评估、产品最优化。

(9) 制造业。生产过程控制、产品设计与分析、机器诊断、实时粒子分析、可视化质量检测、啤酒检测、焊接质量分析、纸张质量预测、计算机芯片质量分析、研磨操作分析、化学产品质量分析、机器保养分析、项目招标、计划和管理、化学过程系统的动态建模。

(10) 医学、医药行业。乳癌细胞分析、脑电图和心电图分析、修复术设计、移植时间最优化、医疗成本的削减、医疗质量的提高及急救室建议。

(11) 石油业。石油和天然气的勘探。

(12) 交通行业。卡车制动器检测系统、汽车调度和路线系统。

(13) 证券业。市场分析、股票商业顾问、自动债券估价。

(14) 电信业。图像和数据压缩、自动信息服务、实时语音翻译、顾客付款处理系统。

(15) 机器人研究。运动轨迹控制、铲车机器人、操纵控制器及视觉系统。

(16) 语音研究。语音识别、语音压缩、元音分类及语音文字综合。

随着人工神经网络研究的进一步深入，特别是人工神经网络作为一种智能方法同其他学科领域更为紧密的结合，它的应用前景将更为广阔。

习 题 15

15.1　根据自己的理解给出人工神经网络的定义,并指出其特征。

15.2　神经网络模型有几种分类方法?试给出一种分类,并指出每种网络模型的特点。

15.3　试分析生物神经元的结构和组成,神经元的每一部分的作用以及有哪些功能。

15.4　什么是人工神经元?它有哪些连接方式?

15.5　传统的人工智能与人工神经网络在认知模型上有哪些不同之处?

15.6　什么是人工神经网络模型的数学模型和认知模型?

15.7　神经网络的学习算法有几种分类方法?试给出一种分类。在这个分类中,最主要的学习规则是什么?

15.8　多层感知机的网络结构是什么?简述BP算法的学习过程。

15.9　什么是网络的稳定性?Hopfield网络模型分为哪两类?

15.10　Hopfield网络模型与BP网络模型的网络结构有什么区别?

第 16 章 数据挖掘与知识发现

随着计算机、网络和通信等信息技术的高速发展，信息处理在整个社会规模上迅速产业化，商务贸易电子化，企业和政府事务电子化的迅速普及都产生了大规模的数据源。同时，日益增长的科学计算和大规模的工业生产过程也提供了海量数据。而日益成熟的数据库系统和数据库管理系统都为这些海量数据的存储和管理提供了技术保证。另外，计算机网络技术、特别是 Internet 技术的长足进步和规模的爆炸性增长，为数据的传输和远程交互提供了技术手段，将全球的信息源纳入了一个共同的数据库系统之中。

人们面对这样一个巨大的信息源，信息提取及其知识获取技术却相对大大落后了。毫无疑问，这些庞大的数据库及其中的海量数据是极其丰富的信息源，但是仅仅依靠传统的数据检索机制和统计分析方法已经远远不能满足需要了。因此，新兴的知识获取技术：数据挖掘、Web 挖掘、文本挖掘应运而生并得到迅速发展。它的出现为自动和智能地把海量的数据转化成有用的信息和知识提供了手段。

16.1 数据挖掘

数据挖掘是指从大量数据中挖掘出隐含的、先前未知的、对决策有潜在价值的知识和规则的高级处理过程。通过数据挖掘，有价值的知识、规则或高层次的信息就能从数据库的相关数据集合中抽取出来，并从不同角度显示，从而使大型数据库作为一个丰富、可靠的资源为知识的提取服务。例如，超市的经营者希望将经常被同时购买的商品放在一起，以增加销售；保险公司想知道购买保险的客户具有哪些特征；医学研究人员希望从已有的成千上万份病历中找出患某种疾病病人的共同特征，从而为治愈这种疾病提供一些帮助。数据挖掘在一些文献中还有其他名称，如数据开采、数据采掘、知识挖掘、知识抽取和知识考察等。

特别需要指出的是，数据挖掘技术从一开始就是面向应用的。它不仅是面向特定数据库的简单检索查询调用，而且要对这些数据进行微观乃至宏观的统计、分析、综合和推理，以试图发现事件间的相互联系，指导实际问题的求解，甚至利用已有的数据对未来的活动进行预测。这样一来，就把人们对数据的应用，从低层次的查询操作，提高到为各级经营决策者提供决策支持。这种需求驱动力比数据库查询更为强大。

16.1.1 数据挖掘的定义与发展

数据挖掘起源于从数据库中发现知识(Knowledge Discovery in Database，KDD)，它首次出现在 1989 年 8 月在底特律举行的第十一届国际联合人工智能学术会议上。为了统一认识，在 1996 年出版的总结该领域进展的权威论文集《知识发现与数据进展》中，Fayyad、

Piatetsky-Shapiro 和 Smyth 给出了 KDD 和数据挖掘的最新定义，将二者加以区分。

KDD 的定义为：从数据中辨别有效的、新颖的、潜在有用的、最终可理解的模式的过程。

数据挖掘一词从英文"Data Mining"，中文又翻译为数据开采、数据采掘等。随着研究的不断深入，人们对数据挖掘的理解越来越全面，对它的定义也不断修改，目前比较公认的定义是 Fayyad 等给出的：数据挖掘是从大量数据中提取出可信的、新颖的、有效的，并最终能被人理解的模式的处理过程，这种处理过程是一种高级处理过程。

也有人将数据挖掘定义为：数据挖掘是 KDD 中通过特定的算法，在可接受的计算效率限制内生成特定模式的一个步骤。

更为一般的定义是：数据挖掘是从数据集合中自动抽取隐藏在数据中的那些有用信息的非平凡过程。这些信息的表现形式为规则、概念、规律及模式等，可帮助决策者分析历史数据及当前数据，从中发现隐藏的关系和模式，进而预测未来可能发生的行为。

由这些定义可见，整个 KDD 过程是一个以知识使用者为中心、人机交互的探索过程。数据挖掘只是数据库中知识发现的一个步骤，但又是最重要的一步。因此，往往可以不加区别地使用 KDD 和数据挖掘这两个术语。一般它们在研究领域被称为数据库中知识发现的，在工程领域则称之为数据挖掘。

1989 年举行的第一届专题讨论会后，1991 年、1993 年、1994 年又连续举行了 KDD 专题讨论会。1995 年讨论会开始发展为一年一次的国际学术大会，到目前为止，由美国人工智能协会主办的 KDD 国际研讨会已经召开了 9 次，规模也由几十人扩大到几百人。

1999 年在美国圣地亚哥举行的第五届 KDD 国际学术大会参加人数近千人，投稿 280 多篇，收录论文 52 篇。会议较全面地讨论了数据挖掘与知识发现(Data Mining and Knowledge Discovery,DMKD)的基础理论、新的发现算法、数据挖掘与数据仓库及 OLAP 的结合、可视化技术、知识表示方法、Web 中的数据挖掘等。IEEE、ACM、IFIS、VLDB、SIGMOD 等其他学会、学刊也纷纷把 DMKD 列为会议议题或出版专刊，成为当前国际上的一个研究热点。

迄今为止，对关系数据库和事务数据库进行数据挖掘和知识发现的研究已经取得了一定的进展，最有影响力的发现算法有加拿大 Simon Fraser 大学 J. Han 教授的概念树提升算法、IBM 的 R. Agrawal 的关联算法、澳大利亚的 J. R. Quinlan 教授的分类算法、密西根州立大学 Erick Goodman 的遗传算法等。

在实际应用中，各种实用的数据挖掘工具层出不穷，IBM、GTE、SAS、Microsoft、Silicon Graphics、IntegralSolutions、Thinking Machines、DataMind、Urban Science、AbTech、UnicaTechnologies 等公司，相继开发出一些实用的 KDD 商业系统和原型系统。例如，市场分析用的 BehaviorScan、Explorer、MDT(Management Discovery Tool)，金融投资领域的 Stock Selector、AI(Automated Investor)，欺诈预警用的 Falcon、FAIS、Clonedetector 等。

数据挖掘工具的竞赛评奖活动也频频展开，在 KDD-99 数据挖掘工具的比赛中，SAS 及 Amdocs 获得了并列第一。

上述的算法、系统和工具信息能方便地在有关学术刊物及 Internet 上找到，如 *Data Mining and Knowledge Discovery*、*Knowledge Discovery Nuggets* 等。

16.1.2 数据挖掘研究的主要内容

数据挖掘与知识发现是一个以数据库、人工智能、数理统计、可视化 4 大支柱技术为基础，多学科交叉、渗透、融合形成的新的交叉学科，其研究内容十分广泛。目前，存在很多数据挖掘方法或算法，因此有必要对这些方法进行分类。

描述一个算法涉及3个部分：输入、输出和处理过程。数据挖掘算法的输入是数据库；算法的输出是发现的知识或模式；算法的处理过程则涉及具体的搜索方法。从算法的输入、处理过程和输出3个角度去分类，可以确定3种分类标准：挖掘对象、挖掘方法和挖掘任务。

根据挖掘对象划分，有以下若干种数据库或数据源：关系数据库、面向对象数据库、空间数据库、时态数据库、文本数据源、多媒体数据库、异质数据库、历史(legacy)数据库及万维网(Web)。

根据挖掘方法划分，可粗分为统计方法、机器学习方法、神经网络方法和数据库方法。统计方法可细分为回归分析、判别分析、聚类分析和探索性分析等。机器学习方法、神经网络方法还可以进一步细分，这已经在前两章讨论过了。其他方法将在下面更为详细地讨论。

根据挖掘任务划分，可分为关联规则挖掘、预测事件所属的类别、序列分析等。下面将比较详细地给出这些任务的含义。数据挖掘的任务类型很多，下面根据一些应用问题的内在本质，将数据挖掘的任务划分为以下几种类型。

1. 分类

分类(classification) 是数据挖掘应用中最常见的一类问题。通常，像流失分析、风险管理、定向广告等商务问题都会涉及分类问题。

分类指根据预测属性的取值不同，将样本划分为不同的分类。每个样本都由一系列的属性构成，其中之一称为分类属性(及预测属性)。分类任务需要寻找一个以分类属性为参数的分类函数。分类函数对该属性有两种取值：Yes 和 No。为了能得到数据的分类模型，需要用历史数据进行训练，历史数据中需要给出每一个样本的分类值。在数据挖掘算法中需要给定样本目标值的算法，称为指导型算法(supervised algorithms)。

典型的分类算法包括决策树、神经元网络和 Naïve Bayes。

2. 聚类

聚类(clustering) 也被称为分割。它被用于基于样本的属性，识别在样本中存在的分组。在同一分组内的样本具有更多类似的属性值。

与分类相反，聚类算法是一个非指导型(unsupervised)数据挖掘任务。所有的输入都同样对待，没有一个属性直接用来指导模型的构建。大多数聚类算法在构建模型时，都需要进行多次的迭代直到算法收敛。算法收敛指模型中所有分割的边界都已经趋于稳定。

聚类分析方法将在16.1.9小节中详细讨论。

3. 关联规则挖掘

关联规则(association rule)是另一类常用的数据挖掘任务。关联规则也被称为购物篮分析。一个典型的基于关联规则的数据挖掘任务是，通过对销售事务表的分析，得出经常出现在同一个购物篮中的商品有哪些。从一般化角度来说，关联规则通常用于识别一些经常出现的商品集合和规则，其识别结果将用于指导交叉销售。

对关联规则挖掘任务来说，每一个商品或每一个属性/值对，都被称为一个项。关联规则挖掘任务有两个目标：一个是识别一些项的集合；另一个是识别这些项集之间的关联关系，这种关系用规则表示出来就是关联规则。

关联规则算法挖掘将在16.1.8小节中详细讨论。

4. 回归

回归(regression) 任务与分类任务很相似。它们之间的主要差异是预测属性(分类属性)为连续变量。回归技术在统计学领域得到了广泛的研究。线性回归(linear regression)和逻辑回归(logistic regression)是两种最流行的方法。其他的回归技术还包括回归树(regression trees)和神经元网络(neural networks)。

回归任务可以解决很多商务问题。比如,它可以用于基于发行面值、发行方式和发行量,预测债券发行率,或者天气预报。

5. 预测分析

预测(forecasting) 也是一种重要的数据挖掘任务。股市的股值明日会是多少?下个月公司的销售量会是多少?预测技术可用以帮助回答这类问题。该算法通常需要输入一个时间序列数据集。时间序列数据通常含有一系列相邻的样本,这些样本之间存在顺序关系。预测技术在预测过程中,考虑了基本趋势、周期性、噪声滤波等问题的处理。

6. 序列分析

序列分析(sequence analysis) 用于在一系列离散的序列数据间发现模式。一个序列由一系列离散的取值(或状态)构成。比如,一个DNA序列是一个由4种状态(A、G、C和T)组成的很长的序列。一个Web点击序列是由一系列的URL构成的序列。客户的购买活动也可被模型化为一个序列。比如,客户首先买了一台计算机,然后买了一个音箱,最后买了一个网络摄像机(webcam)。其中的序列数据和时间数据都表达了相邻样本的顺序关系。它们的不同之处在于序列数据是离散的,时间数据是连续的。

序列分析和关联规则的相似之处在于,它们所用的样本数据中,每一个样本都包含了一个项集或状态集合。其不同之处在于序列分析研究的是项集(或状态)间的转换,而关联规则模型研究的是项集之间的相关性。在序列分析模型中,先购买计算机再购买音箱,和先购买音箱再购买计算机是两种不同的序列。而在关联规则中这两种行为都表达了一个同样的项集{计算机,音箱}。

7. 异常分析

异常分析(deviation analysis) 用于从样本数据中,发现与其他样本差别很大的异常数据。它也被称为特例识别,用于从以前的观测数据中识别主要的变化。异常分析可用于很多领域。其中一个最主要的应用领域是信用卡欺诈识别。在几百万元的信用卡交易事务中识别异常情况是一件有很大挑战性的工作。其他应用还包括网络入侵识别、制造事故分析等。

16.1.3 数据挖掘的特点

数据挖掘与机器学习都是从数据中提取知识。其主要区别在于:机器学习主要针对待定模式的数据进行学习;数据挖掘则是从实际的海量数据源中抽取知识,这些海量数据源通常是一些大型数据库。由于数据挖掘使用的数据直接来自数据数据库,数据的组织形式、数据规模都具有依赖数据库的特点,特别的,数据挖掘处理的数据量非常巨大,数据的完整性、一致性和正确性都难以保证。所以,数据挖掘算法的效率、有效性和可扩充性都显得至关重要,充分利用现代数据库技术优势也是提高数据挖掘的算法效率的有效途径。

与传统的数据库查询系统相比较，数据挖掘技术也存在显著的不同。

首先，传统的数据库查询一般都具有严格的查询表达式，可以用 SQL 语句描述。而数据挖掘则不一定具有严格的要求，常常表现出即时、随机的特点。查询要求也不确定。整个挖掘过程也无法仅用 SQL 语言就能完整表达。实际上，数据挖掘常常用一种类 SQL 语言来描述。

其次，传统的数据库查询一般生成严格的结果集，但数据挖掘可能并不生成严格的结果集。挖掘过程往往基于统计规律，产生的规则并不要求对所有的数据项总是成立，而是只要达到一定的事先给定的阈值就可以了。

最后，通常情况下，数据库查询只对数据库的原始字段进行；而数据挖掘则可能在数据库的不同层次上挖掘知识规则。

16.1.4 数据挖掘的分类

数据挖掘和知识发现技术发展到现在，出现了许多技术分支和研究方向。这些技术适用于不同的数据库系统，应用不同的挖掘技术从而挖掘出不同种类的知识。下面就数据挖掘的常见分类方法分别加以描述。

1. 按操纵的数据库分类

不同的数据库其数据的描述、组织和存储方式均有很大不同，一般可以分为关系数据库、面向对象数据库、事务数据库和演绎数据库等。因此，数据挖掘可以按数据库的不同而划分成不同的种类。如从关系数据库挖掘知识的关系数据挖掘，这是使用最为广泛，也是最为成熟的一类数据挖掘技术。

2. 按挖掘的知识分类

挖掘的知识具有多种形式，如关联规则、分类规则、聚类规则、特征规则和时序规则等。同时，这些知识也可以在不同的层面上表达，如泛化知识、原始知识和多层知识等。所以，数据挖掘系统也可由挖掘的知识种类分类。显然，即使是在同一个数据库中，隐含的知识也是多种多样的。所以，一个优秀的数据控制系统应该能全面、完整地挖掘出隐含在不同层面内的不同种类的知识。

3. 按应用的技术方法分类

基于规则和决策树的方法：现今的数据挖掘大都是基于这类方法的。采用规则发现和决策树分类技术来发现数据模式和规则的核心是某种归纳算法。其通常是先对数据库中的数据进行采掘，产生规则和决策树，然后对新数据进行分析和预测。

基于神经元网络的方法：神经元网络具有对非线性数据的快速拟合能力，因而得到日益广泛的应用。在数据挖掘的过程中，神经元网络是数据分类的有力工具。在事务数据库的分析和建模方面应用广泛。

模糊和粗糙集方法：应用模糊和粗糙集理论进行数据查询排序和分类也是数据采掘的重要方法。

统计方法：统计理论由于是非常完善的数学理论，在数据分析方面具有深入而广泛的应用。实际上，这类方法主要用来分析数据，而不是从其中发现模式和规则。所以，它在数据挖掘中主要作为其他方法的基础而存在。

数据可视化方法：这是一类辅助方法。数据可视化大大扩展了数据的表达和理解能力。这在数据挖掘中是非常重要的,因而数据可视化正受到日益广泛的重视。

16.1.5 数据挖掘常用的技术

人工神经网络:它从结构上模仿生物神经网络,是一种通过训练来学习的非线性预测模型,可以完成分类、聚类、关联规则挖掘等多种数据挖掘任务。它将发展中的数据结构与学习能力结合起来,从不准确的数据中提取含义,可用来提取模式、探测那些太复杂而不易被人或其他计算机技巧所发现的趋势。一个好的神经网络可回答"what if"问题,故被称为信息专家。

决策树:用树形结构来表示决策集合,这些决策集合通过对数据集的分类产生规则。典型的决策树方法有分类回归树(CART)。它将示例分成有限的类别,节点标有属性名,边上标有不同的类别。对象由树中的路径、边、对象的属性值区分。典型的应用是分类规则的开采。

遗传算法:该算法已在第6章讨论过了,它基于生物进化的概念设计的一系列的过程来达到优化的目的。这些过程有基因组合、交叉、变异和自然选择。

最邻近技术:这种技术通过 k 个与之最相近的历史记录的组合来辨别新的记录,有时也称这种技术为 k 最邻近方法。这种技术可以用作聚类、偏差分析等挖掘任务。

规则归纳:通过统计方法归纳、提取有价值的 if-then 规则。规则归纳的技术在数据挖掘中被广泛使用,如关联规则的挖掘。它从数据库中归纳出信息,是对数据库中对象的概括叙述。

16.1.6 数据挖掘过程

数据挖掘过程一般有3个主要的阶段:数据准备、挖掘、结果表达和解释,知识的发现可以描述为这3个阶段的反复过程。

1. 数据准备

这个阶段又可以进一步分成3个子步骤:数据集成、数据选择和数据预处理。数据集成将多个文件和多数据库运行环境中的数据进行合并处理,解决语义模糊性,处理数据中的遗漏和清洗数据等。数据选择的目的是辨别出需要分析的数据集合,缩小处理范围,提高数据挖掘的质量。预处理是为了提高数据挖掘的质量。

2. 数据挖掘

这个阶段进行实际的挖掘工作,包括以下几个要点。

(1) 先要决定如何产生假设,是让数据挖掘系统为用户产生假设,还是用户自己对数据库中可能包含的知识提出假设。前一种是发现型(discovery-driven)的数据挖掘;后一种是验证型(verification-driven)的数据挖掘。

(2) 选择合适的工具。

(3) 选择合适的挖掘知识的操作。

(4) 证实发现的知识。

3. 结果表达和解释

根据最终用户的决策目的对提取的信息进行分析,把最有价值的信息区分出来,并且通过决策支持工具移交给决策者。因此,这一步的任务不仅是把结果表达出来,还要对信息进行过滤处理,如果不能令决策者满意,需要重复以上数据挖掘的过程。

16.1.7 数据挖掘研究面临的困难

尽管取得了许多进展,数据挖掘与知识发现仍面临着许多困难与挑战。

(1) 现实世界数据库中的数据是动态的且数量庞大,有时数据是不完全的,存在噪声、不确定性、信息丢失、信息冗余和数据分布稀疏等问题。

(2) 现有理论和算法本身还有待发展和完善,像定性定量转换、不确定性推理等一些根本性的问题还没有得到很好的解决,同时需要发展新的、高效的数据挖掘算法。

(3) 数据库类型的多样性,即适用于关系数据库的算法未必适用于面向对象数据库。

(4) 知识的表示形式,它包括如何对挖掘到的知识进行有效的表示,使人们容易理解,比如如何对数据进行可视化,推动人们主动地从中发现知识。因此知识表示的深入研究将是数据挖掘实用化的一个重要步骤。

(5) 目前的数据挖掘与知识发现系统还不尽如人意,人们还不能像关系数据库系统那样调用 SQL 语言就能快速查询到自己想要的东西。

另外,数据挖掘系统与实际应用相结合得还不够,还没有太多数据挖掘成功的范例。因此,数据挖掘与其他技术特别是数据仓库技术的结合将是今后一个重要的发展方向。

16.1.8 关联规则挖掘

数据挖掘中,关联规则的挖掘是最为典型的工作之一,因此有必要对它作比较详细的了解。

推动这种挖掘迅猛发展的是大型零售组织所面临的决策支持问题。在传统的零售商店中顾客通常是到一个柜台买完东西后再到另一个柜台去买另一样东西,这样一来,商场经理虽然知道每一种商品的销售情况,但并不知道是哪些顾客购买的,也不知道这个顾客同时还买了哪些东西。随着超级市场的出现,顾客可以在超市一次购得所有自己需要的商品,而计算机技术的广泛应用,使商家非常容易收集和存储数量巨大的销售数据。一条这样的数据记录通常都包括与某个顾客相关的交易(transactions)日期、交易中所购物品项(items)等。通过对以往的大量交易数据进行分析就能获得有关顾客购买模式的有用信息,从而提高商业决策的质量。

在交易数据项目之间挖掘关联规则的问题(mining association rules)是 R. Agrawal 等首先引入的。典型的关联规则的例子就是"90%的顾客在购买面包和黄油的同时也会购买牛奶",其直观的意义是,顾客在购买某些东西的时候有多大的倾向也会购买另外一些东西。找出所有类似这样的规则,对于确定市场策略是很有价值的。关联规则的其他应用还包括附加邮递、目录设计、追加销售、仓储规划以及基于购买模式对顾客进行划分等。

更广泛一些,关联规则在其他领域也可以得到应用,比如医学研究人员希望从已有的成千上万份病历中找出患某种疾病病人的共同特征,从而为治愈这种疾病提供一些帮助。这些应用中的数据库都是极其庞大的,因此,不仅需要设计高效的算法来挖掘关联规则,而且如何维护和更新这些规则,如何确认这些规则是否有价值,如何在分布式数据库中进行关联规则的挖掘等这些问题都必须得以解决。

1. 问题的形式化描述

下面首先给出关联规则挖掘问题的形式化描述。

假设$I=\{i_1,i_2,\cdots,i_m\}$是m个不同项目的一个集合,$T=\{t_1,t_2,\cdots,t_n\}$是一个交易数据库,其中t_j表示T的第j个交易,即它是I中一组项目的集合,$t_j\subseteq I$。每一个交易都与一个唯一的标识符TID相关联。如果对于I中的一个子集X,有$X\subseteq t_j$,就说一个交易包含X。一条关联规则就是一个形如"$X\Rightarrow Y$"的蕴涵式,其中$X\subseteq I$,$Y\subseteq I$,而且$X\cap Y=\Phi$。如果以上面谈到的购买"面包""黄油"和"牛奶"的例子为例,那么X中就包含了"面包""黄油"两个项目,Y中包含了"牛奶"一个项目。

定义16.1 如果T中包含交易$X\cup Y$的比例为Sup,则关联规则$X\Rightarrow Y$在T中具有支持度Support,Support的计算公式定义为

$$\text{Sup}=\frac{\text{Support}(X\cup Y)}{n}\times 100\% \tag{16-1}$$

式中,Support($X\cup Y$)为数据库中支持$X\cup Y$的交易数;n为数据库中的交易总数。

定义16.2 如果T中包含X的交易中同时也包含Y的比例为Conf,则关联规则$X\Rightarrow Y$在T中以信任度(confidence)Conf成立,Conf的计算公式为

$$\text{Conf}=\frac{\text{Support}(X\cup Y)}{\text{Support}(x)}\times 100\% \tag{16-2}$$

式中Sup(z)表示z的支持度。

关联规则的挖掘问题就是生成所有满足用户指定的最小支持度(minsup)和最小信任度(minconf)的关联规则,即这些关联规则的支持度和信任度分别不小于最小支持度和最小信任度。

定义16.3 满足最小支持度和最小信任度的关联规则称为强关联规则(strong association rules)。

定义16.4 从交易数据库(数据库中所有属性项的取值要么为0,要么为1)中挖掘得到的关联规则称为布尔型关联规则。

关联规则的挖掘问题可以分解成以下两个子问题。

(1) 找出交易数据库T中所有满足用户指定最小支持度的项集(itemset,I的一个非空子集),满足最小支持度的项集称为频繁项集(frequent itemsets)或者大项集(large itemsets),反之就称为小项集(small itemsets)。

(2) 利用频繁项集生成所需的关联规则。对于每一个频繁项集A,找出A的所有非空子集a,如果$\frac{\text{Support}(A)}{\text{Support}(a)}\geqslant$minconf,就生成关联规则$a\Rightarrow(A-a)$。

相对于第(1)个子问题而言,第(2)个子问题在内存、I/O及算法效率上较为容易并且直观。因此,目前大量的研究工作主要都集中在第(1)个子问题上。下面首先给出第(2)个子问题的算法,然后再详细讨论对第(1)个子问题的解决方法。

2. 挖掘步骤

(1) 关联规则的生成。根据式(16.2),在得到频繁项集L后,按照下面的步骤就可以生成关联规则。

① 对于每一个频繁项集l,生成其所有的非空子集x。

② 对于l的每一个非空子集x,如果$\frac{\text{Support}(l)}{\text{Support}(x)}\geqslant$minconf,则输出规则"$x\Rightarrow(l-x)$"。

由定义16.1可以看出,由于关联规则是从频繁项集中生成的,因此所生成的每一个规

则都会自动地满足最小支持度的要求。

例 16.1 设交易数据库如表 16-1 所示，又设 minsup=50%，则 $l=\{I_2,I_3,I_4\}$ 为频繁项集。l 的非空子集为 $\{I_2,I_3\}$、$\{I_2,I_4\}$、$\{I_3,I_4\}$、$\{I_2\}$、$\{I_3\}$和$\{I_4\}$。

表 16-1 交易数据库

TID	项目_ID 的列表
T100	I_1,I_2,I_5
T200	I_2,I_3,I_4
T300	I_3,I_4
T400	I_1,I_2,I_3,I_4

相应的关联规则为

$$I_2 \wedge I_3 \Rightarrow I_4 \quad \text{Conf} = 2/2 = 100\%$$
$$I_2 \wedge I_4 \Rightarrow I_3 \quad \text{Conf} = 2/2 = 100\%$$
$$I_3 \wedge I_4 \Rightarrow I_2 \quad \text{Conf} = 2/3 = 67\%$$
$$I_2 \Rightarrow I_3 \wedge I_4 \quad \text{Conf} = 2/3 = 67\%$$
$$I_3 \Rightarrow I_2 \wedge I_4 \quad \text{Conf} = 2/3 = 67\%$$
$$I_4 \Rightarrow I_2 \wedge I_3 \quad \text{Conf} = 2/3 = 67\%$$

如果最小信任度 minconf=80%，那么最终输出的结果是只会产生头两条关联规则。

(2) 关联规则的优化。对于项集 X 及其子集 X' 而言，支持 X' 的交易数 Support(X')一定不小于支持 X 的交易数 Support(X)，即 Support(X')≥Support(X)，根据信任度的计算式(16.2)，因为 X'与 X 的信任度计算公式的分子相同，这就意味着规则"$X'\Rightarrow(l-X')$"的信任度不会超过规则"$X\Rightarrow l-X$"的信任度。利用这样一个性质，可以采用递归、深度优先搜索方法生成 l 的子集，从而有效地避免生成不满足最小信任度的规则。例如，设频繁项集 $l=\{I_1,I_2,I_3,I_5\}$，在递归、深度优先搜索过程中就会先生成$\{I_1,I_2,I_3\}$，然后才会生成$\{I_1,I_2\}$。根据上述的性质，如果规则"$I_1\wedge I_2\wedge I_3\Rightarrow I_5$"不满足最小信任度，那么规则"$I_1\wedge I_2\Rightarrow I_3\wedge I_5$"或者"$I_1\Rightarrow I_2\wedge I_3\wedge I_5$"也一定不满足最小信任度，所以利用递归过程就可以停止再从子集$\{I_1,I_2,I_3\}$中生成规则。具体算法如下。

从给定的频繁项集中生成强关联规则的算法(rule-generate)

输入：频繁项集 L；最小信任度 minconf

输出：强关联规则

```
BEGIN
    for each frequent itemset l_k in L, k≥2
        genrules(L, l_k);
END

procedure genrules(l_k: frequent k-itemset, x_m: frequent m-itemset)
  X={(m-1) - itemsets x_{m-1} | x_{m-1} ∈ m}
  for each x_{m-1} in X{
    conf=support(l_k)/support(x_{m-1});
    if (conf ≥ minconf) then {
        print the rule "x_{m-1}⇒(l_k - x_{m-1})",
        with support=support(l_k), confidence=conf;
        if (m-1 > 1) then
            //以 x_{m-1} 的子集作为前件产生规则
            genrules(l_k, x_{m-1});
    }
}
```

3. Apriori 算法

为了解决前面提到的关联规则挖掘的第(1)个子问题,必须对数据库进行扫描以计算支持度和信任度。而通常待挖掘的数据库有很多属性,且数据量巨大,因此对数据库扫描的次数、读取数据库的I/O次数就显得尤为重要。而更为重要的是,在求取频繁项集时,由于不同项集的数量可达到 2^m 个(m 为项的个数),若对所有的项集都进行支持度的计算,几乎是不可能的。因此,目前有关关联规则的发现算法主要是集中在研究如何能快速有效地提取频繁项集上,其焦点有二:一是能对项集进行充分地剪枝,尽最大可能最小化有用项集;二是最小次数地扫描交易数据库 T,从而提高算法的效率。

定理 16.1 如果项集 X 是频繁项集,那么它的所有非空子集都是频繁项集。

证明:设交易数据库 T 中支持 X 的交易数为 s。

设 X 的任一非空子集为 Y。

设交易数据库 T 中支持 Y 的交易数为 s'。

因为支持 X 的交易一定支持 Y

所以 $s' \geqslant s$

故 $\text{support}(Y) \geqslant \text{support}(X)$

又因为项集 X 是频繁项集

有 $\sup(X) \geqslant \text{minsup}$

则 $\sup(Y) \geqslant \text{minsup}$

故 X 的所有非空子集都是频繁项集。

得证。

定理 16.2 如果项集 X 是小项集,那么它的所有超集都是小项集。

证明:设交易数据库 T 中支持 X 的交易数为 s。

设 X 的任一超集为 Z。

设交易数据库 T 中支持 Z 的交易数为 s'。

因为支持 Z 的交易一定支持 X

所以 $s' \leqslant s$

故 $\sup(Z) \leqslant \sup(X)$

因为项集 X 是小项集

有 $\sup(X) \leqslant \text{minsup}$

则 $\sup(Z) \leqslant \text{minsup}$

故 X 的所有超集都是小项集。

得证。

R. Agrawal 等提出关联规则概念的同时,也给出了相应的挖掘算法 AIS,但性能较差。1994 年,依据上述两个定理,R. Agrawal 等又提出了著名的 Apriori 算法,其描述如下。

发现频繁项集(Apriori) 算法

输入：交易数据库 T；最小支持度 minsup

输出：T 中的频繁项集 L

```
BEGIN
L1 = find_frequent_1- itemsets(T);
for (k=2; L(k-1) ≠ ∅; k++){
    Ck = apriori_gen(L(k-1), minsup);
    for each transaction t ∈ T {              //逐项扫描 T
        Ct = subset(Ck, t);                   //获取 t 的子项作为候选集
        for each candidate c ∈ Ct
            c. count++;
    }
    Lk = {c ∈ Ck | c. count ≥ minsup}
}
return L = ∪k Lk;
END
```

```
procedure apriori_gen( L(k-1): frequent (k-1)-itemsets; minsup: minimum support)
for each itemset l1 ∈ L(k-1)
    for each itemset l2 ∈ L(k-1)
        if (l1[1]=l2[1]) ∧ (l1[2]=l2[2]) ∧ … ∧ (l1[k-2]=l2[k-2]) ∧ (l1[k-1]<l2[k-1])
        then{c = l1 × l2;                    //连接步骤：产生候选式
            if has_infrequent_subset(c, L(k-1))
            then delete c;                   // 剪枝步骤：去掉无结果的候选项
            else add c to Ck;
        }
return Ck;
```

```
procedure has_infrequent_subset (c: candidate k-itemset; L(k-1): frequent (k-1)-itemsets);
        //使用前一次的结果
for each (k-1)-subset x of c
    if x ∉ L(k-1) then
        return TRUE;
return FALSE;
```

在上述算法的主过程中，第 1 步首先扫描整个交易数据库 T，统计每个项目(item)的支持数，计算其支持度。如果支持度不小于最小支持度 minsup 的，则将此项目构成的集合放入到 L_1 中。从第 2 步到第 10 步，用 $k-1$ 频繁项集构成的 L_{k-1} 生成候选集的集合(candidate Itemsets)C_k，以便从中生成 L_k，其中 apriori_gen 函数用来从 L_{k-1} 中生成 C_k，然后对数据库进行扫描(第 4 步)，对于数据库中的每一个交易，subset 函数用来发现此交易包含的所有的候选集(第 5 步)，并为这些候选集的计数器加 1(第 6、7 步)。最后满足 minsup 的候选集被放入到 L_k 中。

apriori_gen 过程完成两种操作，并连接(join)和剪除(prune)。在并运算步骤中，L_{k-1} 与 L_{k-1} 进行并运算生成潜在的候选集(1～4 步)，条件 $l_1[k-1]<l_2[k-1]$ 保证不会有重复的

候选集生成(第3步)。在剪除步骤中(5～7步),利用定理16.1,删除那些存在子集不是频繁项集的候选集,测试子集是否为频繁项集由过程 has_infrequent_subset 完成。

4. 实例与分析

例 16.2 设 $T=\{\text{T100},\text{T200},\text{T300},\text{T400}\}$,$I=\{A,B,C,D,E\}$,minsup=50%。$C_1=\{\{A\},\{B\},\{C\},\{D\},\{E\}\}$,第一次循环产生 $L_1=\{\{A\},\{B\},\{C\},\{E\}\}$,由 Apriori_gen($L_1$)生成 C_2,扫描数据库,计算 C_2 中每个候选集得到 L_2。依此循环,得到 L_3,步骤如图16-1所示。

第1次扫描:

T

TID	项集
100	*ACD*
200	*BCE*
300	*ABCE*
400	*BE*

⇒ C_1

项集	支持数
{*A*}	2
{*B*}	3
{*C*}	3
{*D*}	1
{*E*}	3

⇒ L_1

项集	支持数
{*A*}	2
{*B*}	3
{*C*}	3
{*E*}	3

第2次扫描:

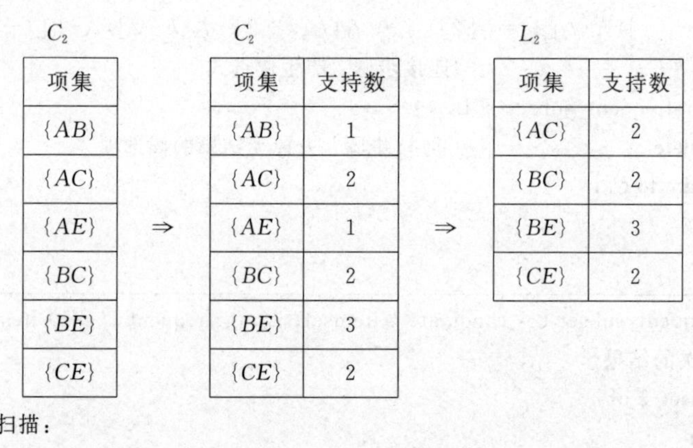

C_2

项集
{*AB*}
{*AC*}
{*AE*}
{*BC*}
{*BE*}
{*CE*}

⇒ C_2

项集	支持数
{*AB*}	1
{*AC*}	2
{*AE*}	1
{*BC*}	2
{*BE*}	3
{*CE*}	2

⇒ L_2

项集	支持数
{*AC*}	2
{*BC*}	2
{*BE*}	3
{*CE*}	2

第3次扫描:

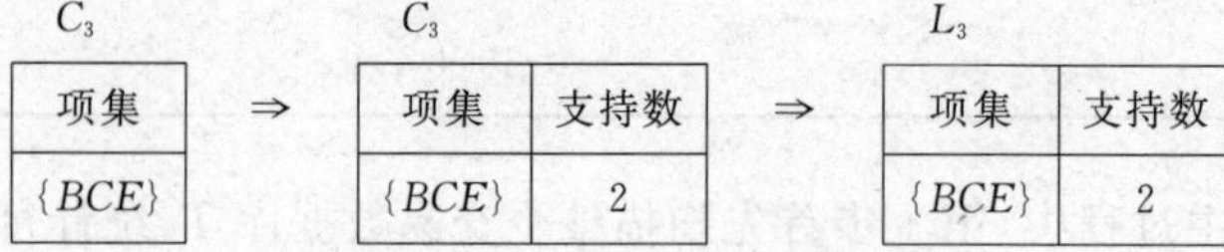

C_3

项集
{*BCE*}

⇒ C_3

项集	支持数
{*BCE*}	2

⇒ L_3

项集	支持数
{*BCE*}	2

图16-1 例16.2执行步骤

从图16-1所示的算法、算法说明及实例可以看出,Apriori 是一种广度优先算法,通过对数据库 T 的多次扫描来发现所有的频繁项集,在每一次扫描中只考虑具有同一长度 k(即项集中所含项目的个数)的所有项集。在第1次扫描中,Apriori 算法计算 I 中所有单个项目的支持度,生成所有长度为1的频繁项集。在后续的第 k 次扫描中,首先以前一次中所发现的所有频繁项集为基础,生成所有新的候选项集,即潜在的频繁项集;然后扫描数据库 T,计算这些候选项集的支持度;最后确定候选项集中哪些真正成为频繁项集。重复上述过程直到再也发现不了新的频繁项集为止。

该算法高效的关键在于生成较小的候选项集，也就是尽可能不生成和计算那些不可能成为频繁项集的候选项集。之所以可以实现这一点，是因为算法是利用了定理 16.1 和定理 16.2 的结果。

16.1.9 聚类分析

聚类分析(clustering)已经成为数据挖掘研究领域中一个非常活跃的研究方向。聚类分析的目标就是在相似的基础上收集数据来分类。聚类源于很多学科领域，包括数学、计算机科学、统计学、生物学和经济学。在不同的应用领域，很多聚类技术都得到了发展，这些技术方法被用作描述数据，衡量不同数据源间的相似性，以及把数据源分类到不同的簇中。

1. 聚类分析的定义

聚类分析指将物理或抽象对象的集合分组成为由类似的对象组成的多个类的分析过程。它是一种重要的人类行为。

聚类问题的数学描述如下。

给定数据集合 $V\{v_i \mid i=1,2,\cdots,n\}$，其中，$v_i$ 为数据对象，根据数据对象之间的相似程度，将数据集合分成 k 组，并满足：

$$\{C_j \mid j=1,2,\cdots,k\}$$

$$C_i \subseteq V$$

$$C_i \cap C_j = \varnothing$$

$$C_i \cup C_j = V$$

则该过程称为聚类，$C_i(i=1,2,\cdots,n)$称为簇。

聚类的基本方法是通过对象之间的距离来衡量对象之间的相似性或相异性，聚类分析中常采用两种典型的数据结构：数据矩阵和相异度矩阵。

在所考察的实体对象集中，每个成员对象往往可用一组有序的属性值来表示，可以记为一个向量，如具有 m 个属性的对象可表示为：$\boldsymbol{x}_1=[x_{11},x_{12},\cdots,x_{1m}]$。多个成员对象共同组成整个实体集，如 n 个实体组成的实体集为$[x_1,x_2,\cdots,x_n]$。由此可以建立一个反映实体集的二维数据矩阵，即

$$\begin{bmatrix} x_{11} & \cdots & x_{1m} \\ \vdots & & \vdots \\ x_{n1} & \cdots & x_{nm} \end{bmatrix}_{n\times m}$$

为了考察实体集中 n 个成员对象的近似性，人们引入相异度矩阵进行度量。相异度矩阵是一个 $n\times n$ 的矩阵。

$$\begin{bmatrix} 0 & d(1,2) & d(1,3) & \cdots & d(1,n) \\ d(2,1) & 0 & d(2,3) & \cdots & d(2,n) \\ d(3,1) & d(3,2) & 0 & \cdots & d(3,n) \\ \vdots & \vdots & \vdots & & \vdots \\ d(n,1) & d(n,2) & d(n,3) & \cdots & 0 \end{bmatrix}_{n\times n}$$

其中，$d(i,j)$是成员对象 i 和成员对象 j 之间相异性的量化表示，通常为非负数，$d(i,j)=d(j,i)$，$d(i,i)=0$。成员对象 i 和成员对象 j 越相似，则 $d(i,j)$越接近于 0，成员 i 和成员 j 的差异越大，则 $d(i,j)$越大。

许多聚类算法是以相异度矩阵为基础的,如果数据是以数据矩阵的形式给出,可以将数据矩阵转化为相异度矩阵。有的聚类算法则以相似度矩阵为基础,相似度矩阵通常用距离公式计算得到。

聚类与分类的不同之处在于,聚类所要求划分的类是未知的。聚类是将数据分类到不同的类或者簇这样一个过程,所以同一个簇中的对象有很大的相似性,而不同簇间的对象有很大的相异性。

从统计学的观点来看,聚类分析是通过数据建模简化数据的一种方法。传统的统计聚类分析方法包括系统聚类法、分解法、加入法、动态聚类法、有序样品聚类、有重叠聚类和模糊聚类等。采用 k 均值、k 中心点等算法的聚类分析工具已被加入到许多著名的统计分析软件包中,如 SPSS、SAS 等。

从机器学习的角度讲,簇相当于隐藏模式。聚类是搜索簇的无监督学习过程。与分类不同,无监督学习不依赖预先定义的类或带类标记的训练实例,需要由聚类学习算法自动确定标记,而分类学习的实例或数据对象有类别标记。聚类是观察式学习,而不是示例式的学习。

从应用的角度看,聚类分析是数据挖掘的主要任务之一。而且聚类能够作为一个独立的工具获得数据的分布状况,观察每一簇数据的特征,集中对特定的聚簇集合作进一步分析。聚类分析还可以作为其他算法(如分类和定性归纳算法)的预处理步骤。

2. 聚类分析的应用领域

聚类能够作为一个独立的工具,是科学研究、分析市场和工业应用等方面的有效工具,同时也可用于研究消费者行为,寻找新的潜在市场、选择实验的市场,并作为多元分析的预处理工具。

聚类分析的具体应用领域如下：在市场分析上,聚类分析被用来发现不同的客户群,并且通过购买模式刻画不同的客户群的特征；在生物上,聚类分析被用于动植物分类和对基因进行分类,获取对种群固有结构的认识；在地理上,聚类能够帮助在分析地球上地质构造的相似性,污染区的划分,气候分析；在保险行业上,聚类分析通过一个高的平均消费来鉴定汽车保险单持有者的分组,同时根据住宅类型、价值、地理位置来鉴定一个城市的房产分组；在 Internet 应用上,聚类分析被用来在网上进行文档归类,以发现信息；在电子商务上,聚类分析在电子商务中网站建设数据挖掘中也是很重要的一个方面,通过分组聚类出具有相似浏览行为的客户,并分析客户的共同特征,可以更好地帮助电子商务的用户了解自己的客户,向客户提供更合适的服务。

3. 聚类分析的主要步骤

聚类分析对数据对象进行分组/簇,使组内各对象间具有较高的相似度,而不同组的对象差别较大。在许多应用中,可以将一个簇中的数据对象作为一个整体来对待。通过聚类,可以识别密集和稀疏的区域,因而发现全局的分布模式,以及数据属性之间有趣的相互关系。聚类分析主要步骤如下。

(1) 数据预处理。数据预处理包括选择数量、类型和特征的标度,它依靠特征选择和特征抽取,特征选择选择重要的特征,特征抽取把输入的特征转化为一个新的显著特征,它们经常被用来获取一个合适的特征集来为避免“维数灾”进行聚类,数据预处理还包括将孤立点移出数据,孤立点是不依附于一般数据行为或模型的数据,因此孤立点经常会导致有偏差的聚类结果，因此为了得到正确的聚类，必须将它们剔除。

(2) 为衡量数据点间的相似度定义一个距离函数。不同数据之间在同一个特征空间相似度的衡量对于聚类步骤是很重要的，由于特征类型和特征标度的多样性，距离度量必须选择恰当。它经常依赖于应用，例如，通常通过定义在特征空间的距离度量来评估不同对象的相异性，很多距离度都应用在一些不同的领域，一个简单的距离度量，如 Euclidean 距离，经常被用作反映不同数据间的相异性，一些有关相似性的度量，如 PMC 和 SMC，能够被用来特征化不同数据的概念相似性。

(3) 聚类或分组。将数据对象分到不同的类中是一个很重要的步骤，数据基于不同的方法被分到不同的类中，划分方法和层次方法是聚类分析的两个主要方法，划分方法一般从初始划分和最优化一个聚类标准开始。"硬聚类"(crisp clustering)是指每一个数据都属于单独的类；模糊聚类(fuzzy clustering)在前面的 12.5.2 小节中曾讨论过，它的每个数据可能在任何一个类中，这两种聚类是划分方法的两个主要技术。划分方法聚类是基于某个标准产生一个嵌套的划分系列，它可以度量不同类之间的相似性或一个类的可分离性用来合并和分裂类，其他的聚类方法还包括基于密度的聚类、基于模型的聚类和基于网格的聚类。

(4) 评估输出。评估聚类结果的质量是另一个重要的阶段，在许多情况下，应用领域的专家必须用其他实验数据和分析判定聚类结果，最后作出正确的结论。聚类分析有很多种算法，每种算法都是优化了某一方面或某几个方面的特征。聚类算法的优劣标准本身就是一个值得研究的问题，对于聚类的评价有不同的标准。现在通用的聚类算法都是从几个方面来衡量的，而没有完全使用量化的客观标准。下面给出 6 条关于聚类的主要标准。

① 处理大的数据集的能力。

② 处理任意形状，包括有间隙的嵌套数据的能力。

③ 算法处理的结果与数据输入的顺序是否相关，也就是说算法是否独立于数据输入顺序。

④ 处理数据噪声的能力。

⑤ 是否需要预先知道聚类个数，是否需要用户给出领域知识。

⑥ 算法处理有很多属性数据的能力，也就是对数据维数是否敏感。

对于一个聚类算法可以从以上几个方面综合考虑。

4. 聚类分析的几个主要算法

聚类分析是数据挖掘中的一个很活跃的研究领域，并提出了许多聚类算法。聚类算法的选择取决于数据类型、聚类目的和应用。大体上，主要的聚类算法可以分为以下几类。

(1) 划分方法(PArtitioning Method，PAM)。典型的划分方法包括：基于 *k*-means(*k* 平均值)、*k*-medoids(*k* 中心点)、CLARA(Clustering LARge Application)；CLARANS(Clustering Large Application based upon RANdomized Search)；FCM(Fuzzy Clustering Method)。

CLARANS 是分割方法中基于随机搜索的大型应用聚类算法。在分割方法中最早提出的一些算法大多对小数据集合非常有效，但对大的数据集合没有良好的可伸缩性。CLARA 能处理比较大的数据集合，其有效性取决于样本的大小，但当某个采样得到的中心点不属于最佳的中心点时，CLARA 不能得到最佳聚类结果。CLARANS 是在 CLARA 算法的基础上提出来的。与 CLARA 不同的是，CLARANS 没有在任一给定的时间局限于任一样本，而是在搜索的每一步都带有一定随机性地选取一个样本。

(2) 层次方法(hierarchical method)。层次方法创建一个层次以分解给定的数据集,该方法可以分为自上而下(分解)和自下而上(合并)两种操作方式。为弥补分解与合并的不足,层次合并时经常要与其他聚类方法相结合,如循环定位等。典型的层次方法包括以下几种。

① BIRCH(Balanced Iterative Reducing and Clustering using Hierarchies)方法,它首先利用树的结构对对象集进行划分;然后再利用其他聚类方法对这些聚类进行优化。

② CURE(Clustering Using REprisentatives)方法,它利用固定数目代表对象来表示相应聚类;然后对各聚类按照指定量(向聚类中心)进行收缩。

③ ROCK 方法,它利用聚类间的连接进行聚类合并。

CHEMALOEN 方法,它是在层次聚类时构造动态模型。

(3) 基于密度的方法。基于密度的方法是根据密度完成对象的聚类。它根据对象周围的密度(如 DBSCAN)不断增长聚类。典型的基于密度方法包括以下两种。

① DBSCAN(Density-Based Spatial Clustering of Application with Noise):该算法通过不断生长足够高密度区域来进行聚类;它能从含有噪声的空间数据库中发现任意形状的聚类。此方法将一个聚类定义为一组"密度连接"的点集。

② OPTICS(Ordering Points To Identify the Clustering Structure):并不明确产生一个聚类,而是为自动交互的聚类分析计算出一个增强聚类顺序。

(4) 基于网格的方法。该方法首先将对象空间划分为有限个单元以构成网格结构,然后利用网格结构完成聚类。

① STING(STatistical INformation Grid)就是一个利用网格单元保存的统计信息进行基于网格聚类的方法。

② CLIQUE(CLustering In QUEst)和 Wave-Cluster 则是一个将基于网格与基于密度相结合的方法。

(5) 基于模型的方法。该方法假设每个聚类的模型并发现适合相应模型的数据。典型的基于模型方法包括以下两种。

① 统计方法 COBWEB。是一个常用且简单的增量式概念聚类方法。它的输入对象是采用符号量(属性-值)对来加以描述。采用分类树的形式来创建一个层次聚类。

② CLASSIT 是 COBWEB 的另一个版本。它可以对连续取值属性进行增量式聚类。它为每个节点中的每个属性保存相应的连续正态分布(均值与方差),并利用一个改进的分类能力描述方法,即不像 COBWEB 那样计算离散属性(取值)和而是对连续属性求积分。

CLASSIT 方法存在与 COBWEB 类似的问题,就是它们都不适合对大数据库进行聚类处理。

5. 划分聚类算法

一般的划分聚类算法首先创建 k 个划分,k 为要创建的划分个数,然后利用一个循环定位技术通过将对象从一个划分移到另一个划分来帮助改善划分质量,一直达到稳定状态或满足目标函数要求。其基本步骤如下。

(1) 确定聚类,将更加靠近聚类中心的样本对象归到该聚类中。

(2) 调整聚类中心。当聚类中的对象发生增减时,需重新计算聚类中心。

前面提到多种常用的划分聚类方法,下面详细讨论 k 均值方法和 k 中心点方法。

(1) k 均值方法。k 均值方法是一种较流行的聚类工具,它将用户数据中的每个观察看作是空间中的一个位置，并寻找一种划分，使得里面每一类中的对象尽可能地相互接近，而不同类之间的对象尽可能远离。

k 均值方法的核心思想是通过不断迭代将数据对象划分到不同的簇中，以求目标函数最小化，即得到最终的聚类结果。首先，随机选择 k 个对象作为初始的 k 个簇的质心；然后，将其余对象划分到最接近的簇中去；再计算新形成的簇的质心，如此迭代下去，直到目标函数最小化为止。

目标函数通常采用以下的平方误差准则函数，即

$$E = \sum_{i=1}^{k} \sum_{p \in C_i} \| p - m_i \|^2$$

式中，E 表示所有聚类对象的平方误差和；p 是聚类对象；m_i 是簇 C_i 的各聚类对象的平均值，即

$$m_i = \frac{\sum_{p \in C_i} p}{| C_i |}$$

式中，$|C_i|$ 表示类 C_i 的聚类对象的数目。

k 均值算法如下：

输入：n 个对象的数据集，期望得到的簇的数目 k

输出：使得平方误差准则最小化的 k 个簇

步骤：

① 任意选择 k 个对象作为初始簇的质心。

② repeat

③ 计算对象与各簇的质心距离，将对象划分到距离最近的簇。

④ 重新计算每个新簇的均值。

⑤ until 簇的质心不再发生变化。

由于在每一次迭代中，每一个点都要计算与各聚类中心的距离，并将最近距离的聚类作为该点所属的类，所以 k 平均聚类方法的算法复杂度为 $O(knt)$。其中，k 表示聚类数，n 表示节点数，t 是迭代次数。

k 均值方法是一种爬山式搜索算法，简单、快速，但对初值敏感。由于该算法是基于梯度下降，因此算法可能会陷入局部最优。

(2) k 中心点方法。k 均值方法采用簇的质心来表示一个簇，质心是簇中其他对象的参照点。因此，k 均值算法对于"噪声"或孤立点是敏感的，而 k 中心点方法则可以消除这类数据点的影响，它选择簇中位置最接近簇中心的对象(中心点)作为簇的代表点，目标函数仍然可以采用平方误差准则。

k 中心点方法的处理过程：首先，随机选择 k 个对象作为初始的 k 个簇的代表点，将其余对象根据其与代表点对象的距离被分配到最近的簇；然后，反复用优质的非代表点来代替代表点，以改进聚类质量；再接着用一个代价函数来评估聚类质量，该函数度量非代表点对象与代表点对象之间的平均相异度。

k 中心点算法如下：

输入：n 个对象的数据集，期望得到的簇的数目 k

输出：使得所有对象与其最近中心点的偏差总和最小化的 k 个簇

步骤：

① 选择 k 个对象作为初始的簇中心。

② repeat

③ 分配剩余对象到离它最近的中心点所代表的簇。

④ 随机选取一个非中心点对象 O_{random}。

⑤ 计算 O_{random} 代替 O_j 的总代价 S。

⑥ 如果 $S<0$,用 O_{random} 代替 O_j 形成新的 k 个中心点的集合。

⑦ until 簇中心不再发生变化。

k 中心点算法不像 k 均值算法那么容易受到极端数据的影响,因而算法更强壮,但是 k 中心点算法的执行代价比 k 均值算法的要高。

例 16.3 设有一组数据集合,其成员对象是 4 维的数据结构 $\boldsymbol{X}_i=[X_{i1},X_{i2},X_{i3},X_{i4}]$,具体取值如下：

$$
\boldsymbol{X}^{\mathrm{T}}=\begin{bmatrix}
-2.9 & -3.1 & -2.6 & -2.9 & -3.1 & -2.1 & -1.8 & -3.8 & -2.6 & -5.3 & -2.9 & 3 & 3.3 & 2.9 & 2.3 \\
-2.6 & -3.2 & -3.3 & -3.4 & -2.7 & -0.6 & -3.5 & -3.2 & -2.9 & -4 & -2.4 & 3.8 & 3.7 & 1.5 & 1.5 \\
-4.7 & -2.4 & -3.2 & -2.8 & -2.6 & -2.5 & -1.9 & -3.2 & -3.7 & -4.9 & -2.4 & 3.5 & 4.3 & 2.2 & 0.7 \\
-3.8 & -2.4 & -1.8 & -2.5 & -2.5 & -1.4 & -2.6 & -3.7 & -3.5 & -4.3 & -3.1 & 3.3 & 3.5 & 1.8 & 0.5
\end{bmatrix.
$$

$$
\left.\begin{matrix}
\vdots 2.2 & 2.4 & 4.3 & 0.9 & 3.5 & 1.8 & 2.5 & 3.8 & 2.4 & 4.1 & 2.4 & 3.7 & 3.3 & 2.9 & 2.5 \\
\vdots 2.9 & 3 & 3.7 & 1.4 & 2.6 & 2.9 & 1.9 & 2.5 & 3.2 & 3.8 & 2.1 & 3.4 & 3.4 & 2.8 & 1.9 \\
\vdots 2.6 & 3.1 & 2.7 & 1.5 & 3.7 & 1.9 & 2.6 & 3.9 & 1.8 & 3.3 & 1.9 & 2.7 & 3.5 & 2.8 & 1.5 \\
\vdots 2.8 & 2.6 & 4.9 & -0.4 & 4.3 & 1.8 & 1.9 & 4.5 & 2 & 3.6 & 3.4 & 2.1 & 3.1 & 2.7 & 2.2
\end{matrix}\right]
$$

随机选择数据点作为初始中心,可以采取类索引轮廓线的方法来反映聚类的结果情况,轮廓线显示类中每一对象到相邻类的距离,测量范围的取值如下：+1 表示这些对象非常远离相邻类；0 表示一个类和另一个类没有区别；−1 表示数据可能分到错误的类。

期望的类个数 $k=2$,聚类过程经过 2 次迭代,距离总和为 89.7624,如图 16-2 所示。由轮廓图可见,两类中多数点具有大的轮廓值,大于 0.6,表明类中的点可能从相邻类中分离出来。

期望的类个数 $k=3$,聚类过程经过 5 次迭代,距离总和为 67.768,如图 16-3 所示。由轮廓图可见,第 3 类中的多数点具有大的轮廓值,大于 0.6,表明该类有点可能从相邻类中分离出来。而第 2 类的点轮廓值较小,第 1 类的有些点为负值,表明这两个类没有划分好。

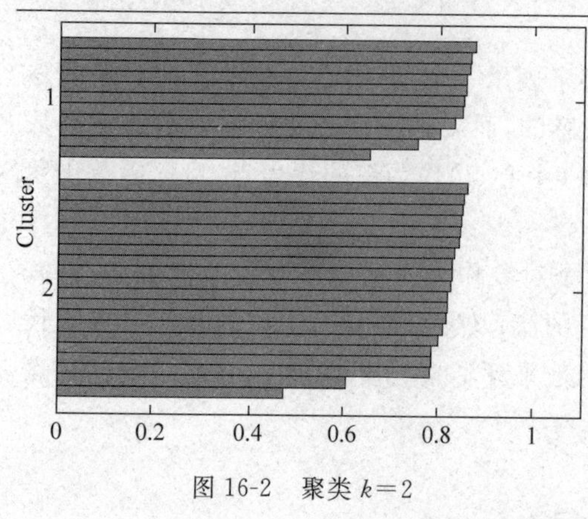

图 16-2 聚类 $k=2$

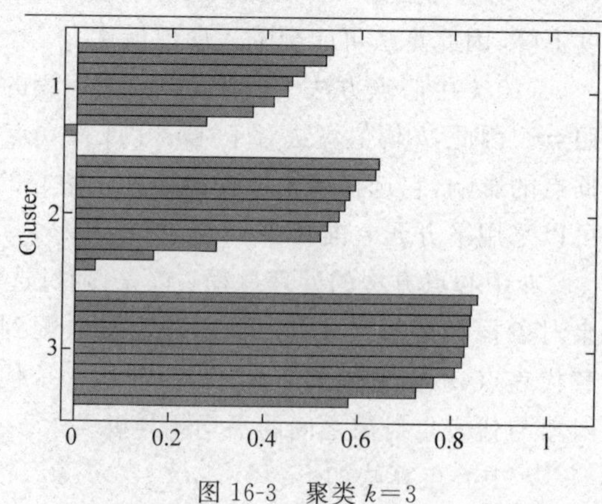

图 16-3 聚类 $k=3$

期望的类个数 $k=4$，聚类过程经过 3 次迭代，距离总和为 60.7224，如图 16-4 所示。由轮廓图可见，第 1 类中的多数点具有大的轮廓值，而第 2、3、4 类的点轮廓值较小，有些点为负值，表明这些类没有划分好，$k=4$ 可能不是正确的聚类个数。

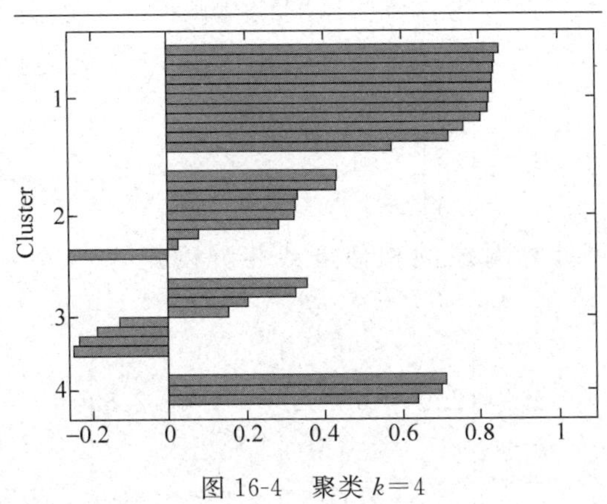

图 16-4　聚类 $k=4$

因此，如果不知道数据中真正的聚类数，不妨在一个 k 的范围内进行实验。就像其他类型的数值极小化一样，k 均值达到的解往往受到初始点的影响，聚类过程有可能达到一个局部极小。此时，将任意一点重新分配到一个新的类都会导致点-中心距离的增加，但是确实存在有另外的最好解，一种方法是通过重复聚类过程来克服局部极小。

6. 层次聚类算法

层次聚类按照数据分层来建立簇，形成一棵以簇为节点的树，称为聚类树。聚类树不是单个的聚类集，而是多层分级结构，每一层的聚类都连接到更高层的聚类，这允许使用者自行决定在哪一层或多大聚类的规模上最适合地应用。如果按自底向上层次分解，称为凝聚的层次聚类；如果按自顶向下层次分解，则称为分裂层次聚类。

簇的凝聚或分裂是通过簇间距离（或相似度）的衡量来进行的，簇间距离可以通过对象之间的距离反映出来，不同的距离函数可得到不同的层次聚类方法。常用的几种簇间距离度量方法如下。

① 最小距离（单链接方法）：$d_{\min}(C_i,C_j)=\min\limits_{p\in C_i,p'\in C_j}\|p-p'\|$

② 最大距离（完全链接方法）：$d_{\max}(C_i,C_j)=\max\limits_{p\in C_i,p'\in C_j}\|p-p'\|$

③ 平均距离（平均链接方法）：$d_{\text{avg}}(C_i,C_j)=\dfrac{1}{n_in_j}\sum\limits_{p\in C_i}\sum\limits_{p'\in C_j}\|p-p'\|$

④ 均值的距离（质心方法）：$d_{\text{mean}}(C_i,C_j)=\|m_i-m_j\|$

式中，C 为簇；p 为对象；m 是簇的平均值；n 是簇 C 中对象的个数。

层次聚类一般遵循以下的基本过程：首先通过距离进行测量，寻找数据集中每一对对象之间的相似性（或相异性）；然后，将对象分组为一个二值（binary）的层次聚类树，依据距离信息将那些接近的对象连接在一起；接下来，将连接形成的对象组对作为二值聚类树，将新产生的聚类组成一个更大的聚类，直到分级聚类树建成；最后，在聚类树上任意一点切割即可建立聚类。

例 16.4　数据集 X 包含 5 个对象，每个对象为平面上的一个点 (x,y)，分别为 $X_1(1,2)$、

$X_2(2.5,4.5)$、$X_3(2,2)$、$X_4(4,1.5)$、$X_5(4,2.5)$，对象在平面上的分布情况如图 16-5 所示。

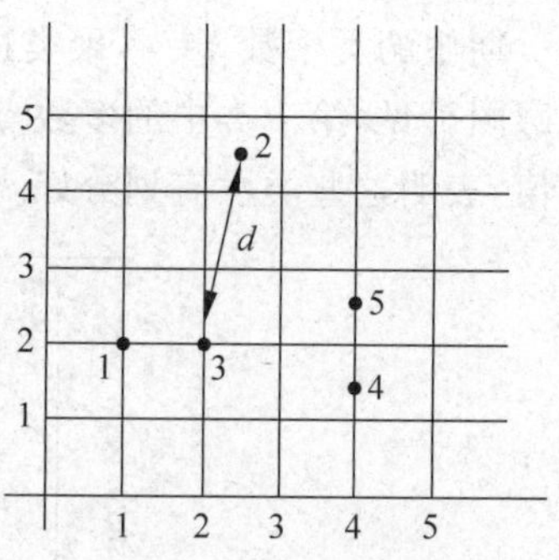

图 16-5　数据对象分布

该数据集构成的数据矩阵为

$$\boldsymbol{X}=\begin{bmatrix}1 & 2\\ 2.5 & 4.5\\ 2 & 2\\ 4 & 1.5\\ 4 & 2.5\end{bmatrix}$$

使用 Euclid 距离，可计算对象的相似度或相异度矩阵为

$$\boldsymbol{d}=\begin{bmatrix}0 & 2.9 & 1 & 3 & 3\\ 2.9 & 0 & 2.6 & 3.4 & 2.5\\ 1 & 2.6 & 0 & 2 & 2\\ 3 & 3.4 & 2 & 0 & 1\\ 3 & 2.5 & 2 & 1 & 0\end{bmatrix}$$

数据集中对象之间的相异度矩阵计算完成之后，就可以确定哪些对象一起分组形成聚类，将接近的一对对象组成一个二值聚类(binary cluster)，即聚类由两个对象组成，然后新形成的聚类和其他对象形成更大的聚类，直到分级树中的所有对象都完成聚类。

由对象的距离可得到一个层次聚类树，该层次聚类树用矩阵可描述为

$$\begin{bmatrix}1 & 3 & 1\\ 4 & 5 & 1\\ 6 & 7 & 2\\ 8 & 2 & 2.5\end{bmatrix}$$

此矩阵中，每一行定义了一个连接，其中，前两列表示被连接的对象，第 3 列为对象之间的距离。本例中，聚类过程首先聚类 X_1 和 X_3，它们有最接近的距离 1，并形成对象 X_6。接着，聚类对象 X_4 和 X_5，其距离为 1，并形成对象 X_7。然后，对象 X_6 和 X_7 聚类形成对象 X_8，距离为 2.5(对象 X_6 和 X_7 的质心距离 $d_{\text{mean}}(X_6,X_7)$)，最后对象 X_8 和对象 X_2 聚类。至此聚类过程完成，如图 16-6 所示。

层次聚类树很便于直观理解，如图 16-7 所示，水平轴数字代表对象索引，纵向连线表示对象的连接聚类，其高度代表聚类对象的距离。

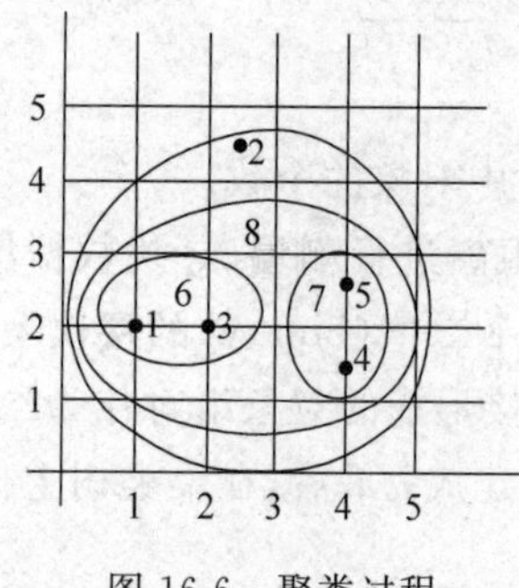

图 16-6　聚类过程

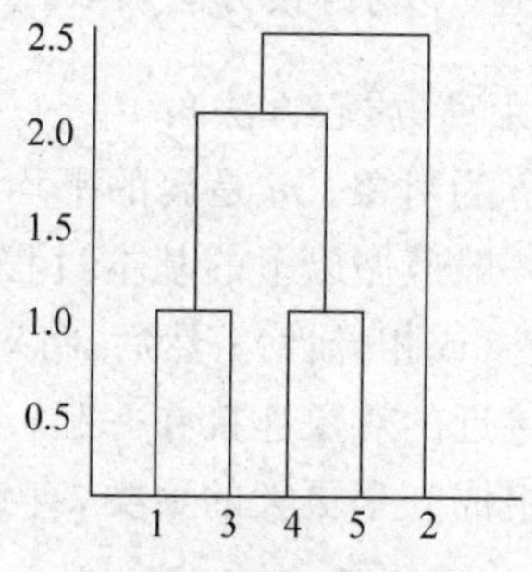

图 16-7　聚类树

16.2 Web 挖掘

随着 Internet/Web 技术的快速普及和迅猛发展，各种信息可以以非常迅猛的速度在这个网络上发展，如何在这个全球最大的数据集合中发现有用信息成为数据挖掘研究的热点，由此产生了 Web 挖掘。

16.2.1 Web 挖掘概述

Web 挖掘指使用数据挖掘技术在 WWW 数据中发现潜在的、有用的模式或信息。Web 挖掘研究也涉及多个研究领域，包括数据库技术、信息获取技术、统计学、人工智能中的机器学习和神经网络等。

与传统数据库和数据仓库相比，Web 上的信息是非结构化或半结构化的、动态的，并且是容易造成混淆的，所以很难直接以 Web 网页上的数据进行数据挖掘，而必须经过必要的数据处理。

1. 一般 Web 挖掘的处理流程

一般 Web 挖掘的处理流程如下。

(1) 查找资源。从目标 Web 文档中得到数据。值得注意的是，有时信息资源并不限于在线 Web 文档，还包括电子邮件、电子文档、新闻组及网站的日志数据，甚至是通过 Web 形成的交易数据库中的数据。

(2) 信息选择和预处理。从取得的 Web 资源中剔除无用信息和将信息进行必要的整理。例如，从 Web 文档中自动去除广告链接、去除多余格式标记、自动识别段落或者字段，并将数据组织成规整的逻辑形式甚至是关系表。

(3) 模式发现。在同一个站点内部或在多个站点之间自动进行模式发现。

(4) 模式分析。验证、解释上一步骤产生的模式。该任务可以是机器自动完成的，也可以是与分析人员进行交互来完成的。

Web 挖掘作为一个完整的技术体系，在进行挖掘之前的信息检索 IR(Information Retrieval)和信息抽取 IE(Information Extraction)相当重要。信息检索的目的在于找到相关 Web 文档，它只是把文档中的数据看成未经排序的词组的集合；而信息抽取的目的在于从文档中找到需要的数据项目，它对文档的结构和表达的含义感兴趣，它的一个重要任务就是对数据进行组织整理并适当建立索引。

2. Web 挖掘分类

根据挖掘者对 Web 数据关注的角度和程度不同，Web 挖掘一般可以分为 3 类：Web 内容挖掘(Web content mining)、Web 结构挖掘(Web structure mining)、Web 使用挖掘(Web usage mining)。而结构本来就蕴藏在内容中，是内容的骨架，所以，有些分类方法又只将 Web 挖掘分为 Web 内容挖掘和 Web 使用记录挖掘。鉴于这个原因，下面比较多地讨论 Web 内容挖掘和 Web 使用挖掘的相关技术和应用。

16.2.2 Web 内容挖掘

Web 内容挖掘指从 Web 内容、数据、文档中发现有用信息。Web 上的信息五花八门,传统的 Internet 由各种类型的服务和数据源组成,包括 WWW、FTP、Telnet 等。而且,现在有更多的数据和信息源可以使用,比如政府信息服务、数字图书馆、电子商务数据以及其他各种通过 Web 可以访问的数据库。Web 内容挖掘的对象包括文本、图像、音频、视频、多媒体和其他各种类型的数据。其中针对无结构化文本进行的 Web 挖掘被归类到基于文本的知识发现(KDT)领域,也称文本数据挖掘或文本挖掘,被单独作为一个比较重要的技术领域,也引起了许多研究者的关注,成为另一个研究热点。本节将在 16.3 节中对其进行讨论。

1. Web 内容挖掘技术

对于 Web 内容挖掘,目前主要使用的技术有两种类型。

一种类型是建立在统计模型的基础上,采用的技术有决策树、分类、聚类、关联规则等。图像、音频、视频、多媒体和其他各种类型的数据挖掘的技术还不太成熟,目前主要采取文本挖掘的技术,包括以下几种。

自动文摘:就是从文档中抽取信息,用简洁的形式对文档内容进行摘要或者解释,其目的为了可以让文本信息进行浓缩,给出它的紧凑描述。这样,用户不需要浏览全文就可以了解文档或文档集合的总体内容。

文本分类:就是在已有数据的基础上学会一个分类函数或构造出一个分类模型,也就是通常所说的分类器。

文本聚类:把一组文档按照相似性归纳成若干个类别。

关联规则:发现文档之间或文档内部的内容之间的关联关系。发现关联规则的算法通常经过以下 3 个步骤:数据准备;给定最小支持度和最小可信度,利用数据挖掘工具提供的算法发现规则;可视化显示、理解、评估关联规则。

另一种类型是建立一个以机器学习为主的人工智能模型,采用的方法包括神经网络、自然计算方法等。

2. Web 内容挖掘研究的两种途径

Web 内容挖掘一般从两个不同的途径来进行研究:从信息检索(IR)的途径来看,Web 内容挖掘的任务是从用户的角度出发,提高信息质量和帮助用户过滤信息;从 DB 的角度讲,Web 内容挖掘的任务主要是试图对 Web 上的数据进行集成、建模,以支持对 Web 数据的复杂查询。下面分别对这两种途径进行讨论。

(1) 从信息检索的途径挖掘非结构化文档。非结构化文档主要指 Web 上的自由文本,包括小说、新闻等。信息检索这方面的研究相对比较多,大部分研究都是建立在词汇袋(bag of words)或向量表示法(vector representation)的基础上,这种方法将单个的词汇看成文档集合中的属性,只从统计的角度将词汇孤立地看待而忽略该词汇出现的位置和上下文环境。属性可以是布尔型,根据词汇是否在文档中出现而定,也可以是频度,即该词汇在文档中的出现频率。这种方法可以扩展为选择终结符、标点符号、不常用词汇的属性作为考察集合。

词汇袋方法的一个弊端是自由文本数据丰富,词汇量非常大,处理起来很困难。为解决这个问题人们做了相应的研究,采取了不同技术,如信息增益、交叉熵、差异比等,其目的都是为了减少属性。另外一个比较有意义的方法是潜在语义索引(latent semantic indexing),

它通过分析不同文档中相同主题的共享词汇，找到它们共同的根，用这个公共的根代替所有词汇，以此来减少空间的大小。例如，“informing”“information”“informer”“informed”，可以用它们的根“inform”来表示，这样可以减少属性集合的规模。

其他的属性表示法还有词汇在文档中的出现位置、层次关系、使用短语、使用术语和命名实体等，目前还没有研究表明一种表示法明显优于另一种。

相对于非结构化数据，Web上的半结构化文档挖掘指在加入了HTML、超链接等附加结构的信息上进行挖掘，其应用包括超链接文本的分类、聚类、发现文档之间的关系、提取半结构化文档中的模式和规则等。

(2) 从数据库的途径挖掘非结构化文档。数据库技术应用于Web挖掘主要是为了解决Web信息的管理和查询问题。这些问题可以分为3类：Web信息的建模和查询；信息抽取与集成；Web站点建构和重构。

从数据库的途径进行Web内容挖掘主要是试图建立Web站点的数据模型并加以集成，以支持复杂查询，而不只是简单地基于关键词的搜索。这要通过找到Web文档的模式、建立Web数据仓库或Web知识库或虚拟数据库来实现。相关研究主要基于半结构化数据。

在技术上，从数据库的途径进行Web内容挖掘主要利用OEM(Object Exchange Model)模型将半结构化数据表示成标识图。OEM中的每个对象都有对象标识(OID)和值，值可以是原子类型，如整型、字符串型、Gif、Html等，也可以是一个复合类型，以对象引用集合的形式表示。

由于Web数据量非常庞大，从应用的角度考虑，很多研究只处理半结构化数据的一个常用子集。一些有意义的应用是建立多层数据库(MLDB)，每一层是它下面层次的概念化，这样就可以进行一些特殊的查询和信息处理。对于在半结构化数据上的查询语言研究也得到了人们的重视并做了专题研究。

在数据库观点下的数据表示方法比较特殊，其中包含了关系层次和图形化的数据，所以大部分建立在一般数据集合之上的数据挖掘方法不能直接使用，目前已经有人针对多层数据库挖掘算法进行研究。

3. Web内容挖掘的作用

Web内容挖掘目前主要可以用于权威页面的发现，以及分析相关的页面连接结构，并且通过分析这类信息来获取更多需要的信息。例如，现在许多Web搜索引擎就利用Web内容挖掘中的Web超链接分析算法来提高搜索的效率和准确性。传统的Web搜索引擎大多数是基于关键字匹配的，返回的结果为包含查询项的文档，也有基于目录分类的搜索引擎，这些搜索引擎的结果并不十分令人满意。另外，有些重要的网页本身并不包含查询项，在这样的算法下可能就会被忽略了。而搜索引擎的分类目录也不可能把所有的分类考虑全面，并且目录大多数靠人工维护，主观性强，费用高，更新速度慢。

现在比较有名的搜索引擎Google利用了一种Web超链接分析算法——PageRank算法来提高其准确性，它可以比较准确地将相关的权威网页排在搜索结果的前面，是目前比较受欢迎的Web搜索引擎。超链接分析算法还可以发现WWW上的重要社区，分析某个网站的拓扑结构、知名度和分类等。

总而言之，Web内容挖掘技术能够帮助用户在WWW海量的信息里面准确找出需要的信息。

16.2.3 Web结构挖掘

Web结构挖掘是Web挖掘研究中的一个重要组成部分,它通过分析Web上超链接结构以找到有价值的网页。在Internet上进行信息检索面临的最大问题是如果对获得的大量搜索结果进行整理和排序,从而快速地定位最符合检索要求的文档,剔除掉与检索内容不相关的文档集合。超链接作为超文本文档的一个重要特征,为Web信息获取提供了有价值的信息。近来以超链接分析为基础的Web检索算法如PageRank在提高检索精度方面与传统搜索引擎使用的基于单词的方法相比有了大幅度的提高。

Web结构挖掘的对象是Web本身的超链接,即对Web文档的结构进行挖掘。对于给定的Web文档集合,通过算法发现它们之间链接情况的有用信息。例如,文档之间的超链接反映了文档之间的包含、引用或者从属关系;引用文档对被引用文档的说明往往更客观、更概括、更准确。

一般说来,Web文档中的超链接包含了两种信息:首先它为用户提供了浏览Web的导航信息,如常用的导航条用来指引访问者在各页面之间跳转;其次,页面中的超链接往往是文档作者对于某一文档的推荐,被推荐的目的文档往往与该文档有相似内容而且被作者所认同。后者构成了超链接分析的基础,即某一文档的重要性不由文档的内容决定而取决于被其他文档链接(或者引用)的次数。这种评价机制类似于科学论文中的参考文献:被别人引用次数越多的论文,其重要性比引用次数少的论文要高。在Web检索中,除了被其他文档链接的次数外,链接源文档的质量也是评价被链接文档质量的一个参考因子:被高质量文档链接或者推荐的文档往往具有更高的权威性。

Web结构挖掘把网页之间的关系分为Incoming连接和Outgoing连接,运用引用分析方法找到同一网站内部及不同网站之间的连接关系。在Web结构挖掘领域最著名的算法是HITS算法和PageRank算法。它们的共同点是使用一定方法计算Web页面之间超链接的质量,从而得到页面的权重。著名的Clever和Google搜索引擎就采用了该类算法。

此外,Web结构挖掘另一个尝试是在Web数据仓库环境下的挖掘,包括通过检查同一台服务器上的本地连接,衡量Web结构挖掘Web站点的完全性;在不同的Web数据仓库中检查副本以帮助定位镜像站点;通过发现针对某一特定领域的超链接的层次属性,探索信息流动如何影响Web站点的设计。

16.2.4 Web使用挖掘

Web使用挖掘即Web使用记录挖掘,在新兴的电子商务领域有重要意义。它通过挖掘相关的Web日志记录,发现用户访问Web页面的模式;通过分析日志记录中的规律,识别用户的忠实度、喜好、满意度,发现潜在用户,增强站点的服务竞争力。

Web使用记录数据除了服务器的日志记录外,还包括代理服务器日志、浏览器端日志、注册信息、用户会话信息、交易信息、Cookie中的信息、用户查询和鼠标点击流等一切用户与站点之间可能的交互记录。由此可见,Web使用记录的数据量是非常巨大的,而且数据类型也相当丰富。

1. Web使用挖掘的分类

根据对数据源的不同处理方法,Web使用挖掘可以分为两类:一类是将Web使用记录的数据转换并传递到传统的关系表里，再使用数据挖掘算法对关系表中的数据进行常规挖掘；另一类是将 Web 使用记录的数据直接预处理再进行挖掘。

又根据数据来源、数据类型、数据集合中的用户数量、数据集合中的服务器数量等，可将 Web 使用挖掘分为 5 类。

(1) 个性挖掘。针对单个用户的使用记录对该用户进行建模，结合该用户基本信息分析他的使用习惯、个人喜好，目的是在电子商务环境下为该用户提供与众不同的个性化服务。

(2) 系统改进。Web 服务(数据库、网络等)的性能和其他服务质量是衡量用户满意度的关键指标，Web 使用挖掘可以通过用户的拥塞记录发现站点的性能瓶颈，以提示站点管理者改进 Web 缓存策略、网络传输策略、流量负载平衡机制和数据分布策略。

(3) 站点修改。站点的结构和内容是吸引用户的关键。Web 使用挖掘通过挖掘用户的行为记录和反馈情况为站点设计者提供改进的依据。比如，页面链接应如何组织、哪些页面应能够直接访问等。

(4) 智能商务。用户怎样使用 Web 站点的信息无疑是电子商务销售商关心的重点，用户一次访问的周期可分为被吸引、驻留、购买和离开 4 个步骤，Web 使用挖掘可以通过分析用户点击流等 Web 日志信息挖掘用户行为的动机，以帮助销售商合理安排销售策略。

(5) Web 特征描述。这类挖掘通过用户对站点的访问情况，统计各个用户在页面上的交互情况，再对用户访问情况进行特征描述。

2. Web 日志

Web 服务器通常都保存了对 Web 页面的每一次访问的日志项，这些记录项又叫做 Weblog 项。它忠实地记录了访问该 Web 服务器的数据流等各项信息。

日志文件的格式并不复杂，日志文件记录的内容还可以根据客户的不同需要，来调整记录结构。例如，IIS5.0 中 W3C 扩展日志文件格式中，除了时间这些日志文件必有的元素外，还有多达 19 项可以选择记录的扩展属性，比较常用的属性是所请求的 URI 资源、客户端 IP 地址和时间戳等。在 W3C 扩展日志文件格式中，默认的属性有时间戳、客户端 IP 地址、访问方法、URI 资源和协议状态等。

3. Web 使用挖掘的步骤

Web 使用挖掘的总体描述如图 16-8 所示。

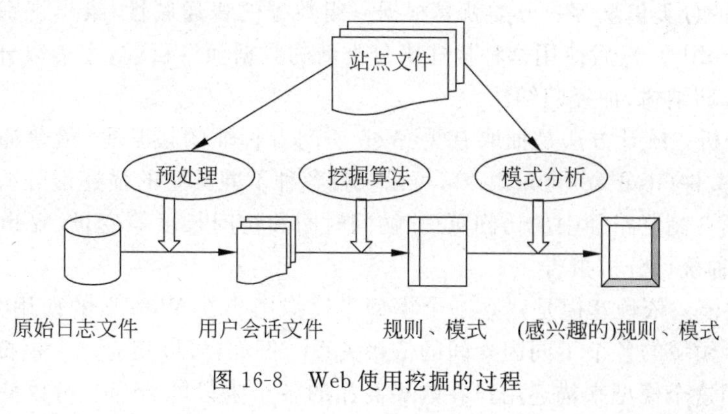

图 16-8　Web 使用挖掘的过程

(1) 预处理过程。预处理Web使用日志数据是整个数据准备阶段的核心工作,也是下一阶段模式分析的基础。数据预处理是根据不同的应用需求对原始的Web使用日志数据进行预处理,将其转化适合模式发现的数据形式。数据预处理包括数据清洗、用户识别、会话识别、路径补充、事务识别和格式转换等步骤。

数据清洗是指删除用户访问日志数据中与算法无关的数据,也就是根据不同的应用需求清除原始数据中不相关的数据项。

用户识别就是从日志数据中区分每一个用户的过程。

会话识别的目的是将用户一段时间内的用户访问分为单个的会话(session)。

路径补充是将由于客户端浏览器或者代理服务器缓存而遗漏的访问记录补充完整。

事务识别是对会话的进一步细化,识别会话中有意义的片段。

格式转化是将事务识别的结果转换为合适的数据格式,如文本格式、XML文件格式、数据库格式,方便挖掘算法的执行。

(2) 模式发现。预处理完原始日志数据后,就可以选择合适的挖掘方法来挖掘对用户有用的知识。实际上,对于预处理后得到的Web访问事务集,有许多挖掘技术可以使用,从相对简单的统计分析到比较复杂的关联规则、分类、聚类、隐式马尔科夫模型等。下面结合Web使用挖掘的特点,介绍几种典型的Web使用挖掘技术。

① 关联规则的发现。关联规则的发现一般应用于事务数据库,在事务数据库中,每个事务都是由项目集合组成的。在这样的环境下,关联规则的挖掘就是发现数据项之间的相互关系,比如一个事务中,数据项X的出现暗示着数据项Y的出现。

在进行Web使用数据挖掘时,关联规则挖掘问题就转化为挖掘服务器端文件之间的关系。每个事务就代表用户对服务器的一次访问,其中包含了用户访问的URL的集合。

② 序列模式的发现。通常,基于事务的数据库中的数据都是在一段时间中收集的,每个事务的时间戳都是可以获得的。在这样的事务数据库中,挖掘序列规则就是发现事务内部的模式,形如访问一些页面的集合总会跟在另外一些页面后面,这些页面在访问时间上存在先后关系。

在Web访问日志中,用户的访问日志信息记录了用户访问的时间间隔。与事务有关的时间戳在数据的清洗过程中将被记录在事务信息中。

③ 分类和聚类。数据挖掘技术还可以挖掘数据项间隐藏的普通模式,根据它们的模式发现数据项间的分类信息等。分类就是根据一组数据的普通属性,给出识别这组数据的公共属性描述(profile),然后使用这种描述来分类新的数据项。目前,大多数分类算法都是利用归纳技术,如归纳树、神经归纳法。

④ 统计分析。统计方法是抽取有关Web访问者特征的最常见、最普通的技术。通过分析用户会话文件(user session files),可以执行各种不同类型的描述性分析(如频率、平均值等)。根据用户浏览路径中的访问页面、访问时间和访问长度等变量,Web流量分析工具能定期产生各种统计分析报告。

⑤ 依赖建模。依赖建模是建立一个模型来模拟用户在Web上的使用行为,这个模型可以表现Web领域的各个不同因素间的依赖关系。例如,可以建立一个模拟用户在网上购物的模型,利用这个模型来描述用户在购买商品的各个阶段的行为。可以使用隐式马尔科夫模型(hidden Markov model)和贝叶斯信任网络(Bayesian belief network)来建立这种依

赖模型。

(3) 模式分析。任何数据挖掘的最终目的是挖掘有深度、有价值、有用的知识。模式分析对应于知识发现过程的模式评估,要做的工作也类似,就是解释发现的模式、去掉多余的、不感兴趣的模式,转换成有用的模式,以用户能理解的方式呈现。在没有兴趣度监管的情况,模式发现阶段可能挖掘出所有的规则和模式。这些规则和模式里面可能包含常识性模式、用户不感兴趣的模式。基于支持度和置信度的客观评价标准只能帮助有效减少无意义或者无价值的模式,而不一定能识别出真正不寻常的规则知识。究其原因,是由于没有结合专业领域的知识。因此,为发现特定领域的有趣模式,就需要定义一个主观趣味性描述框架。

主观趣味性描述框架所涉及的数据(证据)主要有以下两种:频率数据,所挖掘的使用模式;主观数据,对结构或者内容的编码,以及有关分析人员的信念(beliefs)。

这里,主观证据又分为概率类型、模糊类型和定性类型。例如,有关网页 A 和 B 一起使用的(分析人员)主观信念的概率证据为 70%。而有关一个网页(具有一定导航和信息性质)的使用类型可以用一个模糊概念来描述,并对应每种使用类型赋予一个模糊概念隶属度值。此外,也可以采用定性方式来描述人的信念,如"相信网页 A 和 B 大多数时间是一起使用的"。

给定一组从网站结构、内容和领域专家所获得的缺省信念,加上从挖掘模式中所获得的信念,主观趣味性描述框架的目标是:识别出与已有信念相矛盾的模式;识别出有助于减少有关一个信念未知水平的模式;识别出支持一定信念证据(随时间)的变化。

此外,主观趣味性描述框架还应能根据新的证据,更新原有的证据。为使得主观趣味性描述框架有相当大的灵活性,采用信息过滤器作为主观趣味性描述框架,并采用 D-S 推理方法。

除了对模式的有趣性进行评估外,还可以借助可视化技术将模式转变为用户方便理解的方式。联机分析处理技术(OLAP)和类似于 SQL 的 Web 挖掘的查询技术也有助于用户对挖掘的模式进行分析。

4. Web 使用挖掘的应用领域

Web 使用挖掘的应用领域主要分为用户建模、导航模式发现、改进 Web 站点的访问效率、个性化、商业智能的发现及用户移动模式发现等。绝大多数方法利用 Web 使用日志数据,少数方法同时也把内容、结构或者用户特征信息结合起来使用。它们一般被用于提高预处理的能力,或者被作为协作筛算法的输入和输出,以进一步提高整体的性能和精确度。

(1) 利用 Web 使用挖掘实现用户建模。由于 Web 网站的特性,对网站的经营者和设计者而言,无法直接了解用户的特性。然而对访问者个人特性和群体用户特性的了解对 Web 网站的服务方而言显得尤为重要。通过数据挖掘的方法可以得到用户的特性。

"用户建模"(modeling users)是指根据访问者对一个 Web 站点上 Web 页面的访问情况,可以模型化用户的自身特性。在识别出用户的特性后就可以开展有针对性的服务。用户建模主要有 3 种途径。

① 推断匿名访问者的人口统计特征。由于 Web 访问者大都是匿名的,所以需要根据匿名访问者的访问内容推断访问者的特性,如根据已知访问者的统计特性(性别、年龄、收

入、婚姻状况、教育程度、子女个数)和对页面的访问内容来推断未知用户的人口统计特性。这类挖掘最常用的技术是分类和聚类。

② 在不打扰用户的情况下,得到用户的概貌文件。用户概貌文件(user profiles)用于描述用户的基本特性。要想使Web站点自适应和个性化,一条重要的途径就是了解用户的基本特性,这样才能开展有针对性的服务。

得到用户概貌文件有两种途径:一种是要求用户填写特定的表格;另一种是用数据挖掘的方法,在不打扰用户的情况下,得到用户的概貌文件。

③ 根据用户的访问模式来聚类用户。在Web使用挖掘中一个重要的内容就是聚类Web用户。即基于用户的公共访问特性而进行聚类,每个聚类集表征这些用户具有共同的特性。用户的访问特性从用户的访问日志中得到,聚类的结果可以被用作分类用户或给网站的设计者有价值的启发。

(2) 利用Web使用挖掘发现导航模式。发现导航模式(discovering navigation patterns)是Web使用挖掘的一个重要研究领域。用户的导航模式是指群体用户对Web站点内页面的浏览顺序模式。

用户导航模式主要应用在改进站点的设计和个性化推销等方面。

① 改进Web站点的结构设计。通过路径分析等技术可以判定出一类用户对一个Web站点频繁访问的路径。这些路径反映这类用户浏览站点页面的顺序和习惯。因此挖掘出来的导航模式可以指导网站设计人员改进站点的设计结构,吸引更多的用户。

② 个性化推销。个性化推销是指识别出对某种商品或者服务的潜在购买者,对其推荐相应的产品或者服务。电子商务和传统商务的区别在于:更多的可利用的详细数据、领域知识;更复杂、高级的个性化推销;更专业的挖掘工具,在电子商务环境下发现市场智能的关键是发现用户的导航模式。

(3) 利用Web使用挖掘改进访问效率。利用Web使用挖掘结果可以在许多方面改进Web站点的效率(system improvement & site modification)。

① Web服务器推送技术。面对用户改进Web服务器性能的一个重要手段是使Web服务器能够进行推送服务。即当用户访问一个文档时,相关的文档会被服务器提前推送到代理上,这样使得用户随后对这些文档的访问加速。即如果在Web服务器上能够识别文档的频繁访问模式,那么就可以应用相应的预推送技术提前推送给访问用户,以加速用户的访问。

② 自适应网站。采用聚类技术挖掘频繁访问的页面组,以帮助用户更好地访问。比如创立相似矩阵,矩阵的元素是根据日志所得出的页面之间的共同被访问的频度,然后在这个矩阵中寻找每一个聚类,根据每一个聚类创立一个索引页。通过索引来帮助用户进行访问。

③ 应用导航模式改进Web站点的访问效率。通过分析各类用户之间导航模式的不同,找出需要被重新设计的页面和结构。例如,可以使用WUM挖掘工具发现用户的导航模式,得出关联规则,使用这些规则可以动态地改进原有站点的结构。

④ 改进Web服务器的性能。Web使用挖掘有助于Web服务器的设计,如在Web缓冲(Web caching)、网络传输(network transmission)、负载均衡(load balancing)及数据分布(data distribution)等方面提供帮助。

(4) 个性化服务。在Web站点展开个性化服务的总体思路和步骤是:模型化页面和用户；分类页面和用户；在页面和对象之间进行匹配；判断当前访问的类别以进行推荐。

而且，个性化系统一般分为两个部分：离线部分，挖掘用户的特征信息；在线部分，识别用户，以提供个性化的服务。

利用Web使用挖掘得到的知识实现网站的个性化服务得到了广泛的研究，有代表性的方法有离线聚类和动态链接结合、基于关键词学习及聚类推荐等。

(5) 商业智能发现。Web数据的商业智能发现(business intelligence discovery)是一个特殊的知识发现过程，是将数据挖掘的技术应用到电子商务的环境下，发现商业智能。挖掘的对象不仅包括日志、Web页面，也包括市场数据。

(6) 利用Web使用挖掘进行用户移动模式发现。在移动计算环境中，可以挖掘用户的移动模式。挖掘的结果可以用于开发数据的分配模式以改变移动系统的总体性能。首先，挖掘移动环境中的日志数据，得到频繁用户移动模式。然后根据挖掘结果和数据的特性设定个人数据分配模式。根据不同层次的挖掘结果，有两种个人数据分配模式：一种利用集合层次的用户移动模式(DS模式)；另一种利用路径层次的用户移动模式(DP模式)。

16.2.5 Web数据挖掘的技术难点

面向Web的数据挖掘是一项复杂的技术，由于Web数据挖掘比单个数据仓库的挖掘要复杂得多，因而面向Web的数据挖掘成了一个难以解决的问题。

将数据挖掘技术应用到Web数据上，理论上虽然可行，但是由于Web自身的特点，也使它面临一些需要克服的技术难点。

(1) Web上的数据是十分庞大的，而这种庞大的数据还是动态的，并且增长速度十分惊人。如果简单为其创建一个数据仓库显然是不现实的。目前一般的做法是采用多层Web信息库的构造技术来处理，将Web目前的庞大数据统一看成是最详细的一层，而不像一般数据库挖掘分析那样另外单独做一个历史数据的数据仓库。

(2) Web上的数据动态性极强，页面本身的内容和相关的链接经常更新。而Web面对的客户也各不相同，这些都造成了用户行为模式分析的困难度。

(3) 虽然说Web上信息很多，但实际上需要的信息却不多，如何在信息海洋中不被淹没，尽可能找到所需要的信息也是一个难题。

(4) Web页面的结构比一般文本文件复杂很多，它可以支持多种媒体的表达。毕竟人们原来就希望通过Web来实现世界各种信息的互通，在这个平台上自然希望任何的信息都可以表达。因此也造成了Web数据的复杂性。而在Web上文档一般是分布的、异构的、无结构或者半结构的。目前由于XML技术的出现，为解决这个难题提供了一条可行的途径。

16.2.6 XML与Web数据挖掘技术

以XML为基础的新一代WWW环境是直接面对Web数据的，不仅可以很好地兼容原有的Web应用，而且可以更好地实现Web中的信息共享与交换。XML可看作一种半结构化的数据模型，可以很容易地将XML的文档描述与关系数据库中的属性对应起来，实施精确的查询与模型抽取。

1. XML的主要特点

XML作为一种标记语言，有许多卓越的特点，XML的特点决定了其卓越的性能表现。

(1) 简单。XML经过精心设计,整个规范简单明了,它由若干规则组成,这些规则可用于创建标记语言,并能用一种常称为分析程序的简明程序处理所有新创建的标记语言。XML能创建一种任何人都能读出和写入的世界语,这种创建世界语的功能叫做统一性功能。

(2) 开放。XML是SGML在市场上有许多成熟的软件可用来帮助编写、管理等,开放式标准XML的基础是经过验证的标准技术,并针对网络做最佳化。众多业界顶尖公司,与W3C的工作群组并肩合作,协助确保交互作业性。XML解释器可以使用编程的方法来载入一个XML的文档,当这个文档被载入以后,用户就可以通过XML文件对象模型来获取和操纵整个文档的信息,加快了网络运行速度。

(3) 高效且可扩充。使用者可以发明和使用自己的标签,也可与他人共享,可延伸性大。在XML中,可以定义无限量的一组标注。随着世界范围内的许多机构逐渐采用XML标准,将会有更多的相关功能出现。XML提供了一个独立的运用程序的方法来共享数据,使用DTD,不同组中的人就能够使用共同的DTD来交换数据。应用程序可以使用这个标准的DTD来验证接收到的数据是否有效,也可以使用一个DTD来验证创建的数据。

(4) 国际化。XML标准国际化,且支持世界上大多数文字。这源于依靠它的统一代码的新的编码标准,这种编码标准支持世界上所有以主要语言编写的混合文本。能阅读XML语言的软件就能顺利处理这些不同语言字符的任意组合。因此,XML不仅能在不同的计算机系统之间交换信息,而且能跨越国界和超越不同文化疆界交换信息。

2. XML在Web数据挖掘中的作用

XML已经成为正式的规范,开发人员能够用XML的格式标记和交换数据。促进XML应用的是那些用标准的HTML无法完成的Web应用。这些应用从大的方面来讲可以被分成以下4类:需要Web客户端在两个或更多异质数据库之间进行通信的应用;试图将大部分处理负载从Web服务器转到Web客户端的应用;需要Web客户端将同样的数据以不同的浏览形式提供给不同用户的应用;需要智能Web代理根据个人用户的需要进行裁剪信息内容的应用。

显而易见,这些应用和Web的数据挖掘技术有着重要的联系,基于Web的数据挖掘必须依靠它们来实现。而XML的出现为解决Web数据挖掘的难题带来了机会。

(1) XML可以解决异质数据融合的问题。XML给基于Web的应用软件赋予了强大的功能和灵活性,因此它给开发者和用户带来了许多好处。没有XML,搜索软件必须了解每个数据库是如何构建的,但这实际上是不可能的,因为每个数据库描述数据的格式几乎都是不同的。由于不同来源数据的集成问题的存在,现在搜索多样的不兼容的数据库实际上是不可能的。XML能够使不同来源的结构化的数据很容易地结合在一起。软件代理商可以在中间层的服务器上对从后端数据库和其他应用处来的数据进行集成。然后,数据就能被发送到客户或其他服务器做进一步的集合、处理和分发。

XML的扩展性和灵活性允许它描述不同种类应用软件中的数据,从描述搜集的Web页到数据记录,从而通过多种应用得到数据。同时,由于基于XML的数据是自我描述的,数据不需要有内部描述就能被交换和处理。利用XML,用户可以方便地进行本地计算和处理,XML格式的数据发送给客户后,客户可以用应用软件解析数据并对数据进行编辑和处理。使用者可以用不同的方法处理数据,而不仅仅是显示它。

XML 文档对象模式(DOM)允许用脚本或其他编程语言处理数据,数据计算不需要回到服务器就能进行。XML 可以被利用来分离使用者观看数据的界面,使用简单、灵活、开放的格式,可以给 Web 创建功能强大的应用软件。

(2) 应用 XML 可将负载从 Web 服务器转到 Web 客户端。应用 XML 可将大量运算负荷分布在客户端,即客户可根据自己的需求选择和制作不同的应用程序以处理数据,而服务器只须发出同一个 XML 文件。应用 XML 将处理数据的主动权交给了客户,服务器所做的只是尽可能完善、准确地将数据封装进 XML 文件中,正是各取所需、各司其职。XML 的自解释性使客户端在收到数据的同时,也能理解数据的逻辑结构与含义,从而使广泛、通用的分布式计算成为可能。

(3) 应用 XML 可以将数据以不同的浏览形式提供给不同的用户。XML 还可以通过以简单、开放、扩展的方式描述结构化的数据,XML 补充了 HTML,被广泛地用来描述使用者界面。HTML 描述数据的外观,而 XML 描述数据本身。由于数据显示与内容分开,XML 定义的数据允许指定不同的显示方式,使数据更合理地表现出来。本地的数据能够以客户配置、使用者选择或其他标准决定的方式动态地表现出来。CSS 和 XSL 为数据的显示提供了公布的机制。通过 XML,数据可以粒状地更新。每当一部分数据变化后,不需要重发整个结构化的数据。变化的元素必须从服务器发送给客户,变化的数据不需要刷新整个使用者的界面就能够显示出来。

XML 应用于客户需要与不同的数据源进行交互时,数据可能来自不同的数据库,它们都有各自不同的复杂格式。但客户与这些数据库间只通过一种标准语言进行交互,那就是 XML。由于 XML 的自定义性及可扩展性,它足以表达各种类型的数据。客户收到数据后可以进行处理,也可以在不同数据库间进行传递。总之,在这类应用中,XML 解决了数据的统一接口问题。

(4) 应用 XML 可实现智能 Web 代理,根据用户需要裁剪信息。XML 应用于网络代理,可对所取得的信息进行编辑、增减,以适应个人用户的需要。有些客户取得数据并不是为了直接使用,而是为了根据需要组织自己的数据库。比方说,教育部门要建立一个庞大的题库,考试时将题库中的题目取出若干组成试卷,再将试卷封装进 XML 文件,接下来在各个学校让其通过一个过滤器,滤掉所有的答案,再发送到各个考生面前;未经过滤的内容则可直接送到老师手中。此外,XML 文件中还可以包含进诸如难度系数、往年错误率等其他相关信息,这样只需几个小程序,同一个 XML 文件便可变成多个文件传送到不同的用户手中。

总之,作为表示结构化数据的一个工业标准,XML 为组织、软件开发者、Web 站点和终端使用者提供了许多有利条件。相信在以后,随着 XML 作为在 Web 上交换数据的一种标准方式的出现,面向 Web 的数据挖掘将会变得非常轻松。

随着电子商务的兴起和迅猛发展,未来 Web 挖掘的一个重要应用方向将是电子商务系统。与电子商务关系最为密切的是用法挖掘(usage mining),也就是说在这个领域将会持续得到重视。另外,在搜索引擎的研究方面,结构挖掘的研究已经相对成熟,基于文本的内容挖掘也已经有许多研究,下面将进一步讨论这方面的研究。

16.3 文本挖掘

16.3.1 文本挖掘的概念

文本挖掘是抽取有效、新颖、有用、可理解的、散布在文本文件中的有价值知识,并且利用这些知识更好地组织信息的过程。1998年年底,国家重点研究发展规划首批实施项目中明确指出,文本挖掘是"图像、语言、自然语言理解与知识挖掘"中的重要内容。

文本挖掘是知识挖掘的一个研究分支,用于基于文本信息的知识发现。文本挖掘利用智能算法,如神经网络、基于案例的推理和可能性推理等,并结合文字处理技术,分析大量的非结构化文本源(如文档、电子表格、客户电子邮件、网页等),抽取或标记关键字概念、文字间的关系,并按照内容对文档进行分类,从中发现和提取隐含的、事先未知的知识,最终形成用户可理解的、有价值的信息和知识。

文本挖掘是一个多学科混杂的领域,涵盖了多种技术,包括数据挖掘技术、信息抽取、信息检索、机器学习、自然语言处理、计算语言学、统计数据分析、线性几何、概率理论和图论等。

文本挖掘的发展历史比数据挖掘更短,它的产生主要是人们发现传统的信息检索技术对于海量数据的处理不尽如人意,特别是随着网络时代的到来,用户可获得的信息包含了从技术资料、商业信息到新闻报道、娱乐资讯等多种类别和形式的文档,构成了一个异常庞大的具有异构性、开放性特点的分布式数据库,而这个数据库中存放的是非结构化的文本数据。结合人工智能研究领域中的自然语言理解和计算机语言学,从数据挖掘中派生出新兴的数据挖掘研究领域——文本挖掘。将文本挖掘集中于Web文本信息上,也就产生了基于Web的文本信息挖掘。

基于Web的文本信息挖掘与Web内容挖掘密切相关。由于Web上的信息在很大程度上是文本信息,因此,Web文本挖掘是Web内容挖掘的最主要、也是最重要的部分,并且被认为比数据挖掘具有更高的商业潜力,其实,当数据挖掘的对象完全由文本这种数据类型组成时,这个过程就成为文本数据挖掘。事实上,最近的研究表明,公司的信息有80%包含在文本文档中。

按照文本挖掘的对象可把文本挖掘分为基于单文档的数据挖掘和基于文档集的数据挖掘。基于单文档的数据挖掘对文档的分析并不涉及其他文档,其主要挖掘技术有文本摘要、信息提取(包括名字提取、短语提取、关系提取等)。基于文档集的数据挖掘是对大规模的文档数据进行模式抽取,其主要的技术有文本分类、文本聚类、个性化文本过滤、文档作者归属和因素分析等。Web文本挖掘主要是对Web上大量文档集合的内容进行总结、分类、聚类、关联分析以及利用Web文档进行趋势预测等。Web文本挖掘中,文本的特征表示是挖掘工作的基础,文本的分类和聚类是最重要、最基本的挖掘功能。

16.3.2 文本挖掘预处理

文本挖掘是从数据挖掘发展而来,但并不意味着简单地将数据挖掘技术运用到大量文本的集合上就可以实现文本挖掘,还需要做很多准备工作。文本挖掘的准备工作由文本收集、文本分析和特征修剪3个步骤组成。

(1) 文本收集。需要挖掘的文本数据可能具有不同的类型,且分散在很多地方,需要寻找和检索那些所有被认为可能与当前工作相关的文本。一般地,系统用户都可以定义文本集,但是仍需要一个用来过滤相关文本的系统。

(2) 文本分析。与数据库中的结构化数据相比,文本几乎就没有结构;此外,文档的内容是人类所使用的自然语言,计算机很难处理其语义。文本数据源的这些特殊性使得现有的数据挖掘技术无法直接应用于其上,需要对文本进行分析,抽取代表其特征的元数据,这些特征可以用结构化的形式保存,作为文档的中间表示形式。其目的在于从文本中扫描并抽取所需要的事实。

(3) 特征修剪。特征修剪包括横向选择和纵向投影两种方式。横向选择是指剔除噪声文档以改进挖掘精度,或者在文档数量过多时仅选取一部分样本以提高挖掘效率;纵向投影是指按照挖掘目标选取有用的特征,通过特征修剪,就可以得到代表文档集合的有效的、精简的特征子集,在此基础上可以开展各种文本挖掘工作。

16.3.3 文本挖掘的关键技术

经过特征修剪之后,就可以开展数据文本挖掘工作。从目前文本挖掘技术的研究和应用状况来看,从语义的角度来实现文本挖掘的还很少,目前研究和应用最多的几种文本挖掘技术有文档聚类、文档分类和自动文摘。

(1) 文档聚类。首先,文档聚类可以发现与某文档相似的一批文档,帮助人们发现相关知识;其次,文档聚类可以将一个文档聚类成若干个类,提供一种组织文档集合的方法;最后,文档聚类还可以生成分类器以对文档进行分类。

文本挖掘中的聚类可用于:提供大规模文档集内容概要;识别隐藏的文档间的相似度;减轻浏览相关、相似信息的过程。

聚类方法通常有层次聚类法、平面划分法、简单贝叶斯聚类法、K 最近邻参照聚类法、分级聚类法和基于概念的文本聚类等。

(2) 文档分类。分类和聚类的区别在于:分类是基于已有的分类体系表的,而聚类则没有分类表,只是基于文档之间的相似度。

由于分类体系表一般比较准确、科学地反映了某一个领域的划分情况,所以在信息系统中使用分类的方法,能够让用户手工遍历一个等级分类体系来找到自己需要的信息,达到发现知识的目的。这对于用户刚开始接触一个领域想了解其中的情况,或者用户不能够准确地表达自己的信息需求时特别有用。

另外,用户在检索时往往能得到成千上万篇文档,这让他们在决定哪些是与自己需求相关时会遇到麻烦,如果系统能够将检索结果分门别类地呈现给用户,则显然会减少用户分析检索结果的工作量,这是自动分类的另一个重要应用。

文档自动分类一般采用统计方法或机器学习来实现。常用的方法有简单贝叶斯分类法、矩阵变换法、K 最近邻参照分类算法及支持向量机分类方法等。

(3) 自动文摘。互联网上的文本信息、机构内部的文档及数据库的内容都在成指数级的速度增长,用户在检索信息时,可以得到成千上万篇的返回结果,其中许多是与其信息需求无关或关系不大的,如果要剔除这些文档,则必须阅读完全文,这要求用户付出很多劳动,而且效果不好。而自动文摘能够生成简短的关于文档内容的指示性信息,将文档的主要内容呈现给用户,以决定是否要阅读文档的原文,这样能够节省大量的浏览时间。

简单地说,自动文摘就是利用计算机自动地从原始文档中提取全面、准确地反映该文档中心内容的简单连贯的短文。自动文摘具有以下特点:自动文摘应能将原文的主题思想或中心内容自动提取出来;文摘应具有概况性、客观性、可理解性和可读性;可适用于任意领域。

按照生成文摘的句子来源,自动文摘方法可以分成两类:一类是完全使用原文中的句子来生成文摘;另一类是可以自动生成句子来表达文档的内容。后者的功能更强大,但自动生成句子是一个比较复杂的问题,经常出现产生的新句子不能被理解的情况,因此目前大多用的是抽取生成法。

16.3.4 文本挖掘系统的评价标准

评估文本挖掘系统是至关重要的。文本挖掘系统的评价标准可以提供一个客观的标准来衡量在这一领域的进展状况。几种比较公认的评估办法和标准如下。

- 分类正确率:通过计算文本样本与待分类文本的概率来得出分类正确率。
- 查准率:查准率是指正确分类的对象所占对象集的大小。
- 查全率:查全率是指集合中所含指定类别的对象数占实际目标类中对象数的比例。
- 支持度:支持度表示规则的频度。
- 置信度:置信度表示规则的强度。

习 题 16

16.1 什么是数据挖掘?什么是知识发现?简述KDD的主要过程。

16.2 简述数据挖掘的相关领域及主要的数据挖掘方法。

16.3 阐述聚类与分类的联系与区别。

16.4 给定对象 $x_1=(20,12,10,6)$,$x_2=(7,15,12,9)$,试计算两个对象之间的Euclid距离。

16.5 设数据集 D 含有9个数据对象:$x_1=(3,2)$,$x_2=(3,9)$,$x_3=(8,6)$,$x_4=(9,5)$,$x_5=(2,4)$,$x_6=(3,10)$,$x_7=(2,6)$,$x_8=(9,6)$,$x_9=(2,2)$,采用 k 均值聚类方法进行聚类,取 $k=3$,距离函数采用Euclid距离,假设初始的3个簇质心为 x_1、x_4 和 x_7。

16.6 简述Apriori算法,分析该算法的性能瓶颈。

16.7 表16-2所示的数据库 D 有4个事务,设 $s_{\min}=60\%$,$c_{\min}=80\%$,使用Apriori算法找出频繁项集,并列出所有强关联规则。

表16-2 数据库 D 的4个事务

TID	Date	Items_bought
T100	10/15/99	$\{K,A,D,B\}$
T200	10/15/99	$\{D,A,C,E,B\}$
T300	10/19/99	$\{C,A,B,E\}$
T400	10/22/99	$\{B,A,D\}$

16.8 什么是Web挖掘中的用户建模?有哪几种途径实现用户建模?

第4部分 领域应用

专家系统是人工智能应用研究最重要和最活跃的研究课题之一。自从1965年第一个专家系统DENDRAL在美国斯坦福大学问世后，得到快速的发展。特别是20世纪80年代中期以后，随着知识工程的日渐丰富和成熟，各种各样的实用专家系统如雨后春笋般地在世界各地不断涌现，取得很大的成功。正如专家系统的先驱费根鲍姆所言："专家系统的力量是从它处理的知识中产生的，而不是从某种形式主义及其使用的参考模式中产生"。

一个完美的专家系统包含很多人工智能技术的应用，其中知识表示和推理是核心技术，另外还包括知识获取和下面即将要讨论的自然语言处理等其他技术。

从人工智能研究一开始，自然语言的研究就是其中的一个重要研究领域。其研究目的主要有两个：一个是理论目的，它接近语言学，即揭示如何使用语言进行交流；另一个是技术目的，是要使未来的计算机接口有智能，即要使自然语言成为人机交互的重要工具，包括成为专家系统与专家和用户打交道的重要接口。这两个目的相互促进，更好的理论理解可以导致更强壮的系统；反之，更好地了解在实际应用中的处理也为理论研究提供了新的目标和方法。

人工智能的应用相当广泛，本部分用3章的篇幅讨论专家系统、自然语言处理和智能机器人。

第17章 专家系统

在第1章序论中曾经讨论过人工智能、知识工程及专家系统三者之间的密切联系。本章将详细讨论专家系统的分类、知识获取、解释机制及其开发过程等内容。

17.1 专家系统概述

专家系统(Expert System,ES)是人工智能研究中的一个最重要的分支,它实现了人工智能从理论研究走向实际应用、从一般思维方法的探讨转入运用专门知识求解专门问题的重大突破。

17.1.1 专家系统的定义

专家系统是一种具有大量专门知识的计算机智能程序系统,它能运用特定领域一位或众多专家提供的专门知识和经验,并采用推理技术模拟该领域中通常由专家才能解决的各种复杂问题,其对问题的求解可在一定程度上达到专家解决同等问题的水平。

17.1.2 专家系统的结构

不同领域和不同类型的专家系统,由于实际问题的复杂度、功能的不同,在实现时其实际结构存在着一定的差异,但从概念组成上看,其结构基本不变。如图17-1所示,一个专家系统一般由知识库、全局数据库、推理机、解释机制、知识获取和用户界面6个部分组成。下面逐一讨论这些部分。

知识库是专家系统的核心,它由事实性知识、启发性知识和元知识构成。事实性知识指的是领域中广泛共有的事实,启发性知识指的是领域专家的经验和启发性知识,元知识是调度和管理知识的知识。专家系统的知识库可以是关于一个领域或特定问题的若干专家知识的集合体,它可以向用户提供超过单个专家的经验和知识。

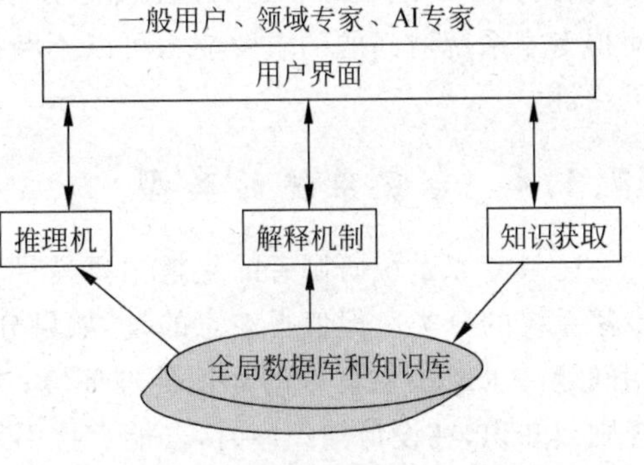

图17-1 专家系统的基本结构

全局数据库简称数据库,存储的是有关领域问题的事实、数据、初始状态、推理过程的各种中间状态及求解目标等。实际上,它相当于专家系统的工作存储区,存放用户回答的事实、已知的事实和由推理得到的事实。由于全局数据库的内容在系统运行期间是不断变化的,所以也叫动态数据库。

推理机就是完成推理过程的程序,它由一组用来控制、协调整个专家系统方法和策略的程序组成。推理机根据用户的输入数据(如现象、症状等),利用知识库中的知识,按一定推理策略(如正向推理、逆向推理、混合推理等),求解当前问题,解释用户的请求,最终推出结论。

一般来说,专家系统的推理机与知识库是分离的,这不仅有利于知识的管理,而且可实现系统的通用性和伸缩性。

解释机制的主要作用是:解释专家系统是如何推断结论的;回答用户的提问;使用户了解推理过程及推理过程所运用的知识和数据。

知识获取是专家系统的学习部分,它修改知识库中原有的知识,增加新的知识,删除无用的知识。一个专家系统是否具有学习能力以及学习能力的强弱,是衡量专家系统适应性的重要标志。

用户界面实现系统与用户的信息交换,为用户使用专家系统提供一个友好的交互环境。用户通过界面向系统提供原始数据和事实,或对系统的求解过程提问;系统通过界面输出结果,或回答用户的提问。

17.1.3 专家系统的特点

由于专家系统的构造方法和结构上的独特性,专家系统具有自身的特点和优越性。

从总体上讲,专家系统是一种具有智能的软件(程序),但它不同于传统的智能程序。专家系统求解问题的方法使用了领域专家解决问题的经验性知识,不是一般传统程序的算法,而是一种启发式方法(弱方法);专家系统求解的问题也不是传统程序中的确定性问题,而是只有专家才能解决的复杂的不确定性问题。

从内部结构讲,专家系统包括描述问题状态的全局数据库、存放领域专家解决问题的启发式经验和知识的知识库以及利用知识库中的知识进行推理的推理策略,而传统程序只有数据级和程序级知识;专家系统在运行中能不断增加知识、修改原有知识,使专家系统解决问题的能力和水平不断提高;传统程序把描述算法的过程性计算信息和控制性判断信息合二为一地编码在程序中,缺乏灵活性。

从外部功能看,专家系统模拟的是专家在问题领域的推理,即模拟的是专家求解问题的能力,而不是像传统程序那样模拟问题本身(即通过建立数学模型去模拟问题领域)。

另外,在专家系统求解问题的工作过程中,能够回答用户的提问并解释系统的推理过程,因而其求解过程具有透明性;专家系统中,知识库中的知识可以不断修改、更新、增加,使得专家系统对问题的求解能力可以不断提高,应用领域也可以十分广泛,因而具有很大的灵活性。

17.1.4 专家系统的类型

一般专家系统研制者的兴趣主要是尽快做出一些实用的、高性能的专家系统,较少考虑专家系统的分类。但值得注意的是,如果分类合理,可以迅速、准确引用有关专家系统,为应用问题的求解提供良好的知识处理环境;同时,相邻学科应用问题的知识库有许多相同的规则或知识,在设计知识库时,若能直接引用或共享,则能节约开发时间。

对专家系统的分类,可以按不同角度进行,有的按应用领域分类,如医学、地质等;有的按任务类型分类，如解释、预测等；有的按实现方法和技术进行分类，如演绎型、工程型等。这些分类标准不是绝对的。

Hayes-Roth 等于 1983 年将专家系统按其处理的任务类型分成以下 10 类。

(1) 解释型。分析所采集到的数据，进而阐明这些数据的实际含义，典型的有信号理解和化学结构解释。例如，由质谱仪数据解释化合物分子的 DENDRAL 系统，语音理解系统 HEARSAY，由声纳信号识别舰船的 HASP/SIAP 系统等，都是对于给定数据，找出与之一致的、符合客观规律的解释。这类专家系统能处理不完整的信息及有矛盾的数据。

(2) 诊断型。根据输入信息找出诊断对象中存在的故障，主要有医疗、机械和电子等领域里的各种诊断。例如，血液凝结疾病诊断系统 CLOT、计算机硬件故障诊断系统 DART、化学处理工厂故障诊断专家系统 FALCON 等，都是通过处理对象内部各部件的功能及其互相关系，检测和查找可能的故障所在，包含多种并存的故障。

(3) 预测型。根据处理对象的过去和现状推测未来的演变结果，典型的有天气预报、人口预测和财政预报等。如各种气象预报专家系统、军事冲突预测系统 I&W 等，都是进行与时间有关的推理，处理随时间变化的数据和按时间顺序发生的事件。这类专家系统也能处理不完整信息。

(4) 调试型。给出已知故障的排除方案，主要是由计算机辅助调试，如 VAX/VMS 计算机系统的辅助调试系统 TIMM/TUNER、石油钻探机械故障的诊断与排除系统 DRILLING ADVISOR 等，都是根据处理对象和故障的特点，从多种纠错方案中选择最佳方案。

(5) 维修型。制定并实施纠正某类故障的规划，典型的有航空和宇航电子设备的维护，如计算机网络的专家系统、电话电缆维护专家系统 ACE、诊断排除内燃机故障的 DELTA 专家系统等，都是根据纠错方法的特点，按照某种标准从多种纠错方案中制定代价最小的方案。

(6) 教育型。主要用于教学和培训任务，诊断和处理学生学习中的错误，如 GUIDON 和 STEMAMER 等专家系统，它们一般是诊断型和调试型的合成。

(7) 规划型。根据给定的目标，拟定行动计划，典型的有机器人动作规划和路线规划，如制定最佳行车路线的 CARG 专家系统、安排宇航员在空间站中活动的 KNEECAP 专家系统、分子遗传学实验设计专家系统 MOLGEN 等，都是在一定的约束条件下，不断调整动作序列，以较小的代价达到给定目标。

(8) 设计型。根据给定的要求形成所需要的方案或图样描述，典型的有电路设计和机械设计，如计算机的总体配置 XCON 系统、自动程序设计系统 PSI、超大规模集成电路辅助设计系统 KBVLSI 等，都是在给定要求的条件下，提供最佳或较佳设计方案。

(9) 监督型。主要用于实时检测，典型的有空中交通控制和电站监控，如航空母舰周围空中交通系统 AIRPLAN、核反应堆事故诊断与处理系统 REACTOR、高危病人监护 VM 系统等，都是随时收集处理对象的数据，并建立对象特征与时间变化的数据模型，一旦发现异常立即发出报警。这类系统通常是解释型、诊断型、预测型和调试型的合成。

(10) 控制型。自动控制系统的全部行为，通常用于实时控制型系统，如商场管理、战场指挥和汽车变速箱控制，如维护钻机最佳钻探流特征的 MUD、MVS 操作系统的监督控制系统 YES/MVS 等，大多是监督型和维修型的合成系统，对实时响应要求较高。

显然，这 10 种任务类型之间相互关联，彼此间形成一种由低到高的层次，如图 17-2 所示。

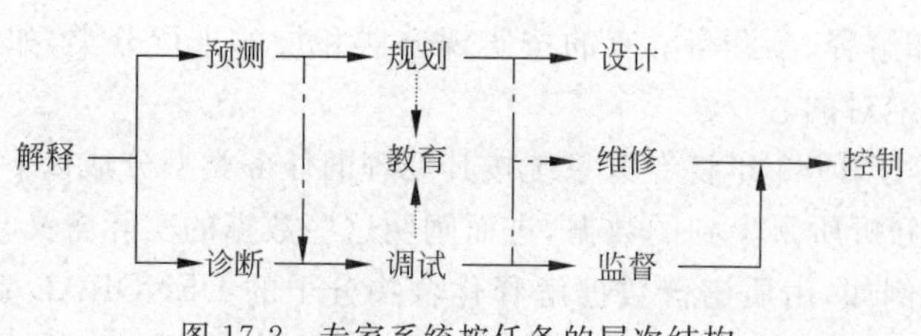

图 17-2　专家系统按任务的层次结构

有些专家系统常常要完成几种任务，如 MYCIN 系统就是一个诊断型和调试型的系统。1985 年 Clancy 指出，不管专家系统完成何种性质的任务，就其问题领域的基本操作而言，专家系统求解的问题可分为分类问题和构造问题。求解分类问题的专家系统称为分析型专家系统，广泛用于解释、诊断和调试等任务；求解构造问题的专家系统称为设计型专家系统，广泛用于规划、设计等任务。

17.1.5　几个成功的专家系统简介

由于专家系统的开发目的不是追求通用的问题求解系统，而是解决特定领域里需要专家知识进行求解的问题，有利于加快系统的开发。人们在化学、医学、地质学等领域中开发应用专家系统的实践证明，专家系统可以在一定程度上达到甚至超过领域专家水平。下面介绍一些成功的专家系统的实例。

1. DENDRAL 化学分析专家系统(斯坦福大学，1968 年)

在有机化学的研究中，有一个重要但又困难的工作——确定有机化合物的分子结构。由于同构异形体的存在，当给出一个有机化合物的分子式，要根据质谱图判断分子结构是很困难的事情。

1965 年，在 E. A. Feigenbaum 的主持下，斯坦福大学开始了第一个专家系统——化学分析专家系统 DENDRAL 的研究，1968 年研制成功。DENDRAL 具有化学专家的关于质谱测定的知识，能根据质谱仪数据推断未知有机化合物的分子结构。由于 DENDRAL 能够产生全部可能为真的结构，它甚至可以找出人类专家可能遗漏的分子结构。

DENDRAL 的研制成功，标志着人工智能领域一个新的分支的诞生。

2. MACSYMA 符号数学专家系统(麻省理工学院，1971 年)

1968 年麻省理工学院开始研制大型符号数学专家系统——MACSYMA。MACSYMA 具有从应用数学家处获得的关于表达式之间进行等价转换的规则，能执行诸如微分、积分、解方程、矩阵运算等 600 多种数学符号的运算。

3. MYCIN 诊断和治疗细菌感染性血液病的专家咨询系统(斯坦福大学，1973 年)

1973 年斯坦福大学开始研制一个用于诊断和治疗细菌感染性血液病的专家咨询系统——MYCIN，该系统包含约 450 条关于细菌性血液感染的诊疗规则。系统可以根据事先提供的数据和向内科医生询问得到的数据，利用系统中的诊断规则，给出诊断和治疗方面的咨询性建议。经评测，该系统的行为足以作为临床医生的实际助手，因而被应用到医学教学上。

4. PROSPECTOR 地质勘探专家系统(斯坦福大学，1976 年)

PROSPECTOR 是斯坦福大学人工智能研究所于 1976 年开始研制的一个地质勘探专家系统。该系统具有 12 种矿藏知识库，含有 100 多条规则以及 400 种岩石和地质术语。

PROSPECTOR 能帮助地质学家解释地质矿藏数据，提供硬岩石矿物勘探方面的咨询，如勘探评价、区域资源估计、钻井井位选择等。使用 PROSPECTOR 已经取得了巨大的经济效益，由它发现的一个钼矿的使用价值据说可能超过 1 亿美元。

17.2 专家系统中的知识获取

知识从计算机外部知识源到计算机内部表示的过程称为知识获取。知识如何获取是知识工程的一个重要课题，专家系统中的知识获取是构建专家系统的一个必经的步骤。

17.2.1 概述

知识获取一直是专家系统开发的瓶颈，下面从专家系统中的知识开始讨论。

1. 专家系统中的知识

专家系统中的知识有元知识和目标知识之分。

目标知识是指应用领域中的事实、常识、公理等领域知识，以及该领域专家求解问题的经验知识。

元知识是指关于领域知识、专家知识的知识。与通常意义的知识一样，元知识又分为元事实和元规则。元事实用于描述领域知识、专家知识的表示方法、相互间的控制约束关系、适用范围等信息；元规则用于描述领域知识和专家知识的使用方法。

例如，在 MYCIN 系统中有这样一个例子：

if (1) 感染是骨盆脓肿，并且
(2) 存在前提涉及肠杆菌的规则，并且
(3) 存在前提涉及革兰氏阳性杆菌的规则
then 先考虑涉及(2)的规则，后考虑涉及(3)的规则，CF＝0.4

这是一条说明规则使用顺序的元规则。

元知识和目标知识的形式可以完全相同，所以对元知识的推理和目标知识的推理可以采用同一个推理机制。在问题求解的过程中，使用元知识对目标知识进行推理，使用目标知识对领域问题进行推理。

2. 知识库及其组织与管理

专家系统中，知识库用于存放知识。知识库是专家系统的核心。

知识的组织决定了知识库的结构。一般情况下，知识被按某种原则进行分类，存放时按类进行分块、分层存放，如分成目标知识和元知识；每一块、每一层又可再分块、分层。如目标知识又可分为专家经验知识、领域事实性知识等。因此，专家系统的知识库一般采用层次结构或网状结构。

知识库的管理由知识库管理系统完成，主要工作包括知识库的建立、删除、重组以及知识的录入、更新、删除、归并、查询等，这些都涉及知识库的完整性、一致性检查等工作。

3. 知识获取

专家系统要表现出智能理解和智能行为，首要的一点是掌握专业领域的大量概念、事实、关系和方法，其中包括专家处理问题的启发式知识。如何将这些问题求解的知识从专家大脑中和其他知识源中提取出来，并按一种合适的知识表示方法将它们输入到计算机中，这一直是专家系统开发的一个重要课题。

知识获取由领域专家、知识工程师和计算机之间的一系列交互过程组成。知识获取划分为概念化、形式化和知识求精3个阶段,要获取一个好的知识库,需要反复进行这3个阶段的工作。

知识获取的主要困难在于恰当把握领域专家所使用的概念、关系及问题求解方法。一般来说,专家采用的语言与日常用语之间存在较大差异,而且当脱离具体问题环境时,专家对问题求解的描述与实际采用的方法存在差别。这种现象称为知识畸变。知识畸变的原因主要有以下几点。

(1) 每一领域都有自己特定的语言,专家很难用日常语言表达这些行话并让知识工程师真正领会。在大部分情况下,这些"行话"缺乏相应的逻辑和数学基础,它可能是专家为了描述一种微妙的环境或者领域内沿用下来的习惯而制造出来的词汇。要真正理解这些概念,知识工程师必须具备相应的领域基础知识,并对专家所处的环境有深入的了解。例如,一名没有桥牌经验的人对"偷牌"有错误的理解,且桥牌大师、普通桥牌手和初学者对"偷牌"的理解存在较大的差异。

(2) 在大多数情况下,专家处理问题靠的是经验和直觉,很难采用数学理论或其他模型加以精确刻画。例如,在经济预测中,专家能准确地判断某一事件对股市的影响,但这一事件以什么机制来影响股市以及影响的程度有多大却难以估计。

(3) 专家为了解决某个领域的问题必须懂得比某领域里的原理和事实更多的内容,其中很大一部分是生活中的常识,这种常识的表示和运用都是很困难的。

(4) 由于信息表示形式的影响、问题表达的需要及其他原因,专家对领域知识的表达可能会与实际的使用经验不一致。

(5) 源于多个信息源的知识之间存在相互冲突。由于表示和使用不当,产生知识畸变。

知识获取方法可以分为3类:手工、半自动和自动。自动知识获取属于机器学习的范畴。手工和半自动知识获取一般包括直接方法、知识工程语言和知识获取工具等。其中,直接方法主要用于知识获取概念化阶段,不足之处是效率太低,使得知识获取成为专家系统开发的瓶颈,采用知识工程语言和知识获取工具可以部分解决此问题。语言和工具一般用于知识获取的形式化阶段,有许多知识获取工具提供了知识求精的功能。

17.2.2 知识获取的直接方法

下面介绍交谈法、观察法、个案分析、多维技术等知识获取的直接方法。

1. 交谈法

交谈是获取领域专家知识的最常见的方法,特别是在缺乏书面背景材料时,通过交谈可准确捕获和理解领域的概念和专门术语的内涵。知识工程师可以将领域的概念和问题分成不同的主题,针对每一个主题同专家进行集中式交谈。集中式交谈由3部分组成:

(1) 专家对目标进行解释,阐述解决问题所需的数据,并将此问题可以划分成若干子问题。知识工程师从专家系统的实现角度进一步向专家探明问题之间的结构、数据的来源以及问题求解的步骤。

(2) 根据讨论的结果,可以得到新的问题表,逐一对每一个子问题或子目标的相关数据、问题之间的关系和求解方法加以探明。

(3) 当问题表中的问题全部讨论完毕后，知识工程师和专家一起对已获取的信息进行总结和评估。

通过集中式交谈，知识工程师可以大致领会专家对问题的处理方法，并将这些知识和求解问题的方法形式地表述出来。为避免篡改领域知识，还须进行反馈式交谈，知识工程师将领域知识反馈给专家，专家进行修改和完善，并借此可以评估知识工程师对领域概念和方法的理解。

为了更准确地获取专家领域知识，对一个问题领域可以向不同的专家交谈，然后进行综合评估；也可把从一个专家处获得的领域知识给另外一个专家进行评估和修改。

2. 观察法

通过观察或直接参与专家求解问题的过程，知识工程师可以获得有关问题领域的感性认识，从而对问题的复杂性、问题的处理流程以及涉及的环境因素有一个直观的理解。在专家缺乏足够时间与知识工程师充分交谈的情况下，观察法提供了知识获取的一种基本方法。

对于策略性知识，如果脱离具体背景，专家描述与实际使用存在差异。因此，直接观察专家的解题活动将是获取难以言传的知识的一种有效途径。其不足是，通过观察，知识工程师是否真正理解专家行为，观察到的知识是否具有典型性，以及所有可能的情况都能彻底掌握。其解决办法是结合交谈和观察两种方法，使二者获取的知识相互补充和完善。另外，通过认真分析专家与用户的对话，可为人机界面的设计提供依据。

学徒式观察是指知识工程师作为一名学徒直接参与到专家处理问题的行为中。通过学徒式观察，知识工程师可以发现理论知识和经验知识之间的差别，了解在复杂环境下专家解题方法的灵活性、合理性和有效性。经过一段时间的学徒式观察，知识工程师可从专家那里得到许多宝贵的知识。

3. 个案分析

个案分析，指记录专家在处理实际问题时所发生的所有情况，如在某个时刻、专家正在想什么、哪些现象正引起他的注意、他正试图采用什么方法来解决、为什么遇到故障等。知识工程师将专家叙述的每一个细节都记录下来。研究者发现，专家解决问题的口语记录往往揭示了交谈过程中难以表述的问题求解过程，而且比交谈中描述的策略性知识更具体、更可行。

个案分析的实质是让专家在现实的问题环境中通过不受约束的情景描述，体现专家实际求解问题的启发式知识。Welbank 认为，以个案分析为理论导出的规则和专家在交谈中描述的知识比较为知识校验提供了一种有效手段。

研究表明，通过个案分析可以了解问题求解的实际过程，通过交谈可以澄清其中的疑问，在实际中综合个案分析和交谈法可以获得准确的知识。

4. 多维技术

多维技术主要是用于获取专家的结构知识。任何对象都呈现出多方面的特性，多维技术逐一研究不同事物在某一特性上表现出的关联，然后将这些关联抽取为事物间的概念相关模型，从而获取专家知识的结构特征，如卡片分类、格栅分析等。

17.2.3 知识获取的新进展

专家系统实质上是一个问题求解系统，为专家系统提供知识的领域专家长期以来面向一个特定领域的经验世界，通过人脑的思维活动积累了大量有用信息。

首先，在研制一个专家系统时，知识工程师首先要从领域专家那里获取知识，这一过程实质上是归纳过程,是非常复杂的个人到个人之间的交互过程,有很强的个性和随机性。因此,知识获取成为专家系统研究中公认的瓶颈问题。

其次,知识工程师在整理表达从领域专家那里获得的知识时,用 if-then 等规则表达,约束性太大;用常规数理逻辑来表达社会现象和人的思维活动局限性太大,也太困难;勉强抽象出来的规则差异性极大,知识表示又成为一大难题。

此外,即使某个领域的知识通过一定手段获取并表达出来,但这样做成的专家系统对常识和百科知识出奇地贫乏,而人类专家的知识是以拥有大量常识为基础的。人工智能学家 Feigenbaum 估计,一般人拥有的常识存入计算机大约有 100 万条事实和抽象经验法则,离开常识的专家系统有时会比傻子还傻。例如,战场指挥员会根据"在某地发现一只刚死的波斯猫"的情报很快断定敌高级指挥所的位置,而最好的军事专家系统也难以顾全此类信息。

以上这些难题大大限制了专家系统的应用。人工智能学者开始着手基于案例的推理,尤其是从事机器学习的科学家们,不再满足自己构造的小样本学习模式的象牙塔,开始正视现实生活中大量的、不完全的、有噪声的、模糊的、随机的大数据样本,也走上了知识发现的道路。

知识获取的最终解决取决于知识的自动获取。一方面,人们从专家那里获取领域知识;另一方面,人们注重从已有的普通的数据库中获取知识,用来指导工作,这就是人们常说的知识发现,且这种过程是自动的。知识发现就是从大量的、不完全的、有噪声的、模糊的、随机的数据中,提取隐含在其中的、人们事先不知道的、但又是潜在有用的信息和知识的过程。

知识发现所能发现的知识有以下几种。

- 广义型知识,反映同类事物共同性质的知识。
- 特征型知识,反映事物各方面的特征知识。
- 差异型知识,反映不同事物之间属性差别的知识。
- 关联型知识,反映事物之间依赖或关联的知识。
- 预测型知识,根据历史的和当前的数据推测未来数据。
- 偏离型知识,揭示事物偏离常规的异常现象。

所有这些知识都可以在不同的概念层次上被发现,随着概念树的提升,从微观再逐步到宏观,以满足不同用户、不同层次决策的需要。例如,从一家超市的数据仓库中,可以发现的一条典型关联规则可能是"买面包和黄油的顾客十有八九也买牛奶",也可能是"买食品的顾客几乎都用信用卡",这种规则对于商家开发和实施客户化的销售计划和策略是非常有用的。知识发现的常用方法主要有分类、聚类、减维、模式识别、可视化、决策树、遗传算法和不确定性处理等。

17.3 专家系统的解释机制

专家系统除了具有强大的推理能力和渊博的知识外,还具有良好的解释能力。

专家系统的解释内容主要是解释推理的结论,即对推理的过程、推理方法和策略、推理用到的知识和知识库的解释。用户与专家系统交互时,不仅知道做什么,而且知道怎么做和为什么这样做。

解释系统的设计除了要求满足解释的全面与准确、解释的可理解性和解释系统的界面友好性之外,应注重解释的结构,如解释的基础、用户模型和解释方法。解释的基础指知识库中用于问题求解的知识,包括知识的含义和注释。用户模型指使用专家系统的用户类型,不同类型的用户对知识的掌握程度不同,需要解释的内容和侧重点也不同,因此在设计时,考虑用户的类型和层次。解释方法是设计中的关键问题,下面介绍预制文本解释法、路径跟踪解释法、自动程序员解释法和策略解释法等,它们的侧重点不同,解释功能也不同。

17.3.1 预制文本解释法

预制文本解释法是最简单的一种解释方法,它类似于一般应用系统的出错处理。知识工程师在设计专家系统时,预先估计各种可能需要解释的问题,并把对每一个问题的解释以文本的形式插入程序代码中。当用户输入待解释的语句时,系统将其转换为相应的代码,然后再根据这个代码将相应的解释信息显示给用户。在这种方法中,解释信息与普通唱片的使用方法类似,即将解释的文本写入程序代码等价于录制唱片,显示解释文本相当于唱片的播放,故人们又将其称为唱片解释法。

预制文本解释法的最大优点是设计简单,并且可以很方便地解释有关系统功能方面的问题以及监控系统运行状态,并在系统出错时显示相关的出错信息。

在构建专家系统时,知识工程师可以将有关的解释语句按系统可能执行的操作顺序和语义存放。在系统执行某操作而用户想知道系统正在做什么或准备做什么时,可将与操作相关的解释语句显示出来。这个解释语句可包括为完成当前的动作、系统调用了哪些函数、函数的各种参数设置、推理所用到的前提及推理方式等信息,用户可以通过这些解释内容理解系统的运行状况。

为了提高预制文本解释法的灵活性,可在解释文本中加入状态变量。状态变量的值根据系统具体情况动态设定,从而使得同一段文本在解释同一问题时可更好地反映系统的求解状态,提高解释同一问题求解的一致性。

如果要求知识工程师能预先知道所有需要解释的情况,并对每一种提问提供一种可能的解释,预制文本解释法有时则难以完成。另外,由于此方法是针对已设计好的程序代码设计解释,它依赖于程序代码,而且这种依赖是固定的。因此,当程序代码被修改后,相关的解释代码也需修改;否则,可能会产生错误的解释。这种现象说明此方法的一致性维护成本高。最后,此方法较难回答超出范围或不同层次用户的提问。

17.3.2 路径跟踪解释法

路径跟踪解释法,通过跟踪并重新显示系统问题求解过程的推理路径和知识使用情况来解释相关的用户提问。此方法从系统的运行角度用运行轨迹来解释系统的动作。

在路径跟踪解释法中,解释的深度是一个重要问题。首先,解释不能太泛,太泛将导致不能解释任何问题。其次,解释的层次也不能太低,以至于脱离与用户所希望了解的主要内容。例如,用户要求得到当前结论的推理路径时,系统回答得太细,细到结论的详细计算步骤,就有可能违背用户的意愿。

解释层次的选择与知识的表示方法有关。在基于规则的产生式系统中,产生式的匹配是系统求解过程的最基本操作,由这些基本操作组成对目标的搜索。通过显示推理路径和有关产生式匹配情况,产生了问题求解过程的解释。因此,选择产生式规则作为解释的基本层次是较为合适的。另外,每一个产生式是一个独立的数据结构单元,具有明确的意义。在这个层次上解释,容易被用户接受,并避免了泛泛而谈和过于烦琐。

因为路径跟踪解释法可以重现系统的推理过程,因此它有助于知识工程师在开发过程中调试、诊断专家系统,知识工程师可以通过比较求解路径和专家的推理思路,检查推理控制策略及知识库的不足,路径跟踪解释法广泛地应用于各种专家系统中。

当解释的层次确定后,路径跟踪解释法接着要将系统的追踪结果翻译成用户可理解的语句。但是,由于程序代码与问题求解领域的专业术语之间存在语义差别,这种转换是比较难实现的。如果局限于某个领域的具体问题求解,在一定范围内进行转换是可行的。

总之,路径跟踪解释法不采用预先设计解释文本,而是通过对系统运行轨迹的追踪进行解释,它具有较好的维护一致性。

17.3.3 自动程序员解释法

自动程序员指一个生成专家系统的工具。自动程序员解释法由 W. R. Swartout 提出,其基本思想是利用自动程序员建立专家系统。在专家系统的构造过程中,自动程序员从最一般的抽象目标经过逐步求精产生专家系统的执行程序,同时保留推理轨迹和相关的信息。解释系统可以利用这些信息解释系统动作的合理性。由于预制文本解释法和路径跟踪法缺乏深层知识,所以很难对系统行为的合理性作出适当的解释。而当用自动程序员解释法构造专家系统时,保留的推理轨迹是一种深层知识,在解释时有其独特的特点。

自动程序员解释法已应用于确定洋地黄用量的咨询专家系统——XPLAIN 中。XPLAIN 由生成器、领域模型、领域规则、英语生成器和求精结构等 5 个部分组成,如图 17-3 所示。

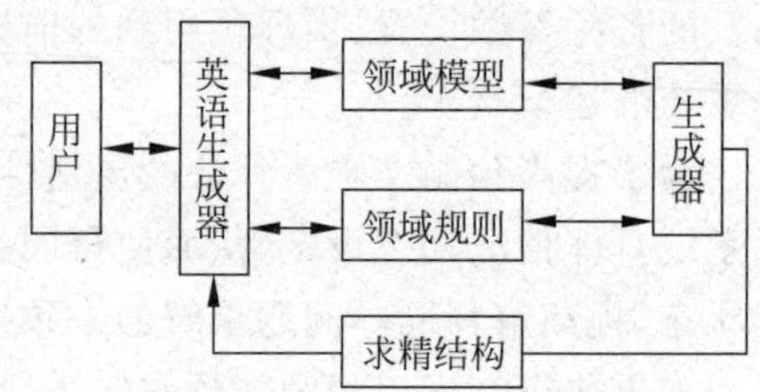

图 17-3 XPLAIN 的结构

图 17-3 中的生成器就是自动程序员,它产生的执行程序即为完成咨询功能的程序。领域模型和领域规则包含了领域的专家知识,求精结构是生成器生成执行程序后的轨迹,它说明了 XPLAIN 系统是如何开发咨询系统的。用户也可以利用求精结构产生对用户咨询的解释。英语生成器将通过检查求精结构和目前正在进行的咨询步骤给用户提供一个英语方式的回答。

领域模型是问题领域的描述性事实,如实体间的因果关系、分类层次等。领域规则是问题求解方法和启发式过程,是关于问题求解的过程性知识,它是生成器工作的基础。

在大多数专家系统中,描述性知识和过程性知识没有分离。这样,问题求解的方法或规则必须用描述性知识表示,这限制了系统解释的灵活性。在 XPLAIN 中,领域的模型与领域原则被分开。自动程序员通过问题领域的过程性原则同描述性事实结合来生成执行程序,这种结合过程的记录就可用于系统行为的解释。另外,领域模型与领域原则的分离可从不同的抽象级别上描述相关的方法和启发式信息,因此,不同层次的解释可适应不同层次的用户。

生成器从最一般的任务描述开始,逐步求精,形成执行程序的目标树。利用目标树及有关的基本原则,英语生成器给出系统行为的英语翻译。

自动程序员解释法可以在不同层次对用户的"Why"提问给出合理的解释,但是自动程序员解释法的关键是能够自动构造专家系统,当然,这还是一个未完全解决的问题。同时,根据求精结构生成英语语句也是一个十分困难的工作。因此,自动程序员解释法真正走向实用还需要做大量工作。

17.3.4 策略解释法

策略解释法由 D. W. Hasling 等提出，并由 W. J. Clancey 和 R. Letsinger 等在 NEOMYCIN 系统中实现的，它向用户解释的是与问题求解策略有关的规划和方法，从策略的抽象表示及其使用过程中产生关于问题求解的解释。NEOMYCIN 的策略知识有明确的表示，并提供一个有效的环境让学生进行诊断推理和解释学生的推理行为。所谓策略是指为达到某个目标而精心编制的计划。在 NEOMYCIN 系统中，控制知识由元规则和任务表示，元知识指与领域无关的概念，即元规则是以抽象的形式而不是具体的方式表示。这样通过元规则与领域知识的结合，不仅可以完成诊断任务，而且可以方便地通过策略对诊断过程进行解释。

NEOMYCIN 系统在进行解释时，对于用户的问题可以从任务和元规则的层次给出问题求解策略的一般解释，也可以将元规则与领域目标相关的规则结合给出某种疾病诊断过程的具体解释。

策略解释法本质上是基于元规则的一种路径跟踪法。

17.4 专家系统开发工具与环境

开发专家系统的实践表明，建立和研制一个真正实用的专家系统是很困难的，往往需要投入大量人力、物力，耗费大量的资金和时间，并且由于领域之间本身的隔阂，知识工程师与领域专家的协作变得复杂。这些均为专家系统的开发和使用带来困难。为此，人们不断推出专家系统开发工具和环境，以期帮助知识工程师和领域专家设计、建立和调试专家系统，使用这些工具环境，可以极大简化专家系统的构造工作，提供系统的设计效率，加快建设速度，不断增强系统的功能和适应性。

17.4.1 专家系统开发工具的基本概念

专家系统开发工具与环境是一种为高效、快速开发专家系统而设计和实现的智能计算机软件系统。通常，一个专家系统开发工具与环境的主要构成有知识库空壳、推理及控制机制、用户接口、开发人员接口、相关辅助工具等。利用不同的工具可开发出不同水平和级别的专家系统。专家系统开发工具按功能分主要有两类：生成工具和辅助工具，其详细分类如图 17-4 所示。

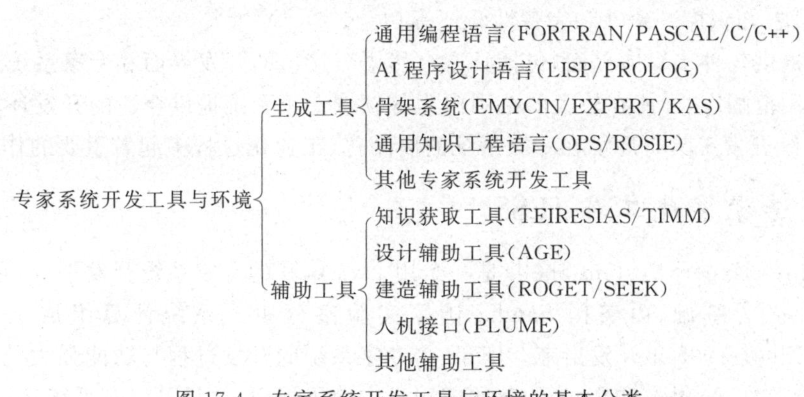

图 17-4 专家系统开发工具与环境的基本分类

生成工具主要帮助知识工程师构造专家系统中的推理机和知识库。按照其本身的特点可分为程序设计语言、骨架系统、通用知识工程语言和其他专家系统开发工具。程序设计语言是开发专家系统的最基本工具,它包括通用编程语言和 AI 程序设计语言,特别是 AI 程序设计语言具有符号和逻辑推理功能,可以完成推理、规划、决策、分析、论证等智能行为,用其开发专家系统十分灵活,但开发的难度大、周期长,只适用于受过 AI 良好训练的程序员使用。骨架系统就是一个专家系统删除其特定领域知识而留下的系统框架,如 EMYCIN 就是由 MYCIN 专家系统演变而来。骨架系统使用固定的知识表示和优化的推理机制,只需把特定领域的知识输入知识库,就构成了一个特定的专家系统。使用骨架系统具有速度快、效率高的优点,但其灵活性和通用性较差,因为其推理机制和知识表示固定不变,每一个骨架系统最为适合于某一类特定领域,而不能满足另一个特定领域专家系统的开发要求。通用知识工程语言是专门用于构造和调试专家系统的通用程序设计语言,它能处理不同的问题领域和问题类型,提供各种控制结构,用其设计推理机和知识库,比 AI 程序设计语言更方便。其他专家系统开发工具是以一种或多种工具和方法为核心,加上各种辅助工具而集成的软件系统,可提供多种类型的推理机制和多种知识表示,帮助设计者选择结构、规则和各种组件。

作为工具系统,"通用"是其追求的目标,但过于考虑通用,将使工具难以适应某些领域的专业要求,影响其应用范围。为兼顾工具系统的通用性和某些专用的特色,生成工具目前的发展方向是在不影响专用性的前提下,尽量提高通用性。所以组合式、开放式工具系统成为主要的研究方向。

辅助工具主要是与知识获取、知识库管理及维护等有关的工具。知识获取工具能进行知识的自动获取、知识库的编辑,并且具有面向特定问题、特定知识、特定领域的知识获取能力。知识库管理和维护工具能检查知识库的不一致性,发现知识编辑中异常现象,自动维护知识库中知识的一致性和完备性。这些工具能帮助知识工程师加快专家系统的开发速度,保证知识库的质量。

随着专家系统的应用日益广泛,对专家系统开发工具的要求越来越高,对专家系统开发环境的要求也更加迫切。一个好的专家系统开发环境应提供的功能主要如下。

(1) 具备多种知识表示方法,如产生式、框架、语义网络等。

(2) 提供多种不确定推理模型,供用户选择,并留有模型扩充的接口。

(3) 提供多种知识获取手段,包括手工获取、半自动获取、自动获取即机器学习等工具,以及知识求精、知识库一致性和完备性验证等功能。

(4) 能提供各种多媒体界面,包括具有自然语言接口的开发界面和专家系统用户界面。

(5) 适用范围广,即能在较大的范围内为各领域专家系统提供合适的开发环境。

专家系统开发工具与环境在专家系统的商品化、工业化过程中起着重要的作用。

17.4.2 专家系统工具 JESS

JESS(Java Expert System Shell)是一个用 Java 编写的专家系统开发平台,它以 CLIPS 专家系统外壳为基础,由美国 Sandia 国家实验室分布式系统计算组成员 Ernest J. Friedman-Hill 在 1995 年开发出来。JESS 将专家系统的开发过程与功能强大的 Java 语言结合起来,允许在 Applet 和 Java 的其他应用当中使用规则,并且可以在系统运行环境下直接调用 Java 的类库等，这些都使 JESS 开发出的专家系统具有良好的移植性、嵌入性，而且具有非常高的效率，在某些特定的问题上它甚至比 CLIPS 本身更有效。JESS 已被广泛用于人工智能的很多领域，具有非常广阔的开发前景。

1. JESS 的知识表示和基本组成

JESS 采用产生式规则作为基本的知识表达模式，其核心由事实库、规则库、推理机 3 大部分组成。

(1) 事实。JESS 中的事实包括简单事实和对象事实。简单事实就是一个事实的直接描述，不含有任何方法；而对象事实是封装了方法，并可以接受外界信息改变自身特征的事实。JESS 对于简单事实的表示用断言来完成，对于对象事实，JESS 用 Java 语言来定义对象，类的定义由 Java 语言书写，编译通过后即可动态地加入系统中。用 Java 虚拟机编译通过后，通过 defclass 命令将该类加入系统，它就可以执行对类的各种操作，如生成它的一个实例、调用它的方法等。

(2) 匹配。JESS 通过模式匹配语言对事实进行操作。在 JESS 中具有很多的匹配操作符，支持同任意事实进行匹配的单一操作符以及只能同满足特定约束值的事实进行匹配的复杂操作符。JESS 使用了“unique”条件元素，用于标识同该模式匹配的事实是唯一的，匹配过程中，当模式发现一条事实同它匹配时，就会停止对事实库的检索，大大提高了系统的效率。

(3) 规则。JESS 中规则通过限定规则前件和后件，来支持内容丰富的模式匹配语言。通过使用控制语句，JESS 可以控制规则后件的操作流程，使用这些面向过程的编程，给知识的表示带来很大方便。

2. JESS 开发环境

JESS 是一个用 Java 语言编写的基于规则的专家系统推理框架，它被封装成了一个 jar 包。要使用 JESS 开发包，机器必须安装 Java Virtual Machine (JVM)。Java 虚拟机可以在 Sun Microsystems 公司的网站上下载。现在的 JESS 版本到了 7.0，需要 JDK1.4 或者更高版本的 JDK 才能支持推理机的执行。在下载完 JDK 后，直接在本机上安装，并要求设置环境变量。其中，在 Path 环境变量下加入 JDK 安装目录下的 bin 文件夹的路径，在 ClassPath 环境变量下加入 JDK 和 JRE 安装目录下的 lib 文件夹的路径，同时还要加入 JESS 的 jar 包所在目录的路径。

JESS 开发包可以在圣地亚国家实验室的网站 http://www.jessrules.com/jess/software/上下载。下载完解压后，可以发现在解压后的文件夹中包含一个 eclipse 文件夹，这个文件夹下包含有 JESS 的集成开发环境(Integrated Development Environment，IDE)所需的 Eclipse 的开发插件。解压这个文件夹下的所有文件到 Eclipse 的安装目录下即可。解压完后，可以到 Eclipse 安装目录下的“plugins/gov.sandia.jess_7.0.0”去查看该文件是否存在。如果存在，则 JESS 开发环境搭建完成。

3. JESS Language 的语法规则

(1) 事实模板。在事实被创建之前，必须先定义事实模板，其一般格式为：

```
( deftemplate < template - name > [ < optional - comment > ] < slot - definition > * )
```

其中，< slot-definition >的语法描述定义为：

```
( slot < slot - name > [ ( type < type - name > ) ] )
```

比如,下面是根据语法要求创建的状态事实模板:

```
(deftemplate MAIN::status
(slot search - depth)
(slot parent)
(slot wildman - shore1 - number)
(slot wildman - shore2 - number)
(slot whiteman - shore1 - number)
(slot whiteman - shore2 - number)
(slot boat - location)
(slot last - move))
```

其中,status 是事实模板名称,status 模板有 search-depth、parent、wildman-shore1-number、wildman-shore2-number、whiteman-shore1-number、whiteman-shore2-number、boat-location 和 last-move 这 8 个槽。

其实,事实模板可以与关系表定义有很好的对应关系。因此,可以从数据库中抽取关系表的定义构造事实模板。表 17-1 说明了事实模板和事实与关系表元素的对应关系。

表 17-1 事实模板和事实与关系表元素的对应关系

事实模板	模板名	槽名	槽类型	槽值
关系表定义	表名	字段名	字段类型	字段值

(2) 事实的实现。事实是事实模板的一个实例,由事实模板名、零个或多个槽及槽值组成。以下事实是实现上面的事实模板 status 的一个实例:

```
(deffacts MAIN::initial - positions
(status (search - depth 1)
        (parent no - parent)
        (wildman - shore1 - number 3)
        (wildman - shore2 - number 0)
        (whiteman - shore1 - number 3)
        (whiteman - shore2 - number 0)
        (boat - location shore1)
        (last - move no - move)))
```

其中,status 是事实模板名称;initial-positions 是事实的名称。里层的内容是对 8 个槽填槽后的槽值。

根据表 17-1 中的对应关系,关系表中每一条记录都可以转化为一个事实。

(3) 规则。一条 JESS 规则类似于过程性语言中的 IF … THEN…结构。定义一条满足 JESS 语法规则的一般格式是:

```
( defrule < rule - name > [ < comment > ]     //规则的名称和描述
< patterns > *                               //规则的条件部分,可包含一个和多个模式
=>
< action > * )                               //规则的动作部分,可包含一个和多个通知动作
```

规则的头部包括 3 部分:关键词 defrule;规则名称;可选的注释字符串,一般用于描述规则的目的或其他信息。

在规则头部之后，由0个或多个模式构成的条件元素。每一个模式由一个或多个域构成，其目的是匹配事实中的槽值。如果规则的所有模式与事实匹配，则规则就被激活。规则中模式后面的符号"＝＞"用于区分规则的左部和右部，相当于IF…THEN…中的THEN部分开始的标记。规则的最后一部分是动作列表，当此规则被触发时这些动作就会被执行。

此外，规则的左部可使用"and"和"or"条件元素对多个模式进行"与"和"或"的组合，也可使用"not"条件元素对模式匹配结果进行求反；"test"条件元素也可应用于模式中，用于判断条件是否成立。

下面是规则的一个实例。

```
(defrule MAIN::moveto - shore1 - onewildman
?node <- (status (search - depth ?num)
                     (wildman - shore1 - number ?nums1)
                     (wildman - shore2 - number ?nums2&:(> = ?nums2 1))
                     (boat - location shore2))
 =>
(duplicate ?node (search - depth ( + 1 ?num))
                   (parent ?node)
                   (wildman - shore1 - number ( + 1 ?nums1))
                   (wildman - shore2 - number ( - ?nums2 1))
                   (boat - location shore1)
                   (last - move one - wildman - toshore1)))
```

其中，(wildman-shore2-number ? nums2&:(>=? nums2 1))语句是为了检验河岸2上野人的人数大于或等于1；(boat-location shore2)是检验船当前停靠在河岸2。

17.4.3 JESS中的Rete匹配算法和逆向推理机制

JESS中采用了Rete匹配算法，Rete匹配算法利用了专家系统中时间冗余性和结构相似性这两个特点，有效地减少了用于匹配操作的次数，从而提供非常高效的推理。因此，当系统的性能是由匹配算法的质量决定时，JESS的优点将更为明显。应当指出的是，Rete匹配算法是一个以空间换取时间的算法，所以，应用JESS时应当考虑内存的消耗。

除了前向推理方式外，JESS还支持逆向推理。在JESS的逆向推理中，规则仍采用IF…THEN…结构，但是在逆向推理时，推理引擎执行的是前件没有得到满足的规则，这种行为常常被称为目标寻找。显然，JESS同时支持前向和逆向推理的特点使其推理能力得到了加强。

17.5 专家系统开发

专家系统的构造和开发过程是知识工程的一个重要研究内容。一般来说，一种工程技术不仅要求相当成熟的理论基础，而且需要有一套工程设计方法、规范和标准。但从专家系统的开发实践看，专家系统的构造不存在统一方法和模式，下面简单介绍专家系统开发的步骤和方法。

17.5.1 专家系统开发的步骤

成功地开发一个专家系统必须要求领域专家、知识工程师和用户的密切配合,用户提供需求,领域专家提供知识和求解方法,知识工程师从专家获得知识,并将其转换到计算机上,如图17-5所示。

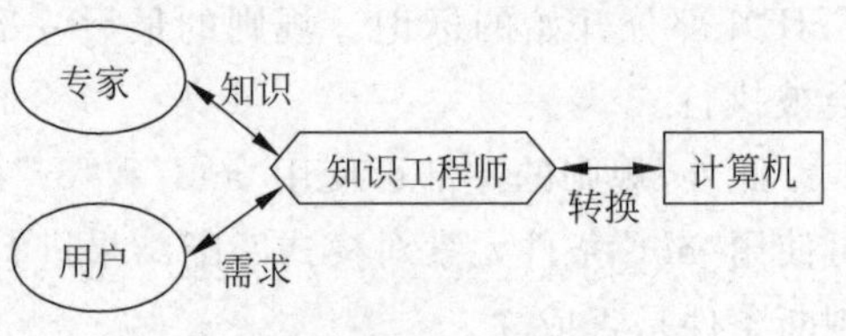

图17-5 专家系统开发的基本要素

专家系统开发的生命周期与一般计算机软件的生命周期类似,根据经验人们对专家系统开发过程的划分略有不同。有人将其划分为需求分析(问题选择)、概念设计、功能设计、结构设计、知识获取和表示、功能的详细设计、系统实现、测试与维护等阶段;也有人将其简单划分为问题确定、概念化、形式化、实现和测试等阶段。无论采用何种开发步骤和划分成几个阶段,知识获取和知识的形式化均是开发中的难点和瓶颈。图17-6是一个专家系统开发的过程,下面对此过程稍作讨论。

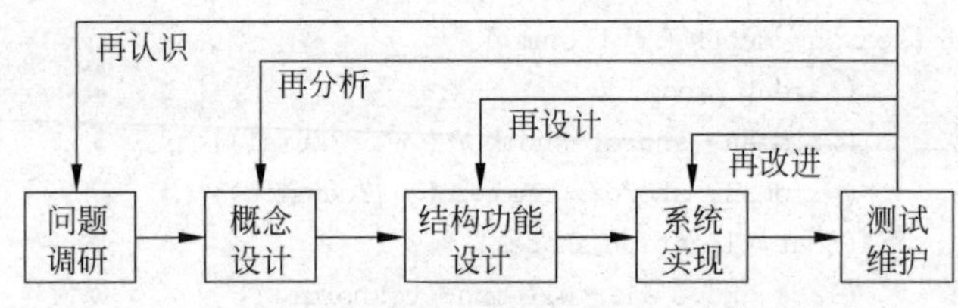

图17-6 专家系统开发的5个阶段

(1) 问题调研。知识工程师通过与领域专家和用户的沟通,对用户的需求请专家分析,包括问题难度与范围、问题类型、专家知识的可获取性、预期效益等,并确定领域的知识结构,以及开发所需的各种资源。

(2) 概念设计。把问题求解所需的各种专门知识概念化,确定概念之间的关系,并对任务进行划分,确定求解问题的控制流和约束条件,一般采用一种或几种知识工程语言进行描述和表示。

(3) 结构功能设计。确定系统的数据结构、推理规则、控制策略,建立问题求解模型,建立系统所需的基本功能,确定系统的体系结构。

(4) 系统实现。它依赖于硬件环境,主要是编码和调试,也就是把建立的形式化模型映射到具体的计算机环境中,最终生成可执行的计算机程序系统。

(5) 测试维护。运行大量的实例,检测原型系统的正确性及系统性能等各种目标是否达到。通过测试,对反馈信息进行分析,并进行必要的修改,如重新认识问题、建立新的概念或修正概念之间的关系、完善知识的表示与组织、扩展新知识和改进推理方法等。

专家系统开发,类似传统软件开发的瀑布模型,各阶段逐级深化,不断完善系统,直到最终达到预期目标为止。

17.5.2 专家系统开发方法

专家系统开发是一个逐步发展、不断求精的过程,这决定了专家系统开发是一个不断完善的过程。专家系统的需求分析是一个渐进的目标,决定专家系统性能的专门知识是逐步增加的,这就是常说的增量式开发方法。增量式开发得益于专家系统的知识库与推理机的分离,这种结构使得专家系统在增加知识时不至于影响知识库以外的部分。专家系统是一个复杂的应用系统,需要建立一系列的原型,如演示原型、研究原型、领域原型、产品原型,最终建立商品化系统。

- 演示原型,主要用于系统方案的可行性论证,解决应用中主体结构和功能。
- 研究原型,解决了应用中关键技术,并能对部分领域问题进行求解。
- 领域原型,经过大量测试,系统具有较强的稳定性和较好的性能。
- 产品原型,可以脱离开发环境,在用户环境下运行,具有较高的性能、效率和稳定性。
- 商品化系统,在产品原型的基础上,进一步完善系统的功能和用户接口,系统可投入市场。

总之,专家系统的开发过程是瀑布模型、增量式开发方法和快速原型方法三者的有机结合。

17.6 专家系统开发实例

模拟专家求解问题的专家系统主要有 3 个组成部分。

(1) 知识库。它存储丰富的特定领域内的知识,包括书本知识和实践经验,这样,专家系统就可处理特定范围的问题。

(2) 推理机。它依据用户提供的事实,按照专家的思维规律进行推理和控制,运用知识规划,得出解决问题的方案。

(3) 人机接口。它是用户和专家系统的接口,能接受用户的输入,并能输出便于用户理解的方案和相关信息。

因此,建立专家系统的过程,主要是获取、表示和运用知识的过程,它包括 3 个方面的关键技术问题。

(1) 知识表示问题。用计算机模拟专家的智能,首先必须解决的重要问题是知识在计算机中的表达方式。问题的本质是采用适当的逻辑结构和数据结构,将某一工作领域的知识表达清楚,并能进行有效的存储。知识表示的研究就是研究用合适的形式来表示知识,如产生式规则、框架结构、语义网络等。

(2) 知识获取问题。专家系统所需的专门知识和推理能力存储在专家的大脑里,必须把这些知识提取出来,转化为计算机内代表的符号和数据结构。

(3) 知识利用问题。即如何设计推理机制去利用知识解决具体问题。目前专家系统常用的推理及控制策略主要有正向推理、逆向推理、混合推理、生成-测试控制、手段-目标分析和日程表控制等。

在知识表示、知识获取和知识利用这 3 部分工作中,知识获取是最重要的环节,也是最关键和最困难的环节。

下面就专家系统的知识库、推理机和人机界面 3 个方面简单介绍两个专家系统实例。

17.6.1 动物识别专家系统

这个专家系统仅说明专家系统的工作原理,是一种示教性专家系统。该系统能识别 4 种动物,图 17-7 描述了动物识别的专家知识,省略了知识获取的过程。分别介绍其 3 个组成：知识库、推理机和人机界面。

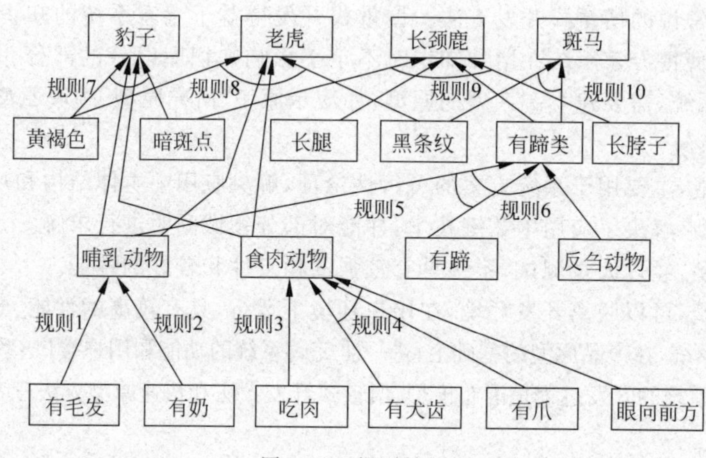

图 17-7 规则结构

1. 知识库

本系统采用规则表示知识。每一条规则都是 IF-THEN 形式。IF 代表规则的前提部分,它可以是多个条件的逻辑组合；THEN 代表规则的结论部分,也可以是若干结论的组合,例如,本例的第 2、5、9 条规则形式如下。

规则 2：如果(该动物能产乳)

则(该动物是哺乳动物)

规则 5：如果(该动物是哺乳动物)且(有蹄)

则(该动物是有蹄类)

规则 9：如果(该动物是有蹄类)且(有长脖子)且(有长腿)且(有暗斑点)

则(该动物是长颈鹿)

本例知识库共有 10 条规则,这些规则的关系见图 17-7。

2. 推理机

本例采用正向推理技术。其基本策略是：用户通过人机界面输入一批事实,推理机用这些事实,依次与知识库中的规则的前提匹配,若某规则的前提全被事实满足,则规则可以得到运用。规则的结论部分作为新的事实存储。然后,用更新过的事实再与其他规则的前提匹配,直到不再有可匹配的规则为止。当用户要求系统识别某种动物时,必须向系统提供该动物的一批事实。

例如,某用户要求系统识别某种动物时,该用户向系统所提供的事实有：

该动物有暗斑点、长脖子、长腿、产乳、有蹄。

推理机用这些事实匹配图 17-7 所示的规则。首先,由于该动物产乳,匹配了规则 2,可断定该动物是哺乳动物；接着,用这个新事实及有蹄的事实,匹配了规则 5,可断定该动物是有蹄类；最后,由于该动物有暗斑点、长脖子、长腿且属于有蹄类,匹配了规则 9,得到最终结论——该动物是长颈鹿。

3. 人机界面

专家系统一般能向用户解释得到的结论。这可根据推理机的推理轨迹来实现。例如,用户问：为什么说该动物是长颈鹿？则系统根据推理过程，解释得到结论的理由：

因为该动物产乳，所以是哺乳动物；（规则 2）

因为该动物是哺乳动物，且有蹄，所以属于有蹄类；（规则 5）

因为该动物有暗斑点、长脖子、长腿且属于有蹄类，所以是长颈鹿。（规则 9）

17.6.2 MYCIN 专家系统

MYCIN 是一个在人工智能历史上占有重要地位的实用专家系统，其系统结构和技术极具代表性。MYCIN 的任务是帮助内科医生为传染性血液病人提供诊断和治疗建议。内科医生向系统输入病人的病史和各项化验数据，然后 MYCIN 运用系统的知识进行推理，作出诊断，并就如何用抗生素治疗疾病向医生提出治疗方案。MYCIN 在这个特定领域达到了专家水平。

MYCIN 主要由 3 部分组成：知识库、数据库、控制策略集。

1. 知识库

MYCIN 也采用规则表示知识。关于传染血液病的知识被分成大约 500 条规则，每条规则都以 IF CH THEN 的形式表示。IF 代表规则的前提，THEN 代表规则的结论，CH 表示前提对结论的支持程度，称为确定性系数。因为 MYCIN 采用不精确推理工作，故引入确定性系数表示模糊关系。

例如，有这样的一条规则：

规则 050

IF：感染是原发性菌血症，

　　且培养基是一种无菌基，

　　且细菌侵入位置是肠胃；

CH：0.7；

THEN：细菌本名是严寒毛菌。

2. 数据库

MYCIN 工作时，将针对具体的病人获得相关的特殊信息。这些信息通过人机界面输入系统，存在数据库中。数据库中的信息可以反映系统对病人的了解程度。

3. 控制策略集

当某规则被控制系统选用后，若规则的前提部分得到满足，则应用该规则。规则的应用又不断形成新的目标和环境，而控制系统根据目标和环境的变化进一步调整事实库。MYCIN 根据病人的信息，不断进行推理，执行规则，得出结论。

在推理过程中，系统提供了两种可能的方案，以获得进一步的信息：一是通过人机交互提供更多的信息；二是从其他数据库中演绎出新的信息。

MYCIN 能够对每一步诊断和处方提供有力的根据，具有极强的解释功能。

习 题 17

17.1 专家系统由哪几部分组成？各部分的作用如何？

17.2 开发专家系统与设计一般程序的差别是什么？

17.3 构造专家系统的关键步骤和方法是什么？

17.4 分析型专家系统与设计型专家系统的主要特点及问题求解策略是什么?

17.5 专家系统的主要类型和主要应用领域有哪些?

17.6 专家系统开发工具有哪几类?各有哪些优、缺点?

17.7 专家系统的解释机制的作用是什么?有哪几种解释机制?

17.8 用JESS工具构造求解野人-传教士过河问题的专家系统。

17.9 分析MYCIN系统中的知识表示、控制结构。

17.10 按下列规则,写出一个分析型专家系统:

(1) 有毛发的动物是哺乳类。

(2) 有奶的动物是哺乳类。

(3) 有羽毛的动物是鸟类。

(4) 若动物会飞且生蛋,则它是鸟类。

(5) 吃肉的哺乳类动物称为食肉动物。

(6) 犬牙利爪,眼睛向前的是食肉动物。

(7) 反刍食物的哺乳类是偶蹄类。

(8) 有蹄的哺乳类是有蹄类。

(9) 黄褐色有黑色条纹的食肉类是老虎。

(10) 黄褐色有暗斑点的食肉类是金钱豹。

(11) 长腿长脖有黄褐色暗斑的有蹄类是长颈鹿。

(12) 有黑白条纹的有蹄类是斑马。

(13) 不会飞长腿长脖黑白色的鸟是鸵鸟。

(14) 不会飞善游泳黑白色的鸟是企鹅。

(15) 善飞的鸟是信天翁。

第18章 自然语言处理

自然语言处理的最终解决必须等到能有效地模拟人类智能的一切方面。然而，许多应用并不要求完美的对话能力或广博的知识。例如，作为数据库查询的自然语言接口只需要集中在提问方面，语言也只是限于数据库中所出现的概念。下面是自然语言处理有影响的应用。

- 拼音与语法检查。虽然在许多单词处理中已提供，但尚需要更高级的工具。
- 口语控制系统。如用于查询支票、银行存款、定购的自动电话服务。
- 自动消息理解和分类系统能查询关于特指话题的新闻，如股票交易，用数据库格式准备总结。
- 机器翻译工具。准备初始的、粗糙的翻译，然后人类译员将其编辑。

上述的某些应用中要求口语识别能力，另一些则要求文本处理能力。过去，口语识别与自然语言理解分属不同的研究群体。本章假设从文本开始。然而，这些方法仍可用于口语识别。像语言研究这样的复杂系统，将其分成若干子问题来分开研究是必要的。语言研究可以分成以下典型的子问题：

- 音韵学与音素学。研究语言声音的结构，单词如何实现语言。
- 词法。研究单词的结构，单词如何由前缀、后缀和其他成分构成。
- 语法。研究句子的结构，单词如何联合成短语，短语如何联合成句子。
- 语义。研究如何表示单词和句子的意义，如何从部分的意义推出复杂短语的意义。
- 语用。研究语言的使用，如何用来传递信息、提问等。
- 对话。研究扩展的语言结构，如出现在文本、对话中的多个句子。

本章主要研究语法和语义的处理，对其余子问题只作一般的讨论。首先概述英语句子的基本结构，主要关心词和短语；然后讨论以上下文无关语法作为语法的表示，并探索一些简单的抽取句子语法结构的策略，探讨一个扩充的上下文无关的、使用特征的形式化方法，此方法比纯粹的上下文无关语法更能抓住自然语言的实质；再讨论在建立有效的抽取句子结构的系统中的若干问题；接着考虑在应用使用语言的问题并考察一个例子，它是在数据库管理系统中使用了简单的自然语言接口；最后讨论几个相关的子问题。

18.1 语言的组成

自然语言是用于传递信息的表示方法、约定和规则的集合，它由语句组成，每个语句又由单词组成。组成语句和语言时，应遵循一定的语法与语义规则。

18.1.1 自然语言的基本要素

自然语言是音、形、义结合的词汇和语法体系,是人类实现思维活动的物质表现形式。词汇和语法体系是构成自然语言的两大要素,词是构成自然语言的最基本单位,语法则是用来支配和控制词以构成有意义的、可理解的语句,进而按照一定的逻辑构成篇章的规则。

词汇分为熟语和词。熟语就是一些词的固定组合,如汉语中的成语。词又由词素构成,词素是构成词的最小的有意义的单位。例如,在汉语中的“教师”这个词,就是由“教”和“师”这两个词素构成的。同样在英语中,“teacher”也是由“teach”和“er”这两个词素所构成的。再如,“校长”一词,由“校”和“长”两个词素构成,“校”本身含有学校、教育场所的意义,而“长”则含有领导、年长的含义。一个词除了由词素构成外,还有词形、单复数、阴阳性等形态上的不同,如“教师们”就是“教师”这个词后加了词素“们”,表示复数,而 teachers 则是由“teacher”加上“s”来表示复数。这里只是一个已有词的后面加上一个复数意义的词素,所构成的并不是一个新的词,而是同一词的复数形式。由词素构成词的规则称为构词法,teach+er→teacher。而构造词形的规则称为构形法,如教师+们→教师们,teacher+s→teachers。构词法和构形法统称为词法。

除了词法之外,语法中的另一部分就是句法。句法就是利用词构造语句的规则,它由两部分构成,一部分称为词组构造法,另一部分称为造句法。词组构造法就是将词搭配成词组的规则,如蓝+墨水→ 蓝墨水,blue+ink →blue ink。这里“蓝”是一个修饰墨水的形容词,它与名词“墨水”组合成了一个新的名词。造句法则是将词或词组搭配成语句的规则,例如,“我是计算机学院的教师”,就是按照汉语造句法将词“我”“是”“计算机学院”“的”“教师”进行搭配构造而成的一个句子,而“I am a teacher in the school of computer”则是根据英语造句法产生的同等句子。虽然汉语和英语的造句法不同,但它们都是正确的和有意义的句子,图 18-1 用一个完整图解描述了自然语言的构成。

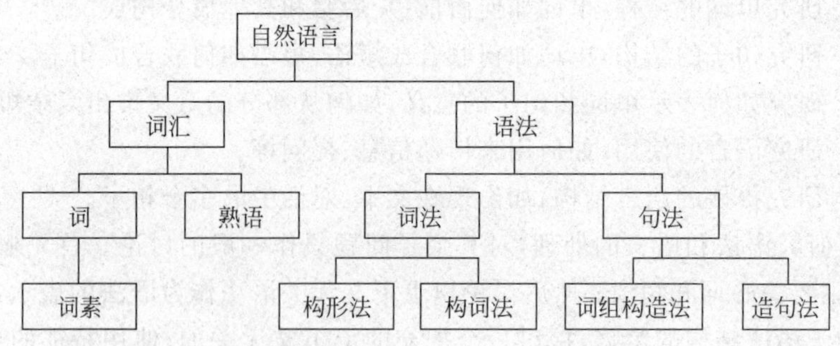

图 18-1 自然语言的构成示意图

前面已经指出,自然语言中每个词都是音、形、义的结合体,词义由构成词的每个词素的词素义给出,词形则由构形法得到。同样,每个词也有其语音形式。一个词的发音由一个或多个音节组合而成,音节又由音素构成。由一个发音动作所构成的最小的语音单位就是音素。音素分为元音音素和辅音音素。自然语言中所涉及的音素并不多,一种语言一般只有几十个音素。而稍加研究,就会发现存在相当多的语言结构。首先从词的性质开始,按不同标准对单词进行分类。其主要标准是:它们可加入什么样的语言结构;在句中它们起什么作用;单词直观上描述了什么。

18.1.2 实词和虚词

词分别属于两个主要的类：实词和虚词。实词用于标明对象、关系、性质、动作以及在世界上的事件，而虚词是在将词联合成句子时起构造作用。实词有 4 类，这是根据它说明什么而定。

① 名词。描述对象、事件、物质等，如球(ball)、人(man)、沙(sand)和主意(idea)。

② 形容词。描述对象的性质，如 red(红的)、tall(高的)、special(特别的)。

③ 动词。描述在对象、活动和出现之间的关系，如 seems(似乎)、eat(吃)、believe(相信)、laugh(笑)。

④ 副词。描述关系的性质或其他性质，如 ample(充分的)、very(非常)、slowly(慢)。

虚词是用来定义实词如何用于句子中和它们如何相关联。常用虚词类如下：

① 冠词和代词。指明特定对象，如 a、the、this、that。

② 量词。指明一个对象集合的元素有多少，如 all(所有的)、many(许多)、some(一些)、none(无)。

③ 介词。表示短语间的特殊关系(如 in、by、onto、through)。

④ 连词。表明句子和短语间的关系(如 and、but、while)。

通过加后缀或通过在句中的特殊用法，英语中一种类型的词可方便换成另一类中的词。例如，sugar 是个名词，它可用作动词，如 He sugared the coffee；也可用作形容词，如 It was too sugary for me。这就是为什么在任何语言理论中词法都非常重要。假设一个特定词的一切用法都预先定义在一个结构中，我们称这个结构为词典。

18.1.3 短语结构

短语由词联合而成。4 类实词引入 4 类短语：名词短语、形容词短语、动词短语和副词短语。每一类短语都有一个相似的总体结构：短语从一个可选择的虚词或称为说明符的短语开始，其中有一个中心词称为头。一般的短语结构为：可选择的头前修饰词，再跟头，再跟着对头词扩展的词，称为头的补语，最后是头后的修饰词。表 18-1 列出了一些各类简单短语例子。

表 18-1 各种简单短语的举例

类 型	头 前	头	补 充	头 后
名词短语	The	man		in the corner
	This	picture	of Mary	over here
形容词短语	Very	angry	to be here	
		happy	to be here	
动词短语		ate	the pizza	in the corner
		gave	the prize to the boy	without hesitation
	Almost	ran	into the wall	
副词短语	Too	quickly		
		regularly		during the game

表 18-1 列举了一般的短语结构。头前分量是可选择的，它包括说明符或短语或修饰词。补语是可选择的，用以补充头词。头后补语也是可选择的，一般以修饰语的形式出现。

补语与其他后修饰语的区别在于它与头词关系的密切性。某些头词要求有一定的补语，且该补语要由一个名词短语和一个介词短语组成，如：

He put the book on the shelf.

I put the book here.

而不能说：

I put.

或 He put the book.

或 He put on the shelf.

后修饰语常常是可选择的，且似乎与头词没什么联系，如介词短语 in the corner 可出现在许多名词或动词短语中用于指示对象或事件的一般位置。头词补语的结构对于它所在句子的结构起了主要作用。事实上，一些语法结构理论几乎都是根据关于约束的完整结构分析，这里的约束是指头词对句子的约束。

18.2 上下文无关语法

18.2.1 重写规则

考察自然语言的结构，必须有一些形式化方法，用它来说明结构之间的约束。本节将介绍一种称为重写系统的形式化方法。它已用来描述从表式语言如 Lisp，数理逻辑到英语等自然语言这样的相当广泛的语言。重写系统的基本思想是指定一组形式如下的重写规则：

$$lhs_1 \cdots lhs_n \rightarrow rhs_1 \cdots rhs_m$$

使得无论何时，当一个符号序列与规则的左边($lhs_1 \cdots lhs_n$)匹配时，那么就可用规则的右边($rhs_1 \cdots rhs_m$)来代替该符号序列。例如，重写规则 $XY \rightarrow YX$ 可以将序列 $AXYB$ 变成 $AYXB$。

一个重写规则集称为语法。语法可以这样定义语言中合法句子：定义一个起始符 S，使语言中的每个合法句子都能使用重写规则从 S 推出来，且从 S 开始每个重写规则的推导就产生一个合法句子。例如，定义程序设计语言中简单表达式，用下面重写规则定义：

① EXPR → Number

② EXPR → Variable

③ EXPR →(EXPR＋EXPR)

④ EXPR →(EXPR * EXPR)

假设 Number 和 Variable 由另外的规则定义，它们分别由数和字母序列组成，那么利用上面规则可证明((Y＋2) * 3)是合法表达式：

EXPR	起始符号
(EXPR * EXPR)	用重写规则 4
((EXPR＋EXPR) * EXPR)	用重写规则 3
((EXPR＋ Variable) * EXPR)	用重写规则 2
((Variable＋Variable) * EXPR)	用重写规则 2
((Variable＋Variable) * Number)	用重写规则 1
((Y＋2) * 3)	用关于 Variable 和 Number 的规则

18.2.2 语法分析

语法分析用来推出语言中一个句子的重写规则序列，揭示了语句的结构。抽取这个结构就叫做对句子作语法分析。这个推导可用语法分析树来表示，它显示每个符号如何被重写直至表达式在树的底部被推出，如图 18-2 所示。

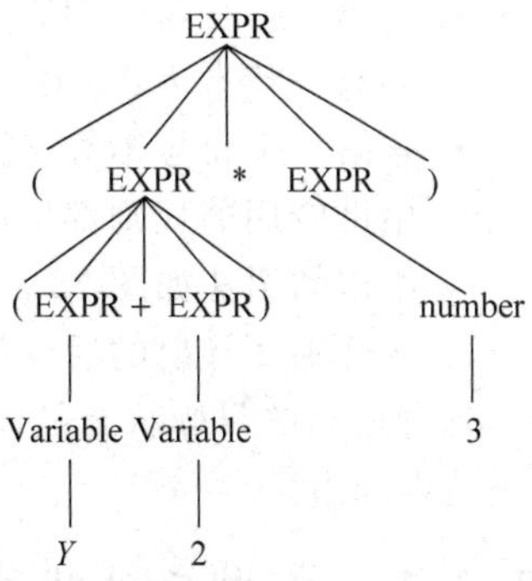

图 18-2 表达式((Y+2) * 3)的语法分析树

上例中所有规则都有一个共性，即左边只一个符号。如果某一语法仅由这种形式规则组成，则称为上下文无关语法。之所以这样称呼的原因是因为左边的符号，如 X，无论何时它出现在符号串中，都可以被重写。而在上下文有关文法中不允许这样的规则，如下列规则指出，只有当 X 出现在 Y 与 Z 之间时，X 才可被 A 代替：

$$YXZ \rightarrow YAZ$$

大多数程序设计语言都设计成上下文无关语法，因为存在有效算法进行语法分析，而对上下文有关语法不存在这样的快速算法。

自然语言能否用上下文无关语法描述？这问题已争论了 30 年。起先，大部分同意自然语言不是上下文无关的。20 世纪 80 年代，问题又被重新提出来了。在经过进一步争论后，现在的共识是自然语言是几乎上下文无关的，即稍微扩展上下文无关语法形式化方法是必要的，而不必自始至终都朝上下文有关文法去研究。

18.3 上下文无关语法分析

语法分析的策略有两种。一种是自顶向下(top-down)，另一种自底向上(bottom-up)。以图 18-3 所示的英语语法的一部分为例，“|”表示逻辑“或”。自顶向下是从 S 符号出发，重写 S 为 NP VP，再重写 NP，直至生成句子为止而建立起来的语法分析树。而自底向上则从句子出发，使用语法分析树，向上分析直至根符号 S。例如，从“the cat saw Sue”字符串开始，重写 the 为 ART，重写 cat 为 N，再重写 ART N 为 NP 等，直至导出符号 S。

1. S→NP VP
2. VP→V NP
3. NP→NAME
4. NP→ART N
5. ART→a | the
6. V→ate | saw
7. N→cat | mouse
8. NAME→Sue | Zak

图 18-3 一个小的上下文无关语法

一个自顶向下识别器，其实就是一个算法。对给定的语法和句子，若该语法能生成这个句子，则返回真。这一语法分析过程可看成一个搜索过程。当然，这需要定义状态和如何产生后续状态的规则，若有产生后续状态和可识别目标状态，就可利用搜索部分所介绍的搜索策略。令状态为符号串，它们是从 S 符号开始被重写规则产生的。这个符号表就是状态的全部定义，令目标状态为等价于句子的符号序列。当然这是很低效的，因为没考虑输入。较好的算法是尽可能快地检查输入，一旦生成的序列与输入的初始部分匹配，就可移开它而将注意力集中到考虑输入的其余部分。这样一来被分析的状态有两部分：被搜索的(被重写或被检查与输入是否匹配的)符号序列；尚未考虑的输入。

例如,在状态((S)(The cat ate a mouse))中,要寻找S和输入句子:"The cat ate a mouse"是否匹配。又例如,在状态((N VP)(Cat ate a mouse))中,要寻找N是否后跟VP,其输入是"The cat ate a mouse."这些状态的后继状态产生的过程如下:

- 若第一符号与句中第一单词相同,则从它们各自表中移去它们而生成下一状态。例如有一状态为:((the N)(the mouse)),其后继状态仅为:((N)(mouse))。
- 若第一个符号不等于输入中第一个单词,则搜索语法来重写第一个符号。每条语法中可应用的规则都生成一个新的状态。例如,给定的状态为((NP)(the mouse))。给定的语法如图18-3所示,从规则3导出的后继状态为((NAME)(the mouse)),从规则4导出的后继状态为((ART N)(the mouse))。

这种搜索的目标状态是(nil nil),即所有重写符号均成功地与输入匹配,且输入中再没留下待匹配者。

18.3.1 产生后继状态的算法

设给定状态形式为

$$((\text{symbol}_1 \cdots \text{symbol}_n)(\text{word}_1 \cdots \text{word}_m))$$

其后继状态这样产生:

(1) 若 $\text{symbol}_1 = \text{word}_1$,则后继状态为

$$((\text{symbol}_2 \cdots \text{symbol}_n)(\text{word}_2 \cdots \text{word}_m))$$

(2) 否则,对语法中每条形如下面的规则

$$\text{symbol}_1 \rightarrow \text{symbol}'_1 \cdots \text{symbol}'_k$$

产生后继状态:

$$((\text{symbol}'_1 \cdots \text{symbol}'_k\ \text{symbol}_2 \cdots \text{symbol}_n)(\text{word}_1 \cdots \text{word}_m))$$

如何用此法产生下一条状态,第一部分介绍的标准搜索算法均可使用。

对输入"The mouse saw Sue"采用深度优先搜索的轨迹见图18-4。

((S)(The mouse saw Sue))	
((NP VP) (The mouse saw Sue))	规则1
((NAME VP) (The mouse saw Sue))	规则3
((Sue VP) (The mouse saw Sue))	规则8 无后继
((Zak VP) (The mouse saw Sue))	规则8 无后继
((ART N VP) (The mouse saw Sue))	规则4
((a N VP) (The mouse saw Sue))	规则5 无后继
((the N VP) (The mouse saw Sue))	规则5
((N VP)(mouse saw Sue))	移去The
((cat VP) (mouse saw Sue))	规则7 无后继
((mouse VP) (mouse saw Sue))	规则7
((VP)(saw Sue))	移去mouse
((V NP) (saw Sue))	规则2
((ate NP) (saw Sue))	规则6 无后继
((saw NP) (saw Sue))	规则6
((NP)(Sue))	移去Sue
((NAME)(Sue))	规则3
((Sue)(Sue))	规则8
((NIL)(NIL))	移去Sue 成功!

图18-4 分析"The mouse saw Sue"的状态轨迹

算法重写符号表中最左边的符号，直至它与输入剩下的第一个单词相同为止。当符号重写不正确时，系统最后会达到一个不能产生后继的状态，这时仍可根据深度优先策略回溯。图 18-5 显示了分析不合法的输入“The Sue saw”的过程。该过程尝试所有可能的重写规则，但无法找到一个状态与“Sue”匹配。

```
((S) (The Sue saw))
((NP VP) (The Sue saw))
  ((NAME VP) (The Sue saw))
    ((Sue VP) (The Sue saw))          无后继
    ((Zak VP) (The Sue saw))          无后继
((ART N VP) (The Sue saw))
  ((a N VP) (The Sue saw))            无后继
  ((the N VP) (The Sue saw))
    ((N VP)(Sue saw))
      ((cat VP) (Sue saw))            无后继
      ((mouse VP) (Sue saw)           失败！
```

图 18-5 分析“The Sue saw”失败的轨迹

18.3.2 利用词典

上述分析算法存在效率问题。假若在词典中有一千个名词，算法要顺序检验所有这一千个名词是否有一个等于 Sue，然后失败。但若只检查 Sue 是否为名词，就可避免这种冗长的检验。为此，分析系统使用两层处理方法：第一层，重写语法，使像 N 和 V 这样的符号成为终结符(即不再定义规则重写它们)；第二层，词典提供一个从这些终结符到语言中的单词的映射。

因此，需要修改语法分析算法：在第一步改为通过词典检验是否属于第一个符号所属的类。图 18-6 说明了使用词典分析输入“The mouse saw Sue”的轨迹。从图 18-6 与图 18-5 的比较中可知轨迹的改善情况，特别是对大容量词典优越性更大。

```
((S) (The mouse saw Sue))
  ((NP VP) (The mouse saw Sue))          规则 1
    ((NAME VP) (The mouse saw Sue))      规则 3
      ((ART N VP) (The mouse saw Sue))   规则 4
        ((N VP) (mouse saw Sue))         (The 属于 ART 类)
          ((VP) (saw Sue))               (mouse 属于 N 类)
            ((V NP) (saw Sue))           规则 2
              ((NP) (Sue))               (saw 属于 V 类)
                ((NAME) (Sue))           规则 3
                  ((NIL) (NIL))          (sue 属于 NAME 类)  成功！
```

图 18-6 使用词典分析“The mouse saw Sue”的轨迹

18.3.3 建立语法分析树

为实现有用的语法分析，又需要回到句子结构的讨论。一种做法是扩充状态的定义，使它保留所用规则的踪迹。这需要定义一个新的数据结构叫 arc，它表示一部分已使用的规则,然后修改分析状态的过程。一个 arc 记录两个事件:到目前规则有一部分已完成;有一部分还需搜索。例如,有一个分析中的状态,在该状态中规则 NP →ART N 已使用过,却没输入与 ART 匹配。对此可用以下形式的 arc 来概括:

(Seen:(NP)　Seeking:(ART N))

换句话说,至目前为止在 NP 结构中什么也没找到,正寻找一个 ART 后跟一个 N。现在还需引进一个新的操作,叫 arc 扩展。此操作取一个符号与被查找符号中第一个符号相匹配,并将其插入到 Seen 的符号表中。再将被查找表的第一个符号,从其所在表中删除。如用冠词 a 与 ART 相匹配将产生新的 arc:

(Seen:(NP(ART a)) Seeking:(N))

即对于 NP 已经看到一个 ART,并正寻找一个 N。再用名词 mouse 扩展上述 arc 就产生一个完整的 arc

(Seen:(NP(ART a) (N mouse)) Seeking:( ))

即已看到 NP 由一个 ART 和一个 N 组成,不需为 NP 提供进一步输入。一个已完成的 arc 捕获了整个句子特殊的组成结构。因此,由一个 arc 表构成的分析状态,既抓住了推导的现状,又说明了剩下的输入。例如,考虑当符号 S 用规则 1 被重写,然后 NP 用规则 3 重写,但没输入可用时的一个状态为

Arcs:(Seen:(NP) Seeking:(ART N))
　　(Seen:(S) Seeking:(NP VP))
Input:(A mouse saw Sue)

这里,分析器是试图通过寻找序列 ART N 建立一个类型为 NP 的组元;为建立类型为 S 的组元,正在寻找组元序列 NP VP;其输入是句子:"A mouse saw Sue"。一旦上面的 arc 已形成了 NP 的组元,该组元就可用于扩展下面的 S arc。新的算法产生后继是这样:

设已给定的分析状态形如:

$$(\text{Arcs:}(\text{arc}_1 \cdots \text{arc}_n)\text{Input:}(\text{word}_1 \cdots \text{word}_m))$$

每个 arc_i 形如:

$$(\text{Seen:组元}_l,\text{Seeking:}(\text{symbol}_1^i \cdots \text{symbol}_k^i))$$

产生后继的算法为

(1) 如果 arc_1 已完成,从状态中删除它,并用组元_1 去扩展 arc_2。

(2) 否则

① 如果 word_1 是在 Symbol_1 类中,用 word_1 扩展 arc_1

② 否则,对语法中每一形如下面的规则

$$\text{Symbol}_1 \rightarrow \text{symbol}'_1 \cdots \text{symbol}'_n$$

产生一新的分析状态,其方法是将新的 arc 加到当前的 arc 表中,得到的新 arc 形如

$$(\text{Seen:组元}'\quad \text{Seeking:}(\text{Symbol}'_1,\cdots,\text{Symbol}'_h))$$

这里,$\text{组元}'=(\text{Symbol}_1)$

作为例子,考虑将深度优先搜索策略作用到输入"A mouse saw Sue"的头几步。分析的初始状态为

Arc:(Seen:(S) Seeking:(NP VP))
Input:(a mouse saw Sue)

利用产生后继算法中的(2)中的②步,此时有两个后继状态

ArcS:(Seen:(NP) Seeking:(NAME))

(Seen:(S) Seeking:(NP VP))

Input:(a mouse saw Sue)

和 ArcS:(Seen:(NP) Seeking:(ART N))

(Seen:(S) Seeking:(NP VP))

InputS:(A mouse saw Sue)

第一状态无后继,因单词 a 不可能为 NAME。第二状态要求一个 ART,所以可用单词 a 扩展而产生新的状态:

Arc:(Seen:(NP (ART a)) Seeking:(N))

(Seen:(S) Seeking:(NP VP))

Input:(mouse saw Sue)

因有单词 mouse,可用算法的(2)中的①步来扩展 arc,产生新的状态

Arc:(Seen:(NP (ART a) (N mouse))(Seeking:( )))

(Seen:(S) Seeking:(NP VP))

Input:(saw Sue)

因第一个 arc 已完成,用它来扩展第二个 arc(通过步(1))并产生新状态:

Arc:((Seen:(S (NP (ART a) (N mouse))) Seeking:(VP)))

Input:(saw Sue)

图 18-7 改换了一下格式。

Seen:	Seeking:
(S (NP (ART a) (N mouse)))	(VP)
Input:(saw Sue)	
Seen:	Seeking:
(VP)	(V NP)
(S (NP (ART a) (N mouse)))	(VP)
Input:(saw Sue)	
Seen:	Seeking:
(VP (V saw))	(NP)
(S (NP (ART a) (N mouse)))	(VP)
Input:(Sue)	
Seen:	Seeking:
(NP)	(ART N)
(VP (V saw))	(NP)
(S (NP (ART a) (N mouse)))	(VP)
Input:(Sue)	

图 18-7 分析"A mouse saw Sue"后一部分的轨迹

```
Seen:                                    Seeking:
  (NP (NAME Sue) )                       ( )
  (VP (V saw) )                          ( NP)
  (S (NP (ART a) (N mouse) ) )           (VP)
Input: ( )

Seen:                                    Seeking:
  (VP (V saw) (NP (NAME Sue)) ) ( )
  (S (NP (ART a) (N mouse)))             (VP)
Input: ( )

Seen:                                    Seeking:
  (S (NP (ART a) (N mouse)))
  (VP (V saw) (NP (NAME Sue)) ) ( )
Input: ( )
```

图 18-7 (续)

图 18-7 是以表的形式列出的,目的是易于跟踪,分析的结果是组元:

(S (NP (ART a) (N mouse))) (VP (V saw) (NP (NAME Sue)))

当分析句子的同时也就产生了分析树。

18.4 特殊语法的分析

如果有一个合适的词典,用图 18-3 中前 4 个规则构成的语法就能正确分析以下句子:

The man ate the pizza.

Jack is a man.

遗憾的是它也会接受许多病句,如:

(1) * The boys sees the idea.

(2) * A boys saw the pizza.

(3) * I is a man.

(4) * Sue sighed the pizza.

这些不完善的例子分别说明了几个方面的问题:句子(1)说明主、谓语在单、复数上必须一致;句子(2)说明在名词短语中冠词和名词二者在单、复数上也必须一致;句子(3)说明主、谓语在人称上一致,该句子主语是第一人称而动词是第三人称;句子(4)的错误在于动词 sigh 不能有一个 NP 作补语,如 pizza。

18.4.1 引进特征

这些例子说明许多问题仅用单词的类型无法处理。作为一个名词,它可是单数或复数;可为第一、第二或第三人称;可为主格、宾格或反身的等。作为一个动词可是 5 种动词形式之一,还会限制它的补语。如果只有有限多个这种差别,那将有可能生成一个上下文无关语法,只须为每种组合创造一个新的类。仅考虑数和人称,可能有如 N-SING-3rd 和

N-PLUR-3rd 的词类，它又可与冠词类 ART-SING-3rd 和 ART-PLUR-3rd 联合形成如 NP-SING-3rd 和 NP-PLUR-3rd 的类。与之类似但更为复杂的是动词，要根据动词的形和加在补语上的限制增加新类。但这样的语法会大得无法处理，而且还会损失语言的某些重要的性质，所以需要研究更好的形式化方法。

一种解决途径是引进特征。一个组元是用词类表示，如 N、ART、VP，一组特征为编码数和人称信息、动词的形的信息及加在补语上的限制等。下面是一些非常有用的特征：

① ARG 为一致性特征，它的取值代表数与人称的组合，1s 代表第一人称单数，2s 代表第二人称的单数，还有 3s、1p、2p 和 3p 分别为单数第三人称、复数一、二、三人称。

② VFORM 为动词形式特征，它取的值代表动词的形：base 指基本形（如 go）；pres 指现在式（如 go、goes）；past 指过去式（如 went）；prepart 指现在分词（如 going）；pastpart 指过去分词（如 gone）。

③ SUBCAT 对补语的形式限制，它是一个可加在动词后的任意组元之上的限制表。对英语动词，语法通常约有 40 多个不同的形式。对动词的限制列在表 18-2 中。

表 18-2　对动词的一些限制

动　词	SUBCAT 值	在补语上加的限制	句　　例
Sleep	None	无补语	Jack slept
Find	np	允许为一个 NP	Jack found a ball
Give	np-np	允许为两个 NP	Jack gave the man the ball
Put	np-pp	允许为 NP 和 PP	Jack put the ball in the corner
Try	VP：inf	允许 VP 为不定式形式	Jack tried to open the door
Regret	S：that	允许 S 带 that	Jack regrets that he must leave

例如，一个具有 AGR 特征并取值 3s 以及具有 Root 特征 dog 的名词短语 NP_1，可用一个表来表示，即

$$NP_1:(NP\ (AGR\ 3s)\ (ROOT\ dog))$$

现在的问题是如何扩展上节所述的语法，使其能够包含特征，而且要使这些特征也和基本类一样，还允许变量作为特征值，可表达一致性限制。变量则由一个双元素表来表示，表的第一元素为问号。这样一来，新的 S 规则可为

$$(S)\rightarrow(NP\ (AGR(?\ a)))\ (VP\ (AGR\ (?\ a)))$$

也就是说，一个 S 组元可由一个 NP 组元后跟一 VP 组元表达出来，如果它们有相同的 AGR 特征值。在语法分析中为使用这样的组元，并能比较组元，看它们是否匹配。一组元 C 与一模式组元 P 匹配是指存在 P 和 C 中变量的一个例示，使得 P 中被例示的"特征-值"对是 C 中被例示的"特征-值"对的子集。如前面定义的组元 NP_1 匹配组元模式：

$$NP_2:(NP\ (AGR(?\ a)))$$

因为存在一个变量（? a）的例示即 3s，使模式的特征（(AGR 3s)）为 NP_1 特征的子集，即（(AGR 3s) (ROOT，dog)）。另一方面，组元 NP_1 将不匹配模式 NP_3，因为

$$NP_3:(NP\ (AGR(?\ a))\ POSS\ YES)$$

是不能使这些特征成为 NP_1 的特征子集，该模式包含一新特征 POSS，它表示 NP 是否为所有格。

18.4.2　特征匹配

下面要定义一个普通函数来匹配两个组元，它逐个检查模式中定义的每个特征值，利用

合一算法处理变量,匹配组元特征表的特征(*C*)与模式特征表特征(*P*),其步骤如下。

(1) 如果特征(*P*)是空的,则成功返回。

(2) 令 f 是特征(*P*)中第一个特征,其值为 v,令 u 为特征(*C*)中的特征值。如果 u 和 v 可合一,则在代换后递归地匹配特征(*P*)中剩下的特征。

表 18-3 展示的是若干次匹配的结果。返回的结果是一个约束表,依据该表匹配成功。值((match *t*))指明一个无须作变量约束的成功匹配。

表 18-3 各种特征表的匹配结果

模式特征	组元特征	匹配结果
((AGR(? a)) (VFORM inf))	((AGR 3s) (VFORM (? V)))	(((? a)3s) (? V) inf)
((AGR 3s))	((AGR(? a)) (VFORM inf))	((? a)3s)
((AGR 3s))	((AGR 3p))	fail
((AGR 3s))	((AGR 3s) (VFORM inf))	((match t))
((AGR(? a)) (VFORM inf))	((AGR 3s))	fail

特征的另一个用途是记录次组元,以便将语法分析树的详情记录下来,存储在特殊的特征值中。它们用数码标志:1 为第 1 个次组元、2 为第 2 个次组元等。例如,一个由短语 the man 建立的 NP 为

```
(NP (AGR 3S)
        (1 (AGR (ROOT the) (AGR 3S)))
        (2 (N (ROOT man) (AGR 3S))))
```

在使用新的表示方法建立新的语法分析前,图 18-8 先列出一个简单的语法和词典。

```
1. (S(AGR(? a)))→ (NP(AGR(? a)))(VP(AGR(? a)))
2. (NP(AGR(? a))) → (ART(AGR(? a)))(N(AGR(? a)))
3. (VP(AGR(? a))(VFORM(? vf))) → (V (AGR(? a)) (VFORM(? vf)) (SUBCAT none))
4. (VP(AGR (? a))(VFORM(? vf))) → (V(AGR(? a))(VFORM(? vf)(SUBCAT np))(NP))
a:(ART (AGR 3S)(ROOT a))
barks:(V(AGR 3S)(VFORM press)(SUBCAT none)(ROOT bark))
dog:(N(AGR 3S)(ROOT dog))
dogs:(N(AGR 3P)(ROOT dog))
pizza (N(AGR 3S)(ROOT pizza))
saw:(V(AGR(? a))(VFORM past)(SRBCAT np)(ROOT see))
```

图 18-8 一个样本语法和带特征的词典

这个简单的语法和词典可接受以下句子:

The dog saw the pizza.

The dog barks.

但不接受下面的句子:

* The dog saw.

* The dogs barks.

* The dog barks the pizza.

现在的语法分析算法仍是自顶向下,与前面不同之处只是组元的匹配要进行变量例化,所

以旧的分析是检查两符号是否相等，新的分析则是匹配两个组元。匹配返回一个约束表，可用于修改规则。例如，图 18-8 中的规则 2 将被分析器用来建立下面的 arc，它说明分析器是试图建立形如(NP (AGR(? a))的组元，并寻求一个 ART 和一个 N，即

(Seen：(NP (AGR (? a)))

Seeking：((ART (AGR (? a))) (N (AGR (? a))))

如果输入单词是 a，词典与之相应词条是(ART (AGR 3S) (ROOT a))，那么它将匹配要搜索的第一个组元的模式，也就是(ART(AGR(? a)))。由此匹配所返回的约束表是((? a)3S)，这个信息用于建立新的 arc，它具有以下形式：

(Seen：(NP(AGR 3S) (1(ART (AGR 3S)(ROOT a))))

Seeing：((N (AGR 3S))))

要注意，变量(? a)在整个 arc 中均要用它的值 3S 代替，现在 ART 次组元是各为 1 的特征的值。图 18-9 表明分析句子"The dog barks"的运行轨迹。分析器建立的最终 *S* 组元为

```
(S (AGR 3S)
(1(NP(AGR 3S)
        (1 (ART( AGR 3S)(ROOT a)))
        (2 (N ( AGR 3S) (ROOT dog)))))
(2 ( VP(AGR 3S)
        (1(V(AGR 3S)(VFORM Pres)
        (SUBCAT none)(ROOT bark))))))
```

这个 *S* 组元带一个 AGR 特征值 3S 和两个次组元：一个是 NP 带 AGR 特征 3S，它又由一个 ART 和 *N* 组成；另一个是 VP 带 AGR 3S，VP 又由一个 *V* 组成。

```
Seen:                                  Seeking:
(S (AGR (? a)))                        ((NP (AGR (? a))) (VP (AGR (? a))))
Input :(THE DOG BARKS)
Seen:                                  Seeking:
(NP (AGR (? a)))                       ((ART (AGR (? a))) (N (AGR (? a))))
(S (AGR (? a)))                        ((NP AGR (? a))) (VP (AGR (? a)))
Input :(THE DOG BARKS)
Seen:                                  Seeking:
(NP (AGR 3S) (1(ART )))                ((N (AGR 3S)))
(S (AGR (? a)))                        ((NP (AGR (? a))) (VP (AGR (? a))))
Input:(DOG BARKS)
Seen:                                  Seeking:
(NP (AGR 3S) (1(ART)) (2 ( N)))        ( )
(S (AGR (? a)))                        ((NP(AGR(? a)))(VP(AGR(? a))))
Input:(BARKS)
Seen:                                  Seeking:
(S(AGR 3S)(1(NP )))                    ((VP(AGR 3S)))
Input:(BARKS)
Seen:                                  Seeking:
(VP(AGR 3S)(VFORM (? v)))              ((V(AGR 3S)(VFORM (? v)))
(SUBCAT NONE)
```

图 18-9　句子"The dog barks"的分析轨迹

(S(AGR 3S)(1(NP)))	((VP(AGR 3S)))
Input：(BARKS)	
Seen：	Seeking：
(VP(AGR 3S)(VFORM PRES) (1 (V)))	( )
(S(AGR 3S) (1(NP)))	((VP(AGR 3S)))
Input：( )	
Seen：	Seeking：
(S(AGR 3S) (1(NP)) (2 (VP)))	( )
Input：( )	

图 18-9 (续)

18.5 利用图表的高效语法分析

18.5.1 chart 数据结构

上节的基于特征的自顶向下语法分析对规模大的语法是相当低效的。原因是搜索时，若在分析不成功的路径上，则分析器回溯时所有建立的组元都丢弃了。但在以后搜索中另一个规则又恰恰需要的是在同一位置的同一组元，这时就得重新建立组元。对大规模的语法这种情况常出现，分析器就要反复重建这类组元。一个可行的解决办法是用一个 chart 数据结构存储在分析器中建立的所有组元。分析句子“The dog saw the pizza”所用的 chart 见表 18-4，组元位置也用图示标明。此时，分析算法需再作一些修改，使得每当要使用规则去推导一个组元时，先检查 chart，看该组元是否已存在。使用 chart 后，可保证分析算法对每一个可能的组元只建立一次。

表 18-4 关于句子“The dog saw the pizza”的一个完全的 chart

<table>
<tr><td colspan="5">S414：1NP 407
2VP 413
AGR 3S</td></tr>
<tr><td colspan="2"></td><td colspan="3">VP413：1V 409
2 NP 412
VFORM PAST
AGR (1S 2S 3S 1P 2P 3P)</td></tr>
<tr><td colspan="2">NP 407：1 ART 405
2 N406
AGR 3S</td><td></td><td colspan="2">NP 412：1 ART 410
2 N 411
AGR 3S</td></tr>
<tr><td>ART 405
ROOT THE
AGR(3S 3P)</td><td>N 406
ROOT DOG
AGR 3S</td><td>V 409
ROOT SEE
VFORM PAST
SUBCAT NP
AGR(1S…3P)</td><td>ART 410：
ROOT THE
AGR (3S 3P)</td><td>N 411：
AGR 3S
ROOT PIZZA</td></tr>
</table>

The　　dog　　saw　　the　　pizza

18.5.2 有多种解释的句子

chart 对找出句子的多种解释也很有用，因此分析器要找许多可能的分析，而不是找到第一个就终止。这个过程可以这样来实现：修改终止条件，使搜索进行到整个分析堆栈为空才终止。每当找到一个完全的解释时，其结构就记录到 chart 中，然后继续搜索。当搜索终止时，从 chart 中抽出一切可能的解释。chart 使多种解释能够更有效率地编码，因为它使多种解释都具有共同的次组元可以共享。例如，图 18-10 中的语法允许 PP 修饰名词和动词短语。

1. S→ NP VP
2. NP → ART N
3. VP→ V NP
4. NP→NP PP
5. VP→VP PP

图 18-10 一个允许介词短语的小的语法

用图 18-10 中的语法，诸如“The woman saw the man in the corner with a telescope”有 5 种可能的解释，它们取决于介词短语修饰什么，如图 18-11 所示。为了对照，这 5 种解释表示在 chart 中，见表 18-5。chart 表示允许对两种解释的许多公共组元都可共享。所以原来要用 53 个节点表示的 5 个不同的语法分析树，采用 chart 后只需 20 个节点。这对于语法树越大的情况节省就越多。

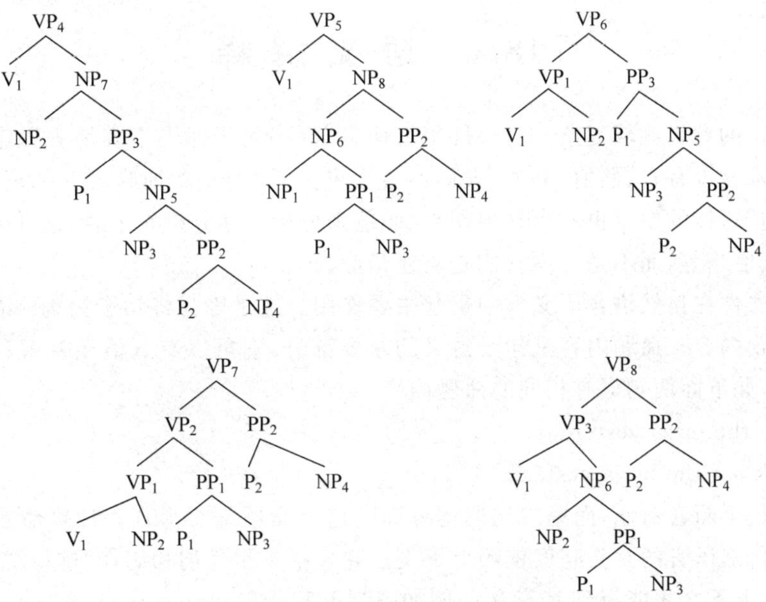

图 18-11 关于“saw the man in the corner with a telescope”的 5 种解释

采用 chart 不仅节省空间，也节省时间。事实上，带 chart 的语法分析器能在 kn^3 步内找到所有解释，n 是句子中单词数，k 是由算法和语法大小所决定的常数；而纯粹的自顶向下搜索需 c^n 步，c 是由算法和语法大小决定的常数。即使 c^n 远大于 c，使用 chart 的算法仍然更有效。

chart 表示同样可用于自底向上的分析算法。这对那些需要处理不合语法句子的应用是非常有用的。因为虽然找不到整句的解释，但它能抓住句子的结构。例如，它能识别出主要的名词短语、介词短语和可能的动词。这是一个相当突出的优点，特别是对语音识别这一类的应用尤其有用。由于讲话者说了不合语法的话，或由于语音识别器出了毛病，所以不合语法的句子出现机会是很多的。

表 18-5 关于"saw the man in the corner with a telescope"的 chart 表示

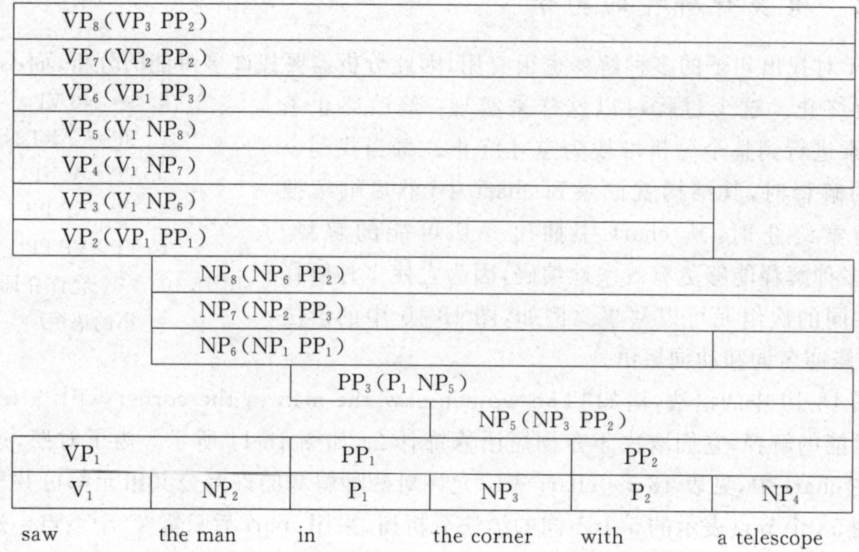

18.6 语义解释

自然语言的意义比较复杂。对一件事情而言,许多句子似乎不容易去决定其真、假值。许多问题通常就没有真、假值,例如,人们不会去讲关于"谁来参加晚会?"的真或假。同样,如"请打开门"这样的要求也不容易根据真、假值来分析。在分析句子时,这样的句子要考虑是否是成功、恰当等,而不是考虑它们是真还是假。

但真值条件在自然语言语义学中仍起主要作用。这是因为将句子分为:语言行为的执行与它的命题内容。命题内容是句子意义的重要部分,它可以有真值条件解释。句子可以有命题内容,如下面两句含有相同的命题内容:

Jack ate the pizza yesterday.

Did Jack eat the pizza yesterday?

第一句是个断言命题,而第二句典型地询问这个命题是否为真。计算命题的内容是本节的焦点。自然语言的意义高度依赖上下文。它包括指示代词和诸如"这里""昨天"这样的词语,只有从上下文才能得到其意义。例如,代词"I"指的是说这个句子的人,"yesterday"(昨天)指的是相对于讲该句子的时间的前一天。此外,自然语言包含限定的描述,如"The man in the yellow hat "(戴黄帽子的人),它所指的人也只能从上下文中才能识别。因为在世界上戴黄帽子的人有许多,当这个名词短语被成功地利用时,只有在上下文中找到的那个才是有关的。

也许最大的问题是自然语言表达的高度多义性。它需要处理若干多义性来源,包括下面两个来源:词意的多义性,即使在单个语法类中,词也是多义的,如动词"go"在多数字典中至少有40个不同意义;范围的多义性,在一个语法分析中,诸如句子"Every boy loves a dog"(每个男孩爱一个狗)也可是多义的,可解释为每个男孩爱同一个狗,也可解释为每个男孩爱各自不同的狗。

受谓词逻辑的启示，下面将开发一个逻辑形式的语言，它适合于表示许多自然语言句子的意义。

18.6.1 词的意思

一个词的不同意义(meaning)称为它的意思(sense)。这些意思是逻辑形式语言的原始建筑模块。依照词所属语法类，它们都有在逻辑中相应的构造。例如，专有名词的意思是指世界上的特定对象，正像逻辑中的常量一样。如词 John 可有一个意思为普通名词，表示人名，它对应于逻辑中的一元谓词。动词的意思相应于谓词，谓词的变元数取决于动词的主语和在它的补语中的成分。表 18-6 概括了英语中主要类词的处理。

表 18-6 在自然语言与逻辑间的近似对应

语法类	例	相应逻辑结构
NAME	John, New York, Times	常量
N	man, house, idea	一元谓词名称
V(不及物)	Laugh	三元谓词名称
V(及物)	Find	三元谓词名称
V	alive, know, want	情态操作
CONJ	and, but	逻辑操作
ART	the, a	冠词
QUANT	all, every, some, none	量词
ADJ	red, heavy	一元谓词
P	in, on, above	二元谓词

自然语言提供了比逻辑更为丰富的量词集，因而处理它们要作语言扩展。特别在自然语言中的量化是与特定对象集有关的。所以使用推广的量词，即附加一个变量，用它来指出量词作用的集合。例如，句子“Most dogs bark.”(多数狗都叫)将用表达式定义为

$$(\text{MOST } X_1 : (\text{DOG}_1\ X_1)\ (\text{BARKS } X_1))$$

此断言大多数对象满足主语 DOGS_1，也满足谓语 BARKS。注意这与下面逻辑形式有非常不同的意义。

$$(\text{MOST } X_1 : (\text{BARKS } X_1)\ (\text{DOG}_1\ X_1))$$

上式的意思是当大多数狂吠的是狗。

现在定义逻辑形式语言如下。逻辑形式语言的项是以下之一：

- 一个语义标号(如一个在逻辑形式语言中的变量)(如 X_1、Y_1)。
- 专有名称的意思(如 JOHN1、NYTIMES2)。
- 函数项作用于它的自变量(如(FATHER JOHN1))。

在逻辑形式语言中的命题是以下之一：

- 用 n 个项作自变量的 n 元谓词(如(SAD1 JOHN1)、(READ7 X NYTIMES2))。
- 一个用命题作自变量的逻辑算子(如(NOT (SAD1 JOHN1))、(AND (DOG1 X) (BARK2 X)))。
- 用项或命题作自变量的情态算子(如(BELIEVE1 JOHN1(READ7 SUE1 NYTIMES2)))。
- 推广的量词形式(如(MANY X: (PERSON1 X) (READ7 X NYTIMES2)))。

逻辑形式的语言包含有量词辖域多义性的特殊结构。在自然语言中,量词的辖域不能完全由语法结构决定,这样一来句子“Every boy loves a dog”是多义的,因为:(EVERY b1:(BOY1 b1) (A d1:(DOG1 d1) (LOVES1 b1 d1)))和(A d1:(DOG d1) (EVERY b1:(BOY b1) (LOVES b1 d1)))中量词的辖域不一样。

一个具有3个量词的句子有6种可能的辖域分配,具有4个量词则有24种可能,所以必须有编码这些可能性的方法。在逻辑形式的语言中是通过去辖域量词法,只要项是允许的且具有与推广量词结构头3部分相同的形式。为了指示这些项的特定状态,将用尖括号书写。例如,“Every boy loves a dog”的去辖域量词形式为

(LOVES1<EVERY b1 (BOY b1)> <A d1 (DOG d1)>)

这种多义的逻辑形式精确地抓住了两种解释的公共部分。

18.6.2 利用特征的语义解释

语义解释的目的是实现句子计算逻辑形式或多义的逻辑形式(logical forms)。对一个组元而言,逻辑形式储存在特定的特征中,这特征称为SEM。考虑句子“Fido barked”,这是由一个NP(Fido)和一个VP(barked)组成的*S*。NP(Fido)是专有名词,它将被映射到某个特定的意思,表示一个个体,比如FIDO1。VP(barks1)将用一元谓词表示,比如BARKS1,对任何能狂吠的物体而言它为真。句子的SEM将两个SEM构成命题:

(BARKS1 FIDO1)

这种分析方式将作为表示每个由NP和VP联合而形成*S*(句子)的形式。但许多动词短语比这更复杂。例如,VP为Saw Mary的SEM是什么?按同样推理,它应是个一元谓词,且为真的条件是仅当(SEE1 *X* MARY1)。这样的表达稍作改进可用于语法分析中,只要通过使用变量来说明公式的每一个部分。例如,对及物动词的规则现在是

(VP (SEM ((? sem-v) (? Subj) (? sem-np))) (SUBJ (? Subj)))→
    (V (SEM(? sem-v)) (SUBCAT np)) (NP (SEM (? sem-np)))

换句话说,新VP的SEM是一个公式,它由动词的SEM(? SEM-V),后跟主语的SEM(? SUBJ),再跟动词补语中起宾语作用的NP的SEM(? SEM-NP)。

图18-12说明包括SEM特征的语法和词典。每个词定义一个SEM特征,该特征给出词的意思,也给出规则。使用变量来说明如何由次组元的SEM建立组元的SEM。在规则2中的*号指出分析器应构造一个新的常数,且每当规则被利用时都要用新常数代换*号,这会产生新的语义标号供解释时使用。

考虑当分析“The dog barks”时的一些操作。规则1首先用来产生分析状态:

Seen:(S (SEM (? sem-vp1)) (AGR (? a1)))
Seeking:((NP(SEM(? sem-np1))(AGR(? a1)))
    (VP (SUBJ(? sem-vp1))(SUBJ(? sem-np1)) (AGR(? a1))))
Input:The dog barks

然后应用规则2,加一个新的arc到分析状态。

Seen:(NP (SEM ((? sem-art2) sv86 ((? sem-n2) sv86))) (AGR (? a2)))
Seeking:(ART (SEM (? sem-art2)) (AGR (? a2)))
    (N (SEM (? sem-n2)) (AGR (? a2)))

```
1. (S (SEM (? sem-vp)) (AGR (? a))) →(NP(SEM(? sem-np))(AGR(? a)))
                                      (VP(SUBJ(? sem-np))(SEM(? sem-vp))(AGR(? a)))
2. (NP(SEM((? sem-art) * ((? SEM-n) * )))(AGR(? a)))→
                                      (ART(SEM(? sem-art))(AGR(? a)))
                                      (N(SEM(? sem-n))(AGR(? a)))
3. (VP(SEM((? sem-V)(? Subj)))(SUBJ(? Subj))(AGR(? a))) →
                                      (V(SEM(? sem-V))(AGR(? a))(SUBCAT none))
4. (VP(SEM (? sem-V)(? Subj))(? sem-np))(SUBJ(? Subj))(AGR(? a))→
                                      (V(SEM(? sem-V))(AGR(? a))(SUBCAT np))
                                      (NP (SEM (? sem-np)))
barks: (V (SEM BARKS1) (AGR 3S) (VFORM pres) (SUBCAT none) (ROOT bark))
dog: (N (SEM DOG1) (AGR 3S) (ROOT dog))
dogs: (N (SEM DOGS1) (AGR 3P) (ROOT dog))
pizza: (N (SEM PIZZA1) (AGR 3S) (ROOT pizza))
saw: (V (SEM SEES1) (AGR (? a)) (VFORM past) (SUBCAT np) (ROOT see))
```

图 18-12 带语义特征的语法和词典

注意,规则中 * 符号用一个新的常数 sv86 代替。对 the 使用词典条目,此 arc 可扩展,变量(? sem-art2)与常数 the 可合一。扩展产生的新 arc 为

Seen:(NP (SEM (THE the ((? sem-n2) sv86))) (AGR 3S) (1 (ART …)))

Seeking:((N (SEM (? sem-n2)) AGR (? a2)))

用词典中关于 dog 的条目扩展 arc 将约束变量(? sem-n)为 DOG_1 而产生 arc:

Seen:(NP (SEM (THE sv86 (DOG_1 sv86))) (AGR 3S) (1 (ART…)) (2(N…)))

Seeking:( )

这样,关于名词短语"the dog"的完全逻辑形式已通过特征的合一构造出来了,再用来扩展 *S* 的 arc,约束(? sem-np1)并产生 arc:

```
Seen:(S (SEM (? sem-vp1)) (AGR 3S)
        (1 (NP (SEM sv86(DOG1 sv86)))
                          (AGR 3S)))
Seeking:(VP (SEM (? sem-vp1))
        (SUBJ (THE sv86 (DOG1 sv86)))
                          (AGR 3S))
```

注意在 VP 中 SUBJ 特征值现已设定好。规则 3 用于此 VP 产生新的 arc:

```
Seen:(VP (SEM ((? (sem-v1) (THE sv86 (DOG1 sv86))))
                  (SUBJ (THE sv86 (DOG1 sv86)))
                  (AGR 3S)))
Seeking:(V (SEM (? sem-v1))(AGR 3S)(SUBCAT none)
```

这个 arc 还可以用关于 barks 的词条扩展,从而产生完整的 arc:

```
Seen:(VP(SEM (BARKS1 (THE sv86( DOG1 sv86))))
        (SUBJ (THE sv86 (DOG1 sv86)))
        (AGR 3S)
        (1 V ( SEM BARKS1 )(AGR 3S) (SUBCAT none)))
Seeking:( )
```

当这个VP用来完成S的arc时，最后建造的组元是

(S (SEM (BARKS1 (THE sv86 (DOG1 sv86))))
 (AGR 3S)
 (1 (NP…))
 (2 (VP…)))

此句子的最后意义是

(BARKS1 (THE sv86 (DOG1 sv86)))

此前任何介绍的语法分析技术都能用于这种语法，从而构造出它所分析句子的意义。

18.6.3 词义排歧

1. 词义排歧的含义

词义排歧是指根据上下文确定多义词义项的过程。

前面讨论的技术虽能计算一个句子的逻辑形式，但并未谈到解决多义性的问题。因此，许多语义上无意义的逻辑形式将会产生，导致某些可能的组合中使用不可能的词意。例如，句子"The ruler likes the house"(这个统治者喜欢这栋房子)。词ruler有两种意思：一种为RULER-PERSON，即一个统治者；另一种为RULER-TOOL，即用于测量短距离的工具。分析器可能构造一个无意思的逻辑形式，说一个无生命的物体(RULER-TOOL)喜欢房子。要消除这种解释，系统必须有关于现实世界的基本知识。

大多数系统编码约束到词意的组合上，它们使用两种知识资源：词意的分层结构和一组选择约束。词意的分层结构指明在不同词意间的子类(超类)关系。它将编辑RULER-PERSON的意思是PERSON类的子类。而PERSON又是有生命的(ANIMATE)物体的子类。而RULER-TOOL的意思是小工具，属非生物的物体。一个简单和分层结构如图18-13所示。

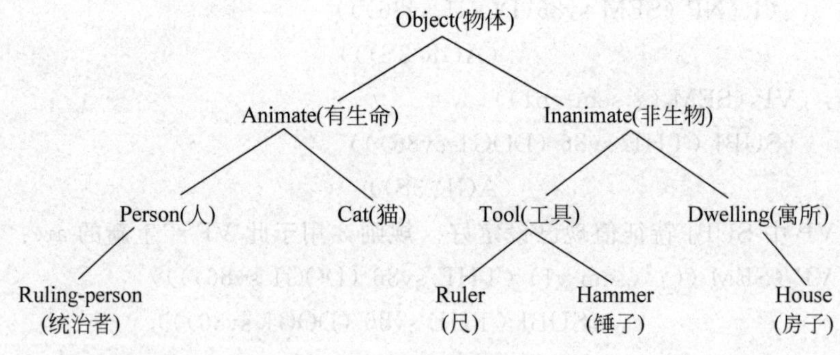

图18-13 一个小的分层结构

选择约束指出词意的可能组合。例如，词"like"(喜欢)取两个自变量，第一必须是生物，第二可为任何物体。将其概括成一个模式(LIKES1 ANIMATE OBJECT)。当然对LIKES1也可能还有别的模式，那要看它是否在不同环境中显示不同行为。一旦定义了一组模式，它就是定义了可能的语义上的非完形公式。类似的选择约束模式可为一切谓词定义。如形容词"happy"，将映射成一谓词HAPPY，它限于只应用于生物对象。分析器必须检查它所生成的每个语义公式是否满足这些约束，若不满足，则为非完形公式，从而不能加

入 chart 中去。如对句子"The ruler likes the house",分析器产生两个可能的逻辑形式:

(LIKES1<THE r1 RULER-PERSON> <THE f1 HOUSE>)

(LIKES1<THE r1 RULER-TOOL> <THE f1 HOUSE>)

第一个解释可接受,因它匹配约束(LIKES ANIMATE OBJECT),其中 RULER-PERSON 是 ANIMATE 的子类,HOUSE 是 OBJECT 的子类。而第二个解释不匹配约束,所以要删除。

除选择约束外,还有其他许多技术可用于有效消除词的多义性,但分层结构与选择约束为大多数已实现的系统提供了主要的骨架。

2. 词义排歧的作用

词义排歧是文本处理领域的一项关键技术,它一般位于整个处理流程的前端,通过为文本中的多义词选择正确的词义来改善文本处理的质量。研究表明,词义排歧问题解决后,将会使信息检索、机器翻译、信息抽取、自动文摘及问答系统等的整体效果得到大幅提升。然而,当前使用的词义排歧算法多建立在具有大量训练数据且类别完整这样的假设上,而现实情况往往要求在给定少量训练数据且类别不完整的前提下进行词义排歧。正因为如此,许多词义排歧算法通常实验数据相当理想,而实际应用效果其实不佳。因此,研究在假设给定少量训练数据且类别不完整的前提下的词义排歧,具有很强的现实意义和应用价值,对于改善文本处理应用系统的总体质量具有重要的意义。

3. 词义排歧一般方法

根据排歧时所参考的信息来源不同,可划分为基于知识的方法(knowledge-based methods)和基于语料库的方法(corpus-based methods)。

早期开发的词义排歧系统多采用基于知识的方法,排歧时所参考的信息主要依据义项词典或语言学专家制定的判别规则。基于义项词典匹配方法通过在支持词典中获取义项的特征并将按照某种方式同语境特征进行匹配,将相似度较高的义项作为当前词义。由于词典中义项的特征通常和语境特征之间一般不存在直接的对应关系,因此该方法准确率较低。基于规则判断方法由语言学专家根据词性、语法特征等制定义项选择规则,在应用中按照这些规则判断所属义项,该方法速度快,有限领域应用时准确率较高,但是制定规则十分烦琐,完备性和一致性难以保证,不适于大规模应用。

基于语料库的方法利用机器学习理论进行词义排歧,主要可分为以下两类。

(1) 有指导方法(supervised corpus-based method)。有指导词义排歧方法的特点是在手工标注的训练数据上学习得到分类模型,然后用此分类模型按义项分类待排歧数据。具体可大致细分为以下几种。

① 基于概率的方法。如 Grozea 等采用的朴素贝叶斯方法(naïve Bayes)、Suárez 采用的最大熵方法(maximum entropy)等。

② 基于样例相似度方法。这类方法中最有代表性的是 KNN 方法,如 Hoste、Decadt 等使用的 KNN 方法分别参加 Senseval-2、Senseval-3 评测并取得较好成绩。KNN 方法对所采用的特征表示较敏感,不相关特征将会大大降低算法性能,因此在使用时需要根据经验选择好的特征表示方法。

③ 基于决策规则的方法。基于决策规则的方法有 Yarowsky 使用的决策表方法(decision lists)、Mooney 等使用决策树方法(decision trees)、Escudero、刘凤成等使用的 AdaBoost 等。

④ 线性分类器和基于核函数方法。线性分类器方法有 Mooney 等使用的线性感知器（linear perceptron）、Wu. 和 Lee. 使用的 SVM 等。由于词义排歧使用高维特征空间，因此使用非线性分类器的效果大大优于线性分类器。

有指导的词义排歧方法的有效性是不可否认的，在很多测试中均获得最高的准确率。表 18-7 是在 DSO 数据集上选择 13 个名词及 8 个动词的所有样例的测试结果，采用基准算法是最常用词义分类算法（most-frequent-sense classifier）。

表 18-7　常用算法的测试性能比较

	MFC	naïve Bayes	KNN	decision lists	AdaBoost	SVM
Nouns	46.59±1.08	62.29±1.25	63.17±0.84	61.79±0.95	66.00±1.47	**66.80**±1.18
Verbs	46.49±1.37	60.18±1.64	64.37±1.63	60.52±1.96	66.91±2.25	**67.54**±1.75
ALL	46.55±0.71	61.55±1.04	63.59±0.80	61.34±0.93	66.32±1.34	**67.06**±0.65

可以看出准确率从高到低依次为：SVM≈AB>kNN>NB≈DL>MFC。

然而，有指导的词义排歧方法在开放文本中应用时存在以下几个方面的问题。

① 有指导词义排歧方法需要大量的训练数据。Ng 估计一个准确率高的领域无关的词义排歧系统至少需要 3200 个多义词，每个词需要 1000 个左右上下文例子。按照 DSO 语料库的标注速度，大约需要 16 年完成。

② 方法同语料库有很强的相关性。通常在一种语料库上训练的分类模型在另外的语料库上性能会大幅下降。Escudero 等研究了各种机器学习方法的可移植性，发现几乎所有的有指导排歧方法更换语料库后性能都会下降。

③ 训练语料库类别数据不全。在已有标注语料中很难发现多义词义项和样例数都完整的情况，这样得到的分类模型通常会训练不足且不能识别新的义项类别。

（2）半指导方法（semi-supervised method）。半指导词义排歧方法的特点是在预先定义的义项库帮助下充分利用未标注数据提供的信息。一种方法是使用双语资源、对齐平行语料等辅助信息进行词义排歧。如 Li 等提出基于双语的自学习方法、Diab 等提出使用平行语料的无监督方法等属于这一类。另一种方法以少量标注数据作为种子，同时利用标注数据和未标注数据进行训练，经过多次迭代最后得到分类模型和标注数据。这种方法又称为 Bootstrapping 方法，以 Yarowsky 提出的 self-training 算法和 Blum & Mitchell 提出 co-training 算法最具代表性，成为半指导词义排歧的主流方法。图 18-14 显示了 Bootstrapping 算法及其迭代过程。

```
Input:L(labeled data);U(unlabeled data);
      k=0;K is the maximum number of iterations
Output:H-the final classifier
repeat
    k←k+1
    generate classifier h trained on L
    use h to label U, and obtain a labeled dataset U_L
    get L'⊂U_L consisting of high accuracy examples
    L←L∪L';U←U\L'
until U=0 or k>K
use L to generate the final classifier H
```

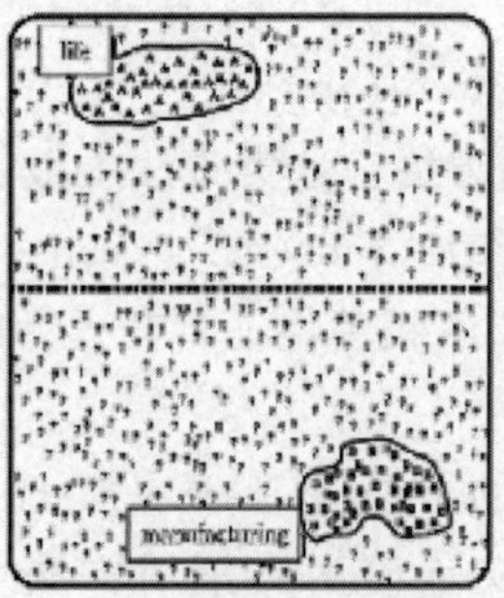

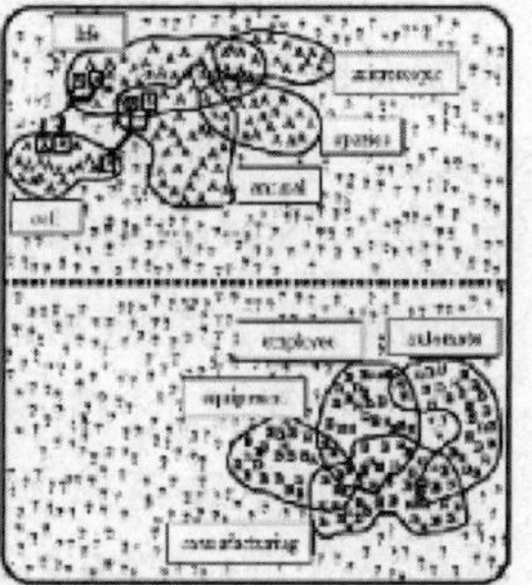

图 18-14　基本的 Bootstrapping 算法及迭代过程

图 18-14 中右边显示了由 plant 的两个搭配 life 和 manufacturing 为种子在未标注数据中扩充发现新的上下文分别包含 animal、cell、equipment 和 employee 等搭配的过程。

Bootstrapping 算法由迭代过程和内嵌分类器构成，分类器随着迭代过程动态变化，其参数在每一轮迭代结束后重新计算并修改；迭代过程按照事先规定的迭代条件，每次从未标注数据中取一定量的数据，使用上一轮产生的分类器进行标注，按照一定的比例将新产生的标注数据中可信度高的添加到已标注数据中，重新设定分类器参数进入下一轮迭代。在 self-training 算法中每一轮使用一个分类器，co-training 算法则使用多个分类器使之相互训练。Bootstrapping 算法比单独使用内嵌分类器的准确率高。

此后，在这一方向的研究和进展包括：Abney 以及 Dasgupta 等分别对 self-training 和 co-training 算法进行了系统地理论化研究，Abney 指出了 self-training 和 co-training 基于的两个不同的统计独立性假设：精确独立性（precision independence）和视图独立性（view independence）的区别及对算法的影响。

Traupman 等从 3 个方面尝试对 Yarowsky 算法进行改进：使用每轮迭代输出的分类器分类的数据作为下一轮的训练数据；预先对训练数据和测试数据进行词性标注，通过标注过滤部分词义，提高多义词上下文的预测能力；用词典中多义词义项使用的频率替代义项等分布假设。实验表明第 2 项改进明显提高了原算法的准确率，第 3 项改进对准确率有微小提高，而第 1 项改进降低了准确率。

A-C Le 等在迭代过程中使用独立的分类器对新增数据集进行判断，并假定最终得到的分类器的区分性能低于原始的由手工标注数据训练得到的分类器，对 Yarowsky 算法做出了相应的改进，实验结果显示在错误率上有明显改善。

Ng&Cardie、Mihalcea 等研究了迭代过程中的参数优化方法。Mihalcea 通过经验方法对其中迭代次数、未标注数据量和新增数据量 3 个参数进行了分析，并使用投票策略（majority voting）改善 co-training 的学习曲线。

半指导方法克服了指导学习对大量训练数据的要求，提出了从少量标注数据通过逐步迭代对未标注数据进行处理的方法。然而，该算法仍然不能处理类别不全的问题，即假定未标注数据中的义项类别数和已标注数据中的义项类别数相等，但是从实际的例子中很容易发现未标注数据中的义项类别数往往大于已标注数据中的义项类别数。

18.7 生成自然语言

这里介绍的语法形式化方法也可用于产生句子，当输入的逻辑形式已给出时，这常叫做在语言中逻辑形式的实现。本节介绍一个简单的实现算法。

理论上讲，实现是简单的。因分析树已设计成逻辑形式，只要去搜索它。但无方向的搜索是低效的。为此稍改变一下自顶向下分析器。算法保留一组元表和这些组元被重写的最新状态，但重写时不是严格按从左到右方式，而首先重写那些已有 SEM 特征约束的组元。例如，用如图 18-12 所示的语法、词法来实现逻辑形式（BARKS1（THE sv86（DOG1 sv86）））。初始组元是

（S（SEM（BARKS1（THE sv86（DOG1 sv86））（AGR（？A1）））））

规则 1 能重写 *S* 组元成组元

(NP (SEM (? sem-np1)) (AGR (? a1)))
(VP (SEM (BARKS1 (THE sv86 (DOG1 sv86))))
(SUBJ (? sem-np1))
(AGR (? a1)))

NP 的 SEM 无约束,所以此时无法产生主语。算法试图重写 VP,它的 SEM 已定。在规则 3 中,VP 与下面表达式匹配

(VP (SEM ((? sem-V) (? Subj)))
(SUBJ (? Subj))
(AGR (? a)))

这样一来,表达式((? sem-V) (? Subj))与(BARKS1 (THE sv86 (DOG1 sv86)))中匹配,变量(? sem-V)约束为 BARKS1,(? Subj)约束为(THE sv86 (DOG1 sv86)); 变量(? sem-np1)SUBJ 特征的值也与 (? Subj) 匹配,也约束为值(THE sv86 (DOG1 sv86)),这样一来,重写 VP 后结果的组元表是

(NP (SEM (THE sv86 (DOG1 sv86))) (AGR (? a1)))
(V (SEM BARKS1) (AGR (? a1)) (SUBCAT none))

注意到在 NP 中的变量(? sem-np1)现已确定,可用规则 2 重写 NP 而得到组元表

(ART (SEM THE) (AGR (? a1)))
(N (SEM DOG1) (AGR (? a1)))
(V (SEM BARKS1) (AGR (? a1)) (SUBCAT none))

现在可从词典中选择项来实现组元成句子"The dog barks",这个过程比较简单。

请注意,上述实现过程只是全部生成过程的一小部分。例如,它并未说明在任何具体情况下系统如何选择逻辑形式,下一节将讨论与此有关的问题。

18.8 在上下文中的自然语言

到目前为止,只考虑了如何抽取句子的语法结构和语义内容,还未涉及在上下文中如何使用语言。在一个具体环境中,语言是用来谈及各种对象,说明它们以及询问与它们有关的问题。语言也用来传送希望和目的,影响他人的想法。本节讨论使用语言的一些简单情况。在讨论某些一般情况后开发一个应用,用作数据库系统的简单自然语言接口。

18.8.1 言语的行为

前面已提到,语言作什么用与它表达的命题内容是有区别的。一个人可能断言命题 P 是真的,否定它是真的,怀疑它是真的,暗示它是真的。一个说话人所有可能采用的不同行为统称为言语的行为(speech acts)。

大多数言语行为用一个动词命名,该动词就是用来描述该行为的。例如,通常的言语行为是 INFORM(通知)、REQUEST(请求)、ASK(询问)、DENY(否定)、SUGGEST(暗示)等。每个言语行为反映说话者的信念集和意图。例如,当说话者执行 INFORM 行为时,可以知道说话者要求听者相信该命题,而当说话者执行 ASK 行为时,就知道说话者要听者告诉他那个命题是真还是假。

句子结构与执行的言语行为之间的关系是复杂的。例如,一个陈述语气句子“现在是午夜”,最可能是作为 INFORM 行为的一部分。但语调变化,它又可能是一个问题(即是午夜吗?)。在另一情况,它又可能是一个提醒,即时间已晚,建议某人离开。所以,虽然陈述语气的句子通常对应于 INFORM,但它们也可用作其他言语行为。疑问语气句子通常指示一个是或否(yes-or-no)问题,但也不尽然。如“Do you know the time?”典型的情况是要求听者告诉时间。但也可能是一种提示,表示要告诉听者时间,而不是询问。

为了正确地识别言语行为,既要考虑句子结构,又要考虑句子使用的环境。表 18-8 列出了句子“Do you know the time?”分别在 6 种不同环境中的最可能的解释。这 6 种不同环境取决于说话者是否知道时间以及说话者是否相信听者知道时间。

表 18-8　句子“Do you know the time?”的不同解释

上　下　文	讲话者知道时间	讲话者不知道时间
讲话者相信听者知道时间	REQUEST 请求听者告诉讲话者时间	REQUEST 请求听者告诉讲话者时间
讲话者相信听者不知道时间	OFFER 讲话者主动提出告诉听者时间	讲话者显露出是浪费他(或她)的时间
讲话者不知道听者是否知道时间	yes-no 问题或条件的 OFFER	yes-no 问题或条件的 REQUEST

一般,为处理言语行为的解释,系统必须能表示不同智能体的信念,并利用这些信息去过滤可能的解释。例如,一个智能体把句子“Do you know the time?”作为一种 REQUEST(请求),则智能体肯定不知道时间。通过为每个语句为检验这样的应用条件,能消除许多不适合当前上下文的解释。系统往往将言语行为的解释看成为规则识别的应用。系统试图识别讲话者的规划,该规划是讲这句子的动机,言语行为的解释若能带来适合规划的目标,就可将它选作所要的解释。

18.8.2　创建引用

还有一个问题是句子与论域中对象的联系,最明显的是关于名词短语的解释。假定系统有一个表示应用领域事实的知识库,它包括常数、谓词及其组成公式。引用包括识别出知识库中的常数,用它来表示名词短语所涉及的对象。下面考虑 4 个基本的名词短语类:专有名词、代词、限定描述和非限定名词短语。

专有名词处理很简单,通常假定系统已知论域中对象与每个专有名词对应,所以解释专有名词只需查表。

代词涉及的对象是在前面一节提到的对象。处理代词的简单策略就是查表,最简单的办法是保留一个历程表,即到目前为止在交互中提到的所有对象的表。这表中对象的排序方法为:越是最近提到的就越优先。查表时表中第一与代词特征相匹配的对象即为代词所指的对象。例如,下面有 3 句谈话中的句子:

1a. Jack went to the store yesterday.(杰克昨天去了商店)

1b. The manager was very rude to the customers.(经理对顾客非常无理)

1c. He insulted them.(他侮辱了他们)

在句子(1c)中的代词 he(他)所涉及的历程表中对象是单数和男性,所以最可能是句(1b)中的经理,虽然杰克也可能,但经理比杰克在提及时间上更近。代词他们(them)显然指的是顾客。限定描述也涉及表中的对象,尽管描述本身并不唯一地说明世界中的一个对象,但也能成功。考虑下面的句子:

2a. I bought a pencil and a pen at the store.(我在商店买了一支钢笔和一支铅笔)

2b. The pen did not work.(这钢笔不能用了)

在句(2b)中所提到的钢笔应是(2a)中的钢笔,虽然在知识库中可有其他许多钢笔。还有一种情况,限定描述涉及的对象以前从未提到,但在知识库中是唯一的。

非限定描述(如 a pen(一支钢笔))最典型的是用于将新的对象引入到谈话中。处理方法是产生一个新的常数到知识库中,再加上在描述中所知道关于它的信息的断言。对于 a pen 系统产生的新常数,如 X_{33},并将 (PEN X_{33}) 加到数据库和历程表中。该对象以后可能被提及,像句子(2b)中的钢笔,但非限定描述在问题中的行为却不同。例如,考虑问题:

3. Does Jack own a pencil?(杰克有一支铅笔吗?)

在该环境中,知识库包含的断言应是(OWN $JACK_1$ $PENCIL_1$)和(PENCIL $PENCIL_1$)。若按前面的处理,对问句中的非限定描述是产生新的常数 X_{34} 和将断言(PENCIL X_{34})加到数据库中。那么,它不能回答问题:(OWN $JACK_1$ X_{34})(即杰克拥有 X_{34}),因系统不知道杰克有 X_{34}。这类似于数理逻辑中关于 Skolem 存在量词的问题。当是断言时,Skolem 方法是对的,但当回答问题时,存在量词必须映射为一变量。上面问题 3 的正确表示应为

(OWNS $JACK_1$ (? X) (PENCIL (? X)))

18.8.3 处理数据库的断言和问题

这里将利用前面所述方法来建造一个简单的数据库管理系统。它采用断言和提问作为一个自然语言接口。系统提供两个功能:对于断言增加一个公式表到数据库中;对于提问则搜索数据库并返回所有可能的约束集。

图 18-15 显示了一些典型的数据库交互。这个数据库的简单自然语言接口由以前所述的语法分析器、引用事件处理及一般交互组成。为简化起见,假定在不同的语法形式和不同的言语行为间有一个直接对应,这在一般情况下并不成立,但对数据库应用却是合理的。语法和词典由图 18-16 和图 18-17 给出。分析器计算的语义形式包括了言语行为操作。

Assert(断言)($P\ A\ B$)

加($P\ A\ B$)到数据库

Assert(断言)($P\ A\ C$)

加($P\ A\ C$)到数据库

Assert(断言)($Q\ C$)

加($Q\ C$)到数据库

Query ($P\ A$ (? X))

返回两个答案:一个将(? X)约束成 B;另一个将(? X)约束成 C

Query (AND($P\ A$(? X) (Q(? X))))

返回一个答案,使(? X)约束成 C

图 18-15 一个简单的数据库交互

```
1. (S (SEM (assert-prop (? sem-vp))) (AGR (? a)))→
                (NP (SEM (? sem-np)) (AGR (? a)))
                (VP (SEM (? sem-vp)) (SUBJ (? sem-np)) (AGR (? a)))
2. (S (SEM (y-n-query (? sem-vp))) (AGR (? a))) →
                (AUX (SEM (? sem-aux)))
                (NP (SEM (? sem-np)) (AGR (? a)))
                (VP (SEM (? sem-vp)) (SUBJ (? sem-np)) (AGR (? a) (VFORM base))
3. (NP (SEM ((? sem-art) * ((? sem-n) * ))) (AGR (? a))) →
                (ART (SEM (? sem-art)) (AGR (? a)))
                (N (SEM (? sem-n)) (AGR (? a)))
4. (NP (SEM ((? sem-art) * ((? sem-n) * ) (sem-adj) * ))) (AGR (? a)) →
                (ART (SEM (? sem-art)) (AGR (? a)))
                (ADJ (SEM (? sem-adj)))
                (N (SEM (? sem-n)) (AGR (? a)))
5. (NP (SEM (PRO * ((? sem-pro) * ))) (AGR (? a))) →
                (PRO (? sem-pro)) (AGR (? a))
6. (VP (SEM ((? sem-v) (? S))) (SUBJ (? S) (AGR (? a)) (VFORM (? V)) →
                (V (SEM (? sem-v)) (AGR (? a)) (VFORM (? V)) (SUBCAT none))
7. (VP (SEM ((? sem-v) (? S)) ((? sem-np)))
                    (SUBJ (? S) (AGR (? a)) (VFORM (? V)))) →
                (V (SEM (? sem-v)) (AGR (? a)) (VFORM (? V)) (SUBCAT np))
                (NP (SEM (? sem-np)))
```

图 18-16　用于处理断言和询问扩大的语法

```
a:      (ART (SEM A) (AGR 3S) (ROOT a))
bark:   (V (SEM BARK1) (AGR 3S) (VFORM base) (SUBCAT none) (ROOT bark))
barks:  (V (SEM BARKS1) (AGR 3S) (VFORM pres) (SUBCAT none) (ROOT bark))
did:    (AUX (SEM DID1))
dog:    (N (SEM DOG1) (AGR 3S) (ROOT dog))
dogs:   (N (SEM DOGs1) (AGR 3P) (ROOT dog))
it:     (PRO (SEM IT1) (AGR 3S))
large:  (ADJ (SEM (ARGE1))
man:    (N (SEM MAN1) (AGR 3S) (ROOT man))
pizza:  (N (SEM PIZZA1) (AGR 3S) (ROOT pizza))
saw:    (V (SEM SEES1) (AGR (? a)) (VFORM past) (SUBCAT np) (ROOT see)
see:    (V (SEM SEES1) (AGR (? a)) (VFORM base) (SUBCAT np) (ROOT see)
small:  (ADJ (SEM SMALLI))
the:    (ART (SEM THE ) (AGR 3S) (ROOT the))
```

图 18-17　为处理断言和询问扩大的词典

下一步是将描述变成可操作形式。限定性描述(使用 The 的形式)的处理是通过首先检查在历程表中满足描述的那些对象。若恰好存在一个答案,则该对象用来代替限定性描述。若不存在,则将查询所有在数据库中满足描述的对象;若仅一个答案,则用来代替限定性描述;若多于一个答案,则认为句子有缺陷。代词的处理类似,只是它们只检查历程表。非限定描述只允许出现在断言中。对于这样的断言,要将一个新常数加入数据库并带有说明的性质。

下面算法用于处理限定和非限定描述及代词。

(1) 给定一个限定描述的逻辑形式(THE X (P X)),其处理算法如下。

① 在历程表中寻找最近的满足(P(? X))的对象。若找到一个,则返回它作为答案。

② 令 ANS 为返回对象,它是通过查询数据库而得到的,且是一切使(P(? X))为真的(? X)。

③ 若 ANS 包含一个答案,那么修改历程表并返回它作为值。

④ 否则失败(没查到或多个答案)。

(2) 给定非限定逻辑形式描述的(A X (P X)),其处理过程为:若表达式出现在一个断言中,则产生一个新对象 X 和断言(P X)到数据库中,并修改历程表,将 X 作为返回值。

(3) 给定一个代词的逻辑形式(PRO X (P X)),P 是一谓词,它由代词决定,其处理过程为:在历程表中找到最近的对象 O,使得(P O)为真。

借助这些已定义的函数,定义经过逻辑形式和分析每个名词短语的函数就简单了。下面说明最高层的交互管理者,它访问语法分析器,然后访问引用函数,最后根据言语行为引用与数据库交互。给定一个句子 S,其执行步骤如下。

(1) 分析该句子,抽取 SEM 值。

(2) 在 SEM 中的所有名词短语均用它们的引用对象代替。

(3) 如果第(2)步成功,则执行 SEM,就像一次函数调用。

算法控制交互见表 18-9。其中最初数据库包括命题(DOG1 D9)和(DOG1 D10)。第一个句子是"The dog barked."(这狗叫了)。因在数据库中有几个狗,名词短语系统不能找到唯一的引用对象,所以给出一个错误信息,系统失败。下一句子是"A dog saw a pizza."(一个狗见过一个馅饼)。二者均为非限定名词短语,所以引入两个新对象到数据库中:新的狗 D11 和新的馅饼 P11。这些也加入历程表中,且断言(SAW1 D11 P11)加入数据库。下一句子与第一句相同,即"The dog barked."虽然有许多狗在数据库中,但在历程表上只有一个即 D11。这就作为名词短语"the dog"的引用对象,这个处理是恰当的。然后断言(BARKED1 D11)加入数据库。再下一句是"A large dog saw the dog."

表 18-9 表明引用处理的交互

初始数据库:(DOG1 D9) (DOG D10)
输入:The dog barked SEM:(ASSERT-PROP (BARK1 (THE d1 (DOG1 d1)))) 结果:引用失败:因两个狗在数据库中,不能找到 d1 的引用对象
输入:A dog saw a pizza SEM:(ASSERT-PROP (SAW1 (A d1 (DOG1 d1)) (A P1 (PIZZA1 P1)))) SEM(在引用之后):(ASSERT-PROP (SEES1 D11 P11)) 新定义的对象:(DOG1 D11) (PIZZA1 P11) 新历程表:(D11 P11) 结果:加(SAW1 D11 P11)到数据库中
输入:The dog barked SEM:(ASSERT-PROP (BARKED1 (THE d2 (DOG1 d2)))) SEM(在引用之后):(ASSERT-PROP (BARKED1 D11)) D11 是历程表中唯一的 dog

续表

新定义对象：none(无) 新历程表：(D11 P11) 结果：加(BARKED1 D11)到数据库中
输入：A large dog saw the dog SEM：(ASSERT-PROP (SAW1 (A d3 (LARGE d3) (DOG1 d3)) (THE d4 (DOG1 d4)))) SEM(在引用之后)：(ASSERT-PROP(SAW1 D12 D11)) 新定义对象：(LARGE1 D12)(DOG1 D12) 新历程表：(D12 D11 P11) 结果：加(SAW1 D12 P11)到数据库中
输入：The dog barked SEM：(ASSERT-PROP (BARKED1 (THE d4 (DOG1 d4)))) 结果：引用失败：因两个 dog 在历程表中，不能找到 d4 的引用对象
输入：The large dog barked SEM：(ASSERT-PROP (BARKED1 (THE d5 (DOG1 d5) (LARGE1 d5)))) SEM(在引用之后)：(ASSERT-PROP (BARKED1 D12)) 新定义对象：无 新历程表：(D12 D11 P11) 结果：加(BARKED D11)到数据库中

在这种情况下，非限定名词短语产生一个新的狗(dog)D12，限定名词短语归为 D11。关于 D12 的信息加入数据库，断言(SAW1 D12 D11)也加入作为句子的效果。下一句子又同第一句"The dog barked"，这次它使引用失败，因在历程表上的 dog 不唯一。该名词短语既可引用 D11 又可引用 D12。最后一句"The large dog barked."是正确的，因在历程表中只有一个对象为"large dog"。

为使用数据库，系统也必须处理像"yes-no"(是或非)这样的问题。这种问题在图 18-15 中的语法是允许的。例如，已知表 18-9 中构造的数据库应能回答问题"Did the large dog see the pizza?"(大狗看见了烘馅饼吗?)为 no，回答问题 "Did the large dog bark?"(大狗叫了吗?)为 yes。若 Y-N 问题适当地定义成查询数据库的形式，现在的系统就能够进行处理。

当然，一个有用的数据库查询系统也应有处理 WH-问题的能力，如"Which dogs saw the large pizza?"(哪些狗见过这个大馅饼?)。为此，要将语法再进行扩充。因为对应于一个自变量位置的项可在句中某个别的地方，所以处理 WH-查询一般更为复杂。如在问题"Who did Jill see?"(吉尔见过谁?)中，被查询的是动词 see 的宾语，而在问题"Who did give the book to by the river?"(在河边吉尔将书给谁了?)中，被查询的是介词的宾语。大多数系统处理这样的问题需要使用特征，将被查询的项存储在特征中直至后来的分析能为它找到恰当的位置。考虑一个简单的问题"Who did Jill see?"(吉尔见到谁?)。通过引入一个新的量词 WH 来处理，被查询项的特定性质变成在量词中的限制。这样一来，上句的逻辑形式为(SAN1＜WH W1 (PERSON W1)＞ (NAME J1 Jill))。为回答这类问题，WH-项将被映射到数据库查询问题中的变量。例如，由这个句子派生的数据库问题可以是(AND (SEE1 (? W) JILL1) (PERSON (? W)))。然后系统利用实现算法产生一个答案，如"Jill saw Jack" (吉尔见过杰克)。

习 题 18

18.1 扩充在图18-8中的语法,使它可接受带助动词的动词短语。只要考虑动词be和have的第三人称形式以及情态动词will,得到的语法至少应接受以下句子:

He has seen the dog.

He was barking.

He had been barking.

He will be barking.

He will have been barking.

He will have barked.

而保证这个语法不接受不合法的形式:

- Hc has see the dog.
- He is seen the dog.
- He was had barked.
- He is will bark.
- He will been barking.

画出每个句子的语法分析树,以说明和测试这个语法。

18.2 为每个下面的句子说明可能的逻辑形式,以便在出现量词多义性时,能给出最可能的解释。讨论任何出现的问题和克服这些问题的假设。

Each boy ran to the park.

Many people in each company did not come to the picnic.

The cat ate the pizzas before we arrived.

Many people believe that I won the country.

18.3 扩充数据库检索系统的引用函数,使它恰当处理查询中的非限定描述。这比初看到的更为复杂,因为很难在逻辑形式中在新变量上加恰当的限制使其进入恰当的位置。用详细事件形式保留解决方案,并在一个样板交互集上演示它。

18.4 写一段程序使它被词典接受且能推出词形,并根据其后缀产生词条。例如,若词典中有关于Pizza的词条:

(Pizza (N (AGR 3S) (ROOT Pizza)))

编写的程序能分析单词Pizza,并产生词条

(Pizzas (N (AGR 3P) (ROOT Pizza)))

类似地,使你的程序能识别动词加后缀"-s"和产生具有AGR特征3P的动词条。试包含关于拼写信息来扩充编写程序的能力。例如,你的程序能识别单词Cities为City的复数形式。将程序拼入课文中的语法分析器,测试和演示这个程序的能力。

18.5 什么叫词义排歧?词义排歧一般方法有哪些?每种方法又有哪些技术?

18.6 列举一些自然语言处理的应用领域,你觉得自然语言处理的关键技术是什么?

第19章　智能机器人

随着人工智能、智能控制和计算机技术的发展，智能机器人的应用领域将不断扩展，并对人类的生产、生活、科研等方面产生重要影响。

19.1　智能机器人的定义

自从机器人问世以来，人们很难对机器人下一个准确的定义，欧美国家认为机器人应该是"由计算机控制的通过编程控制的具备功能变更的自动机械"；日本学者认为机器人就是"任何高级的自动机械"；我国科学家对机器人的定义是"机器人是一种自动化的机械，所不同的是这种机械具备一些与人或生物相似的智能能力，如感知能力、规划能力、动作能力和协同能力，是一种具有高度灵活性的自动化机器"。概括来说，机器人是靠自身动力和控制能力来实现各种功能的一种机器。

到目前为止，机器人技术的发展历程大致经历了三个阶段：

- 第一代为可编程机器人，其特征是机器人能够按照事先交给它们的程序进行重复性的工作。这一代机器人从20世纪60年代后期开始投入实际使用，现在已得到广泛的运用。
- 第二代机器人是具有一定感觉功能和自适应能力的离线编程机器人，其特征是可以根据作业对象的状况改变作业内容，即所谓的感知判断机器人。
- 第三代机器人是具有多种传感器，能够将各种信息进行融合，能够根据环境的变化进行调整，具备很强的自适应和自学习能力。

智能机器人主要是指第三代机器人，智能机器人的研究在计算机技术、机器人技术和人工智能技术的推动下快速发展起来，并逐步成为机器人技术发展的研究热点和研究方向。

19.2　智能机器人的分类

智能机器人根据其用途来划分，可以大致分为工业机器人、服务机器人、军用机器人、仿生机器人和网络机器人等。

19.2.1　工业机器人

工业机器人通常指的是一个单纯的机器人，可进行编程操作，但它自己通常和末端执行器组装在一起才能组成一套机器。它是面向工业领域的多自由度的机器人，是一种自动执行工作、靠自身动力和控制能力来实现功能的机器。它可以接受人类的指挥，也可以按照事先编写好的程序运行。更先进的机器人还可以依靠人工智能算法去学习规则和知识,从而做出决策动作。

目前工业机器人主要在工业生产中代替人从事某些单调、频繁和重复的长时间作业,或是在危险、恶劣环境下的作业以及完成对人体有害物料的搬运或工艺操作。例如,采矿机器人能够很好地代替工人在各种有毒、有害及危险环境下采掘;智能移动机器人也叫自动导引车(Automated Guided Vehicles, AGV),是应用于自动化物流系统的移动机器人装备。现代的AGV技术最具智能化的特征,这是由于车载计算机的软硬件功能的日益强大、不断升级,使AGV系统具有通过网络、无线或红外接收客户指令、自动导引、自动行驶、优化路线、自动作业、交通管理、车辆调度、安全避碰、自动充电、自动诊断等能力,从而实现了AGV的智能化、信息化、数字化、网络化、柔性化、敏捷化、节能化、绿色化。

19.2.2 服务机器人

服务机器人是一种半自主或全自主工作的机器人,它能完成有益于人类的服务工作,但不包括从事生产的设备。它按照用途可划分成为家用服务机器人、娱乐机器人、医疗服务机器人等。

家用服务机器人是指能够代替人完成家庭服务工作的机器人,如照顾孩子学习玩乐,协助老人更衣洗澡,提醒病人按时吃药,能承担诸如端茶倒水、取报纸、收拾餐具、倒垃圾等许多家务活。它的内部含有行走装置、感知装置、接收装置、发送装置、控制装置、执行装置、存储装置、交互装置等。

娱乐机器人就是通过对一般的机器人进行一些拟人化的外形改造及硬件设计,同时运用相关的娱乐形式进行其软件开发而得到的一种用途广泛、老少皆宜的服务型机器人。它以供人观赏、娱乐为目的,它可以行走或完成动作,有语言能力,会唱歌,有一定的感知能力,如歌唱机器人、舞蹈机器人、玩具机器人、足球机器人等。

医疗服务机器人包括外科手术机器人和康复机器人,其中外科手术机器人又可分为3类:监控型、遥操作型和协作型。监控型是由外科医生针对病人指定程序,在医生的监控下由机器人完成手术。遥操作型是由外科医生操纵控制手柄来遥控机器人完成手术。协作型主要用于稳定外科医生使用的器械以便于完成高稳定性、高级度的外科手术。康复机器人是指用于辅助病人恢复、生活自理的机器人。

19.2.3 军用机器人

军用机器人是一种用于军用目的的具备某些拟人功能的机械电子装置。它可以是一个武器系统,如机器人坦克,也可以是武器系统装备上的一个系统或装置,如军用飞机的"副驾驶员"。

与正常的军人相比,军用机器人在战场上具备如下优势:

(1) 具备较好的智能优势;

(2) 全方位、全气候的作战能力;

(3) 较强的战场生存能力;

(4) 绝对服从命令、听从指挥;

(5) 较低的作战成本。

显然，军用机器人可以代替士兵完成各种极限条件下的危险任务，使得战争中绝大数军人可以免遭伤害。其中飞行机器人、无人机的研究和应用在近些年得到越来越多的重视。

在国外，美国研制开发了全球鹰、捕食者、扫描鹰等一系列军用固定翼无人机，并在实战中完成了搜索、侦察和攻击任务；美国研制的无人直升机 MQ-8 火力侦察兵，可在海军舰船上的起飞和着舰；美国波音公司的两架 X45A 无人机能完成编队飞行和协同攻击任务的模拟演练；美国还在研制 X37B、X43 等新型高空高超声速无人飞行系统。欧洲联合研制了无人战斗机 NEURON。日本、以色列等国也研制开发了大量无人机系统。

在国内，北京航空航天大学研制了固定翼 wz-5 型无人机、"海鸥"M22 无人驾驶直升机、折叠投放微小型无人机等；南京航空航天大学研制了 CK-1 无人机；西北工业大学研制了 ASN 系列无人机以及小型无人旋翼直升机等；上海大学研制了旋翼无人直升机和无人飞艇；中国科学院沈阳自动化研究所研制了多款旋翼无人直升机，起飞重量可达 120kg，有效载荷 40kg，最大巡航速度 100km/h，最长续航时间 4 小时；总参 60 所研制的 Z-5 型无人直升机最大起飞重量 450kg，可携带 60～100kg 的各种装备连续飞行 3～6 小时；武警工程学院研制了"天眼 2"无人驾驶直升机。

19.2.4 仿生机器人

仿生机器人是指模仿自然界中生物的外部形状、运动原理或行为方式的系统，并具有生物工作特征的机器人。仿生机器人的研究是以机器人技术和仿生学的发展为基础，它模仿的生物特征在经过了长期的自然选择后，在结构、功能执行、环境适应、信息处理、自主学习等诸多方面具有高度的合理性和科学性。人类通过学习和研究自然界的生物特性，从而模仿并制造出可以代替人类从事恶劣环境下的仿生机器人，以提高人类对自然的适应能力和改造能力。

由于鱼类的运动具有高效率、高机动、低噪声特点，模仿鱼类运动方式的仿生机器鱼研究得到了广泛的重视。很多科研机构针对不同类型仿生机器鱼鳍的设计、建模和控制开展研究，如 MIT 大学研制了机器鱼 RoboTuna 和 RoboPike，大阪大学研制了胸鳍推进的机器鱼 BlackBass，英国的 Heriot-Watt 大学研制了波动鳍。国内在仿鱼水下机器人研究方面也开展了大量工作。国防科技大学在波动鳍仿生机器鱼方面开展了大量研究，研制了多种波动鳍推进的机器鱼系统。

与此同时，其他仿动物机器人的研究也方兴未艾，通过对动物内在感知、控制与决策机制的模仿是机器人控制和智能研究的重要方面。蛇形机器人有东京工学院研制的 ACMR5、挪威理工大学研制的 Kulko、卡内基梅隆研制的 Uncle Sam 等，其中 Uncle Sam 实现了爬树运动；仿生飞行机器人有德国公司 Festo 公司研制的仿生鸟 Smartbird。在仿人机器人、仿生机器鱼、四足机器人等研究中经常使用的神经网络模型、中枢模式发生器模型、各种学习机制等计算方法就是来源于对生物系统的模仿。

19.2.5 网络机器人

网络机器人是指多个机器人在传感器、嵌入式计算机和人类用户方面进行协调和协作操作的一种机器人系统。由网络机器人组成的系统中，主要包含以下要素：

(1) 至少包含一台机器人；

(2) 机器人具备一定的自主能力;

(3) 系统通过网络能和环境中的传感器与人进行协调工作;

(4) 人和机器人能够进行相互作用。

网络机器人可分为可视型、虚拟型和隐蔽型3种:

- 可视型机器人,例如人形机器人、宠物机器人、玩偶机器人等具备眼睛、头、手和脚等器官,它能与人进行交流。它通过自主行动和远距离操作能够完成如信息提供、道路向导和引导等服务。
- 虚拟型机器人是在网络虚拟空间中活动的机器人,通过手机、PC等,结合计算机图形学实现的姿势,与人进行会话交流。
- 隐蔽型机器人是由摄像机、激光测距仪等环境传感器群体以及控制这些传感器的CPU有机组合在一起的一体化机器人。

19.3 智能机器人的关键技术

随着社会发展的需要和机器人应用领域的扩大,人们对智能机器人的要求也越来越高。智能机器人所处的环境往往是未知的、难以预测的,智能机器人的实现存在着许多难点。在研究这类机器人的过程中,主要涉及以下关键技术。

19.3.1 导航技术

自主导航是机器人技术中的一项核心技术,是机器人研究领域的重难点问题,导航技术主要解决以下基本任务:

(1) 基于环境的定位。

通过环境中景物的理解,识别人为路标或具体实物,以完成对机器人的定位,为路径规划提供素材。

(2) 目标识别和障碍检测。

实时地对障碍物或特定目标进行检测和识别,提高系统的稳定性。

(3) 安全保护。

对机器人工作环境中出现的障碍和移动物体做出分析并避免对机器人造成伤害。

目前机器人主要的导航方式包括磁导航、惯性导航、GPS导航、环境地图模型匹配导航、路标导航、视觉导航、味觉导航、声音导航、神经网络导航等。

- 磁导航。

磁导航是机器人导航技术中比较成熟的技术,是20世纪50年代在美国开发的。目前已广泛应用于制造工业领域。磁导航主要原理是在路径上埋设电缆,当电流通过电缆时会产生磁场,通过电磁传感器,对磁场的检测来感知路径信息,从而实现对机器人的引导。该方法优点是抗干扰能力强、技术简单、实用,缺点是成本高、可变性和可维护性较差。

- 惯性导航。

惯性导航是使用陀螺仪和加速度计分别测量移动机器人的方位角和加速率,从而确定当前的位置,并根据已知地图路线来控制移动机器人的运动方向,以实现自主导航。惯性导航的优点是不需要外部参考,缺点是它具有误差累加,不适合长时间精确定位。

• GPS导航。

GPS导航是一种以空间卫星为基础的高精度导航系统，适合室外全局导航与定位，但是它存在信号障碍、多径干扰等缺点。因而在实际中，它一般都结合其他导航技术一起工作。

• 环境地图匹配导航。

环境地图匹配导航是机器人利用传感器感知周围环境信息，然后构造局部地图，并与其内部事先存储的完整地图进行匹配，以确定自身位置，再根据预先规划的一条全局路线，采用路径跟踪和避障技术，实现自主导航。它一般要涉及地图构造和地图匹配两大技术问题。

• 路标导航。

路标导航就是移动机器人利用传感器输入信息，来识别出环境中特殊标记，以实现导航和定位。根据路标不同，可分为自然路标导航和人工路标导航。自然路标导航是机器人根据对工作环境中的自然特征的识别来实现导航；人工路标导航是利用机器人识别人为放置的特殊标志来实现导航。路标导航的优点是不改变工作环境，方法灵活，易于实现，且稳定性较好。该方法的缺点是这种方式不一定是机器人的真实工作环境，路标探测的准确性和鲁棒性也是研究的主要问题。

• 视觉导航。

视觉导航主要是通过摄像头对障碍物和路标信息拍摄，获取图像信息，然后对图像信息进行探测和识别来实现导航。它具有信号探测范围广、获取信息完整等优点，是移动机器人导航的一个主要发展方向。但是视觉导航的边缘锐化、特征提取等图像处理方法计算量大、实时性差，始终是一个瓶颈问题。解决视觉导航实时性问题的关键是研究设计一个更加快速优化的图像处理算法，用硬件或并行运算来实现图像处理。

• 味觉导航。

味觉导航是通过化学传感器感知气味的浓度和气流的方向实现机器人的定位和导航。由于气味传感器具有灵敏度高、响应速度快以及鲁棒性好等优点，因而它可以用于移动机器人搜索空气污染源或找出不合格的化学药品等。目前尽管味觉导航技术不成熟，大多处于实验阶段，但它具有很好的应用前景和研究价值。

• 声音导航。

声音导航一般应用于光线很暗或物体不在视野范围内时且视觉导航方式失效的场合。与视觉导航相比，声音导航具有无方向性、时间分辨率高、能在黑暗中工作等优点，缺点是空间分辨率低。

• 神经网络导航。

神经网络导航是一种仿效生物神经系统的智能导航方法。它具有自适应和学习能力，其不足之处是神经网络学习训练需要一定时间，从而达不到实时性要求。

19.3.2 路径规划技术

路径规划就是依照某个或某些优化准则，在机器人工作空间中找到一条从起始状态出发、可以避开障碍物到达目标状态的最优路径。路径规划技术是机器人研究领域的一个重要分支。根据环境信息掌握程度，路径规划可分为：

(1) 环境信息完全已知的全局路径规划;

(2) 环境信息不完全或未知的基于传感器的局部路径规划。

近年来人们研究的热点是环境信息不完全或未知的局部路径规划技术。

1. 全局路径规划常用方法

全局路径规划常用方法有可视图法、栅格法、自由空间法等。

1) 可视图法

可视图法是将机器人看作一个点,把机器人、目标点和障碍物各顶点进行连线,要求机器人和障碍物顶点之间、目标点和障碍物各顶点之间以及各障碍物顶点与顶点之间的连线均不能穿越障碍物,这样形成一张图,称为可视图。由于任意两直线的顶点都是可视的,所以这样移动机器人从起点沿着这些连线到达目标点所有路径均是无碰撞路径。该方法还要利用优化算法,删除一些不必要的连线以简化可视图,缩短搜索时间,最终就可以找出一条无碰撞最优路径。

2) 栅格法

栅格法是将机器人工作环境分解为一系列具有二值信息的网格单元,每个栅格有一个累积值,表示在此方位中存在障碍物的可信度,该值的大小表示存在障碍物的可能性大小。栅格大小的选择直接影响着控制算法的性能,栅格选得大,抗干扰能力强,环境信息存储量小,搜索速度快,但分辨率低,在密集障碍物环境中发现路径能力减弱;反之,栅格选得小,抗干扰能力减弱,环境信息存储量大,搜索速度慢,但分辨率高。栅格法一般通过优化算法完成路径搜索,常用的路径搜索算法有 A^* 算法、遗传算法等。

3) 自由空间法

自由空间法采用预先定义的如广义锥形和凸多边形等基本形状,构造自由空间,并将自由空间表示为连通图,通过搜索连通图来进行路径规划。该方法的优点是灵活,起始点和目标点的改变不会造成连通图重构,但算法的复杂度与障碍物的多少成正比,且不是任何情况下都能获得最优路径。

2. 局部路径规划技术

全局路径规划能够处理环境信息完全已知情况下的移动机器人路径规划问题。但是当环境发生变化时或出现未知障碍物时,该方法显然就无能为力了,此时必须结合局部路径规划。

局部路径规划的主要方法有工势场法、基于遗传算法的规划方法和模糊逻辑规划法等。

1) 人工势场法

人工势场法是由 Khatib 提出的一种虚拟力法。其基本思想是将机器人在环境中的运动视为一种虚拟的人工受力场中的运动。机器人对障碍物产生斥力,对目标点产生吸引力,斥力和引力的合力控制机器人运动。这种方法的优点是结构简单,便于底层的实时控制;缺点是存在着一些局部最优解的问题,因而可能使机器人不能到达目标点而是停在局部最优点上。

2) 基于遗传算法的规划方法

遗传算法由于具有良好的全局寻优能力和隐含的并行计算的特性,所以是一个较好的路径规划方法,越来越受到重视。在利用遗传算法进行机器人路径规划时,需要解决的问题及解决方案如下:

(1) 路径规划，采用栅格方法来表示机器人的移动空间。

(2) 路径编码，采用路径上的一系列栅格序号的顺序排列来表示机器人的一条可行移动路径的遗传编码。

(3) 适应度函数，以路径长度作为适应度函数。

(4) 选择算子，采用基于比例的选择。

(5) 交叉算子，在重叠路径点或邻近路径点上进行交叉操作。

(6) 变异算子，采用路径点上的邻近随机变异操作。

虽然遗传算法能从概率意义上以随机的方式寻找到全局最优解，但它在实际应用过程中可能会产生一些问题。其中最主要的是早熟现象、局部寻优能力差等，它们在路径规划中的典型表现是：所得到的路径虽然整体上是较好的，但并非最优。引起这些问题的主要原因是，新一代群体的产生主要是依靠上一代群体之间的随机交叉变量重组来进行的。所以即使是在最优解附近，要达到这个最优解，也要费一番工夫，甚至花费很大的代价。亦即路径上尖峰点的消除是随机进行的，所以无法保证完全消除。但模拟退火算法具有摆脱局部最优点的能力。所以使用遗传算法和模拟退火算法相结合的方法，是解决上述问题的有效途径。特别是在多机器人的控制集成与实时路径规划中，对路径规划的效率和解的质量有较高的要求，使用这种遗传模拟退火算法来进行路径规划是满足这个要求的有效手段。

3) 模糊逻辑规划法

模糊逻辑法参考人类的驾驶经验，通过查表得到规划信息，实现局部路径规划。该方法克服了势场法易产生局部最优的问题，适用于时变未知环境下的路径规划，实时性较好。

此外，局部规划法还有神经网络法、细胞神经网法等。

19.3.3 机器人视觉技术

视觉系统是自主机器人的重要组成部分，一般由摄像机、图像采集卡和计算机组成。机器人视觉系统的工作主要包括图像的获取、图像的处理和分析、输出和显示，核心任务是特征提取、图像分割和图像辨识，而如何精确高效地处理视觉信息是视觉系统的关键问题。

目前视觉信息处理逐步细化，包括视觉系统的压缩和滤波、环境和障碍物检测、特定环境标识的识别、三维信息感知和处理等，其中环境和障碍是视觉信息处理中最重要的、也是最困难的过程。

边缘抽取是视觉信息处理中常用的一种方法。对于一般的图像边缘抽取，如采用局部数据的梯度法和二阶微分法等，对于需要在运动中处理图像的移动机器人而言，难以满足实时性的要求。为此，研究者提出了一种基于计算智能的图像边缘抽取方法，如基于神经网络的方法、利用模糊推理规则的方法。视觉导航的模糊推理规则，就是将机器人在室外运动时所需要的道路知识，如公路白线和道路沿边信息等，集成到模糊规则库中来提高道路识别效率和鲁棒性。

19.3.4 智能控制技术

机器人智能控制是智能机器人技术中的关键技术之一。近年来，机器人智能控制在理论和应用方面都有了较大的进展，许多学者提出了各种不同的机器人控制系统。

机器人智能控制方法主要有模糊控制、神经网络控制等技术的融合。

1. 模糊控制技术

在模糊控制方面,模糊系统的逼近特性已得到了论证,并将模糊理论应用于一台实际的机器人。模糊系统在机器人的建模、控制、对柔性臂的控制、模糊补偿控制以及移动机器人路径规划等各个领域都得到了广泛的应用。模糊控制技术提高了机器人的速度及精度,但是也有其自身的局限性,例如机器人模糊控制中的规则库如果很庞大,推理过程所用的时间就会很长;如果规则库很简单,控制的精确性又会受到限制。

2. 神经网络控制技术

在机器人神经网络控制方面,CMCA(Cerebella Model Controller Articulation)是应用较早的一种控制方法,其最大特点就是实时性强,尤其适用于多自由度操作臂的控制。神经网络的隐层数量和隐层内神经元数的合理确定是目前神经网络在控制方面所遇到的问题,另外神经网络容易陷入局部最小值等问题,都是智能控制中要解决的问题。

19.3.5 智能认知与感知技术

智能认知与感知技术是机器人与人、机器人与环境进行交互的基础。目前与服务机器人密切相关的智能认知感知技术包括脑生肌电认知、城市环境下移动机器人对环境的感知与识别以及智能空间3个方面。

- 在脑生肌电认知方面,研究者主要是希望通过脑波、肌肉神经信号帮助残障人士操作智能轮椅、假肢等器具,以恢复其肢体功能。
- 在城市环境下移动机器人对环境的感知与识别方面,主要是为提高无人系统的自主能力提供技术支持。典型的代表是Thrun带领的Google的自动驾驶汽车项目,通过集成机载激光雷达,惯性导航设备获得自动汽车实时的位置与交互环境数据,通过机载任务控制计算机进行实时路径规划和行为决策,最终实现实际道路的全程自主驾驶,并获得了Nevada上路驾驶的许可。
- 在智能空间方面,目前是以传感器网络为基础,主要为医护人员实时监测在一个固定空间内活动的老年人或病人的身体状况提供技术支持。Helal等为实现对糖尿病患者的行为监测,建立了一个包括传感器硬件层、原始数据层、数据融合层、数据分析层及决策层共5层结构的智能空间,具有灵活扩展、自集成、远程监控与自动模型生成分析等特点,已经在两处地方进行了人员饮食起居等活动的检查分析,依据现有准则,行为识别准确率达到了98%,未来将在行为准则判据上进行深入研究。目前,智能空间研究主要集中在传感器组网通信、高效环境信息提取重建、数据源与服务集成等方面。

19.3.6 多模式网络化交互技术

机器人多模式网络化交互,主要体现在两个方面:一是机器人之间的组网协调,包括单一类型机器人群体及多类型机器人群体协作问题;另一方面是MEMS技术、应用软件及网络通信新技术的发展催生出的新型人机交互模式。

在单一类型机器人群体的交互研究方面,MIT的Schwager等应用一致学习控制算法于地面群体机器人实现相对于局部未知环境下目标传感源的收敛分布,这类机器人的行为属性较为一致,在局部通信规划决策上比较容易得到一致描述。

在多类型机器人群体协作上，群体的行为属性增加，决策层更为复杂，加州大学伯克利分校的 Sastry 等以地面移动机器人及空中飞行机器人为主体，设计了追逃场景，通过分层策略实现了空旷环境下的机器人协同通信与移动控制。2011 年，布鲁塞尔大学的 Dorigo 等通过在室内设计由包括空中机器人、地面机器人、执行机器人在内的 3 种不同机器人协同完成取书任务，首次表明了结构化未知环境下多种类机器人群体具备协同搜救能力，未来将进行非同类群体机器人行为严格的数学描述及分层多向控制与通信研究。

19.4 智能机器人未来的发展

智能机器人的开发取得了举世瞩目的成果。那么未来的智能机器人技术将如何发展呢？下一代机器人技术将沿着自主性、智能通信和自适应性三个方向发展。

19.4.1 人工智能技术的应用

把传统的人工智能符号处理技术应用到机器人中存在哪些困难呢？一般的工业机器人的控制器，本质上是一个数值计算系统。若要把人工智能系统（如专家系统）直接加到机器人控制器的顶层，得到一个好的智能控制器并不那么容易。因为符号处理和数值计算在知识表示的抽象层次以及时间尺度上有重大差距，把两个系统结合起来，相互之间将存在通信和交互的问题，这就是组织智能控制系统的困难所在。这种困难具体表现在两个方面：

- 传感器所获取的反馈信息通常是数量很大的数值信息，符号层一般很难直接使用这些信息，需要经过压缩、变换、理解后将它转变成为符号表示，这往往是一件很困难又耗费时间的事。信息来自分布在不同地点和不同类型的多个传感器，它们从不同的角度，以不同的测量方法得到不同的环境信息。而这些信息受到干扰和各种非确定性因素的影响，难免存在畸变、信息不完整等缺陷，因此使上述的处理、变换更加复杂和困难。
- 从符号层形成的命令和动作意图，要变成控制级可执行的命令，也要经过分解、转换等过程，这也是困难和费时的工作。它们同样受到控制动作和环境的非确定性因素的影响。

由于这些困难，要把人工智能与传统机器人控制器直接结合起来就很难建立实时性和适应性很好的系统。为了实现机器人的智能化，研究者们将面临许多困难且需要做长期的努力，进行若干课题的研究。例如，机器人系统的思维方式；机器人需不需要环境模型，需要怎样的环境模型；怎样建立环境模型。由于环境和任务的复杂性和环境的不确定性，这种建模方式遇到了挑战，于是出现了依靠传感器建模的主张，这就引出了一系列新的与传感器技术有关的课题。

人们为了探讨人工智能在机器人中近期的可用技术，暂时抛开了人工智能中各种根本性问题的讨论，即智能的本质是什么，如符号主义与连接主义、有推理和无推理智能等，把着眼点放在人工智能技术中较成熟的技术上。对传统的人工智能来说，强调知识的符号表示和推理这部分技术，它对当前的机器人技术发展的主要贡献体现在以下几个方面：基于任务的传感技术，建立感知与动作的直接联系，基于传感器的规划和决策，复杂动作的协调等。

19.4.2 云机器人

云机器人在2010年由Kuffner博士在Humanoids会议上提出以来,引起了众多IT公司、科研机构和研究人员的兴趣,已成为了一个重要的研究方向。云机器人是指将云计算技术基础的Web服务技术和面向服务的IT架构方法应用到机器人技术中。

1. 利用云服务器的计算资源来提高机器人的能力

Kuffner提出的具有云功能的机器人(cloud-enabled robot)的出发点就基于此,其基本思想是采用云计算来处理机器人操作所需要的各种计算任务,如行为规划和感知。这种"远程大脑"能增强单体机器人的能力,同时降低对成本和能源的要求。Arumugam等人基于平台即服务(Platform as a Service,PaaS)的思想,设计了一个称作DAvinCi(Distributed Agents with Collective intelligence)的云机器人计算框架,并采用Map / Reduce的方式实现了机器人栅格地图同步定位与地图构建算法的云计算。其设计思路的重点放在如何将原本在机器人本体上执行的任务卸载到云端执行,较少关注多机器人之间的合作和信息共享。因此,它并不是传统意义上的网络化机器人。实现这一思想的难点在于如何分解任务并卸载到云端执行。另外,还要考虑网络的稳定性和时延对任务的执行效率带来的影响。

2. 知识共享和语义信息交换

欧洲科学家启动的Robo Earth和CoTeSys两个项目试图解决异构机器人间信息共享问题。在这两个项目中,诸如关于机器人的操作策略、任务目标等信息被聚合和累积到Web服务器中,通过参考这些共享信息,机器人可以自动生成提供服务所需的操作命令。实现这一思想的难点在于知识的表示方法、服务的组合算法等。

19.4.3 移动技术

移动功能是智能机器人与传统工业机器人显著的区别之一。附加了移动功能之后,机器人的作业范围大大增加,从而使移动机器人的概念也从陆地拓展到水下和空中。

近几年来,在欧美国家的机器人研究计划中,移动技术占有重要的位置。例如NASA空间站中FREEDOM上搭载的机器人、NASA和NSF共同开发的南极Erebus活火山探测机器人、美国环保局主持研发的核废料处理机器人HA7BOT中,移动技术都被列为关键技术。

移动机构与面向作业任务执的执行机构综合开发是最近出现的新的倾向,因为无论何种机器人都需要搭载机械手或传感器来完成特定的作业功能。另一个倾向是移动的运动控制与视觉的结合日益密切。这种倾向在美国无人车ALV项目中已初现端倪,最近则越过了静态识别的障碍,进入了主动视觉和主动传感器的阶段。显然,智能机器人在非结构环境中自主移动,或在遥控下移动,视觉-传感器-驱动器的协调控制不可缺少。

19.4.4 仿生技术

智能机器人的生命在创新、开展仿生技术的研究,可以从生体机理、移动模式、运动机理、能量分配、信息处理与综合,以及感知和认知等方面多层次得到启发。目前,以驱体为构件的蛇形移动机构、人工肌肉、人造关节、假肢、多肢体动物的自由度往往比较多,建立数学模型以及基于数学模型的控制比较复杂,借助传感器获取信息加以简化是出路之一。

研究仿生技术的目的是为了开发“仿生机器人”，它是指模仿生物、从事生物特点工作的机器人。目前在西方国家，机械宠物十分流行，另外，仿麻雀机器人可以担任环境监测的任务，具有广阔的开发前景。21世纪人类将进入老龄化社会，发展“仿人机器人”将弥补年轻劳动力的严重不足，解决老龄化社会的家庭服务和医疗等社会问题，并能开辟新的产业，创造新的就业机会。

19.4.5 机器人体系结构

机器人体系结构就是指为完成指定目标的一个或几个机器人在信息处理和控制逻辑方面的结构方式。其基本结构有如下几种。

1. 基于功能分解的体系结构

基于功能分解的体系结构在人工智能上属于传统的慎思式智能，在结构上体现为串行分布，在执行方式上属于异步执行，即按照“感知-规划-行动”的模式进行信息处理和控制实现。以美国国家航天局(NASA)和美国国家标准局(ANSI)所提出的MtI机器人为典型代表。这种体系结构的优点是系统的功能明了、层次清晰、实现简单。但是串行的处理方式大大延长了系统对外部事件的响应时间，环境的改变导致必须重新规划，从而降低了执行效率。因此只适合在已知的结构化环境下完成比较复杂的工作。

2. 基于行为分解的体系结构

基于行为分解的体系结构在人工智能上属于现代的反应式智能，在结构上体现为并行(包容)分布，在执行方式上属于同步执行，即按照“感知-行动”的模式并行进行信息处理和控制。以麻省理工的R. A. Brooks所提出的行为分层的包容式体系结构(Subsumption Architecture)和Arkin提出的基于Motor Schema的结构为典型代表。其主要优点就是执行时间短、效率高、机动能力强。但是由于缺乏整体的管理，很难适应各种情况。因此只适用于在积木世界环境下执行比较简单的任务。

3. 基于智能分布的体系结构

基于智能分布的体系结构在人工智能上属于最新的分布式智能，在结构上体现为分散分布，在执行上属于协同执行，既可以单独完成各自的局部问题求解，又能通过协作求解单个或多个全局问题。以基于多智能体的体系结构为典型代表。这种体系结构的优点是既具有“智能分布”的特点，又有统一的协调机制。但是如何在各个智能体之间合理地划分和协调仍然需要大量的研究和实践。该体系结构在许多大型的智能信息处理系统上有着广泛的应用。

除以上三类主要的体系结构之外，还有一些改进的混合式体系结构，如带反馈环节的行为分解模式、基于分布式智能的分层体系结构、基于功能分解的多智能体结构等。但是从整体上来看，它们或是在功能模块的灵活性和扩展性上不足，或是没能很好地协调慎思式智能与反应式智能，或是各层次间的交流机制不够完善。

机器人是自动化领域的重要主题，经过人类几十年的开发和研究，机器人技术取得了巨大的进步。虽然目前对机器人的研究已取得了许多成果，但它仍然具有不够智能的特点。随着如云计算、大数据、深度学习等技术的快速发展，如何让这些技术与机器人技术相结合将成为机器人研究领域的新课题，具备重要的理论和现实意义。

练　习　19

19.1　试给出智能机器人的一般定义。

19.2　智能机器人根据其用途来划分,可分为哪几类?

19.3　智能机器人有哪些关键技术?

19.4　云机器人指的是什么?

19.5　机器人体系结构可以从哪几个方面划分?

19.6　你相信有一天智能机器人会战胜或统治人类吗?谈谈你的理由。

参 考 文 献

1. Adams J. B. A probability model of medical reasoning and the MYCIN model. Mathematical Biosciences. vol 32,1976
2. Aiello N. A comparative study of control strategies for expert systems. AGE implementation of three variations of PUFF. Proceedings of the National Conference on Artificial Intelligence. 1983. 1～4
3. Aiello L, Cecchi C, Sartini D. Representation and use of metaknowledge. Proceedings of IEEE. vol 74. 1986
4. Avelino J. Gonzalez, Douglas D. Dankel. The Engineering of Knowledge-Based Systems: Theory and Practice. Prentice Hall International Editions. 1986
5. Blair H A, Subrahmanian V S. Paraconsistent Logic Programming. Proc. 7th Intl. Conf. On Foundations of Software Tech. & Theoretical Computer Science, Lecture Notes in Computer Science. Vol. 287. Springer Verlag. 1987
6. Barr A, Feigenbaum E A, ed. The Handbook of Artificial Intelligence, vol. 1. Los Altos CA: Margan Kaufmann. 1981
7. Barr A, Feigenbaum E A, ed. The Handbook of Artificial Intelligence, vol. 2. Los altos CA: Morgan Kaufmann. 1982
8. Buchanan B G, Shortliffe E H, ed. Rule-Based Expert Systems: The MYCIN Experiments of the Heuristic Programming Project. Reading MA: Addison-Wesley. 1984
9. Chairniak Engene, McDermott Drew. Introduction to AI. Addision-Wesley, Reading, Massachuestts. 1985
10. Cohen P, Feigenbaum E A, ed. The Handbook of Artificial Intelligence. vol. 3. Los Altos CA: Morgan Kaufmann. 1982
11. Colomi A, Dorigo M and Maniezzo V. Distributed optimization by ant colonies [A]. In: Proc. Of 1st European Conf. Artificial Life [C]. Pans, France: Elsevier, 1991, 134～142
12. Colomi A, Dorigo M and Maniezzo V. An investigation of some properties of an ant algorithm [A]. In: Proc. Of Parallel Problem Solving from Nature (PPSN)[C]. Pans, France: Elsevier, 1992, 509-520
13. Colomi A, Dorigo M and Maniezzo V. *et al*. Ant system for job shop scheduling [J]. Belgian J. of Operations Research Statistics and computer science. 1994, 34(1): 39～53
14. Dorigo M, Maniezzo V and Colomi A. Ant system: optimization by a colony of cooperating agents [J]. IEEE Trans. on Systems, Man and Cybematics. 1996, 26(1): 28～41
15. da Casta N C A, Alves E H. Relations between paraconsistent logic and many valued logic. Bulletin of the Section of Logic, 1981(10)
16. Feigenbaum E A. The art of artificial intelligence: themes and case studies of knowledge engineering. Proceedings of the 5th international Joint Conference on Artificial Intelligence, 1977
17. Feldman, J. A. Four frame suffice: A provisional mode of vision and space. Behavioral and Brain Science, 1985
18. Fischler, Martin, Firschein, Dscar. Intelligence: The eye, the Brain, and the computer , 1987
19. Genesereth M R, Nilsson N J. Logical Foundations of artificial Intelligence. Los Altos CA: Morgan Kaufmann, 1987
20. Ginsberg, Mathew L. Essentials of Artificial Intelligence. Morgan Kauffmann, San Mateo, California. 1993

21. Geneserth, Michael R. ,Nilsson,Nils J. Logical Foundation of Artificial Intelligence. Morgan Kaufmann, Los Altos,California. 1987

22. Gregory R. Wheeler. Nonmonotonicity and Paraconsistency. University or Rochester, Doctoral Paper,2002

23. Grub, Tom. Flocking Demo. www. riversoftavg. com/flocking. htm,March 6,2001

24. Hayes-Roth B. Blackboard architecture for control. Artificial Intelligence,1985(26)

25. Horn, B K P, Schunck,B G. Determining optical flow. Artificial Intelligence,1981(17)

26. Kowalski R A. Logic for Problem Solving. Amsterdam: North-Horlland,New York,1979

27. Kanizsa, G. Organization in Vision Essays on Gestalt Perception. Praeger,New York,1979

28. L Wos, L Henschen. "Automated theorem proving 1965-1970" in The Automation of Reasoning: Collected papers from 1957-1970, vol 11. 11, ed. Jorg Sickmann and Graham Wrightson, Springer-Verlag,New York,1983

29. Levy, Steven, Artificial Life: A Report from the Fronticr Where Computers meet Biology, Vintage Books,1993

30. Minsky M,ed. Semantic Information Proscessing. Cambridge MA: MIT Press,1968

31. Maniezzo V,Colomi A and Dorigo M. the ant system applied to the quadratic assignment problem [R]. Technical Report. IRIDIA,94/28,Univ. Libre De Bruxelles,Belgium,1994

32. Michael Kifer, Eliezer L Lozinskii. A Logic for Reasoning with Inconsistency. Journal of Automated Reasoning,1992

33. Nicola Leone,Francesco Scarcello,V S Subrahmanian. Optimal Models of Disjunctive Logic Programs: Semantics,Complexity, and Computation. IEEE TRANSACTIONS ON KNOWLEDGE AND DATA ENGINEERING,VOL. 16,NO. 4,APRIL 2004

34. Newell A. The knowledge level. Artificial Intelligence,vol. 18,1982

35. Newell A,Simon H A. Human Problem Solving. Englewood Cliffs NJ: Prentice-Hall,1972

36. Nils J. Nilsson,Artificial Intelligence: A New Synthesis. Morgan Kaufann,1998

37. Pierre Marquis,Nadège Porquet. Resource-bounded paraconsistent inference. Annals of Mathematics and Artificial Intelligence 39: 349~384,2003

38. Quinlan J R. Learning efficient classification procedures and their application to chess endgames. In Michalski etal. 1983

39. Quinlan J R. Induction of decision trees. Machine Learning,vol. 1,1986

40. Reiter R. A logic for default reasoning. Artificial Intelligence,vol. 13,1980

41. Reiter R. A theory of diagnosis from first principles. Artificial Intelligence,vol. 32,1987

42. Reynolds, C. W. (1987) Flocks, Herds, and Schools: A Distributed Behavioral Model, in Computer Graphics,21940(SIGGRAPH'87 Conference Preceedings) pp. 25~34

43. Robinson J R. A machine-oriented logic based on the resolution principle. Journal of the Association for Computing Machinery,vol. 12,1965

44. Shafer G. A Mathematical Theory of Evidence. Princeton NJ: Princeton University Press,1976

45. V. S. Subrahmanian. Nonmonotonic Logic Programming. IEEE TRANSACTIONS ON KNOWLEDGE AND DATA ENGINEERING,VOL. 11,NO. 1,JAN/FEB 1999

46. Winston P H. Artifiacial Intelligence. Reading MA: Addison-Wesley,1984

47. Winston P H. Artifiacial Intelligence third edition,Reading MA: Addison-Wesley,1992

48. Woodcock, Steven. Flocking a Simple Technique for Simulating Group Behavior. Game Programming Gems,Charles River Media,2000

49. Woodcock, Steven. Maintains a page dedicated to game AI at www. gameai. com,2001

50. Yager R R. Quantified aggregationin evidence theory. International Journal of Expert Systems, vol.

2,1989

51. Zadeh L A. Fuzzy sets. Information and Control, vol. 8,1965
52. Zadeh L A. Fuzzy logic and approximate reasoning. Synthese, vol. 30,1975
53. Zadeh L A. Fuzzy sets as a basic for a theory of possibility. Fuzzy Sets and Systems, vol. 1,1978
54. Zadeh L A. The roli of fuzzy logic in the management of uncertainty in expert systems. Fuzzy Sets and Systems, vol. 11,1983
55. Zong Woo Geem: Harmony Search Applications in Industry. Soft Computing Applications in Industry 2008: 117～134
56. Zong Woo Geem: Novel derivative of harmony search algorithm for discrete design variables. Applied Mathematics and Computation, 2008, 199(1): 223～230
57. Zong Woo Geem, Jeong-Yoon Choi: Music Composition Using Harmony Search Algorithm. EvoWorkshops, 2007: 593～600
58. Zong Woo Geem: Geometry Layout for Real-World Tree Networks Using Harmony Search. IICAI, 2007: 268～276
59. Zong Woo Geem: Optimal Scheduling of Multiple Dam System Using Harmony Search Algorithm. IWANN, 2007: 316～323
60. Zong Woo Geem: Harmony Search Algorithm for Solving Sudoku. KES (1) 2007: 371～378
61. Zong Woo Geem: Improved Harmony Search from Ensemble of Music Players. KES (1), 2006: 86～93
62. Zong Woo Geem, Kang Seok Lee, Chung-Li Tseng: Harmony search for structural design. GECCO 2005: 651～652
63. Zong Woo Geem: Harmony Search in Water Pump Switching Problem. ICNC (3) 2005: 751～760
64. 董斌,何博雄,钟联炯.分布式人工智能与多智能体系统的研究与发展.西安工业学院学报,2000.12
65. 傅京孙,蔡自兴,徐光祐.人工智能及其应用.北京:清华大学出版社,1987
66. 葛红.免疫算法与遗传算法比较.暨南大学学报:自然科学版,2003,24(1)
67. 高隽.人工神经网络原理及仿真实例.北京:机械工业出版社,2003
68. 蒋宗礼.人工神经网络导论.北京:高等教育出版社,2001
69. 何新贵.知识处理与专家系统.北京:清华大学出版社,1988
70. 何华灿.人工智能引论.西安:西北工业大学出版社,1988
71. 胡守仁,余少波,戴葵.神经网络导论.长沙:国防科技大学出版社,1993
72. 胡运发,高宏奎.人工智能系统原理与设计.长沙:国防科技大学出版社,1988
73. 金涛.归纳法推理研究与Java虚拟机的正确性证明.博士论文,武汉大学研究生院,2000
74. 刘娟.机器学习与归纳推理研究.博士论文,武汉大学研究生院,1996
75. 林作铨,李未.超协调逻辑(Ⅰ)—(Ⅲ).计算机科学,1994,21(No.6～No.8)
76. 凌云,王勋,费玉莲.智能技术与信息处理.北京:科学出版社,2003
77. 李坚,牟永敏.一种基于阴性选择的免疫检测器生成算法.北京机械工业学院学报,2008,23(2)
78. 刘冰.人工免疫算法及其应用研究.重庆大学硕士学位论文,2004
79. 刘韬,赵志强,陈杰,谢储晖.免疫算法研究评述.苏州市职业大学学报,2009,20(2)
80. 刘勇,康立山.非数值并行算法(第二册)遗传算法.北京:科学出版社,1995
81. 陆汝钤.人工智能(上册).北京:科学出版社,1996
82. 陆汝钤.人工智能(下册).北京:科学出版社,2002
83. 林尧瑞,马少平.人工智能导论.北京:清华大学出版社,1989
84. 马玉书.人工智能及其应用.北京:石油大学出版社,1998
85. 马永骥,涂健.神经元网络控制.北京:机械工业出版社,1998
86. 尼尔逊 N J.人工智能原理.石纯一等译.北京:科学出版社,1983
87. 史忠植.知识工程.北京:清华大学出版社,1988

88. 史忠植.神经计算.北京：电子工业出版社,1993
89. 史忠植.高级人工智能.北京：科学出版社,1998
90. 廉师友.人工智能技术导论.第2版.西安：西安电子科技大学出版社,2002
91. 石纯一,黄昌宁等.人工智能原理.北京：清华大学出版社,1993
92. 涂序彦.人工智能及其应用.北京：北京大学出版社,1988
93. 王登银,童新华.免疫遗传算法及其程序设计.中国科技论文在线(www.paper.edu.cn)
94. 王小平,曹立明.遗传算法:理论、应用及软件实现.西安：西安交通大学出版社,2002
95. 王文杰,叶世伟.人工智能原理与应用.北京：人民邮电出版社,2004
96. 武海鹰,王绪安.分布式人工智能与多智能体系统研究.微机发展,2004,3
97. 吴泉源,等.人工智能与专家系统.长沙：国防科技大学出版社,1995
98. 许传玉.系统可靠性优化研究及禁忌算法在其中的应用[D].哈尔滨理工大学, 2000
99. 杨博.禁忌搜索算法在冷藏供应链配送网络中的应用研究[D],2005
100. 阎平凡,张长水.人工神经网络与模拟进化计算.北京:清华大学出版社,2000
101. 赵瑞清.专家系统初步.北京：气象出版社,1986
102. 周明,孙树栋.遗传算法原理及应用.北京:国防工业出版社,1999
103. 周祥和,戴大为,麦卓文.自动推理引论及其应用.武汉：武汉大学出版社,1987
104. 张向荣,焦李成.基于免疫克隆选择算法的特征选择.复旦学报：自然科学版,2004,43(5)
105. 张守刚,刘海波.人工智能的认识论问题.北京：人民出版社,1984
106. 张铃,张钹.人工神经网络理论及应用.杭州:浙江科学技术出版社,1997
107. 张乃尧,阎平凡.神经网络与模糊控制.北京:清华大学出版社,1998
108. 朱福喜,等.次协调逻辑下的自动推理,武汉大学学报：自然科学版,1998,44(5)
109. 朱福喜,等."好矛盾"与"坏矛盾"——次协调逻辑在推理中的应用,中国第四届青年计算机学术会议论文集.北京：清华大学出版社,1992
110. 朱福喜,等.一个实用的非单调推理系统.计算机应用与软件,1993,10(2)
111. 桂起权,陈自立,朱福喜.次协调逻辑与人工智能.武汉：武汉大学出版社,2004
112. 朱福喜,朱三元.人工智能基础.北京：清华大学出版社.2005
113. 陈黄翔.智能机器人[J].北京：化学工业出版社,2012
114. 齐俊桐,韩建达.基于 MIT 规则的自适应 Unscented 卡尔曼滤波及其在旋翼飞行机器人容错控制的应用[J].机械工程学报,2009,45(4)：115～124
115. Liljebäck P,Pettersen K Y,Stavdahl Ø,et al. A review on modeling,implementation,and control of snake robots[J]. Robotics and Autonomous Systems,2012,60(1)：29～40
116. Festo. Smart Bird [Online], available：http://www.festo.com/net/Support Portal/Files/46270/Brosch_SmartBird_en_8s_RZ_300311_lo.pdf,May 27,2013
117. 孟庆春,齐勇,张淑军,等.智能机器人及其发展[J].中国海洋大学学报：自然科学版,2004,34(5)：831～838
118. 徐国保,尹怡欣,周美娟.智能移动机器人技术现状及展望[J].机器人技术与应用,2007 (2)：29～34
119. Montemerlo M,Becker J,Bhat S,*et al*. Junior：The Stanford entry in the urban challenge [J]. Journal of field Robotics,2008,25(9)：569～597
120. Guizzo E. How google's self-driving car works[J]. IEEE Spectrum Online,October,2011,18
121. Helal A, Cook D J, Schmalz M. Smart home-based health platform for behavioral monitoring and alteration of diabetes patients[J]. Journal of diabetes science and technology,2009,3(1)：141～148
122. Honkola J, Laine H, Brown R, *et al*. Smart-M3 information sharing platform [C]//The IEEE symposium on Computers and Communications. IEEE,2010：1041～1046
123. Park J, Denko M, Bellavista P, *et al*. Editorial：Smart Space Technological Developments[J]. IET communications,2011,17(5)：2431～2433

124. Schwager M, McLurkin J, Slotine J J E, *et al*. From theory to practice: Distributed coverage control experiments with groups of robots[C]//Experimental Robotics. Springer Berlin Heidelberg, 2009: 127～136

125. Kim H J, Vidal R, Shim D H, *et al*. A hierarchical approach to probabilistic pursuit-evasion games with unmanned ground and aerial vehicles[C]//Decision and Control, 2001. Proceedings of the 40th IEEE Conference on. IEEE, 2001, 1: 634～639

126. Dorigo M, Floreano D, Gambardella L M, *et al*. Swarmanoid: a novel concept for the study of heterogeneous robotic swarms[J]. Robotics & Automation Magazine, IEEE, 2013, 20(4): 60～71

127. 董砚秋.智能机器人概述[J].网络与信息,2007,21(7):68～69

128. KEHOE B, MATSUKAWA A, CANDIDO S, *et al*. Cloud-based robot grasping with the google object recognition engine[C]// Proc of IEEE International Conference on Robotics and Automation. 2013: 105～112

129. AGOSTINHO L, OLIVI L, FELICIANO G, *et al*. A cloud computingenvironment for supporting networked robotics applications[C]// Procof the 9th IEEE International Conference on Dependable, Autonomicand Secure Computing. IEEE Press, 2011: 1110～1116

130. ANSARI F Q, PAL J K, SHUKLA J, *et al*. A cloud based robot localization technique[C]// Proc of the 5th International Conference onContemporary Computing. Berlin: Springer-Verlag, 2012: 347～357

131. GOLDBERG K, KEHOE B. Cloud robotics and automation: a survey of related work, UCB / EECS-2013[R]. Berkeley: University of California, 2013

132. KUFFNER J. Cloud-enabled robots[C]//Proc of IEEE-RAS International Conference on Humanoid Robots. 2010

133. ARUMUGAM R, ENTI V R, LIU Bing-bing, *et al*. DAvinCi: a cloud computing framework for service robots[C]// Proc of IEEE International Conference on Robotics and Automation. 2010: 3084～3089

134. WAIBEL M, BEETZ M, CIVERA J, *et al*. Robo Earth[J]. IEEE Robotics and Automation Magazine, 2011, 18(2) : 69～82

135. TENORTH M, KLANK U, PANGERCIC D, *et al*. Web-enabled robots[J]. IEEE Robotics and Automation Magazine, 2011, 18(2) : 58～68

136. Di MARCO D, KOCH A, ZWEIGLE O, *et al*. Creating and using RoboEarth object models[C]// Proc of IEEE International Conference on Robotics and Automation. [S. l.]: IEEE Press, 2012: 3549～3550

137. TENORTH M, PERZYLO A C, LAFRENZ R, *et al*. The Robo Earth language: representing and exchanging knowledge about actions, objects, and environments[C]// Proc of IEEE International Conference on Robotics and Automation. IEEE Press, 2012: 1284～1289

138. MARCO D, TENORTH M, HÄUSSERMANN K, et al. Robo Earth action recipe execution[C]// Proc of International Conference on Intelligent Autonomous Systems. Berlin: Springer, 2013

图书资源支持

感谢您一直以来对清华版图书的支持和爱护。为了配合本书的使用，本书提供配套的素材，有需求的用户请到清华大学出版社主页(http://www.tup.com.cn)上查询和下载，也可以拨打电话或发送电子邮件咨询。

如果您在使用本书的过程中遇到了什么问题，或者有相关图书出版计划，也请您发邮件告诉我们，以便我们更好地为您服务。

我们的联系方式：

地　　址：北京海淀区双清路学研大厦 A 座 707

邮　　编：100084

电　　话：010－62770175－4604

资源下载：http://www.tup.com.cn

电子邮件：weijj@tup.tsinghua.edu.cn

QQ：883604(请写明您的单位和姓名)

扫一扫

资源下载、样书申请

新书推荐、技术交流

用微信扫一扫右边的二维码，即可关注清华大学出版社公众号“书圈”。